普通高等教育“十三五”规划教材

工程材料与热加工

杜 伟 邓 想 主编

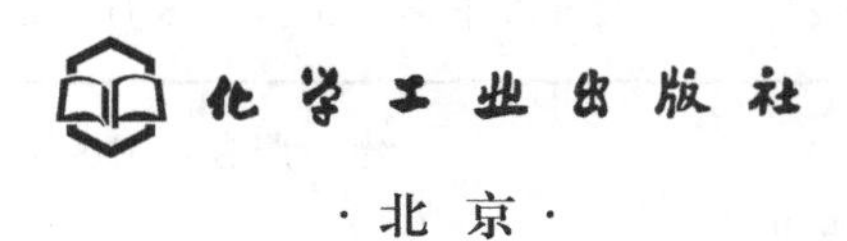
化学工业出版社
·北京·

本书是依据机械制造、机电类专业对工程材料及热加工工艺方面的知识需求，结合本科应用型人才培养的实际需要编写的。全书共分为十二章，主要包括金属材料的性能、纯金属与合金的基本知识、铁碳合金相图、钢的热处理、合金钢、铸铁、有色金属及粉末冶金材料、非金属材料及复合材料、铸造、锻压、焊接、机械零件的选材及毛坯的选择等。每章后有本章小结和复习思考题，实验中有课堂常用的五个实验指导书，附录中有热处理工艺参数及国内外常用金属材料牌号对照表等。

本书可作为机械制造类、机电一体化相关专业的本科生教材，也可作为高职高专相关机械制造、机电、经营管理类专业及企业有关技术人员、管理人员等的学习教材和参考书。

图书在版编目（CIP）数据

工程材料与热加工/杜伟，邓想主编. —北京：化学工业出版社，2017.3（2023.8 重印）
普通高等教育“十三五”规划教材
ISBN 978-7-122-28900-1

Ⅰ.①工… Ⅱ.①杜… ②邓… Ⅲ.①工程材料-高等学校-教材②热加工-高等学校-教材 Ⅳ.①TB3②TG306

中国版本图书馆 CIP 数据核字（2017）第 013991 号

责任编辑：高　钰
责任校对：宋　玮　　　　装帧设计：刘丽华

出版发行：化学工业出版社（北京市东城区青年湖南街 13 号　邮政编码 100011）
印　　装：北京科印技术咨询服务有限公司数码印刷分部
787mm×1092mm　1/16　印张 21¼　字数 523 千字　2023 年 8 月北京第 1 版第 5 次印刷

购书咨询：010-64518888　　　　售后服务：010-64518899
网　　址：http://www.cip.com.cn
凡购买本书，如有缺损质量问题，本社销售中心负责调换。

定　　价：59.00 元

前言

本书依据培养本科应用型人才的实际需要，针对机械制造及机电类等专业对工程材料与热加工方面的知识需求，配合当前专业对课程知识深度及学时的教学要求而编写。

本书将工程材料与热加工工艺方面的内容与实际应用的知识有机地融合在一起，适当淡化了理论性较强的内容，合并了相近的知识点，力求做到深入浅出、通俗易懂，文字精练、突出重点、理论联系实际，内容层次清晰、实用性强。通过本课程的学习使学生能够将本课程知识与后续专业课程有机地联系起来，达到更加有效学习的目的。

全书以工程材料及其热加工为主线，内容包括金属材料的性能、纯金属与合金的基本知识、铁碳合金相图、钢的热处理、合金钢、铸铁、有色金属及粉末冶金材料、非金属材料及复合材料、铸造、锻压、焊接、机械零件的选材及毛坯的选择等十二章，在每章后有本章小结及复习思考题，教师可以根据具体情况选择布置，使学生能够巩固所学知识，培养分析问题、解决实际问题的能力。在实验中课堂常用的五个实验指导书，在附录中有布氏硬度对照表、黑色金属硬度及强度换算表、热处理工艺参数、国内外常用金属材料对照表等方面的资料。

本书中引用的国家标准全部是国家最新标准。在术语中个别地方保留了习惯用法，以和生产实际保持一致。

参加本书编写的有杜伟、邓想、崔国明、程芳、公永建、刘轶、文秀海、杨通胜老师，其中杜伟编写前言、绪论、第四章、第五章、第六章，邓想编写第二章、第三章、崔国明编写第九章，公永建编写第十章，刘轶编写第七章、第八章、第十二章，程芳编写第十一章第一～四节，文秀海编写第一章及第十一章第五～七节及复习思考题，杨通胜编写实验及附录。

本书由杜伟、邓想任主编，崔国明、程芳、公永建任副主编，全书由杜伟统稿，河南工学院王学让教授审阅。

在本书的编审过程中参考了一些兄弟院校编写的相关教材和资料，得到了单位领导及同仁的支持和热情帮助，在此表示衷心的谢意。

虽然我们在编写过程中已经尽了最大努力，但由于学识水平及资料来源有限，书中难免存在不妥之处，敬请读者将建议及意见反馈至电子邮箱：duw101@163.com。

编　者

2016 年 10 月

目录

绪论

一、材料科学的作用与地位

材料是工业、农业、国防、科学技术以及人民生活赖以生存和发展的物质基础。目前，材料、能源和信息已成为现代化社会生产的三大支柱，而材料又是能源与信息发展的物质基础，材料的品种、数量、性能和质量又是衡量一个国家科学技术和现代化发展水平的重要标志。

材料科学是以材料为研究对象，探讨材料的结构、性能及其加工方法三者之间的相互关系和规律的科学，它以化学、固体物理、力学等为基础，是多种学科交织在一起的边缘科学，材料科学的发展是人类文明进步的重要标志。根据材料生产和使用水平的不同，历史上将人类的发展史划分为石器时代、陶器时代、青铜器时代和铁器时代，因此人类文明的发展史实际上是人类对材料认识、制造、使用和发展的历史。随着近代工业生产中产品对材料性能要求的不同，材料科学产生了金属材料、高分子材料、陶瓷材料和复合材料的分支学科。

金属材料是机械制造行业应用范围最广、最重要的机械工程材料。金属材料包括黑色金属材料（常用的有钢、铸铁和合金钢等）和有色金属材料（常用的有铜、铝、钛及其合金等）。金属材料不仅来源丰富，而且还具有优良的使用性能和工艺性能，可通过配制不同化学成分的合金及不同的成型工艺、热处理达到改变其组织和性能的目的，从而进一步扩大了金属材料的使用范围。

高分子材料和陶瓷材料属于非金属材料，这些材料通常具有金属材料不具备的某些特性，如高分子材料具有耐腐蚀、电绝缘、隔音、减振、密度低等特性，且原料来源丰富、价格低廉以及具有良好的成型性能；陶瓷材料具有高熔点、高硬度、耐高温等特性以及特殊的物理性能，在工业生产中已部分替代金属材料，成为一种重要的、独立的新型工程材料应用在机械产品中。

复合材料是由两种或两种以上材料组成的新材料。复合材料集中了组成材料的优点于一体，充分发挥了组成材料的潜力。这类材料通常具有高的比强度、比弹性模量，良好的抗疲劳性、减振性和耐高温性，以及密度小、隔音、隔热、减振、阻燃等优良的物理性能和力学性能。复合材料作为一种很有发展前途的材料，已广泛应用于航空航天、建筑、机械、交通运输以及国防工业等部门的产品制造中。

未来新兴产业的发展，无不依赖于新材料的开发和利用，如海洋开发所用的深潜器及各种海底设施需要耐压、耐油的新型结构材料；卫星、宇航等仪器设备需要质量轻、耐高温、强度高的新材料；医学上制造的人工器官、人造骨骼、人造血管等要用与人体相容的新材料等，因此材料科学的发展将有力推动人类文明的进步和现代化水平的提高。

二、工程材料与热加工技术的发展

材料的使用及其加工方法的每一次改进和发展都是人类社会发展的一个里程碑，它象征着人类在征服自然、发展社会生产力方面迈出了具有深远意义的一步，促进了整个社会生产力更进一步的发展。当人类社会从石器时代进入青铜器时代以后，金属材料在人类生活、生产中的应用就占据了十分重要的地位，特别是钢铁材料大规模生产和使用，更是促进了科学技术和社会经济的迅速发展，使人类社会的经济活动和科学技术水平发生了显著变化。

工程材料与热加工工艺是人类在长期生产实践中发展起来的一门学科。我国是世界上使用金属材料最早的国家之一，早在6000年前的新石器时代我国就已会冶炼和使用黄铜。大量出土的青铜器说明在商代（公元前1562～公元前1066年）我国的青铜冶炼、铸造技术就已达到了很高的水平，如在河南省安阳出土的875kg的司母戊鼎，体积庞大、花纹精巧、造型精美，是迄今为止世界上最古老的大型青铜器，在当时的条件下要浇注出这样庞大的金属器物，如果没有科学的劳动分工和先进的冶炼、铸造技术，是不可能制造出来的。

公元前6世纪的春秋末期，我国就已出现了人工冶炼的铁器，比欧洲出现生铁早1900多年，东汉时期我国就掌握了炼钢技术，比其他国家早1600多年。如1953年在我国河北省兴隆地区出土用来铸造农具的铁模子，说明铁制农具早在我国春秋战国时期就已大量应用于农业生产中；1965年在湖北省江陵出土的越王勾践青铜剑，虽然在地下深埋了2000多年，但是这把剑在出土时却没有一点锈斑，依然完好如初，锋利无比，说明当时人们已经掌握了金属的冶炼、锻造、热处理和防腐蚀等先进技术；在河南省辉县发现的琉璃阁战国墓中，殉葬铜器的耳和足是用钎焊方法与本体连接在一起的，说明在战国时期我国就已经采用了焊接技术。

与此同时，我国劳动人民在长期的生产实践中也总结出了一套比较完整的金属材料加工工艺经验著述，如先秦时代的《考工记》、宋代沈括的《梦溪笔谈》、明代宋应星的《天工开物》等著作中，都有冶炼、铸造、锻造、淬火等各种金属加工方法的记载。

历史事实充分说明，我国古代劳动人民在金属材料及其加工工艺方面取得了辉煌的成就，为世界文明和人类的进步做出了巨大贡献。但是到了近代，由于封建王朝的长期统治和闭关自守政策，严重阻碍和束缚了我国生产力技术的发展，特别是鸦片战争以后的几十年间外国的侵略和剥削，使我国工业和科学技术水平一直处于落后状态。

新中国成立后，我国在金属材料、非金属材料及其加工工艺研究等方面都有了突飞猛进的发展，新材料和新工艺的出现推动了机械制造、矿山冶金、交通运输、石油化工、电子仪表、航天航空等现代化工业的发展。原子弹、氢弹、导弹、人造地球卫星、宇宙飞船、超导材料、纳米材料等重大项目的研究与试验成功，都标志着我国在工程材料及其加工工艺方面的发展达到了世界先进水平。

虽然我国在很多方面已经取得了很大的成就，但是与世界发达国家相比，我国的机械工业在产品质量、生产能力、技术水平、经济效益和管理水平等方面还存在一定的差距，特别是材料科学的发展水平不能完全适应国民经济发展的需要，因此，加强新材料的研究，加快工程材料及热加工工艺技术的发展和应用，对我国现代化水平的发展和生产力的提高具有非常重要的意义。

三、本课程的性质、任务和学习方法

《工程材料与热加工》是一门综合性的技术基础课，是机械类、近机类专业学生的必修课，它由机械工程材料及其零件（或毛坯）热加工技术两大部分内容组成。

工程材料是构成各种机械产品的基础，也是各种机械加工的对象，它包括金属材料、非金属材料和复合材料等；热加工工艺部分包括金属材料的热处理、铸造、锻压、焊接等加工技术。

通过本课程的学习，应达到以下基本要求：

① 了解工程材料及热加工技术在机械制造过程中的作用和地位，熟悉金属材料常用热处理工艺的原理、特点，掌握常用金属材料的牌号、性能、用途和一般选用原则；

② 掌握金属材料主要热加工工艺和板料冲压的基本原理、特点和应用范围；

③ 了解零件失效的主要形式，熟悉毛坯或零件的结构工艺性，并具有设计毛坯和零件结构的初步能力；

④ 了解与本课程有关的新技术、新工艺、新设备、新材料的发展概况。

本课程具有较强的理论性与实践性，学习中应注重前后知识的衔接、分析、理解与运用。为了提高今后工作中分析问题、解决问题的能力，在理论学习的同时，要注意联系课程实验及金工实习环节的内容；为保证教学质量，本课程宜安排在金工实习之后学习，以达到预期的学习要求和目的。本课程中有关热加工工艺知识方面的内容，尚须在以后有关课程教学、课程设计和毕业设计中反复练习、巩固与提高后，才能达到掌握与熟练应用的目的。

学习本课程时，应注意课前预习，并根据教学内容完成老师布置的课后复习思考题，以巩固所学知识，培养独立分析问题和解决问题的能力；对于课程实验学生要学会分析和总结，写出相应的实验报告，以获得一定的实验技能，提高学习效果。

第一章 金属材料的性能

金属材料由于品种多，能够满足各种机械产品不同的性能要求，因此在机械制造中广泛应用。为了合理选择和使用金属材料，充分发挥金属材料的潜力，应充分了解和掌握金属材料的有关性能。金属材料的性能一般分为使用性能和工艺性能。金属的使用性能反映了金属材料在使用过程中表现出来的特性，包括力学性能、物理性能、化学性能等；金属的工艺性能反映了金属材料在制造加工过程中表现出来的各种特性，包括铸造性能、锻压性能、焊接性能、热处理性能、切削加工性能等。

金属的力学性能是指材料在外加载荷作用下表现出来的特性。它取决于材料本身的化学成分和材料的组织结构。当载荷性质、环境温度、介质等外在因素不同时用来衡量材料力学性能的指标也不同。常用的力学性能指标有强度、塑性、硬度、韧性和疲劳强度等。

第一节 金属材料的力学性能

一、强度

强度是指金属在外力作用下抵抗永久变形和断裂的能力。金属材料的强度与塑性指标是通过拉伸试验测得的。

1. 拉伸试验

拉伸试验是在拉伸试验机上进行的。试验之前，先将被测金属材料按照 GB/T 228—2010 要求制成标准试样。图 1-1(a) 为圆柱形拉伸试样，d_0为试样原始直径，L_0为试样原始标距长度。

试验时，将试样装夹在拉伸试验机上，在试样两端缓慢地施加轴向拉伸载荷，随着载荷不断增加，试样被逐步拉长，直到拉断为止。在拉伸过程中，试验机将自动记录每一瞬间的载荷 F 与伸长量 ΔL 之间的变化曲线，即拉伸曲线。

图 1-2 为低碳钢的拉伸曲线。从图中可以看出，低碳钢在拉伸过程中试样伸长量 ΔL 与载荷 F 之间有如下关系。

op 段：为一条斜线，在此区间试样伸长量 ΔL 与载荷 F 成正比关系，完全符合虎克定律。去除载荷，试样能完全恢复到原来的尺寸和形状，属于弹性变形阶段。

pe 段：在该区间，拉伸曲线开始偏离直线，伸长量 ΔL 与载荷 F 之间不符合虎克定律，但去除载荷后，试样仍能恢复到原来的尺寸和形状，因此该阶段仍属于弹性变形阶段。

es 段：该段曲线呈水平或锯齿形，试样表现为在载荷不增加的情况下，伸长量却继续增加，去除载荷后，试样已不能恢复原状，开始出现塑性变形，这种现象称为屈服。

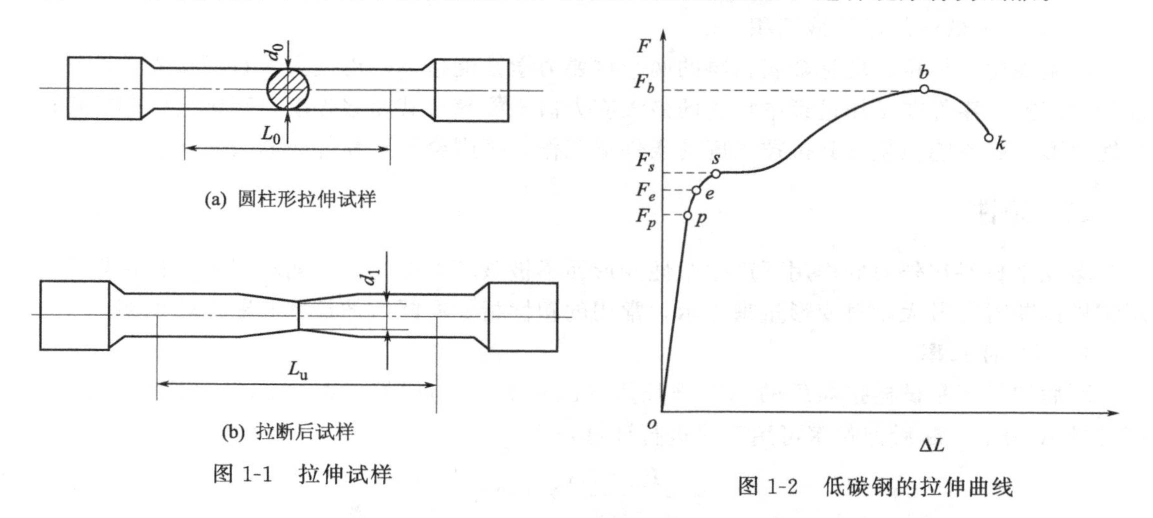

图 1-1　拉伸试样

图 1-2　低碳钢的拉伸曲线

sb 段：当载荷超过屈服点载荷后，试样的伸长量 ΔL 随载荷 F 的增加继续伸长直到 b 点，该阶段试样为均匀变形阶段。

bk 段：在试样的局部开始收缩，产生“缩颈”现象，由于试样局部截面逐渐减小，其承受载荷的能力也不断下降，直至到达 k 点时试样被拉断。

2. 强度指标

强度是用应力来表示的。当材料受载荷作用而未被破坏时，其内部会产生一个与载荷相平衡的内力。材料单位面积上的内力称为应力，用 R 表示，单位为 MPa。

$$R=\frac{F}{S_0} \tag{1-1}$$

式中　F——试样所承受的载荷，N；

S_0——试样的原始截面积，mm^2。

材料强度的高低是以其能承受的应力大小来表示的，根据拉伸试验可得到金属材料的以下强度指标：

（1）屈服强度　当金属材料呈现屈服现象时，在试验期间达到塑性变形发生而力不增加的应力点。金属材料的屈服强度分为上屈服强度和下屈服强度，如图 1-3 所示。

①上屈服强度　试样发生屈服而力首次下降前的最大应力，用 R_{eH} 表示。

②下屈服强度　在屈服期间，不计初始瞬时效应的最小应力，用 R_{eL} 表示。

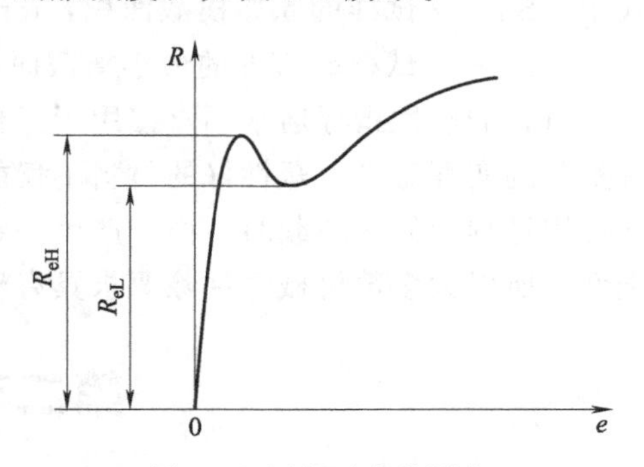

图 1-3　屈服强度的测定

当金属材料在拉伸试验过程中没有明显屈服现象发生时，可测定规定塑性延伸强度（R_p）或规定残余延伸强度（R_r）。

（2）抗拉强度　抗拉强度是指试样拉断前所能承受的最大应力值。用 R_m 表示，单位为 MPa。

$$R_m=\frac{F_m}{S_0} \tag{1-2}$$

式中 F_m——试样断裂前所承受的最大载荷，N；

S_0——试样的原始截面积，mm^2。

屈服强度、抗拉强度是金属材料的两个重要力学性能指标，也是大多数机械零件选材和设计的依据。零件在工作过程中承受的最大应力值不能超过其屈服强度，否则会引起零件的塑性变形；更不能在超过其抗拉强度的条件下工作，否则会导致零件的断裂破坏。

二、塑性

塑性是材料在外力的作用下产生塑性变形而不被破坏的能力。金属材料的塑性指标可以用试样拉断时的最大相对变形量来表示，常用的塑性指标有断后伸长率和断面收缩率。

1. 断后伸长率

断后伸长率是试样拉断后的标距增长量（L_u-L_0）与原始标距（L_0）之比的百分数，用符号 A 表示。断后伸长率可用下式进行计算：

$$A=\frac{L_u-L_0}{L_0}\times100\% \tag{1-3}$$

式中 L_u——拉断后试样标距的长度，mm；

L_0——试样的原始标距长度，mm。

材料的伸长率是随原始标距长度的增大而减小的，所以同一材料的短试样要比长试样测得的伸长率大，对局部集中变形特别明显的材料，甚至可大到20%～50%。

拉伸试验采用的拉伸试样为原始标距与横截面积有 $L_0=k\sqrt{S_0}$ 关系的比例试样。对于比例试样，国际上使用 $k=5.65$ 的短比例试样，其断后伸长率用 A 表示，短试样的原始标距应不小于15mm。当试样横截面积太小，以致采用比例系数 k 为5.65不能符合这一最小标距要求时，可以采用 $k=11.3$ 的长比例试样，其断后伸长率用 $A_{11.3}$ 表示或采用非比例试样。

2. 断面收缩率

断面收缩率是指试样拉断后试样处横截面积的最大缩减量（S_0-S_u）与原始横截面积（S_0）之比的百分数，用符号 Z 表示。断面收缩率可用下式进行计算：

$$Z=\frac{S_0-S_u}{S_0}\times100\% \tag{1-4}$$

式中 S_0——试样的原始横截面积，mm^2；

S_u——试样断口处的最小横截面积，mm^2。

材料的塑性指标通常不直接用于工程设计计算，但材料的塑性对零件的加工和使用都具有重要的实际意义。塑性好的材料不仅能顺利地进行锻压、轧制等塑性变形加工，而且零件在使用过程中偶然超载时，由于产生一定的塑性变形而不致突然断裂，从而提高了产品的安全性。所以大多数机械零件除要求具有较高的强度外，还必须具有一定的塑性。

第二节 硬 度

硬度是指材料抵抗局部变形，特别是抵抗塑性变形、压痕或划痕的能力，它是衡量材料软硬程度的指标。硬度试验和拉伸试验都是在静态力下测定材料力学性能的，一般情况下，材料的硬度越高，其强度越高，耐磨性越好。硬度的高低不仅取决于材料的成分和组织结构，而且与测定方法和试验条件有关。硬度试验由于基本上不损伤试样，简便迅速，不需要单独制作试样，而是在工件上直接进行测试，因而在生产中被广泛应用。

硬度测定方法有多种，其中压入法在生产中的应用最为普遍。压入法是在规定试验力的作用下，将压头压入金属表面，然后根据压痕的面积大小或深度测定其硬度值。目前生产中应用较多的是布氏硬度、洛氏硬度和维氏硬度试验法。

一、布氏硬度

布氏硬度试验法是用直径为 D 的硬质合金球，在规定试验力 F 的作用下压入被测金属表面，保持规定时间后卸除试验力，在被测金属表面上留下一直径为 d 的压痕，测量压痕直径 d，并由此计算出压痕的球缺面积 S，如图 1-4 所示，然后再计算出单位压痕面积上所承受的平均压力，以此作为被测金属的布氏硬度值。布氏硬度值可用下式计算：

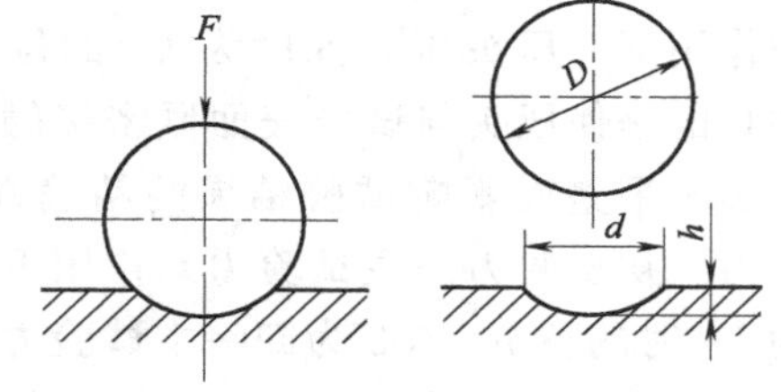

图 1-4　布氏硬度的试验原理

$$HBW=\frac{F}{S}=0.102\frac{2F}{\pi D(D-\sqrt{D^2-d^2})}$$

式中　F——试验力，N；

D——压头的直径，mm；

d——压痕的平均直径，mm。

根据 GB/T 231.1—2009 规定，压头直径有 10mm、5mm、2.5mm 和 1mm 四种规格，试验力-球直径平方的比率（$0.102\times F/D^2$）有 30、15、10、5、2.5 和 1 共六种。不同材料的试验力-压头球直径平方的比率可根据表 1-1 选定。在进行布氏硬度试验时也要根据的金属硬软程度、工件厚薄选择不同的压头直径 D、试验力 F 和试验力的保持时间。布氏硬度试验法适合于测定布氏硬度值小于 650 的材料。

布氏硬度的标注方法为：硬度值＋HBW＋压头直径＋试验力（对应 kgf)＋试验力保持时间。一般试验力保持时间为 10～15s 时不标出。例如：180HBW10/1000/30 表示用直径为 10mm 的压头，在对应 1000kgf（9807N）试验力作用下保持 30s 测得的布氏硬度值为 180；500HBW5/750 表示用直径为 5mm 的压头，在对应 750kgf（7355N）试验力作用下保持 10～15s 测得的布氏硬度值为 500。

表 1-1　不同材料的试验力-压头球直径平方的比率

材　　料	布氏硬度/HBW	试验力-球直径平方的比率 $0.102\times F/D^2/(N/mm^2)$
钢、镍基合金、铁合金		30
铸铁*	＜140	10
	≥140	30
铜和铜合金	＜35	5
	35～200	10
	＞200	30
轻金属及其合金	＜35	2.5
	35～80	5,10,15
	＞80	10,15
铅、锡		1

* 对于铸铁试验，压头的名义直径应为 2.5mm，5mm 或 10rnrn。

布氏硬度的特点是试验时金属表面压痕面积大，能客观地反映被测金属的平均硬度，试验结果较准确，数据重复性强，但由于其压痕大，不宜测试成品或薄片零件的硬度。

二、洛氏硬度

洛氏硬度试验法是将压头（金刚石圆锥或硬质合金球）在规定试验力作用下压入被测金属表面，由压头在金属表面形成的压痕的深度来确定其硬度值。试验时，先加初试验力98.07N，然后再加主试验力，在初试验力＋主试验力的压力下保持一段时间之后，去除主试验力，在保留初试验力的情况下，根据试样的压痕深度来衡量金属硬度的大小。

图 1-5 为金刚石圆锥压头的洛氏硬度试验原理图。图中，0-0 为金刚石压头的初始位置，1-1 为在初试验力作用下，压头压入深度为 h_0 的位置，加初试验力的目的是使压头与试样表面紧密接触，避免由于试样表面不平整而影响试验结果的精确性；2-2 为在总试验力（初试验力＋主试验力）作用下，压头压入深度为 h_1 时的位置；3-3 为卸除主试验力后由于被测金属弹性变形恢复，使压头略为提高的位置。测定在初试验力下压痕残余深度 h，以此来衡量被测金属的硬度。根据 h 值及常数 N 和 S 用下式计算洛氏硬度（HR）：

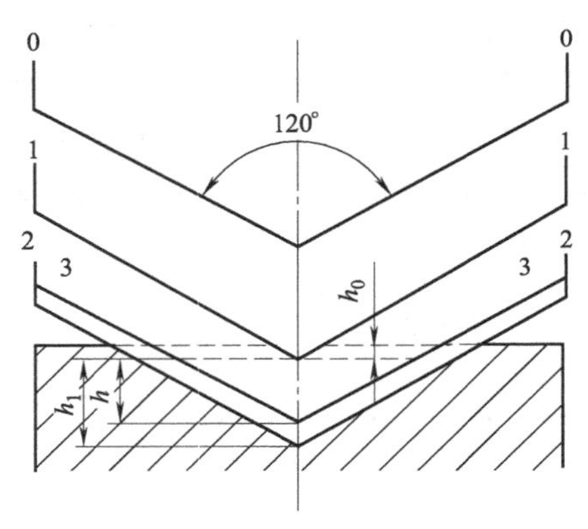

图 1-5 洛氏硬度试验原理图

$$HR=N-\frac{h}{S}$$

式中，N 为常数，压头为金刚石圆锥时，$N=100$；压头为硬质合金球时，$N=130$。

为了能用同一硬度测试原理测量从极软到极硬材料的硬度，可采用不同的压头和试验力，组成几种不同的洛氏硬度标尺，其中常用的是 A、B、C 三种标尺。表 1-2 为这三种标尺的试验条件和应用范围。

表 1-2 常用洛氏硬度标尺的试验条件和应用范围

标尺	硬度符号	所用压头	总试验力/N	硬度值有效范围	应用范围
A	HRA	金刚石圆锥	588.4	20～88HRA	硬质合金、碳化物、浅表面硬化钢
B	HRB	直径 1.5875mm 球	980.7	20～100HRB	热轧钢、退火钢、铜合金、铝合金、可锻铸铁
C	HRC	金刚石圆锥	1471	20～70HRC	淬火钢、调质钢、深层表面硬化钢

洛氏硬度值的表示方法为：硬度数值＋HR＋使用的标尺。如 60HRC 表示用“C”标尺测定的洛氏硬度值为 60。在试验时，洛氏硬度值均由硬度计的刻度盘上直接读出。

洛氏硬度试验是目前生产中应用最为广泛的一种硬度测试方法。其特点是：硬度试验压痕小，对试样表面损伤小，常用来直接检验成品或半成品零件的硬度；试验操作迅速、简便，可以从试验机上直接读出硬度值；当采用不同标尺时，可测量出从极软到极硬材料的硬度。其缺点是由于压痕小，对内部组织和硬度不均匀的材料，所测结果不够准确。因此，在进行洛氏硬度测试时应在被测金属的不同位置测出三点以上的硬度值，再计算其平均值。

三、维氏硬度

维氏硬度的测定原理与布氏硬度相同，不同的是维氏硬度采用的是一个对面夹角为136°的正四棱锥体金刚石压头。在测试硬度时将一定的试验力 F 将压头压入被测金属表面，保持规定时间后卸除试验力，则被测金属表面会压出一个正四棱锥形的压痕，测量试样表面压痕对角线的平均长度 d，从而计算出压痕的表面积 S，如图 1-6 所示。用单位压痕面积上承受的平均压力作为被测金属的维氏硬度值，维氏硬度值（HV）可用下式计算：

$$HV=\frac{F}{S}=0.102=\frac{F}{\dfrac{d^2}{2\sin 68^\circ}}=0.1891\frac{F}{d^2}$$

式中 F——试验力，N；

d——两条压痕对角线长度的平均值，mm。

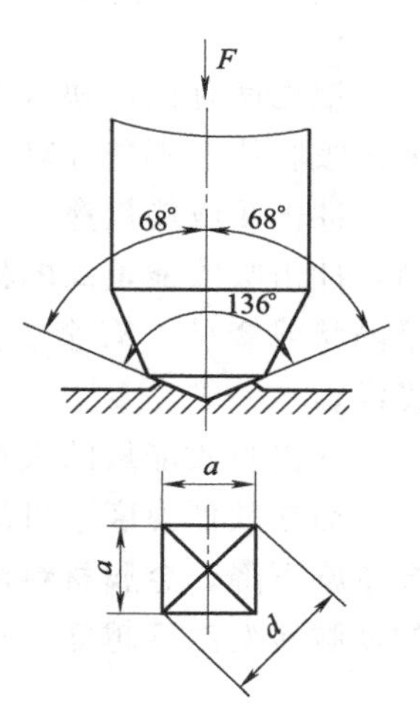

图 1-6 维氏硬度试验原理图

维氏硬度的标注方法为：硬度值＋HV＋试验力（对应 kgf)＋试验力保持时间。一般试验力保持时间为 10～15s 时不标出。如：600HV50 表示在 50kgf（490.3N）试验力作用下，保持 10～15s 测得的维氏硬度值为 600。800HV30/20 表示在 30kgf（294.2N）试验力作用下，保持 20s 测得的维氏硬度值为 800。

维氏硬度适用范围广，从极软到极硬的材料都可以进行测量，且连续性好，可测量较薄或表面硬度值较大的材料的硬度，尤其适用于零件表面层硬度的测量，如化学热处理的渗层硬度测量。但维氏硬度测试时对试样表面质量要求较高，测试过程比较麻烦，效率较低，没有洛氏硬度方便，因此不适用于生产现场的常规试验，且因施加的试验力小，压入深度较浅，所测数据精确度不高。

第三节 冲击韧性与疲劳强度

强度、塑性、硬度等力学性能指标都是在静载荷的作用下测定的，但实际上使用的大多数零件和工具在工作过程中往往受到的是冲击力或变动载荷的作用，如锻锤的锤杆、冲床的冲头等，这些工件除要求强度、塑性、硬度外，还必须具有足够抵抗冲击载荷和变动载荷的能力，既需要材料具有足够高的韧性。

一、冲击韧性

冲击韧性是指金属材料抵抗冲击力而不破坏的能力。为了评定金属材料的冲击韧性，需进行一次冲击试验。一次冲击试验通常是在摆锤式冲击试验机上进行的，为了使试验结果能进行相互比较，需要将被测金属按 GB/T 229—2007 规定加工成图 1-7 所示的夏比 U 形缺口试样和夏比 V 形缺口试样两种。

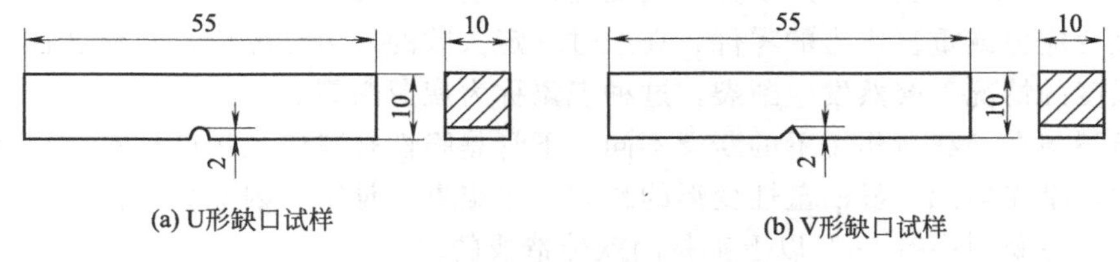

图 1-7 冲击试样

冲击试验是将规定几何形状的缺口试样置于试验机两支座之间，缺口背向打击面放置，用摆锤一次打击试样，测定试样的吸收能量。试验时将冲击试样放在试验机两支座 1 处，使

质量为 m 的摆锤自高度 h_1 自由落下，冲断试样后摆锤升高到 h_2 高度（见图 1-8 所示），摆锤在冲断试样过程中所消耗的能量即为试样在一次冲击力作用下折断时所吸收的能量，称为冲击吸收能量，用符号 K 表示，即：

$$K=mg(h_1-h_2)$$

根据两种试样缺口形状不同，冲击吸收能量分别用 KU 或 KV 表示，单位为焦耳（J）。冲击吸收能量不需计算，可由冲击试验机的刻度盘上直接读出。

冲击吸收能量愈大，材料的韧性愈好。一般把冲击吸收能量低的金属材料称为脆性材料，冲击吸收能量高的称为韧性材料。脆性材料在断裂前无明显的塑性变形，断口较平整、呈晶状或瓷状，有金属光泽；韧性材料在断裂前有明显的塑性变形，断口呈纤维状，无光泽。

冲击吸收能量的大小与试验温度有关。有些材料在室温（20℃）左右试验时不显示脆性，而在较低温度下可能发生脆性断裂，从图 1-9 可以看出，在某一温度处，冲击吸收能量会急剧下降，金属材料由韧性断裂转变为脆性断裂，这一温度区域称为韧脆转变温度。材料的韧脆转变温度越低，材料的低温抗冲击性能越好。

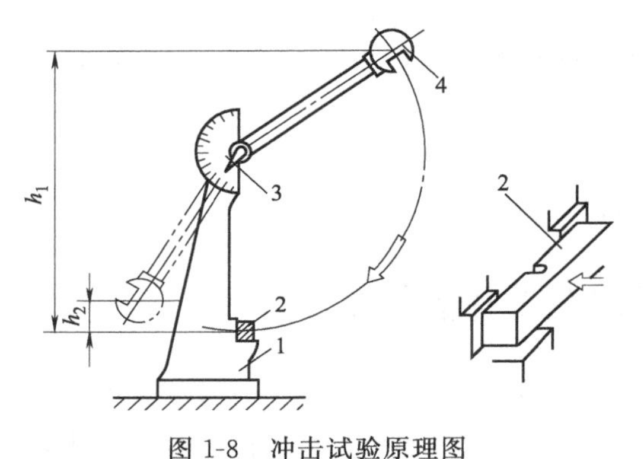

图 1-8 冲击试验原理图

1—固定支座；2—带缺口的试样；3—指针；4—摆锤

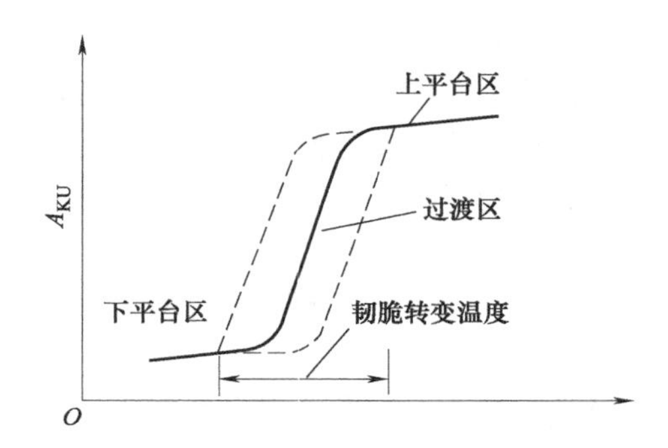

图 1-9 冲击吸收能量-温度曲线

冲击吸收能量的高低还与试样形状、尺寸、表面粗糙度、内部组织和缺陷有关，因此，冲击吸收能量一般作为选材的参考，不能直接用于强度计算。

二、疲劳强度

1. 疲劳现象

工程上许多机械零件如轴、齿轮、弹簧等都是变动载荷作用下工作的。根据变动载荷的作用方式不同，零件承受的应力可分为交变应力与重复应力两种，如图 1-10 所示。

承受交变应力或重复应力的零件，在经过一定次数的应力循环后，往往会在工作应力低于其屈服强度的情况下突然发生断裂，这种现象称为疲劳断裂。

疲劳断裂与在静载荷作用下的断裂不同，不管是脆性材料还是韧性材料，疲劳断裂都是突然发生的，事先均无明显的塑性变形的预兆，很难事先觉察，因此具有很大的危险性。据统计在机械零件断裂中有 80%以上都是因疲劳造成的。

疲劳断裂一般产生在零件应力集中部位或材料本身强度较低的薄弱部位，如零件上原有的微小裂纹、软点、脱碳、夹杂或刀痕等处容易形成裂纹的核心。在交变应力或重复应力的反复作用下会产生疲劳裂纹，并随着应力循环周次的增加，疲劳裂纹不断扩展，使零件的有

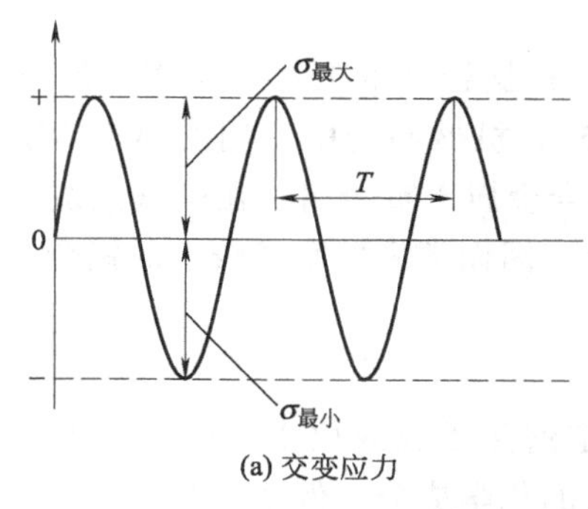

(a) 交变应力

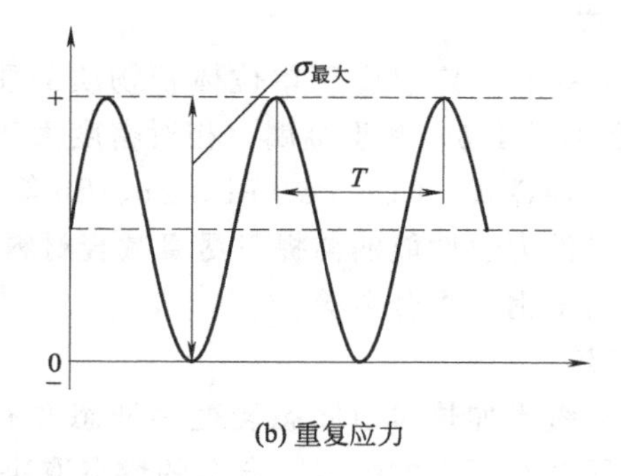

(b) 重复应力

图 1-10 交变应力与重复应力

效承载面逐渐减小，最后当减小到不能承受外加载荷作用时，零件即发生突然断裂。疲劳断裂的宏观断口一般分为裂纹源、裂纹扩展区和瞬断区三个区域，如图 1-11 所示。

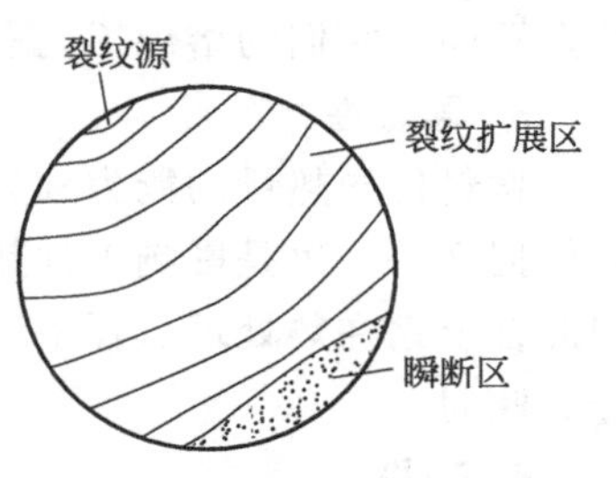

图 1-11 疲劳断口示意图

2. 疲劳强度

大量试验证明，金属材料所受的最大交变应力 σ 越大，则断裂前经受的循环次数 N 越少，如图 1-12 所示。这种交变应力 σ 与循环次数 N 的关系曲线称为疲劳曲线。从疲劳曲线上可以看出，循环应力值越低，断裂前的循环次数愈多。当循环应力降低到某一值后，循环次数可以达到很大，甚至无限大，而试样仍不发生疲劳断裂，我们把试样不发生断裂的最大循环应力，称为该金属的疲劳极限，用 σ_{-1} 表示光滑试样对称弯曲疲劳极限。

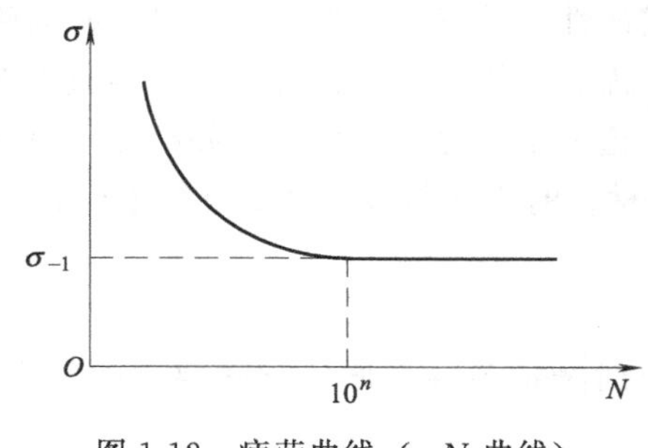

图 1-12 疲劳曲线（σ-N 曲线）

按 GB 4337 规定，一般钢铁材料取循环次数 N 为 10^7 次时所能承受的最大循环应力为疲劳强度；对于有色金属，循环次数为 10^8 次；在腐蚀介质作用下的钢铁材料，循环次数为 10^6 次。

3. 提高疲劳强度的措施

影响疲劳强度的因素很多，除设计时在结构上应注意避免零件应力集中外，还应改善零件表面粗糙度，这样可降低缺口效应，提高疲劳强度；采用表面热处理，如高频淬火、表面形变强化（喷丸、滚压、内孔挤压等）、化学热处理（渗碳、渗氮、碳氮共渗）等都可改变零件表层的残余应力状态，从而提高零件的疲劳强度。

第四节 金属材料的其他性能

一、物理性能

物理性能是指在重力、电磁场、热力等因素作用下，金属材料表现出来的性能。金属材料的物理性能主要包括密度、熔点、导电性、导热性、热膨胀性、磁性等。

1. **密度**

密度是指在一定温度下单位体积物质的质量。根据密度的大小，可将金属分为轻金属（相对密度小于4.5）和重金属（相对密度大于4.5）。机械制造中常用的Al、Mg、Ti等及其合金属于轻金属；Cu、Fe、Pb、Zn、Sn等及其合金属于重金属。在机械制造行业中，通常在满足零件力学性能的前提下尽量减轻材料质量，因而常采用密度较小的铝合金、钛合金等替代高密度钢、铜合金等。

2. **熔点**

材料在缓慢加热时由固态转变为液态并有一定潜热吸收或放出时的转变温度，称为熔点。纯金属都有固定的熔点，合金的熔点取决于它的化学成分，例如钢是铁、碳合金，其含碳量不同，熔点也不同。熔点是确定热加工工艺参数的重要依据之一。例如，铸铁和铸铝的熔点不同，它们的熔炼工艺有较大差别。

3. **导热性**

材料传导热量的能力称为导热性。导热性能的高低是生产中选择保温或热交换材料的重要依据之一，也是影响工件热处理保温时间的一个主要因素。如合金钢的导热性比碳钢差，因此合金钢在热处理过程中应缓慢加热和冷却，以减小工件的内外温差，降低工件的变形和开裂倾向。

4. **磁性**

材料在磁场中能被磁化或导磁的能力称为导磁性或磁性。具有显著导磁性的材料称为磁性材料。金属磁性材料也称为铁磁材料，常用的有铁、镍、钴等金属及其合金。磁性只存在一定温度范围内，在高于一定温度时，磁性就会消失，这一温度称为居里点。如铁的居里点为769℃，镍为358℃，钴可达1150℃。工程中常利用材料的磁性制造机械及电气零件。

二、化学性能

金属及合金的化学性能主要是指它们在室温或高温时抵抗各种介质的化学侵蚀的能力，一般包括耐腐蚀性、抗氧化性和化学稳定性。

1. **耐腐蚀性**

金属材料在常温下抵抗氧、水及其他化学介质腐蚀破坏的能力称为耐腐蚀性，包括化学腐蚀和电化学腐蚀两种类型。化学腐蚀一般是在干燥气体及非电解液中进行的，腐蚀时没有电流产生；电化学腐蚀是在电解液中进行的，腐蚀时有微电流产生。

根据介质侵蚀能力的强弱，对于在不同介质中工作的金属材料的耐腐蚀性要求也不相同，如海洋设备及船舶用钢，须耐海水和海洋大气腐蚀；储存和运输酸类的容器、管道等，应具有较高的耐酸性能。

金属材料在不同介质及条件下的耐腐蚀性能是不同的。如镍铬不锈钢在稀酸中耐腐蚀，但在盐酸中不耐腐蚀；铜及其合金一般在大气中耐腐蚀，但在氨水中不耐腐蚀（磷青铜除外）。

腐蚀对金属的危害很大，每年因腐蚀损耗了大量的金属材料，这种现象在制药、化肥、制酸、制碱等行业的生产中表现得更为明显。因此，提高金属材料的耐腐蚀性，对于减少金属材料消耗、提高零件使用寿命、降低生产成本具有重要意义。

2. **抗氧化性**

金属材料在高温条件下抵抗氧化作用的能力称为抗氧化性。高温下（570℃以上）使用的钢铁材料，表面生成疏松多孔的 FeO，氧原子易通过 FeO 进行扩散，使钢内部不断氧化，温度越高，氧化速度越快，使得钢铁材料在铸造、锻造、焊接等热加工生产时，损耗严重。通过合金化在材料表面形成保护膜，或在工件周围形成一种保护气氛，均能有效减少金属材料的氧化，提高金属材料的抗氧化性。

3. **化学稳定性**

化学稳定性是材料耐腐蚀性和抗氧化性的总称。一般在海水、酸、碱等腐蚀环境中工作的零件，应选用化学稳定性良好的材料制造。例如，化工设备的零部件通常采用不锈钢来制造。

三、工艺性能

工艺性能是指金属在加工成产品的过程中，对各种不同加工工艺方法的适应能力，即金属采用某种加工方法制成成品时的难易程度。工艺性能包括铸造性能、锻压性能、焊接性能、热处理性能、切削加工性能等。工艺性能直接影响零件的制造工艺和产品质量，是选择金属材料时必须考虑的因素之一。

切削加工金属的难易程度称为切削加工性能。一般由工件切削后的表面粗糙度及刀具使用寿命等方面来综合衡量。切削加工性能好坏与多种因素有关，如材料的化学成分、组织、硬度、强度、塑性、韧性、导热性、加工硬化程度等。具有良好切削性能的金属材料，一般具有适宜的硬度和足够的脆性。在切削加工过程中，由于刀具易于切入，切屑易碎断，可减少刀具的磨损，降低刃部受热的温度，使切削速度提高，从而降低工件加工表面的粗糙度。一般说来，有色金属材料比黑色金属材料的切削加工性能好，铸铁比钢的切削加工性能好，中碳钢比低碳钢的加工性能好。低碳钢由于其硬度、强度低，而塑性、韧性高，切削加工中易出现“粘刀”现象，工件表面粗糙、精度差，因而其切削加工性能较差。

本章小结

金属材料的性能一般分为使用性能和工艺性能。

使用性能是金属材料在使用过程中表现出来的特性，包括力学性能、物理性能、化学性能等。金属材料的强度和塑性指标是通过拉伸试验获得的。应力超过材料的屈服强度时材料会产生变形，超过材料的抗拉强度时材料会产生断裂；生产中常采用洛氏硬度试验法检测零件的力学性能；衡量材料在冲击载荷作用下的力学性能指标是冲击吸收功；衡量材料在交变载荷作用下的力学性能指标是疲劳强度。

工艺性能是金属材料在加工成型过程中表现出来的特性，它包括铸造性能、锻压性能、焊接性能、热处理性能、切削加工性能等。

复习思考题

一、填空题

1. 金属材料在外力作用下抵抗永久变形和破坏的能力称为__________。

2. 常用测定硬度的方法有__________、__________和__________试验法，其中__________试验法在生产中应用最为广泛。

3. __________是金属材料在外力的作用下产生塑性变形而不被破坏的能力。

4. 金属材料的常用的塑性指标有__________和__________。

5. 金属材料的性能一般分为__________和__________。

二、简答题

1. 说明下列力学性能指标的意义

R_m、R_{eH}、R_{eL}、A、$A_{11.3}$、Z、KU、KV

2. 什么叫金属的力学性能？金属的材料的力学性能主要包括哪些方面？

3. 下列硬度的表示方法是否正确，为什么？

450～480HBW　　15～20HRC　　HV30　830HBW　850HV

4. 什么是金属的疲劳现象？如何提高金属的疲劳强度？

5. 有一金属材料试样，其直径为10mm，标距长度为50mm，当拉伸载荷达到36110N时，试样产生缩颈现象，然后被拉断。拉断后标距长度为73mm，断裂处的最小直径为6.7mm，求试样的抗拉强度、断后伸长率和断面收缩率。

6. 对相同材料进行拉伸试验时，长试样与短试样的伸长率、断面收缩率有何异同之处？为什么？

第二章 纯金属与合金的基本知识

金属的性能主要取决于材料的化学成分和组织结构，化学成分不同其性能也不相同，即使是相同成分的材料，当采用不同的热加工工艺或热处理后由于其内部结构和组织状态的改变性能也会有很大差异。因此，研究金属材料的结构及组织状态，对于生产、加工、使用现有材料和发展新型材料均具有重要的意义。

第一节 纯金属与合金的晶体结构

一、纯金属的晶体结构

物质是由原子组成的，根据原子在空间中排列的特征不同，固体物质可分为晶体与非晶体两大类。晶体是指在其内部原子按一定几何规律做有规则的周期性排列的物质，如金刚石、石墨及一切固态的金属和合金。而非晶体内部的原子是无规则地堆积在一起的，如松香、石蜡、玻璃等。晶体具有固定的熔点和各向异性的特征，而非晶体没有固定熔点，且各向同性。

1. 晶格

为了描述晶体中原子在空间的排列规律，可以把原子看作刚性小球，则晶体就是由许多刚性小球按一定规律排列形成的物质，如图 2-1(a) 所示。再将原子视为一个点，并用假想的线条将各点连接起来，使之构成一个空间格架，此时各原子都位于该空间格架的各结点上。图 2-1(a) 所示的晶体就可描述为图 2-1(b) 所示的空间格架，这种用来描述原子在晶体中排列形式的空间格架称为“晶格”。

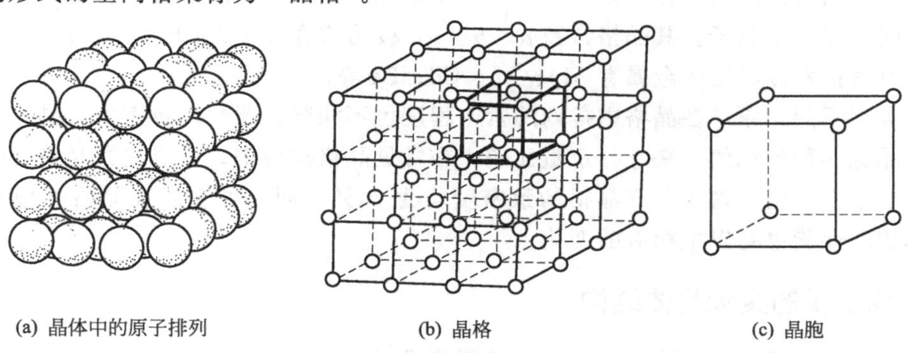

(a) 晶体中的原子排列　　(b) 晶格　　(c) 晶胞

图 2-1　晶体结构中原子的排列

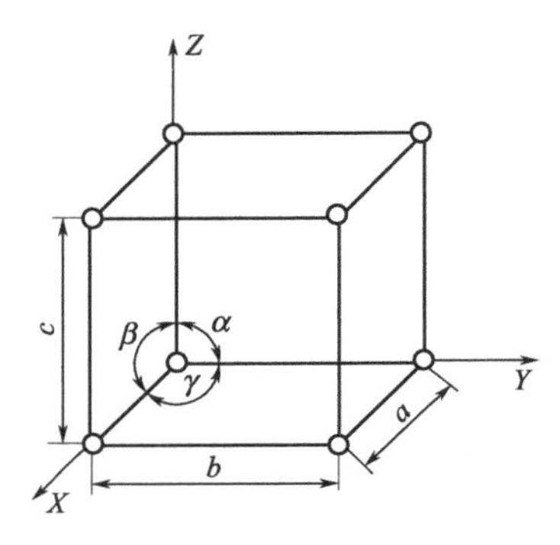

图 2-2 晶胞的表示方法

2. 晶胞

由于晶体中原子的排列具有周期性变化的特点，因此在研究晶体结构时，为方便起见，通常从晶格中选取一个能够完全反映晶格结构特征的最小的几何单元来分析晶体中原子的排列规律，这个最小的几何单元称为“晶胞”，如图 2-1（c）所示。实际上整个晶格就是由许多大小、形状和位向相同的晶胞在空间重复排列而成的。

为了描述晶胞结构，通常以晶胞角上的一个结点作为坐标原点，以其三条棱边作为三个坐标轴 X、Y、Z，以晶胞的棱边长度 a、b、c 及棱边夹角 α、β、γ 来表示晶胞的大小和形状，如图 2-2 所示。其中棱边长度 a、b、c 称为晶格常数，单位为 Å（$1\text{Å}=1\times10^{-8}\text{cm}$）。

3. 金属中常见的晶格类型

由于原子的排列方式不同，金属的晶格类型也不相同，金属中常见的晶格类型有以下三种。

（1）体心立方晶格　体心立方晶格的晶胞是一个立方体，在立方体的中心有一个原子，在立方体的八个角上各有一个原子。其晶格常数 $a=b=c$，棱边夹角 $\alpha=\beta=\gamma=90°$，如图 2-3 所示。具有体心立方晶格结构的金属有 α-Fe、Cr、W、Mo、V 等。

（2）面心立方晶格　面心立方晶格的晶胞也是一个立方体，在立方体的每一个面的中心和立方体的八个角上，各有一个原子。其晶格常数 $a=b=c$，棱边夹角 $\alpha=\beta=\gamma=90°$，如图 2-4 所示。具有面心立方晶格结构的金属有 γ-Fe、Al、Cu、Ni、Au、Ag、Pb 等。

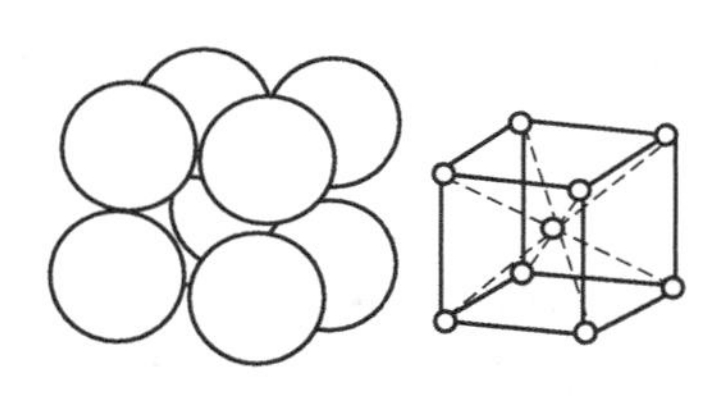
图 2-3 体心立方晶格

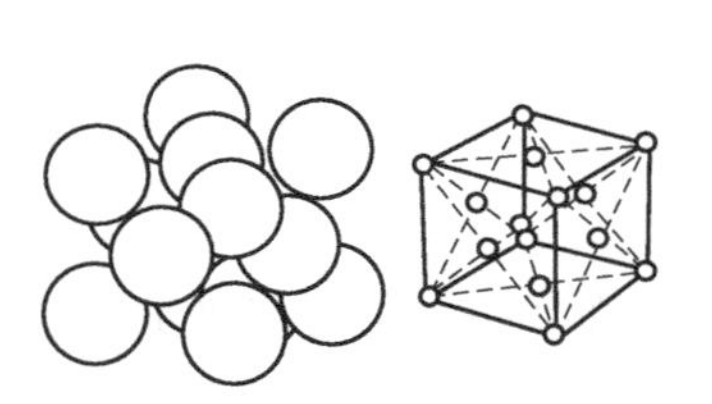
图 2-4 面心立方晶格

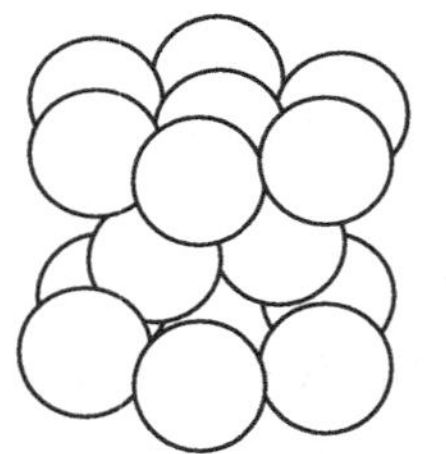

图 2-5 密排六方晶格

（3）密排六方晶格　密排六方晶格的晶胞是一个六方柱体，它由六个呈长方形的侧面和两个呈六边形的底面组成。在六方柱体的十二个结点和上、下底面中心处各有一个原子，在晶胞的中间还有三个原子。其晶格常数 $a=b\neq c$，棱边夹角 $\alpha=\beta=90°$，$\gamma=120°$，如图 2-5 所示。具有密排六方晶格的金属有 Mg、Zn、Cd、Be 等。

晶格类型不同，原子在晶格中排列的紧密程度也不相同，通常用致密度（晶胞中原子所占体积与晶胞体积的比值）来进行定量比较。在常见晶格类型中，体心立方晶格的致密度为 68%，面心立方晶格和密排六方晶格的致密度均为 74%。同一种金属在晶格类型发生变化时，其体积和性能也将发生相应的变化。

二、纯金属的实际晶体结构

以上讨论的金属晶体结构是把晶体内部原子排列的位向看作完全一致时理想的单晶体结

构。实际上金属材料不都是这样的理想结构，而是一个多晶体的结构，并存在很多缺陷。

1. 多晶体结构

在工业上使用的金属材料除专门制作外，即使在一块很小的金属中也包含着许多不同晶格位向及形状的小晶体，但在每个小晶体的内部，晶格位向基本一致，图 2-6(a) 所示为多晶体结构示意。其中每个小晶体的外形多为不规则的颗粒状，通常都把它们称为“晶粒”。晶粒与晶粒之间的界面称为“晶界”。

在钢铁材料中，晶粒的尺寸一般在 $10^{-3}\sim10^{-1}$mm，故必须在显微镜下才能观察到。通常把在显微镜下观察到的金属晶粒的大小、形态和分布称为“显微组织”，纯铁的显微组织如图 2-6(b) 所示。有色金属（如铜、铝、锡、铅、锌等）的晶粒一般都比钢铁材料的晶粒大些，有时甚至不用显微镜就能直接观察到，如镀锌钢板表面的锌晶粒，其尺寸通常达几毫米至十几毫米。

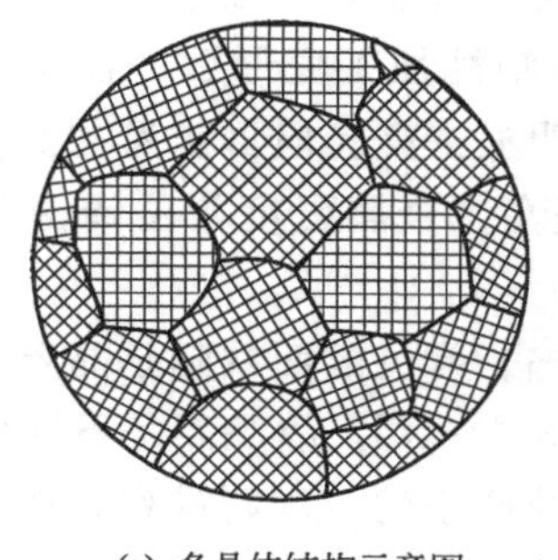

(a) 多晶体结构示意图

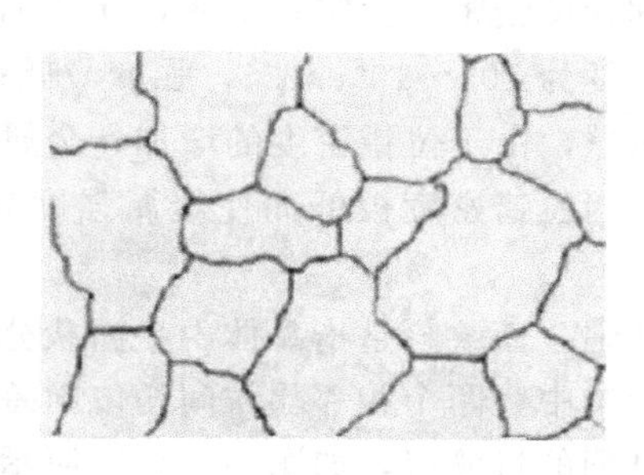

(b) 纯铁的显微组织

图 2-6 金属的多晶体结构

2. 晶体缺陷

实际金属不仅是多晶体结构，而且原子在晶粒中的排列并不像理想晶体那样规则和完整，总有一些原子偏离规则排列而形成一定的不完整区域，这就是晶体缺陷。这些缺陷对金属的物理性能、化学性能和力学性能影响很大。例如对理想金属晶体进行理论计算所得的屈服强度，要比实际晶体测得的数值高出千倍左右。

根据缺陷的几何特征不同，晶体缺陷可分为点缺陷、线缺陷和面缺陷三大类。

(1) 点缺陷　最常见的点缺陷是空位和间隙原子，如图 2-7 所示。当晶格中某些原子由于某种原因（如热振动的偶然偏差等）脱离其晶格结点，其结点未被其他原子占有，这种空着的位置就称为“空位”；同时又有个别原子出现在晶格空隙处，这种不占有正常晶格位置的原子称为“间隙原子”。

在空位和间隙原子附近，由于原子间作用力的平衡被破坏，使其周围的其他原子发生靠拢或撑开的现象称为晶格畸变。晶格畸变将使晶体性能发生改变，如强度、硬度和电阻的增加等。

(2) 线缺陷　线缺陷是在晶体中出现的沿着某一方向尺寸很大，其余两个方向上尺寸很小，呈线状分布的一种缺陷。常见的线缺陷是各种类型的位错。位错实际上就是在晶体中有一列或若干列原子发生了某种有规律错排的现象。其中比较简单的一种位错形式就是刃型位错，如图 2-8 所示。刃型位错是在规则排列的晶体中间多出了一层多余的原子面，这个多余的原子面像刀刃一样切入晶体，使晶体中上下两部分的原子产生了错排现象，因而称为“刃型位错”。在刃型位错线附近，由于原子错排而产生了晶格畸变，使位错线上方附近的原子受到压应力的作用，位错线下方附近的原子受到拉应力的作用。

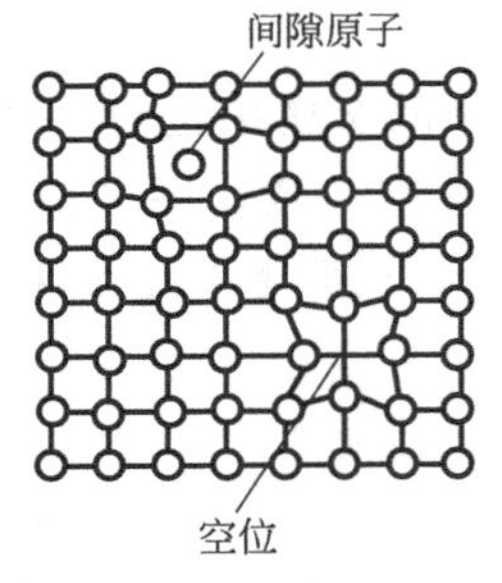

图 2-7 空位和间隙原子示意图

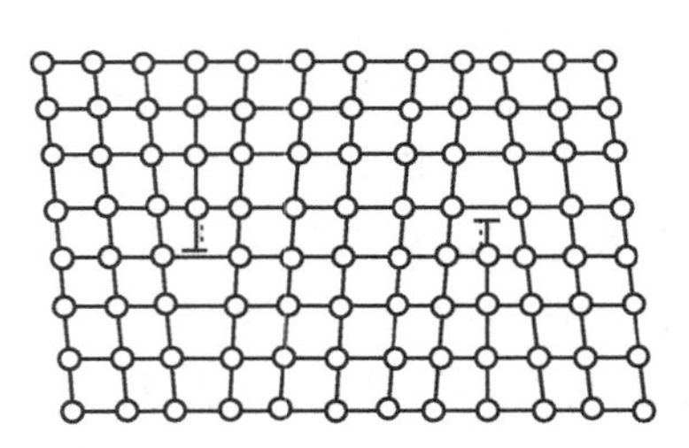

图 2-8 刃型位错示意图

位错的存在以及位错的数量对金属的力学性能有很大影响。通常把单位体积中包含位错线的总长度称为位错密度。实验证明，在实际晶体中均存在着大量位错，当金属处于退火状态时，位错密度为 $10^6 \sim 10^8 cm^{-2}$，强度最低；若经冷塑性加工变形后，金属的位错密度为 $10^{11} \sim 10^{12} cm^{-2}$，由于位错密度的增加，金属的强度明显提高。但目前尚在实验室制作的极细金属晶须，因位错密度极低而使金属强度有明显提高。金属强度与位错密度的关系如图 2-9 所示。

(3) 面缺陷　面缺陷是指晶体中呈面状分布的缺陷。常见的面缺陷是晶界和亚晶界。在多晶体金属结构中，两个相邻晶粒间的位向差大多在 30°～40°，故晶界是不同位向晶粒之间原子无规则排列的过渡层，如图 2-10(a) 所示。晶界处原子的不规则排列，使晶格处于畸变状态，当金属进行塑性变形时晶界起到一定的阻碍作用，表现出强度、硬度升高的现象，晶界越多，晶粒越细小，常温下金属的强度、硬度和塑性就越高。

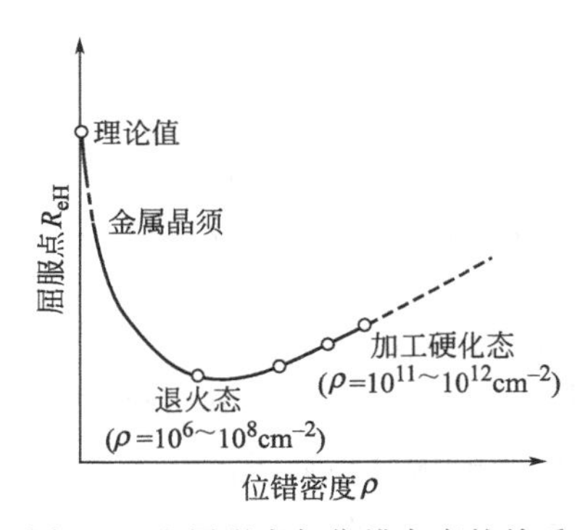

图 2-9 金属强度与位错密度的关系

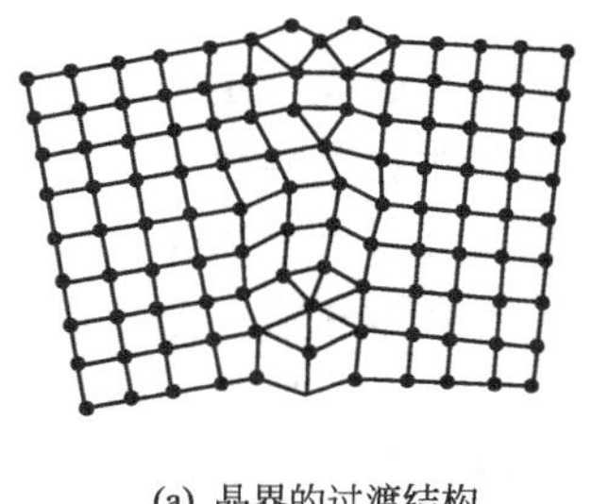

(a) 晶界的过渡结构

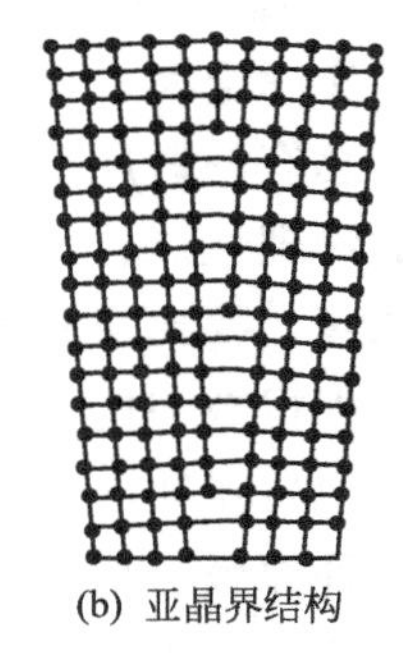

(b) 亚晶界结构

图 2-10 晶界与亚晶界结构示意图

在实际金属的每个晶粒内部，其晶格位向并不像理想晶体那样完全一致，而是存在许多尺寸很小、位向相差也很小的小晶块，这些小晶块称为“亚晶粒”，两个相邻亚晶粒的界面称为“亚晶界”，如图 2-10(b) 所示。亚晶界实际上是由一系列刃型位错组成的小角度晶界，其原子排列不规则，因此也会产生晶格畸变。亚晶界对金属性能的影响与晶界相似，例如当晶粒大小一定时，亚组织越细，金属的强度越高。

三、合金的晶体结构

纯金属一般都具有优良的导电性和导热性，但由于纯金属强度、硬度较低，无法满足生产中对金属材料的一些高性能要求，且纯金属提炼困难，价格较贵，因此在应用上受到一定的限制，所以在实际生产中大量使用的金属材料都是根据需要配制成的各种不同成分的合金，如碳钢、铸铁、合金钢、黄铜、硬铝等。

1. 合金的基本概念

合金是指由两种或两种以上的金属元素（或金属与非金属元素）组成的、具有金属特性的物质。例如碳钢和铸铁是由铁和碳两种元素组成的合金；黄铜是由铜和锌组成的合金；硬铝是由铝、铜、镁等元素组成的合金等。

组成合金的最基本的、独立的物质称为“组元”。组元通常是纯元素，但也可以是稳定的化合物。根据组成合金组元数目的不同，合金可以分为二元合金、三元合金和多元合金等。例如钢是由铁和碳组成的二元合金，黄铜是由铜和锌组成的二元合金，等。

给定组元后，可以按不同比例配制成一系列成分不同的合金，这一系列合金就构成了一个合金系。根据组元数目的多少不同，合金系也可以分为二元合金系、三元合金系和多元合金系等。

合金中，具有同一化学成分、晶体结构和性能的均匀部分称为“相”。合金中相与相之间有明显的界面。合金在液态下通常都是单相液体。合金在固态下，由一个固相组成时称为“单相合金”；由两个以上固相组成时称为“多相合金”。

组织是能用肉眼直接观察到或借助放大镜、显微镜等观察到的涉及金属内部的晶粒大小、形状、分布、各相的组成情况等宏观或微观的图像。

合金的性能取决于它的组织，组织的性能又首先取决于其组成相的性能，因此，由不同相组成的组织，具有不同的性能。为了了解合金的组织与性能，有必要首先了解构成合金组织的相结构及其性能。

2. 合金的相结构

按合金组元间的相互作用不同，合金在固态下的相结构可分为固溶体和金属化合物两大类。

(1) 固溶体　固溶体是指合金在固态下，组元间能相互溶解而形成的均匀相。固溶体的晶格类型与其中一个组元的晶格类型相同，此组元称为“溶剂”，其他组元均称为“溶质”。在固溶体中，一般溶剂含量较多，溶质含量较少。根据溶质原子在溶剂晶格中所占位置的不同，固溶体可分为置换固溶体和间隙固溶体，如图 2-11 所示。

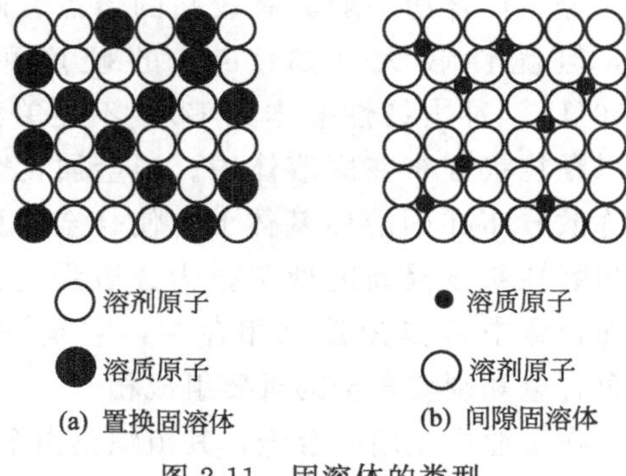

图 2-11　固溶体的类型

① 置换固溶体　置换固溶体是指溶质原子部分占据溶剂晶格结点位置形成的固溶体，如图 2-11(a)所示。

按溶质原子在固溶体中溶解度的不同，置换固溶体又可分为有限固溶体和无限固溶体两种。例如在铜锌合金中，锌能溶解在铜中形成有限固溶的置换固溶体，当 $w_{Zn} \leqslant 32\%$时，锌能全部溶入铜中形成单相的 α 固溶体，当 $w_{Zn} > 32\%$时，组织中除 α 固溶体外，还出现铜与锌的金属化合物；在铜镍合金中，铜原子和镍原子可按任意比例相互溶解，形成无限置换固溶体。

在置换固溶体中，溶质在溶剂中的溶解度主要取决于两种原子的晶格类型、原子半径和温度。一般来说当两组元的晶格类型相同、原子半径接近时，有可能形成无限固溶体，否则只能形成有限固溶体。有限固溶体的溶解度还与温度有关，一般温度越高，溶解度越大。

② 间隙固溶体　间隙固溶体是指溶质原子溶入溶剂晶格间隙形成的固溶体，如图2-11(b) 所示。

由于溶剂晶格的间隙有限，因此间隙固溶体都是有限固溶体。形成间隙固溶体的条件是溶质原子与溶剂原子的比值 $r_{溶质}/r_{溶剂} \leqslant 0.59$。因此形成间隙固溶体的溶质元素都是一些原子半径较小的非金属元素，如氢、硼、碳、氮、氧等。

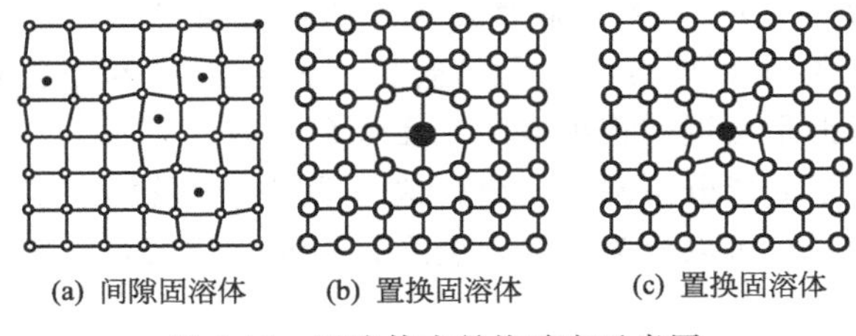

图 2-12　固溶体中晶格畸变示意图

应当指出，无论是形成置换固溶体还是形成间隙固溶体，虽然固溶体仍保持着溶剂金属的晶格类型，但由于溶质与溶剂原子尺寸的差别，必然会造成晶格的畸变（见图 2-12），增加位错运动的阻力，使固溶体的强度、硬度提高。这种通过溶入溶质元素使固溶体的强度、硬度升高的现象称为固溶强化。固溶强化是提高金属材料力学性能的重要途径之一。

(2) 金属化合物　金属化合物是指合金组元间发生相互作用而形成的具有金属特性的一种新物质。金属化合物的晶格类型和性能完全不同于任一组元，一般可以用分子式表示。例如渗碳体（Fe_3C）是铁碳合金中重要的金属化合物，它是由碳原子构成的一个正交晶格（其晶格常数 $a \neq b \neq c$，棱边夹角 $\alpha=\beta=\gamma=90°$），在每一个碳原子的周围有六个铁原子，形成一个八面体，每个八面体内都有一个碳原子，每个铁原子均为两个八面体共有，故铁原子与碳原子之比为 3∶1，因而可用分子式 Fe_3C 表示，其晶体结构如图 2-13 所示。

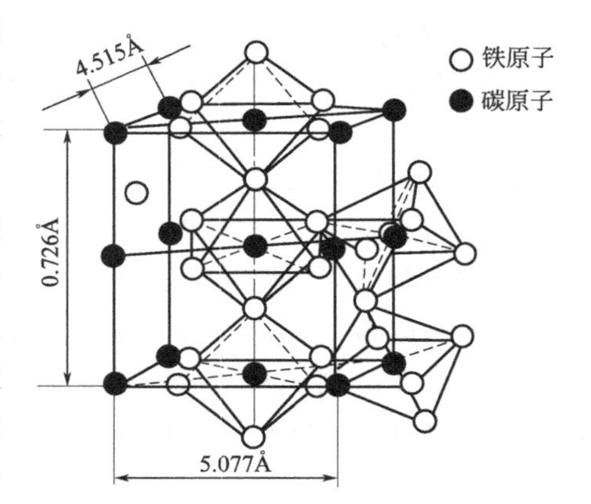

图 2-13　Fe_3C 的晶体结构

金属化合物一般具有较高的熔点、硬度和稳定性，但脆性较大（如 Fe_3C 的硬度可达 950～1050HV，冲击韧性基本为零），不能单独使用，只能以颗粒状分布在固溶体中。当金属化合物以颗粒状弥散分布在固溶体基体上，使合金的强度、硬度和耐磨性明显提高的现象称为弥散强化。金属化合物在合金中常作为强化相存在，它是许多合金钢、有色合金和硬质合金的重要组成相。

在工业中使用的合金，其组织仅由金属化合物组成的情况极少见到，绝大多数合金的组织是由固溶体和金属化合物组成的混合物，通过调整合金的化学成分和金属化合物的数量、大小、形态、分布可以获得不同的力学性能，从而满足不同产品的性能要求。

第二节　纯金属与合金的结晶

金属与合金由液态转变为固态晶体的过程中，其原子是由不规则排列的液体状态逐步过渡到原子做规则排列的晶体状态，这一过程称为结晶。

除粉末冶金材料外，金属与合金的生产都需要经过熔炼和浇注，都要经历一个结晶的过程。结晶后金属形成的铸态组织不仅会影响到铸件的性能，同时还会影响到随后一系列加工后材料的性能。因此，研究并控制金属与合金的结晶过程，对改善金属材料的性能，具有十分重要的意义。

一、纯金属的结晶过程

1. 冷却曲线和过冷现象

纯金属都有一个固定的熔点（或结晶温度），因此纯金属的结晶过程总是在一个恒定的温度下进行的。金属的结晶过程可以用冷却曲线来描述，如图 2-14 所示。在测定纯金属的冷却曲线时，液态金属的冷却过程非常缓慢，每隔一定时间测量一次温度，直到冷却至室温。然后将测量数据标注在温度-时间坐标上，就可绘制出纯金属的冷却曲线。

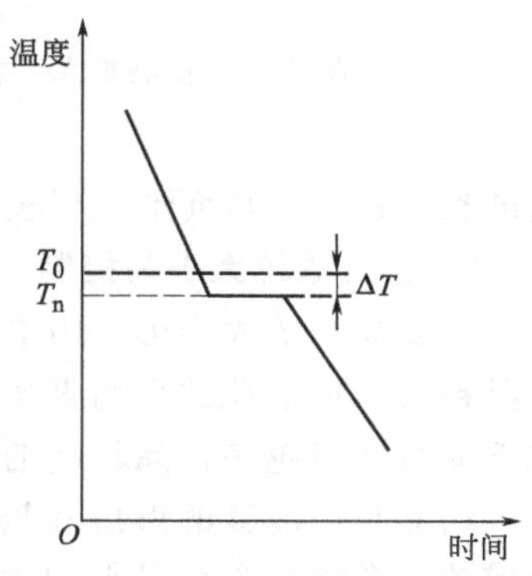

图 2-14 纯金属的冷却曲线

由冷却曲线可以看出，液态金属随着冷却时间的延长，由于热量的散失，温度不断下降。但冷却到某一温度 T_0 时，冷却时间虽然仍在延长，但温度并不下降，在冷却曲线上出现了一个水平线段，这个水平线段对应的温度 T_0 就是纯金属的结晶温度（或熔点）。出现水平线段的原因是，由于结晶时释放出的结晶潜热补偿了向外界散失的热量，因此温度没有下降；结晶完成后，由于没有结晶潜热补偿散失的热量，而金属仍继续向周围散失热量，故温度又重新下降。

在实际生产中，金属结晶过程中的冷却速度都较大，此时金属要在理论结晶温度以下某一温度 T_n 才开始进行结晶，如图 2-14 所示。金属的实际结晶温度低于理论结晶温度的现象称为“过冷现象”。理论结晶温度与实际结晶温度之差（T_0-T_n）称为过冷度，用 ΔT 表示，即

$$\Delta T=T_0-T_n$$

过冷是结晶的必要条件，金属总是在一定的过冷度下进行结晶的。同一金属，结晶时的冷却速度越大，过冷度就越大，金属的实际结晶温度就越低。

2. 纯金属的结晶过程

纯金属的结晶过程是在冷却曲线上水平线段内发生的，是晶核的不断形成和长大的过程。

在液态金属中的小范围内，总是存在着类似晶体中原子规则排列的小集团，但在结晶温度以上，这些原子集团是不稳定的，瞬间出现又会瞬间消失。当低于结晶温度时，原子集团变得比较稳定，不再消失，成为结晶核心（即晶核），这些晶核在结晶过程中不断吸附周围

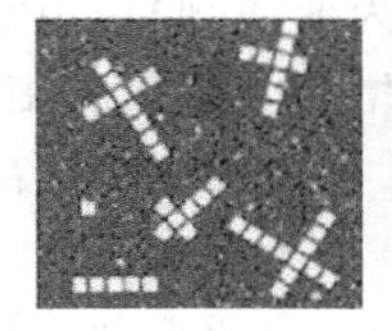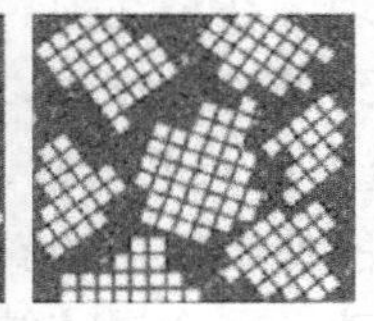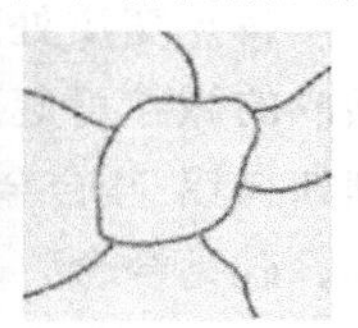

图 2-15 纯金属的结晶过程示意图

液体中的原子而长大。与此同时，在液体中又会不断产生出新的晶核并且长大，直至全部液体金属都转变为固体，最后形成由许多外形不规则、位向各不相同的小晶体（晶粒）组成的多晶体结构，如图 2-15 所示。

晶体长大的过程实际上就是液态中原子迁移到晶核表面，使液-固界面向液体中推进的过程。在结晶过程中，由于液-固界面前沿的温度分布状况不同，晶体长大的方式就有均匀长大和树枝状长大两种方式。在实际的结晶条件下，金属都是在一定的冷却速度下进行结晶的。由于冷却速度较大或过冷度较大，晶体棱角处的散热条件比平面部分更为有利，结晶潜热在晶体棱角处能迅速散逸，结果使棱角处得到更高的长大速度，从而形成树枝状晶体。图 2-16 所示为树枝状晶体长大示意图。

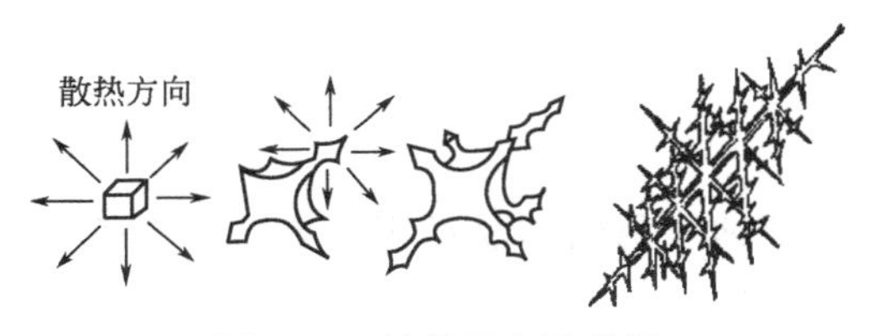

图 2-16　枝晶长大示意图

3. 金属晶粒大小与控制

金属晶粒的大小可以用单位体积内晶粒的数目来表示。为了便于测量，常以单位截面积上晶粒数目或晶粒的平均直径来表示。晶粒大小对金属材料的力学性能有很大影响，一般情况下晶粒数目越多，晶粒越细小，常温下金属的强度、塑性和韧性越高。

结晶是由晶核的形成和长大两个基本过程组成的，金属结晶后晶粒的大小主要取决于形核率 N 和晶核的长大速率 G，显然，凡能提高形核率 N、抑制长大速率 G 的因素，都有利于细化晶粒。

在工业生产中，为了细化铸件的晶粒，改善其性能，常采用以下方法。

(1) 增大过冷度　金属结晶时的冷却速度越大，过冷度越大，液态金属开始结晶的温度越低，形核率 N 和长大速率 G 随之增高，结晶速度加快，但增加的速度有所不同，如图 2-17所示。实际生产中，在液态金属能达到的过冷度范围内，形核率 N 的增长速度比长大速率 G 的增长速度要快，因此，过冷度越大，形核率 N 和长大速率 G 的比值也越大，单位体积内晶粒的数目就越多，结晶后铸件的晶粒越细。但通过增大过冷度的方法细化晶粒，只能用于小型和薄壁零件，对于一些大型铸件，由于散热较慢，要获得较大的过冷度很困难，而且过大的冷却速度往往导致铸件开裂而报废，因此，生产中常常采用其他方法来细化晶粒。

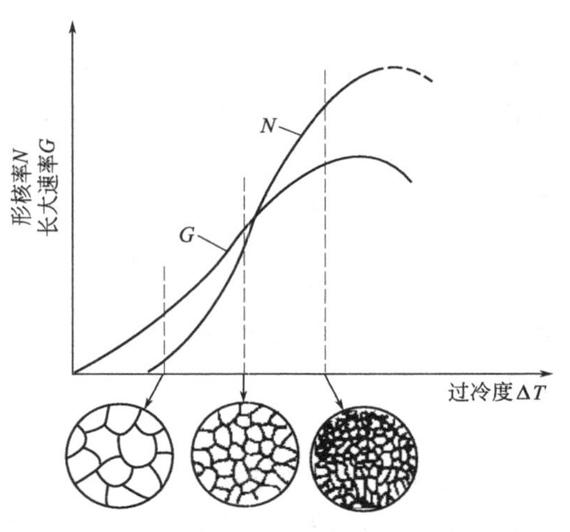

图 2-17　形核率和长大速率与过冷度的关系

(2) 变质处理　在浇注前，向液态金属中加入某种元素或化合物（称为变质剂），由它形成的微粒可起到晶核的作用，从而使晶核数目增多，结晶后的晶粒数目增加，组织变细。例如在铝-硅合金中加入氟化钠、氯化钠等组成的变质剂，可使晶粒细化；在铸铁中加入硅铁、硅钙合金，能使组织中的石墨细化等。

(3) 附加振动　在金属液结晶过程中，对其采用机械振动、超声波振动、电磁振动等措施，可使枝晶破碎、折断，破碎了的细小枝晶又可起到新晶核的作用，从而增加了形核率

N，使结晶后的晶粒数目增多，晶粒细小。

二、合金的结晶与二元合金相图

由于合金成分中包含两个或两个以上的组元，所以合金的结晶过程要比纯金属复杂得多。合金相图又称为合金平衡图或合金状态图，它是表示在平衡状态下（缓慢冷却或缓慢加热条件下），合金的组成相、温度、成分三者之间关系的图形。根据合金相图可以确定合金系中不同成分的合金在不同温度下的组成相、每个相的化学成分和相对量，还可以了解合金在缓慢加热和冷却过程中的相变规律，在生产实践中，可以利用合金相图正确制订铸造、锻压、焊接及热处理等热加工工艺。

1. 合金的结晶

合金的结晶过程与纯金属一样，也遵循晶核的形成与长大的基本规律。但与纯金属的冷却曲线不同，合金一般是在一定温度范围内进行结晶的，如图 2-18 所示。在冷却曲线中温度较高的拐点表示合金开始结晶的温度，温度较低的拐点表示合金结晶终了的温度。合金的冷却曲线出现转折是因为合金在不同温度下结晶出的固相化学成分不同所致。

2. 二元合金相图

（1）二元合金相图的表示方法　对于二元合金系，除温度变化外，合金的成分也是可以变化的，因而需要采用两个坐标轴来表示二元合金相图。故二元合金相图是一个有纵、横坐标轴的平面图形，通常用纵坐标表示温度，用横坐标表示合金的成分。

（2）二元合金相图的建立　相图都是用实验方法测得的。下面以 Cu-Ni 二元合金为例，说明如何用热分析方法测定合金相变点及绘制 Cu-Ni 二元合金相图。

① 首先配制一系列成分不同的 Cu-Ni 合金，如合金Ⅰ：100%Cu；合金Ⅱ：Cu-20%Ni；合金Ⅲ：Cu-40%Ni；合金Ⅳ：Cu-60%Ni；合金Ⅴ：Cu-80%Ni；合金Ⅵ：100%Ni。

② 用热分析方法测定出上述各合金的冷却曲线，如图 2-19(a) 所示。

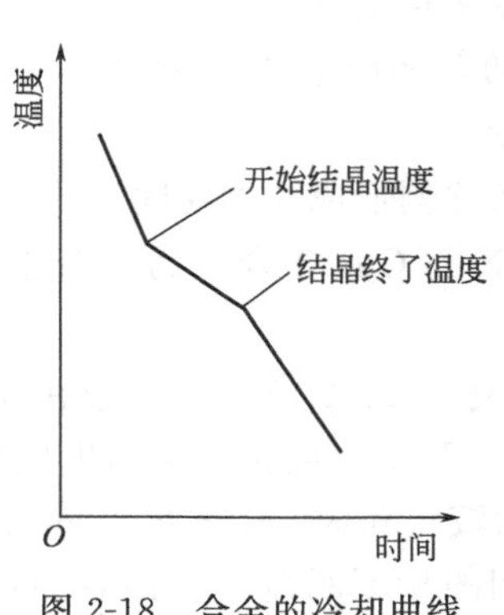

图 2-18　合金的冷却曲线

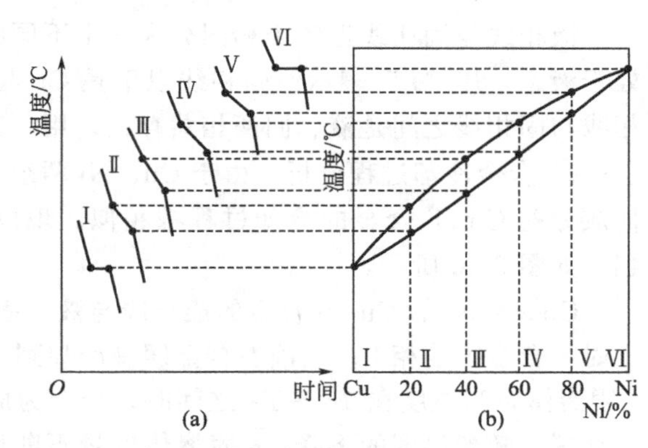

图 2-19　用热分析方法测定 Cu-Ni 合金相图

③ 分别找出各冷却曲线中的相变点（即开始结晶温度和结晶终了温度）。

④ 将各相变点分别标注到温度-成分坐标系中相应成分的位置上。

⑤ 把物理意义相同的相变点（如开始结晶温度或结晶终了温度）分别连接起来，就得到 Cu-Ni 二元合金相图，如图 2-19(b) 所示。

3. 二元合金相图的基本类型及应用

Cu-Ni 合金相图是比较简单的相图，而多数合金的相图是比较复杂的，但是任何复杂的相图都是由若干简单的基本相图组成的。下面介绍两种二元合金相图的基本类型，即二元匀晶相图和二元共晶相图。

(1) 二元匀晶相图　凡是在二元合金系中，两组元在液态和固态下均可以任何比例相互溶解构成的合金相图称为二元匀晶相图。如 Cu-Ni、Fe-Cr、Au-Ag 等二元合金系都属于这类相图。下面以 Cu-Ni 合金为例进行分析。

① 相图分析　图 2-20(a) 为 Cu-Ni 二元合金相图。图中 A 点表示纯铜的熔点（或结晶温度）为 1083℃；B 点表示纯镍的熔点（或结晶温度）为 1452℃。AaB 线为液相线，代表各种成分的 Cu-Ni 合金在冷却过程中开始结晶（或在加热过程中熔化终了）的温度；AbB 线为固相线，代表各种成分的 Cu-Ni 合金在冷却过程中结晶终了（或加热过程中开始熔化）的温度。

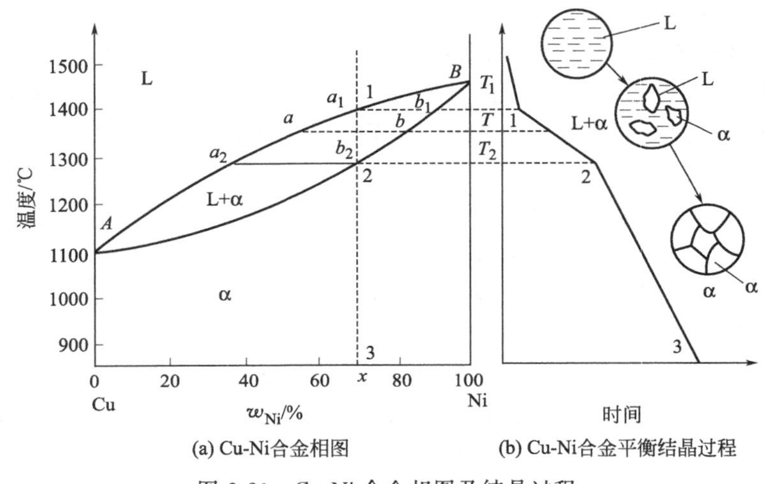

(a) Cu-Ni合金相图　　(b) Cu-Ni合金平衡结晶过程

图 2-20　Cu-Ni 合金相图及结晶过程

液相线与固相线把整个相图分为三个不同的相区。在液相线以上是单一的液相区，合金处于液态，用“L”表示；固相线以下是 Cu 与 Ni 组成的单相固溶体，用“α”表示；在液相线与固相线之间是液、固两相共存区，用“L+α”表示。

② 合金冷却过程分析　由于 Cu、Ni 两组元能以任何比例形成单相 α 固溶体。因此，任何成分的 Cu-Ni 合金的冷却过程都相似。现以 Cu-x%Ni 的 Cu-Ni 合金为例分析其结晶过程，如图 2-20 所示。

Cu-x%Ni 的 Cu-Ni 合金的成分线与液、固相线分别交于 1、2 点，当合金在 T_1 温度以上时，合金为液相 L；当液态合金缓慢冷却到 T_1 温度时，开始从液相中结晶出成分为 b_1 的 α 固溶体，当温度在 T_1～T_2 之间时，合金为成分是 a 的液相和成分是 b 的 α 固溶体的两相共存区，随着温度的下降，α 固溶体的量不断增多，液相的量不断减少；当合金冷却至 T_2 温度时，液相消失，结晶结束，合金全部转变为 α 固溶体；温度继续下降至室温，合金的组成相不再发生变化。

③ 杠杆定律　从以上分析可以看出，合金处在液相或固相的单相区时，相的成分就是合金的成分；在两相区内，由于合金正处在结晶过程中，随着结晶过程的进行，合金中各相的成分和相的相对量都在不断发生变化。通过杠杆定律可以确定任一成分的合金在某一温度下，两个平衡相的化学成分和各自的相对量。

a. 两平衡相成分的确定。在图 2-21(a) 所示的 Cu-Ni 合金系中，要想确定 Cu-x%Ni 合金在结晶过程中缓慢冷却到 T 温度时组织中相组成和各相的成分，首选要在 $x\%$处作一条垂线，然后过 T 温度作一水平线，此水平线与液、固相线分别交于 a、b 两点，两个交点在横坐标上的投影 x_1 和 x_2，即为 Cu-$x\%$Ni 合金在 T 温度下液、固两个平衡相的化学成分，即液相中 $w_{Ni}=x_1\%$，固相中 $w_{Ni}=x_2\%$。

b. 两平衡相相对量的确定。设图 2-21(a) 所示的 Cu-$x\%$Ni 合金的质量为 m，在 T 温度时，合金中液相的质量为 m_L，固相的质量为 m_α。则有

$$m_L+m_\alpha=m$$

$$m_L x_1\%+m_\alpha x_2\%=mx\%$$

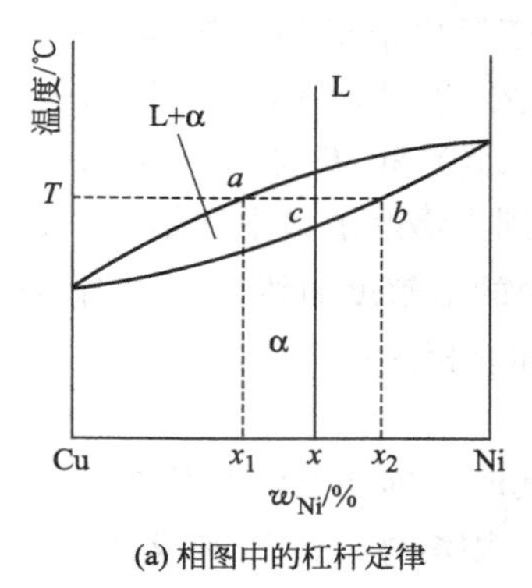

(a) 相图中的杠杆定律

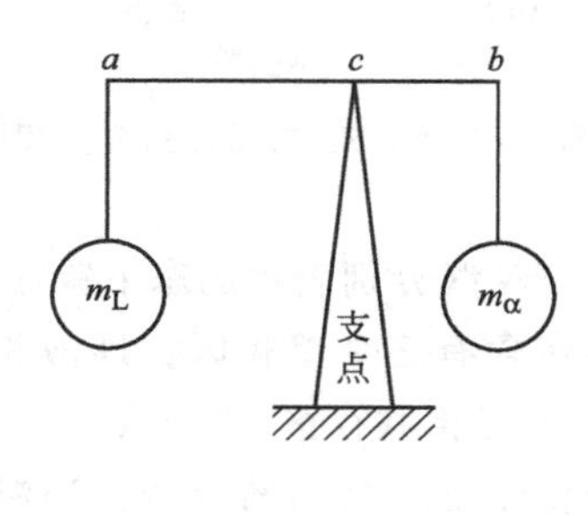

(b) 杠杆定律的力学比喻

图 2-21　杠杆定律示意图

由两式可解得液相与固相的质量比为

$$\frac{m_L}{m_\alpha}=\frac{x_2-x}{x-x_1}=\frac{bc}{ca}$$

由上式还可求出液、固两相的相对量

$$m_L\%=\frac{m_L}{m}\times100\%=\frac{bc}{ba}\times100\%$$

$$m_\alpha\%=\frac{m_\alpha}{m}\times100\%=\frac{ca}{ba}\times100\%$$

利用杠杆定律也可以确定其他类型二元合金相图中两相区中平衡相（或组织）的成分及相对量。

④ 枝晶偏析　根据 Cu-Ni 合金的冷却过程分析可知，为了得到成分均匀的 α 固溶体，在结晶过程中，必须非常缓慢地进行冷却，原子才能进行充分扩散，固相的成分才能沿固相线均匀变化。但在实际生产条件下，一般的冷却速度都比较快，原子来不及充分扩散，致使先结晶的主干部分含有较多的高熔点组元镍，后结晶的枝晶部分含有较多的低熔点的组元铜，最后结晶的枝晶含有的低熔点组元及杂质最多。这种在一个晶粒范围内化学成分的不均匀的现象，称为晶内偏析，又称枝晶偏析。枝晶偏析会降低合金的力学性能（如塑性和韧性）、加工性能和耐蚀性。因此，生产中常将带有枝晶偏析的合金加热到较高温度，并进行较长时间的保温，使原子进行充分扩散，以得到成分均匀的组织。

(2) 二元共晶相图　凡是在二元合金系中两组元在液态能完全互溶，而固态下相互有限溶解或是不溶，并发生共晶转变的相图，称为共晶相图。如 Pb-Sn、Pb-Sb、Al-Si、Au-Cu 等都属于这类相图。下面以 Pb-Sn 合金相图为例，对共晶相图进行分析。

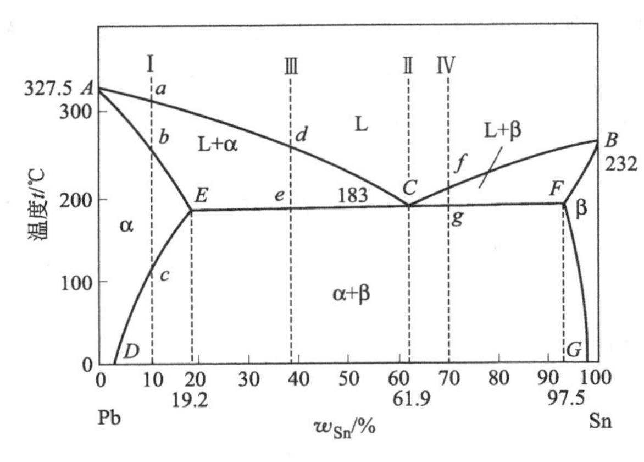

图 2-22　Pb-Sn 二元共晶合金相图

① 相图分析　图 2-22 为 Pb-Sn 二元共晶合金相图。图中 A 点（327℃）是纯铅的熔点，B 点（232℃）是纯锡的熔点，C 点（183℃，$w_{Sn}=61.9\%$）为共晶点。AC、BC 线为液相线，液相线以上合金均为液相；AE、ECF、FB 线为固相线，固相线以下合金均为固相。α 和 β 是 Pb-Sn 合金在固态时的两个基本组成相，α 是锡溶于铅中形成的固溶体，β 是铅溶于锡中形成的固溶体。E 点（183℃，$w_{Sn}=19.2\%$）和 F 点（183℃，$w_{Pb}=2.5\%$）分别为锡溶于铅中和铅溶于锡中的最大溶解度。ED、FG 线分别表示固态下锡在铅中和铅在锡中的溶解度曲线，也称固溶线。

相图中包含有三个单相区，即液相区 L、α 相区和 β 相区；三个两相区，即 L＋α、L＋β 和 α＋β；一个三相共存区（L＋α＋β）的水平线。

凡成分位于 EF 之间的合金，当温度降至 ECF 线时，其剩余液相均会变为 C 点成分的液相 L_C，此时液相将同时结晶出成分为 E 点成分的 α 固溶体（α_E）和成分为 F 点成分的 β 固溶体（β_F），其反应式为

$$L_C \xrightarrow{183℃} (\alpha_E + \beta_F)$$

这种在一定温度下，由一定成分的液相同时结晶出两种不同成分固相的转变，称为“共晶转变”。共晶转变是在恒温下进行的，发生共晶转变的温度称为共晶温度；发生共晶转变的成分是一定的，该成分（C 点成分）称为共晶成分；C 点称为共晶点；由共晶转变得到的两相混合物称为共晶组织或共晶体；ECF 称为共晶线。

② 典型 Pb-Sn 合金的冷却过程分析

a. 合金Ⅰ（E、D 点之间的合金）　图 2-23 为这类合金的冷却曲线及结晶过程示意图。当液态合金缓慢冷却至 a 点时，从液相中开始结晶出锡溶于铅的 α 固溶体。随着温度的下降，α 固溶体的量不断增多，其成分沿 AE 线变化；液相量不断减少，成分沿 AC 线变化。当冷却到 b 点时，合金全部结晶为 α 固溶体，这一过程与匀晶相图合金的结晶过程相同。在 b～c 点之间，α 固溶体不发生变化。当温度下降到与 ED 线相交的 c 点时，锡在铅中的溶解度达到饱和，温度下降到 c 点以下时，多余的锡以 β 固溶体的形式从 α 固溶体中析出，随着温度的下降，β 固溶体的量不断增加。为了区别于从液相中结晶出的 β 固溶体，把从 α 固溶体中析出的 β 固溶体称为二次 β（或次生 β 相），用 β_{II} 表示。在 β_{II} 析出的过程中，α 固溶体的成分沿 ED 线变化，β_{II} 固溶体的成分则沿 FG 线变化。合金冷却到室温时的组织为 $\alpha+\beta_{II}$。图 2-24 为 Pb-10%Sn 合金的显微组织，图中黑色基体为 α 固溶体，白色颗粒为 β_{II}。凡成分位于 E～D 点之间的所有合金，其结晶过程与合金Ⅰ相似，室温下的显微组织都是由 $\alpha+\beta_{II}$ 组成的，只是两相的相对量不同，合金成分越靠近 E 点，室温时 β_{II} 量越多。

成分位于 F～G 点之间的合金，其冷却过程与合金Ⅰ相似，但从液相中先结晶出的是 Pb 溶于 Sn 中的 β 固溶体，当温度降到合金线 FG 时，开始从 β 相中析出 α_{II}，所以室温的组织为 $\beta+\alpha_{II}$。

b. 合金Ⅱ（C 点的合金）　该成分点的合金称为共晶合金，图 2-25 为共晶合金的冷却曲线及结晶过程示意图。当合金由液态缓慢冷却到 C 点（183℃）时，由于 C 点是两条液相线 AC、BC 的交点，故液相将同时结晶出 α_E 和 β_F 两种固溶体，发生共晶转变。由于共晶转变是在恒温下同时结晶出两种固相，这两种固相均得不到充分长大，故组织中的两种固相都比较细小，且呈片层状交替分布。

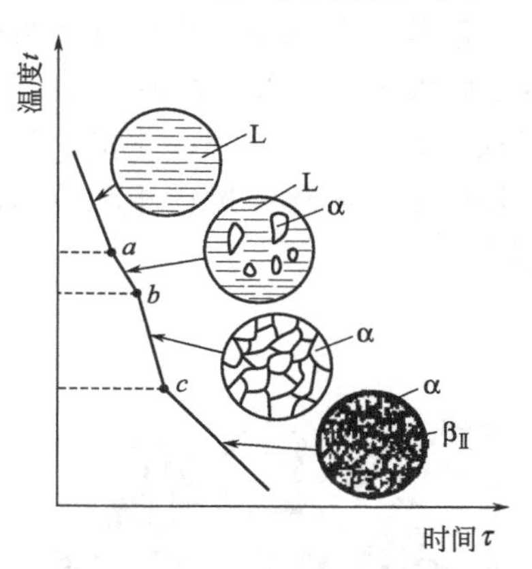

图 2-23　合金Ⅰ的冷却曲线和结晶过程

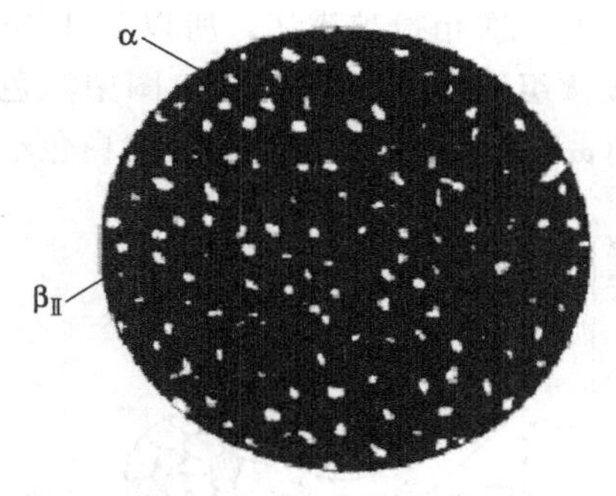

图 2-24　Pb-10％Sn 合金的显微组织

共晶转变完成时获得的共晶组织 α_E 与 β_F 的相对量，可用杠杆定律计算如下

$$w_{\alpha_E}=\frac{FC}{FE}\times 100\%$$

$$w_{\beta_F}=\frac{CE}{FE}\times 100\%$$

在 C 点温度以下，液相完全消失，共晶转变结束。继续冷却时，由于 α 和 β 固溶体的溶解度随温度降低而减小，所以共晶组织中的 α 和 β 固溶体将分别沿着 ED 和 FG 固溶线发生变化，析出 β_{II} 和 α_{II} 相。由于从共晶体中析出的二次相 β_{II} 和 α_{II} 与共晶体中的 β 和 α 相混在一起，难以辨别出来，且 β_{II} 和 α_{II} 数量较少，所以一般不予考虑。合金Ⅱ（共晶合金）的室温组织为（α+β）共晶体，共晶合金的显微组织如图 2-26 所示，图中黑色为 α 固溶体，白色为 β 固溶体。

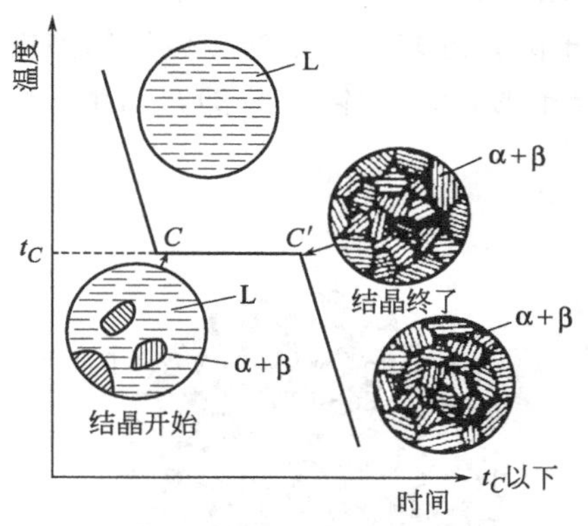

图 2-25　合金Ⅱ的冷却曲线和结晶过程

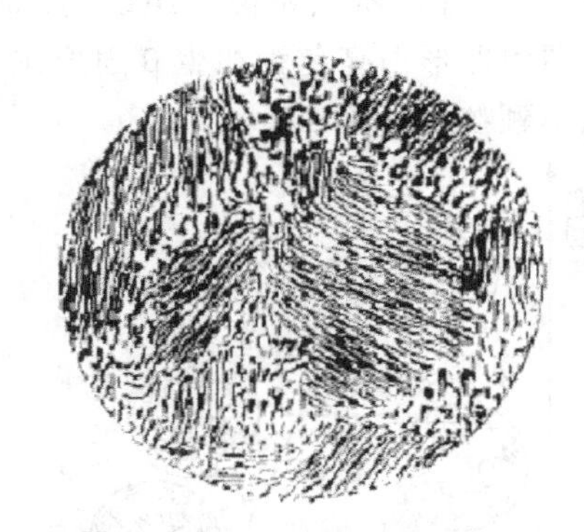

图 2-26　Pb-Sn 共晶合金显微组织

c. 合金Ⅲ（C、E 点之间的合金）　成分在 C～E 点之间的合金称为亚共晶合金，图 2-27为亚共晶合金的冷却曲线及结晶过程示意图。当合金由液态缓慢冷却到 d 点时，开始从

液相中结晶出 α 固溶体。随着温度的下降，α 固溶体的量不断增多，成分沿 AE 线变化；液相不断减少，成分沿 AC 线变化。当温度降至 e 点（183℃）时，α 固溶体的成分为 E 点成分，剩余液相的成分达到 C 点成分（共晶成分），剩余液相将发生共晶转变，此转变一直进行到剩余液相全部转变成共晶组织为止。此时合金由初生相 α 固溶体和共晶体（$\alpha_E+\beta_F$）组成。当温度冷却到 e 点以下时，由于固溶体溶解度的降低，从 α 固溶体（包括初生的 α 固溶体和共晶组织中的 α 固溶体）中不断析出 β_{II}，从 β 固溶体（共晶组织中的 β 固溶体）中不断析出 α_{II}，直至室温为止。在显微镜下除了在初生 α 固溶体中可以观察到 β_{II} 外，共晶体中析出的二次相很难辨认，所以亚共晶合金Ⅲ的室温组织为 $\alpha_{初生}+\beta_{\text{II}}+(\alpha+\beta)$。亚共晶合金的显微组织如图 2-28 所示，图中黑色树枝状组织为初生 α 固溶体，黑白相间分布的是共晶体（α+β），初生 α 固溶体内的白色小颗粒是 β_{II} 固溶体。

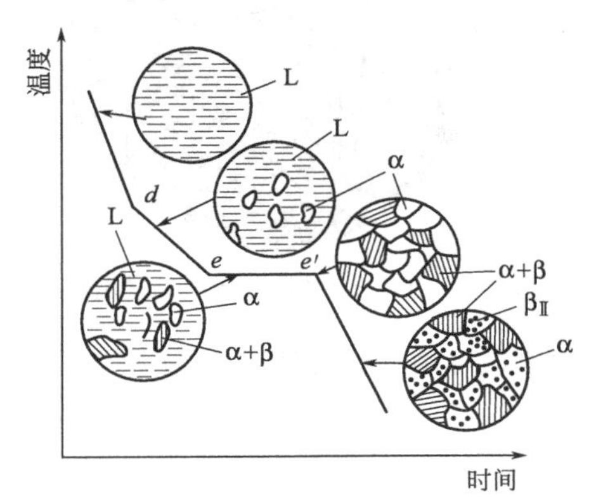

图 2-27 合金Ⅲ的冷却曲线和结晶过程

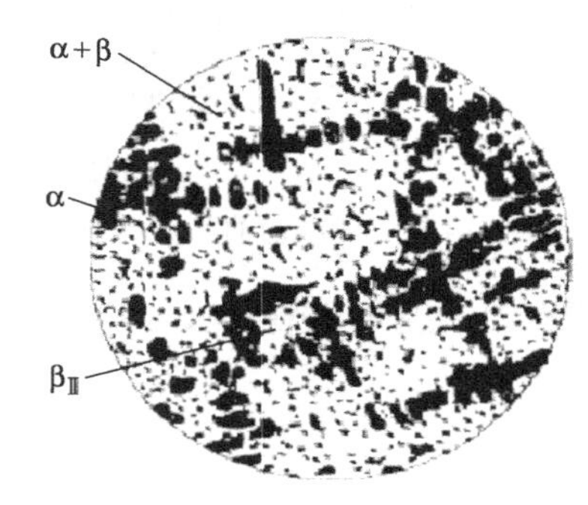

图 2-28 Pb-Sn 亚共晶合金显微组织

凡成分在 $C\sim E$ 点之间的亚共晶成分合金，其冷却过程都与合金Ⅲ相似，室温组织都是由 $\alpha_{初生}+\beta_{\text{II}}+(\alpha+\beta)$ 组成的。不同之处只是成分越接近共晶成分，组织中初生相 α 量越少，(α+β) 的共晶体量越多。

d. 合金Ⅳ（C、F 点之间的合金） 成分在 $C\sim F$ 点之间的合金称为过共晶合金，图 2-29为过共晶合金的冷却曲线及结晶过程示意图。过共晶合金冷却过程的分析方法和步骤与亚共晶合金类似，只是初生相为 β 固溶体，共晶转变结束后至室温的冷却过程中从 β 固溶体中析出的是 α_{II}，所以室温的组织为 $\beta_{初生}+\alpha_{\text{II}}+(\alpha+\beta)$。过共晶合金的显微组织如图 2-30 所示，图中卵形白亮色为初生 β 固溶体，黑白相间分布的是共晶体（α+β），初生 β 固溶体内黑色小颗粒是 α_{II}。

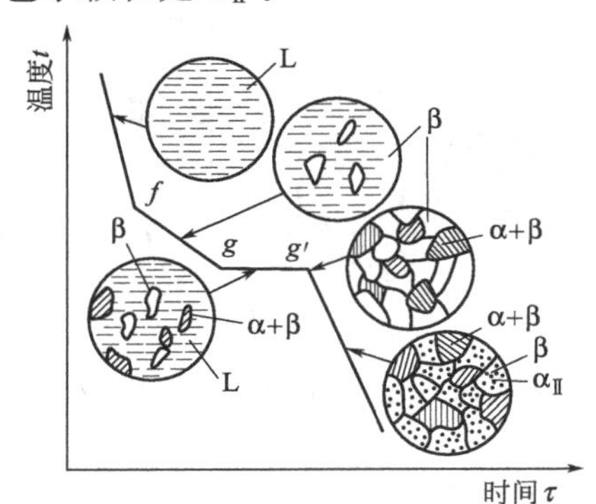

图 2-29 合金Ⅳ的冷却曲线和结晶过程

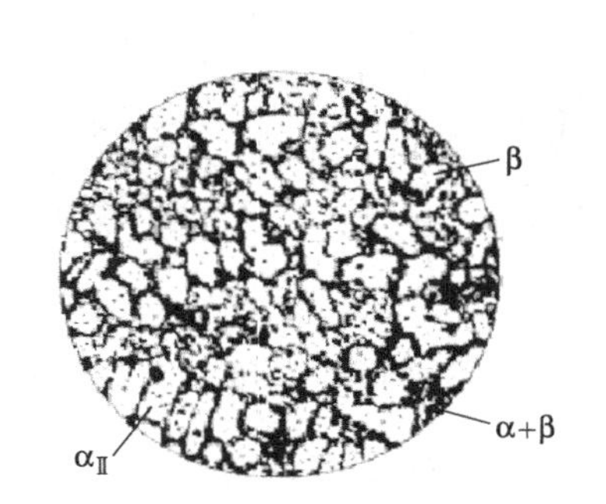

图 2-30 Pb-Sn 过共晶合金的显微组织

凡成分在 $C \sim F$ 点之间的过共晶成分的合金，其冷却过程都与合金Ⅳ相似，室温组织都是由 $\beta_{初生}+\alpha_{\text{Ⅱ}}+(\alpha+\beta)$ 组成的，不同之处只是成分越接近共晶成分，组织中初生相β量越少，(α+β) 的共晶体量越多。

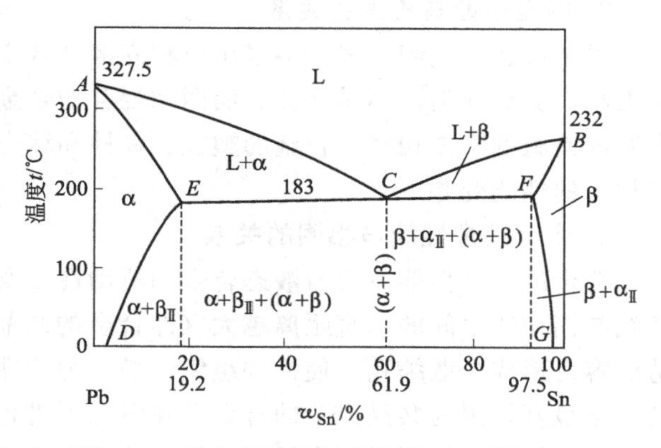

图 2-31 按组织组分填写的 Pb-Sn 合金相图

③ 合金的相组分与组织组分 根据以上分析发现在 Pb-Sn 二元合金系中不同成分的合金仅出现了 α、β 两相，图 2-22就是以相组分填写的 Pb-Sn 二元合金相图。由于不同合金中 α 和 β 的数量、形状、大小不同，就出现了初生 α、初生 β、$\alpha_{\text{Ⅱ}}$、$\beta_{\text{Ⅱ}}$ 及 (α+β) 等组织，将这些组织分别填写在相图中，就形成了以组织组分填写的 Pb-Sn 二元合金相图，如图 2-31 所示。

合金中相组分和组织组分的相对量均可用杠杆定律来计算。现以图 2-22 中合金Ⅲ在183℃共晶转变结束时为例，计算其相组分和组织组分的相对量。

相组分为 α_E 和 β_F 固溶体，其相对量分别为

$$w_{\alpha_E}=\frac{Fe}{FE}\times 100\%$$

$$w_{\beta_F}=\frac{eE}{FE}\times 100\%$$

组织组分为 α_E 和 $(\alpha_E+\beta_F)$ 共晶体，其相对量分别为

$$w_{\alpha_E}=\frac{Ce}{CE}\times 100\%$$

$$w_{(\alpha_E+\beta_F)}=\frac{eE}{CE}\times 100\%$$

三、合金性能与相图间的关系

合金的性能取决于合金的化学成分及组织，合金的某些工艺性能还与其结晶特点有关；合金的化学成分与组织间关系以及合金的结晶特点都体现在合金相图上，因此合金相图与合金的各种性能之间必然存在着一定的联系。

1. 合金力学性能与相图的关系

图 2-32 表示了在匀晶相图和共晶相图中合金的力学性能与成分之间关系的一般规律。对于匀晶相图的合金而言，其强度和硬度随合金成分的增加而提高，若 A、B 两组元的强度大致相同，溶质越多，合金的强度、硬度越高，一般匀晶系合金的最高强度在 $w_B=50\%$ 的位置，这种合金能达到的强度、硬度有限，如图 2-32(a) 所示。

共晶相图的两端合金均为固溶体时，其成分与性能之间的关系与匀晶相图部分相似。相图中间部分的合金为两相机械混合物，其强度、硬度随成分呈直线关系变化，大致是两相力学性能的算术平均值。但在共晶点处，由于形成了细小、均匀的共晶组织，其强度、硬度可达到最高值，如图 2-32(b) 所示。

2. 锻压性能与相图的关系

对于锻造、轧制工艺，多采用单相固溶体合金，这是因为合金的单相组织塑性好、变形抗力小，变形均匀，不易开裂。而两相混合物合金的变形抗力大，特别是在组织中的晶界处含有硬而脆的第二相时，合金的塑性、韧性和综合力学性能显著下降，锻造、轧制等塑性变形加工的性能变差。

3. 合金铸造性能与相图的关系

合金的铸造性能主要与液态合金的流动性以及产生缩孔的倾向性有关。合金相图中的液相线与固相线之间的垂直距离越大（即合金的结晶温度范围越大），合金的流动性越差，铸造时容易形成分散缩孔，使铸件组织疏松，力学性能降低，因此就铸造性能来说，共晶成分的合金最好。因为共晶成分的合金是在恒温下进行结晶的，同时熔点又最低，具有较好的流动性，在结晶时易形成集中缩孔，铸件的致密性好，所以铸造合金的成分应尽可能选用共晶成分附近的合金。合金的铸造性能与相图的关系如图 2-33 所示。

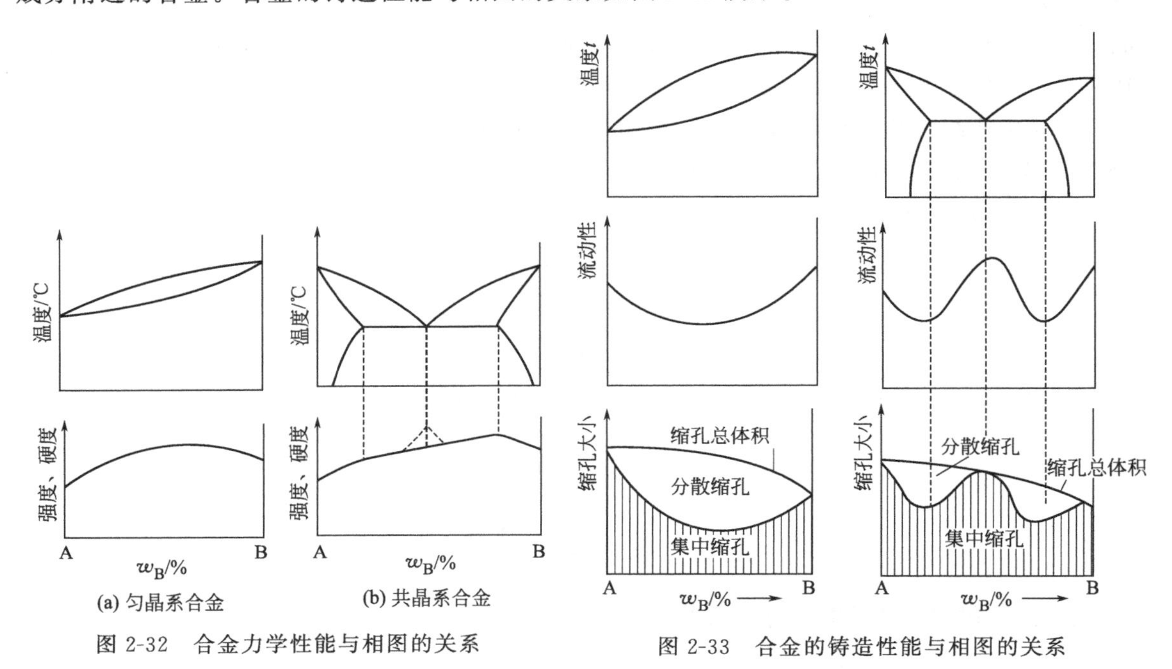

图 2-32 合金力学性能与相图的关系

图 2-33 合金的铸造性能与相图的关系

4. 切削加工性能与相图的关系

由于固溶体的塑性较好，所以当合金在进行切削加工时不易断屑和排屑，加工的工件表面粗糙度增大，切削加工性能较差；合金组织为两相混合物时，只要组织中的硬脆相含量不多，其切削加工性能比单相固溶体要好。

本章小结

金属中常见的晶格类型有体心立方晶格、面心立方晶格以及密排六方晶格，金属材料都是多晶体结构，并存在大量缺陷，包括点缺陷、线缺陷和面缺陷，缺陷使金属材料的性能发生改变。

合金在固态下的相结构分为固溶体和金属化合物，在合金中产生固溶强化和弥散强化，提高合金的力学性能。

金属的结晶包括晶核的形成和长大两个过程，金属的结晶是在一定的过冷度下进行的。金属细小的晶粒可以提高材料的力学性能，在工业生产中，常采用增大过冷度、变质处理、附加振动等方法细化晶粒。

合金相图是表示在平衡状态下，合金的组成相、温度、成分三者之间关系的图形，通过杠杆定律，可以确定两平衡相成分及两平衡相的相对量。

复习思考题

一、解释下列概念

晶格、晶胞、晶格常数、晶粒、晶界、合金、固溶体、固溶强化、弥散强化、共晶转变。

二、填空题

1. 根据原子在空间排列的特征不同，固态物质可分为__________和__________。

2. 金属中常见的晶格类型有__________、__________和__________。

3. 金属中常见的晶体缺陷有__________、__________和__________。

4. 按合金组元间相互作用不同，合金在固态下的相结构分为__________和__________两类。

5. 根据溶质原子在溶剂晶格中所占位置的不同，固溶体可分为__________和__________。

6. 金属的实际结晶温度低于理论结晶温度的现象称为__________。

7. 在纯金属的结晶过程中，理论结晶温度与实际结晶温度之差，称为__________。

8. 金属的结晶过程包括__________和__________两个基本过程。

三、判断题

1. 晶体的原子排列有序，并具有各向同性的特点。

2. 晶体缺陷越多，实际金属的力学性能一定也越差。

3. 间隙固溶体和置换固溶体均可形成无限固溶体。

4. 一般情况下，金属的晶粒越细小，其室温下的力学性能越好。

5. 所谓共晶转变，是指一定成分的液态合金，在一定的温度下同时结晶出两种成分不同固相的转变。

四、选择题

1. 位错是一种（　　）。

A. 点缺陷　　B. 线缺陷　　C. 面缺陷　　D. 不确定

2. 固溶体的晶体结构（　　）。

A. 与溶剂的相同　　B. 与溶质的相同

C. 与溶剂、溶质的都不相同　　D. 是两组元各自结构的混合

3. 合金发生固溶强化的主要原因（　　）。

A. 晶格类型发生变化　　B. 晶粒细化

C. 晶格发生畸变　　D. 晶界面积发生变化

4. 实际生产中，金属冷却时，实际结晶温度总是（　　）理论结晶温度。

A. 低于　　B. 等于　　C. 高于　　D. 不能确定

五、简答题

1. 实际金属晶体中存在哪些晶体缺陷？这些缺陷对金属的性能各有什么影响？

2. 什么叫结晶、过冷现象、过冷度？影响过冷度大小的因素是什么？

3. 晶粒大小对力学性能有何影响？生产中控制铸件晶粒大小的措施有哪些？

4. 为什么铸造合金常选用接近共晶成分的合金？而压力加工时常选用单相固溶体成分的合金？

5. 简述置换固溶体、间隙固溶体的形成条件。

六、分析计算题

1. 如果其他条件相同，试比较下列铸造条件下，铸件晶粒大小：

(1) 金属型铸造与砂型铸造；

(2) 高温浇注与低温浇注；

(3) 铸成薄壁铸件与铸成厚壁铸件；

(4) 浇注时采用振动与不采用振动；

(5) 厚大铸件的表面部分与中心部分；

2. 试分析以下说法是否正确，为什么？

(1) 图 2-20 (a) 中任一 Cu-Ni 合金，在结晶过程中由于固相成分沿固相线变化，故结晶过程中已结晶的固溶体中 Ni 含量始终高于原液相中的 Ni 含量；

(2) 图 2-20 (a) 中任一 Cu-Ni 合金在平衡结晶时，由于不同温度结晶出来的固溶体成分和剩余液相成分都不同，所以固溶体的成分是不均匀的；

(3) 图 2-31 中 E 点成分的 Pb-Sn 合金室温组织中不存在共晶体，但次生相 β_{II} 的含量较其他成分的 Pb-Sn 合金都多。

3. 一个二元共晶转变如下：

$$L(w_B=75\%)\rightarrow\alpha(w_B=15\%)+\beta(w_B=95\%)$$

(1) 求 $w_B=50\%$ 的合金结晶刚结束时各组织组分和各相组分的相对量。

(2) 若显微组织中初生 β 与共晶 (α+β) 各占 50%时，求该合金的成分。

第三章 铁碳合金相图

钢铁材料是现代工业生产中应用最广泛的金属材料，其基本组元是铁和碳两种元素，故称为铁碳合金。不同成分的铁碳合金，在不同的温度下，具有不同的组织，因而表现出不同的性能。学习和掌握铁碳合金相图，对钢铁材料的研究和使用、制订各种热加工工艺具有十分重要的意义。

第一节　铁碳合金的基本知识

一、纯铁的同素异晶转变

大多数金属由液态结晶成固态晶体后其晶格类型不再发生变化，但是有少数金属，在结晶成固态后随着温度的降低，晶格类型还会发生变化，金属在固态下随温度的改变，由一种晶格变为另一种晶格的现象称为同素异晶转变（或同素异构转变）。如铁有体心立方晶格的α-Fe、δ-Fe和面心立方晶格的γ-Fe；钴有密排六方晶格的α-Co和面心立方晶格的β-Co。由同素异晶转变得到的不同晶格类型的晶体，称为同素异晶体。一般在常温下的同素异晶体用α表示，较高温度下的同素异晶体依次用β、γ、δ等表示。

图3-1为纯铁的冷却曲线。由图可见，液态纯铁在1538℃结晶成具有体心立方晶格的δ-Fe，在1394℃和912℃发生同素异晶转变，分别转变成具有面心立方晶格的γ-Fe和具有体心立方晶格的α-Fe。纯铁在冷却时的相变过程如下

$$L \xleftrightarrow{1538℃} \delta\text{-Fe} \xleftrightarrow{1394℃} \gamma\text{-Fe} \xleftrightarrow{912℃} \alpha\text{-Fe}$$

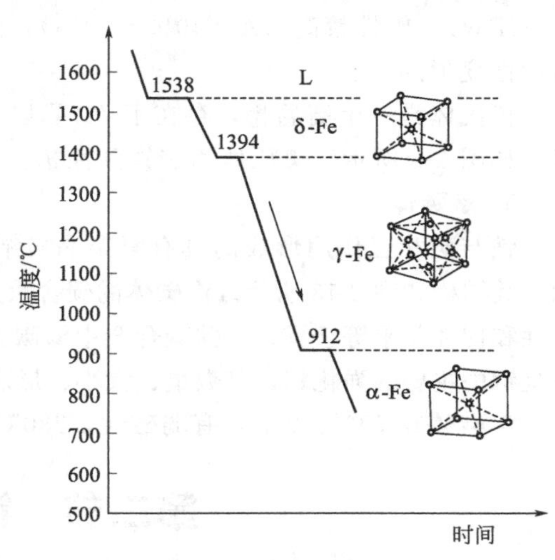

图3-1　纯铁的冷却曲线

金属的同素异晶转变过程与液态金属的结晶过程相似，遵循结晶的一般规律：有一定的转变温度；转变时需要过冷；有结晶潜热产生；转变过程也是由晶核的形成和长大两个阶段组成的。但由于同素异晶转变是在固态下进行的，其原子扩散要比液态下困难得多，因此同素异晶转变需要更大的过冷度，组织更细小。另外，由于转变时晶格类型的变化，其致密度也发生相应改变，因此必然引起晶体体积的变化，并

产生较大的内应力。为了区别于液态金属的结晶，同素异晶转变也称为重结晶。

二、铁碳合金的基本相

在铁碳合金中，由于铁和碳在固态下的相互作用不同，铁碳合金在固态下的相结构也可形成固溶体和金属化合物两类。属于固溶体相的有铁素体和奥氏体，属于金属化合物相的是渗碳体。铁素体、奥氏体和渗碳体是铁碳合金的基本相。

1. 铁素体

铁素体是碳溶于 α-Fe 中形成的间隙固溶体，用符号 F 表示。α-Fe 属体心立方晶格，其晶格间隙很小，故碳在 α-Fe 中的溶解量很少，在 727℃时的溶解度最大（w_C=0.0218%），随温度的下降溶碳量逐渐减少，在 600℃时溶碳量约为 w_C=0.0057%，所以室温时铁素体的力学性能与纯铁相似，其强度、硬度低，塑性、韧性好（R_m=180～280MPa，R_{eH}=100～170MPa，A=30%～50%，KU=160～200J，硬度为 50～80HBW）。

铁素体在显微镜下呈明亮的多边形晶粒组织，如图 3-2 所示。铁素体在 770℃以下具有铁磁性，770℃以上失去磁性。

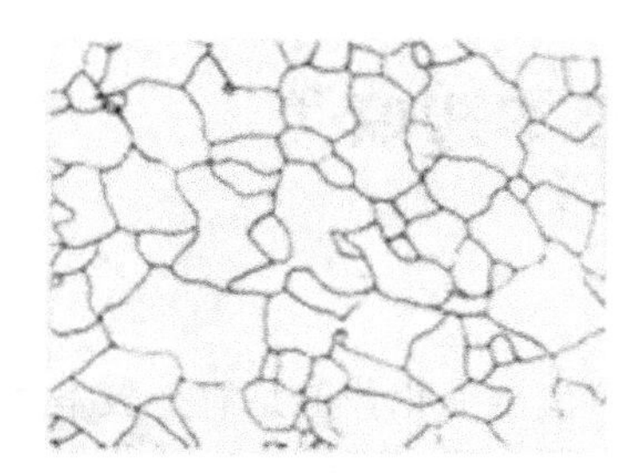

图 3-2　铁素体的显微组织

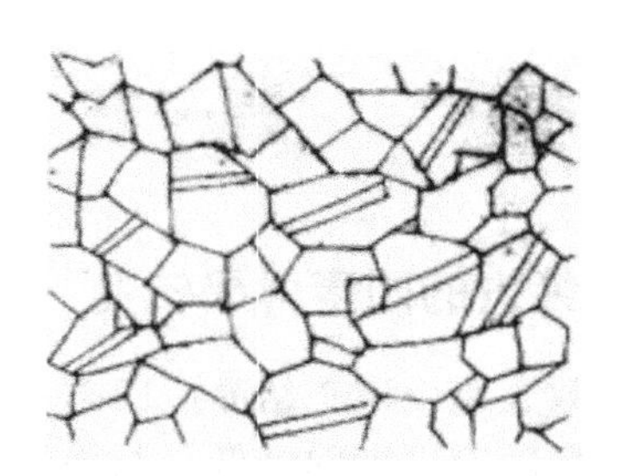

图 3-3　奥氏体的显微组织

2. 奥氏体

奥氏体是碳溶于 γ-Fe 中形成的间隙固溶体，用符号 A 表示。γ-Fe 属面心立方晶格，其晶格间隙较大，故溶碳能力也较大，在 1148℃时溶解度最大（w_C=2.11%），随温度的下降溶碳量逐渐减少，在 727℃ 时溶碳量为 w_C = 0.77%。奥氏体的硬度较低（170～200HBW），塑性较高（A=40%～50%），因此，在生产中，常将钢材加热到奥氏体状态进行塑性变形加工。

奥氏体是一个高温相，存在于 727℃以上。奥氏体的显微组织也呈多边形，但晶界较平直，如图 3-3 所示。奥氏体为非铁磁性相。

3. 渗碳体

铁与碳相互作用形成的具有复杂晶格结构的金属化合物称为渗碳体，用化学式 Fe_3C 表示，其结构如图 2-13 所示。渗碳体的碳含量为 6.69%，具有很高的硬度（950～1050HV），其塑性和韧性几乎等于零。在铁碳合金中渗碳体常以片状、粒状或网状等形式与固溶体相共存，它是钢中主要的强化相，其数量、大小、形态和分布对钢的性能有很大影响。

渗碳体在 230℃以下具有弱磁性，230℃以上失去磁性。

第二节　铁碳合金相图

铁碳合金相图是表示在平衡条件下，不同成分的铁碳合金在不同温度下与组织或状态之间关系的图形。

铁与碳可以形成 Fe_3C、Fe_2C、FeC 等一系列稳定化合物，稳定化合物又可以作为一个独立的组元组成相图，因此整个 Fe-C 相图可以看作由 Fe-Fe_3C、Fe_3C-Fe_2C、Fe_2C-FeC 等一系列二元相图组成，但是由于 $w_C>5\%$ 的铁碳合金脆性极大，材料难以加工成型，已没有实用价值，因此通常学习和研究的铁碳合金相图是具有实际意义的 Fe-Fe_3C 这部分相图，如图 3-4 所示，相图中表示的符号及含义是国际通用的，各点的数据可能因测试条件不同而略有差异。

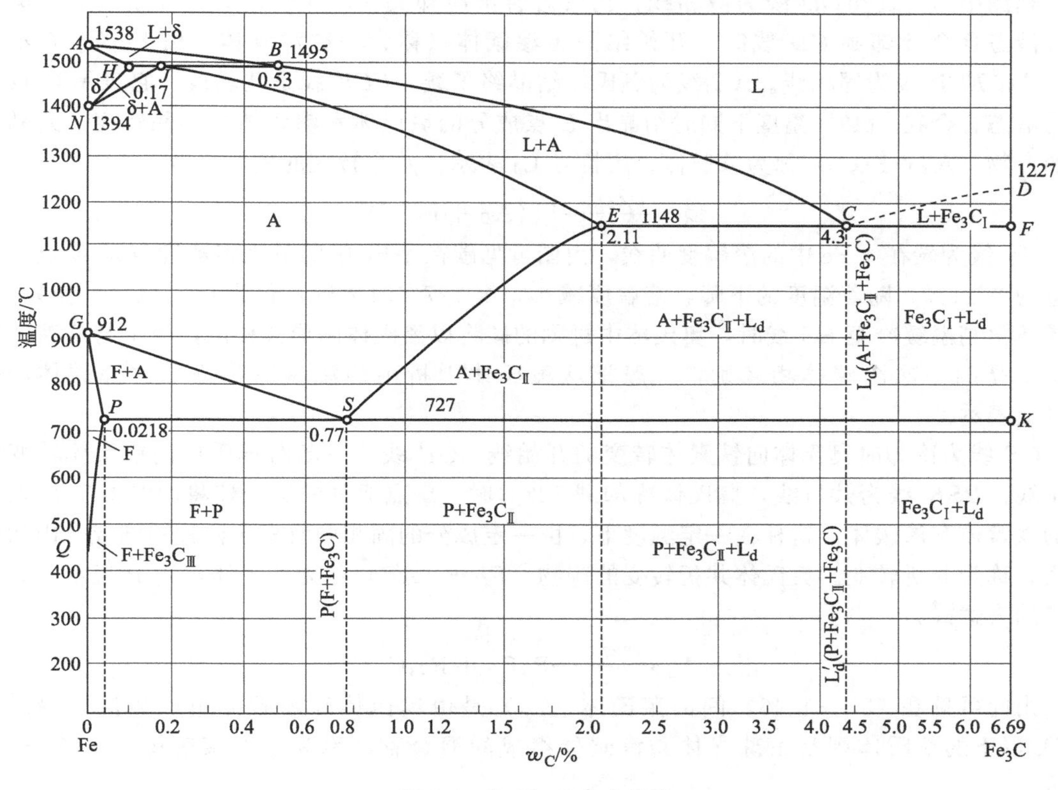

图 3-4 Fe-Fe_3C 合金相图

一、铁碳合金相图分析

1. Fe-Fe_3C 相图中的特性点

表 3-1 为 Fe-Fe_3C 相图中各主要特性点的温度、成分和含义。

表 3-1 Fe-Fe_3C 相图中各主要特性点的温度、成分和含义

特性点	温度/℃	w_C/%	含 义
A	1538	0	纯铁的熔点
C	1148	4.3	共晶点，$L_C \xrightarrow{1148℃} L_d(A_E+Fe_3C)$
D	约 1227	6.69	渗碳体的熔点
E	1148	2.11	碳在 γ-Fe 中的最大溶解度点
G	912	0	纯铁的同素异晶转变点，$\gamma\text{-Fe} \xrightarrow{912℃} \alpha\text{-Fe}$

续表

特性点	温度/℃	w_C/%	含　义
P	727	0.0218	碳在 α-Fe 中的最大溶解度点
S	727	0.77	共析点，$A_S \xrightarrow{727℃} P(F_P+Fe_3C)$
Q	600	0.0057	600℃时碳在 α-Fe 中的溶解度点

2. Fe-Fe_3C 相图中的特性线

相图中 AC 线和 CD 线为液相线，当液态合金冷却到 AC 线温度时，开始结晶出奥氏体；液态合金冷却到 CD 线时，开始结晶出渗碳体（称为一次渗碳体，用 $Fe_3C_{Ⅰ}$ 表示）。AE 线和 ECF 线为固相线。AE 线为奥氏体结晶终了线，ECF 线是共晶线，它表示 C 点成分的液态合金在 1148℃温度下同时结晶出 E 点成分的奥氏体和渗碳体的共晶转变。共晶转变的产物（A_E+Fe_3C）称为莱氏体，用符号 L_d 表示。共晶转变的表达式为

$$L_C \xleftrightarrow{1148℃} L_d(A_E+Fe_3C)$$

ES 线为碳在 γ-Fe 中的溶解度曲线，由图可见碳在 γ-Fe 中的最大溶解度点是 E 点，溶碳量为 2.11%，随着温度的下降，溶解度减小，至 727℃时溶碳量仅为 0.77%（S 点）。当奥氏体由高温缓冷至 ES 线时，奥氏体中过剩的碳将以渗碳体的形式析出，为了与从液体中直接结晶的一次渗碳体相区别，一般把从奥氏体中析出的渗碳体称为二次渗碳体，用 $Fe_3C_{Ⅱ}$ 表示。

GS 线为冷却时奥氏体向铁素体转变的开始线；GP 线为冷却时奥氏体向铁素体转变的终了线；PSK 线为共析线，奥氏体冷却到 727℃时，S 点成分的奥氏体将同时析出 P 点成分的铁素体和渗碳体，这种在一定温度下，由一定成分的固相同时析出两种不同成分固相的转变，称为共析转变。奥氏体共析转变的产物（F_P+Fe_3C）称为珠光体，用 P 表示，共析转变的表达式为

$$A_S \xleftrightarrow{727℃} P(F_P+Fe_3C)$$

由此可见在 727～1148℃间的莱氏体（L_d）是由奥氏体和渗碳体组成的混合物；在 727℃以下的莱氏体则是由珠光体与渗碳体组成的混合物，称为变态莱氏体，用符号 L'_d 表示。

PQ 线为碳在 α-Fe 中的溶解度曲线，P 点是碳在 α-Fe 中的最大溶解度点，随着温度的下降，溶解度逐渐减小，室温时铁素体中的碳含量几乎为零。在由 727℃冷却至室温的过程中，铁素体中过剩的碳将以渗碳体的形式析出，即三次渗碳体，用 $Fe_3C_{Ⅲ}$ 表示。

表 3-2 为 Fe-Fe_3C 相图中各特性线及含义。

表 3-2　Fe-Fe_3C 相图中的特性线及含义

特性线	含　义	特性线	含　义
AC	液相线，液态合金开始结晶出奥氏体	GS	奥氏体向铁素体转变的开始线
CD	液相线，液态合金开始结晶出一次渗碳体（$Fe_3C_{Ⅰ}$）	GP	奥氏体向铁素体转变的终了线
		ES	碳在 γ-Fe 中的溶解度线
AE	固相线，即奥氏体结晶终了线	PQ	碳在 α-Fe 中的溶解度线
ECF	共晶线，液态合金冷却至此线时，将发生共晶转变，即 $L_C \rightarrow L_d(A_E+Fe_3C)$	PSK	共析线，固态合金冷却至此线时，将发生共析转变，$A_S \rightarrow P(F_P+Fe_3C)$

二、铁碳合金的分类

根据铁碳合金的成分和室温组织不同，可将铁碳合金分为工业纯铁、钢和白口铸铁三大类。

1. 工业纯铁

成分为 P 点以左（w_C＜0.0218%）的铁碳合金，其室温组织为铁素体。

2. 钢

钢是成分在 P 点与 E 点之间（0.0218%～2.11%C）的铁碳合金。按室温组织不同又分为以下三种。

（1）共析钢　成分为 S 点（0.77%C）成分的铁碳合金，室温组织为珠光体。

（2）亚共析钢　成分为 0.0218%～0.77%C 的铁碳合金，室温组织为铁素体＋珠光体。

（3）过共析钢　成分为 0.77%～2.11%C 的铁碳合金，室温组织为珠光体＋二次渗碳体。

3. 白口铸铁

成分在 E 点以右（2.11%～6.69%C）的铁碳合金，按室温组织不同又分为以下三种。

（1）共晶白口铸铁　成分为 C 点（4.3%C）成分的铁碳合金，室温组织为变态莱氏体。

（2）亚共晶白口铸铁　成分为 2.11%～4.3%C 的铁碳合金，室温组织为变态莱氏体＋珠光体＋二次渗碳体。

（3）过共晶白口铸铁　成分为 4.3%～6.69%C 的铁碳合金，室温组织为变态莱氏体＋一次渗碳体。

第三节　典型铁碳合金的结晶过程及组织

为了进一步认识 $Fe\text{-}Fe_3C$ 相图，现以图 3-5 中选取的几种典型铁碳合金为例，分析其在平衡状态下的冷却过程及室温下的显微组织。

一、共析钢的结晶过程及组织

图 3-5 中合金Ⅰ为共析钢。当液态合金冷却到与液相线 AC 相交于 1 点的温度时，从液相中开始结晶出奥氏体。随着温度的下降，奥氏体量不断增加，其成分沿固相线 AE 变化，而剩余液相逐渐减少，其成分沿液相线 AC 变化。至 2 点温度时，液相全部结晶成与原合金成分相同的奥氏体。在 2 点～S 点温度范围内，合金的组织变为单一的奥氏体相，待冷却到 S 点（727℃）时，奥氏体将发生共析转变形成珠光体，即 $A_S \xrightarrow{727℃} P(F_P + Fe_3C)$。这种由共析转变而析出的铁素体和渗碳体，又分别称为共析铁素体和共析渗碳体。由于共析转变是在固态下进行，原子扩散较困难，故共析组织比较均匀、致密。

在 S 点温度以下继续冷却时，铁素体成分沿 PQ 线变化，将有少量三次渗碳体（$Fe_3C_{Ⅲ}$）从铁素体中析出，三次渗碳体与共析渗碳体混在一起，不易分辨，且数量很少，可忽略不计，因此共析钢在室温下的组织为珠光体。共析钢在冷却过程中的组织转变情况如图 3-6 所示。

珠光体的显微组织一般呈片层状，在光学显微镜下观察时，可以看到白色基体的铁素体

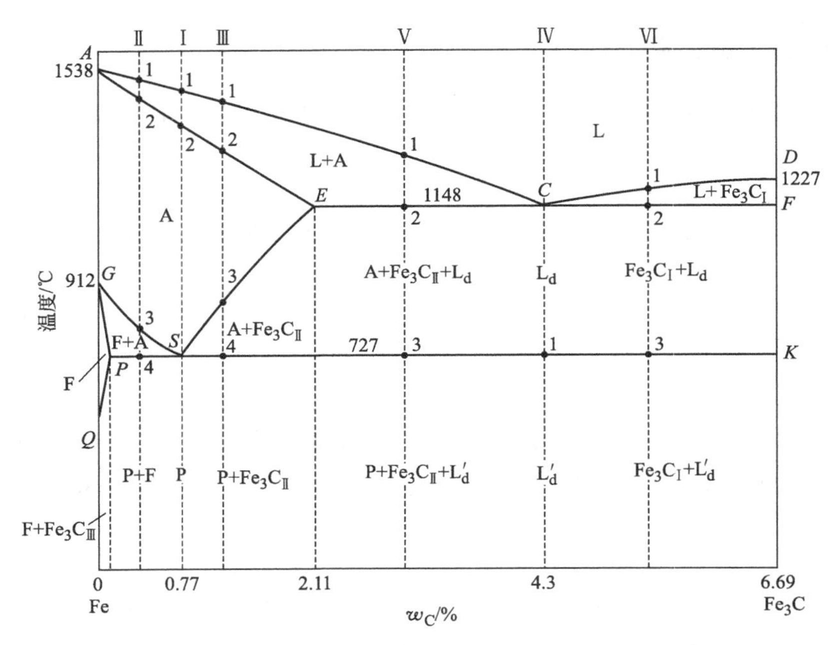

图 3-5 典型铁碳合金在简化后 Fe-Fe_3C 合金相图中的位置

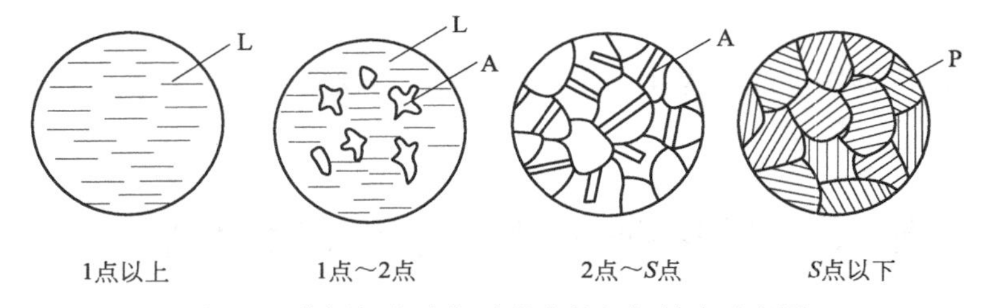

图 3-6 共析钢在冷却过程中的组织转变示意图

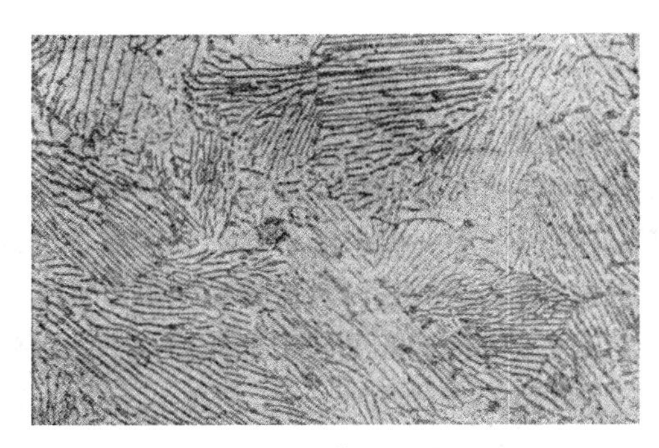

图 3-7 珠光体的显微组织

和黑色条状的渗碳体，如图 3-7 所示。

共析转变完成时，珠光体中铁素体与渗碳体的相对量可用杠杆定律求出

$$F_P=\frac{SK}{PK}=\frac{6.69-0.77}{6.69-0.0218}\times 100\%=88.8\%$$

$$Fe_3C=\frac{PS}{PK}=\frac{0.77-0.0218}{6.69-0.0218}\times 100\%=11.2\%$$

二、亚共析钢的结晶过程及组织

图 3-5 中合金Ⅱ为亚共析钢。亚共析钢在 1 点～3 点温度间的冷却过程与共析钢在 S 点以上组织变化情况相似。当合金冷却到与 GS 线相交的 3 点温度时，从奥氏体中开始析出铁素体，这种铁素体称为先析铁素体。随着温度的降低，铁素体量不断增多，其成分沿 GP 线变化，而奥氏体量成分沿 GS 线向共析成分接近。当冷却到与共析线 PSK 相交的 4 点的温度时，铁素体中碳的质量分数 $w_C=0.0218\%$，而剩余奥氏体中碳的质量分数正好为共析成分（$w_C=0.77\%$），因此剩余奥氏体将发生共析转变而形成珠光体。当温度继续下降时，从铁素体中析出的三次渗碳体，同样可以忽略不

计。故亚共析钢的室温组织为铁素体+珠光体。亚共析钢在冷却过程中的组织转变情况如图 3-8 所示。

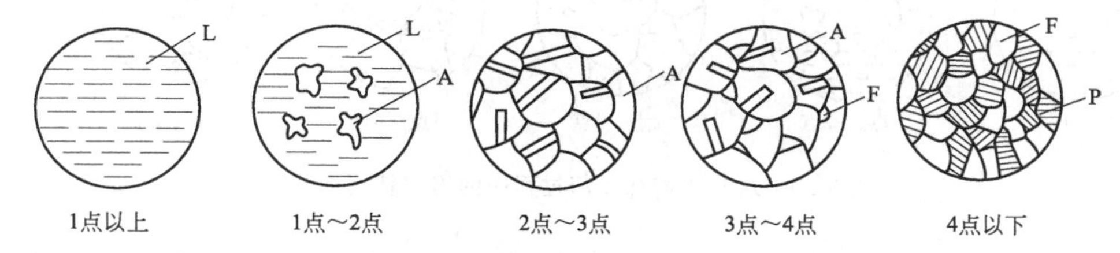

图 3-8　亚共析钢在冷却过程中的组织转变示意

必须指出，所有亚共析钢的冷却过程均相似，其室温组织都是由铁素体和珠光体组成的。不同的是随含碳量的增加，珠光体量增多，铁素体量减少。图 3-9 是不同含碳量亚共析钢的室温显微组织。图中白色部分为铁素体，黑色部分为珠光体。

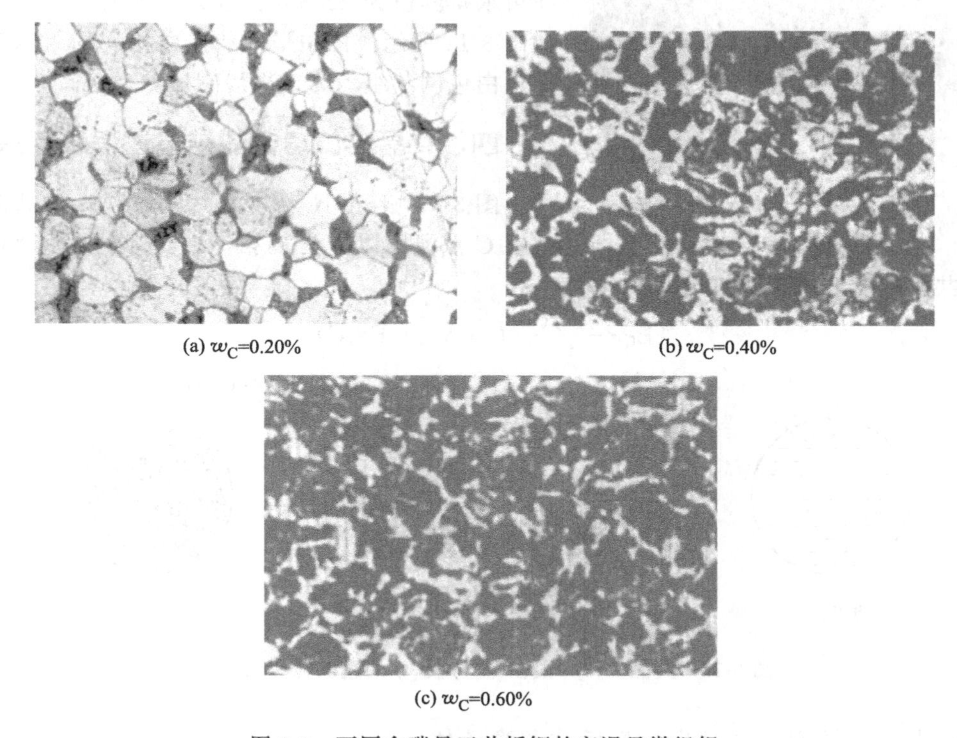

图 3-9　不同含碳量亚共析钢的室温显微组织

三、过共析钢的结晶过程及组织

图 3-5 中合金Ⅲ为过共析钢。合金在 1 点～3 点温度范围内的冷却过程与共析钢在 S 点以上组织变化情况相似。当合金冷却到与 ES 线相交的 3 点温度时，奥氏体中的溶碳量达到饱和，碳以二次渗碳体的形式（Fe_3C_{II}）析出，呈网状沿奥氏体晶界分布。继续冷却，二次渗碳体量不断增多，奥氏体量不断减少，剩余奥氏体的成分沿 ES 线变化。当冷却至与共析线 PSK 相交的 4 点温度时，剩余奥氏体中碳的质量分数正好达到共析成分（$w_C=0.77\%$），故发生共析转变形成珠光体。继续冷却组织不变。过共析钢的室温组织为珠光体+网状二次渗碳体。过共析钢在冷却过程中的组织转变情况如图 3-10 所示。

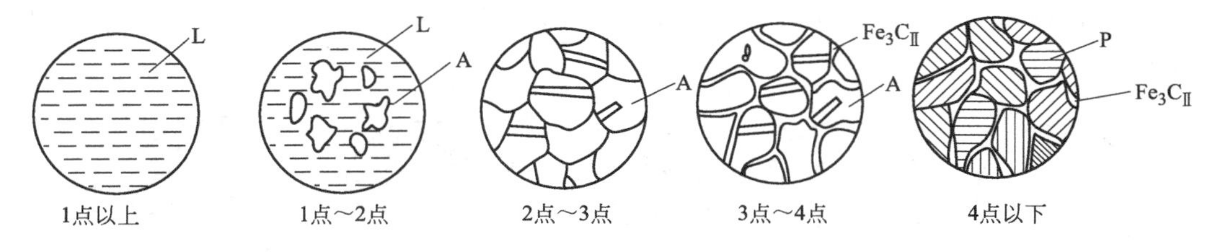

图 3-10 过共析钢在冷却过程中的组织转变示意图

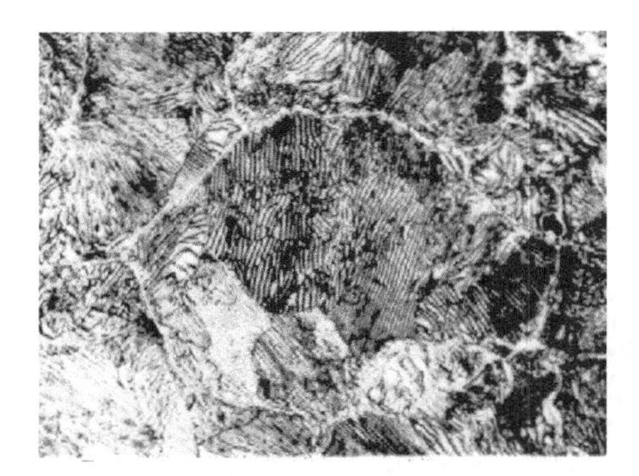

图 3-11 过共析钢的室温显微组织

所有过共析钢的室温组织都是由珠光体和网状二次渗碳体组成的。不同的是随含碳量的增加，网状二次渗碳体的量增多，珠光体量减少。当 $w_C=2.11\%$时，钢中二次渗碳体的量最多，根据杠杆定律可求得其值为 22.6%。过共析钢的室温显微组织如图 3-11 所示，图中呈片状黑白相间的组织为珠光体，白色网状组织为二次渗碳体。

四、共晶白口铸铁的结晶过程及组织

图 3-5 中合金Ⅳ为共晶白口铸铁。共晶白口铸铁在 C 点温度以上为液相，当冷却到 C 点温度时，将发生共晶转变形成莱氏体，即

$$L_C \xleftrightarrow{1148℃} L_d(A_E + Fe_3C)$$

L
L
A+Fe3C
Fe3CⅡ+Fe3C
A
P
Fe3CⅡ+Fe3C
C点以上
在C点时
C点～1点
1点以下

图 3-12 共晶白口铸铁在冷却过程中的组织转变示意图

这种由共晶转变而结晶出的奥氏体与渗碳体，分别称为共晶奥氏体与共晶渗碳体。随着温度的下降，奥氏体中的溶碳量沿 ES 线变化而降低，并不断从奥氏体中析出二次渗碳体。当温度下降到与共析线 PSK 相交的 1 点温度时，奥氏体中碳的质量分数正好为共析成分（$w_C=0.77\%$），在此温度下奥氏体将发生共析转变形成珠光体，二次渗碳体保留至室温。因此，共晶白口铸铁的室温组织为珠光体＋二次渗碳体＋共晶渗碳体，即变态莱氏体（L'_d）。共晶白口铸铁在冷却过程中的组织转变情况

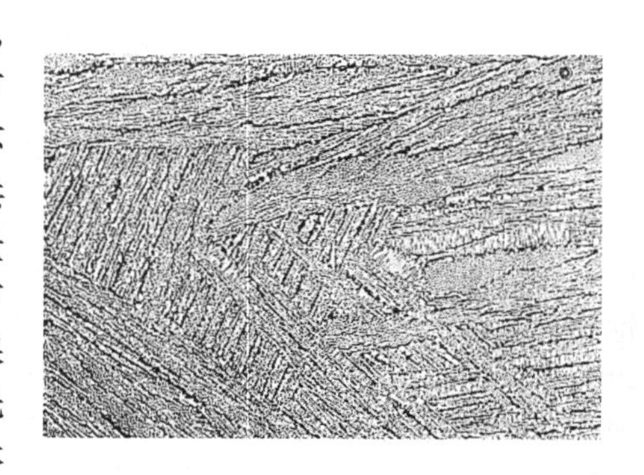

图 3-13 共晶白口铸铁的室温显微组织

如图 3-12 所示，其室温显微组织如图 3-13 所示，图中黑色部分为珠光体，白色基体为渗碳体（二次渗碳体和共晶渗碳体混在一起，无法分辨）。

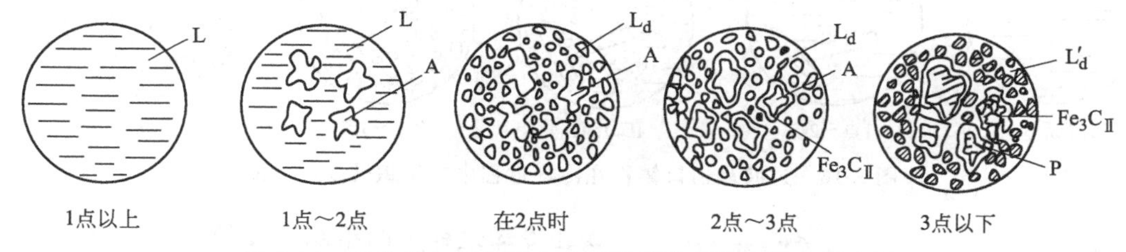

图 3-14 亚共晶白口铸铁在冷却过程中的组织转变示意图

五、亚共晶白口铸铁的结晶过程及组织

图 3-5 中合金Ⅴ为亚共晶白口铸铁。当亚共晶白口铸铁冷却到与 AC 线相交的 1 点温度时，液相中开始结晶出奥氏体。随着温度的下降，奥氏体量不断增多，其成分沿 AE 线变化，而剩余液相量不断减少，其成分沿 AC 线变化。当冷却到与共晶线 ECF 相交的 2 点温度（1148℃）时，初晶奥氏体中碳的质量分数 $w_C=2.11\%$，液相中碳的质量分数正好为共晶成分（$w_C=4.3\%$），此时，剩余液相将发生共晶转变而形成莱氏体组织。

合金在 2～3 点之间冷却时，初晶奥氏体与共晶奥氏体的成分均沿 ES 线变化，并不断析出二次渗碳体，当冷却至与共析线 PSK 相交的 3 点温度时，奥氏体的成分达到共析成分（$w_C=0.77\%$），并发生共析转变而形成珠光体，所以亚共晶白口铸铁的室温组织为珠光体＋二次渗碳体＋变态莱氏体。亚共晶白口铸铁在冷却过程中的组织转变情况如图 3-14 所示，显微组织如图 3-15 所示，图中黑色块状或树枝状组织为珠光体，黑白相间的基体为变态莱氏体，二次渗碳体与共晶渗碳体混在一起，无法分辨。

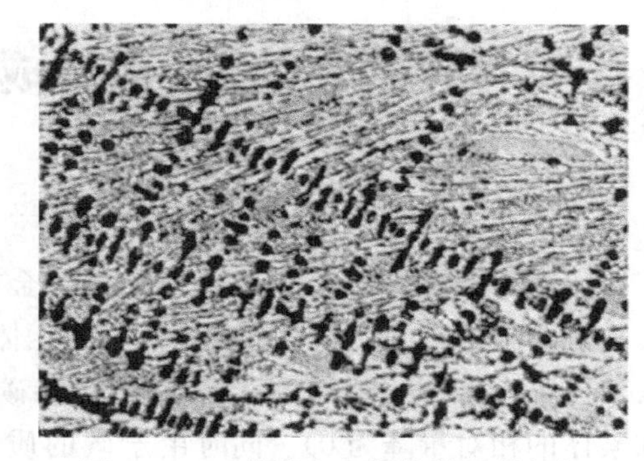

图 3-15 亚共晶白口铸铁的显微组织

所有亚共晶白口铸铁的冷却过程均相似，其室温组织均是由珠光体、二次渗碳体和变态莱氏体组成的。不同的是合金成分越接近共晶成分，室温组织中变态莱氏体的量越多；反之由初晶奥氏体转变成的珠光体的量越多。

六、过共晶白口铸铁的结晶过程及组织

图 3-5 中合金Ⅵ为过共晶白口铸铁。当过共晶白口铸铁冷却到与液相线 CD 相交的 1 点温度时，液相中开始结晶出一次渗碳体。随温度的下降，一次渗碳体的量不断增多，剩余液相量逐渐减少，其成分沿液相线 CD 改变。当冷却到与共晶线 ECF 相交的 2 点温度（1148℃）时，液相中碳的质量分数正好为共晶成分（$w_C=4.3\%$），因此，剩余液相将发生共晶转变而形成莱氏体。

合金在 2 点～3 点之间冷却时，共晶奥氏体的成分沿 ES 线变化，并不断析出二次渗碳体，在 3 点温度（727℃）时，奥氏体的成分达到共析成分（$w_C=0.77\%$），并发生共析转变而形成珠光体，故过共晶白口铸铁的室温组织为一次渗碳体＋变态莱氏体。过共晶白口铸

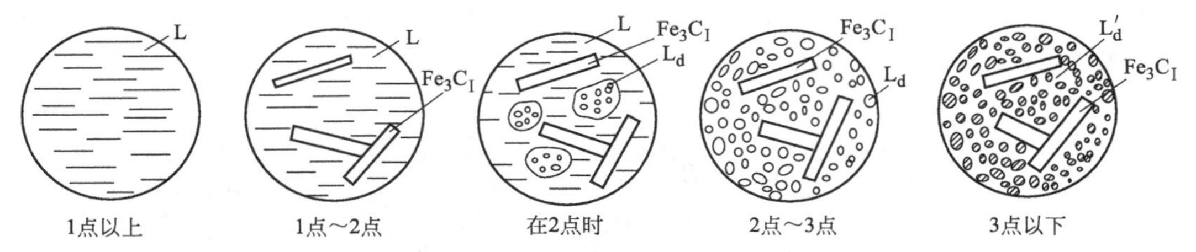

图 3-16　过共晶白口铸铁在冷却过程中的组织转变示意图

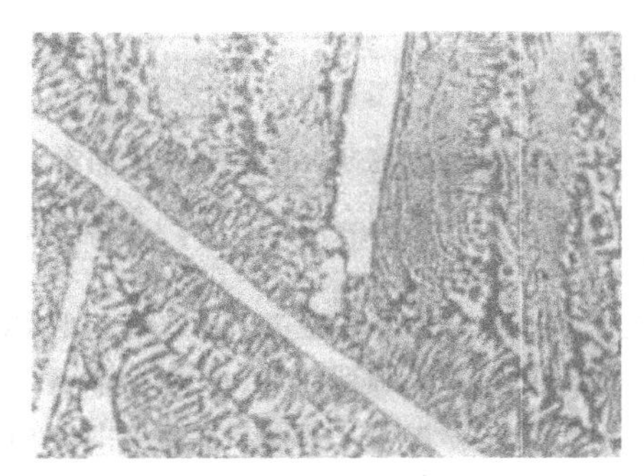
图 3-17　过共晶白口铸铁的显微组织

铁在冷却过程中的组织转变情况如图 3-16 所示，图 3-17 为过共晶白口铸铁的显微组织，图中白色板条状组织为一次渗碳体，基体为变态莱氏体。

所有过共晶白口铸铁的冷却过程均相似，其室温组织均由变态莱氏体和一次渗碳体组成。不同的是合金成分越接近共晶成分，室温组织中的变态莱氏体量越多；含碳量越高，一次渗碳体的量越多。

第四节　铁碳合金成分与组织、性能的关系

一、铁碳合金成分与组织的关系

由上述分析可知，任何成分的铁碳合金在共析温度以下均是由铁素体和渗碳体两相组成的，随着合金中碳的质量分数的增加，铁素体的相对量在减少，而渗碳体的相对量在增加（即当 $w_C=0$ 时，合金全部由铁素体组成，渗碳体量为 0；当 $w_C=6.69\%$ 时渗碳体量为 100%，而铁素体的相对量降为 0）。同时由于碳的质量分数的不同渗碳体的形状和分布也有所不同，因此形成不同的组织。铁碳合金室温下相组成及组织组成物相对量的关系如图 3-18 所示。

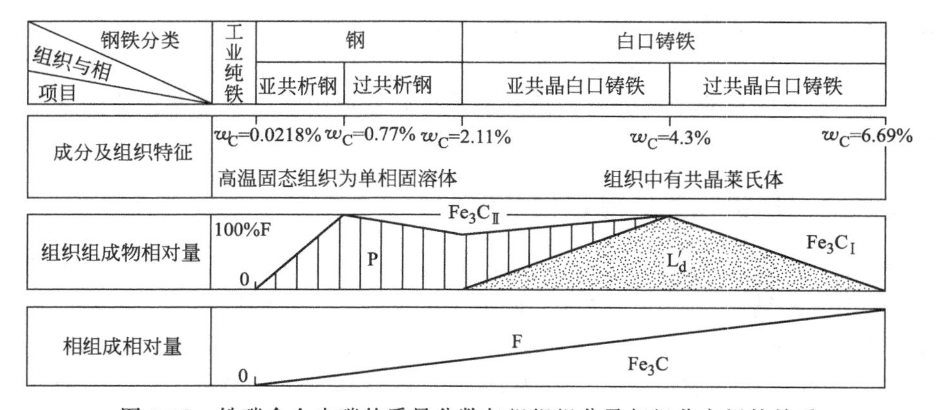

图 3-18　铁碳合金中碳的质量分数与组织组分及相组分之间的关系

在铁碳合金中，随含碳量的增加，室温时的组织变化如下

$$F \rightarrow F+P \rightarrow P \rightarrow P+Fe_3C_{II} \rightarrow P+Fe_3C_{II}+L'_d \rightarrow L'_d \rightarrow L'_d+Fe_3C_{I} \rightarrow Fe_3C_{I}$$

二、铁碳合金成分与性能的关系

1. 碳的质量分数与力学性能的关系

在铁碳合金中，渗碳体一般认为是一种强化相，所以合金中渗碳体的量越多，分布越均匀，材料的硬度、强度越高，但塑性、韧性越低；但当渗碳体分布在晶界或作为基体存在时，材料的塑性和韧性将大大下降，且强度也随之降低。图 3-19 是钢中碳的质量分数对钢力学性能的影响，从图中可以看出，当w_C＜0.9%时，随碳的质量分数的增加，钢的强度和硬度直线上升，而塑性、韧性不断降低；当w_C＞0.9%后，由于二次渗碳体不断在晶界析出并形成完整的网状，不仅使钢的塑性、韧性进一步降低，而且强度也开始明显下降。因此，在机械制造中，为了保证钢既具有足够高的强度，同时又具有一定的塑性和韧性，钢中碳的质量分数一般都不超过 1.3%～1.4%。

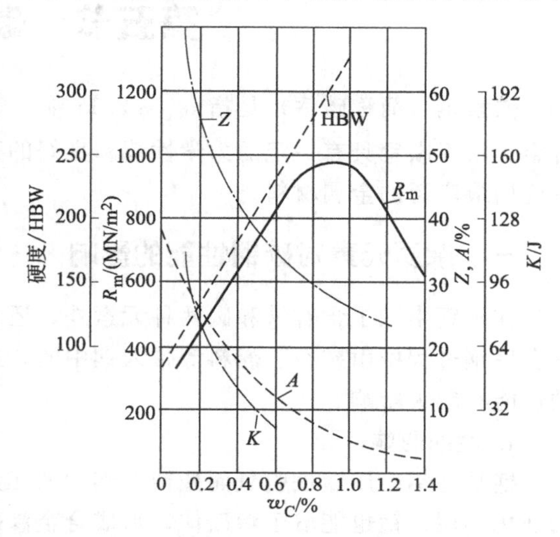

图 3-19 钢中碳的质量分数对钢力学性能的影响

对于 w_C＞2.11%的白口铸铁，由于组织中含有大量的渗碳体，材质特别硬脆，既难以切削加工，又不能通过塑性加工的方法成型，因此在机械制造中很少直接应用。

2. 碳的质量分数与工艺性能的关系

（1）铸造性能 合金的铸造性能主要取决于相图中液相线与固相线的垂直距离（即结晶温度范围），距离越大，结晶温度范围越大，合金的铸造性能越差。由 $Fe-Fe_3C$ 相图可见，共晶成分（w_C＝4.3%）的铸铁，不仅液相线与固相线的距离最小，结晶区间最小，而且熔点也最低，故合金的流动性好，铸件分散缩孔少，偏析小，因而铸造性能最好。所以在铸造生产中，常选用共晶成分附近的铸铁进行铸造。

（2）锻压性能 锻压性能主要与材料的塑性和变形抗力有关，当将钢加热到奥氏体区温度时，可获得塑性良好的单相奥氏体组织，因此具有良好的锻压性能；而碳钢在室温时是由铁素体和渗碳体组成的两相组织，塑性较差，变形困难。在碳钢中由于低碳钢的渗碳体量较少，因此其锻压性能优于高碳钢；白口铸铁在低温和高温下，组织中均含有较多的渗碳体组织，又硬又脆，所以不能进行塑性变形加工。

（3）焊接性能 铁碳合金的焊接性能与含碳量有关，随含碳量的增加，组织中的渗碳体量增加，钢的脆性增加，塑性下降，导致钢的冷裂倾向增加，焊接性能变差。含碳量越高，铁碳合金的焊接性能越差，故焊接用钢主要是低碳钢或低碳合金钢。

（4）切削加工性能 钢中含碳量不同，其切削加工性能也不同。当 w_C≤0.25%时，钢中有大量的铁素体，硬度低，塑性好，切削时产生较多的切削热，容易粘刀，而且不易断屑和排屑，影响工件的表面粗糙度，故切削加工性能较差；当 w_C＞0.6%时，钢中渗碳体量较多，硬度高，零件对刃具磨损加重，切削加工性能也较差；当含碳量为 0.25%～0.6%时，钢中铁素体与渗碳体的比例适当，硬度和塑性比较适中，切削加工性能较好。一般认为碳钢的硬度在 160～230HBW 时，切削加工性能最好。通过热处理的方法可以改变碳钢的硬度、渗碳体的形态与分布，从而改善钢的切削加工性能。

（5）热处理性能　由于铁碳合金在不同的温度下具有不同的相，故钢和铸铁可以通过热处理的方法来改善其组织，达到改善性能的目的，根据 Fe-Fe_3C 相图可确定钢的各种热处理工艺参数，来改变钢的组织和性能，具体内容将在第四章“钢的热处理”中详细介绍。

第五节　碳　素　钢

碳素钢（简称碳钢）是指 $w_C \leqslant 2.11\%$，并含有少量锰、硅、硫、磷等杂质元素的铁碳合金。由于碳钢具有一定的力学性能、良好的工艺性能，且价格低廉，因此碳钢是工业生产中应用最广泛的金属材料。

一、杂质元素对碳钢性能的影响

在碳钢中除了含有铁和碳两种元素外，还含有少量的硅、锰、硫、磷等元素。这些元素是在炼钢过程中由矿石、燃料等带入钢中的，通常称为杂质元素。这些杂质元素的存在对钢的性能有较大影响。

1. 锰的影响

锰是炼钢时用锰铁脱氧而残留在钢中的元素。在室温下，锰能溶于铁素体，对钢有一定的强化作用；锰也能溶于渗碳体，形成合金渗碳体。锰在钢中是一种有益的元素。当碳钢中锰含量为 0.25%～0.8%时，对钢的性能影响不大。

2. 硅的影响

硅也是作为脱氧剂加入钢中的。在室温下，硅能溶入铁素体而发生固溶强化，提高钢的强度、硬度。硅在钢中也是一种有益元素。当钢中含硅量小于 0.5%时，对钢的性能影响不显著。

3. 硫的影响

硫是在炼钢时由矿石和燃料带入的。在固态下，硫在铁中的溶解度极小，主要以 FeS 形态存在于钢中。由于 FeS 的塑性差，因此含硫量较多的钢脆性较大。更严重的是，FeS 与 Fe 可形成低熔点（985℃）的共晶体，分布在奥氏体的晶界上。当钢加热到约 1200℃进行压力加工时，晶界上的共晶体已熔化，晶粒间结合被破坏，使钢材在加工过程中沿晶界开裂，产生热脆性。为了消除硫的有害作用，一般要在钢中增加锰的含量，使锰与硫形成高熔点（1620℃）的 MnS，并呈粒状分布在晶粒内，MnS 在高温下具有一定塑性，从而避免了热脆性的产生。

通常情况下，硫是有害的元素，在钢中要严格限制硫的含量。但在含硫量较多的钢中，可形成较多的 MnS，在切削加工中，MnS 能起到断屑的作用，从而改善钢的切削加工性能，因此在易切削钢中硫的含量较多。

4. 磷的影响

磷是由矿石带入的。一般磷能全部溶于铁素体中，使钢的强度、硬度增加，但塑性、韧性显著降低，尤其在低温时更为严重，使钢产生冷脆现象。磷在结晶过程中，由于容易产生晶内偏析，使局部含磷量偏高，导致韧脆转变温度升高，从而发生冷脆现象，含磷量较多的钢对在高寒地带和其他低温条件下工作的结构件具有严重的危害性。此外，磷的偏析还使钢材在热轧后形成带状组织。

在通常情况下，磷也是有害元素，在钢中也要严格控制磷的含量。但含磷量较多时，由于脆性较大，对制造炮弹用钢以及改善钢的切削加工性能则是有利的。

5. 非金属夹杂物的影响

在炼钢过程中，少量的炉渣、耐火材料及冶炼中的反应产物都可能进入钢液，形成非金属夹杂物。例如氧化物、硫化物、硅酸盐、氮化物等，非金属夹杂物的存在会降低钢的力学性能，特别是降低钢的塑性、韧性及疲劳强度，严重时，还会使钢在热加工过程中产生裂纹，或在使用时突然断裂，因此，对重要用途的钢（如滚动轴承钢、弹簧钢等）都要对非金属夹杂物的数量、形状、大小与分布情况进行严格检验。

二、碳钢的分类

生产中使用的碳钢品种很多，为了便于生产、管理和选用，需要将钢进行分类和统一编号。碳钢的分类方法很多，常用的分类方法如下。

1. 按钢中的含碳量分

根据钢中含碳量的多少，可分为低碳钢（$w_C<0.25\%$）、中碳钢（$0.25\%\leqslant w_C\leqslant 0.60\%$）和高碳钢（$w_C>0.60\%$）。

2. 按钢的质量分

根据钢中有害杂质元素硫、磷含量的多少，可分为普通质量钢（$w_S\leqslant 0.050\%$，$w_P\leqslant 0.045\%$）；优质钢（$w_S\leqslant 0.035\%$，$w_P\leqslant 0.035\%$）、高级优质钢（$w_S\leqslant 0.020\%$，$w_P\leqslant 0.030\%$）和特级优质钢（$w_S\leqslant 0.015\%$，$w_P\leqslant 0.025\%$）。

3. 按钢的用途分

根据钢的主要使用范围不同，可分为碳素结构钢和碳素工具钢。

碳素结构钢主要用于制造各种机械零件和工程结构件，一般属于低、中碳钢；碳素工具钢主要用于制造各种刃具、量具和模具，一般属于高碳钢。

此外，按冶炼方法不同可分为转炉钢和电炉钢；按冶炼时脱氧程度不同又可分为沸腾钢、镇静钢和半镇静钢等。

三、碳钢的牌号、性能及用途

我国目前碳钢牌号是以钢的质量和用途为基础来进行命名的，一般分为普通碳素结构钢、优质碳素结构钢和碳素工具钢。

1. 普通碳素结构钢

普通碳素结构钢中碳的质量分数一般小于0.25%，钢中的有害杂质元素相对较多，但价格便宜，主要用于力学性能要求不高的机械零件及一般工程结构件，供应状态通常为板材及各种型材。

普通碳素结构钢的牌号是由Q（屈服点的“屈”汉语拼音字首）、屈服点数值、质量等级符号和脱氧方法符号四个部分按顺序组成。其中质量等级有A（$w_S\leqslant 0.050\%$，$w_P\leqslant 0.045\%$）、B（$w_S\leqslant 0.045\%$，$w_P\leqslant 0.045\%$）、C（$w_S\leqslant 0.040\%$，$w_P\leqslant 0.040\%$）、D（$w_S\leqslant 0.035\%$，$w_P\leqslant 0.035\%$）四级。脱氧方法分别用汉语拼音字首表示：“F”表示沸腾钢，“Z”表示镇静钢，“TZ”表示特殊镇静钢，通常钢号中的“Z”和“TZ”符号可省略。

例如Q235表示AF，表示$R_{eH}\geqslant 235$MPa，质量等级为A级的沸腾钢。

普通碳素结构钢的牌号、化学成分和力学性能见表3-3。

表 3-3 普通碳素结构钢的牌号、化学成分、力学性能与应用（GB/T 700—2006）

牌号	等级	化学成分/%			脱氧方法	力学性能			应用
		C不大于	S	P		R_{eH}/MPa	R_m/MPa	A/%	
Q195		0.12	≤0.010	≤0.045	F、Z	≥195	315～395	≥33	用于制作承受载荷不大的金属结构件，如铆钉、垫圈、地脚螺栓、铁丝、冲压件、焊接件及各种薄板
Q215	A	0.15	≤0.050	≤0.045	F、Z	≥215	335～410	≥31	
	B		≤0.045						
Q235	A	0.22	≤0.050	≤0.045	F、Z	≥235	375～460	≥26	用于制作钢板、钢筋、型钢、螺栓、螺母、受力不大的轴、建筑、桥梁工程的焊接结构件等
	B	0.12～0.20	≤0.045						
	C	0.18	≤0.040	≤0.040	Z				
	D	0.17	≤0.035	≤0.035	TZ				
Q275	A B C D	0.24	≤0.050	≤0.045	F、Z	≥275	490～610	≥20	用于制造承受中等载荷的普通零件，如键、销、传动轴、拉杆、链轮、吊钩等

普通碳素结构钢一般以热轧状态供应。其中牌号为 Q195 与 Q275 的普通碳素结构钢是不分质量等级的，Q215、Q235 牌号的普通碳素结构钢，当质量等级为“A”“B”级时，在保证力学性能要求的前提下，化学成分可根据需方要求做适当调整。

Q195 钢、Q215 钢（相当于旧牌号的 A1、A2 钢）含碳量较低，强度不高，但具有良好的塑性、韧性和焊接性能，常用来制造铆钉、地脚螺栓、垫圈、铁钉、铁丝及各种薄板，如黑铁皮、白铁皮（镀锌薄钢板）、马口铁（镀锡薄钢板）。也可代替 08F 或 10 钢制造冲压和焊接结构件。

Q235 钢（相当于旧牌号的 A3 钢）强度较高，常用来制作钢筋、型钢、钢板、农业机械及各种不重要的机器零件，如螺栓、螺母、套环和连杆等。其中 Q235C、Q235D 常用来制作建筑、桥梁工程上质量要求较高的焊接结构件。

Q275 钢（相当于旧牌号的 A4、A5 钢）属中碳钢，强度较高，可代替 30、40 钢制造较重要的某些零件，如齿轮、链轮、吊钩等，以降低原材料的成本。

2. 优质碳素结构钢

在这类钢中有害杂质元素磷、硫的含量受到严格控制，非金属夹杂物含量较少，塑性和韧性较好，常用来制造各种比较重要的机械零件。

优质碳素结构钢的牌号是用两位数字表示的，这两位数字表示钢中平均含碳量的万分之几。优质碳素结构钢的牌号和化学成分、热处理和力学性能见表 3-4 和表 3-5。

根据含锰量的不同优质碳素结构钢分为普通含锰量（$w_{Mn}=0.25\%\sim0.8\%$）及较高含锰量（$w_{Mn}=0.7\%\sim1.2\%$）两组。含锰量较高的一组，在其两位数字后面加锰的化学元素符号，例如 45 表示平均含碳量为 0.45%的优质碳素结构钢；65Mn 钢表示平均含碳量为 0.65%的较高含锰量的优质碳素结构钢。

若为高级优质碳素钢，在两位数字后加“A”，如 45A；

钢中的含碳量不同，其性能也不相同，因此可用来制造各种不同性能要求的零件。如 08 钢含碳量低，塑性好，强度低，一般由钢厂轧成薄钢板或钢带供应，主要用于制造冷冲压件，如外壳、容器、罩子等。

表 3-4 优质碳素结构钢的牌号、化学成分（GB/T 699—2015）

牌号	化学成分/%					
	C	Si	Mn	Cr	Ni	Cu
				不大于		
08	0.05～0.12	0.17～0.37	0.35～0.65	0.10	0.25	0.25
10	0.07～0.13	0.17～0.37	0.35～0.65	0.15	0.25	0.25
15	0.12～0.18	0.17～0.37	0.35～0.65	0.25	0.25	0.25
20	0.17～0.23	0.17～0.37	0.35～0.65	0.25	0.25	0.25
25	0.22～0.29	0.17～0.37	0.50～0.80	0.25	0.25	0.25
30	0.27～0.34	0.17～0.37	0.50～0.80	0.25	0.25	0.25
35	0.32～0.39	0.17～0.37	0.50～0.80	0.25	0.25	0.25
40	0.37～0.44	0.17～0.37	0.50～0.80	0.25	0.25	0.25
45	0.42～0.50	0.17～0.37	0.50～0.80	0.25	0.25	0.25
50	0.47～0.55	0.17～0.37	0.50～0.80	0.25	0.25	0.25
55	0.52～0.60	0.17～0.37	0.50～0.80	0.25	0.25	0.25
60	0.57～0.65	0.17～0.37	0.50～0.80	0.25	0.25	0.25
65	0.62～0.70	0.17～0.37	0.50～0.80	0.25	0.25	0.25
70	0.67～0.75	0.17～0.37	0.50～0.80	0.25	0.25	0.25
75	0.72～0.80	0.17～0.37	0.50～0.80	0.25	0.25	0.25
80	0.77～0.85	0.17～0.37	0.50～0.80	0.25	0.25	0.25
85	0.82～0.90	0.17～0.37	0.50～0.80	0.25	0.25	0.25
15Mn	0.12～0.18	0.17～0.37	0.70～1.00	0.25	0.25	0.25
20Mn	0.17～0.24	0.17～0.37	0.70～1.00	0.25	0.25	0.25
25Mn	0.22～0.30	0.17～0.37	0.70～1.00	0.25	0.25	0.25
30Mn	0.27～0.35	0.17～0.37	0.70～1.00	0.25	0.25	0.25
35Mn	0.32～0.40	0.17～0.37	0.70～1.00	0.25	0.25	0.25
40Mn	0.37～0.45	0.17～0.37	0.70～1.00	0.25	0.25	0.25
45Mn	0.42～0.50	0.17～0.37	0.70～1.00	0.25	0.25	0.25
50Mn	0.47～0.55	0.17～0.37	0.70～1.00	0.25	0.25	0.25
60Mn	0.57～0.65	0.17～0.37	0.70～1.00	0.25	0.25	0.25
65Mn	0.62～0.70	0.17～0.37	0.90～1.20	0.25	0.25	0.25
70Mn	0.67～0.75	0.17～0.37	0.90～1.20	0.25	0.25	0.25

表 3-5 优质碳素结构钢的热处理和力学性能（GB/T 699—2015）

牌号	试样毛坯尺寸/mm	推荐热处理温度/℃			力学性能					钢材交货状态硬度/HBW	
		正火	淬火	回火	R_m/MPa	R_{eL}/MPa	A/%	Z/%	KU_2/J		
					不小于					未热处理	退火
08	25	930			325	195	33	60		131	
10	25	930			335	205	31	55		137	
15	25	920			375	225	27	55		143	
20	25	910			410	245	25	55		156	
25	25	900	870	600	450	275	23	50	71	170	
30	25	880	860	600	490	295	21	50	63	179	
35	25	870	850	600	530	315	20	45	55	197	
40	25	860	840	600	570	335	19	45	47	217	187
45	25	850	840	600	600	355	16	40	39	229	197
50	25	830	830	600	630	375	14	40	31	241	207
55	25	820	820	600	645	380	13	35		255	217
60	25	810			675	400	12	35		255	229

续表

牌号	试样毛坯尺寸/mm	推荐热处理温度/℃			力学性能					钢材交货状态硬度/HBW	
		正火	淬火	回火	R_m/MPa	R_{eL}/MPa	A/%	Z/%	KU_2/J		
					不小于					未热处理	退火
65	25	810			695	410	10	30		255	229
70	25	790			715	420	9	30		269	229
75	试样		820	480	1080	880	7	30		285	241
80	试样		820	480	1080	930	6	30		285	241
85	试样		820	480	1130	980	6	30		302	255
15Mn	25	920			410	245	26	55		163	
20Mn	25	910			450	275	24	50		197	
25Mn	25	900	870	600	490	295	22	50	71	207	
30Mn	25	880	860	600	540	315	20	45	63	217	187
35Mn	25	870	850	600	560	335	19	45	55	229	197
40Mn	25	860	840	600	590	355	17	45	47	229	207
45Mn	25	850	840	600	620	375	15	40	39	241	217
50Mn	25	830	830	600	645	390	13	40	31	255	217
60Mn	25	810			695	410	11	35		269	229
65Mn	25	810			735	430	9	30		285	229
70Mn	25	790			785	450	8	30		285	229

10～25钢具有良好的冷塑性变形能力和焊接性能，常用来制造受力不大、韧性要求较高的冲压件和焊接件，如螺栓、螺钉、螺母、杠杆、轴套和焊接压力容器等；这类钢经过渗碳、淬、回火热处理后，表面具有高硬度，心部具有一定强度和韧性，可用于制作表面耐磨、并承受一定冲击载荷的零件，如凸轮、齿轮、销、摩擦片等。

30～55钢及40Mn、50Mn钢等中碳钢经调质处理后，可获得良好的综合力学性能，主要用来制造齿轮、连杆、轴类等零件，其中以45钢在生产中的应用最为广泛。

60～85钢及60Mn、65Mn、75Mn钢经适当热处理后，可得到较高的弹性极限、足够的韧性和一定的强度，主要用来制作弹性元件和易磨损零件，如弹簧、弹簧垫圈等。

3. 碳素工具钢

碳素工具钢的含碳量较高，为0.65%～1.35%，一般需要在热处理后使用。这类钢经热处理后具有较高的硬度和耐磨性，主要用于制造低速切削的刃具以及对热处理变形要求不高的一般模具、低精度量具等。

根据钢中有害杂质硫、磷含量的多少，碳素工具钢分优质碳素工具钢（$w_S \leqslant 0.030\%$，$w_P \leqslant 0.035\%$）和高级优质碳素工具钢（$w_S \leqslant 0.020\%$，$w_P \leqslant 0.030\%$）两类。

碳素工具钢的牌号用“T”（碳的汉语拼音字首）和数字表示，数字表示钢中平均含碳量的千分之几；若牌号末尾加“A”，则表示高级优质碳素工具钢；含锰量较高者，在牌号后标出“Mn”。例如T7表示平均含碳量为0.7%的优质碳素工具钢；T8A表示平均含碳量为0.8%的高级优质碳素工具钢；T8Mn表示平均含碳量为0.8%、含锰量较高的优质碳素工具钢。常用碳素工具钢的牌号、化学成分、力学性能和用途见表3-6。

4. 铸钢

铸钢中的含碳量为0.15%～0.60%，在生产中主要用于制作形状复杂、难以进行锻造或切削加工成型、用铸铁又难以满足性能要求的零件。

表 3-6 碳素工具钢的牌号、化学成分、力学性能和用途（GB/T 1299—2014）

牌号	化学成分/%					退火后硬度/HBW不大于	试样淬火		用途举例
	C	Mn	Si	S	P		温度/℃	硬度/HRC不小于	
				不大于					
T7	0.65～0.74	≤0.40	≤0.35	0.030 0.020	0.035 0.030	187	800～820 水	62	常用于制造振动、冲击较大，且硬度适当的工具，如錾子、冲头、木工工具、大锤等
T8	0.75～0.84	≤0.40	≤0.35	0.030 0.020	0.035 0.030	187	780～800 水	62	用于制造冲击较大、要求较高硬度的工具，如冲头、木工工具等
T8Mn	0.80～0.90	0.4～0.6	≤0.35	0.030 0.020	0.035 0.030	187	780～800 水	62	淬透性较大，可用于制造截面较大的工具
T9	0.85～0.94	≤0.40	≤0.35	0.030 0.020	0.035 0.030	192	760～780 水	62	用于制造有一定韧性且硬度较高的工具，如冲模、凿岩工具等
T10	0.95～1.04	≤0.40	≤0.35	0.030 0.020	0.035 0.030	197	760～780 水	62	用于制造冲击较小、要求硬度高、耐磨的工具，如刨刀、车刀、钻头、丝锥、手工锯条等
T11	1.05～1.15	≤0.40	≤0.35	0.030 0.020	0.035 0.030	207	760～780 水	62	
T12	1.15～1.24	≤0.40	≤0.35	0.030 0.020	0.035 0.030	207	760～780 水	62	用于制造不受冲击、高硬度、高耐磨的工具，如锉刀、刮刀、精车刀、丝锥、量具等

工程用铸钢牌号前用“铸钢”两字汉语拼音字首“ZG”表示，在“ZG”后面有两组数字，第一组数字表示该钢屈服点的最低值（MPa），第二组数字表示其抗拉强度的最低值（MPa）。例如 ZG310-570，表示屈服点的最低值为 310MPa，抗拉强度的最低值为 570MPa 的工程用铸钢。

工程用铸钢的牌号、化学成分、力学性能和用途见表 3-7。

表 3-7 工程用铸钢的牌号、化学成分、力学性能和用途（GB/T 11352—2009）

牌号	主要化学成分/%				室温力学性能					用途举例
	C	Si	Mn	P、S	R_{eH} /MPa	R_m /MPa	A/%	Z/%	AKV/J	
	不大于				不小于					
ZG200-400	0.20	0.50	0.80	0.04	200	400	25	40	30	用于制作受力不大、要求韧性好的各种机械零件，如机座，变速箱壳等
ZG230-450	0.30	0.50	0.90	0.04	230	450	22	32	25	用于制作受力不大、要求韧性好的机械零件，如砧座、外壳、轴承盖、底板阀体、犁柱等
ZG270-500	0.40	0.50	0.90	0.04	270	500	18	25	22	用作轧钢机机架、轴承座、连杆、箱体、曲轴、缸体等
ZG310-570	0.50	0.60	0.90	0.04	310	570	15	21	15	用于制作载荷较高的零件，如齿轮、缸体、制动轮、辊子等
ZG340-640	0.60	0.60	0.90	0.04	340	640	10	18	10	用作齿轮、棘轮等

本章小结

金属在固态下，随温度的改变，由一种晶格类型变为另一种晶格类型的现象称为同素异晶转变。纯铁在不同温度下的晶格有体心立方和面心立方两种结构。铁碳合金的基本相为铁素体、奥氏体和渗碳体。

Fe-Fe_3C 合金相图是具有实用意义的铁碳合金相图。碳含量为 4.3%的铁碳合金在1148℃下发生由液相同时结晶出奥氏体+渗碳体组织的共晶转变，共晶转变的产物称为莱氏体；碳含量为 0.77%的铁碳合金在 727℃下发生由奥氏体同时析出铁素体+渗碳体的共析转变，共析转变的产物称为珠光体。根据铁碳合金的成分和室温组织不同，铁碳合金可分工业纯铁、钢和白口铸铁三大类。由于碳含量不同，钢中的铁素体、渗碳体的相对量及渗碳体形态不同，其力学性能不同，铸造、锻压、焊接、切削加工及热处理等工艺性能不同。

碳钢是碳含量≤2.11%，含有锰、硅、硫、磷等杂质元素的铁碳合金。根据其碳含量不同可分为低碳钢、中碳钢和高碳钢；根据质量及用途不同可分为普通碳素结构钢、优质碳素结构钢及碳素工具钢。碳钢的牌号根据其分类不同表示方法也不相同。

复习思考题

一、填空题

1. 金属在________态下，随温度的改变，由________转变为________的现象称为同素异晶转变。

2. 铁碳合金的基本相包括________、________和________。

3. 在铁碳合金相图中，________是共析点，碳含量为________。

4. 在铁碳合金相图中，________是共晶点，碳含量为________，其转变产物是________。

5. 铁碳合金中，共析转变的产物是________，它是由________和________组成的复相组织。

6. 硫和磷都是钢中的有害杂质，硫能导致钢产生________脆性，磷能导致钢产生________脆性。

7. 45 钢的平均碳含量为________。按碳含量分 45 钢属于________钢，按质量分属于________钢，按用途分属于________钢。

8. T12 钢的平均碳含量为________。按碳含量分 T12 钢属于________钢，按用途分属于________钢。

9. 根据铁碳合金的成分和室温组织不同，铁碳合金可分为________、________、________三大类。

10. 平衡状态下，亚共析钢的室温组织为________，共析钢的室温组织为________，过共析钢的室温组织为________。

二、判断题

1. 重结晶和结晶都是在液态下的形核与长大的过程，两者没有本质区别。

2. 根据金属原子在空间位置的排列不同，其晶格类型也不同，其中 α-Fe 属于体心立方晶格，γ- Fe 属于面心立方晶格。

3. 奥氏体和铁素体都是碳溶于铁的间隙固溶体。

4. 碳的质量分数≤2.11%的铁碳合金称为钢。

5. 在铁碳合金中，只有具有共析成分点的合金在冷却过程中才能发生共析转变，形成珠光体组织。

6. 由一定成分的固相，在一定的温度下同时析出两个一定成分的新固相的过程，称为共析转变。

7. 铁碳合金中，碳含量越高，其强度就一定越高。

8. 靠近共晶成分的铁碳合金不仅熔点低，而且凝固温度区间也较小，故具有良好的铸造性能。

9. Q235A是优质碳素结构钢。

10. 65Mn钢是合金钢，65钢是碳素钢。

三、选择题

1. α-Fe是具有（　　）晶格的铁。

A. 体心立方　　B. 面心立方　　C. 密排六方　　D. 无规则几何形状

2. 碳的质量分数为0.4%的铁碳合金，室温下的平衡组织为（　　）。

A. F　　B. F+P　　C. P　　D. P+Fe_3C_{II}

3. 在铁碳合金相图中，共析钢的碳含量是（　　）%。

A. 0.45　　B. <0.77　　C. 0.77　　D. >0.77

4. 从奥氏体中析出的渗碳体称为（　　）。

A. 一次渗碳体　　B. 二次渗碳体　　C. 共析渗碳体　　D. 共晶渗碳体

5. 铁碳合金相图中的共析线是（　　）

A. *ECF*　　B. *PSK*　　C. *GS*　　D. *ES*

6. 过共析钢平衡组织中的二次渗碳体的形状是（　　）。

A. 颗粒状　　B. 片状　　C. 网状　　D. 条状

7. 下列牌号中，属于普通碳素结构钢的是（　　）。

A. Q235　　B. 20　　C. 65Mn　　D. T10

8. 下列材料中，适宜制作冲压件的钢是（　　）。

A. 08　　B. 45　　C. 65Mn　　D. T8

四、简答题

1. 什么是铁素体、奥氏体、渗碳体、珠光体和莱氏体？说明它们的符号与力学性能。

2. 说明一次渗碳体、二次渗碳体、三次渗碳体、共晶渗碳体、共析渗碳体的异同之处。

3. 合金中相组分与组织组分有何区别？分别指出亚共析钢与亚共晶白口铸铁中的相组分与组织组分。

4. 什么是共析转变？试以铁碳合金为例，说明共析转变的过程及其显微组织特征。

5. 什么是共晶转变？试以铁碳合金为例，说明共晶转变的过程及其显微组织特征。

6. 钢的铸造性能随钢中碳含量的增加而降低，但铸铁中碳的含量远高于钢，为什么铸铁的铸造性能却比钢好？

7. 常存元素对碳钢的性能在何影响？为什么？

8. 碳钢的钢号是如何表示的？指出20、45、60、Q235、T8、T10A、65Mn各属于哪一类钢？各表示什么意思？

9. 说明ZG230-450是什么钢？

五、分析计算题

1. 画出以组织组分填写的简化后的 $Fe\text{-}Fe_3C$ 相图，并进行以下分析：

(1) 分析碳含量为0.45%钢的结晶过程，计算其在室温下的组织组分及相组分的相对量；

(2) 分析碳含量为1.2%钢的结晶过程，计算其在室温下的组织组分及相组分的相对量；

(3) 指出 w_C=0.2%、w_C=0.6%、w_C=1.2%的钢分别在1400℃、1100℃、800℃下奥氏体中的碳含量。

2. 现有两种铁碳合金，其中一种合金的显微组织中珠光体量占75%，铁素体量占25%；另一种合金的显微组织中，珠光体量占92%，二次渗碳体量占8%。这两种合金的碳含量各为多少？各属于哪一类合金？

3. 为什么绑扎物件一般用铁丝（镀锌的低碳钢丝），而起重机吊重物时却用钢丝绳（用60、65、70等钢制成）？

第四章 钢的热处理

钢的热处理是将钢在固态下以适当方式进行加热、保温和冷却，以改变其内部组织，从而获得所需性能的一种工艺方法。

通过热处理可以消除零件毛坯（如铸件、锻件等）中的缺陷，改善钢的加工工艺性能，更重要的是热处理能够显著改善钢的力学性能，充分发挥钢的潜力，节约生产成本，提高零件的使用性能，延长产品的使用寿命，因此，热处理在机械制造中占有十分重要的地位。

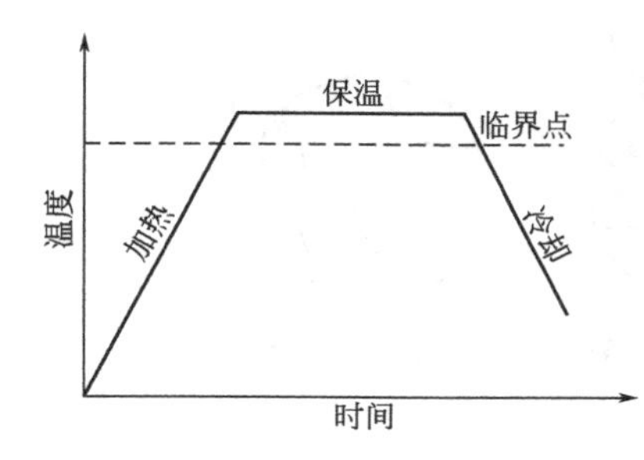

图 4-1　热处理工艺曲线

根据加热和冷却的方法不同，钢的热处理大致可按如下进行分类：

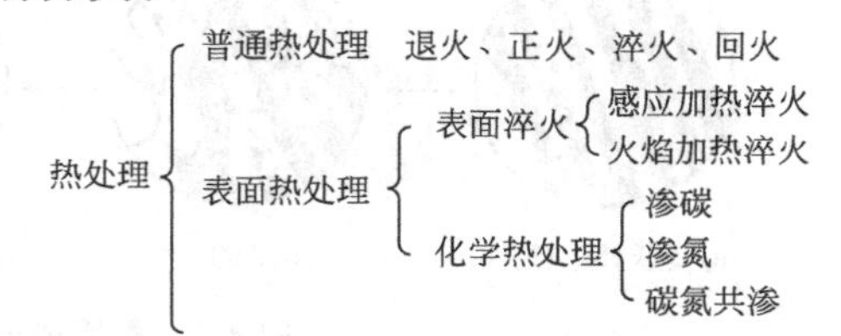

尽管钢的热处理种类很多，但都是由加热、保温和冷却三个阶段组成的，如图 4-1 所示。因此要掌握各种热处理方法对钢的组织和性能的影响，就必须研究钢在加热、保温和冷却过程中的组织转变规律。

第一节　钢的热处理原理

由 $Fe\text{-}Fe_3C$ 相图可知，碳钢在缓慢加热或冷却过程中，在 *PSK* 线、*GS* 线和 *ES* 线上都将发生组织转变，因此，任一成分碳钢组织转变的温度，都可由 *PSK* 线、*GS* 线和 *ES* 线来确定。通常把 *PSK* 线称为 A_1 线；*GS* 线称为 A_3 线；*ES* 线称为 A_{cm} 线。该线上的相变点（温度），则相应地用 A_1 点、A_3 点、A_{cm} 点来表示。

应当指出，A_1、A_3、A_{cm} 点是平衡相变点，是在碳钢极其缓慢加热或冷却条件下测定的。但是在实际生产中，由于加热和冷却速度都比较快，因此，钢的相变过程不可能在平衡相变点进行。加热时的组织转变是在平衡相变点以上进行的，冷却时的组织转变是在平衡相变点以下进行的。随着加热或冷却速度的增大，相变点的偏离程度也增大。为了与平衡时的相变点有所区别，通常将加热时的各相变点分别用 A_{c1}、A_{c3}、A_{ccm} 表示；冷却时的各相变点分别用 A_{r1}、A_{r3}、A_{rcm} 表示，图 4-2 是钢在加热（或冷却）时各相变点在 $Fe\text{-}Fe_3C$ 相图上的实际位置。

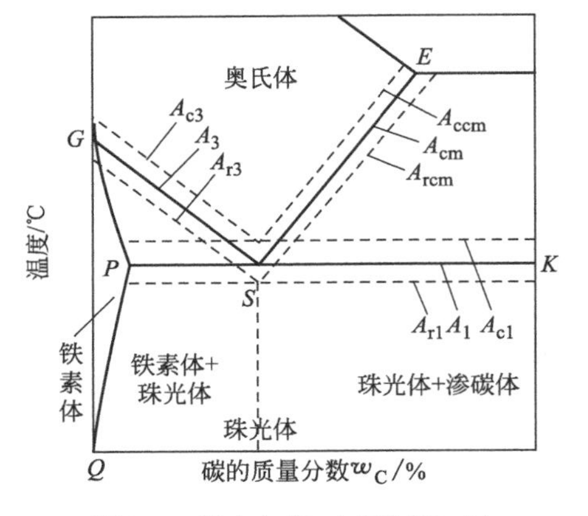

图 4-2 钢在加热（或冷却）时各临界点的实际位置

一、钢在加热时的组织转变

大部分钢铁零件进行热处理时，都要加热到相变点以上，以获得全部或部分奥氏体组织，这一过程称为钢的奥氏体化。

1. 钢的奥氏体化

钢在加热时奥氏体的形成过程也是通过形核及长大来实现的。现以共析碳钢的奥氏体化转变过程为例进行说明，如图 4-3 所示。

(1) 奥氏体的形成过程　共析钢在 A_1 点以下全部为珠光体组织，珠光体中的铁素体具有体心立方晶格，渗碳体具有复杂晶格，加热到 A_{c1} 点以上时，珠光体将转变成具有面心立方晶格的单相奥氏体组织。由此可见，奥氏体化必须进行晶格的改组和铁、碳原子的扩散，其转变过程遵循形核和长大的基本规律，并通过以下四个阶段来完成。

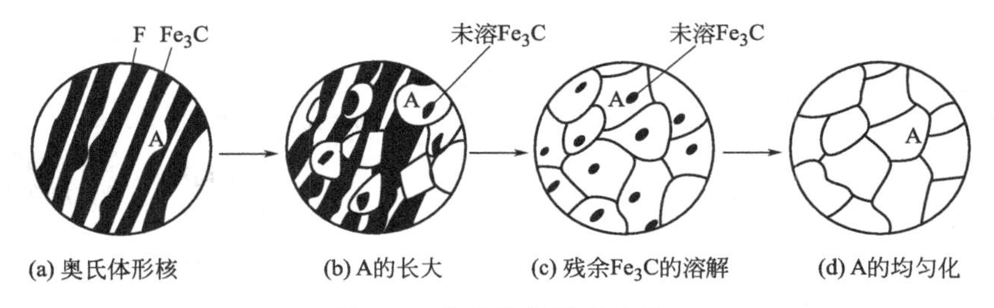

图 4-3 奥氏体的形成过程

① 奥氏体晶核的形成　由于在铁素体和渗碳体相界面处原子排列比较紊乱，原子处于高能量状态，奥氏体的含碳量是介于铁素体和渗碳体之间的，因此奥氏体晶核优先在两相的相界面上形成，如图 4-3(a) 所示。

② 奥氏体晶核的长大　奥氏体晶核形成后，由于铁、碳原子的扩散，使邻近的渗碳体不断溶解，铁素体晶格改组成为面心立方晶格而转变成奥氏体，因此，奥氏体晶核的长大是向铁素体与渗碳体方向不断推进的过程，如图 4-3(b) 所示。

③ 残余渗碳体的溶解　在奥氏体形成过程中，由于渗碳体的晶体结构和含碳量与奥氏体有很大差异，所以当铁素体全部消失后，仍有部分渗碳体尚未溶解，这部分未溶的渗碳体随着保温时间的延长，将逐渐溶入奥氏体中，直至完全消失，如图 4-3(c) 所示。

④ 奥氏体的均匀化　残余渗碳体完全溶解后，由于在原渗碳体处碳浓度较高，在原铁素体处碳浓度较低，所以只有延长保温时间，通过碳原子的充分扩散，才能得到成分均匀的奥氏体组织，如图 4-3(d) 所示。

由以上可知，热处理的保温，不仅是为了让工件热透，同时也是为了获得均匀的奥氏体组织，以便冷却后能够获得良好的组织和性能。

亚共析钢和过共析钢在加热时的组织转变过程与共析钢略有不同。亚共析钢在 A_{c1} 以下的组织为铁素体+珠光体，当加热至 A_{c1} 点温度时，珠光体转变为奥氏体，如果进一步提高加热温度，则铁素体将逐渐转变为奥氏体，当加热温度超过 A_{c3} 时，铁素体完全消失，得到成分均匀的单相奥氏体组织；过共析钢在 A_{c1} 点以下的组织为珠光体＋二次渗碳体，当加热至 A_{c1} 点温度时，珠光体转变为奥氏体，如果进一步提高加热温度，则二次渗碳体将逐渐溶解于奥氏体中，当温度超过 A_{ccm} 时，二次渗碳体完全溶解，从而得到成分均匀的单相奥氏体组织。

（2）影响奥氏体转变速度的因素

① 加热温度　加热温度越高，铁、碳原子的扩散速度越快，铁的晶格改组也越快，因此奥氏体的形成速度越快。

② 加热速度　加热速度越快，转变开始的温度越高，转变终了的温度也越高，完成转变所需时间越短，奥氏体转变速度越快。

③ 钢的原始组织　若钢的成分相同，其原始组织越细、相界面越多，奥氏体晶核的形成速度就越快；对于相同成分的钢，由于细片状珠光体比粗片状珠光体的相界面积大，所以细片状珠光体的奥氏体形成速度较快。

2. 奥氏体晶粒长大及其影响因素

奥氏体形成后继续进行加热或保温，在伴随着残余渗碳体溶解和奥氏体均匀化的同时，奥氏体的晶粒将继续长大。奥氏体晶粒越大，冷却转变后得到的晶粒也越大，钢在常温下的力学性能就越低，尤其是塑性和韧性降低更为显著，同时粗大奥氏体晶粒的出现也是淬火变形和开裂的一个主要原因。因此，严格控制加热时奥氏体的晶粒大小是热处理生产中的关键。为了获得细晶粒的奥氏体组织，有必要了解奥氏体晶粒大小的评定方法及影响奥氏体晶粒长大的因素。

（1）奥氏体晶粒度　奥氏体晶粒度是指将钢加热到相变点（亚共析钢为 A_{c3}，过共析钢为 A_{c1} 或 A_{ccm}）以上某一温度，并保温一定时间后得到的奥氏体晶粒大小。奥氏体晶粒大小有以下两种表示方法：一种是用晶粒的平均尺寸表示，例如晶粒的平均直径、晶粒的平均面积或单位面积内的晶粒数目等；另一种是用晶粒度 N 来表示，它是将放大 100 倍的金相组织与标准晶粒号图片进行比较来确定的。一般将 N 小于 4 的称为粗晶粒，5～8 时称为细晶粒，8 以上称为超细晶粒。

（2）奥氏体晶粒的长大　在加热转变中，新形成并刚好互相接触时的奥氏体晶粒，称为奥氏体起始晶粒，其大小称为奥氏体起始晶粒度。奥氏体起始晶粒一般都很细小，但随加热温度进一步升高或保温时间的延长，奥氏体晶粒将不断长大，长大到钢开始冷却时的奥氏体晶粒称为实际晶粒，其大小称为实际晶粒度。

不同成分的钢在加热时奥氏体晶粒长大的倾向也不相同，这种倾向称为本质晶粒度，如图 4-4 所示。本质晶粒度不是晶粒大小的实际度量，在概念上与起始晶粒度和实际晶粒度完全不同。有些钢的奥氏体晶粒随温度的升高一直长大，这种钢称为本质粗晶粒钢（见图 4-4 曲线 1）；有些钢在较低温度下（930～950℃以下）奥氏体晶粒长大倾向较小，只有加热到较高温度时，才显著长大，这种钢称为本质细晶粒钢（见图 4-4 曲线 2）。生产中，需要进行热处理的工件，一般都采

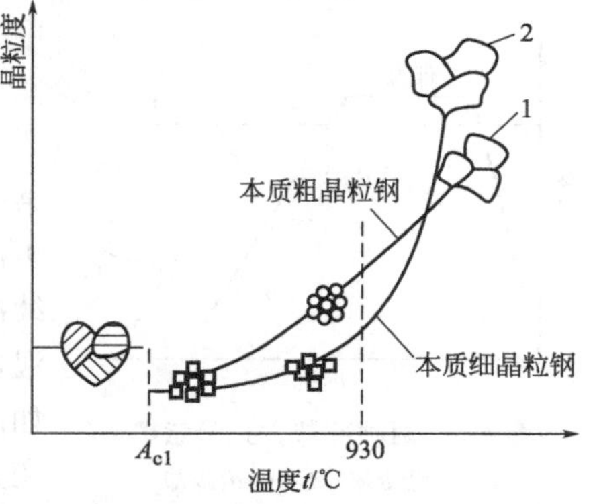

图 4-4　奥氏体晶粒长大倾向示意

用本质细晶粒钢制造。

奥氏体晶粒的长大倾向与钢的化学成分和冶炼方法有关。一般冶炼时用铝进行脱氧的钢为本质细晶粒钢。工业生产中使用的优质碳素钢及合金钢大都是本质细晶粒钢，这是因为钢中的铌、钒、钛、钨、钼等元素形成的难溶化合物分布在奥氏体晶界上，能阻碍奥氏体晶粒的长大。

(3) 影响奥氏体晶粒长大的因素

① 加热温度和保温时间　加热温度越高，保温时间越长，奥氏体晶粒长得越大。通常加热温度对奥氏体晶粒长大的影响比保温时间更显著，因此，为了获得细小的奥氏体晶粒，必须正确选择热处理的加热温度和保温时间。

② 加热速度　当加热温度确定后，加热速度越快，奥氏体晶粒越细小，因此，快速加热和短时间保温，是生产上常用的一种获得细小晶粒的方法。

③ 合金元素　大多数合金元素均能不同程度地阻碍奥氏体晶粒的长大，尤其是与碳（或氮）结合力较强的合金元素（如铬、钼、钨、钒、铝等），由于它们形成的碳化物（或氮化物）难溶于奥氏体，并弥散分布在奥氏体晶界上，因此都会阻碍奥氏体晶粒的长大，锰、磷则促使奥氏体晶粒长大。

二、钢在冷却时的组织转变

钢在常温下的性能不仅与加热时获得的奥氏体晶粒大小及化学成分有关，而且与奥氏体冷却转变后的最终组织有直接关系。即使是同一化学成分的钢，在相同的条件下进行奥氏体化，若采用不同的冷却方式，其奥氏体转变后的组织和性能都有很大的差别，如表 4-1 所示。这种现象就不能用 $Fe\text{-}Fe_3C$ 相图来解释了，因此需要研究奥氏体在不同冷却条件下的变化规律。

表 4-1　45 钢采用不同方法冷却后的力学性能（奥氏体化温度 840℃）

冷却方式	力学性能				
	R_m/MPa	R_{eH}/MPa	A/%	Z/%	硬度/HRC
随炉冷却(退火)	550	280	32.5	49.3	15～18
空气冷却(正火)	670～720	340	15～18	45～50	18～24
油中冷却(淬火)	900	620	18～20	48	40～50
水中冷却(淬火)	1100	720	7～8	12～14	52～60

冷却过程是热处理的关键工序，冷却方式不同冷却后的组织和性能也不相同。实际生产中采用的冷却方式主要有等温冷却和连续冷却两种，如图 4-5 所示。

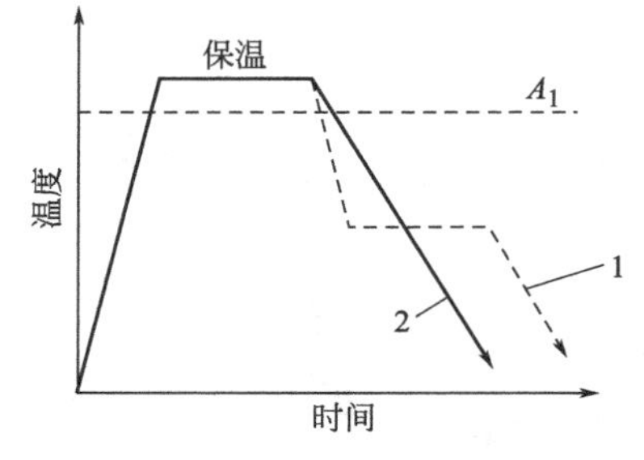

图 4-5　两种冷却方式示意图

1—等温冷却；2—连续冷却

等温冷却是指将奥氏体化后的钢件迅速冷至 A_1 以下某一温度并保温，使其在该温度下发生组织转变，然后再冷却到室温的热处理工艺，如图 4-5 中曲线 1 所示；连续冷却是指将奥氏体化的钢件自加热温度连续冷却至室温，并在连续冷却过程中发生组织转变的热处理工艺，如图 4-5 曲线 2 所示。因此，钢在冷却时奥氏体的组织转变方式就有两种：一种是等温冷却转变；另一种是连续冷却转变。

1. 过冷奥氏体的等温冷却转变

奥氏体在相变点 A_1 以下就处于不稳定状态，必须要发生相变，但冷却到 A_1 点以下的奥氏体并不是立即发生相变，而是要经过一个孕育期后才开始转变，这种在孕育期内暂时存在的、处于不稳定状态的奥氏体称为“过冷奥氏体”。

过冷奥氏体在不同温度下的等温转变产物可以用奥氏体等温转变曲线来确定。

(1) 过冷奥氏体等温转变曲线的建立　过冷奥氏体等温转变曲线的建立是将钢加热到奥氏体状态，然后快速冷却到 A_1 点以下不同的温度，在各个不同的温度下测得转变量和时间关系的过程。在过冷奥氏体转变过程中，会发生各种物理变化，如放热、体积膨胀、磁性转变等，因此可以利用热分析法、膨胀法、磁性法、金相硬度法等测定奥氏体的转变过程。现以共析钢为例介绍用金相硬度法建立过冷奥氏体等温转变曲线的过程。

首先将共析钢制成若干个小试样，并分为几组，每组又有若干个试样，将各组试样在同一工艺条件下进行奥氏体化，然后把各组试样分别迅速投入到 A_1 点以下不同温度（如700℃、650℃、600℃、550℃等）的等温冷却槽中，使过冷奥氏体在等温条件下进行转变，同时记录从试样投入时刻起的等温时间，每隔一定时间，在每一组中取出一个试样投入水中，将试样在不同时刻的等温转变状态固定下来，冷却后测定其硬度并观察显微组织，以过冷奥氏体转变1%为转变开始时间，转变99%为转变终了时间，并标注在以温度-时间为坐标的图上，同时将所有的转变开始点和转变终了点分别用光滑的曲线连接起来，这样就得到了共析钢的过冷奥氏体等温转变曲线，如图4-6所示。由于其形状与英文字母“C”相似，故又称它为C曲线。图中纵坐标为过冷奥氏体的等温温度，横坐标是用对数坐标表示的时间，这是因为过冷奥氏体在不同过冷度下，转变所需时间相差很大。

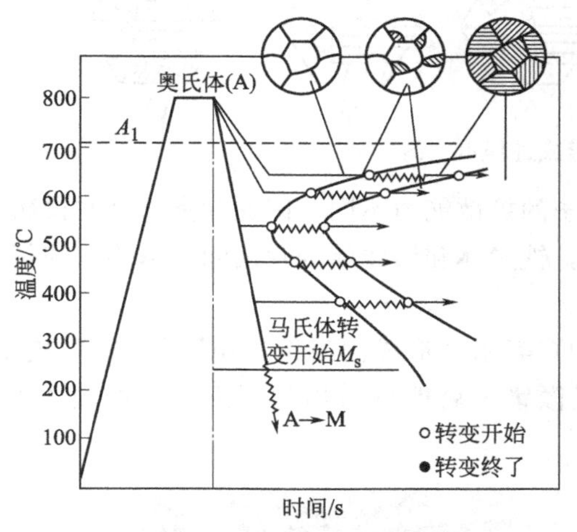

图4-6　共析钢的过冷奥氏体等温转变曲线的建立

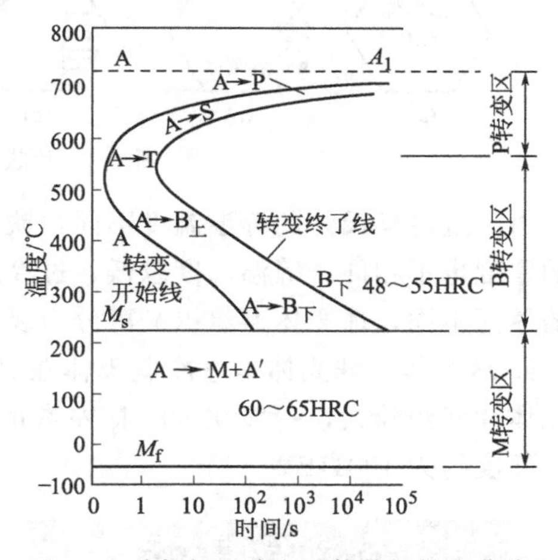

图4-7　共析钢过冷奥氏体等温转变曲线

(2) 过冷奥氏体等温转变曲线的分析　图4-7为共析钢过冷奥氏体等温转变曲线，图中左边的C形线为过冷奥氏体等温转变开始线，右边的C形曲线为过冷奥氏体等温转变终了线。C形线上面的水平线是 A_1 线，它表示奥氏体与珠光体的平衡温度，即 $Fe\text{-}Fe_3C$ 状态图中的 A_1 温度，C形线下面的水平线称为 M_s 线，它是过冷奥氏体开始向马氏体转变的起始温度，在其下面还有一条表示过冷奥氏体停止向马氏体转变的温度线，称为 M_f 线（一般该线都低于室温）。

图中 A_1 线以上是奥氏体的稳定区域；A_1 线以下、转变开始线以左的区域是过冷奥氏体区；A_1 线以下、转变终了线以右的区域为转变产物区；转变开始线和转变终了线之间是过冷奥氏体和转变产物的共存区。过冷奥氏体在 A_1 以下各温度进行等温时，都要经历一段孕育期（用转变开始线与纵坐标之间的水平距离表示）才开始转变。孕育期越长，过冷奥氏体越稳定，反之则越不稳定。从图中可以看出过冷奥氏体在不同温度下的稳定性是不同的：当等温温度较高时，随着过冷度的增加，孕育期逐渐缩短；当等温温度达到某一值（约550℃）后，孕育期却随过冷度的增加而逐渐变长。在C曲线上孕育期最短的地方，表示过冷奥氏体最不稳定，它的转变速度最快，该处被称为C曲线的“鼻尖”。

(3) 过冷奥氏体等温转变产物的组织形态及性能　随过冷度的不同，过冷奥氏体的转变产物也不相同，大致可分为：高温转变（珠光体型转变）、中温转变（贝氏体型转变）和低温转变（马氏体型转变）三种。现以共析钢为例，对这三种类型的转变分别进行讨论。

① 高温转变（珠光体型转变）　高温转变的温度范围在 A_1～550℃之间，在这个温度范围内等温时得到的是珠光体型组织，它是由层片状的铁素体和渗碳体组成的，是过冷奥氏体通过铁、碳原子的扩散和晶格改组而形成的，属于扩散型转变。

当奥氏体过冷到 A_1 温度以下时，首先将在奥氏体晶界处形成渗碳体晶核［如图 4-8(a)所示］，由于渗碳体的含碳量比奥氏体高得多，因此在渗碳体长大的同时，周围奥氏体碳浓度将降低，从而使这部分奥氏体转变为铁素体［如图 4-8(b)所示］。由于铁素体溶碳能力很低，在它长大的同时必然会使多余的碳扩散到相邻的奥氏体中，这又促使新的渗碳体片的形成［如图 4-8(c)所示］。上述过程连续进行［如图 4-8(d)、(e)所示］，最终形成了由铁素体与渗碳体片层相间的珠光体型组织，如图 4-8(f)所示。

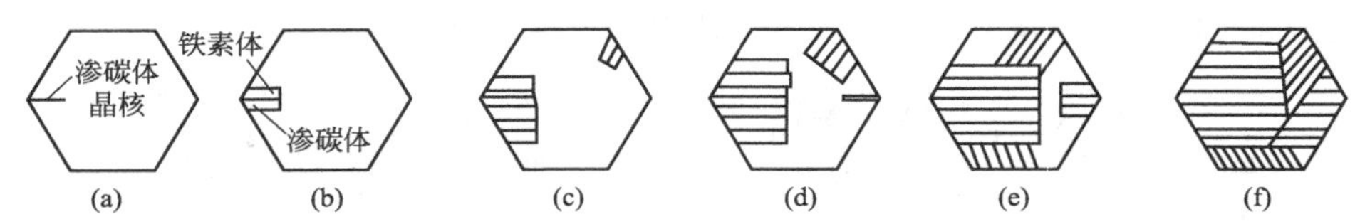

图 4-8　片状珠光体形成过程示意图

由于过冷奥氏体的等温温度不同，铁、碳原子的扩散能力不同，因此铁素体片和渗碳体片的厚度也不相同。等温温度越低，过冷度越大，铁素体和渗碳体的片层间距越小。根据片层的厚薄不同，珠光体型组织又可分为以下三类。

a. 珠光体　珠光体是过冷奥氏体在 A_1～650℃等温时形成的组织，用符号“P”表示，珠光体片间距较大，一般在500倍左右的光学显微镜下就能分辨出片层形态，如图 4-9 所示，硬度约为190HBW。

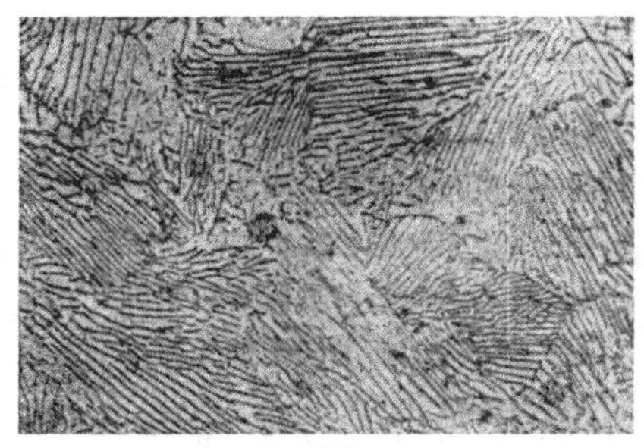

(a) 光学显微组织 (500×)

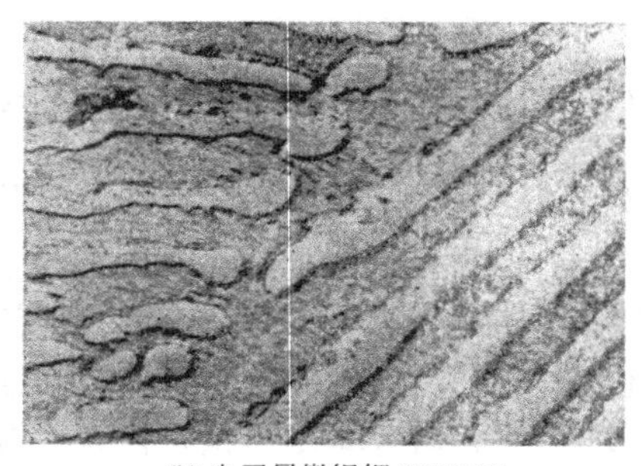

(b) 电子显微组织 (8000×)

图 4-9　珠光体组织

b. 索氏体 索氏体是过冷奥氏体在650～600℃等温时形成的组织，由于过冷度较大，转变速度较快，得到的组织片层间距比珠光体小，这种组织称为索氏体（或细珠光体），用符号“S”表示，索氏体只有在1000倍以上的显微镜下才能分辨出片层形态，如图4-10所示，硬度为20～30HRC。

c. 托氏体 托氏体是过冷奥氏体在600～550℃等温时形成的组织，由于过冷度更大，铁、碳原子的扩散距离更短，因此得到的组织片间距更小，这种组织称为托氏体（或极细珠光体），用符号“T”表示，其硬度为35～40HRC，托氏体组织的片层只有在电子显微镜下才能分辨清楚，如图4-11所示。

由上可见，珠光体型组织本质相同，都是由铁素体和渗碳体组成的机械混合物，不同的是随等温温度的降低组织中的片间距减小。片间距越小，钢的强度、硬度越高，塑性和韧性也有所提高。

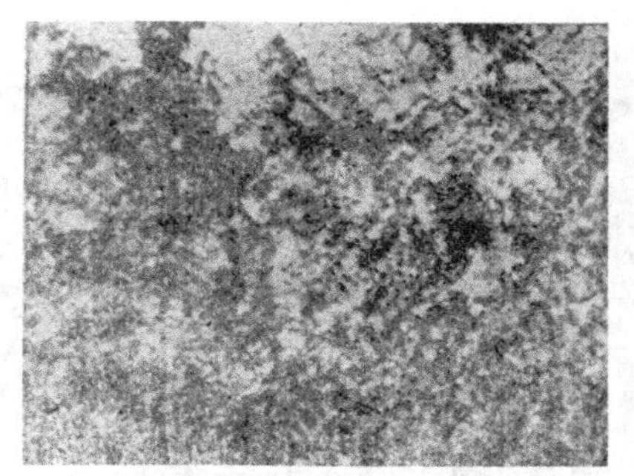

(a) 光学显微组织 (1000×)

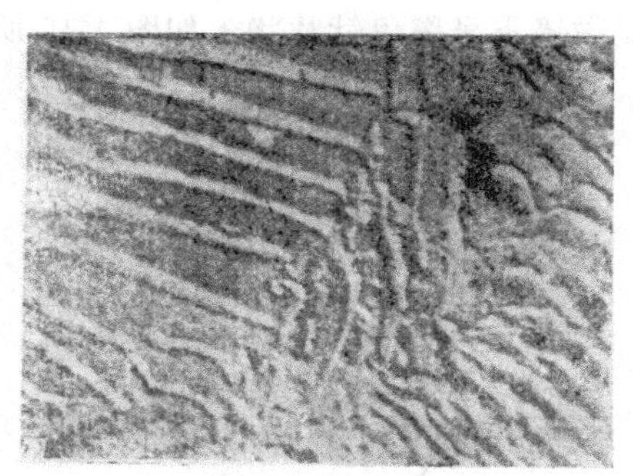

(b) 电子显微组织 (19000×)

图4-10 索氏体组织

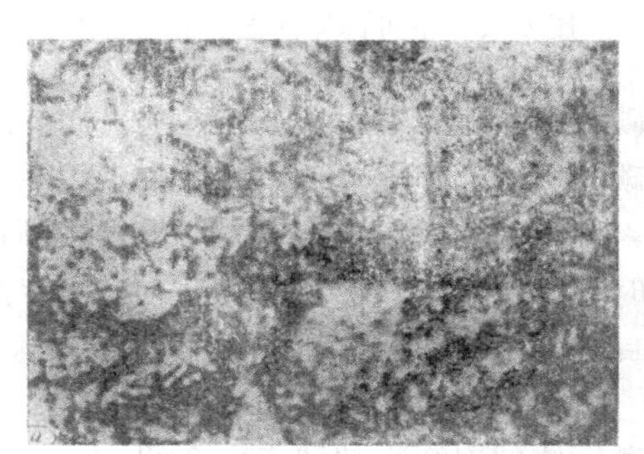

(a) 光学显微组织 (200×)

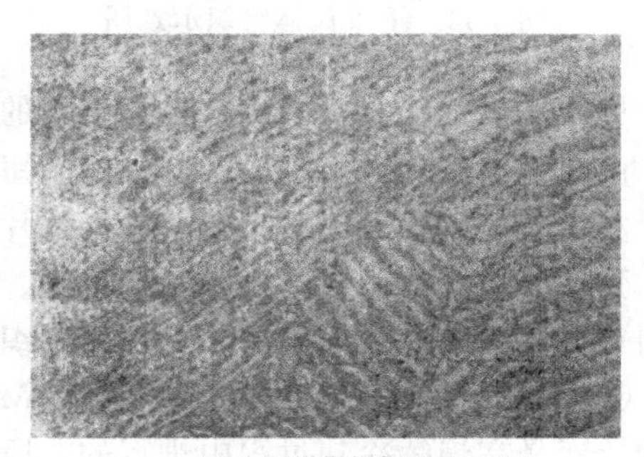

(b) 电子显微组织 (19000×)

图4-11 托氏体组织

② 中温转变（贝氏体型转变） 中温转变的温度范围为550℃～M_s。在这个温度范围内等温时，得到的是含碳量过饱和的铁素体与碳化物组成的机械混合物，属于贝氏体型组织，用符号“B”表示。由于转变时过冷度较大，只有碳原子做短距离的扩散，铁原子不扩散，因此过冷奥氏体向贝氏体的转变过程属于半扩散型转变。

按等温温度和贝氏体组织形态的不同，可将贝氏体组织分为上贝氏体（$B_{上}$）和下贝氏体（$B_{下}$）两种。

a. 上贝氏体 上贝氏体是过冷奥氏体在550～350℃内形成的，它是由大致平行的轻微过饱和碳的铁素体片和短棒状（或短片状）的碳化物组成的，如图4-12所示。在光学显微镜下，典型上贝氏体的形态呈羽毛状，组织中的碳化物不易辨认，如图4-13所示。

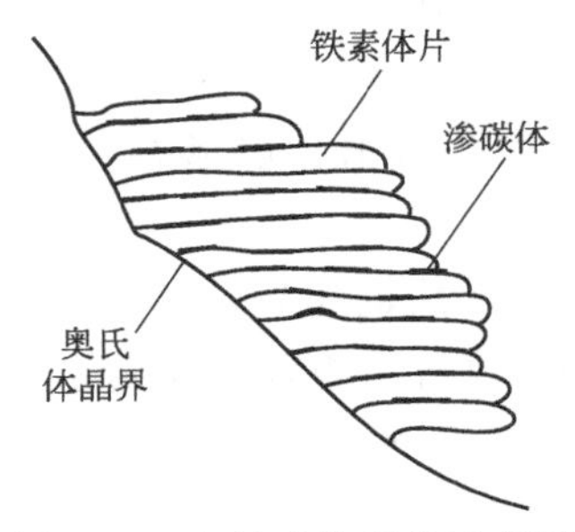

图 4-12 上贝氏体组织示意图

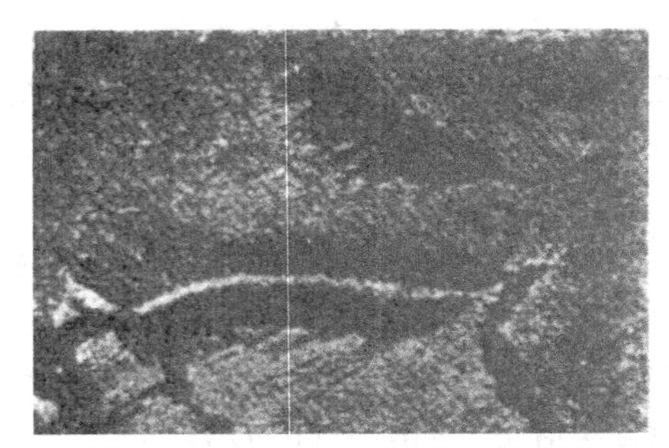
图 4-13 上贝氏体的光学显微组织

b. 下贝氏体 下贝氏体是过冷奥氏体在 350℃～M_s 内形成的，它由含碳过饱和的针片状铁素体和铁素体片内弥散分布的碳化物组成，如图 4-14 所示。共析钢的下贝氏体组织在光学显微镜下呈黑色针片状，如图 4-15 所示。

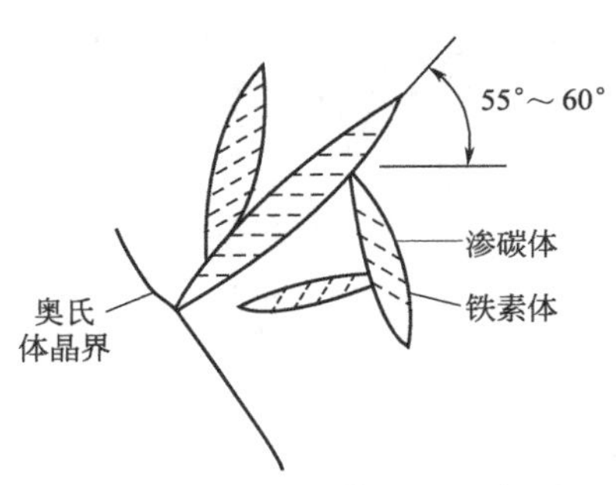

图 4-14 下贝氏体组织示意图

图 4-15 下贝氏体的光学显微组织

贝氏体的性能主要取决于铁素体片的粗细和渗碳体的形态、大小与分布。上贝氏体组织中，由于铁素体片之间析出了断续的、短棒状的渗碳体，因此塑性较低，脆性较大，在生产中无实用价值。下贝氏体组织中铁素体片较细，铁素体中碳的过饱和度较大，渗碳体颗粒细小，弥散度较大，因此具有较高的强度、硬度，同时具有良好的塑性和韧性。在实际生产中常用等温淬火的方法来获得下贝氏体组织，以获得良好的综合力学性能。

③ 低温转变（马氏体型转变） 在 M_s 线以下，过冷奥氏体将转变成马氏体组织，由于这种转变是在连续冷却过程中进行的，所以在过冷奥氏体的连续冷却转变中介绍。

(4) 影响 C 曲线的因素 影响过冷奥氏体等温转变曲线的主要因素有奥氏体的成分及奥氏体化条件。

① 奥氏体成分的影响

a. 含碳量的影响 在过冷奥氏体转变为珠光体型组织之前，由于亚共析钢有先析相铁素体析出（过共析钢有先析相渗碳体析出），因此，亚共析钢（或过共析钢）的 C 曲线相比共析钢 C 曲线在珠光体转变区前多了一条先析相铁素体析出线（或先析相渗碳体析出线），如图 4-16 和图 4-17 所示。

在正常奥氏体化条件下，亚共析钢的 C 曲线随含碳量的增加向右移动，过共析钢的 C 曲线则随含碳量的增加向左移动。所以在碳钢中，以共析钢 C 曲线的鼻尖最靠右，其过冷奥氏体也最稳定。

b. 合金元素的影响 除钴外，所有合金元素溶入奥氏体后均能提高过冷奥氏体的稳定性，使C曲线右移。其中一些碳化物形成元素（如铬、钼、钨、钒等）不仅使C曲线右移，而且还使C曲线形状发生改变。

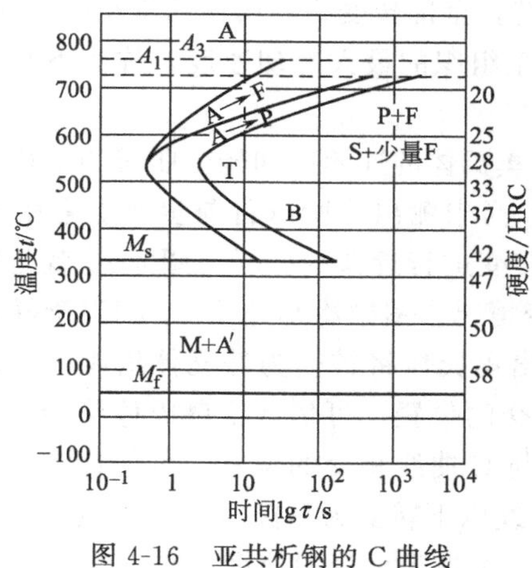

图 4-16 亚共析钢的C曲线

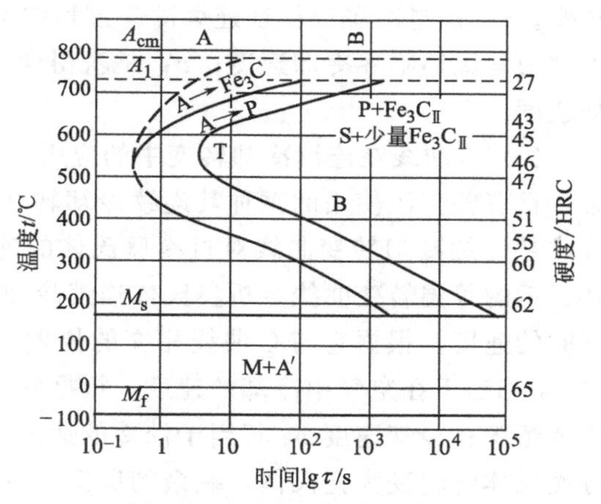

图 4-17 过共析钢的C曲线

② 奥氏体化条件的影响 主要是加热温度和保温时间的影响，加热温度越高，保温时间越长，奥氏体成分越均匀，晶粒也越粗大，晶界面积越小，降低了过冷奥氏体转变的形核率，使过冷奥氏体的稳定性提高，因此C曲线向右移动。

2. 过冷奥氏体的连续冷却转变

（1）过冷奥氏体的连续冷却转变曲线 过冷奥氏体的连续冷却转变曲线又称CCT曲线，它是通过测定不同冷却速度下过冷奥氏体的组织转变量而获得的。

在实际生产中，加热后的钢件大多是以连续冷却的方式进行冷却的，过冷奥氏体转变后的组织、性能应以连续冷却转变为依据，因此研究过冷奥氏体在连续冷却时的组织转变规律有着重要的意义。

图 4-18 所示为共析钢的过冷奥氏体连续冷却转变曲线。由图可见，连续冷却转变曲线只有C曲线的上半部分，没有下半部分，因此连续冷却转变只发生珠光体和马氏体转变，不会发生贝氏体转变。

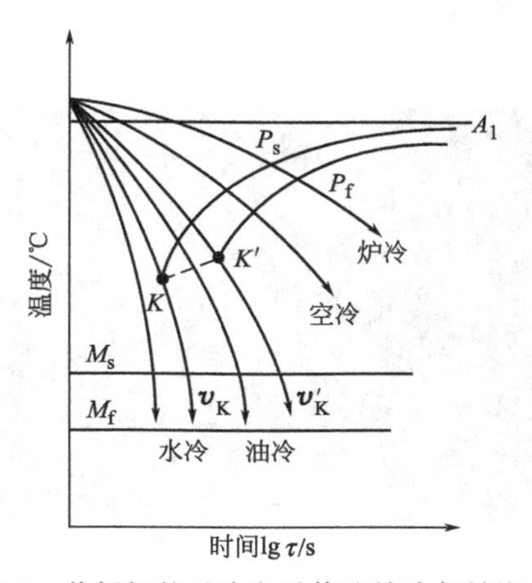

图 4-18 共析钢的过冷奥氏体连续冷却转变曲线

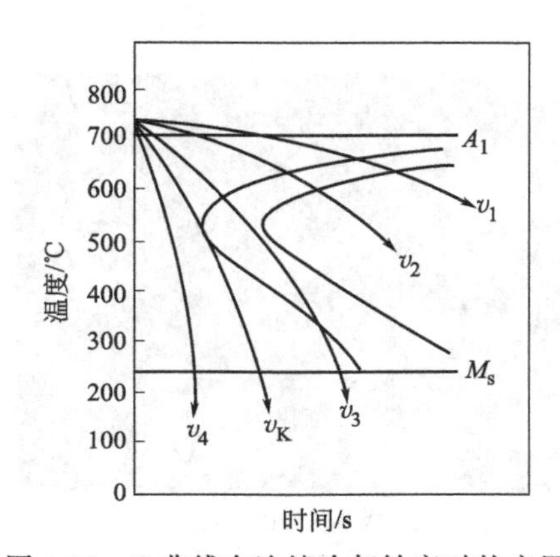

图 4-19 C曲线在连续冷却转变时的应用

图中P_s线为过冷奥氏体向珠光体转变的开始线；P_f线为过冷奥氏体向珠光体转变的

终了线；KK'线为过冷奥氏体向珠光体转变的终止线，它表示当连续冷却曲线与KK'线相交时，过冷奥氏体不再向珠光体转变，剩余的过冷奥氏体一直冷却到M_s线以下发生马氏体转变。v_K是过冷奥氏体在连续冷却过程中不发生分解，全部转变为马氏体的最小冷却速度，也称为马氏体临界冷却速度；v'_K是获得全部珠光体型组织的最大冷却速度，称为下临界冷却速度。

(2) C曲线在连续冷却转变中的应用　由于过冷奥氏体的连续冷却转变曲线测定比较困难，且有些广泛使用的钢种其连续冷却转变曲线至今尚未测出，所以目前生产上常用C曲线代替连续冷却转变曲线对过冷奥氏体的连续冷却转变进行近似的分析。图4-19就是应用共析钢的等温转变曲线分析奥氏体连续冷却时的转变情况。图中冷却速度v_1相当于随炉冷却时的速度，根据它与C曲线相交的位置，可估计出奥氏体将转变为珠光体组织；冷却速度v_2相当于在空气中冷却的速度，根据它与C线相交的位置，可估计出奥氏体将转变为索氏体组织；冷却速度v_3相当于油冷的速度，根据它与C曲线相交的位置，可估计出有一部分奥氏体将转变为托氏体，剩余的奥氏体冷却到M_s线以下转变为马氏体组织，最终得到托氏体＋马氏体＋残余奥氏体的混合组织；冷却速度v_4相当于水冷的速度，它不与C曲线相交，一直过冷到M_s线以下，转变产物为马氏体＋残余奥氏体；v_K与C曲线“鼻尖”相切，是奥氏体全部过冷到M_s线以下只发生马氏体转变的最小冷却速度，称为该钢的马氏体临界冷却速度。

实际上用C曲线来判断过冷奥氏体连续冷却过程中的组织转变是很粗略的估计，只有更多的、更完善的连续冷却转变曲线被测得，用它来判断连续冷却过程中的组织转变情况才是比较精确的。

(3) 马氏体转变　当奥氏体的冷却速度大于该钢的马氏体临界冷却速度并冷却到M_s点以下时，就会转变为马氏体组织。由于发生马氏体转变时奥氏体的过冷度很大，铁、碳原子均不能进行扩散，只能依靠铁原子的移动完成γ-Fe向α-Fe的晶格改组，原来固溶于奥氏体中的碳将被全部保留在α-Fe中，必然造成α-Fe中碳的过饱和，把碳在α-Fe中的过饱和固溶体，称为马氏体，用符号“M”表示。

① 马氏体的组织形态　在淬火钢中马氏体的组织形态有两种类型，即板条状马氏体和片状马氏体，其显微组织如图4-20(a)和图4-20(b)所示。

(a) 板条状马氏体

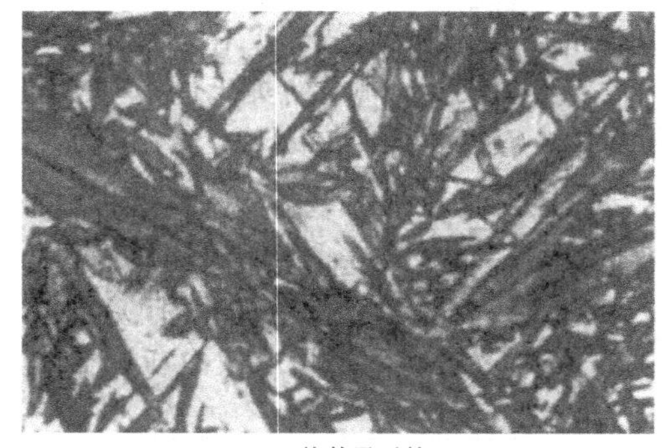
(b) 片状马氏体

图4-20　马氏体的组织形态

淬火钢中马氏体的组织形态主要与钢的含碳量有关，当奥氏体中的含碳量小于0.20%

时，淬火后马氏体的形态为板条状，故称为板条状马氏体（或低碳马氏体）；当奥氏体中的含碳量大于1.0%时，淬火后马氏体的形态为片状或竹叶状，称为片状马氏体（或高碳马氏体）。当奥氏体中的含碳量在0.20%～1.0%之间时，淬火后为两种形态马氏体的混合组织。奥氏体中碳的含量越高，淬火组织中片状马氏体量越多，板条状马氏体量越少。

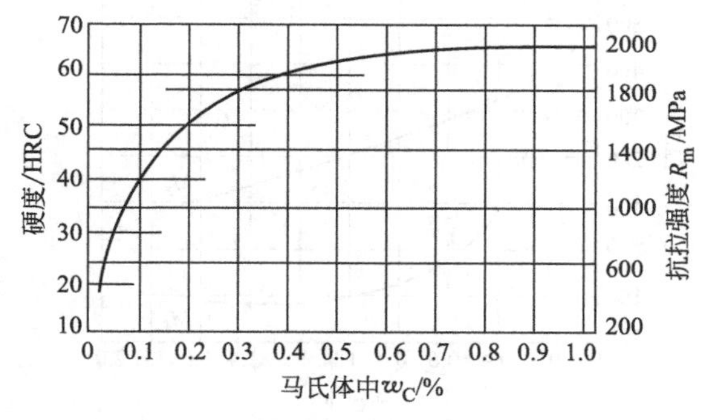

图4-21 含碳量对马氏体强度与硬度的影响

② 马氏体的性能 马氏体的强度和硬度主要取决于马氏体中的含碳量，随含碳量的升高，其强度和硬度也随之升高，尤其在含碳量较低时，强度、硬度升高比较明显，但当含碳量大于0.6%时，就逐渐趋于平缓，如图4-21所示；马氏体的塑性和韧性也与含碳量有关，板条状马氏体的塑性和韧性较好，片状高碳马氏体的塑性和韧性差；马氏体的比体积比奥氏体大，所以奥氏体转变为马氏体时，会因体积膨胀而产生内应力；马氏体中的含碳量越高，马氏体晶格畸变的程度越大，产生的内应力越大，淬火开裂的倾向也越大。

（4）马氏体转变的特点 马氏体转变也是由形核和长大两个基本过程组成的，与其他相变相比主要有以下特点。

① 无扩散型相变 与珠光体、贝氏体转变不同，马氏体转变是在极大的过冷度下进行的，转变时奥氏体中的铁、碳原子均不能进行扩散，铁原子只完成γ-Fe向α-Fe的晶格改组。

② 转变速度极快 马氏体形成时一般不需要孕育期，马氏体量的增加不是靠已形成的马氏体片的不断长大，而是靠新的马氏体片的不断形成。

③ 马氏体转变是在一定温度范围内进行的 当过冷奥氏体以大于马氏体临界冷却速度v_K的冷速过冷到M_s时，就开始向马氏体转变。随着温度的下降，马氏体的转变量增加，当温度下降到M_f时，马氏体转变结束。如果在M_s～M_f之间某一温度等温，马氏体的量并不明显增加，只有在M_s～M_f之间继续降温时，马氏体才能继续形成。

M_s与M_f的高低与冷却速度无关，主要取决于奥氏体的成分。奥氏体中的碳含量越高，M_s和M_f越低，奥氏体中的碳含量对M_s、M_f的影响如图4-22所示。

④ 马氏体转变的不完全性 即使将奥氏体过冷到M_f以下，仍不能得到100%的马氏体，总会有少量的残余奥氏体被保留下来，这就是马氏体转变的不完全性。这是因为在马氏体形成时的体积膨胀，对周围尚未转变的奥氏体产生了压应力，从而抑制了奥氏体向马氏体的继续转变。淬火后，残余奥氏体量与碳的质量分数之间的关系如图4-23所示。

残余奥氏体的存在不仅降低了淬火钢的硬度和耐磨性，而且在长期使用过程中残余奥氏体还会发生转变，使工件形状、尺寸发生变化，降低工件的尺寸精度，所以在生产中，对一些高精度的工件（如精密量具、精密丝杠、精密轴承等），为了保证它们在使用期间的精度，应将淬火工件冷至室温后，再放到0℃以下温度的介质中继续冷却（如干冰-酒精可冷却到－78℃；液态氮可冷却到－196℃），这种处理方法称为冷处理（或深冷处理），以最大限度地减少残余奥氏体量，达到提高零件硬度、耐磨性与稳定尺寸的目的。

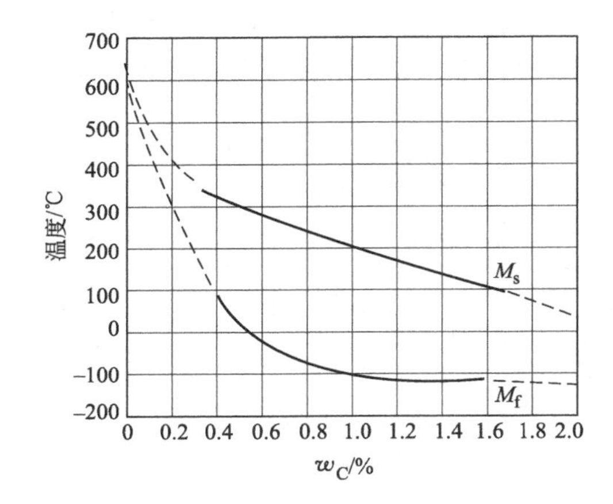

图 4-22 奥氏体中碳含量对 M_s、M_f 的影响

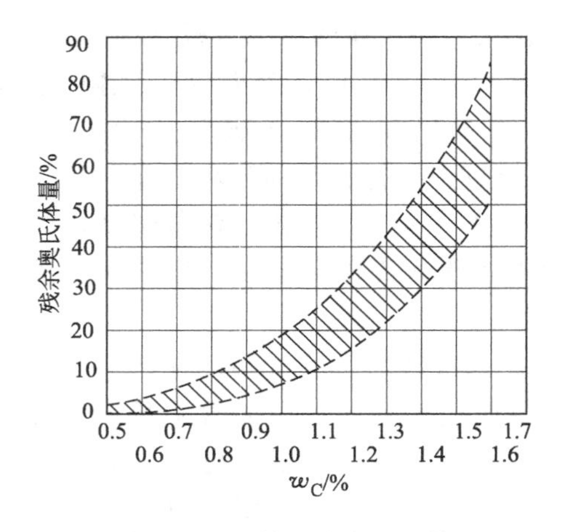

图 4-23 碳的质量分数对残余奥氏体量的影响

第二节 钢的普通热处理

一、钢的退火和正火

退火和正火都是将钢件加热到适当温度，保持一定时间，然后以较慢速度冷却的热处理工艺方法。两者的不同之处主要在于退火一般为随炉冷却，正火是在空气中冷却。

1. 退火

退火是将钢件加热到一定温度，并保温一定时间，然后进行缓慢冷却的热处理工艺。

（1）退火的目的 退火的主要目的是：

① 降低硬度，改善工件的切削加工性能；

② 消除残余应力，防止工件的变形与开裂；

③ 细化晶粒，改善组织，以提高钢的力学性能，并为最终热处理做好组织上的准备。

（2）退火的分类与应用 根据钢的化学成分和退火目的不同，退火常分为完全退火、等温退火、球化退火、均匀化退火、再结晶退火和去应力退火等。

① 完全退火 完全退火是将钢件加热到完全奥氏体化温度（A_{c3}以上 30～50℃）后，保温一段时间，然后随炉缓冷至 550℃以下出炉空冷，以获得接近平衡组织的热处理工艺。

完全退火主要用于亚共析钢的铸件、锻件、热轧型材和焊接结构件的热处理，过共析钢不宜采用，因为将过共析钢件加热到 A_{ccm} 以上温度进行完全奥氏体化后，在随后的缓冷过程中，会沿奥氏体晶界析出网状的二次渗碳体，使钢的强度和韧性降低。

② 等温退火 等温退火是将钢件加热到 A_{c3}（或 A_{c1}）以上温度，保温一定时间后，以较快的速度冷却到 A_{r1} 以下某一温度并进行等温，使奥氏体转变为珠光体型组织，然后缓慢冷却的热处理工艺。

等温退火与完全退火的目的相同，但等温退火可以通过控制等温温度，获得所需组织和性能。等温退火一般应用于奥氏体比较稳定的合金钢退火，与完全退火相比，等温退火可以大大缩短退火时间，而且退火效果也比完全退火好得多。图 4-24 为高速钢完全退火与等温退火工艺的比较，可以看出等温退火时间明显缩短。

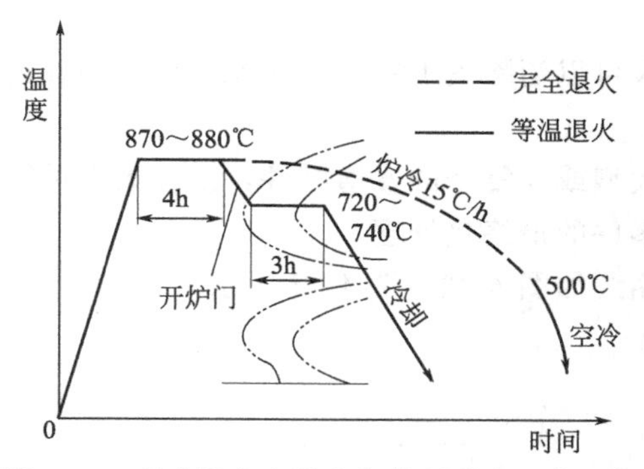

图 4-24 高速钢完全退火与等温退火工艺比较

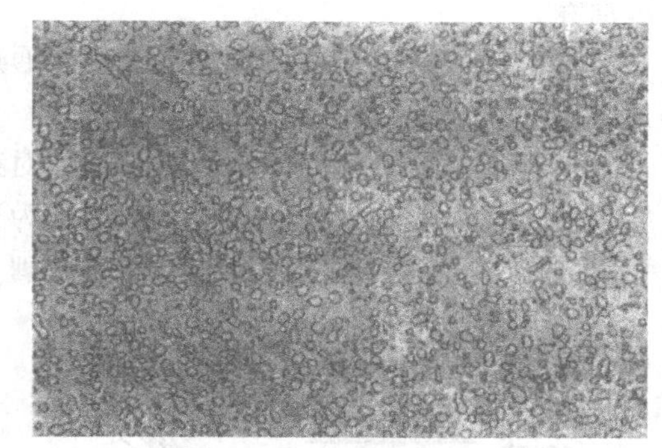

图 4-25 球状珠光体的显微组织

③ 球化退火 球化退火是将共析钢或过共析钢加热到 A_{c1} 以上 20～30℃，保温一定时间后，随炉缓冷至 550℃以下出炉空冷，以获得颗粒状碳化物的热处理工艺。

球化退火主要用于共析或过共析成分的碳钢及合金钢。因为这些钢经热轧、锻造后，组织中常出现粗片状的珠光体和二次渗碳体，使钢的切削加工性能变差，且淬火时易发生变形和开裂。采用球化退火可使珠光体中的片状渗碳体和网状的二次渗碳体球化，变成颗粒状的渗碳体。这种在铁素体基体上均匀分布着颗粒状渗碳体的组织，称为球状珠光体，如图4-25所示。

对于存在严重网状二次渗碳体的钢，可先进行一次正火处理，将渗碳体网颗粒化，再进行球化退火处理。

④ 均匀化退火 均匀化退火又称扩散退火，它是将铸锭、铸件或锻坯加热到固相线温度以下 100～200℃，保温 10～15h，然后缓慢冷却，以获得成分均匀组织的热处理工艺。均匀化退火耗能多，成本高，主要用于优质合金钢的铸锭、铸件或锻坯的热处理，目的是使钢中元素能进行充分扩散而达到均匀化。但均匀化退火后，钢件的晶粒粗大，所以还要通过一次完全退火或正火来细化晶粒。

⑤ 去应力退火 又称低温退火，它是将工件加热到 A_{c1} 以下 100～200℃（一般为 500～600℃），保温一定时间，然后随炉缓冷的热处理工艺。由于加热温度低于 A_1 点，因此钢在去应力退火过程中不发生相变。

去应力退火主要用于消除铸件、锻件、焊接件、冷冲压件以及机加工工件中的残余应力，稳定工件尺寸，减小变形，避免在随后的机械加工或使用过程中因应力而引起工件的变形及开裂。

2. 正火

正火是将钢件加热到 A_{c3}（或 A_{ccm}）点以上 30～50℃，完全奥氏体化后，再在空气中冷却以获得较细珠光体组织的热处理工艺。当钢的含碳量小于 0.6%时，正火后的组织为铁素体＋索氏体；当钢的含碳量大于 0.6%时，正火后的组织为索氏体。

正火与退火的主要区别是正火的冷却速度稍快，得到的组织较细小，强度和硬度有所提高，操作简便，生产周期较短。正火主要应用于以下几个方面。

（1）改善低碳钢和低碳合金钢的切削加工性能 正火后的组织为细珠光体，其硬度有所提高，从而减少切削加工中的“粘刀”现象，降低工件的表面粗糙度。

（2）消除网状渗碳体 对于过共析钢或渗碳件表层中严重的网状渗碳体，可以通过正火方法消除。

(3) 作为中碳钢零件的预先热处理　通过正火可以消除钢中粗大的晶粒组织，消除内应力，为最终热处理做好组织上的准备。

(4) 作为普通结构件的最终热处理　对某些大型或较复杂的普通零件，当淬火有可能产生裂纹时，往往用正火代替淬火、回火作为这类零件的最终热处理。

钢的退火、正火加热温度范围及热处理工艺曲线如图 4-26、图 4-27 所示。

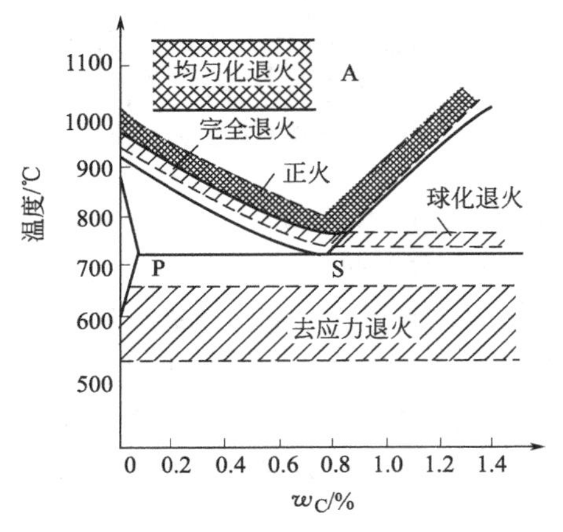

图 4-26　退火与正火工艺加热温度范围

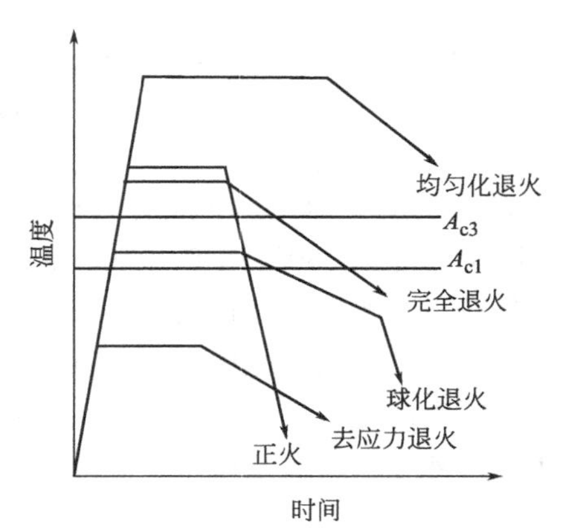

图 4-27　退火与正火工艺热处理工艺曲线

二、钢的淬火

将钢件加热到 A_{c3} 或 A_{c1} 以上 30～50℃，保温一定的时间，然后以大于马氏体临界冷却速度的冷速快速冷却，使奥氏体转变为马氏体或下贝氏体组织的热处理工艺，称为淬火。

1. 淬火的目的

淬火的主要目的是为了获得马氏体，并配合适当的回火工艺，以获得零件所需力学性能，充分发挥钢的潜力。淬火是目前强化钢铁材料最重要的热处理工艺方法。

2. 淬火工艺

(1) 淬火加热温度　钢的化学成分是决定淬火加热温度的最主要因素，选择淬火加热温度的原则是要获得均匀细小的奥氏体组织。碳钢的淬火加热温度可根据 $Fe-Fe_3C$ 相图来选择，如图 4-28 所示。一般淬火加热温度选择的范围是

亚共析钢：　$T=A_{c3}+(30\sim50)$℃

共析钢、过共析钢：　$T=A_{c1}+(30\sim50)$℃

亚共析钢一般加热到 A_{c3} 以上进行完全奥氏体化，淬火后可得到均匀细小的马氏体组织。如果亚共析钢在 $A_{c1}\sim A_{c3}$ 之间加热，此时组织为铁素体＋奥氏体，淬火后的组织为铁素体＋马氏体，由于铁素体的存在，不仅降低了淬火后工件的硬度，而且回火后钢的强度也较低，故一般不宜采用。如果淬火加热温度过高，将会出现粗大的奥氏体晶粒，淬火后会出现粗大的马氏体组织，降低钢的韧性，同时钢的氧化脱碳现象严重，影响零件的表面质量。

过共析钢必须在 $A_{c1}\sim A_{ccm}$ 之间进行加热，进行不完全奥氏体化，使淬火后的组织中保留一定数量的细小弥散的碳化物颗粒，从而提高零件的硬度与耐磨性。如果加热温度高于 A_{ccm}，淬火后会得到粗大的马氏体组织和较多的残余奥氏体，反而降低了零件的硬度和耐

磨性，同时氧化脱碳严重，淬火应力增大，容易使零件产生变形和开裂。

（2）淬火加热保温时间　淬火加热保温时间是指从炉温指示仪表达到规定温度至工件出炉之间的时间。保温时间与工件形状、尺寸、装炉方式、装炉量、加热炉类型、炉温和加热介质等因素有关，一般用经验公式确定

$$t=\alpha D \tag{4-1}$$

式中　t——加热时间，min；

α——加热系数，min/mm；

D——工件的有效厚度，mm。

加热系数的数据与工件有效厚度的计算可查阅有关资料。

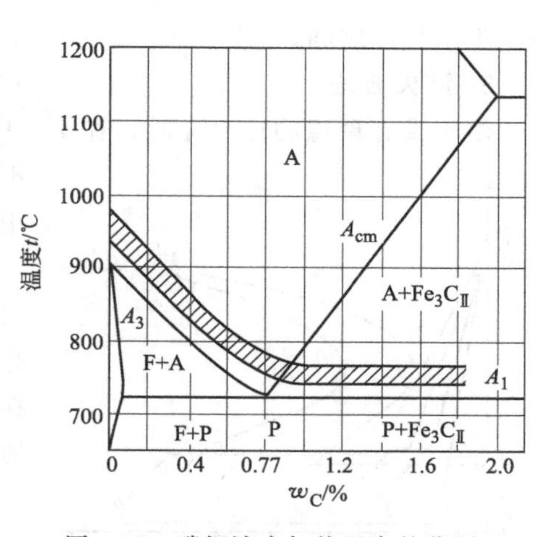

图 4-28　碳钢淬火加热温度的范围

（3）淬火介质　工件进行快速冷却时所用的介质称为淬火介质。为保证工件淬火后得到马氏体组织，避免淬火过程中零件的变形和开裂，必须正确选择淬火冷却介质。由 C 曲线可知，过冷奥氏体在不同温度下的孕育期是不同的，淬火后要得到马氏体组织，并不需要在整个冷却过程都进行快速冷却，只是需要在“鼻尖”附近快冷，在马氏体转变区域尽量缓慢冷却。理想的淬火冷却曲线应如图 4-29 所示，由于过冷奥氏体在 650℃以上比较稳定，冷却速度可慢些，以减小工件内外温差引起的热应力，防止零件变形；在 650～500℃内（C 曲线鼻尖附近），过冷奥氏体最不稳定，应快速冷却，淬火冷却速度应大于 v_K，使过冷奥氏体不发生分解；在 300～200℃内，过冷奥氏体已进入马氏体转变区，应缓慢冷却，以防止相变应力过大而使零件产生变形和开裂。但是到目前为止，符合这一特性要求的理想淬火冷却介质还没有找到。

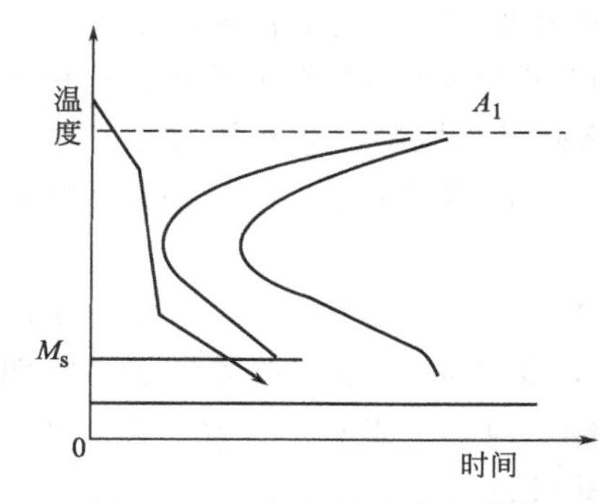

图 4-29　理想的淬火冷却曲线

目前生产中常用的淬火冷却介质有水及水溶液、油、碱浴、盐浴等。

① 水及水溶液　水在 650～500℃内需要快冷时，冷却速度相对较小；而在 300～200℃内需要慢冷时，其冷却速度又相对较大，容易引起零件的变形和开裂。但因水价廉安全，故常用于形状简单、截面较小的碳钢工件的淬火。水温对冷却能力影响较大，随着水温的升高，水的冷却能力降低，故使用时应避免水温过高。为提高水在 650～500℃内的冷却能力，常在水中加入 5%～10%的盐（或碱）制成盐（或碱）的水溶液。盐水淬火件容易出现锈蚀现象，淬火后必须清洗干净，盐水主要用于形状简单、截面尺寸较大的碳钢工件的淬火；碱水溶液对工件、设备及操作者腐蚀性大，主要用于易产生淬火裂纹工件的淬火。

② 油　常用的淬火油有机械油、变压器油、柴油、植物油等。油在 300～200℃内的冷却速度比水小，有利于减小工件的变形和开裂，但油在 650～500℃内冷却速度也比水小，因此一般用于合金钢工件的淬火，使用时的油温应低于闪点 60℃以上，以避免淬火过程中油槽着火。

为了减小零件淬火时的变形，也可采用硝盐浴或碱浴作为淬火冷却介质，它们的冷却能

力介于水和油之间。

3. 淬火方法

由于没有理想的淬火介质，在生产中为了保证淬火质量，须根据淬火件的具体情况采用不同的淬火方法，以获得理想的淬火效果。生产中常用的淬火方法如下。

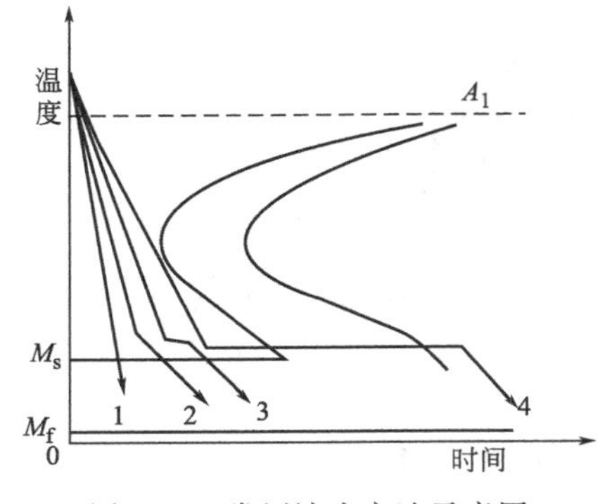

图 4-30 常用淬火方法示意图

（1）单介质淬火 将奥氏体化的工件投入一种淬火冷却介质中，一直冷却到室温的淬火方法，称为单介质淬火，如图 4-30 中曲线 1 所示。例如，一般碳钢在水或水溶液中淬火、合金钢在油中淬火等均属单介质淬火。

（2）双介质淬火 先把奥氏体化的工件投入冷却能力较强的介质中，待零件冷却到稍高于 M_s 的温度时，再立即投入到另一冷却能力较弱的介质中，使之发生马氏体转变的淬火工艺，称为双介质淬火，如图 4-30 中曲线 2 所示。如生产中高碳钢淬火时用的水-油淬火、合金钢淬火时用的油-空气淬火等。双介质淬火能有效防止淬火变形和裂纹，但要求操作工人具有较高的技术水平。

（3）分级淬火 把奥氏体化后的工件投入温度稍高于或稍低于 M_s 的盐浴或碱浴中，保持适当时间，待工件内外层都达到介质温度后取出空冷，以获得马氏体组织的淬火方法称为分级淬火，如图 4-30 中曲线 3 所示。分级淬火比双介质淬火容易控制，能有效减小工件的热应力和相变应力，减少淬火件的变形和开裂。分级淬火主要适用于截面尺寸较小、形状较复杂工件的淬火处理。

（4）等温淬火 把奥氏体化后的工件投入温度稍高于 M_s 的盐浴或碱浴中，保温一定时间，使其发生下贝氏体转变的热处理工艺，称为等温淬火，如图 4-30 中曲线 4 所示。等温淬火时淬火应力及变形较小，工件具有较高的综合力学性能，但生产周期长，效率低。因此等温淬火主要用于要求变形小、韧性高的小型复杂零件的热处理。

4. 钢的淬透性和淬硬性

（1）淬透性的概念 钢的淬透性是指钢在淬火时获得淬硬层深度的能力。它是钢本身固有的属性。其大小通常用规定条件下淬硬层的深度来表示。淬硬层越深，表明其淬透性越好，一般规定由工件表面到半马氏体区（即马氏体和珠光体型组织各占 50%的区域）的深度作为淬硬层深度。

淬透性与淬硬性是两个不同的概念。所谓淬硬性是指钢在淬火后所能达到最高硬度的能力。淬硬性主要取决于马氏体的含碳量，合金元素对淬硬性没有显著影响，但对钢的淬透性却有很大影响，因此，淬透性好的钢，其淬硬性不一定高。

（2）淬透性的应用 钢的淬透性是产品设计人员和热处理工艺人员合理选材及制订热处理工艺时的主要依据。如果钢的淬透性较高，工件能被淬透，回火后在工件的整个截面上的力学性能均匀一致；如果钢的淬透性较低，则工件不容易被淬透，回火后工件表层和心部的组织及性能存在较大差异，特别是心部的屈服点和韧性显著降低。图 4-31 为淬透性对回火后钢的力学性能的影响。

在机械制造中许多大截面工件和在变动载荷下工作的重要零件，常要求零件表面和心部的力学性能一致，故应选用淬透性好的钢制作；对于承受弯曲、扭转应力的零件（如轴类）

以及表面要求耐磨并承受一定冲击载荷的模具（如冷锻模），因应力主要集中在工件表层，心部应力较小，可选用淬透性较低的钢；焊接件一般选用淬透性较低的钢，否则容易在焊缝及热影响区出现淬火组织，导致焊接件的变形和开裂。

（3）影响淬透性的因素　钢的淬透性与马氏体临界冷却速度有关，过冷奥氏体的稳定性越高，临界冷却速度越小，钢的淬透性越好，因此，凡是影响过冷奥氏体稳定性的因素都会影响到钢的淬透性。

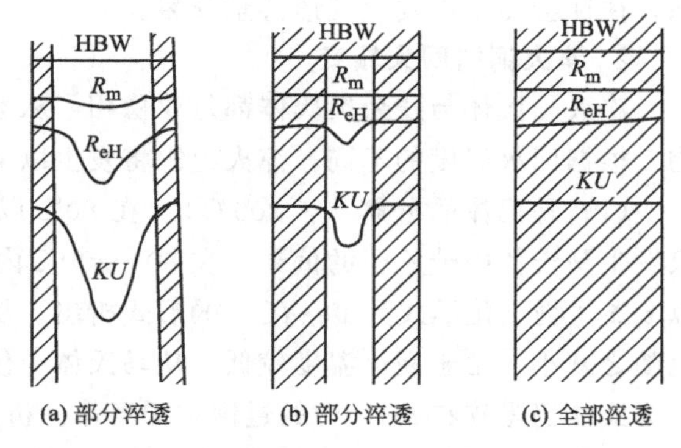

(a) 部分淬透　(b) 部分淬透　(c) 全部淬透

图 4-31　淬透性对钢回火后力学性能的影响

在热处理生产中，常用临界淬透直径（D_c）来衡量钢的淬透性。临界淬透直径是指工件在某种介质中淬火后，心部得到全部马氏体或半马氏体组织时的最大直径（D_c）。直径越大，钢的淬透性越好。表 4-2 为几种常用钢的临界淬透直径。

表 4-2　常用钢的临界淬透直径

牌　号	$D_{c水}$/mm	$D_{c油}$/mm	心部组织	牌　号	$D_{c水}$/mm	$D_{c油}$/mm	心部组织
45	10～18	6～8	50%M	T8～T12	15～18	5～7	95%M
60	20～25	9～15	50%M	GCr15	—	30～35	95%M
40Cr	20～36	12～24	50%M	9SiCr	—	40～50	95%M
20CrMnTi	32～50	12～20	50%M	Cr12	—	200	90%M

钢的淬透性与具体淬火条件下实际工件的淬硬层深度是有区别的。淬透性是钢本身固有的属性，在相同的奥氏体化条件下，同一种钢的淬透性是相同的，但它的淬硬层深度会由于工件的形状、尺寸和冷却介质的变化而不同。例如同一种钢在相同的奥氏体化条件下，水淬要比油淬的淬硬层深度大；小件要比大件的淬硬层深度大。但不能认为，同一种钢水淬要比油淬的淬透性好，小件要比大件的淬透性好。所以，只有在其他条件都相同的情况下，才可按淬硬深度来判定钢的淬透性高低。

三、钢的回火

将淬火后的工件重新加热到 A_1 以下某一温度，保温一定时间，然后冷却到室温的热处理工艺，称为回火。淬火后的钢件不宜直接使用，必须进行回火处理，回火决定了钢的组织和性能，是重要的热处理工序。

1. 回火的目的

（1）获得工件所需力学性能　工件经淬火后，硬度高，塑性和韧性较低。为了满足各种零件不同的性能要求，可通过适当回火来改变淬火组织，调整零件硬度，降低脆性，以获得工件所需要的力学性能。

（2）稳定工件尺寸　工件淬火后获得的马氏体和残余奥氏体都是不稳定的组织，在使用过程中会自发分解，从而引起工件尺寸和形状的改变。通过回火可以使淬火组织转变为稳定组织，从而保证工件在以后的使用过程中不再发生尺寸和形状的改变。

（3）减小或消除淬火内应力　工件淬火后存在着很大的内应力，如不及时进行回火消除，往往会使工件发生变形甚至开裂。

2. 淬火钢的回火转变

淬火马氏体与残余奥氏体都是亚稳相，从室温到 A_1 进行回火时将分解成铁素体和碳化物。根据回火温度的不同，淬火组织将发生以下转变。

（1）马氏体的分解（≤200℃） 在 80℃以下回火时，淬火钢中没有明显的组织转变，只发生马氏体中碳原子的偏聚。在 80～200℃内回火时马氏体开始分解，马氏体中的碳原子以 ε 碳化物（化学式为 $Fe_{2.4}C$）的形式析出，从而降低了马氏体中碳的过饱和度，其正方度也随之减小。由于回火温度较低，从马氏体中仅析出了一部分过饱和的碳原子，故这一阶段的马氏体仍是碳在 α-Fe 中的过饱和固溶体。析出的 ε 碳化物极为细小并弥散分布在过饱和 α 固溶体的相界面上，与 α 固溶体保持着共格（即两相界面上的原子，恰好是两相晶格的共用结点原子）关系。

图 4-32 高碳钢的回火马氏体组织

这一阶段的回火组织是由过饱和度较低的 α 固溶体和 ε 碳化物组成的，这种组织称为回火马氏体，高碳钢的回火马氏体组织如图 4-32 所示。由于该组织中 ε 碳化物极为细小弥散度极高，所以在小于 200℃ 回火时，钢的硬度并不降低，但由于 ε 碳化物的析出，晶格畸变程度降低，使淬火应力有所减小，故钢的塑性、韧性有所提高。

（2）残余奥氏体的分解（200～300℃） 残余奥氏体本质上与过冷奥氏体相同，因此在相同的温度条件下，残余奥氏体的回火转变产物与过冷奥氏体的转变产物相同，即在不同温度下可转变为马氏体、贝氏体和珠光体组织。

当钢的回火温度在 200～300℃时，马氏体继续分解，残余奥氏体开始转变为下贝氏体组织（200～300℃属下贝氏体相变区）。在此温度范围内回火时，淬火应力进一步减小，硬度没有明显下降。

（3）碳化物的转变（250～450℃） 250℃以上回火时，因碳原子扩散能力的增加，ε 碳化物将逐渐转变为稳定的渗碳体组织，到 450℃时全部转变为高度弥散分布的渗碳体。由于碳原子的不断析出，α 固溶体中的含碳量已降到平衡含量而成为铁素体，但其形态仍为针状。这种由针状铁素体和高度弥散分布的渗碳体组成的组织，称为回火托氏体，45 钢的回火托氏体组织如图 4-33 所示。这时钢的硬度降低，韧性、塑性进一步提高，淬火应力基本消除。

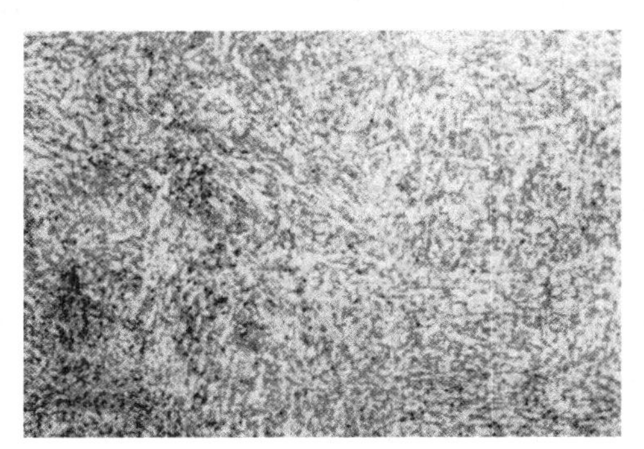
图 4-33 45 钢的回火托氏体组织

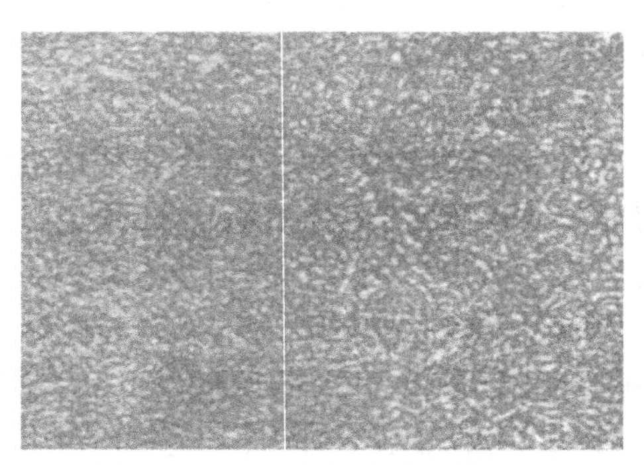
图 4-34 45 钢的回火索氏体组织

(4) 渗碳体的聚集长大和铁素体的再结晶(450~700℃) 450℃以上,高度弥散分布的渗碳体逐渐球化成细粒状的渗碳体,并随着温度的升高,渗碳体颗粒逐渐长大。在渗碳体球化、长大的同时,铁素体在500~600℃开始再结晶,由板条状或针状转变为多边形晶粒。这种在多边形铁素体基体上分布着颗粒状渗碳体的组织称为回火索氏体,45钢的回火索氏体组织如图4-34所示。

如果将温度进一步提高到650℃~A_1进行回火,粒状渗碳体将进一步粗化,形成由多边形铁素体和较大颗粒状渗碳体组成的组织,这种组织称为回火珠光体。

由以上分析可知,淬火钢在回火时的组织转变是在不同温度范围内进行的,即使在同一回火温度,也有可能进行几种不同形式的转变。淬火钢回火后的性能取决于组织的变化,随着组织的不同,钢的力学性能也发生相应的变化。其一般规律是:随着回火温度的升高,强度、硬度下降,塑性、韧性上升,温度越高,其变化越明显。中碳钢回火温度与力学性能的关系如图4-35表示。

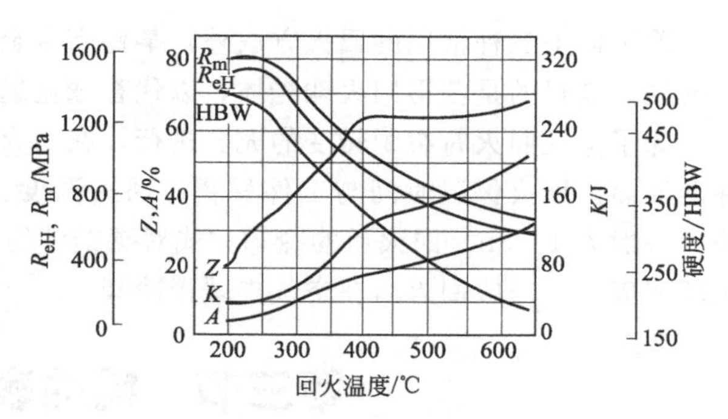

图4-35 中碳钢回火温度与力学性能的关系

3. **回火的种类及应用**

决定钢组织和性能的主要因素是回火温度。根据回火温度和组织的不同,可将回火分为以下三种。

(1) 低温回火(150~250℃) 低温回火得到的组织为回火马氏体。低温回火的目的是在保持淬火钢高硬度和高耐磨性的前提下,降低淬火内应力和脆性,提高塑性和韧性。低温回火主要用于高碳钢和合金钢制作的切削刃具、量具、冷冲模具、滚动轴承、渗碳件以及表面淬火零件等的处理,回火后的硬度一般为58~64HRC。

(2) 中温回火(350~500℃) 中温回火得到的组织为回火托氏体。中温回火的目的是获得高的屈服强度、弹性极限和较高的韧性。中温回火主要用于各种弹性元件和热作模具的处理,回火后硬度一般为35~50HRC。

(3) 高温回火(500~650℃) 高温回火得到的组织为回火索氏体。高温回火的目的是要获得强度、硬度、塑性和韧性具有良好配合的综合力学性能。习惯上,将淬火与高温回火相结合的热处理工艺称为"调质处理"。它广泛应用于汽车、拖拉机、机床制造中的重要结构件(如连杆、螺柱、齿轮及传动轴等)的热处理。回火后的硬度一般为200~330HBW。

实际上,钢经正火和调质处理后的硬度值很相近,但生产中的重要结构件一般都采用调质处理而不采用正火处理,这是因为调质处理后的组织为回火索氏体,其中渗碳体呈粒状分布,而正火处理后得到的索氏体中渗碳体呈层片状。因此,钢经调质处理后不仅强度较高,而且塑性与韧性也明显超过了正火状态。表4-3为45钢经调质处理与正火处理后的力学性能的对比。

调质处理在生产中可以作为最终热处理工序,也可以作为表面淬火和化学热处理的预先热处理工序。调质后钢的硬度不高,因此便于切削加工并能获得较低的表面粗糙度值。

表 4-3 45 钢经调质处理与正火处理后的力学性能对比

热处理状态	力学性能				
	R_m/MPa	A/%	KU/J	硬度/HBW	组织
正火	700～800	15～20	40～60	163～220	铁素体＋细片状珠光体
调质	750～850	20～25	64～96	210～250	回火索氏体

除了以上三种常用的回火方法外，某些高合金钢还在 A_1 以下 20～40℃进行高温软化回火处理，其目的是获得回火珠光体，以代替球化退火。

为了保证回火时组织转变的充分进行，在回火温度下要保持一定的时间，确保工件能够穿透加热。回火保温时间与工件材料、回火温度、工件的有效厚度、装炉量及加热方式有关，一般为 1～3h。回火后的冷却方式对碳钢件的性能影响不大，但为防止在冷却过程中产生新的应力，一般回火后在空气中缓慢冷却。

第三节 钢的表面热处理

在生产中，对于一些承受弯曲、扭转、摩擦或冲击的零件，一般要求其表面具有较高的强度、硬度、耐磨性及疲劳极限，心部则要求具有足够高的塑性和韧性，如果只通过普通的热处理方法去解决这些问题是很难满足要求的，目前解决该问题最有效的方法是将钢进行表面热处理，即表面淬火或化学热处理。

一、钢的表面淬火

钢的表面淬火是指在不改变钢的化学成分及心部组织的情况下，利用快速加热将表层组织奥氏体化后进行淬火，使表层获得硬而耐磨的马氏体组织，而心部组织仍保持原有的塑性和韧性的热处理方法。

按加热方法的不同，表面淬火可分为感应加热表面淬火、火焰加热表面淬火、接触电阻加热表面淬火、电解液加热表面淬火、激光加热表面淬火和电子束加热表面淬火等。目前在生产中应用最广泛的是感应加热表面淬火和火焰加热表面淬火。

1. 感应加热表面淬火

(1) 感应加热的基本原理　感应加热表面淬火是将工件放在一个由紫铜管绕成的感应器中，并通入一定频率的交流电，在感应器周围将产生一个频率相同的交变磁场，于是在工件表面就会产生频率相同方向相反的感应电流，这个电流在工件内形成回路，称为涡流。涡流在工件内的分布是不均匀的，表层电流密度大，心部电流密度小，通入感应器的电流频率越高，涡流集中在表层的深度越薄，这种现象称为“集肤效应”。由于钢本身具有电阻，因而集中于工件表层的涡流将产生电阻热，使工件表层迅速加热到淬火温度，然后立即喷水快速冷却，工件表层即被淬硬，从而达到表面淬火的目的。感应加热表面淬火的原理如图 4-36 所示。

(2) 感应加热表面淬火用钢及工艺　最适宜用于表面淬火零件的钢种是中碳钢或中碳合金钢，常用的材料有 40、45、40Cr、40MnB 等。钢中的含碳量过高，会增加淬硬层的脆性，降低心部的塑性和韧性，工件不耐冲击；若含碳量过低，会降低零件表面淬硬层的硬度和耐磨性。

一般感应加热表面淬火前应对工件进行调质或正火处理，以保证心部具有良好的综合力学性能，并为表面淬火做好组织准备。工件在感应加热淬火后须进行低温回火处理，以降低工件的内应力和脆性，使表层获得回火马氏体组织。生产中对于形状简单、大量生产的工件也可利用其淬火余热进行"自回火"，即当淬火冷却至200℃左右时停止喷水，利用工件余热进行回火。

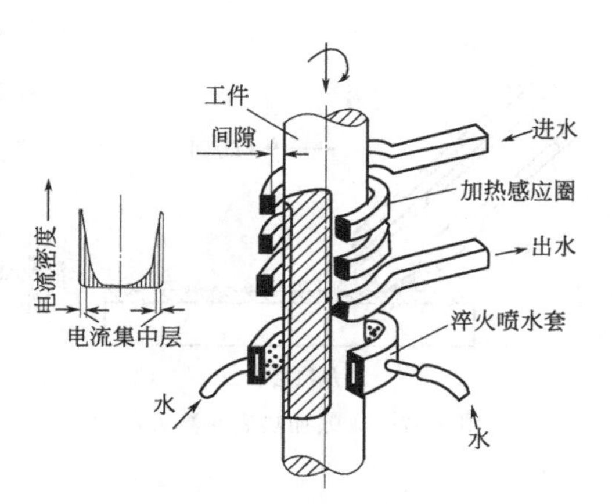

图 4-36 感应加热表面淬火的原理

(3) 感应加热表面淬火的应用 根据对表面淬火淬硬层深度的要求不同，应选择不同的电流频率。生产中常用的感应加热表面淬火频率有以下四种。

① 高频感应加热表面淬火 这是目前应用最广泛的表面淬火方法。其常用频率为200～300kHz，工件的淬硬层深度为0.5～2mm。主要用于要求淬硬层较薄的中、小模数齿轮和中、小尺寸的轴类零件等的处理。

② 中频感应加热表面淬火 常用频率为2500～8000Hz，淬硬层深度为2～10mm。主要用于大、中模数齿轮和较大直径的轴类零件等的处理。

③ 工频感应加热表面淬火 电流频率为50Hz，淬硬层深度为10～20mm。主要用于大直径零件（如轧辊、火车车轮等）的表面淬火。

④ 超音频感应加热表面淬火 工作电流频率一般为20～40kHz，由于该频率比音频（<20kHz）稍高，因此称为超音频。主要应用于模数为3～6mm的齿轮、链轮、凸轮等零件的表面淬火。

(4) 感应加热表面淬火的特点 与普通淬火相比，感应加热表面淬火具有以下特点。

① 感应加热表面淬火的加热速度极快，零件从室温到淬火温度一般只需几秒到几十秒的时间，因此加热时的组织转变只能在更高的温度下进行，一般感应加热表面淬火的温度为$A_{c3}+(80\sim150)$℃。

② 由于感应加热速度快、时间短，奥氏体晶粒来不及长大，因此淬火后表层可获得极细小的针状马氏体组织，使工件表层的硬度一般比普通淬火要高出2～3HRC，且具有较低的脆性。

③ 感应加热淬火时只有工件表层发生马氏体转变，由于淬火时马氏体体积膨胀，工件表层将产生残余压应力，因而能显著提高工件的疲劳强度。

④ 由于加热速度快、保温时间短，工件表面不易产生氧化、脱碳现象，同时由于工件内部未被加热，因此淬火变形较小。

⑤ 生产过程易于控制，生产效率高，容易实现机械化和自动化操作，因此适用于大批量零件的生产。

感应加热表面淬火的主要缺点是：设备较贵，维修费用较高，复杂零件的感应器不易制作，一般不宜用于单件生产。

2. 火焰加热表面淬火

火焰加热表面淬火是利用乙炔-氧或煤气-氧的混合气体燃烧的高温火焰，将工件表面迅速加热到淬火温度，然后立即喷水快速冷却，从而获得一定淬硬层深度的热处理方法，如图

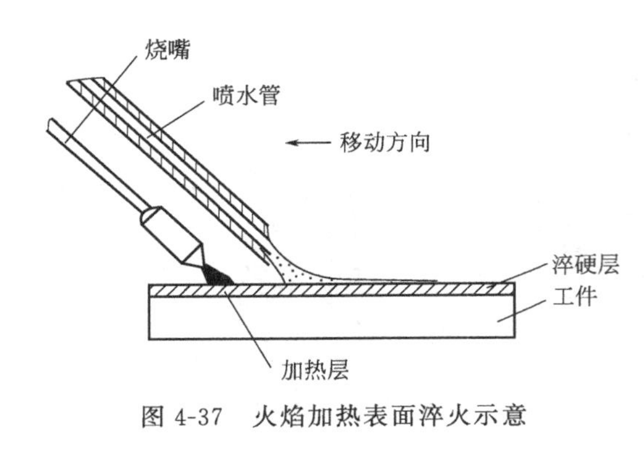

图 4-37　火焰加热表面淬火示意

4-37 所示。火焰加热表面淬火的淬硬层深度一般为 2～8mm。

用于火焰加热表面淬火的材料为中碳钢和中碳合金钢，如 35、45、40Cr 等，也可以是灰铸铁、合金铸铁等铸铁件。

火焰加热表面淬火具有操作简便、设备简单、成本低等优点，适用于单件、小批量生产零件的表面淬火。火焰加热表面淬火的主要缺点是加热不均匀，易造成工件表面过热，淬火质量较难控制。

二、钢的化学热处理

化学热处理是将工件置于一定温度的活性介质中保温，使一种或几种元素渗入工件的表层，以改变其化学成分、组织和性能的热处理方法。与表面淬火相比，化学热处理不仅改变表层的组织，而且还改变其化学成分，获得一般表面淬火达不到的特殊性能（如耐热性、耐蚀性、减摩性等），从而提高钢的使用性能，延长使用寿命。

化学热处理的过程都是一样的，是由以下三个基本过程组成的。

① 分解：化学介质在一定温度下分解出能够渗入工件表面的活性原子。

② 吸收：活性原子被工件表面吸收，并溶入铁的晶格形成固溶体或与钢中某元素形成化合物。

③ 扩散：被吸收的活性原子由工件表面逐渐向内部扩散，形成一定深度的渗层。

钢的化学热处理方法很多，目前最常用的方法有渗碳、渗氮和碳氮共渗等。

1. 渗碳

渗碳是将工件置于具有活性碳原子的介质中，加热并保温，使碳原子渗入工件表层的化学热处理方法。

渗碳的目的是为了提高工件表层的含碳量并在其中形成一定的碳浓度梯度，经淬火和低温回火后，提高工件表面硬度和耐磨性，而心部仍保持良好的塑性和韧性。渗碳一般用于在较大冲击载荷和在严重磨损条件下工作的零件的处理，如齿轮、活塞销、套筒等。

（1）渗碳用钢　为保证渗碳零件热处理后心部具有良好的塑性和韧性，渗碳用钢一般选用含碳量为 0.1%～0.25% 的低碳钢和低碳合金钢，如 15、20、20Cr、20CrMnTi、12CrNi3A、18Cr2Ni4WA 等。

（2）渗碳方法　根据采用的渗碳剂状态的不同，渗碳方法可分为固体渗碳、气体渗碳和液体渗碳三种。其中气体渗碳法具有生产效率高、渗碳过程容易控制、渗碳层质量较好、容易实现机械化与自动化等优点，在生产中应用最为广泛。

气体渗碳法是工件在气体渗碳介质中进行渗碳的工艺方法，图 4-38 为滴注式气体渗碳法示意图。渗碳时将工件装入密封的渗碳炉中，并向炉内滴入煤油、苯、甲苯、丙酮、甲醇、乙醇等有机液体，加热到 900～950℃进行保温，有机液体在高温下会分解成由 CO、CO_2、H_2 及 CH_4 等气体组成的渗碳气氛，产生活性碳原子，随后活性碳原子被工件表面吸收而溶入奥氏体中，并向内部扩散形成一定深度的渗碳层。渗碳层的深度取决于渗碳温度和保温时间，一般渗碳速度可按 0.15～0.25mm/h 进行估算，保温温度越高，渗碳速度越快，在相同的保温时间内，渗碳层深度越厚。

(3) 渗碳后的组织　钢经过渗碳后，其表层中的含碳量以 0.85%～1.05%为最佳，从表层到心部含碳量逐渐减少，至心部为原始低碳钢的含碳量。渗碳后在缓冷条件下，工件表层到心部的组织依次为过共析层（P＋Fe_3C_{II}）、共析层（P）、亚共析过渡层（P＋F）和心部原始亚共析组织（F＋P），低碳钢渗碳缓冷后的组织如图 4-39 所示。

(4) 渗碳后的热处理　渗碳后只有进行淬火和低温回火处理，才能发挥出渗碳层应有的作用，根据零件材料的不同，渗碳后常用的热处理方法如下。

① 直接淬火法　渗碳后将工件随炉冷却至 860℃左右，出炉预冷后，直接淬火和低温回火的热

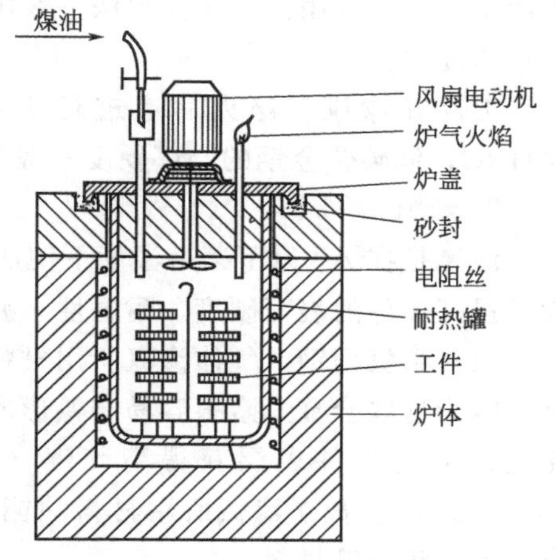

图 4-38　滴注式气体渗碳法示意图

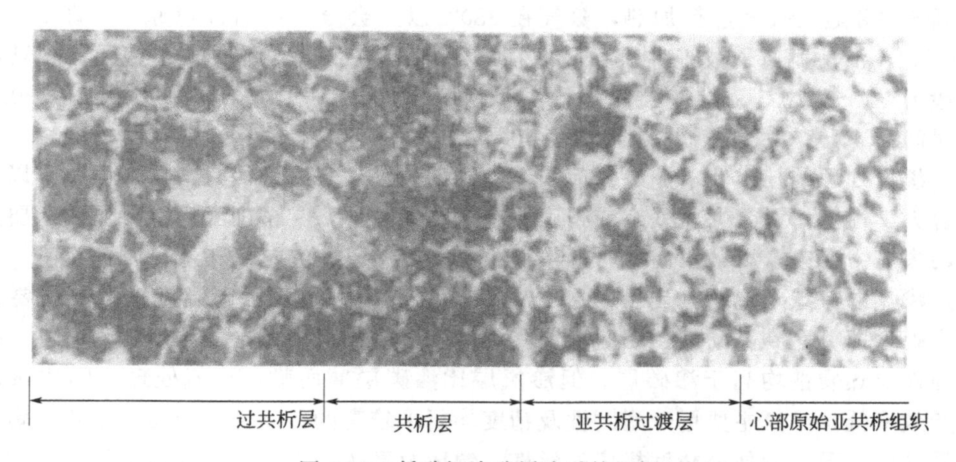

图 4-39　低碳钢渗碳缓冷后的组织

处理工艺。预冷的目的是为了减小工件淬火时的变形及开裂倾向，并使表层析出一些碳化物，降低淬火后的残余奥氏体量，提高表层硬度。预冷温度应略高于钢的 A_{r3}，以免工件心部析出铁素体。直接淬火法一般用于渗碳材料为低碳合金钢的工件。

直接淬火法操作简单、成本低、生产效率高，但由于渗碳时工件在高温下长期保温，奥氏体晶粒容易长大，影响淬火后工件的性能，故只适用于本质细晶粒钢或受力不大、耐磨性要求不高的零件的处理。

② 一次淬火法　渗碳后工件出炉空冷，再重新加热至淬火温度进行淬火和低温回火的热处理工艺，称为一次淬火法。淬火加热温度的选择应兼顾表层和心部，使表层不过热而心部又能得到充分的强化。一般渗碳材料为低碳钢时加热到 A_{c1} 以上进行淬火；渗碳材料为低碳合金钢时应加热到 A_{c3} 以上进行淬火。

③ 二次淬火　将工件渗碳缓冷后再进行两次淬火的工艺称为二次淬火。第一次淬火是为了细化心部晶粒和消除过共析层中的网状渗碳体，加热温度为 A_{c3} 以上 30～50℃；第二次淬火是为了细化工件表层组织，获得细的马氏体和均匀分布的粒状渗碳体，加热温度为 A_{c1} 以上 30～50℃。二次淬火法工艺复杂、周期长、成本高，且工件变形、氧化脱碳倾向大，

生产中应尽量少用。二次淬火法一般用于表面耐磨性和心部韧性要求较高的零件或本质粗晶粒钢的处理。

工件在渗碳、淬火后应进行 150～200℃ 的低温回火，回火后的表面硬度为 58～64HRC；低碳合金钢的心部硬度一般为 28～43HRC。

2. 渗氮

渗氮是在 A_{c1} 以下某一温度下使活性氮原子渗入工件表层的化学热处理方法。其目的是为了提高工件的表面硬度、耐磨性、疲劳强度和耐腐蚀性能。

(1) 渗氮用钢　气体渗氮所用材料一般是含有 Al、Cr、Mo、V、Ti 等合金元素的中碳钢，因为这些合金元素很容易与氮形成颗粒细小、分布均匀、硬度很高且非常稳定的各种氮化物，可使工件表层获得高硬度（1000～1200HV）和耐磨性，最典型的渗氮用钢是 38CrMoAlA。离子渗氮所用材料除能使用气体渗氮专用钢外，还可选用碳钢、低合金钢、合金钢、铸铁等材料。

(2) 渗氮方法　目前常用的渗氮方法有气体渗氮和离子渗氮两种。气体渗氮是将工件放入井式渗氮炉中并通入氨气进行加热，氨气在 380℃ 以上会分解出活性氮原子，即 $2NH_3 \longrightarrow 3H_2 + 2[N]$，活性氮原子被工件表面吸收后，逐渐向内部扩散而形成氮化层。渗氮加热的温度一般为 500～570℃，渗氮层深度取决于渗氮时间，一般渗氮层深度为 0.4～0.6mm，其渗氮时间为 40～70h，故气体渗氮的生产周期很长。

(3) 渗氮处理的技术要求　渗氮前零件须经调质处理，得到回火索氏体组织，以提高心部的综合力学性能。对于形状复杂或精度要求较高的零件，在精加工后、渗氮前还要进行消除应力的去应力退火，以减小渗氮时的变形。

(4) 渗氮的特点及应用　与渗碳相比，渗氮温度大大低于渗碳温度，且不需要进行淬火、回火处理即可达到高硬度，因此渗氮零件的变形较小；渗氮层的硬度、耐磨性、疲劳强度、耐蚀性及热硬性均高于渗碳层。但渗氮层比渗碳层薄而脆，渗氮处理时间比渗碳长得多，生产效率低。渗氮主要用于耐磨性及精度均要求较高的传动件，或要求耐热、耐磨及耐腐蚀的零件的处理。例如高精度机床的丝杠、镗床及磨床的主轴、精密传动齿轮和轴、汽轮机阀门及阀杆、发动机汽缸和排气阀等。

3. 碳氮共渗

碳氮共渗是在一定温度下，向钢的表面同时渗入碳原子和氮原子的热处理工艺。碳氮共渗的方法有液体碳氮共渗和气体碳氮共渗。其主要目的是提高工件的表面硬度、耐磨性和疲劳强度。

目前生产中应用较广的碳氮共渗有低温气体氮碳共渗和中温气体碳氮共渗两种方法。

(1) 低温气体氮碳共渗　主要是以渗氮为主的碳氮共渗工艺。其方法是将工件置入井式炉中，通入尿素、甲酰胺、三乙醇胺等渗剂，并加热至 520～570℃，渗剂分解出的活性氮、碳原子被工件表面吸收，通过扩散渗入工件表层，从而获得以氮为主的氮碳共渗层。由于有活性碳原子与活性氮原子同时存在，渗氮速度大为提高，一般保温时间为 2～3h，共渗层的深度即可达 0.1～0.4mm。

经氮碳共渗后，工件具有较高的硬度、耐磨性、疲劳强度和韧性，渗层不易剥落，并有减摩的特点，在润滑不良和高磨损条件下，具有抗咬合、抗擦伤的优点，由于处理温度低，时间短，所以工件变形小。

低温气体氮碳共渗不受钢种限制，适用于碳钢、合金钢和铸铁等材料，可用于处理各种模具、量具、高速钢刀具以及其他耐磨件，但由于其表面氮碳化合物层太薄，不宜用于重载条件下工作的零件。

（2）中温气体碳氮共渗　主要是以渗碳为主的碳氮共渗工艺。目前生产中常在井式气体渗碳炉中滴入煤油（或苯、甲苯、丙酮等渗碳剂），同时往炉中通入氨气并加热至820～860℃，煤油、氨气分解出的活性碳、氮原子被工件表面吸收，并逐渐向内扩散，从而获得一定深度的碳氮共渗层。

中温气体碳氮共渗的过程与渗碳相似，在共渗后需要进行淬火、回火才能提高硬度，热处理后表层组织为含碳、氮的回火马氏体与粒状碳氮化合物及少量的残余奥氏体；心部组织一般为低碳或中碳回火马氏体，但淬透性差的钢也可能出现托氏体和铁素体等非马氏体组织。

与渗碳相比，碳氮共渗层的硬度与渗碳层接近或略高，耐磨性和疲劳强度则优于渗碳层；且具有处理温度低、变形较小、生产周期短等优点。

中温气体碳氮共渗所用钢种为中、低碳钢或中、低碳合金钢。目前，中温气体碳氮共渗多用于处理形状较复杂、要求热处理变形小的零件，如汽车、机床上的齿轮、蜗轮、蜗杆和轴类等结构零件，以及纺织机械、缝纫机和仪表仪器上的零件等。

第四节　热处理质量控制

在生产中，往往由于热处理工艺控制不当产生热处理缺陷，尤其是最终热处理，一般都安排在零件加工工艺路线的最后，若零件因热处理工艺不当而报废，会造成无可挽回的经济损失。此外，由于材料本身可能存在的冶金缺陷，以及选材不当、零件结构工艺性不合理等，也会影响热处理质量。因此，控制热处理的质量将是提高产品质量、挖掘材料潜力、提高经济效益的关键。

一、常见的热处理缺陷及影响因素

1. 过热与过烧

过热是指工件在热处理过程中由于加热温度偏高，使晶粒显著长大，造成力学性能显著降低的现象。过烧是指工件加热温度过高，致使晶界处氧化或部分晶界熔化的现象。过热的工件可以用正火处理来矫正，而过烧的工件无法挽救，只能报废。

2. 氧化与脱碳

氧化是指工件加热时，加热介质中的氧、二氧化碳和水蒸气与其反应，使工件表面形成氧化皮的现象。脱碳是指工件加热时，其表层的碳与加热介质作用，使工件表层含碳量降低的现象。加热温度越高，保温时间越长，氧化现象越明显，脱碳也越严重。

氧化和脱碳会增加材料的损耗，降低工件表层硬度、耐磨性和疲劳强度，增加淬火开裂倾向。为防止工件的氧化、脱碳，常采用真空热处理、可控气氛热处理或脱氧良好的盐浴炉进行加热，同时还应正确控制加热温度和保温时间。

3. 硬度不足

硬度不足是指工件淬火、回火后硬度偏低的现象。硬度不足的原因较多，一般是由于淬火加热温度偏低、表面氧化脱碳、淬火冷却速度不够（奥氏体发生珠光体型转变）、钢的淬透性低或回火温度过高等原因造成的。要解决硬度不足的问题，必须分清原因，采取相应的措施予以防止。

4. **变形和开裂**

热处理时工件形状和尺寸发生明显变化的现象称为变形。在热处理过程中，工件的变形是很难避免的，通常应将变形控制在允许范围内；开裂是不允许的，工件开裂后只能报废。

淬火中工件产生变形与开裂主要是淬火时形成的内应力造成的。根据内应力产生的原因不同，可分为热应力和相变应力两种。热应力是指在热处理过程中，由于工件不同部位出现温差导致收缩不均所产生的应力；相变应力是指在热处理过程中，由于工件不同部位组织转变不同步而产生的应力。热应力和相变应力是同时存在的，在两种应力综合作用下，如果内应力超过了材料的屈服点时，工件将产生变形；内应力超过抗拉强度时，工件将产生开裂。

为了减小工件在热处理过程中的变形，防止开裂，应采取以下措施：正确选择零件材料；合理进行结构设计；合理制订热处理工艺；加强冷、热工艺之间的协调，合理安排热处理工序等。

二、热处理工件的结构工艺性

在设计零件时，设计人员有时只注意到如何使零件的结构形状适合产品结构的需要，忽视了热处理零件的结构工艺性，使零件在热处理过程中，因结构形状不合理给热处理操作带来不便，甚至造成淬火后零件的报废。因此，在进行零件结构设计时应充分考虑以下几个方面。

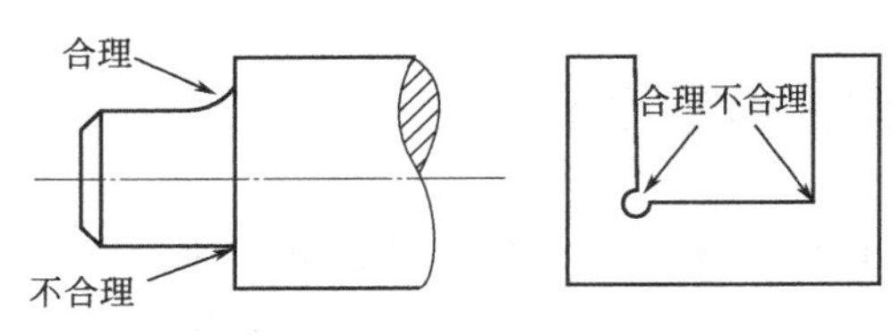

图 4-40　避免尖角与棱角

(1) 避免尖角、棱角、减少台阶　零件的尖角、棱角处易形成应力集中，常会引起淬火开裂，一般应尽量设计成圆角或倒角，以免开裂，如图 4-40 所示。

(2) 零件的外形应尽量简单，避免厚薄悬殊的截面　截面厚薄悬殊的零件，在热处理时由于冷却不均匀，容易产生变形和开裂。在设计零件时应采取适当措施，如开工艺孔、加厚零件太薄部分、合理安排孔洞位置、变盲孔为通孔等方法，如图 4-41 所示。

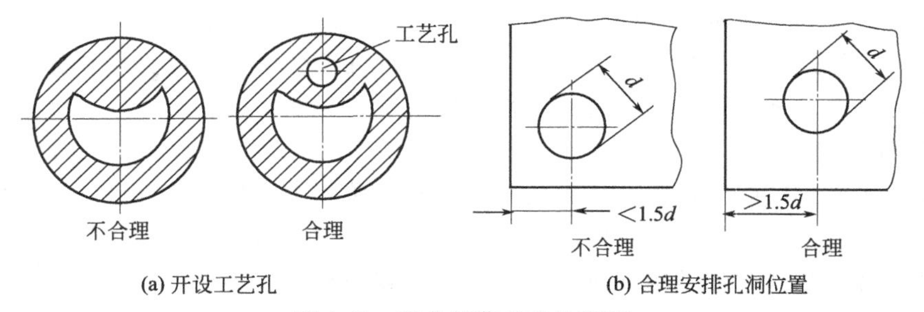

图 4-41　避免厚薄悬殊的截面

(3) 尽量采用对称结构　若零件的形状不对称，会使应力分布不均匀，容易产生变形，采用对称结构，可显著减小热处理变形，如图 4-42 所示。

(4) 尽量采用封闭结构　为减小热处理变形，零件头部槽口处应留有工艺筋。如弹簧夹头在热处理前，将夹头的三瓣夹爪加工成封闭结构，待热处理后再将槽磨开，就可有效减小头部的变形。如图 4-43 所示。

(5) 尽量采用组合结构　对于经热处理容易产生变形的零件或工具，应尽量采用组合式结构。如硅钢片冲模，若做成整体结构［如图 4-44(a) 所示］热处理变形较大，如改为四块组合件［如图 4-44(b) 所示］，每块单独进行热处理，磨削后再进行组合装配，可有效避免热处理过程中工件的变形。

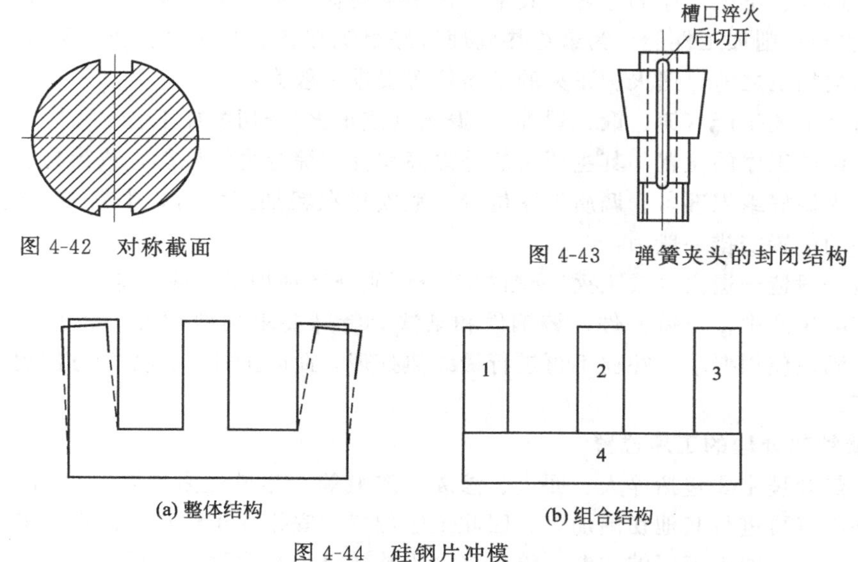

图 4-42 对称截面

图 4-43 弹簧夹头的封闭结构

(a) 整体结构

(b) 组合结构

图 4-44 硅钢片冲模

第五节 热处理技术条件的标注及工序位置安排

一、热处理技术条件的标注

设计者应根据零件的性能要求，提出相应的热处理技术条件，并在零件图样上标出。其内容一般包括：最终热处理方法（如调质、淬火、回火、渗碳等）以及应达到的力学性能指标等，以此作为热处理生产及检验时的依据。

由于硬度检验方便，又不损坏零件，且可以近似地反映出材料的其他力学性能，一般在图样上都是以硬度作为热处理技术条件。但对于某些力学性能要求较高的重要件，如曲轴、连杆、齿轮等，还应标出强度、塑性、韧性等指标，有的还应提出对显微组织的要求。

标注的硬度值应有一个波动范围，一般布氏硬度范围在 30～40HBW；洛氏硬度范围在 5HRC 左右。例如，“调质 220～250HBW”或“淬火、回火 40～45HRC”。

对于渗碳或渗氮零件应标出需要进行渗碳或渗氮的部位、渗层深度、热处理后的表面硬度等，重要件及关键零件还要有心部性能要求；对于表面淬火零件应标明淬火部位、淬硬层深度、表层硬度、心部硬度等内容。

二、热处理工序位置的安排

热处理属中间处理工序，是穿插在零件机械加工过程中的，根据热处理的目的不同，其工序位置安排也不相同，因此合理安排热处理工序位置对于保证零件质量、改善切削加工性、提高生产效率、降低生产成本具有重要意义。根据热处理的目的不同热处理可分为预先热处理和最终热处理两大类，其工序位置大致安排如下。

1. 预先热处理的工序位置

预先热处理包括退火、正火、调质等。

预先热处理一般安排在毛坯生产之后，切削加工之前；或粗加工之后，半精加工之前。

(1) 退火、正火工序的位置　其主要作用是消除毛坯的某些缺陷（如晶粒粗大、组织不均等），改善切削加工性能，为最终热处理做好组织准备。其工序位置一般安排在毛坯生产之后，切削加工之前，退火、正火的工序位置安排一般为：

下料→毛坯生产（铸、锻、焊等）→退火（或正火）→切削加工

(2) 调质工序的位置　其主要目的是提高零件的综合力学性能，或为易变形的精密零件的整体淬火做好组织准备。调质工序位置一般安排在粗加工之后，半精加工或精加工之前。调质工序的位置安排一般为：

下料→锻造→退火（或正火）→粗加工→调质→半精加工（或精加工）

在实际生产中，灰铸铁件、铸钢件和某些无特殊要求的锻钢件，经退火、正火或调质后，已能满足使用要求，往往不再进行最终热处理，此时上述的热处理方法也就成为最终热处理工序。

2. 最终热处理的工序位置

最终热处理主要包括淬火、回火、渗碳、渗氮等。零件经最终热处理后一般硬度较高，除磨削外不宜再进行其他切削加工，因此工序位置应安排在半精加工之后，磨削加工之前。

(1) 淬火、回火工序的位置　淬火可分为整体淬火和表面淬火两类。

整体淬火件的加工路线为：

下料→锻造→退火（或正火）→粗加工、半精加工→淬、回火→磨削

表面淬火件的加工路线为：

下料→锻造→退火（或正火）→粗加工→调质→半精加工→表面淬火＋低温回火→磨削

(2) 渗碳工序的位置　渗碳分为整体渗碳和局部渗碳两种。对于需要进行局部渗碳的零件，要在非渗碳部位增大加工余量（或在非渗碳部位镀铜、涂防渗涂料等），待渗碳后淬火前切去该部位的防渗余量（或退铜）。一般渗碳件的加工路线为：

下料→锻造→正火→粗、半精加工→局部防渗碳→渗碳（渗碳完成后，不渗碳部位切除防渗余量或退铜等）→淬火＋低温回火→磨削

(3) 渗氮工序的位置　由于渗氮层硬而薄，通常渗氮后不再磨削，只进行抛光处理，对个别质量要求高的零件，可进行研磨或精磨。渗氮件的加工路线一般为：

下料→锻造→退火（或正火）→粗加工→调质→半精加工→去应力退火→粗磨→渗氮→精加工

本章小结

钢的热处理是钢在固态下，通过加热、保温和冷却，改变内部组织，从而获得所需性能的一种工艺方法。钢在加热时，往往要使其组织奥氏体化。共析钢的奥氏体形成过程分为四个阶段，为了得到良好的力学性能，加热时需要获得细小的奥氏体晶粒；钢在冷却时的组织转变有过冷奥氏体的等温冷却转变和连续冷却转变。根据转变温度不同，转变组织分为珠光体型、贝氏体型和马氏体型组织，转变的组织不同，钢就具有不同的力学性能。

钢的普通热处理工艺主要包括退火、正火、淬火及回火，常称为热处理的“四把火”。根据不同的材料及热处理目的采用的退火方法也不相同；淬火的主要目的是为了获得马氏体

组织，淬火后需要进行不同温度的回火，才能得到不同的组织及力学性能。不同成分的钢其淬透性、淬硬性不相同。

钢的表面热处理包括钢的表面淬火和化学热处理。感应加热表面淬火是常用的一种表面淬火方法；生产中常用的化学热处理方法是渗碳、渗氮和碳氮共渗。

热处理常见的缺陷有过热、过烧、氧化、脱碳、变形和开裂等，在设计零件时，除了考虑零件的使用性能外，还要考虑热处理工艺对零件结构的要求，合理地标注热处理件技术条件及各热处理工序位置的安排。

复习思考题

一、解释下列概念

热处理 奥氏体化 过冷奥氏体 残余奥氏体 等温冷却 连续冷却 托氏体 贝氏体 马氏体 表面淬火 化学热处理

二、填空题

1. 热处理工艺都是由________、________和________三个阶段组成的。

2. 根据共析碳钢转变产物的不同，可将C曲线分为________、________和________三个转变产物区。

3. 珠光体、索氏体和托氏体都是由________和________组成的机械混合物。

4. 马氏体是碳在α-Fe中的________固溶体，其组织形态有________和________两种。

5. 将钢进行加热、保温，然后随炉缓慢冷却，以获得接近平衡组织的热处理工艺方法称为________。

6. 将钢加热到临界点以上30～50℃，保温适当时间，在空气中冷却的热处理工艺方法称为________。

7. 为消除过共析钢中较严重的网状二次渗碳体，常采用的热处理方法是________。

8. 共析钢或过共析钢在淬火前采用的预先热处理是________。

9. 生产中，碳钢常用的淬火介质是________。

10. 等温淬火是将工件奥氏体化后投入温度稍高于M_s的盐浴或碱浴中保持一段时间，从而获得________的热处理方法。

11. 随着回火加热温度的升高，钢的________和________下降，而________和________上升。

12. 生产中，常用的回火种类有________、________和________三种。

13. 生产中，常把淬火＋高温回火的复合热处理工艺称为________。

14. 用65Mn钢生产弹簧垫圈，最终热处理方法是________＋________。

15. 钢的淬透性主要取决于________的含量，钢的淬硬性主要决定于________的含量。

三、判断题

1. 所谓本质细晶粒钢，就是说它在任何加热条件下都能得到细小晶粒。

2. 珠光体转变属于扩散型转变。

3. 不论碳含量高低，马氏体的硬度都很高，脆性都很大。

4. 去应力退火时不发生组织转变。

5. 消除过共析钢中的网状二次渗碳体可采用完全退火。

6. 随着含碳量的增加，亚共析钢的淬火加热温度要相应降低。

7. 钢的淬火加热温度都应在单相奥氏体区。

8. 钢的淬火冷却速度越大，淬火后的硬度越高，因此淬火的冷却速度越快越好。

9. 淬火后的钢一般都要及时进行回火。

10. 钢的回火温度越高，得到的强度、硬度也越高。

11. 45钢的回火索氏体组织具有良好的综合力学性能。

12. 与油淬相比，钢在水中的淬透性更好。

13. 淬透性好的钢，淬硬性一定都很高。

14. 渗碳零件一般需要选择高碳成分的钢，以便得到高的硬度及高的耐磨性。

15. 产生了过烧的工件，没有方法返修，只能报废。

四、选择题

1. 钢在淬火后获得的马氏体组织的粗细主要取决于（　　）。

A. 奥氏体的本质晶粒度　　B. 奥氏体的起始晶粒度

C. 奥氏体的实际晶粒度　　D. 加热前的原始组织

2. 根据珠光体片层间距不同，常将其分为（　　）三类组织。

A. 珠光体、索氏体、贝氏体　　B. 珠光体、索氏体、铁素体

C. 珠光体、铁素体、奥氏体　　D. 珠光体、索氏体、托氏体

3. 将共析钢奥氏体过冷到330℃等温转变，将得到（　　）。

A. 珠光体　　B. 托氏体　　C. 贝氏体　　D. 马氏体

4. 马氏体转变是在（　　）线以下进行的。

A. A_1　　B. M_s　　C. M_f　　D. A_3

5. 马氏体的硬度主要取决于（　　）。

A. 加热温度　　B. 保温时间　　C. 冷却速度　　D. 马氏体中的含碳量

6. 为了消除铸造缺陷枝晶偏析，使成分均匀化，常采用的退火方法是（　　）。

A. 完全退火　　B. 球化退火

C. 均匀化退火　　D. 去应力退火

7. 为提高硬度，改善切削加工性能，低碳20钢的预先热处理应选用的预先热处理方法是（　　）。

A. 完全退火　　B. 球化退火　　C. 正火　　D. 回火

8. 通常，亚共析钢的淬火加热温度为（　　）。

A. $A_{c1}+(30\sim50)$℃　　B. $A_{c3}+(30\sim50)$℃

C. $A_{ccm}+(30\sim50)$℃　　D. $A_{rcm}+(30\sim50)$℃

9. 通常，过共析钢的淬火加热温度为（　　）。

A. $A_{c1}+(30\sim50)$℃　　B. $A_{c3}+(30\sim50)$℃

C. $A_{ccm}+(30\sim50)$℃　　D. $A_{rcm}+(30\sim50)$℃

10. 淬火钢回火后的硬度主要取决于（　　）。

A. 回火加热速度　　B. 回火冷却速度　　C. 回火温度　　D. 保温时间

11. 用45钢生产零件，为了得到好的综合力学性能，应进行的热处理是（　　）。

A. 退火　　B. 正火　　C. 调质　　D. 淬火+低温回火

12. 用T12A钢制造的锉刀，最终热处理应采用（　　）。

A. 球化退火　　B. 调质处理　　C. 淬火+中温回火　　D. 淬火+低温回火

13. 零件渗碳后，一般须经过（　　）才能达到表面高硬度且耐磨的目的。

A. 淬火+低温回火　　B. 正火　　C. 调质　　D. 淬火+高温回火

14. 化学热处理与其他热处理方法的根本区别是（　　）。

A. 加热温度　　B. 组织变化

C. 钢成分变化　　D. 性能变化

15. 钢在加热时，判断产生过热现象的依据是（　　）。

A. 表面氧化　　B. 奥氏体晶界发生氧化或熔化

C. 奥氏体晶粒粗大　　D. 晶格发生畸形

五、简答题

1. 说明A_1、A_3、A_{cm}、A_{c1}、A_{c3}、A_{ccm}、A_{r1}、A_{r3}、A_{rcm}、M_s、M_f的含义。

2. 共析钢奥氏体化的基本过程分为哪几个阶段？亚共析钢和过共析钢的奥氏体化又是怎样进行的？

3. 钢的淬透性和淬硬性有何区别？影响淬透性和淬硬性的因素有哪些？

4. 淬火的目的是什么？亚共析钢和过共析钢的淬火加热温度应如何选择？

5. 回火的目的是什么？工件淬火后为什么要及时回火？

6. 叙述常见的三种回火方法所获得的组织、性能及应用。

7. 渗碳的目的是什么？为什么渗碳后要进行淬火和低温回火？

8. 为控制奥氏体晶粒长大，应考虑哪些因素？

9. 珠光体型转变的特点是什么？转变后的产物有几种？它们的形成温度、组织形态及性能如何？

10. 贝氏体转变的特点是什么？不同温度等温转变后的产物有哪两种？各自有何性能特点？

11. 马氏体的组织形态有哪两种？性能如何？

12. 马氏体转变有何特点？

13. 常见的热处理缺陷有哪些？并分析产生缺陷的原因。

14. 化学热处理是由哪三个基本过程组成的？

15. 淬火内应力是怎样产生的？它与哪些因素有关？

16. 理想淬火冷却介质的有什么要求？

17. 常用的淬火方法有哪些？

18. 感应加热表面淬火有什么特点？

19. 完全退火、球化退火与去应力退火在加热规范、组织转变和应用上有何不同？

20. 用低碳钢和中碳钢制造的齿轮，为了使表面具有高的硬度和耐磨性，心部具有一定的强度和韧性，各采取怎样的热处理方法？热处理后组织和性能有何差别？

六、综合分析题

1. 分别写出45钢、T12钢在以下加热条件下及冷却后的组织，并比较硬度值的高低。

(1) 45 钢加热到 700℃，投入水中快冷；

(2) 45 钢加热到 750℃，投入水中快冷；

(3) 45 钢加热到 840℃，投入水中快冷；

(4) T12 钢加热到 700℃，投入水中快冷；

(5) T12 钢加热到 750℃，投入水中快冷；

(6) T12 钢加热到 900℃，投入水中快冷。

2. 将 T10 钢和 T12 钢同时加热到 780℃进行淬火，问：

(1) 淬火后各获得什么组织？

(2) 淬火马氏体的碳含量及硬度是否相同？为什么？

(3) 哪一种钢淬火后的耐磨性更好些？为什么？

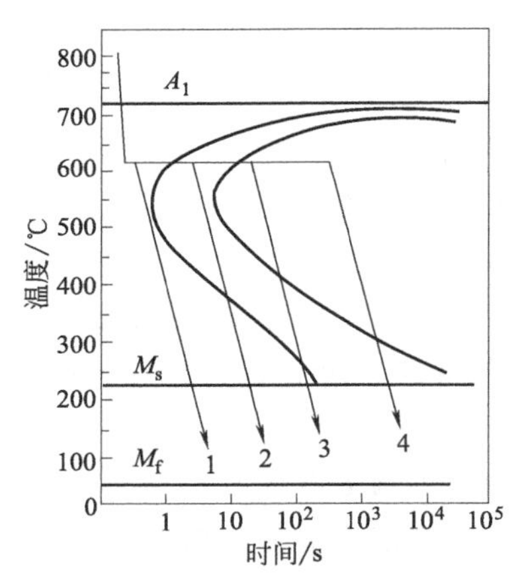

图 4-45 T8 钢的过冷奥氏体等温转变曲线

3. 在一批 45 钢制的螺栓中（热处理后要求硬度为 30～35HRC），现混入少量 20 钢和 T12 钢，若按 45 钢的热处理工艺进行淬火和回火处理，试问这批螺栓能否达到要求？分别说明原因。

4. T8 钢的过冷奥氏体等温转变曲线如图 4-45 所示，若该钢在 620℃进行等温，并经不同时间保温后，按图示的 1、2、3、4 线冷却速度冷至室温，问各获得什么组织？然后再进行中温回火，又各获得什么组织？

5. 甲、乙两厂同时生产一批 45 钢零件，硬度要求为 220～250HBW。甲厂采用调质，乙厂采用正火，均可达到硬度要求，试分析甲、乙两厂产品的组织和性能。

6. 45 钢经调质处理后硬度为 240HBW，若再进行 200℃回火，试问是否可提高其硬度？为什么？若 45 钢经淬火和低温回火后硬度为 56HRC，然后再进行 560℃回火，试问是否可降低硬度？为什么？

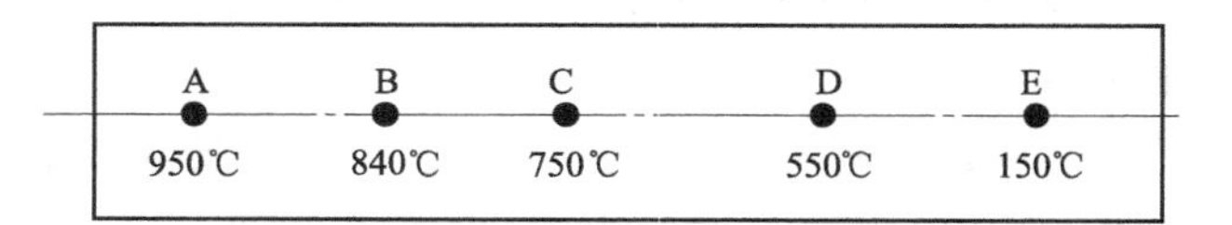

图 4-46 45 钢圆棒图

7. 用 T10 钢制造刀具，要求热处理至 58～62HRC。生产时误将 45 钢当成 T10 钢进行淬火和回火处理。试问热处理后的组织是什么？为什么？

8. 一根直径为 6mm 的 45 钢圆棒，如图 4-46 所示。先经 840℃加热淬火，硬度为 56HRC，然后从一端加热，依靠热传导，使 45 钢圆棒上各点达到如附图所示温度。试问：

(1) 各点部位的组织是什么？

(2) 整个圆棒自图示各温度，缓冷至室温后各点部位的组织是什么？

(3) 整个圆棒自图示各温度，水淬快冷至室温后各点部位的组织是什么？

9. 用同一种钢制造尺寸不同的两个零件，试问：

(1) 它们的淬透性是否相同？为什么？

(2) 采用相同的淬火工艺，两个零件的淬硬层深度是否相同？为什么？

10. 某厂用 20 钢制造齿轮，其加工路线为：下料→锻造→正火→切削加工→渗碳→淬火＋低温回火→磨削。请问：

（1）各热处理工序的目的是什么？

（2）说明最终热处理后表层和心部的组织与性能。

11. 某柴油机凸轮，要求表面具有高硬度（＞50HRC），心部具有良好的韧性。原采用45钢，经调质再进行表面淬火和低温回火。现拟改用20钢代替45钢，请回答：

（1）原凸轮的加工工艺路线是什么？并说明各热处理工序的作用。

（2）改用20钢后，其加工工艺路线如何？

（3）改用20钢后，各热处理工序的作用是什么？

第五章 合金钢

碳素钢具有较好的力学性能和工艺性能，价格低，已成为机械工程中应用最广泛的金属材料。但是，由于现代工业和科学技术的不断发展，对材料的力学性能和物理、化学性能等提出了更高的要求，碳素钢即使经过热处理也不能够满足实际需要，合金钢就是为了提高钢的力学性能，改善钢的工艺性能或使它具有某些特殊的物理化学性能，在碳钢冶炼过程中有目的地加入一些元素而形成的。

合金钢的生产过程复杂、成本较高，但由于其具有优良的性能，能够满足不同工作条件下的产品要求，因此应用范围不断扩大，重要的工程结构和机械零件均使用合金钢制造。

第一节　合金元素在钢中的作用

为了提高钢的力学性能或得到某些特殊性能，在钢的冶炼过程中有目的地加入一些元素，这些元素被称为合金元素。合金钢中常见的合金元素有铬、钨、钼、镍、钒、钛、锆、铝、硼、锰、硅、稀土元素等。有的合金元素含量高达百分之几十，如铬、镍等，有的则很低，如硼含量在0.0035%～0.005%即可达到改善钢性能的目的。

一、合金元素在钢中的存在形式

铁素体和渗碳体是碳钢在室温下的两个基本相。当合金元素加入钢中后，合金元素既可能溶于铁素体内，也可能溶于渗碳体内。一般情况下，非碳化物形成元素，如镍、硅、铝、钴等，主要溶于铁素体中形成合金铁素体；强碳化物形成元素，如铬、钼、钨、钒、铌、锆、钛等，则主要与碳结合形成合金渗碳体或碳化物。

1. 形成合金铁素体

几乎所有的合金元素都能不同程度地溶入铁素体中，形成合金铁素体。其中原子直径较小的合金元素（如氮、硼等）与铁形成间隙固溶体；原子直径较大的合金元素（如锰、镍、钴等）与铁形成置换固溶体。

由于合金元素与铁的晶格类型和原子半径上的差异，当合金元素溶入铁素体后，必然引起铁素体的晶格畸变，使铁素体的强度、硬度提高，产生固溶强化，但塑性、韧性却有所下降。图5-1和图5-2为常见合金元素对铁素体硬度和韧性的影响。

由图可知，硅、锰能显著地提高铁素体的强度和硬度，但当$w_{Si}>0.6\%$、$w_{Mn}>1.5\%$时，合金的韧性随含量的增加而显著下降。铬、镍这两种合金元素，在含量适当时($w_{Cr}\leqslant 2\%$，$w_{Ni}\leqslant 5\%$)，不仅能提高铁素体的强度和硬度，同时也能提高其韧性。因此，在合金结构钢中，为了获得良好的强化效果，对铬、镍、硅、锰等合金元素的含量要控制在一定范围之内。

2. 形成合金碳化物

在钢中能与碳形成碳化物的合金元素有钛、锆、铌、钒、钨、钼、铬、锰、铁等（按照与碳的亲和力由强到弱依次排列）。一般认为，钛、锆、铌、钒是强碳化物形成元素；钨、钼、铬是中强碳化物形成元素；锰为弱碳化物形成元素。强碳化物形成元素，在钢中优先形成特殊碳化物，它们的稳定性最高，熔点、硬度和耐磨性也较高。在钢中合金碳化物的类型主要有以下两类。

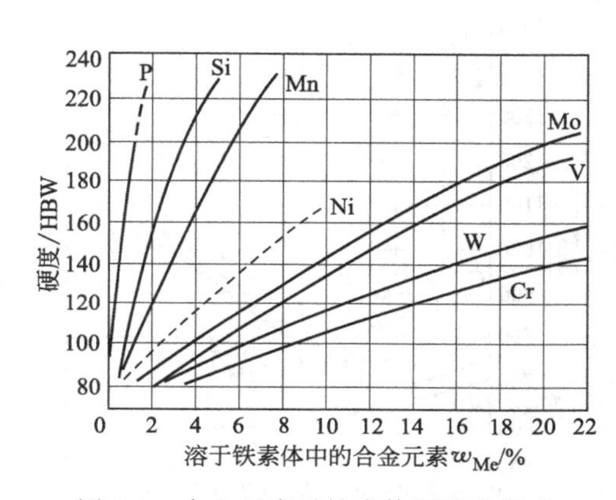

图 5-1 合金元素对铁素体硬度的影响

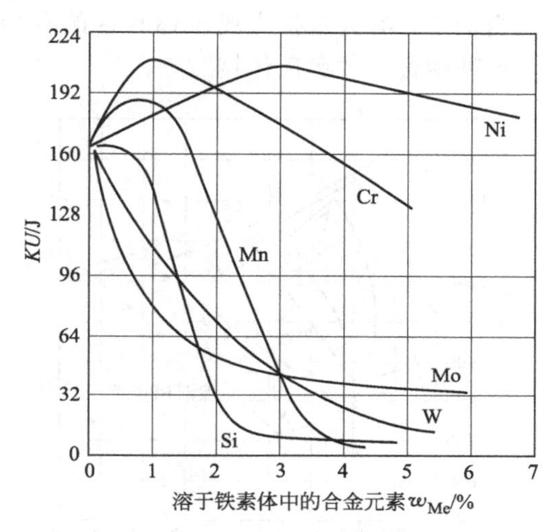

图 5-2 合金元素对铁素体韧性的影响

（1）合金渗碳体 合金渗碳体是合金元素溶入渗碳体（置换其中的铁原子）形成的化合物，它仍保持着渗碳体的晶格类型，其中铁与合金元素的比例可变，但两者的原子数总和与碳的比例是固定不变的。如在含锰的钢中，Fe_3C 中的铁原子可任意被锰原子置换而形成 $(Fe, Mn)_3C$。当中强碳化物形成元素在钢中的含量不大于（0.5%～3%）时，一般也倾向于形成合金渗碳体，如 $(Fe, Cr)_3C$、$(Fe, W)_3C$ 等。合金渗碳体较渗碳体略为稳定，硬度也较高，是一般低合金钢中碳化物的主要存在形式。

（2）特殊碳化物 特殊碳化物通常是由中强或强碳化物形成元素与碳化合形成的碳化物。特殊碳化物有两种类型：一种是具有简单晶格的间隙相碳化物，如 WC、VC、TiC 等；另一种是具有复杂晶格的碳化物，如 $Cr_{23}C_6$、Cr_7C_3、Fe_3W_3C 等。

特殊碳化物特别是间隙相碳化物比合金渗碳体具有更高的熔点、硬度与耐磨性，并且更为稳定，不易分解。合金碳化物的种类、性能和在钢中的分布状态会直接影响到钢的性能及热处理的相变温度。例如，当钢中存在弥散分布的特殊碳化物时，将显著提高钢的强度、硬度与耐磨性，而不降低韧性，这对提高钢的使用性能极为有利。

二、合金元素对 $Fe\text{-}Fe_3C$ 相图的影响

钢中加入合金元素后，由于合金元素与铁和碳的相互作用，$Fe\text{-}Fe_3C$ 相图中的特性点及特性线将会发生一定的变化。

1. 缩小奥氏体相区

会使奥氏体相区缩小的合金元素有铬、钨、钼、钒、铝、硅、钛等。随着合金元素含量

的增加，$Fe\text{-}Fe_3C$ 相图中的 A_3、A_1 点温度升高，S、E 点向左上方移动，从而使奥氏体区域缩小。铬对 $Fe\text{-}Fe_3C$ 相图奥氏体相区及 A_1、A_3、S、E 点的影响如图 5-3 所示。

当钢中含大量缩小奥氏体相区的合金元素时，有可能在室温时仍为单相的铁素体组织，这种钢称为“铁素体钢”。

2. 扩大奥氏体相区

镍、钴、锰等合金元素的加入，会使奥氏体相区扩大。随着合金元素含量的增加 $Fe\text{-}Fe_3C$ 相图中的 A_3 及 A_1 点温度下降，S、E 点向左下方移动，奥氏体相区变大。锰对 $Fe\text{-}Fe_3C$ 相图的奥氏体相区及 A_1、A_3、S、E 点温度的影响如图 5-4 所示。

当钢中含有大量扩大奥氏体相区的合金元素时，有可能在室温时仍为单相的奥氏体组织，这种钢称为“奥氏体钢”。

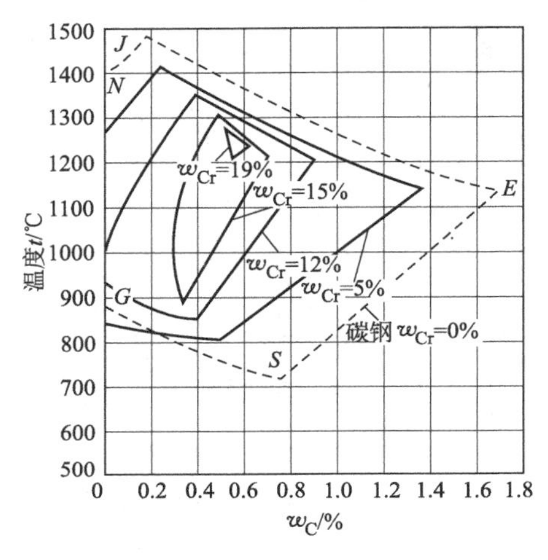

图 5-3 铬对 $Fe\text{-}Fe_3C$ 相图的影响

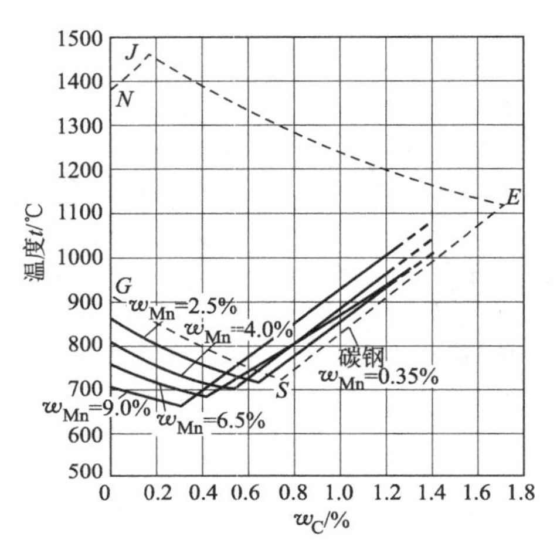

图 5-4 锰对 $Fe\text{-}Fe_3C$ 相图的影响

单相铁素体钢和单相奥氏体钢均具有良好的抗腐蚀、耐高温性能，是不锈耐蚀钢、耐热钢中常见的组织形式，因此在生产中广泛使用。

由于合金元素加入后 S 点向左移动，这就意味着降低了共析点的含碳量，与同样含碳量的亚共析碳钢相比，合金钢组织中的珠光体数量增加，从而使钢得到强化。如 $w_C=0.4\%$ 的碳钢具有亚共析组织，但加入 13％的铬后，因 S 点左移，使该合金钢具有过共析钢的平衡组织。

合金元素加入后 E 点的左移，又会使发生共晶转变的含碳量降低，即在合金钢中即使其碳的质量分数较低，也有可能出现莱氏体组织。如在高速钢中，虽然含碳量只有 0.7％～0.8％，但是由于钢中含有大量的合金元素，E 点向左移动，因此在铸态下高速钢会出现合金莱氏体组织，成为“莱氏体钢”。

由此可见，由于合金元素的加入，要判断合金钢是亚共析钢还是过共析钢，以及确定其热处理时的相变温度，就不能仅仅依赖 $Fe\text{-}Fe_3C$ 相图，而应根据多元铁基合金系相图来进行综合分析。

三、合金元素对钢热处理的影响

1. 合金元素对钢加热转变的影响

（1）合金元素对奥氏体形成速度的影响　合金钢在加热时，由于合金元素改变了碳的扩散速度，从而影响了奥氏体的形成速度。除镍、钴外，大多数合金元素减缓钢的奥氏体化过程：碳化物形成元素铬、钼、钨、钛、钒等，由于它们与碳具有较强的亲和力，因此显著降低了碳在奥氏体中的扩散速度，从而使奥氏体形成速度减慢；部分非碳化物形成元素或弱碳化物形成元素（如硅、铝、锰等），对碳在奥氏体中的扩散速度影响不大，故对奥氏体的形成速度影响也不大。

（2）合金元素对奥氏体化温度的影响　为了充分发挥合金元素在钢中的作用，必须使合金元素更多地溶入奥氏体中。但是合金钢中的碳化物要比碳钢中的渗碳体稳定，要使这些碳化物分解，并通过扩散均匀地分布到奥氏体中，往往需要将合金钢加热到更高的温度并保温更长的时间。尤其是含有大量强碳化物形成元素的高合金钢，其奥氏体化温度往往要超过相变点数百摄氏度，才能保证奥氏体化过程的充分进行。

（3）合金元素对奥氏体晶粒大小的影响　除锰外，大多数合金元素都不同程度地阻碍奥氏体晶粒长大。特别是强碳化物形成元素如钛、钒、铌等作用更显著，这是由于它们形成的特殊碳化物在高温下比较稳定，且以弥散质点分布在奥氏体晶界上，从而起到阻止奥氏体晶粒长大的作用，所以合金钢淬火后可获得更细小、更均匀的马氏体组织，从而有效提高钢的强度和韧性。

2. 合金元素对钢冷却转变的影响

（1）合金元素对过冷奥氏体等温转变曲线的影响　除钴外，大多数合金元素溶入奥氏体后，能够降低原子的扩散速度，使奥氏体稳定性增加，C 曲线位置向右移动，临界冷却速度降低，使钢的淬透性提高。通常对于合金钢常采用冷却能力较低的淬火介质（如油、空气）进行冷却，就可得到马氏体组织，从而减小零件的淬火变形、开裂倾向。

合金元素不仅能使钢的 C 曲线右移，有的合金元素对 C 曲线形状也有影响。如非碳化物形成元素及弱碳化物形成元素（如锰、硅、镍），仅使 C 曲线右移，其 C 曲线形状与碳钢相似，具有一个鼻尖，如图 5-5(a) 所示。当碳化物形成元素（如铬、钨、钼）溶入奥氏体后，由于它们对推迟珠光体转变与贝氏体转变的作用不同，使 C 曲线明显地分为珠光体和贝氏体两个独立的转变区，使 C 曲线分离成两个“鼻尖”，如图 5-5(b) 所示。

（2）合金元素对过冷奥氏体向马氏体转变的影响　除钴、铝外，合金元素溶入奥氏体后，均会使马氏体转变温度 M_s 及 M_f 降低，其中锰的作用最为显著，硅单独加入钢中时对 M_s 影响不大，但它与其他元素共同加入时，可以起到降低 M_s 的作用，合金元素对 M_s 的影响如图 5-6 所示。

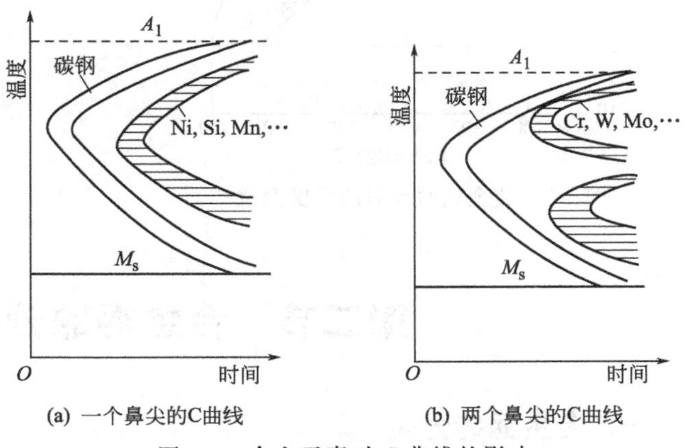

图 5-5　合金元素对 C 曲线的影响

凡使 M_s 降低的合金元素也能降低 M_f。由于 M_s、M_f 的降低，所以合金钢淬火后钢中的残余奥氏体量比碳钢多。

3. 合金元素对淬火钢回火转变的影响

（1）提高淬火钢的回火稳定性　回火稳定性是指淬火钢在回火时，抵抗强度、硬度下降的能力。合金元素对淬火钢的回火转变一般起阻碍作用，特别是强碳化物形成元素溶入马氏

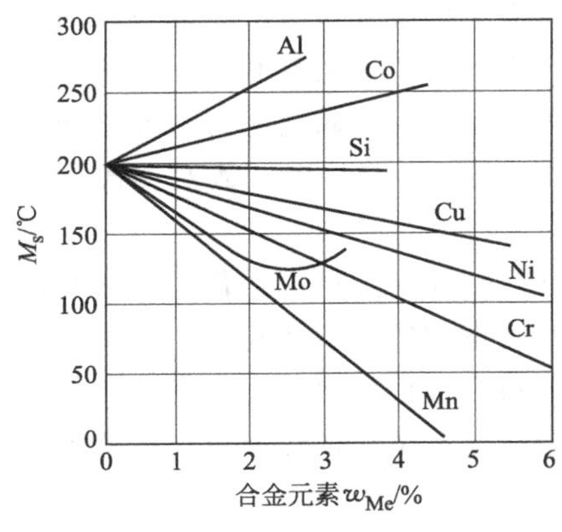

图 5-6 合金元素对 M_s 的影响

体后，使原子扩散速度减慢，阻碍了马氏体分解和碳化物聚集长大的过程，使回火的硬度降低过程变缓，从而提高了钢的回火稳定性。

(2) 回火时产生二次硬化现象 在含有铬、钨、钼、钒、铌、钛等碳化物形成元素的合金钢中，在500～600℃之间回火时，会从马氏体中析出特殊碳化物，如 Mo_2C、W_2C、VC 等，这些碳化物呈高度弥散状态分布在马氏体基体上，且与马氏体保持着共格关系，阻碍位错运动，使钢的硬度不但不降低，反而有所回升，在硬度-回火温度曲线上出现"二次硬化峰"，这种现象称为"二次硬化"，如图 5-7 所示。另外在回火过程中由于特殊碳化物的析出，使残余奥氏体中碳及合金元素浓度降低，提高了 M_s 点的温度，故在随后冷却时部分残余奥氏体就会转变成马氏体，从而提高钢的硬度，这也是产生二次硬化的另一个原因。

(3) 回火时产生第二类回火脆性 与碳钢一样，合金钢在回火时，其总的规律是随着回火温度的升高，冲击韧性升高。但某些合金钢淬火后在 450～650℃内回火后再进行缓慢冷却时，会出现冲击韧性下降的现象，如果在这一温度范围内回火后快速冷却，则不会出现上述情况。通常将这类回火脆性称为第二类回火脆性（或高温回火脆性），如图5-8所示。

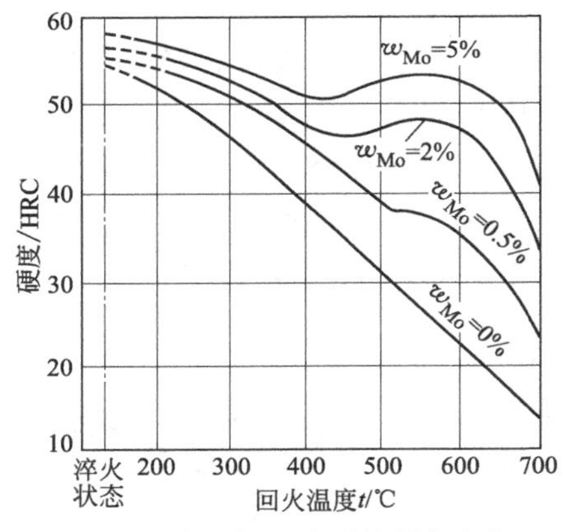

图 5-7 合金钢回火后的硬度变化

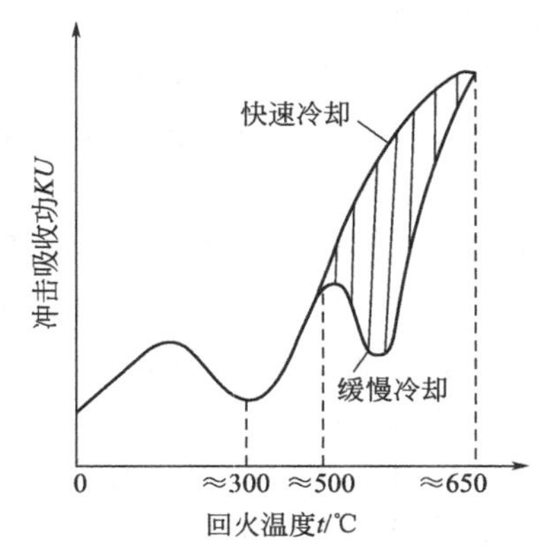

图 5-8 回火温度对合金钢冲击韧性的影响的示意图

第二节 合金钢的分类及牌号

一、合金钢的分类

合金钢的种类很多，常从不同角度对它们进行分类，常见的分类方法有以下几种。

1. 按合金元素含量分

(1) 低合金钢 钢中的合金元素总含量小于 5%。

(2) 中合金钢 钢中的合金元素总含量为 5%～10%。

(3) 高合金钢 钢中的合金元素总含量大于 10%。

2. 按用途分

（1）合金结构钢 用于制作金属结构件和制造机械设备上结构零件的合金钢。

（2）合金工具钢 用于制造各种工具的合金钢。

（3）特殊性能钢 指具有特殊物理、化学性能的合金钢。

3. 按正火后的金相组织分

合金钢正火后，按得到的组织不同，可分为珠光体钢、马氏体钢、奥氏体钢、铁素体钢等。

二、合金钢牌号的表示方法

我国合金钢牌号的表示方法的原则是以钢中碳的质量分数、合金元素的种类和含量来表示。当钢中合金元素的平均含量小于1.5%时，牌号中一般只标出元素符号，而不标明数字，当其平均含量≥1.5%、≥2.5%、≥3.5%、…时，则在元素符号后相应标出数字2、3、4、…。

1. 合金结构钢的牌号

合金结构钢牌号的表示方法由三部分组成，即“两位数字＋元素符号＋数字”，前面两位数字表示钢中碳的质量分数为万分之几；元素符号表示钢中所含的合金元素；元素符号后面的数字表示该元素平均含量为百分之几。

合金结构钢都是优质钢、高级优质钢或特级优质钢。如为高级优质钢，在牌号后加“A”；如为特级优质钢，在牌号后加“E”。

例如，60Si2Mn钢，表示优质合金钢，其碳的质量分数平均为0.6%、硅的平均含量为2%，锰的平均含量小于1.5%；18Cr2Ni4WA表示高级优质合金钢，其碳的质量分数平均为0.18%；铬的平均含量为2%，镍的平均含量为4%，钨的平均含量小于1.5%。

2. 滚动轴承钢的牌号

滚动轴承钢的牌号表示方法与合金结构钢不同，其表示方法是在牌号前面加“G”（“滚”字汉语拼音字首），钢中碳的质量分数不标出，合金元素铬后面的数字表示铬平均含量为千分之几，其他合金元素表示方法及含义同合金结构钢。

例如，GCr15钢中铬的平均含量为1.5%。

3. 合金工具钢的牌号

合金工具钢牌号的表示方法除碳的含量表示与合金结构钢不同外，合金元素的表示方法与合金结构钢相同。在合金工具钢中若碳的质量分数平均小于1%时，牌号前面用一位数字表示出碳的平均质量分数为千分之几；若钢中碳的质量分数平均大于1%时，则不标出。例如9Mn2V钢，表示钢中碳的质量分数平均为0.9%，锰的平均含量为2%，钒的含量小于1.5%；又如CrWMn钢，牌号前面没有数字，即表示该钢中碳的质量分数平均大于1%，铬、钨、锰的平均含量均小于1.5%。

4. 高速工具钢的牌号

高速工具钢牌号的表示方法与合金工具钢略有不同，主要区别是钢中碳的质量分数平均小于1%时，含碳量也不标出。例如，高速工具钢W18Cr4V中碳的质量分数实际为0.7%～0.8%，但在牌号前也不标出。

5. 特殊性能钢的牌号

特殊性能钢牌号的表示方法与合金工具钢基本相同。但其碳含量采用两位或3位阿拉伯数字表示。在碳含量大于或等于0.04%时，采用两位阿拉伯数字；在碳含量不大于0.030%时采用3位阿拉伯数字。

特殊性能钢牌号碳含量的表示方法是：用两位或三位阿拉伯数字表示碳含量（万分之几或十万分之几）的最佳控制值。当只规定碳含量上限≤0.10%时，碳含量以其上限的3/4表示，如06Cr13，标准中规定其碳含量为≤0.08%；当碳含量上限>0.10%时，碳含量以其上限的4/5表示，如12Cr13，标准中规定其碳含量上限为≤0.15%；规定上、下限者，用平均碳含量万分之几表示，如30Cr13，标准中规定其碳含量范围为0.26%～0.35%。对超低碳不锈钢（碳含量≤0.030%），采用三位阿拉伯数字（十万分之几）表示碳含量，如008Cr30Mo2，标准中规定其碳含量为≤0.010%。

第三节　合金结构钢

一、低合金高强度结构钢

低合金高强度结构钢是在碳素结构钢的基础上加入少量合金元素（合金元素总量小于3%）而得到的钢，这类钢比普通碳素结构钢的强度要高10%～30%。

1. 化学成分

低合金高强度结构钢中碳的质量分数较低，一般控制在0.1%～0.2%，以少量的锰（0.8%～1.7%）为主加元素，硅的含量比碳素结构钢稍高（$w_{Si}\leqslant 0.55\%$），并加入钒、铌、钛、钼等合金元素，以细化晶粒，改善钢的性能，有时还在钢中加入少量稀土元素，以消除钢中有害杂质，改善夹杂物的形状及分布，减弱其冷脆性。

2. 性能特点

（1）足够高的屈服点及良好的塑性、韧性　由于硅、锰、钒、铌、钛等合金元素的加入使金属晶粒细化，产生的碳化物起到弥散强化作用，因此低合金高强度结构钢在热轧或正火后其屈服点一般在300MPa以上，且具有良好的塑性与韧性。一般低合金高强度结构钢伸长率A为17%～23%，室温下冲击吸收能量KV>34J，并且韧脆转变温度较低，约为－30℃。

（2）良好的焊接性能　低合金高强度结构钢的含碳量低，合金元素少，塑性好，在焊缝区不易产生淬火组织及裂纹，且加入铌、钛、钒还可抑制焊缝区的晶粒长大，故具有良好的焊接性能。

（3）较好的耐蚀性　钢中的铜、磷元素，使低合金高强度结构钢比普通碳素结构钢具有更强的抵抗大气、海水、土壤腐蚀的能力。

3. 热处理特点

低合金高强度结构钢通常是在热轧或正火状态下使用，一般不再进行热处理，其组织为铁素体＋珠光体。

4. 常用的低合金高强度结构钢

低合金高强度结构钢的牌号、力学性能及应用范围见表5-1。其中Q345是我国发展最早、产量最大、各种性能配合较好的低合金高强度结构钢，因此在生产中应用最广。目前我国低合金高强度结构钢的生产成本与普通碳素结构钢相近，故推广使用低合金高强度结构钢在经济上具有重大意义。特别在桥梁、船舶、高压容器、车辆、石油化工设备、农业机械中应用更为广泛。

二、合金渗碳钢

合金渗碳钢通常是指经渗碳、淬火＋低温回火后使用的钢。主要用于制造表面耐磨，并能够承受强烈冲击载荷作用的零件。这类零件一般要求表面具有高硬度，心部要有足够高的强度和韧性。

1. **化学成分**

为了保证热处理后渗碳零件心部具有较高的塑性和韧性，合金渗碳钢中碳的质量分数一般为0.10%～0.25%。在合金渗碳钢中，主加合金元素为铬、锰、镍、硼等，其作用是增加钢的淬透性，使钢经渗碳、淬火后，心部得到低碳马氏体组织，以提高强度，同时保持良好的韧性；加入钨、钼、钒、钛等强碳化物形成元素，可以防止渗碳时晶粒的长大，起到细化晶粒的作用。

表 5-1　低合金高强度结构钢的牌号、力学性能及应用范围（摘自 GB/T 1591—2008）

牌号	质量等级	力学性能				用途举例
		R_m/MPa	A/%	R_{eL}/MPa	KV_2/J	
Q345	A	470～630	≥20	≥345	—	各种大型船舶，铁路车辆，桥梁，管道，锅炉，压力容器，石油储罐，水轮机涡壳，起重及矿山机械，电站设备，厂房钢架等承受动载荷的各种焊接结构件。一般金属构件、零件
	B	470～630	≥20	≥345	≥34(20℃)	
	C	470～630	≥21	≥345	≥34(0℃)	
	D	470～630	≥21	≥345	≥34(−20℃)	
	E	470～630	≥21	≥345	≥34(−40℃)	
Q390	A	490～650	≥20	≥390	—	中、高压锅炉汽包，中、高压石油化工容器，大型船舶，桥梁，车辆及其他承受较高载荷的大型焊接结构件，承受动载荷的焊接结构件，如水轮机涡壳
	B	490～650	≥20	≥390	≥34(20℃)	
	C	490～650	≥20	≥390	≥34(0℃)	
	D	490～650	≥20	≥390	≥34(−20℃)	
	E	490～650	≥20	≥390	≥34(−40℃)	
Q420	A	520～680	≥19	≥420	—	大型焊接结构，如容器、管道、重型机械设备、桥梁等
	B	520～680	≥19	≥420	≥34(20℃)	
	C	520～680	≥19	≥420	≥34(0℃)	
	D	520～680	≥19	≥420	≥34(−20℃)	
	E	520～680	≥19	≥420	≥34(−40℃)	
Q460	C	550～720	≥17	≥460	≥34(0℃)	大型船舶、桥梁、高压容器、重型机械设备等焊接结构件
	D	550～720	≥17	≥460	≥34(−20℃)	
	E	550～720	≥17	≥460	≥34(−40℃)	

2. **常用的合金渗碳钢**

合金渗碳钢按淬透性大小可分为低淬透性合金渗碳钢、中淬透性合金渗碳钢和高淬透性合金渗碳钢三类。常用合金渗碳钢的牌号、化学成分、热处理、力学性能及用途见表5-2。

在中淬透性合金渗碳钢中，20CrMnTi钢是最常用的钢种，由于合金元素铬、锰的复合作用，使钢具有较高的淬透性，渗碳后可直接淬火，工艺操作简单，淬火变形小，因此广泛应用于汽车、拖拉机等受冲击载荷较大的齿轮制造。

3. **合金渗碳钢的热处理**

为保证零件表面具有高的硬度和耐磨性，在渗碳后要进行淬火+低温回火处理。处理后零件表层可获得高硬度和高耐磨性的回火合金马氏体和合金碳化物组织，表面硬度一般为58～64HRC。心部组织和硬度根据合金渗碳钢的淬透性和尺寸而定，心部如淬透，回火后为低碳回火马氏体；若未淬透时，则可能为少量低碳回火马氏体+托氏体+少量铁素体的复合组织。

由于低碳马氏体具有良好的综合力学性能，因此近年来常对合金渗碳钢进行淬火+低温回火的热处理，以获得低碳马氏体组织，用来制造一些要求综合力学性能较高的零件，如传动轴、重要的螺栓等。

表 5-2 常用合金渗碳钢的牌号、化学成分、热处理、力学性能及用途（摘自 GB/T 699—1999、GB/T 3077—2015）

类别	牌号	化学成分/%					热处理			力学性能					钢材退火或高温回火供应状态硬度/HBW	用途举例
		C	Si	Mn	Cr	其他	第一次淬火温度/℃	第二次淬火温度/℃	回火温度/℃	R_m/MPa	R_{eL}/MPa	A/%	Z/%	KU_2/J		
										不小于						
低淬透性	15Cr	0.12～0.18	0.17～0.37	0.40～0.70	0.70～1.00		880 水，油	770～820 水，油	180 油，空	685	490	12	45	55	≤179	截面不大、心部要求较高强度和韧性、表面承受磨损的零件，如齿轮、凸轮、活塞、活塞环、联轴器、轴等
低淬透性	20Cr	0.18～0.24	0.17～0.37	0.50～0.80	0.70～1.00		880 水，油	780～820 水，油	200 水，空	835	540	10	40	47	≤179	截面尺寸在30mm以下、形状复杂、心部要求较高强度、工作表面承受磨损的零件，如机床变速箱齿轮、凸轮、蜗杆、活塞销、爪形离合器等
低淬透性	20MnV	0.17～0.24	0.17～0.37	1.30～1.60		V：0.07～0.12	880 水，油		200 水，空	785	590	10	40	55	≤187	锅炉、高压容器、大型高压管道等承受较高载荷的焊接结构件，使用温度上限450～475℃，亦可用于冷拉、冷冲压零件，如活塞销、齿轮等
低淬透性	20Mn2	0.17～0.24	0.17～0.37	1.40～1.80			850 水，油		200 水，空	785	590	10	40	47	≤187	代替20Cr钢制作渗碳的小齿轮、小轴，低要求的活塞销、汽门顶杆、变速箱操纵杆等
中淬透性	20CrMnTi	0.17～0.23	0.17～0.37	0.80～1.10	1.00～1.30	Ti：0.04～0.10	880 油	870 油	200 水，空	1080	850	10	45	55	≤217	在汽车、拖拉机工业中用于截面尺寸在30mm以下、承受高速、中或重载荷以及受冲击、摩擦的重要渗碳件，如齿轮、轴、齿轮轴、爪形离合器、蜗杆等

续表

类别	牌号	化学成分/%					热处理			力学性能					钢材退火或高温回火供应状态硬度/HBW	用途举例
		C	Si	Mn	Cr	其他	第一次淬火温度/℃	第二次淬火温度/℃	回火温度/℃	R_m/MPa	R_{eL}/MPa	A/%	Z/%	KU_2/J		
										不小于						
中淬透性	20MnVB	0.17～0.23	0.17～0.37	1.20～1.60		B：0.0005～0.0035	860 油		200 水，空	1080	885	10	45	55	≤207	模数较大、载荷较重的中小渗碳件，如重型机床上的齿轮、轴，汽车后桥主动、从动齿轮等
中淬透性	20CrMnMo	0.17～0.23	0.17～0.37	0.90～1.20	1.10～1.40	Mo：0.20～0.30	850 油		200 水，空	1180	885	10	45	55	≤217	大截面渗碳件，如大型拖拉机齿轮、活塞销等
中淬透性	20MnTiB	0.17～0.24	0.17～0.37	1.30～1.60		B：0.0005～0.0035 Ti：0.04～0.10	860 油		200 水，空	1130	930	10	45	55	≤187	20CrMnTi 的代用钢，制造汽车、拖拉机上小截面、中等载荷的齿轮
高淬透性	20Cr2Ni4	0.17～0.23	0.17～0.37	0.30～0.60	1.25～1.65	Ni：3.25～3.65	880 油	780 油	200 水，空	1180	1080	10	45	63	≤269	大截面、载荷较高、交变载荷下的重要渗碳件，如大型齿轮、轴等
高淬透性	18Cr2Ni4WA	0.13～0.19	0.17～0.37	0.30～0.60	1.35～1.65	Ni：4.0～4.50 W：0.80～1.20	950 空	850 空	200 水，空	1180	835	10	45	78	≤269	大截面、高强度、良好韧性以及缺口敏感性低的重要渗碳件，如大截面的齿轮、传动轴、曲轴、花键轴、活塞销、精密机床上控制进刀的蜗轮等

注：表中各牌号的合金渗碳钢试样毛坯尺寸均为15mm。

三、合金调质钢

合金调质钢通常是指经淬火+高温回火处理后使用的合金钢。主要用于制造承受较大变动载荷与冲击载荷作用的零件，这类零件需要强度、硬度、塑性、韧性的良好配合，所以通常都采用调质钢制造。

1. 化学成分

合金调质钢一般选用碳含量在0.25%～0.5%之间的中碳合金钢。如果碳含量过低，不易淬硬，回火后强度不足；若碳含量过高，则韧性差，在使用过程中容易产生脆性断裂。

合金调质钢的主加元素有锰、铬、镍、硼等，主要目的是增加钢的淬透性。全部淬透的零件在高温回火后，可获得均匀的综合力学性能。除硼外，上述元素都能显著提高铁素体的强度，当它们的含量在一定范围时，还可提高铁素体的韧性。

辅加元素为少量的钼、钨、钒、钛等强碳化物形成元素，主要起到细化晶粒和提高回火稳定性的作用，其中钼、钨还可有效防止合金调质钢产生第二类回火脆性。

2. 常用的合金调质钢

合金调质钢按淬透性大小分为低淬透性合金调质钢、中淬透性合金调质钢和高淬透性合金调质钢三类。常用调质钢的牌号、化学成分、热处理、力学性能及用途见表5-3。

40Cr是常用的合金调质钢，其强度比同样状态下的40钢高20%以上，并具有较高的淬透性，因此40Cr钢广泛应用于制造设备中的各类传动轴、连杆、螺栓及齿轮等零件。

3. 合金调质钢的热处理

合金调质钢的最终热处理均为淬火后进行500～650℃的高温回火处理（即调质处理），以获得综合力学性能良好的回火索氏体组织。如果要求零件表层具有较高的硬度及耐磨性，可在调质后精加工前进行表面淬火或渗氮处理。

四、合金弹簧钢

合金弹簧钢是指用来制造各种弹性元件的合金钢。弹簧是机器和仪表中的重要零件，工作时弹簧产生的弹性变形，在各种机械中起缓冲、吸振或储存能量的作用，使机械完成规定的动作。因此弹簧的材料需要有较高的弹性极限、屈强比和疲劳强度，对于特殊条件下工作的弹簧，还应具有耐热、耐腐蚀、无磁等性能。合金弹簧钢主要用于制造截面较大的重要弹性元件。

1. 化学成分

为了保证弹簧具有较高的弹性极限和疲劳强度，合金弹簧钢中碳的质量分数比调质钢要高，一般为0.45%～0.70%。在合金弹簧钢中的锰、硅、铬、钒、钼等合金元素，可起到提高钢的淬透性、回火稳定性、强化铁素体和细化晶粒的作用。

2. 常用的合金弹簧钢

常用合金弹簧钢的牌号、化学成分、热处理、力学性能及用途见表5-4。

60Si2Mn是最常用的合金弹簧钢，它具有较高的淬透性（油淬时临界直径为20～30mm）；弹性极限高，屈强比（$R_{eL}/R_m=0.9$）与疲劳强度也较高。主要用于工作温度在230℃以下的弹性元件，如铁路机车、汽车、拖拉机上的板弹簧、螺旋弹簧及其他承受高应力作用的重要弹簧。

50CrVA钢的力学性能与硅锰弹簧钢相近，但淬透性更高，油淬临界直径为30～50mm，因铬、钒元素能提高钢的回火稳定性，故常用作大截面的承受应力较高或工作温度低于400℃的弹簧。

表 5-3 常用调质钢的牌号、化学成分、热处理、力学性能及用途（摘自 GB/T 3077—1999）

种类	牌号	化学成分/%							热处理		力学性能(不小于)					应用举例
		C	Si	Mn	Cr	Ni	Mo	其他	淬火温度/℃	回火温度/℃	R_m/MPa	R_{eL}/MPa	A/%	Z/%	KU_2/J	
低淬透性合金调质钢	40Cr	0.37～0.44	0.17～0.37	0.50～0.80	0.80～1.10	—	—	—	850 油	520 水/油	785	980	9	45	47	重要钢质零件，如齿轮、轴、曲轴、连杆螺栓
	40MnB	0.37～0.44	0.17～0.37	1.10～1.40	—	—	—	B:0.0005～0.0035	850 油	500 水/油	785	980	10	45	47	代替 40Cr
	40CrV	0.37～0.44	0.17～0.37	0.50～0.80	0.80～1.10	—	—	V:0.10～0.20	880 油	650 水/油	735	885	10	50	71	机车连杆、高强度双头螺栓、高压锅炉给水泵轴
中淬透性合金调质钢	40CrNi	0.37～0.44	0.17～0.37	0.50～0.80	0.45～0.75	1.0～1.40	—	—	820 油	500 水/油	785	980	10	45	55	汽车、拖拉机、机床、柴油机齿轮，连接螺栓、电动机轴
	42CrMo	0.38～0.45	0.17～0.37	0.50～0.80	0.90～1.20	—	0.15～0.25	—	850 油	560 水/油	930	1080	12	45	63	代替含 Ni 较高的调质钢。也可作重要大型钢件用钢，机车牵引大齿轮
	30CrMnSi	0.27～0.34	0.90～1.20	0.80～1.10	0.80～1.10	—	—	—	880 油	520 水/油	885	1080	10	45	39	高强度钢、高速载荷砂轮轴、齿轮、轴、联轴器、离合器等重要调质件
高淬透性合金调质钢	37CrNi3	0.34～0.41	0.17～0.37	0.30～0.60	1.20～1.60	3.00～3.50	—	—	820 油	500 水/油	980	1130	10	50	47	高强度、高韧性的重要零件，如活塞钢、凸轮轴、齿轮、重要螺栓、拉杆
	40CrNiMoA	0.37～0.44	0.17～0.37	0.50～0.80	0.60～0.90	1.25～1.65	0.15～0.25	—	850 油	600 水/油	835	980	12	55	78	受冲击载荷的高强度零件、如锻压机床的传动偏心轴、压力机曲轴等大截面重要零件
	40CrMnMo	0.37～0.45	0.17～0.37	0.90～1.20	0.90～1.20	—	0.20～0.30	—	850 油	600 水/油	75	980	10	45	63	代替 40CrNiMoA

表 5-4 常用合金弹簧钢的牌号、化学成分、热处理、力学性能及用途（摘自 GB 1222—2007）

牌号	化学成分/%									热处理		力学性能					用途举例
	C	Si	Mn	Cr	Ni	Cu	P	S	其他	淬火温度/℃	回火温度/℃	R_{eL} /MPa	R_m /MPa	A /%	$A_{11.3}$ /%	Z /%	
					不大于							不小于					
55Si2Mn	0.52～0.60	1.50～2.00	0.60～0.90	≤0.35	0.35	0.25	0.035	0.035		870 油	480	1177	1275		6	30	汽车、拖拉机、机车上的减振板簧和螺旋弹簧，汽缸安全阀簧，电力机车用升弓钩弹簧，止回阀簧，还可用作 250℃ 以下使用的耐热弹簧
55Si2MnB	0.52～0.60	1.50～2.00	0.60～0.90	≤0.35	0.35	0.25	0.035	0.035	B:0.0005～0.004	870 油	480	1177	1275		6	30	同 55Si2Mn 钢
60Si2Mn	0.56～0.64	1.50～2.00	0.60～0.90	≤0.35	0.35	0.25	0.035	0.035		870 油	480	1177	1275		5	25	同 55Si2Mn 钢
55SiMnVB	0.52～0.60	0.70～1.00	1.00～1.30	≤0.35	0.35	0.25	0.035	0.035	V:0.08～0.16 B:0.0005～0.0035	860 油	460	1226	1373		5	30	代替 60Si2Mn 钢制作重型、中型、小型汽车的板簧和其他中型截面的板簧和螺旋弹簧
60Si2CrA	0.56～0.64	1.40～1.80	0.40～0.70	0.70～1.00	0.35	0.25	0.030	0.030		870 油	420	1569	1765	6		20	用作承受高应力及工作温度在 300～350℃以下的弹簧，如调速器弹簧、汽轮机汽封弹簧、破碎机用弹簧等
55CrMnA	0.52～0.60	0.17～0.37	0.65～0.95	0.65～0.95	0.35	0.25	0.030	0.030		830～860 油	460～510	$\sigma_{r0.2}$ 1079	1226	9		20	车辆、拖拉机工业上制作载荷较重、应力较大的板簧和直径较大的螺旋弹簧
50CrVA	0.46～0.54	0.17～0.37	0.50～0.80	0.80～1.10	0.35	0.25	0.030	0.030	V:0.10～0.20	850 油	500	1128	1275	10		40	用作较大截面的高载荷重要弹簧及工作温度<350℃的阀门弹簧、活塞弹簧、安全阀弹簧等
30W4Cr2VA	0.26～0.34	0.17～0.37	≤0.40	2.00～2.50	0.35	0.25	0.030	0.030	V:0.50～0.80 W:4.00～4.50	1050～1100 油	600	1324	1471	7		40	用作工作温度≤500℃的耐热弹簧，如锅炉主安全阀弹簧、汽轮机汽封弹簧等

3. 合金弹簧钢的热处理

根据弹簧的尺寸与成型方法不同，其热处理方法也有所不同。

（1）热成型弹簧的热处理　对于直径或板厚大于10mm的螺旋弹簧或板弹簧，往往在热态下成型后进行淬火＋中温回火处理，从而获得具有较高弹性极限与疲劳强度的回火托氏体组织，硬度一般为38～50HRC（一般要求为42～48HRC）。

（2）冷成型弹簧的热处理　对于直径或板厚小于8mm的弹簧，根据其交货状态不同而采用不同方式的热处理。若以退火状态供应合金弹簧钢在弹簧冷成型后，需要进行淬火＋中温回火的热处理；若供应状态是索氏体化处理或是油淬回火后的钢丝，在冷成型后一般不再进行淬火、回火处理，只须进行一次200～300℃的去应力退火处理，以消除内应力，即可使弹簧定型。

弹簧经热处理后，往往须采用喷丸处理，以消除或减轻表面缺陷的有害影响，使表面产生硬化层，形成残余压应力，提高弹簧的疲劳强度和使用寿命。如用60Si2Mn钢制成的汽车板簧经喷丸处理后，使用寿命可提高3～5倍。

五、滚动轴承钢

滚动轴承钢是指制造各种滚动轴承内外套圈及滚珠的专用钢。滚动轴承工作时，滚动体与内外套圈之间呈点或线接触，接触应力很大，且受变动载荷的作用，因此，要求轴承钢具有较高的接触疲劳强度、弹性极限、硬度、耐磨性及一定的韧性。

1. 化学成分

目前最常用的滚动轴承钢是高碳铬轴承钢，其中碳的质量分数为0.95%～1.10%，以保证轴承钢具有高强度、硬度，并形成足够的合金碳化物以提高耐磨性。在滚动轴承钢中主要的合金元素是铬，通常铬的含量为0.5%～1.5%，用于提高钢的淬透性，并使钢在热处理后形成细小均匀分布的合金渗碳体（Fe、Cr)$_3$C组织，以提高零件的接触疲劳强度与耐磨性。当制造尺寸较大的轴承时，在钢中还会加入一定量的硅和锰，以进一步提高钢的淬透性和强度，同时硅还可以提高钢的回火稳定性。

2. 常用的滚动轴承钢

常用滚动轴承钢的牌号、化学成分、热处理及用途见表5-5。

表5-5　常用滚动轴承钢的牌号、化学成分、热处理及用途

牌号	化学成分/%				热处理		回火后硬度/HRC	用途举例
	C	Cr	Si	Mn	淬火温度/℃	回火温度/℃		
GCr9	1.00～1.10	0.90～1.20	0.15～0.35	0.25～0.45	810～830 水、油	150～170	62～64	直径＜20mm的滚珠、滚柱及滚针
GCr9SiMn	1.00～1.10	0.90～1.20	0.45～0.75	0.95～1.25	810～830 水、油	150～160	62～64	壁厚＜12mm、外径＜250mm的套圈。直径为25～50mm的钢球。直径＜22mm的滚子
GCr15	0.95～1.05	1.40～1.65	0.15～0.35	0.25～0.45	820～846 油	150～160	62～64	与GCr9SiMn同
GCr15SiMn	0.95～1.05	1.40～1.65	0.45～0.75	0.95～1.25	820～840 油	150～170	62～64	壁厚≥12mm、外径大于250mm的套圈；直径＞50mm的钢球；直径＞22mm的滚子

目前我国以高碳铬轴承钢应用最广（占90%左右）。在高碳铬轴承钢中，又以GCr15、GCr15SiMn钢应用最多。前者用于制造中、小型轴承的内外套圈及滚动体，后者应用于较大型滚动轴承。

对于承受较大冲击载荷或特大型的轴承，常用合金渗碳钢制造，目前最常用的渗碳轴承钢有20Cr2Ni4、20CrMo等，经渗碳淬火后，表面硬度为58～62HRC，耐磨性好，心部具有良好的韧性。对于要求耐腐蚀的不锈轴承零件，也可以采用马氏体型不锈钢制造。

3. 滚动轴承钢的热处理

滚动轴承钢的热处理包括球化退火、淬火＋低温回火。球化退火作为预先热处理，其目的是为了降低锻造后钢的硬度，改善碳化物的形态与分布，获得球状珠光体组织，以利于切削加工，并为淬火做好组织准备。淬火＋低温回火的目的是使钢的力学性能满足使用要求，提高零件强度、硬度和耐磨性，并获得必要的韧性。滚动轴承钢在淬火＋低温回火处理后，组织由回火马氏体、均匀分布的碳化物及少量残余奥氏体组成，硬度为61～65HRC。

对于精密轴承零件，为了稳定零件尺寸，可在淬火后进行－80～－60℃冷处理，以减少残余奥氏体量，然后再进行低温回火，并在磨削加工后，再进行120℃×(10～20)h的稳定化处理，以进一步减少残余奥氏体量及消除内应力，达到稳定尺寸的目的。

第四节 合金工具钢

合金工具钢是在碳素工具钢的基础上，加入适量合金元素而获得的钢。按其主要用途不同合金工具钢可分为合金刃具钢、合金模具钢和合金量具钢三类。

一、合金刃具钢

合金刃具钢主要是指用来制造车刀、铣刀、钻头、丝锥、板牙等切削刃具的钢。刃具在切削过程中由于刃部与切屑之间的强烈摩擦，容易使刀刃发热并产生磨损，硬度降低，甚至丧失切削功能，此外刃具还承受一定的冲击和振动，因此，要求刃具材料应具有以下性能。

① 高的硬度和耐磨性。通常刃具的硬度越高，耐磨性越好。因此一般刃具的硬度都在60HRC以上。

② 高的热硬性。热硬性是指钢在高温下保持高硬度的能力。当切削速度很快时，由于刃部温度较高，硬度会有所下降，因此热硬性是衡量刃具钢性能的最主要性能指标。

③ 足够高的塑性和韧性。为避免在切削过程中因冲击、振动而造成刃具的断裂及崩刃，因此要求制作刃具的材料具有足够高的塑性和韧性。

1. 低合金刃具钢

低合金刃具钢是在碳素工具钢的基础上为改进其淬透性差、淬火易变形、开裂和热硬性不足等缺陷而加入少量合金元素（一般不高于5%）发展而来的，一般在250℃以下具有较高的硬度和耐磨性。主要用于制造尺寸精度要求较高而形状、截面较复杂、淬火变形小的低速切削工具、冷冲模、量具和耐磨零件，如铰刀、丝锥、板牙、小型模具等。

(1) 化学成分　低合金刃具钢中的碳含量为0.8%～1.5%，以保证高的硬度和耐磨性。常加入的合金元素有铬、锰、硅等，以提高钢的淬透性和回火稳定性，还有少量的钨、钒、钼等元素，可进一步提高钢的硬度、耐磨性和韧性，提高刃具的使用寿命。

(2) 常用的低合金刃具钢　常用低合金刃具钢的牌号、化学成分、热处理及用途见表5-6。

表5-6　常用低合金刃具钢的牌号、化学成分、热处理及用途（摘自GB/T 1299—2014）

牌号	化学成分/%					热处理				用途举例
						淬火		回火		
	C	Mn	Si	Cr	P、S	淬火温度/℃	硬度/HRC	回火温度/℃	硬度/HRC	
9SiCr	0.85～0.95	0.30～0.60	1.20～1.60	0.95～1.25	≤0.03	820～860油	≥62	180～200	60～62	板牙、丝锥、铰刀、搓丝板、冷冲模等
8MnSi	0.75～0.85	0.80～1.10	0.30～0.60		≤0.03	800～820油	≥60	150～180	58～62	木工凿子、锯条、切削工具等
CrMn	1.3～1.5	0.45～0.75	≤0.40	1.3～1.6	≤0.03	840～860油	≥62	150～180	60～62	长丝锥、拉刀、量具等
Cr2	0.95～1.10	≤0.40	≤0.40	1.30～1.65	≤0.03	830～860油	≥62	150～180	60～62	车刀、插刀、铰刀、钻套、量具、样板等
9Cr2	0.80～0.95	≤0.40	≤0.40	1.30～1.70	≤0.03	820～850油	≥62	150～180	60～62	木工工具、冷冲模、钢印、冷轧辊等

在低合金刃具钢中以9SiCr和8MnSi两个牌号应用最为广泛。9SiCr钢是生产中应用最广泛的一种低合金刃具钢，它具有较高的淬透性及回火稳定性，热硬性可达250℃以上，适宜于制造要求变形小的各种薄刃刀具，如丝锥、板牙、搓丝板、滚丝模等；8MnSi钢由于不含铬，故价格较低，其淬透性、韧性和耐磨性均优于碳素工具钢，一般多用于制作木工凿子、锯条等。

(3) 低合金刃具钢的热处理　低合金刃具钢的热处理工艺与碳素工具钢基本相同，但淬火变形及开裂倾向较小。低合金刃具钢属于过共析钢，钢中碳化物较多，锻造后要进行球化退火，以消除网状渗碳体组织。

低合金刃具钢的最终热处理为淬火+低温回火。由于加入了合金元素，淬透性提高，因此可采用油淬或分级淬火方法，从而有效地降低了淬火应力和淬火变形。最终热处理后的组织为回火马氏体+粒状碳化物+少量残余奥氏体，硬度可达60HRC以上。

2. 高速工具钢

高速工具钢中由于含有较多的合金元素，因此具有较高的硬度、耐磨性、淬透性和热硬性等。高速工具钢与低合金刃具钢的主要区别是前者具有良好的热硬性，它比低合金工具钢具有更高的切削速度，当刃部温度高达600℃左右时，硬度仍无明显下降，故称为高速工具钢；高速工具钢的第二个特点是淬透性高，这种钢即使在空气中冷却也能得到马氏体组织，所以也称为“风钢”。

（1）化学成分　高速工具钢的成分特点是钢中含有较多的碳及大量的碳化物形成元素钨、钼、铬、钒等。高速工具钢的使用性能主要与大量合金元素在钢中所起的作用有关。

高速工具钢中碳的含量较高，一般为0.7%～1.65%，其主要作用是保证与钨、铬、钒形成足够数量的碳化物，在淬火加热时约有0.5%的碳溶于奥氏体中，使淬火后获得含碳量过饱和的马氏体，从而使钢具有高的硬度、高的耐磨性和良好的热硬性。

高速工具钢中铬的作用是提高淬透性。在淬火加热时，铬几乎全部溶于奥氏体中，使奥氏体的稳定性增加，因而使钢的淬透性明显提高，同时铬对改善耐磨性和提高硬度也起一定作用。

钨是提高高速工具钢热硬性的主要元素，它在钢中形成很稳定的合金碳化物（Fe_4W_2C），淬火后形成含有大量钨（及其他合金元素）的马氏体，提高了马氏体的回火稳定性；并在560℃的回火过程中钨又以弥散的特殊碳化物形式（W_2C）析出，可形成二次硬化，使钢具有高的热硬性；未溶的合金碳化物Fe_4W_2C起阻碍高温下奥氏体晶粒长大并可提高钢耐磨性的作用。合金元素钼的作用与钨相同，用1%钼可代替2%钨。钒是提高耐磨性和热硬性的重要元素之一，与钨、钼相比，钒的碳化物更稳定，除少量钒在淬火加热时溶入奥氏体外，大部分以碳化物的形式保留下来，钒的碳化物硬度极高（可达2010HV），加上颗粒细小、分布均匀，因此能有效提高钢的硬度和耐磨性。

（2）常用高速工具钢　我国的高速工具钢按性能分为低合金高速工具钢，普通高速钢和高性能高速工具钢三种基本系列。常用的高速工具钢的牌号、主要化学成分、热处理、性能及用途见表5-7。

W18Cr4V（18-4-1）钢是我国发展最早、应用最广泛的高速工具钢，它具有较高的热硬性，过热和脱碳倾向小，但碳化物较粗大，韧性较差。适用于制造一般高速切削的刃具，如车刀、铣刀、刨刀、拉刀、丝锥、板牙等，但不适于制作薄刃刀具、大型刃具及热加工成型刃具。

W6Mo5Cr4V2（6-5-4-2）钢是用钼代替了部分钨而形成的钨钼系高速工具钢。由于钼的碳化物细小，从而使钢具有较好的韧性。另外，W6Mo5Cr4V2钢中碳及钒含量较高，提高了耐磨性，但热硬性比W18Cr4V钢稍差，过热与脱碳倾向较大。主要用于制造耐磨性和韧性具有较好配合的刃具，尤其适用于轧制等加工成型的薄刃刀具（如麻花钻等）。

W6Mo5Cr4V3Co8、W6Mo5Cr4V2Al是我国研制的含钴、铝类超硬高速工具钢。这种钢硬度可达68～70HRC，热硬性达670℃。但含钴高速工具钢脆性大，易脱碳，不适宜制造薄刃刀具，一般用作特殊刃具，用来加工难切削的金属材料，如高温合金、高强度钢、钛合金及奥氏体型不锈钢等。铝的作用与钴相似，但韧性优于含钴高速工具钢，且价格便宜。含铝的高速工具钢适用于加工合金钢，但加工高强度钢时，不如钴高速工具钢。

（3）高速工具钢的热处理　高速工具钢中由于含有大量的钨、钼、铬、钒等合金元素，因此高速工具钢在铸态组织中就出现了莱氏体组织，属莱氏体钢。图5-9为高速工具钢的铸态组织，共晶碳化物呈鱼骨状分布。这种碳化物硬而脆，用热处理方法是不能消除的，必须进行反复锻造才能将其打碎，使其分布均匀。如果高速钢中的碳化物分布不均匀，淬火时易变形和开裂，使用时容易崩刃和磨损，制造的刀具不仅强度、韧性差，刀具在使用过程中也容易产生崩刃和严重磨损，导致早期失效。高速钢的淬透性很高，锻后必须缓慢冷却，以免产生马氏体组织。

表 5-7　常用高速工具钢的牌号、主要化学成分、热处理、性能及用途（摘自 GB/T 9943—2008）

种类	牌号	主要化学成分/%						交货硬度（退火态）不大于/HBW	热处理温度/℃			用途
		C	W	Mo	Cr	V	Co 或 Al		淬火	回火	回火后不小于/HRC	
低合金高速工具钢	W3Mo3Cr4V2	0.95-1.03	2.70-3.00	2.50-2.90	3.80-4.50	2.20-2.50	—	255	1180-1120	540-560	63	制造要求一般切削速度及一定耐磨性的切削刀具，如钻头、丝锥、板牙等
	W4Mo3Cr4VSi	0.83-0.93	3.50-4.50	2.50-3.50	3.80-4.40	1.20-1.80	—	255	1170-1190	540-560	63	
普通高速工具钢	W18Cr4V	0.73-0.83	17.20-18.70	—	3.80-4.50	1.00-1.20	—	255	1250-1270	550-570	63	制造一般高速切削用车刀、铣刀、刨刀、钻头等
	W6Mo5Cr4V2	0.80-0.90	5.50-6.75	4.50-5.50	3.80-4.40	1.75-2.20	—	255	1200-1220	540-560	64	制造要求耐磨性和韧性配合很好的切削刀具，如丝锥、钻头等
	W9Mo3Cr4V	0.77-0.87	8.50-9.50	2.70-3.30	3.80-4.40	1.30-1.70	—	255	1200-1220	540-560	64	制造要求形状简单，有一定的耐磨性要求的高速切削刀具
高性能高速工具钢	W6Mo5Cr4V3	1.15-1.25	5.90-6.70	4.70-5.20	3.80-4.50	2.70-3.20	—	262	1190-1210	540-560	64	制造要求耐磨性、热硬性较高的刀具，如拉刀、铣刀等
	W6Mo5Cr4V2Al	1.05-1.15	5.50-6.75	4.50-5.50	3.80-4.40	1.75-2.20	Al:0.80-1.20	269	1200-1220	550-570	65	制造截面较大的刀具，在切削难加工超高强度钢和耐热合金钢时，具有高的耐磨性、热硬性及使用寿命
	W6Mo5Cr4V3Co8	1.23-1.33	5.90-6.70	4.70-5.30	3.80-4.50	2.70-3.20	Co:8.00-8.80	285	1170-1190	550-570	65	
	W10Mo4Cr4V3Co10	1.20-1.35	9.00-10.00	3.20-3.90	3.80-4.50	3.00-3.50	Co:9.50-10.50	285	1220-1240	550-570	66	

① 高速工具钢的退火　高速工具钢锻造后必须进行球化退火，其目的不仅是降低硬度，消除应力，改善切削加工性能，而且也为以后淬火做好组织准备。生产中常采用等温球化退火（加热至860～880℃保温，快冷至720～750℃等温，500℃以下出炉空冷），退火后的组织为索氏体＋粒状碳化物，如图5-10所示，硬度为207～255HBW。W18Cr4V钢的退火工艺曲线如图5-11所示。

② 高速工具钢的淬火及回火　高速工具钢的热硬性通过正确的淬火和回火处理后才能够显现出来。高速工具钢中的各种碳化物，其分解温度和溶入奥氏体的温度都很高，如铬的碳化物在900℃才开始溶解，到1100℃基本上全部溶入奥氏体；钨的碳化物在1150℃以上才开始大量溶解；钒的碳化物在加热到1200℃时才逐渐溶解。所以高速工具钢的淬火加热温度较高，一般为1200～1300℃。

由于高速工具钢的导热性较差，若从室温直接加热到淬火温度，会引起较大的热应力，从而导致工件的变形和开裂，因此必须进行800～850℃的一次预热或采用500～600℃及800～850℃的两次预热，然后再加热到淬火温度。淬火冷却一般采用油冷或在盐浴炉中进行分级淬火，如图5-12所示。高速工具钢淬火后的正常组织为隐针状的马氏体＋粒状碳化物＋较多的残余奥氏体。

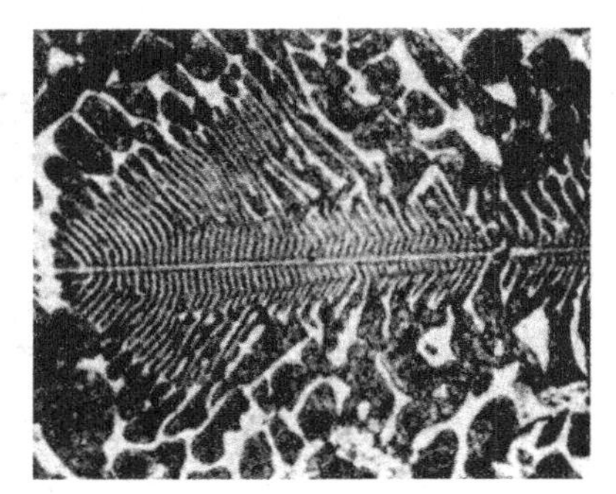

图5-9　W18Cr4V钢的铸造组织

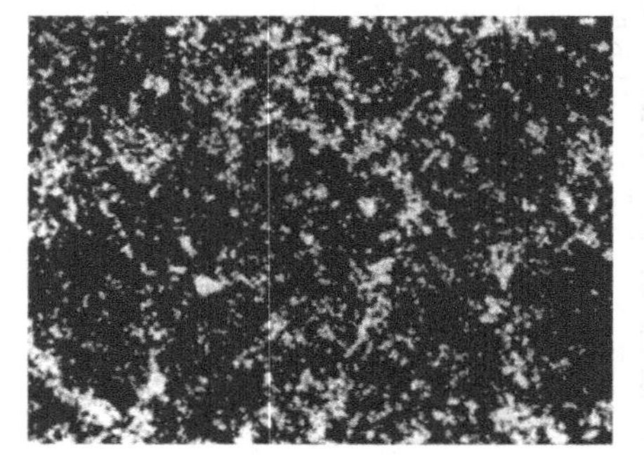

图5-10　W18Cr4V钢锻造后退火组织

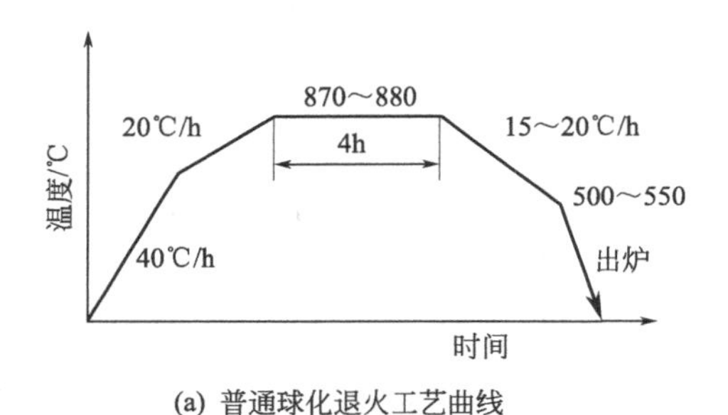

(a) 普通球化退火工艺曲线

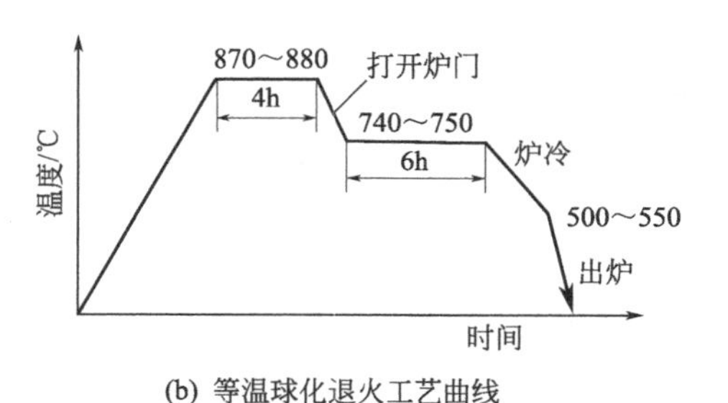

(b) 等温球化退火工艺曲线

图5-11　W18Cr4V钢的退火工艺曲线

高速工具钢经淬火后，组织中有20%～30%的残余奥氏体量，必须通过多次回火（一般进行三次）才能减少残余奥氏体量，消除淬火应力，稳定组织，达到所要求的性能指标。随回火温度的升高，开始时硬度是降低的，但在回火温度高于300℃以后，随回火温度升高，钢的硬度反而又提高了，这是由于回火时钨、钒的碳化物开始从马氏体中析出，形成第二相弥散强化。另外，由于部分碳及合金元素从残余奥氏体中析出，使M_s升高，在回火的冷却过程中残余奥氏体转变成马氏体，也使硬度提高，由此造成钢的“二次硬化”。在560℃左右回火后，硬度达到最高值，而当回火温度高于560℃后，由于碳化物的聚集长大，随着回火温度提高，硬度开始降低，W18Cr4V钢回火温度与硬度之间的关系如图5-13所示。

高速工具钢淬火后残余奥氏体量较多，经第一次回火后，仍有10%左右的残余奥氏体未发生转变，因此还要再进行回火处理才能使残余奥氏体基本上都转变成马氏体，一般高速工具钢淬火后需要经过三次回火处理（每次回火1h）残余奥氏体才能基本上被消除。高速工具钢淬火、回火后的组织应为细的回火马氏体＋粒状碳化物＋少量的残余奥氏体，如图5-14所示，硬度为63～67HRC。

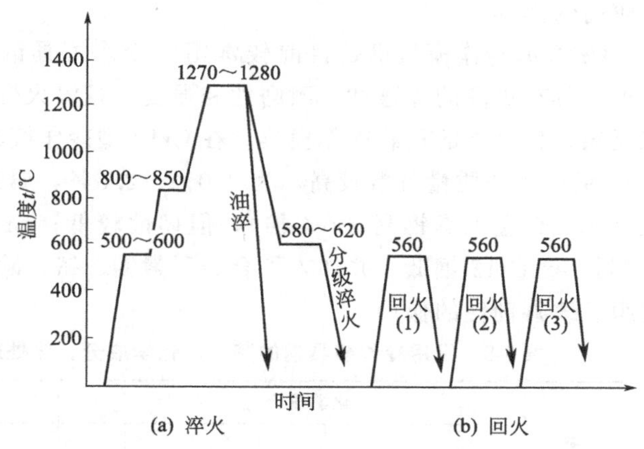

图5-12 W18Cr4V钢淬火、回火工艺曲线

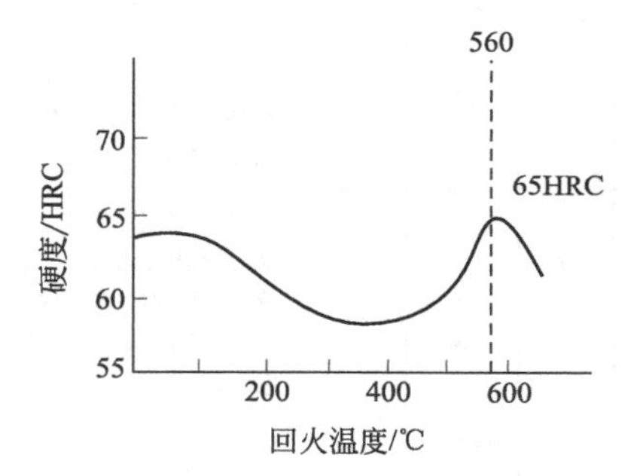

图5-13 W18Cr4V钢回火温度与硬度之间的关系

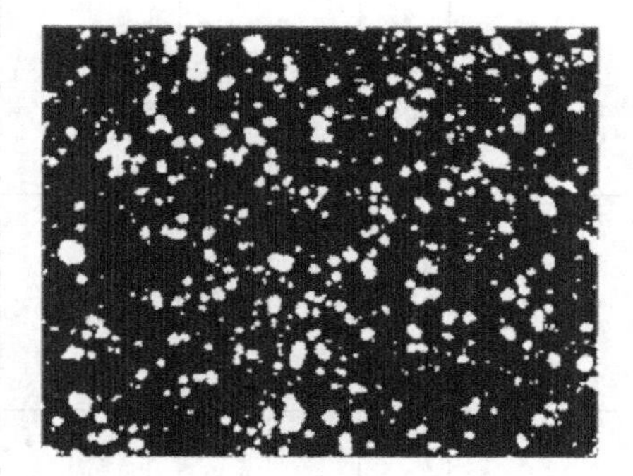
图5-14 W18Cr4V淬火、回火后的组织

二、合金模具钢

用于制造模具的工具钢通常称为模具钢，根据它们的使用性质不同可分为冷作模具钢和热作模具钢两类。由于二者的工作条件不同，因而对模具钢的性能要求也有所区别。

1. 冷作模具钢

冷作模具钢是指用于制造在冷态下工作的模具用钢，如冷冲模、冷镦模、冷挤压模、拉丝模和滚丝模等。由于冷作模具在工作时，模具与坯料之间有强烈的摩擦，所以冷作模具的正常失效方式主要是磨损，同时刃口部位还承受很大的压力、弯曲力或冲击力。与刃具钢的性能要求相似，冷作模具钢也要求具有高强度、高硬度、足够的韧性和良好的耐磨性。对于高精度的模具要求热处理变形小，以保证模具的加工精度，大型模具还要求具有良好的淬透性。

（1）化学成分　冷作模具钢的化学成分与合金工具相似，一般碳的质量分数在1.0%以上，加入的合金元素主要有铬、钼、钨、钒等，以提高钢的淬透性、耐磨性和回火稳定性。钼和钒除改善钢的淬透性和回火稳定性外，还起到细化晶粒、改善碳化物分布不均匀的作用。

（2）常用的冷作模具钢　常用冷作模具钢的牌号、化学成分、热处理及用途见表5-8。

在低合金工具钢中应用较广泛的钢号有CrWMn、9Mn2V和9SiCr等，与碳素工具钢相比，低合金工具钢具有较高的淬透性、较好的耐磨性和较小的淬火变形，因其回火稳定性较好，可在稍高的温度下回火，故综合力学性能较佳。常用来制造尺寸较大、形状较复杂、精度较高的模具。

Cr12 型冷作模具钢是目前较常用的冷作模具钢，相对于碳素工具钢和低合金工具钢，这类钢具有更高的淬透性、耐磨性和强度，且淬火变形小，因此广泛应用于制作尺寸大、形状复杂、精度高的重载冷作模具。在 Cr12 型冷作模具钢中常用的牌号是 Cr12 和 Cr12MoV。Cr12 钢中碳的质量分数较高，为 2.0%～2.3%，属莱氏体钢，并具有优良的淬透性和耐磨性（比低合金工具钢高 3～4 倍），但韧性较低；Cr12MoV 钢中碳的质量分数为 1.45%～1.7%，比 Cr12 钢低，并加入了合金元素钼、钒，除进一步提高回火稳定性外，还起到细化组织、改善韧性的作用。

表 5-8 常用冷作模具钢的牌号、化学成分、热处理及用途（摘自 GB/T 1299—2014）

牌号	化学成分/%									交货状态（正火）/HBW	热处理		用途举例
	C	Si	Mn	Cr	W	Mo	V	P	S		淬火温度/℃	硬度不小于/HRC	
								不大于					
Cr12	2.00～2.30	≤0.40	≤0.40	11.50～13.00				0.03	0.03	217～269	950～1000 油	60	用于制作耐磨性高、尺寸较大的模具，如冷冲模、冲头、钻套、量规、螺纹滚丝模、拉丝模、冷切剪刀等
Cr12MoV	1.45～1.70	≤0.40	≤0.40	11.00～12.50		0.40～0.60	0.15～0.30	0.03	0.03	207～255	950～1000 油	58	用于制作截面较大、形状复杂、工作条件繁重的各种冷作模具及螺纹搓丝板、量具等
Cr4W2MoV	1.12～1.25	0.40～0.7	≤0.40	3.50～4.00	1.90～2.60	0.80～1.20	0.80～1.10	0.03	0.03	退火≤269	960～980 1020～1040 油	60	可代替 Cr12Mo 钢、Cr12 钢，用于制作冷冲模、冷挤压模、搓丝板等
CrWMn	0.90～1.05	≤0.40	0.80～1.10	0.90～1.20	1.20～1.60			0.03	0.03	207～255	800～830 油	62	用于制作要求淬火变形很小、长而形状复杂的切削刀具，如拉刀、长丝锥及形状复杂、高精度的冷冲模
6W6Mo5Cr4V	0.55～0.65	≤0.40	≤0.60	3.70～4.30	6.00～7.00	4.50～5.50	0.70～1.10	0.03	0.03	退火≤269	1180～1200 油	60	用于制作冲头、冷作凹模等

（3）冷作模具钢的热处理　一般冷作模具钢在锻造之后须进行球化退火，以消除锻造应力、降低硬度、改善切削加工性能、细化晶粒，为淬火做好组织准备。冷作模具钢的最终热处理为淬火＋低温回火，最终热处理后的组织为回火马氏体＋未溶碳化物＋少量残余奥氏体。对于 Cr12 型模具钢常采用以下两种最终热处理方法。

① 一次硬化法　采用较低的淬火温度和较低的回火温度，如 Cr12 钢采用 980℃左右的温度进行淬火，然后在 160～180℃进行低温回火，其硬度可达 61～63HRC。处理后的模具具有较高的耐磨性和韧性，而且淬火变形较小，主要用于制造承受较大载荷和形状复杂的模具。

② 二次硬化法 采用较高的淬火温度和多次高温回火。如Cr12钢采用1100～1150℃淬火，淬火后由于残余奥氏体量较多，钢的硬度较低，为40～50HRC。如果在510～520℃进行2～3次回火，将发生二次硬化现象，硬度可达60～62HRC，但由于淬火加热温度较高，晶粒较粗大，韧性比一次硬化法稍差。故这种处理的模具钢主要适用于制造承受强烈磨损、在400～500℃条件下工作的模具。

2. 热作模具钢

热作模具钢是指用来制造对热态下金属或合金进行变形加工的模具用钢，如制造热锻模、热挤压模、压铸模等。

热作模具工作时不仅要承受很大的压力和冲击力的作用，还要承受强烈的摩擦和较高温度（型腔表面的工作温度有时可达600℃以上），同时模膛还受到炽热金属和冷却介质的冷、热交替的反复作用，因此，要求热作模具钢在400～600℃的温度下应具有较高的强度、韧性、足够高的硬度和耐磨性，以及良好的淬透性、抗热疲劳性和抗氧化性能，同时还要求导热性好，以避免型腔表面温度过高。

（1）化学成分 为保证热作模具钢在工作过程中有足够的强度、硬度和韧性，一般钢中碳的质量分数为0.3%～0.6%，同时加入一定量的铬、镍、锰、钨、钼、钒等合金元素。其中铬、镍、锰的主要作用是提高钢的淬透性、强度和抗氧化性能；钨、钼、钒的主要作用是提高热硬性、耐磨性、细化晶粒、抑制第二类回火脆性和提高钢的抗热疲劳性能。

（2）常用的热作模具钢 常用热作模具钢的牌号、化学成分、热处理及用途见表5-9所示。

表5-9 常用热作模具钢的牌号、化学成分、热处理及用途（摘自GB/T 1299—2014）

牌号	化学成分/%									交货状态（退火）/HBW	热处理	用途举例
	C	Si	Mn	Cr	W	Mo	V	P	S		淬火温度/℃	
								不大于				
5CrMnMo	0.50～0.60	0.25～0.60	1.20～1.60	0.60～0.90		0.15～0.30		0.03	0.03	197～241	820～850油	制作中型热锻模（边长≤300～400mm）
5CrNiMo	0.50～0.60	≤0.40	0.50～0.80	0.50～0.80		0.15～0.30		0.03	0.03	197～241	830～860油	制作形状复杂、冲击载荷大的各种大、中型热锻模（边长>400mm）
3Cr2W8V	0.30～0.40	≤0.40	≤0.40	2.20～2.70	7.50～9.00		0.20～0.50	0.03	0.03	207～255	1075～1125油	制作压铸模、平锻机上的凸模和凹模、镶块、铜合金挤压模等
4Cr5W2VSi	0.32～0.42	0.80～1.20	≤0.40	4.50～5.50	1.60～2.40		0.60～1.00	0.03	0.03	≤229	1030～1050油或空冷	可用于制作高速锤用模具与冲头、热挤压用模具及芯棒、有色金属压铸模等
4Cr5MoSiV	0.33～0.43	0.80～1.20	0.20～0.50	4.75～5.50		1.10～1.60	0.30～0.60	0.03	0.03	≤235	790预热，1000盐浴或1010（炉控气氛）加热，保温5～15min空冷，550回火	使用性能和寿命高于3Cr2W8V钢。用于制作铝合金压铸模、热挤压模、锻模和耐500℃以下温度的飞机、火箭零件
5Cr4W5Mo2V	0.40～0.50	≤0.40	≤0.40	3.40～4.40	4.50～5.30	1.50～2.10	0.70～1.10	0.03	0.03	≤269	1100～1150油	热挤压、精密锻造模具钢。常用于制造中、小型精锻模，或代替3Cr2W8V钢制作热挤压模具

5CrNiMo、5CrMnMo是典型的热作模具钢，它们具有较高的强度、韧性和耐磨性、优良的淬透性及良好的抗热疲劳性能。这两种钢的性能基本相同，但Mn在改善韧性方面比Ni差，因此5CrMnMo钢只适用于制造中小型热锻模，制造形状复杂、需要承受较大冲击载荷的大型或特大型热锻模可选用5CrNiMo钢。对于在工作中承受冲击较小、主要要求高温强度及热硬性的热挤压模和压铸模可选用3Cr2W8V钢（主要用作挤压钢、铜合金的模具）或4Cr5W2VSi钢（主要用作挤压铝、镁合金的模具）制作。

(3) 热作模具钢的热处理　热作模具钢的热处理主要包括如下工序。

① 锻造后的退火　其目的是消除锻造应力、降低硬度、细化晶粒、改善切削加工性能。

② 淬火及回火　热作模具钢的最终热处理通常采用淬火后进行中温（或高温）回火，使基体获得回火托氏体（或回火索氏体）组织以保证较高的韧性。另外钢中的钨、钼、钒等合金元素在回火时析出的碳化物会产生二次硬化，使热作模具钢在高温下仍然保持较高的硬度，回火后的硬度一般控制在33～47HRC之间。回火温度要根据模具大小确定，模具截面尺寸较大时，硬度应低些；模具的燕尾部分回火温度应高些，硬度一般为30～39HRC。

三、合金量具钢

合金量具钢是用于制造卡尺、块规、千分尺、卡规、塞规、样板等测量工具的合金钢。

量具在使用过程中主要受摩擦、磨损的作用，一般承受的外力很小，但有时也会受到碰撞。因而要求合金量具钢必须具有高的硬度（60～65HRC）、耐磨性和足够的韧性，同时还必须有很高的尺寸稳定性、良好的耐蚀性和磨削加工性能等。

1. 化学成分

为保证合金量具钢具有高硬度和高耐磨性，钢中碳的质量分数一般为0.9%～1.5%，并加入铬、钨、锰等合金元素，以提高钢的淬透性。

2. 常用的合金量具钢

通常合金工具钢如8MnSi、9SiCr、Cr2、W钢等都可用来制造各种量具；对高精度、形状复杂的量具，可采用微变形合金工具钢如CrWMn、CrMn钢和滚动轴承钢GCr15制造；对形状简单、尺寸较小、精度要求不高的量具也可用碳素工具钢T10A、T12A制造，或用渗碳钢（如15、20或15Cr钢等）制造，并经渗碳、淬火+低温回火处理；对要求耐蚀的量具也可用马氏体型不锈钢（如68Cr17、85Cr17等）制造。

3. 热处理工艺

合金量具钢热处理的主要目的是保证量具的精度和在使用过程中的尺寸稳定性，与刃具钢一样，常进行球化退火及调质的预先热处理，最终热处理为淬火+低温回火。对于高精度量具如块规等，在淬火后应及时进行−80～−60℃的冰冷处理，以减少残余奥氏体量，然后再进行低温回火，并在精磨后再进行一次120℃×(12～16)h的人工时效处理，以消除磨削应力，提高量具在使用过程中的尺寸稳定性。

第五节　特殊性能钢

特殊性能钢是指在特殊环境和工作条件下使用的，除具有一定的力学性能外，还要求具有某些特殊的物理及化学性能的钢。特殊性能钢的种类很多，在机械制造中常用的特殊性能钢有不锈钢、耐热钢和耐磨钢。

一、不锈钢

不锈钢是指能够抵抗大气腐蚀或能抵抗酸、碱、盐等化学介质腐蚀的钢。

不锈钢按化学成分可分为铬不锈钢、镍铬不锈钢、铬锰不锈钢等。按其使用时的组织特征分为铁素体型不锈钢、奥氏体型不锈钢、马氏体型不锈钢、奥氏体-铁素体型不锈钢和沉淀硬化型不锈钢五种类型。

1. 不锈钢的成分特点

(1) 含碳量较低 在不锈钢中，由于碳与铬会形成铬的碳化物，降低铬的有利作用，随含碳量增加，渗碳体及其他碳化物的数量会随之增加，降低不锈钢的耐蚀性，因此，在不锈钢中，从耐蚀的角度考虑，希望钢中的含碳量越低越好，只有在需要较高强度时，才会适当提高钢中含碳量。

(2) 合金元素 不锈钢中常加的合金元素有铬、镍、钛、铌等。铬是提高不锈钢耐蚀性的最基本元素，它不仅能够提高不锈钢在腐蚀介质中的耐腐蚀性能，而且在氧化性介质中，铬能使钢表面生成一层致密的氧化膜，阻止金属进一步被氧化，此外，铬还是扩大铁素体相区的元素，在没有奥氏体化元素的情况下，高铬钢可获得单相铁素体组织，提高耐蚀性；镍是扩大奥氏体区的合金元素，在不锈钢中加入镍，主要是为了获得单相奥氏体组织，同时可提高钢的韧性、力学性能以及焊接性能；不锈钢中的钛或铌相比铬可优先与碳形成稳定的碳化物，减少钢中碳的有害作用，提高铬的耐蚀作用，提高钢的抗晶间腐蚀能力。

2. 常用的不锈钢

常用不锈钢的牌号、化学成分、热处理、力学性能及用途见表 5-10。

(1) 铁素体型不锈钢 铁素体型不锈钢中的碳含量小于 0.15%，铬的含量为 12%～30%，属于铬不锈钢。10Cr17 是常用的铁素体型不锈钢，由于含铬量较高，即使将钢从室温加热到 960～1100℃的高温，其组织也无显著变化，始终保持着单相铁素体的状态，所以其耐蚀性优于马氏体不锈钢，其抗大气腐蚀及耐酸能力较强，特别是抗应力腐蚀性能较好。铁素体型不锈钢在 700℃以下具有良好的高温抗氧化性，但是强度较低，故多用于制作受力不大的耐酸结构件和作抗氧化钢使用，如制造化工容器、管道等。

(2) 马氏体型不锈钢 马氏体型不锈钢的碳含量一般为 0.1%～0.4%（个别钢种可达 0.6%～1.2%），铬含量为 12%～18%，属于铬不锈钢。马氏体型不锈钢随着钢中含碳量的增加，其强度、硬度、耐磨性提高，但耐蚀性下降。马氏体型不锈钢的耐蚀性、塑性、焊接性虽不如奥氏体、铁素体型不锈钢，但由于它具有较好的力学性能和耐蚀性，故应用较广泛。含碳量较低的 12Cr13、20Cr13 等不锈钢，具有较高的抗大气、蒸汽等介质腐蚀的能力，常作为耐蚀的结构钢使用，可用来制造力学性能要求较高、又要求一定耐蚀性的零件，如汽轮机叶片及锅炉管附件等。30Cr13、32Cr13Mo、68Cr17 等马氏体不锈钢，由于含碳量较高，耐蚀性相对较低，主要用于制造手术器械、刀具、量具、液压油泵轴等零件。

马氏体型不锈钢的最终热处理一般为淬火＋低温回火。

(3) 奥氏体型不锈钢 奥氏体型不锈钢是目前应用最广泛的不锈钢，属镍铬不锈钢。典型的不锈钢为 18-8 型，这类钢中碳的质量分数很低，一般小于 0.15%，含铬量为 17%～19%，含镍量为 8%～11%，由于镍的加入，扩大了奥氏体相区，因而在室温下可获得单相奥氏体组织，故奥氏体型不锈钢具有较好的耐蚀性及耐热性。奥氏体不锈钢的强度、硬度较低，无磁性，塑性、韧性及耐蚀性优于马氏体型不锈钢，适用于冷态成型，焊接性能好，但

表 5-10 常用不锈钢的牌号、化学成分、热处理、力学性能及用途（摘自 GB/T 1220—2007）

类别	牌号	化学成分/%				热处理温度/℃				力学性能						用途举例
		C	Cr	Ni	其他	退火温度	固溶处理温度	淬火温度	回火温度	R_m /MPa	$R_{p0.2}$ /MPa	A /%	Z /%	KU_2 /J	硬度 /HBW	
铁素体型	10Cr17	≤0.12	16.00～18.00			780～850 空冷或缓冷				≥450	≥205	≥22	≥50		≤183	耐蚀性良好的通用不锈钢，用于制造建筑装潢材料、家用电器、家庭用具
	008Cr30Mo2	≤0.010	28.50～32.00		Mo：1.50～2.50			900～1050 快冷		≥450	≥295	≥20	≥45		≤228	耐蚀性很好，用于制造耐有机酸、苛性碱设备，耐点腐蚀
马氏体型	12Cr13	≤0.15	11.50～13.50	≤0.60		800～900 缓冷或约750 快冷		950～1000 油	700～750 快冷	≥540	≥345	≥25	≥55	≥78	≤159	良好的耐蚀性和切削加工性。制作一般用途零件和刃具，例如螺栓、螺母、日常生活用品等
	30Cr13	0.26～0.40	12.00～14.00	≤0.60				920～980 油	600～750 快冷	≥735	≥540	≥12	≥40	≥24	≤217	制作硬度较高的耐蚀耐磨刃具、量具、喷嘴、阀座、阀门、医疗器械等
	68Cr17	0.60～0.75	16.00～18.00			800～920 缓冷		1010～1070 油冷	100～180 快冷						≥54 HRC	淬火、回火后，强度、韧性、硬度较好。可制作刃具、量具，轴承等
奥氏体型	12Cr18Ni9	≤0.15	17.00～19.00	8.00～10.00			1050～1150 快冷			≥520	≥205	≥40	≥60		≤187	冷加工后有高的硬度，用于制造建筑装潢材料和生产硝酸、化肥等的化工设备零件
	06Cr19Ni10	≤0.08	18.00～20.00	8.00～11.00			1050～1150 快冷			≥520	≥205	≥40	≥60		≤187	应用最广泛的不锈耐蚀钢，制作食品、化工、核能设备的零件
	022Cr19Ni10	≤0.03	18.00～20.00	9.00～13.00			1010～1150 快冷			≥480	≥175	≥40	≥60		≤187	含碳量低，耐晶界腐蚀，制作焊后不热处理的零件
奥氏体铁素体型	022Cr25Ni6Mo2N	≤0.03	24.00～26.00	5.50～6.50	Mo：1.20～2.50		950～1100 快冷			≥620	≥450	≥20			≤260	具有双相组织，抗氧化性及耐点腐蚀性好，强度高，制作耐海水腐蚀零件
	14Cr18Ni11Si4AlTi0.18	≤0.10	17.50～19.50	10.00～12.00	Si：3.4～4.0		920～1150 快冷			≥715	≥440	≥25	≥40			加入 Ti 可提高耐晶界腐蚀性，不宜制作装饰材料
沉淀硬化型	07Cr17Ni7Al	≤0.09	16.00～18.00	6.50～7.75	Al：0.75～1.50		1000～1100 快冷		565 时效	1140	960	5			≥363	弹簧垫圈及机器零部件

切削加工性能较差。奥氏体型不锈钢主要用于制造在硝酸、磷酸、有机酸及碱水溶液等强腐蚀介质中工作的零件、容器、管道、医疗器械、抗磁仪表等。常用的奥氏体型不锈钢有12Cr18Ni9、06Cr19Ni11Ti、07Cr19Ni11Ti等。

奥氏体型不锈钢的主要缺点是有晶间腐蚀倾向，即将奥氏体不锈钢在450～850℃保温一段时间后，在晶界处会析出$Cr_{23}C_6$碳化物，从而使晶界附近的铬含量小于11.7%，使晶界附近出现腐蚀，这种现象称为“晶间腐蚀”。晶间腐蚀会促使钢晶粒之间的结合力严重丧失，轻者在弯曲时产生裂纹，重者可使金属完全粉碎。目前防止奥氏体型不锈钢产生晶间腐蚀常采取的主要方法是降低钢中的含碳量、加入能形成稳定碳化物的元素（钛或铌）及进行稳定化处理。

奥氏体型不锈钢在退火状态下并非是单相的奥氏体组织，还含有少量的碳化物。为了获得单相奥氏体组织，提高耐蚀性，需要在1100℃左右加热，使所有碳化物都溶入奥氏体，然后在水中快速冷却，以获得单相奥氏体组织，这种处理称为固溶处理。经过固溶处理后，奥氏体型不锈钢的耐蚀性、塑性、韧性提高，但强度、硬度降低。

（4）其他类型的不锈钢　奥氏体-铁素体型双相不锈钢是近年发展起来的新型不锈钢种，它是在含铬量18%～26%、含镍量4%～7%不锈钢的基础上，再根据不同用途加入锰、钼、硅等元素组合而成。双相不锈钢常通过1000～1100℃的固溶处理来获得铁素体＋奥氏体组织。由于奥氏体的存在，降低了高铬铁素体型不锈钢的脆性，提高了钢的韧性及焊接性能，降低了晶粒长大倾向；铁素体的存在提高了奥氏体型不锈钢的屈服强度、抗晶间腐蚀能力等。如022Cr18Ni5Mo3Si2双相不锈钢，室温屈服强度比镍铬奥氏体型不锈钢高一倍左右，而其塑性、冲击韧性仍较高，冷热加工性能及焊接性能也较好。

奥氏体不锈钢的强化途径是加工硬化，但对要求高强度的大截面零件，有时很难达到要求，为了解决这一问题，就开发出了沉淀硬化型不锈钢。沉淀硬化型不锈钢经热处理后可形成不稳定的奥氏体甚至马氏体组织，再经时效处理，便可析出金属间化合物（如Ni_3Al、Fe_2Mo、Fe_2Nb等）使金属强化。时效后，钢的抗拉强度可达1250～1600MPa。这类钢主要用作高强度、高硬度而又要求耐蚀的化工机械及航空航天产品上的零件，如轴类、弹簧等。目前常用的沉淀硬化不锈钢有05Cr17Ni4Cu4Nb（17-4PH）、07Cr17Ni7Al（17-7PH）、07Cr15Ni7Mo2Al（PH15-7Mo）、07Cr12Mn5Ni4Mo3Al等。

二、耐热钢

耐热钢是指在高温下具有较好的抗氧化性并具有较高强度的合金钢。它主要用于制造内燃机、汽轮机、燃气轮机、锅炉、石油、化工设备及航空航天设备中某些在高温下工作的零件或构件。

1. 耐热性的概念

钢的耐热性包括高温抗氧化性和高温强度两方面的综合性能。

（1）高温抗氧化性　金属的高温抗氧化性是指金属材料在高温下对氧化作用的抵抗能力。一般钢铁材料在570℃以上的温度下，表面在氧化后会形成疏松多孔的FeO，氧原子容易通过FeO向钢内部进行扩散，使其不断被氧化，温度越高，氧化速度越快。为了提高钢在高温时的抗氧化能力，通常在耐热钢中加入铬、硅、铝等合金元素，由于它们与氧的亲和力较大，在高温下优先被氧化，使零件表面能迅速形成一层致密、高熔点、牢固的氧化膜，将金属与外界的氧化性气体隔绝，从而保护金属，达到不被继续氧化的目的。如钢中加入

15%的铬，其抗氧化温度可达900℃；当钢中的铬达到20%～25%时，其抗氧化温度可达1100℃。

(2) 高温强度　金属在高温下抵抗塑性变形和断裂的能力称为高温强度。金属在高温下表现的力学性能与室温下大不相同：一是随着温度的升高，金属原子之间的结合力减弱，金属的强度下降；二是在再结晶温度以上，即使金属所受的应力不超过该温度下材料的弹性极限，它也会缓慢地发生塑性变形，且变形量随时间的增长而增大，最后导致金属破坏，这种现象称为“蠕变”。

金属材料常用的高温力学性能指标如下。

① 蠕变极限。蠕变极限是指高温时在载荷长期作用下，金属对缓慢塑性变形（即蠕变）的抗力。

② 持久强度。持久强度是金属在高温下，一定时间内，所能承受的最大断裂应力。

为了提高钢的高温强度，通常采用以下几种措施。

① 固溶强化。在钢中加入铬、镍、钼、钨、铌、钒等元素，可提高固溶体中原子间的结合力，使原子扩散困难，并能延缓再结晶过程的进行。

② 弥散强化。在钢中加入钛、铌、钒、钨、钼、铬以及氮等元素，可形成熔点高、强度高、稳定而又弥散分布的第二相质点，由于它们在较高温度下不易聚集长大，因而能起到阻止位错移动、提高高温强度的作用。

③ 晶界强化。在高温下由于原子在晶界的扩散速度比晶内大得多，晶界的原子更易于流动，因而晶界的强度低于晶内的强度，通过加入钼、铬、钒、硼等晶界吸附元素，降低晶界表面能，使晶界碳化物趋于稳定，从而提高钢的高温强度。

2. 常用的耐热钢

耐热钢按正火状态下的组织不同，可分为铁素体型耐热钢、珠光体型耐热钢、马氏体型耐热钢和奥氏体型耐热钢等。

(1) 铁素体型耐热钢　这类钢中含有较多的铬及铝、硅等元素，在高温下仍保持单相铁素体组织，具有良好的抗氧化性和耐高温气体腐蚀的能力，但高温强度较低，室温脆性较大，焊接性能较差。一般用于制作承受载荷较低而要求有高温抗氧化性的部件。常用的有Cr13型铁素体耐热钢、Cr18型铁素体耐热钢和Cr25型铁素体耐热钢。Cr13型铁素体耐热钢主要用于制造使用温度在800～850℃的零部件，常用的有06Cr13Al、022Cr12等；Cr18型铁素体耐热钢主要用于制造使用温度在1000℃左右的零部件，常用的有10Cr17、022Cr18NbTi等；Cr25型铁素体耐热钢主要用于制造使用温度在1050～1100℃的零部件，常用的有16Cr25N等。

(2) 珠光体型耐热钢　这类钢的使用温度为450～600℃。按含碳量及应用特点不同可分为低碳耐热钢和中碳耐热钢。低碳珠光体型耐热钢具有优良的冷、热加工性能，主要用于制造锅炉钢管等，常用的牌号有12CrMoV、12Cr2MoWSiVTiB等。中碳珠光体型耐热钢在调质状态下具有优良的高温综合力学性能，主要用于制造耐热的紧固件、汽轮机转子、主轴、叶轮等，常用的牌号有25Cr2Mo1VA、35CrMoV等。

(3) 马氏体型耐热钢　这类钢的使用温度为580～650℃。一般这类钢的合金元素含量较高，淬透性好，抗氧化性及高温强度高，多在调质状态下使用。主要用于制造对耐热性、耐蚀性和耐磨性要求都较高的汽轮机叶片、内燃机汽阀等零件。常用的牌号有13Cr13Mo、14Cr11MoV、18Cr12MoVNbN、22Cr12NiMoWV、42Cr9Si2、40Cr10Si2Mo等。

(4) 奥氏体型耐热钢　奥氏体型耐热钢中合金元素含量很高，其耐热性能优于珠光体型耐热钢和马氏体型耐热钢，一般用于工作温度在600～700℃的零件。奥氏体型耐热钢冷塑性变形及焊接性能较好，但切削加工性能差。它广泛应用于制造汽轮机叶片、发动机汽阀等零件，常用的牌号有06Cr18Ni10Ti、07Cr19Ni11Ti、45Cr14Ni14W2Mo等。

三、耐磨钢

耐磨钢是指在强烈冲击载荷和严重磨损条件下工作，具有良好的韧性、耐磨性配合的合金钢。

耐磨钢的典型牌号是Mn13型奥氏体锰钢，它的主要成分为铁、碳和锰，其中碳的质量分数为1.0%～1.5%，锰含量为11%～14%。由于奥氏体锰钢极易加工硬化，使切削加工困难，故大多数奥氏体锰钢零件都是采用铸造成型的。奥氏体锰钢铸态组织中存在着沿奥氏体晶界析出的碳化物，使钢又硬又脆，特别是使冲击韧性和耐磨性较低，因此需要将奥氏体锰钢加热到A_{ccm}线以上温度，使所有的碳化物溶入奥氏体中，水冷后获得单一的奥氏体组织，通常将这种热处理方法称为“水韧处理”。经水韧处理后的奥氏体锰钢强度、硬度较低(180～200HBW)，而塑性、韧性较好。当这种钢在工作时受到强烈的冲击、压力或摩擦后，表面会由于塑性变形而产生强烈的加工硬化，并发生奥氏体向马氏体的转变，零件表面硬度可达到50～58HRC，从而使金属表层具有高的硬度和耐磨性，而心部仍保持奥氏体具有的高韧性与塑性。当旧表面磨损后，新露出的表面又可在冲击及摩擦作用下，获得新的耐磨层，故这种钢具有很高的抗冲击能力与耐磨性，同时，由于加工硬化的作用，会减缓、抵制裂纹的继续扩展，即使在寒冷的气候条件下也不会发生冷脆现象。

奥氏体锰钢主要用于制造在工作中受冲击和压力并要求耐磨的零件，如用于挖掘机之类的铲斗、球磨机的衬板、各式碎石机的颚板等要求耐磨的零件；在铁路交通方面，用于制造铁道上的道岔；由于奥氏体锰钢在受力变形时能吸收大量的能量，因此也用于制造防弹钢板、保险箱钢板等。

奥氏体锰钢的牌号及化学成分见表5-11。

表5-11　奥氏体锰钢的牌号及化学成分（摘自GB/T 5680—2010）

牌　号	化学成分(质量分数)/%								
	C	Si	Mn	P	S	Cr	Mo	Ni	W
ZG120Mn7Mo1	1.05～1.35	0.3～0.9	6～8	≤0.060	≤0.040	—	0.9～1.2	—	—
ZG110Mn13Mo1	0.75～1.35	0.3～0.9	11～14	≤0.060	≤0.040	—	0.9～1.2	—	—
ZG100Mn13	0.90～1.05	0.3～0.9	11～14	≤0.060	≤0.040	—	—	—	—
ZG120Mn13	1.05～1.35	0.3～0.9	11～14	≤0.060	≤0.040	—	—	—	—
ZG120Mn13Cr2	1.05～1.35	0.3～0.9	11～14	≤0.060	≤0.040	1.5～2.5	—	—	—
ZG120Mn13W1	1.05～1.35	0.3～0.9	11～14	≤0.060	≤0.040	—	—	—	0.9～1.2
ZG120Mn13Ni3	1.05～1.35	0.3～0.9	11～14	≤0.060	≤0.040	—	—	3～4	—
ZG90Mn14Mo1	0.70～1.00	0.3～0.6	13～15	≤0.070	≤0.040	—	1.0～1.8	—	—
ZG120Mn17	1.05～1.35	0.3～0.9	16～19	≤0.060	≤0.040	—	—	—	—
ZG120Mn17Cr2	1.05～1.35	0.3～0.9	16～19	≤0.060	≤0.040	1.5～2.5	—	—	—

注：允许加入微量V、Ti、Nb、B和Re等元素。

本章小结

含有合金元素的钢称为合金钢。与碳素钢相比，合金钢具有较高的力学性能、良好的热处理工艺性能，并具有特殊的物理、化学性能，因此应用范围不断扩大，重要的工程结构和机械零件均使用合金钢制造。

当合金元素加入钢中时，合金元素可以溶于铁素体内，也可以溶于渗碳体内。由于合金元素与铁和碳的作用，$Fe\text{-}Fe_3C$ 相图将会发生变化，所有合金元素都会使 S、E 点向左移动。大多数合金元素减缓钢的奥氏体化过程，使奥氏体化温度提高，并不同程度地阻碍奥氏体晶粒长大，热处理时的加热保温时间延长。除钴外的大多数合金元素溶入奥氏体后，使奥氏体稳定性增加，从而使C曲线位置右移，临界冷却速度减小，钢的淬透性提高。合金元素降低了淬火马氏体的分解及碳化物的聚集程度，因此在同一温度下进行回火，合金钢的硬度高于同等含碳量的碳素钢。

合金钢按照钢中合金元素含量的多少，可分为低合金钢、中合金钢和高合金钢；按照用途合金钢又可分为合金结构钢、合金工具钢和特殊性能钢三大类。

合金钢牌号采用“数字＋元素符号＋数字”的表示方法。前面的数字表示钢中的碳含量；元素符号表示钢中所含的合金元素；元素符号后面的数字表示该合金元素平均含量为百分之几。

复习思考题

一、填空题

1. 合金钢按合金元素总含量分为________、________和________。

2. 合金钢按照用途可分为________、________和特殊性能钢三类。

3. 在含碳量相同的情况下，合金钢比碳素钢的淬火温度要________，保温时间要________。

4. 通常情况下，碳素钢用________淬火，合金钢用________淬火。

5. 40Cr钢调质后的组织为________。

6. 滚动轴承钢GCr15中Cr的平均含量为________，采用GCr15生产轴承内外套圈，其预备热处理为________，最终热处理方法为________＋________。

7. 12Cr13钢中碳的含量为________，Cr的平均含量为________。

8. 用60Si2Mn合金弹簧钢生产汽车板簧，最终热处理方法是________＋________。

9. 热硬性是指钢在高温下保持________的能力。

10. 在机械制造中常用的特殊性能钢有________、________、耐磨钢。

二、判断题

1. 钢的淬透性主要取决于钢中合金元素的含量，淬硬性则主要取决于钢中马氏体的含碳量。

2. 无论是扩大奥氏体相区的合金元素，还是缩小奥氏体相区的合金元素，都使 S 点和 E 点左移。

3. 钢中合金元素越多，淬火后硬度越高。

4. 一般合金钢的淬透性优于与之含碳量相同的碳钢。

5. 通常碳钢的回火稳定性比合金钢的好。

6. 高速工具钢在热轧或热锻后空冷，就能获得马氏体组织。

7. Q295A 是优质碳素结构钢。

8. Cr12MoV 是不锈钢。

9. 高速钢的热硬性可达 600℃，常用于制造切削速度较高的刀具，且在切削时能长期保持刀口锋利，故又称锋钢。

10. 合金工具钢钢的最终热处理一般为淬火＋低温回火。

11. Cr12 钢是典型的冷作模具钢。

12. 钢的耐蚀性要求愈高，碳的质量分数应愈高。

三、选择题

1. 若合金元素能使 C 曲线右移，钢的淬透性将（　　）。

A. 降低　　B. 提高　　C. 不改变　　D. 不能确定

2. 制作手工锯条应选择的材料为（　　）。

A. W18Cr4V　　B. T10A　　C. 20CrMnTi　　D. 45

3. 对于要求综合性能良好的轴、齿轮、连杆等重要零件，应选择（　　）。

A. 合金调质钢　　B. 合金弹簧钢　　C. 合金工具钢　　D. 合金刃具钢

4. 下列钢中，适于用来制造高速成型切削刃具（如车刀）的钢是（　　）。

A. 9SiCr　　B. 60Si2Mn　　C. Cr12MoV　　D. W18Cr4V

5. 制作一个耐酸容器，选用材料及相应热处理工艺应为（　　）。

A. W18Cr4V 固溶处理　　B. 06Cr19Ni11Ti 稳定化处理

C. 06Cr19Ni11Ti 固溶处理　　D. 10Cr17 固溶处理

四、简答题

1. 在合金钢中常加入的合金元素有哪些？

2. 合金元素对 $Fe\text{-}Fe_3C$ 相图的奥氏体区域大小、相变点有何影响？

3. 合金元素的加入对热处理过程中的加热及冷却转变有何影响？

4. 合金元素为什么能提高钢的回火稳定性？

5. 低合金高强度结构钢中合金元素主要是通过哪些途径起强化作用的？这类钢经常用于哪些场合？

6. 滚动轴承钢除专用于制造滚动轴承外，是否可以用来制造其他结构的零件和工具？

7. 为什么合金钢可在油中进行淬火，而碳钢在油中却淬不透？

8. 弹簧为什么要进行淬火、中温回火？弹簧的表面质量对其使用寿命有何影响？可采用哪些措施提高弹簧的使用寿命？

9. 试分析在高速工具钢中，碳与合金元素的作用及高速工具钢的热处理工艺特点。

10. 高速工具钢经铸造后为什么要反复进行锻造？锻造后在切削加工前为什么必须进行退火？

11. 为什么高速工具钢退火温度较低（略高于 $A_{c1}=830℃$ 的温度），淬火温度却高达 1280℃？淬火后为什么要经三次 560℃回火？能否改用一次较长时间的回火？

12. 高速工具钢在 560℃回火是否属于调质处理？为什么？

13. Cr12 型钢中碳化物的分布对钢的使用性能有何影响？热处理能改善其碳化物分布吗？生产中常用什么方法改善其碳化物分布？

14. 弹簧钢常用的热处理方法有哪些？

15. 调质钢的化学成分有何特点？一般用于哪些零件的生产？

16. 合金工具钢化学成分有何特点？其最终热处理是什么？

17. Cr12 型钢的热处理方式有哪两种？

18. 12Cr13 钢和 Cr12 钢中，铬的含量均大于 11.7%，12Cr13 属于不锈钢，而 Cr12 钢不属于不锈钢，为什么？

19. 量具钢使用过程中常见的失效形式是磨损与尺寸变化，为了提高量具的使用寿命，应采用哪些热处理方法？请合理安排各热处理工序在加工工艺路线中的位置。

20. 奥氏体不锈钢为什么不能通过热处理方法强化？生产中常用什么方法使其强化？

21. 奥氏体不锈钢为什么会出现晶间腐蚀？应采用什么方法防止晶间腐蚀的发生？

22. 奥氏体不锈钢和高锰耐磨钢淬火的目的与一般钢的淬火目的有何不同？

23. 高锰钢的耐磨原理与淬火工具钢的耐磨原理有何不同？它们的应用场合又有何不同？

24. 说明下列材料牌号的含义、用途及最终热处理方法。

Q345、20CrMnTi、Q235、12CrNi3A、18Cr2Ni4WA、CrMn、CrWMn、9SiCr、W18Cr4V、W6Mo5Cr4V2、07Cr19Ni11Ti、12Cr18Ni9、05Cr17Ni4Cu4Nb、07Cr17Ni7Al、Cr12、Cr12MoV、5CrNiMo、5CrMnMo、3Cr2W8V、022Cr17Ni14Mo2、GCr15、ZG100Mn13

五、分析题

1. 现有 40Cr 钢制造的机床主轴，心部要求良好的强韧性（200～300HBW），轴颈处要求硬而耐磨（54～58HRC），请问：

（1）应进行哪种预先热处理和最终热处理？

（2）热处理后各获得什么组织？

（3）各热处理工序在加工工艺路线中的位置如何安排？

2. 现有 20CrMnTi 钢制造的汽车齿轮，要求齿面硬化层 $\delta=1.0\sim1.2$mm，齿面硬度为 58～62HRC，心部硬度为 30～40HRC，请确定：

（1）预先热处理方法及预先热处理的组织；

（2）最终热处理方法及最终热处理后表层及心部的组织；

（3）各热处理工序在加工工艺路线中的位置。

3. 根据下表所列的内容，归纳对比各类合金钢的特点。

类别		成分特点	常用牌号举例	热处理方法	热处理后组织	主要性能及用途
合金结构钢	低合金高强度钢					
	合金渗碳钢					
	合金调质钢					
	合金弹簧钢					
	滚动轴承钢					
合金工具钢	合金刃具钢					
	高速工具钢					
	冷作模具钢					
	热作模具钢					
	合金量具钢					

第六章 铸铁

铸铁是指碳含量大于2.11%（一般为2.5%～4%）的铁碳合金。它是以铁、碳、硅为主要组成元素的合金，与碳钢相比铸铁中的锰、硫、磷等杂质元素含量较高。铸铁在工业生产中应用非常广泛，一般机械中铸铁件占40%～70%，在机床和重型机械中达60%～90%。

碳在铸铁中的存在形式有游离态的石墨（G）及化合态的渗碳体（Fe_3C）两种形式。根据碳在铸铁中存在的形式不同，铸铁可分为以下几种。

（1）白口铸铁　铸铁中的碳除少量溶于铁素体外，其余都以渗碳体的形式存在。因其断口呈银白色，故称白口铸铁。由于渗碳体硬而脆，故白口铸铁硬度高、脆性大，难以通过切削加工成型，因此，工业上很少直接使用白口铸铁来制造机器零件。白口铸铁主要用作炼钢原料、可锻铸铁的毛坯等。但有时利用它硬度高、耐磨的特性，制造一些不需要进行切削加工的零件，如轧辊、犁铧等。

（2）灰口铸铁　铸铁中的碳大部分或全部以石墨的形式存在，断口呈暗灰色，故称灰口铸铁。根据石墨形态的不同，灰口铸铁又可分为灰铸铁、球墨铸铁、可锻铸铁和蠕墨铸铁。其中灰铸铁是目前工业生产中应用最广泛的一种铸铁。

（3）麻口铸铁　铸铁中的一部分碳以石墨形式存在，另一部分碳以渗碳体的形式存在，断口呈灰、白相间的麻点色，故称麻口铸铁。这种铸铁也具有较高的硬度和脆性，在工业上很少直接使用。

铸铁具有优良的铸造、切削加工、减摩及减振性能，其生产设备、熔炼工艺简单，且价格低廉，因此，铸铁是目前应用最广泛的铸造合金。特别是近年来由于稀土镁球墨铸铁的发展，更进一步打破了钢与铸铁的使用界限，不少过去使用碳钢和合金钢制造的零件，如今已成功地用球墨铸铁来代替生产，这不仅节约了大量的优质钢材，同时还大大降低了生产成本，从而使铸铁的应用范围更为广泛。

此外，为了提高铸铁的力学性能或物理、化学性能，还会有目的地加入一些合金元素（如铬、铜、铝、钼、钒等）从而得到合金铸铁，如耐磨铸铁、耐蚀铸铁、耐热铸铁等。

第一节　铸铁的石墨化

一、铁碳合金双重相图

在铁碳合金中，碳可以形成化合态的渗碳体（Fe_3C），也可以游离态的石墨（G）形式存在。因此在铁碳合金中就存在两种平衡相图：一个是Fe-Fe_3C相图；另一个是Fe-G相图，分别用实线和虚线将这两种相图绘制在一起，就构成了图 6-1 所示的铁碳合金双重相图。

二、铸铁的石墨化

铸铁中的碳原子以石墨形式析出的过程称为石墨化。铸铁的石墨化可以由渗碳体在一定条件下分解出来，也可以按 Fe-G 相图进行，由液态或固态直接生成石墨。

渗碳体是亚稳定相，若将渗碳体加热到高温下并进行保温，则渗碳体可分解为铁和游离态的石墨，即 $Fe_3C \longrightarrow 3Fe + G$。

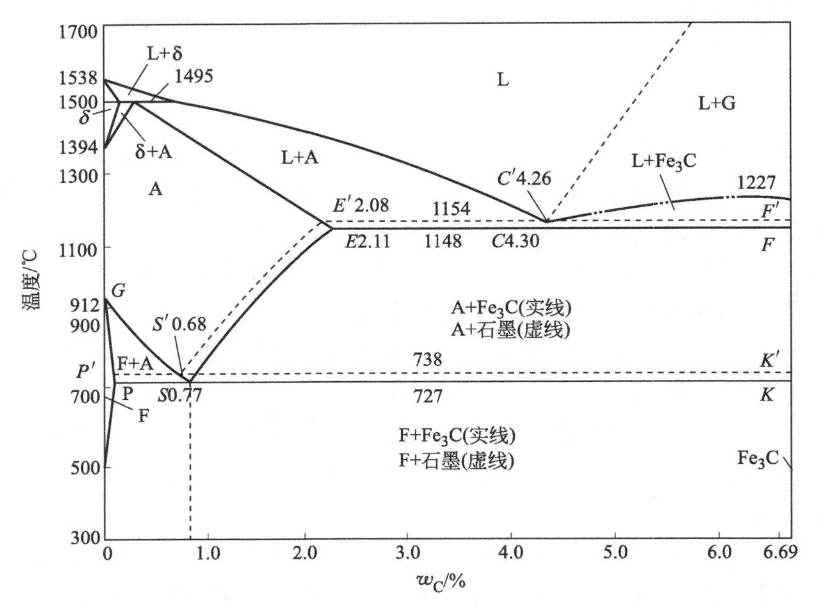

图 6-1 铁碳合金双重相图

石墨的形成过程可以利用铁碳双重相图进行分析。通常将铸铁由高温液态冷却到室温过程中石墨的结晶及析出分为以下三个阶段。

第一阶段：包括从过共晶铸铁液中结晶出的一次石墨（G_{I}）和在 1154℃通过共晶转变形成的共晶石墨（$G_{共晶}$），其反应式为

$$L \longrightarrow L_{C'} + G_{\mathrm{I}}$$

$$L_{C'} \xrightarrow{1154℃} A_{E'} + G_{共晶}$$

第二阶段：在 1154～738℃之间冷却时，从奥氏体中析出的二次石墨（G_{II}），其反应式为

$$A_{E'} \xrightarrow{1154\sim738℃} A_{S'} + G_{\mathrm{II}}$$

第三阶段：在冷却至 738℃时，通过共析转变从奥氏体中析出的共析石墨（$G_{共析}$），其反应式为

$$A_{S'} \xrightarrow{738℃} F_{P'} + G_{共析}$$

铸铁石墨化的过程是碳原子的扩散过程，温度的高低将影响碳原子的扩散速度。铸铁在高温冷却过程中，由于温度高，因此第一、第二阶段的石墨化容易进行；第三阶段由于温度较低，碳原子的扩散能力较低，石墨化往往难以完全进行。根据铸铁石墨化的程度不同，将获得不同基体的铸铁组织。

在铁碳合金中，渗碳体具有复杂的晶体结构，石墨的晶体结构则为简单六方结构，原子呈层状排列，同一层面上的原子间距较近，原子间的结合力较强，层与层之间的距离则较远，因此，层与层之间结合力较晶格层面上原子间的结合力小，极易沿层与层之间进行滑动，故石墨的强度、硬度、韧性极低，硬度仅为3～5HBW，与渗碳体的性能相去甚远。因此，碳在铸铁中是以渗碳体的形式存在还是以石墨的形式存在及二者之间的比例大小对铸铁的性能将会产生很大影响。

三、影响铸铁石墨化的因素

影响铸铁石墨化过程的主要因素有铸铁的化学成分和冷却速度。

1. 化学成分的影响

根据对石墨化的作用不同，可分为促进石墨化的元素和阻碍石墨化的元素两大类。

(1) 促进石墨化的元素　如碳、硅、铝、铜等，其中碳、硅是强烈促进石墨化的元素。铸铁中碳、硅的含量越高，越有利于石墨化的进程。这是因为随着含碳量的增加，液态中的石墨晶核数目增多，故促进了石墨化；而硅与铁原子结合力较强，从而削弱了铁、碳原子间的结合力，而且还会使共晶点的含碳量降低，共晶转变温度升高，间接促进了石墨化的进程。硅对石墨化的影响与其含量有关，铸铁中的含硅量在3.0%～3.5%以下时，促进石墨化的作用比较强烈，特别是含硅量在1.0%～2.0%内作用更显著。当含硅量超过3.0%～3.5%时，硅的促石墨化作用减弱。

(2) 阻碍石墨化的元素　如硫、锰等，其中硫是强烈阻碍石墨化的元素，因为硫不仅增强铁、碳原子之间的结合力，而且形成硫化物后，常以共晶体的形式分布在晶界上阻碍碳原子的扩散。锰也是阻碍石墨化的元素，但它与硫有很强的结合力，从而形成MnS，减弱了硫对石墨化的有害影响，间接地促进了石墨化，故铸铁中应保持一定的含锰量。

磷是微弱促进石墨化的元素，但磷在奥氏体和铁素体中溶解度很小，当含量超过一定值后，便会形成磷化物共晶体在晶界析出，使铸铁脆性增加。故在铸铁中要适当控制硫、磷、锰的含量。

2. 冷却速度的影响

铸铁在结晶过程中的冷却速度对石墨化的影响很大。若冷却速度较大，因碳原子来不及扩散故石墨化过程难以充分进行，碳容易以渗碳体的形式存在，从而得到硬脆的白口组织；若冷却速度较小，碳原子有充分的时间进行扩散，则有利于石墨化进行。

在铸造生产中，冷却速度的大小主要与浇注温度、铸件壁厚、铸型材料等有关。浇注温度越高，金属液体在凝固前有足够的热量预热铸型，使铸件在结晶过程中具有较低的冷却速度，从而有利于石墨化的进行；对于薄壁铸件，由于冷却速度较快，容易得到白口组织，要获得灰口组织就应增加壁厚或增加铸铁中碳、硅含量。相反对于厚大铸件，为避免出现过多、过大的石墨组织，则应适当减少碳、硅的含量。

第二节　常用的铸铁

一、灰铸铁

灰铸铁是工业生产中应用最广泛的一种铸铁材料，在各类铸铁生产中，灰铸铁的生产占铸铁生产总量的80%以上。

1. 灰铸铁的化学成分

灰铸铁的化学成分一般为：$w_C=2.7\%\sim4.0\%$、$w_{Si}=1.0\%\sim2.5\%$、$w_{Mn}=0.5\%\sim1.4\%$、$w_P\leqslant0.3\%$、$w_S\leqslant0.15\%$，其中Mn、P、S的总含量一般不超过2.0%。

2. 灰铸铁的组织

灰铸铁中的碳全部或大部分以片状石墨的形式分布在基体组织上。按基体组织的不同灰铸铁分为三类：铁素体灰铸铁，铁素体+珠光体灰铸铁，珠光体灰铸铁。灰铸铁的显微组织如图6-2所示。

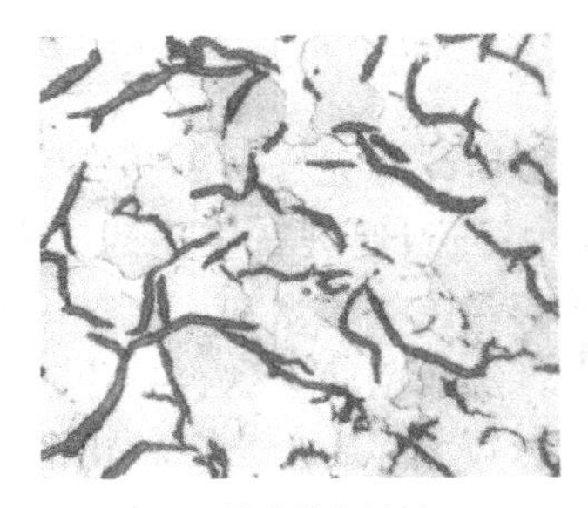
(a) 铁素体灰铸铁

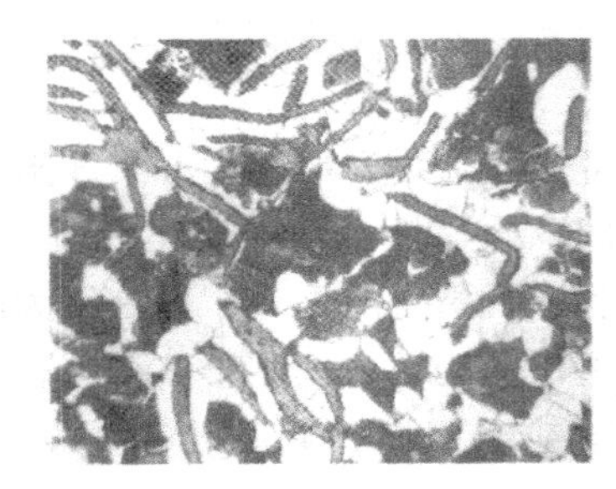
(b) 铁素体+珠光体灰铸铁

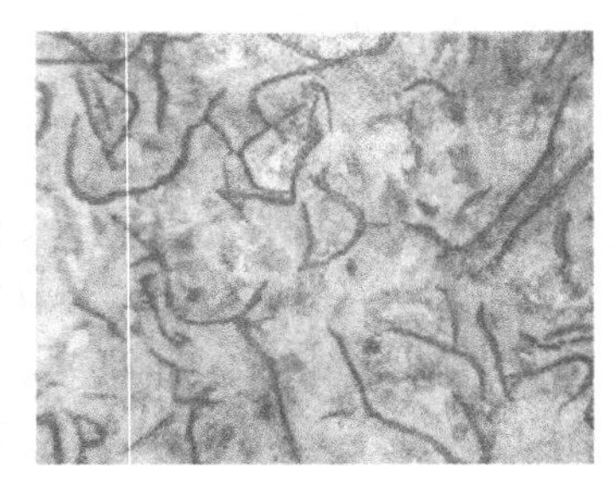
(c) 珠光体灰铸铁

图6-2 灰铸铁的显微组织

3. 灰铸铁的性能

(1) 力学性能 灰铸铁的性能主要取决于基体组织和石墨的数量、形状、大小及分布状况。由于石墨的强度、硬度极低，因此，片状石墨分布在基体上相当于在钢的基体上分布了许多孔洞及裂纹，破坏了基体组织的连续性，缩小了基体承受载荷的有效截面，而且在石墨的尖角处容易产生应力集中现象，当铸铁件受拉力或冲击力作用时，容易产生断裂。因此，灰铸铁的抗拉强度、疲劳强度、塑性、韧性远比相同基体钢低得多。铸铁中的石墨越多，石墨片越粗大，分布越不均匀，则抗拉强度、疲劳强度、塑性、韧性越低。当石墨的形态一定时，铸铁的力学性能取决于基体组织。珠光体基体灰铸铁比铁素体基体灰铸铁的强度、硬度、耐磨性均高，但塑性、韧性低；铁素体-珠光体基体灰铸铁的性能介于前二者之间。

由于灰铸铁的抗压强度、硬度主要取决于基体，石墨的存在对其影响不大，因此，灰铸铁的抗压强度、硬度与相同基体的钢相似。

(2) 其他性能 石墨虽然降低了灰铸铁的强度、塑性、韧性，但铸铁仍具有以下优良的性能。

① 良好的铸造性能 铸铁的熔点低，流动性好，收缩率小，铸造过程中铸件不易出现缩孔、缩松等现象，由于石墨的密度较小，石墨析出时的体积膨胀可部分抵消铸件凝固及冷却过程中的收缩，因此灰铸铁可以浇铸出形状复杂且变形量小的薄壁零件。

② 良好的减振性能 铸铁中的石墨对振动可起到缓冲的作用，阻止振动的传播，并将振动能转化为热能而消失，故铸铁具有良好的减振性能。

③ 良好的减摩性能 石墨本身是一种良好的润滑剂，在使用过程中石墨剥落后留下的孔隙具有吸附、储存部分润滑油的作用，使摩擦面上的油膜易于保持而具有良好的减摩性能。

④ 良好的切削加工性能 由于石墨割裂了基体组织的连续性，在切削过程中切屑容易

脆断，减少了对工件的划伤及对刀具的磨损。

⑤ 缺口敏感性低 铸铁中含有石墨就相当于铸铁本身已经存在了许多微小的裂纹，从而降低了外来缺口对铸铁性能的影响。

4. 灰铸铁的孕育处理

生产中为了提高灰铸铁的力学性能，常在浇注过程中加入少量硅铁、硅钙合金的孕育剂，来改变铁液的结晶条件，以得到细小、均匀分布的片状石墨和细小的珠光体基体铸铁，这种方法称为“孕育处理”。经孕育处理的铸铁称为孕育铸铁。

经孕育处理的铸铁并没有改变石墨的片状形态，只是通过细化石墨组织来提高铸铁的力学性能。孕育铸铁常用来制造汽缸、机床床身等性能要求较高的零件，尤其是截面尺寸变化较大的铸件采用孕育铸铁制造可避免薄壁处出现白口组织。

生产中常用的孕育剂有含硅量75%的硅铁或含硅量60%～75%的硅钙合金，在孕育处理时，这些孕育剂或它们的氧化物（如 SiO、CaO 等）在铁水中将形成大量、高度弥散和难熔的质点，悬浮在铁水中而成为大量的石墨结晶核心，从而获得细小、分布均匀的石墨。孕育铸铁的组织为细密的珠光体加均匀分布的细小片状石墨，所以强度较高，其抗拉强度可达250～350MPa。

5. 灰铸铁的牌号及用途

我国灰铸铁的牌号表示方法为“HT×××”，HT 是“灰铁”二字汉语拼音字符的第一个字母，×××代表灰铸铁试样的最低抗拉强度值（MPa）。常用灰铸铁的牌号、力学性能及用途见表 6-1。

表 6-1 常用灰铸铁的牌号、力学性能及用途（摘自 GB/T 9439—2010）

牌号	铸件壁厚/mm	单铸试棒最低抗拉强度值 R_m/MPa	应用
HT100	5～40	100	主要用于制造承受载荷小、对摩擦、磨损等无特殊要求的一般零件，如盖、防护罩、手柄、支架等
HT150	5～300	150	适用于制造承受中等载荷及在弱腐蚀介质中工作的零件，如支架、底座、齿轮箱、刀架、床身、管路、飞轮、泵体等
HT200	5～300	200	用于制造承受较大载荷、要求一定气密性和耐蚀性的零件，如汽缸体、齿轮、齿轮箱、机座、飞轮、缸套、活塞、联轴器、轴承座等
HT250	5～300	250	
HT300	10～300	300	适用于制造承受高载荷、气密性要求较高的重要零件，如压力机床身、机座、受力较大的齿轮、凸轮、液压油缸、滑阀壳体等
HT350	10～300	350	

6. 灰铸铁的热处理

灰铸铁可以通过热处理来改变其基体组织，但不会改变片状石墨的形状、大小和分布，因此对提高灰铸铁件的强度、塑性、韧性作用不大。生产中灰铸铁件热处理的主要目的是消除铸件的内应力、稳定铸件尺寸、改善切削加工性能、提高铸件的表面硬度和耐磨性等。灰铸铁通常采用以下三种热处理方法。

(1) 消除内应力退火 又称人工时效处理。铸件在铸造冷却过程中，由于铸件厚薄不均，各部位的冷却速度不同，收缩率不同，容易产生较大的内应力。通过去应力退火，可防止铸件的变形、开裂，稳定工件尺寸。去应力退火的方法是将铸件加热到 500～600℃，保温后随炉缓冷至 150～200℃出炉空冷。但去应力退火加热温度不可过高，否则会引起渗碳体的分解，改变基体组织，降低铸件的强度、硬度。

（2）石墨化退火　灰铸铁件的表层及一些薄壁处，在铸造过程中由于冷却速度较快，碳可能以渗碳体的形式析出而出现白口组织，使铸件的硬度、脆性增加，难以进行切削加工，因此需要进行退火处理，使渗碳体分解，降低硬度。根据铸件原始组织不同和基体组织不同可采用低温石墨化退火和高温石墨化退火两种不同的工艺。

① 低温石墨化退火　铸铁低温石墨化退火时将发生共析渗碳体的分解。低温石墨化退火的工艺是将铸件加热到650～700℃，保温一定的时间，然后随炉缓慢冷却。如果铸铁的原始组织为珠光体＋石墨，退火后的组织将是珠光体＋铁素体＋石墨；如果铸铁的原始组织为珠光体＋铁素体＋石墨，退火后的组织将是铁素体＋石墨。通过低温石墨化退火可使铸铁件的硬度降低，塑性提高。

② 高温石墨化退火　如果灰铸铁件的基体中有从液态铁液中结晶出的自由渗碳体，就需要进行高温石墨化退火，使自由渗碳体分解，改善其性能。

高温石墨化退火工艺是将铸件加热至900～960℃，保温一定时间，然后根据所需基体组织采用不同的冷却方式进行冷却。

如果要获得塑性、韧性较高的铁素体基体，则在高温保温阶段使渗碳体完全分解，然后按低温石墨化退火工艺在720～760℃进行保温，再随炉冷至室温或随炉冷至300℃出炉空冷。也可直接从高温炉冷到室温或300℃出炉空冷，使奥氏体在缓慢冷却（＜40℃/h）过程中直接转变成铁素体＋石墨。

对于要求强度高、耐磨性好的珠光体基体组织，则在高温保温后立即出炉空冷至室温或空冷至600℃时再入炉以50～100℃/h的速度冷至300℃以下出炉空冷，这样可以减少新的内应力产生。

（3）表面热处理　对于机床导轨、缸体内壁等零件，可通过表面淬火处理的方法提高其硬度和耐磨性，如高频表面淬火、火焰表面淬火、接触电阻加热表面淬火和激光加热表面淬火等。表面淬火前铸件须进行正火处理，以保证零件组织中有65%以上的珠光体，经过表面淬火后零件表面硬度可达50～55HRC。

二、球墨铸铁

球墨铸铁是在铁液中加入纯镁、稀土或稀土硅钙镁合金等球化剂及促进石墨化的孕育剂，以获得含有球状石墨的铸铁。

1. 球墨铸铁的化学成分

球墨铸铁的化学成分比灰铸铁严格，其特点是含碳、硅量较高，锰、磷、硫含量较低。球墨铸铁的大致成分如下：$w_{C}=3.6\%\sim4.0\%$、$w_{Si}=2.0\%\sim2.8\%$、$w_{Mn}=0.6\%\sim0.8\%$、$w_{S}\leqslant0.07\%$、$w_{P}\leqslant0.1\%$、$w_{Mg}=0.03\%\sim0.05\%$、$w_{Re}=0.02\%\sim0.04\%$。

2. 球墨铸铁的组织

球墨铸铁的组织是由球状石墨和基体组成的。按球墨铸铁组织中的基体不同可分为铁素体球墨铸铁、珠光体球墨铸铁、铁素体＋珠光体球墨铸铁和贝氏体球墨铸铁。不同基体的球墨铸铁组织见图6-3。

3. 球墨铸铁的性能

由于球墨铸铁中的石墨呈球状存在，石墨对基体的割裂作用和应力集中作用降到最低，使得基体组织比较连续，因此，基体组织的力学性能得以充分发挥。球墨铸铁的力学性能是铸铁当中最高的，其基体强度的利用率高达70%～90%（灰铸铁基体强度的利用率为

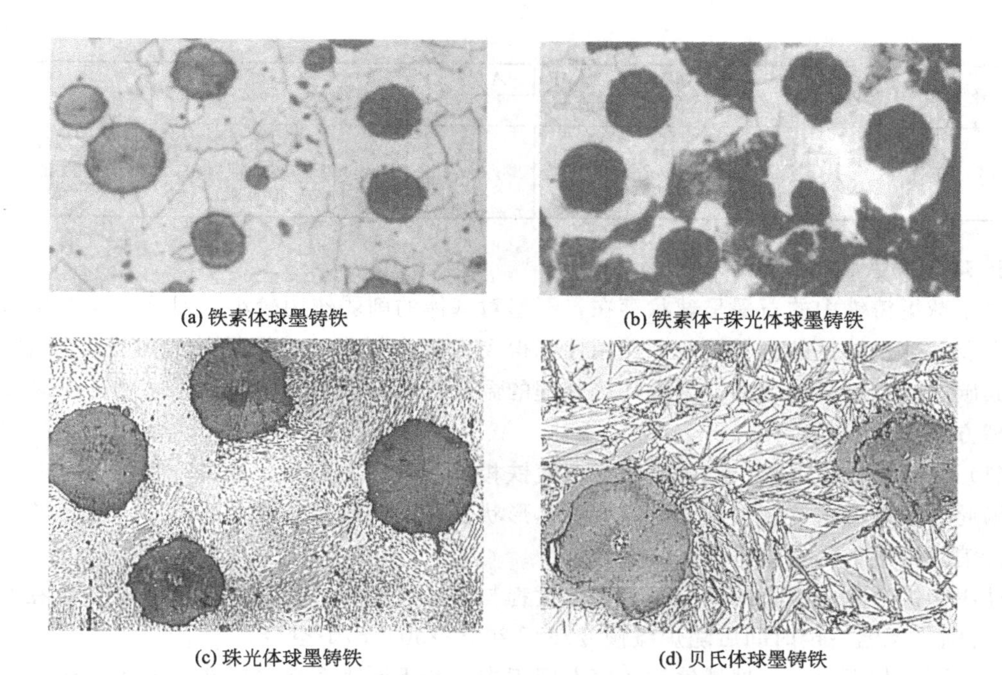

(a) 铁素体球墨铸铁　(b) 铁素体+珠光体球墨铸铁

(c) 珠光体球墨铸铁　(d) 贝氏体球墨铸铁

图 6-3　球墨铸铁的显微组织

30%～50%)，同时，球墨铸铁还兼具灰铸铁耐磨、吸振、缺口敏感性低、铸造和切削加工性能好的优点，这些优点使球墨铸铁在工业生产中得到了广泛的应用。目前，球墨铸铁已在很多领域成功地取代铸钢和锻钢来制造各种机械零件，如曲轴、连杆、凸轮轴、齿轮、蜗轮、蜗杆、轧辊等。

但球墨铸铁的过冷倾向较大，在铸造过程中容易出现白口组织，而且其液态收缩率和凝固收缩率较大，铸件容易形成缩孔和缩松，因此，球墨铸铁的熔炼工艺和铸造工艺都比灰铸铁要求高。

4. 球墨铸铁的牌号和应用

我国球墨铸铁的牌号是用“QT×××-××”表示，“QT”为“球铁”二字汉语拼音字符的第一个字母，×××表示铸铁的最低抗拉强度值(MPa)，××表示铸铁的最小伸长率(%)。球墨铸铁的牌号、性能及应用见表 6-2。

表 6-2　球墨铸铁的牌号、性能及应用（摘自 GB/T 1348—2009）

牌　号	基体组织	R_m/MPa	$R_{p0.2}$/MPa	A/%	硬度/HBW	应　用
		不小于				
QT400-18	铁素体	400	250	18	120～175	用于制造承受冲击、振动的零件、如汽车、拖拉机的轮毂、驱动桥壳、拨叉、压缩机高低压汽缸、电机外壳、齿轮箱、机器底座等
QT400-15	铁素体	400	250	15	120～180	
QT450-10	铁素体	450	310	10	160～210	
QT500-7	铁素体＋珠光体	500	320	7	170～230	用于制造载荷较大、受力较复杂的零件，如桥式起重机的大小滚轮、内燃机的油泵齿轮、机车车辆轴瓦等
QT600-3	珠光体＋铁素体	600	370	3	190～270	用于承受载荷较大、受力复杂的零件，如汽车、拖拉机的曲轴、连杆、凸轮轴、部分机床主轴、小型水轮机主轴等
QT700-2	珠光体	700	420	2	225～305	
QT800-2	珠光体或回索氏体	800	480	2	245～335	

续表

牌　号	基体组织	R_m/MPa	$R_{p0.2}$/MPa	A/%	硬度/HBW	应　　用
		不小于				
QT900-2	回火马氏体或屈氏体+索氏体	900	600	2	280～360	用于制造高强度齿轮，如汽车后桥螺旋锥齿轮、大减速器齿轮、内燃机曲轴等

5. 球墨铸铁的热处理

由于球墨铸铁中的石墨呈球状存在，石墨对基体的削弱作用较小，因此，改善其基体组织就可以使球墨铸铁的力学性能和使用性能得到大幅度提高。球墨铸铁的热处理与钢相似，但因其碳、硅、锰含量较多，因此，热处理的温度较高，保温时间更长。球墨铸铁常采用的热处理方法有以下几种。

（1）消除内应力退火　球墨铸铁与灰铸铁相比，内应力更大，与白口铸铁的内应力差不多。因此，用球墨铸铁制造的零件，特别是形状复杂、壁厚悬殊较大的零件，都应当在铸造后进行消除内应力的低温退火。

球墨铸铁消除内应力的低温退火工艺过程与灰铸铁相似，但加热温度一般控制在550～650℃之间，保温一定时间后随炉缓慢冷却至200～250℃出炉空冷。

（2）石墨化退火　在球墨铸铁的铸态组织中常会不同程度地出现珠光体和渗碳体，为了改善切削加工性能，消除铸造应力，必须进行石墨化退火，使组织中的渗碳体分解。根据球墨铸铁铸态组织的不同，石墨化退火可分为以下两种。

① 低温石墨化退火　当铸态组织为铁素体＋珠光体＋石墨或珠光体＋石墨，没有自由渗碳体时，为了获得以铁素体为基体的球墨铸铁，可进行低温退火，使珠光体中的共析渗碳体分解成铁素体＋石墨。低温石墨化退火的工艺是将铸件加热720～760℃，保温2～8h后，随炉冷至600℃以下出炉空冷。

② 高温石墨化退火　当铸态组织中不仅有珠光体，而且还有自由渗碳体时，为了使渗碳体分解，获得以铁素体为基体的球墨铸铁，须采用高温退火，高温石墨化退火的工艺是将铸件加热至900～950℃，保温2～5h后随炉冷却至600℃以下出炉空冷。

（3）正火　球墨铸铁正火的目的是为了获得珠光体组织，并使晶粒细化，组织均匀，从而提高零件的强度、硬度及耐磨性。正火工艺各生产厂不完全相同，但根据正火的加热温度可分为以下两种。

① 低温正火　低温正火也称不完全奥氏体化正火，是将工件加热到820～860℃，保温一定时间，使基体的一部分转变为奥氏体，另一部分铁素体未发生转变，这时的组织为奥氏体＋铁素体＋球状石墨，然后出炉空冷，冷却后的组织为珠光体＋少量铁素体＋球状石墨。这种组织除具有一定的强度外，还具有较高的韧性。

② 高温正火　高温正火也称完全奥氏体化正火。正火的加热温度一般为880～950℃，使基体全部转变为奥氏体组织，保温一定时间后出炉空冷。高温正火后可以获得珠光体＋石墨的组织。为了增加珠光体的数量，也可采用风冷、喷雾冷却等方法加快冷却速度。

由于正火时冷却速度较快，而球墨铸铁的导热性较差，正火后铸件内部的应力较大，因此正火后还要进行去应力退火处理。

（4）调质处理　球墨铸铁的调质处理是将铸件加热到880～920℃，保温后油冷，然后在500～600℃回火2～6h，获得回火索氏体＋球状石墨组织的热处理方法。通过调质处理可获得塑性、韧性和强度有良好配合的综合力学性能，特别适用于制造受力复杂、截面尺寸较大、综合力学性能要求高的铸件，如柴油机曲轴、连杆等重要零件。

球墨铸铁在淬火后也可以进行中温或低温回火。中温回火后可得到回火托氏体＋球状石墨组织，此时铸铁具有较高的弹性和韧性，适用于制作要求耐磨和一定热稳定性的铸铁件；低温回火后的组织为回火马氏体＋残余奥氏体＋球状石墨，具有较高的硬度和耐磨性，适用于制作要求高耐磨性、高强度的铸铁零件。

（5）等温淬火　球墨铸铁件等温淬火工艺是将球墨铸铁件加热到 880～920℃，保温一定时间，使其基体组织成为均匀的奥氏体组织，然后迅速放入 250～350℃的盐浴炉中等温，使过冷奥氏体转变为下贝氏体后出炉空冷。球墨铸铁经等温淬火后可获得较高的强度、塑性和韧性，其综合力学性能较好。但是由于等温盐浴炉的冷却能力有限，因此只适用于截面尺寸不大的球墨铸铁件。

三、可锻铸铁

1. 可锻铸铁的化学成分、生产过程及性能

为了保证铸件在铸造过程中能全部获得白口组织，可锻铸铁中的碳、硅含量较低，化学成分要求较严，一般为：$w_C=2.3\%\sim2.8\%$，$w_{Si}=1.0\%\sim1.6\%$，$w_{Mn}=0.3\%\sim0.8\%$，$w_S\leqslant0.2\%$，$w_P\leqslant0.1\%$。

可锻铸铁是由白口铸铁件经过高温 900～960℃长时间保温进行石墨化退火，使白口组织中的渗碳体分解出团絮状石墨后得到的。根据可锻铸铁退火方法和最后组织的不同，可锻铸铁分为黑心可锻铸铁、珠光体可锻铸铁和白心可锻铸铁。目前我国以黑心可锻铸铁生产为主，它是在铁素体基体上分布着团絮状石墨，其显微组织如图 6-4 所示。

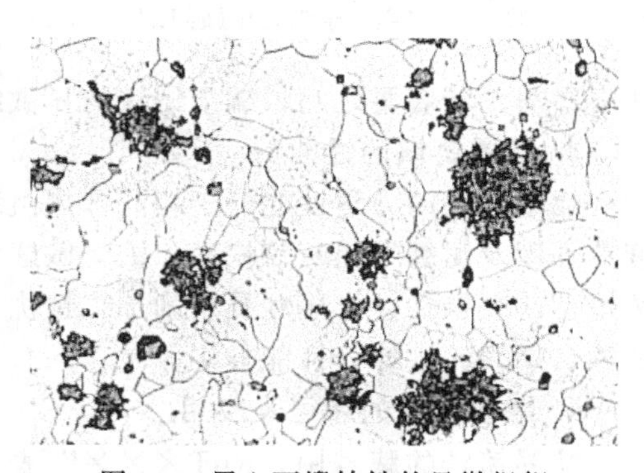

图 6-4　黑心可锻铸铁的显微组织

由于团絮状石墨对基体割裂作用较小，故可锻铸铁的力学性能比灰铸铁高，与球墨铸铁相近。其抗拉强度一般为 300～400MPa，最高可达 700MPa，伸长率为 3%～12%。应当指出，可锻铸铁虽然塑性较高，但并不能够进行锻造。由于可锻铸铁石墨化退火时间长、能耗高、生产效率低，因此不宜制作厚大件，一般用于制作形状复杂，又有一定力学性能要求的薄壁零件。

2. 可锻铸铁的牌号及应用

可锻铸铁的牌号是用“KT×××-××”表示的，牌号中的“KT”是“可铁”二字汉语拼音字符的第一个字母，后面的“H”（或 Z）表示“黑心”（或珠光体）基体的可锻铸铁，两组数字中，第一组数字表示试样的最低抗拉强度（MPa），第二组数字表示试样的最低伸长率（%）。表 6-3 是常用可锻铸铁的牌号、力学性能及应用范围。

四、蠕墨铸铁

蠕墨铸铁是在一定成分的铁液中加入适量的蠕化剂（如镁钛合金、稀土镁钛合金和稀土镁钙合金等）和孕育剂，从而获得含有蠕虫状石墨的铸铁。

表 6-3 常用可锻铸铁的牌号、力学性能及应用范围（摘自 GB/T 9440—2010）

种类	牌号	试样直径/mm	R_m/MPa	$R_{p0.2}$/MPa	A/%	硬度/HBW	应用举例
			不小于				
黑心可锻铸铁	KTH300-06	12或15	300		6	不大于150	适用于制作弯头、三通管件、中低压阀门等
	KTH350-10		350	200	10		适用于制作汽车、拖拉机前后轮壳、减速器壳、转向节壳、制动器等
珠光体可锻铸铁	KTZ450-06	12或15	450	270	6	150～200	适用于制作承受载荷较高及耐磨损的零件，如曲轴、凸轮轴、连杆、齿轮、活塞环、轴套、棘轮、扳手、传动链条等
	KTZ550-04		550	340	4	180～250	
	KTZ650-02		650	430	2	210～260	
	KTZ700-02		700	530	2	240～290	

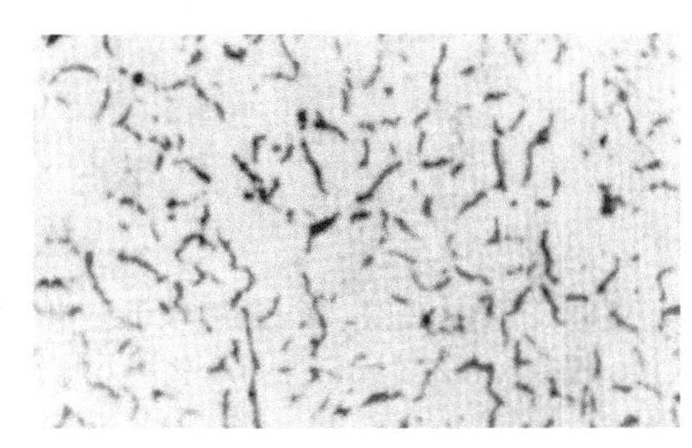

图 6-5 蠕墨铸铁的显微组织

1. **蠕墨铸铁的化学成分**

蠕墨铸铁的化学成分与球墨铸铁相似，要求高碳、高硅、低硫和低磷。化学成分范围一般为：w_C=3.5%～3.9%、w_{Si}=2.1%～2.8%、w_{Mn}=0.4%～0.8%、w_S<0.1%、w_P<0.1%。

2. **蠕墨铸铁的组织**

蠕墨铸铁的组织是在铸铁的基体上分布着蠕虫状的石墨，其形态类似片状，但石墨片短而厚（长厚比一般为 2～10），头部较圆，其形态介于球状石墨与片状石墨之间，蠕墨铸铁的显微组织见图 6-5。

3. **蠕墨铸铁的性能**

蠕墨铸铁的力学性能介于相同基体组织的灰铸铁和球墨铸铁之间。其抗拉强度、韧性、疲劳强度及耐磨性比灰铸铁高，缺口敏感性也小，但塑性、韧性比球墨铸铁低。蠕墨铸铁的铸造性、减振性、导热性及切削加工性优于球墨铸铁，抗拉强度接近球墨铸铁，相对于其他铸铁，蠕墨铸铁综合性能较好。

4. **蠕墨铸铁的牌号及应用**

蠕墨铸铁的牌号用“RuT×××”表示，其中“RuT”表示“蠕铁”二字的汉语拼音字符及字首，×××表示最低抗拉强度值(MPa)。例如 RuT420 表示抗拉强度不低于 420MPa 的蠕墨铸铁。蠕墨铸铁的牌号、力学性能和应用见表 6-4。

表 6-4 蠕墨铸铁的牌号、力学性能和应用（摘自 JB/T 4403—1999）

牌号	R_m/MPa	$R_{p0.2}$/MPa	A/%	硬度/HBW	应用
	不小于				
RuT260	260	195	3	121～197	适用于制作增压器废气进气壳体、汽车底盘零件等
RuT300	300	240	1.5	140～217	适用于制作变速箱体、汽缸体、液压件、纺织机零件、钢锭模等
RuT340	340	270	1.0	170～249	适用于制作重型机床、大型齿轮的箱体、盖、机座、飞轮等
RuT380	380	300	0.75	193～274	适用于制作活塞环、汽缸体、制动盘、吸淤泵体等
RuT420	420	335	0.75	200～280	

五、合金铸铁

合金铸铁就是在铸铁熔炼时有意加入一些合金元素，从而具有某些物理性能、化学性能、力学性能或特殊性能的铸铁。特殊性能铸铁主要分为三类：耐磨铸铁、耐热铸铁和耐蚀铸铁。

1. 耐磨铸铁

根据工作条件不同耐磨铸铁可分为减摩铸铁和抗磨铸铁两类。

（1）减摩铸铁 减摩铸铁的组织是在软基体上分布着硬的质点。一般用于制作在有润滑条件下工作的零件，如机床导轨、汽缸套、活塞环等。在软基体上磨损后形成的沟槽可以起到储油的作用，硬的质点可以起到支承的作用。生产中常用的合金减摩铸铁是在灰铸铁的基础上加入适量的铜、铬、钼、磷、钒、钛等合金元素形成的高磷铸铁、磷铜铸铁、铬钼铜铸铁等。

（2）抗磨铸铁 抗磨铸铁的组织一般具有较高的硬度，适用于制作在无润滑、受磨料磨损条件下工作的零件，如犁铧、轧辊、球磨机等零件。白口铸铁是抗磨性较高的铸铁，由于其脆性较大，因此常加入适量的铬、钼、铜、钨、镍、锰等合金元素形成如高铬白口抗磨铸铁、中锰耐磨球墨铸铁、稀土球墨铸铁等抗磨铸铁。

2. 耐蚀铸铁

耐蚀铸铁是指在酸、碱等介质中具有抗腐蚀能力的铸铁。耐蚀铸铁主要用于制作化工机械，如容器、管道、泵、阀门等零件。为了提高铸铁的耐蚀性，常加入的合金元素有铬、硅、铝、钼、铜、镍等，加入这些元素后，在铸件表面会形成连续、牢固、致密的保护膜，并可提高铸铁基体的电极电位，还可使铸铁得到单相铁素体或奥氏体基体，能够显著提高其耐蚀性。

各类耐蚀铸铁都有一定的适用范围，因此需要根据不同的腐蚀介质、工作条件合理选用耐蚀铸铁。目前常用的耐蚀铸铁是高硅铸铁，其金相组织为含硅铁素体＋石墨＋Fe_3Si_2，在腐蚀条件下高硅铸铁表面会形成致密、完整且耐蚀性高的SiO_2保护膜，因而在含氧酸类和盐类介质中具有良好的耐蚀性，但在盐酸、氢氟酸和碱性介质中，由于SiO_2保护膜会被破坏，故耐蚀性较差。对于在碱性介质中工作的零件，可采用$w_{Ni}=0.8\%\sim1.0\%$、$w_{Cr}=0.6\%\sim0.8\%$的抗碱铸铁。

3. 耐热铸铁

铸铁的耐热性主要是指在高温下抗氧化和抗热生长的能力。普通铸铁加热到450℃以上的高温时，会发生表面氧化和“热生长”的现象。热生长是指铸铁在高温下产生的体积不可逆膨胀现象，严重时可胀大10%左右，使铸件体积变化、力学性能降低，产生变形和裂纹。

耐热铸铁是在铸铁中加入硅、铝、铬等元素，使铸件表面形成一层致密的氧化膜，保护内部组织不继续被氧化并使临界点上升而不发生组织转变，提高铸铁的耐热性。

常用的耐热铸铁有高硅和铝硅耐热球墨铸铁，主要应用于制作炉条、烟道挡板、换热器、加热炉底板、钩链、焙烧机构件等零部件。

本章小结

铸铁是指含碳量大于2.11%的铁碳合金。碳在铸铁中的存在形式有两种：游离态的石墨（G）或化合态的渗碳体（Fe_3C）。根据碳在铸铁中存在的形式不同，铸铁可分为白口铸铁、灰口铸铁和麻口铸铁。根据石墨形态的不同，灰口铸铁又可分为普通灰铸铁、球墨铸铁、可锻铸铁和蠕墨铸铁。

铸铁中的碳原子以石墨形式析出的过程称为石墨化。影响铸铁石墨化过程的主要因素有铸铁的化学成分和冷却速度。在灰口铸铁中，石墨对基体产生割裂，因此其强度、塑性等低于同类基体的钢，但灰口铸铁具有较好的减振、减磨及切削加工性能。石墨的形态和分布对灰口铸铁力学性能的影响较大，球状石墨对基体的割裂作用最小，因此球墨铸铁具有较高的强度和塑性。热处理可以改变灰口铸铁的基体组织，但不能改变石墨的形态和分布。

复习思考题

一、填空题

1. 含碳量大于2.11%的＿＿＿＿＿合金称为铸铁。

2. 碳在铸铁中主要有＿＿＿＿＿和＿＿＿＿＿两种存在形式。

3. 根据碳的存在形式不同，铸铁可分为＿＿＿＿＿、＿＿＿＿＿和＿＿＿＿＿。

4. 按照石墨形态，灰口铸铁可分为＿＿＿＿＿、＿＿＿＿＿、＿＿＿＿和＿＿＿＿＿。

5. 铸铁中的＿＿＿＿以石墨形式析出的过程称为石墨化，影响石墨化的主要因素有＿＿＿＿＿和＿＿＿＿＿。

6. 在铸铁中，石墨呈球状形式分布在基体组织上，称为＿＿＿＿＿铸铁。

7. 可锻铸铁是由＿＿＿＿＿通过石墨化退火处理使渗碳体分解而得到团絮状石墨的一种高强度铸铁。

8. 牌号QT500-07，表示抗拉强度最低值为＿＿＿＿＿，伸长率最低值为＿＿＿＿的＿＿＿＿。

二、判断题

1. 由于白口铸铁中存在过多的渗碳体，其脆性大，所以较少直接使用。

2. 采用球化退火就可以获得球墨铸铁。

3. 通过热处理可以改变灰铸铁的基体组织，但不能改变石墨的形态、分布，因此对提高灰铸铁的力学性能的效果不大。

4. 灰口铸铁中，唯有“可锻铸铁”能进行锻造。

5. 灰铸铁加热也不能进行锻造。

6. 白口铸铁由于硬度很高，只可作刀具材料。

7. 同一化学成分的情况下，铸铁结晶时的冷却速度对石墨化程度影响很大。冷却速度越慢，越有利于石墨化。

8. 球墨铸铁的力学性能比普通灰铸铁低。

9. 由于灰铸铁中碳和杂质元素含量高，所以力学性能特点是硬而脆。

10. 灰铸铁的力学性能特点是抗压不抗拉。

三、选择题

1. 灰铸铁中的碳主要以（　　）形式存在。

A. 石墨　　B. 渗碳体　　C. 铁素体　　D. 渗碳体

2. 铸铁中强烈阻碍石墨化的元素是（　　）。

A. 碳　　B. 硅　　C. 锰　　D. 硫

3. 孕育处理的目的是（　　）。

A. 细化晶粒　　B. 改变晶体结构　　C. 改善冶炼质量　　D. 减少杂质

4. 对铸铁进行热处理可以改变铸铁组织中的（　　）。

A. 石墨形态　　B. 基体组织

C. 石墨形态和基体组织　　　　　D. 石墨含量

5. 机床床身、机座、机架、箱体等铸件适宜采用（　　）铸造。

A. 灰铸铁　　B. 可锻铸铁　　C. 球墨铸铁　　D. 蠕墨铸铁

6. 灰铸铁牌号 HT250 中的数字 250 表示（　　）的最低值。

A. 抗拉强度　　B. 屈服强度　　C. 冲击韧性　　D. 疲劳强度

7. 石墨在铸铁中呈团絮状的铸铁为（　　）。

A. 可锻铸铁　　B. 蠕墨铸铁　　C. 普通灰铸铁　　D. 球墨铸铁

四、简答题

1. 碳在铁碳合金中的存在形式有哪些？根据碳在铸铁中的存在形式不同，铸铁分为哪几类？

2. 根据石墨的形态不同，灰口铸铁分为哪几种？

3. 铸铁的石墨划分为哪几个阶段？

4. 灰铸铁、蠕墨铸铁、可锻铸铁、球墨铸铁的力学性能有何差异？为什么？

5. 为什么球墨铸铁的力学性能高于灰铸铁？

6. 可锻铸铁是如何获得的？

7. 什么是灰铸铁的孕育处理？孕育处理的目的是什么？

8. 球墨铸铁是怎样获得的？为什么球墨铸铁热处理效果比灰铸铁显著？

9. 解释下列材料牌号的含义：

HT100、HT200、QT400-18、QT900-2、RuT260、KTH300-06、KTZ700-02

10. 灰铸铁具有哪些优良的性能？

11. 可锻铸铁的塑性较高，为什么不能进行锻造成型？

12. 铸件为什么要进行去应力退火？

13. 为什么可锻铸铁适宜制造壁厚较薄的零件，球墨铸铁却不适宜制造壁厚较薄的零件？

五、分析题

1. 灰铸铁生产的机床床身在薄壁处出现了白口组织，造成切削加工困难，应采用的解决办法是什么？

2. 一批球墨铸铁曲轴，其基体组织为珠光体，要求曲轴有较高的综合力学性能，轴颈表面硬度为 50～55HRC，试确定其热处理方法。

第七章 有色金属及粉末冶金材料

金属材料通常分为黑色金属和有色金属（非铁合金）两大类。黑色金属主要是指铁和以铁为基的合金；除此之外的金属材料均属有色金属，如铝、铜、镁、钛、锡、铅、锌等及其合金。

与黑色金属相比，有色金属具有密度小、比强度高、耐热、耐腐蚀性能好及良好的导电性、导热性等特点，因此，有色金属已成为现代工业，尤其是在航空航天、原子能、化工、计算机等行业必不可少的结构材料。

有色金属材料很多，本章仅介绍在机械工业中广泛使用的铝及其合金、铜及其合金、轴承合金及粉末冶金材料。

第一节 铝及铝合金

一、工业纯铝

纯铝是一种具有银白色光泽的金属，它的密度较小（约为 $2.7g/cm^3$），熔点低（660℃），具有优良的导电、导热性能。纯铝为面心立方晶格金属，无同素异晶转变。

纯铝化学性质活泼，在大气中极易与氧化合，在金属表面形成一层致密的氧化膜，防止铝继续被氧化，从而使铝在大气中具有良好的抗氧化性能。但在酸、碱和盐的水溶液中，由于铝表面的氧化膜容易被溶解，会使铝进一步被腐蚀。

纯铝的强度很低（R_m=80～100MPa，20HBW），但塑性很高（A=35%～40%，Z=80%），通过加工硬化可提高纯铝的力学性能，纯铝一般不适宜作为结构材料使用。

纯铝的主要用途是代替贵重的铜合金，制作电线、电缆、散热器等；配制各种铝合金以及制作要求质量轻、导热性好、耐大气腐蚀但强度要求不高的器具、包覆材料等。

工业纯铝分为纯铝（$99\% < w_{Al} < 99.85\%$）和高纯铝（$w_{Al} \geq 99.85\%$）两类。纯铝分为铸造纯铝及变形纯铝两种。按 GB/T 8063—1994 规定，铸造纯铝牌号由“Z”和铝的化学元素符号及表明铝含量的数字组成，例如 ZAl99.5 表示 $w_{Al}=99.5\%$的铸造纯铝；按 GB/T 16474—2011 规定，原始纯铝用 1A××表示，牌号的最后两位数字表示最低铝百分含量×100（质量分数×100）的小数点后面两位数字。例如，牌号 1A30 的变形纯铝表示 w_{Al}=99.30%的原始纯铝，按 GB/T 3190—2008 规定，我国变形纯铝的牌号有 1A50、1A30 等。高纯铝的牌号有 1A99、1A97、1A93、1A90、1A85 等。

二、铝合金的分类及热处理

纯铝的强度较低，不适宜用来制造承受载荷的结构零件。若向铝中加入适量的硅、铜、镁、锰、锌等合金元素可得到具有较高强度的铝合金，若再进行冷变形加工或热处理，可进一步提高其强度。由于铝合金的比强度（即强度与其密度之比）高，并具有良好的导热、耐蚀等性能，因此，广泛应用于航空航天、机械制造、建筑及日常用品等领域。

1. 铝合金的分类

铝与主加元素的二元相图一般都具有图 7-1 所示的形式。根据相图中合金元素在铝中的最大溶解度 D 点，可把铝合金分为变形铝合金和铸造铝合金两大类。

（1）变形铝合金　成分在 D 点左边的合金，在加热时能形成单相的固溶体组织，因其塑性好，变形抗力小，适用于压力加工，故称为变形铝合金。这类铝合金又可分为两类：成分在 F 点以左的合金，由于 α 固溶体成分不随温度变化，故不能通过热处理方法进行强化，称为不可热处理强化铝合金；成分在 FD 之间的铝合金，由于 α 固溶体成分随温度变化而析出第二相质点，故可通过热处理方法进行强化，因此称为可热处理强化铝合金。

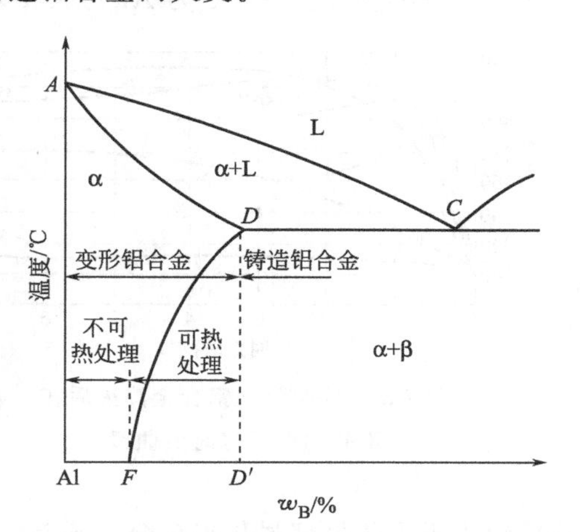

图 7-1　铝合金分类示意

（2）铸造铝合金　成分在 D 点右边的铝合金，由于具有共晶组织，熔点低、流动性好，适宜铸造，故称铸造铝合金。

2. 铝合金的热处理

可热处理强化的铝合金是通过淬火＋时效获得高强度的。铝合金的强化机理与钢不同，由钢的热处理可知，含碳量较高的钢经淬火后可立即获得很高的硬度，但塑形、韧性较低。而铝合金进行淬火后，其强度和硬度并不立即升高，并且塑性很好，但将淬火后的铝合金在室温或一定温度下保持一段时间后，由于析出的第二相质点弥散分布在 α 固溶体的基体上，因此铝合金的强度和硬度升高，并且保持时间愈长，强度、硬度愈高，直至趋于某一恒定值。图 7-2 为 Al-4％Cu 铝合金淬火后的自然时效曲线。

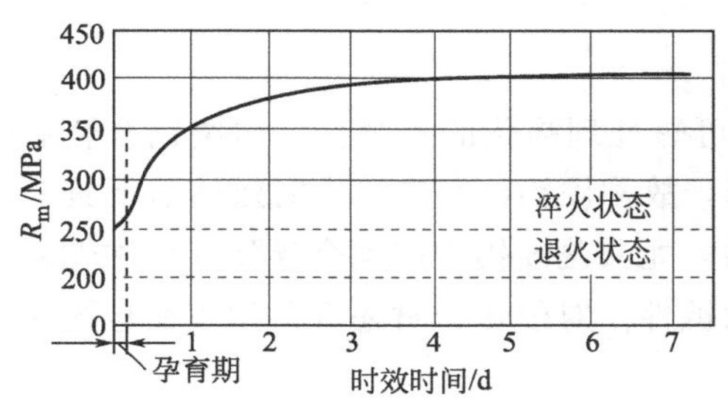

图 7-2　Al-4％Cu 铝合金淬火后的自然时效曲线

铝合金的淬火是将其加热到 α 相区进行保温得到单一的固溶体组织，然后在水中快冷至室温，使第二相质点来不及析出，从而得到过饱和、不稳定的单相 α 固溶体组织，铝合金的这种热处理方法又称为固溶处理。

淬火后的铝合金，若在室温下停留一段时间，其强度、硬度会显著提高，同时塑性下降。但在淬火后较短的时间内，其强度、硬度变化并不大，在这段时间内铝合金具有很好的塑性，可以进行各种冷变形加工（如铆接、弯曲、校正等），随后强度、硬度会很快升高。将淬火后铝合金在室温或在低温加热状态下，随保温时间延长，其强度、硬度显著升高而塑性降低的现象，称为时效强化或沉淀硬化。一般把铝合金在室温下进行的时效称为自然时效；加热到100℃以上进行的时效称为人工时效。

铝合金时效强化的速度及效果与进行时效的温度有关。时效温度升高，会加速时效强化过程的进行，使合金达到最高强度所需时间缩短，但获得的最高强度值有所降低，强化效果不好。如果时效温度过高、时效时间过长，合金的强度、硬度反而会下降，这种现象称为过时效；如果时效温度较低，原子不容易进行扩散，则时效过程进行得很慢。例如，将淬火后的铝合金在−50℃以下长期放置后，其力学性能几乎没有变化。在生产中，某些需要进一步加工变形的零件（铝合金铆钉等），可在淬火后放置在低温状态下保存，使其在需要铆接时仍具有良好的塑性。图7-3为Al-4%Cu铝合金淬火后在不同温度下的时效曲线。

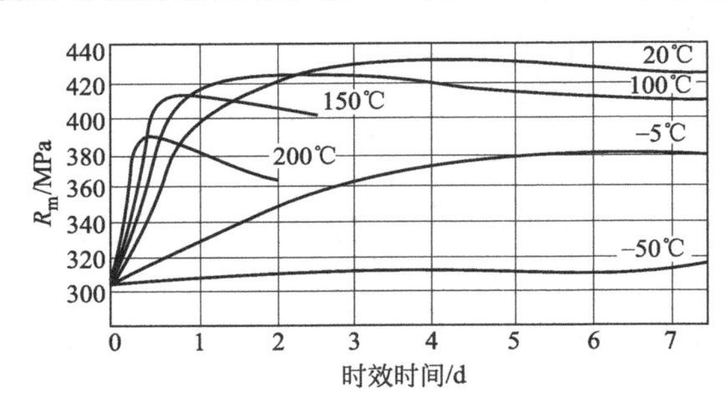

图7-3 Al-4%Cu铝合金淬火后在不同温度下的时效曲线

若将已进行自然时效的铝合金快速加热至200～270℃做短时间保温，快速冷至室温，铝合金又会重新变软，恢复到原始的淬火状态，这种处理称为“回归处理”。经过回归处理的铝合金在室温下放置，仍能进行时效强化，但时效后的强度有所下降。

三、变形铝合金

变形铝合金按其主要性能特点不同可分为防锈铝、硬铝、超硬铝和锻铝四类。其中防锈铝为不可热处理强化铝合金，硬铝、超硬铝与锻铝为可热处理强化铝合金。

按GB/T 16474—2011规定，变形铝合金牌号是用“×A××”表示的，牌号中第一、第三、第四位为数字。其中第一位数字是依主要合金元素Cu、Mn、Si、Mg、Mg_2Si、Zn的顺序以2～7来表示变形铝合金的组别，第三、第四位数字表示同一组别中不同铝合金的序号。例如2A11表示以铜为主要合金元素的变形铝合金。

1. 防锈铝

防锈铝主要是铝-锰系或铝-镁系合金。这类合金具有很高的抗腐蚀性，同时具有良好的塑性和焊接性能，但强度较低，时效强化效果较弱，因此只有通过冷加工变形才能使其强化。防锈铝一般在退火或加工硬化状态下使用。防锈铝主要用来制造管道、容器、油箱及受力小、耐蚀的制品及结构件（如窗框、灯具等）。

2. 硬铝

硬铝属于铝-铜-镁系合金，是一种应用较广的可热处理强化的铝合金。这类铝合金通过淬火时效可获得相当高的强度（R_m可达420MPa），故称硬铝，它在淬火时效状态下具有较好的切削加工性，但耐蚀性较差，更不耐海水腐蚀，尤其是硬铝中的铜会导致其抗蚀性剧烈下降，为此，硬铝中须加入适量的锰，以提高其耐蚀性。对硬铝板材还可采用表面包覆一层高纯铝的措施，但在热处理后强度稍低。

硬铝在航空航天工业中应用较为广泛，如制造飞机构架、螺旋桨叶片等，在仪器、仪表制造中也有广泛应用，如制造光学仪器中的目镜框等。

3. 超硬铝

超硬铝是铝-锌-镁-铜系合金。在铝合金中，超硬铝时效强化效果最好，室温下的强度最高，R_m 可达 600MPa，强度超过硬铝，因此称为超硬铝。其主要缺点是抗疲劳性能较差，有明显的应力腐蚀倾向，耐热性也低于硬铝合金。

超硬铝的比强度高，因此常用于制造要求重量轻、强度高的零件，如用来制造飞机上的起落架、大梁、翼肋等主要受力部件。

4. 锻铝

锻铝可分为铝-镁-硅-铜和铝-铜-镁-铁-镍系铝合金。锻铝的力学性能与硬铝相近，但热塑性及耐蚀性较高，更适于锻造，故称为锻铝。

锻铝主要用来制造各种锻件和模锻件，在航空工业中用于制造航空发动机活塞、直升机的桨叶、飞机操纵系统中的摇臂、支架等锻件。

常用变形铝合金的牌号、代号、化学成分和力学性能见表 7-1。

四、铸造铝合金

铸造铝合金具有良好的铸造工艺性能，因此可通过铸造生产出形状复杂的零件。与变形铝合金相比，铸造铝合金的力学性能不如变形铝合金，为保证铸造铝合金具有良好的铸造性能和足够高的强度，铸造铝合金中合金元素含量较多，一般在 8%～25%之间。铸造铝合金的种类很多，根据合金元素的不同，主要有铝-硅系、铝-铜系、铝-镁系及铝-锌系铝合金四种，其中以铝-硅系铸造铝合金应用最为广泛。

铸造铝合金的牌号由“Z”和基体金属铝的元素化学符号、主要合金元素化学符号以及表示合金元素平均含量的百分数组成。

铸造铝合金的代号是用“铸铝”两字的汉语拼音的字首“ZL”及三位数字表示。第一位数表示合金类别（1 为铝-硅系，2 为铝-铜系，3 为铝-镁系，4 为铝-锌系）；第二、第三位数字为合金顺序号，序号不同，化学成分也不同。例如，ZL102 表示顺序号为 2 号的铝-硅系铸造铝合金。常用铸造铝合金的牌号、代号、化学成分、力学性能及用途见表 7-2。

1. 铝硅合金

铝硅合金具有优良的铸造性能，流动性好、收缩及热裂倾向小、耐蚀性能好，具有较高的强度。

典型的铝硅合金中硅的含量为 10%～13%，属于共晶成分，通常称为硅铝明。铸造后的组织是硅溶于铝中形成的 α 固溶体和硅组成的共晶体，由于硅本身脆性大，又呈粗大针状分布在组织中，故使铝硅合金的力学性能大为降低。为了提高铝硅合金的力学性能，常进行变质处理，即在浇注前向合金溶液中加入含有 NaCl、NaF 等的变质剂进行变质处理。变质剂中的钠能促进硅晶核的形成，并阻碍其晶体长大，使结晶后的硅晶体呈极细的粒状，均匀分布在铝基体上。图 7-4 为变质处理后 ZL102 合金的显微组织，图中亮色晶体为初晶 α 固溶体，暗色基体为细粒状共晶体。ZL102 是应用最广泛的铸造铝合金，经变质处理后，合金的抗拉强度 R_m 可达 180MPa，伸长率 $A=6\%$，显著改善了铝硅合金的力学性能。仅含有硅的铝硅系合金（如 ZL102），其主要缺点是铸件致密程度较低，强度较低（变质处理后，R_m 也不超过 180MPa），且不能够热处理强化。

为了进一步提高铝硅合金的强度，可在亚共晶（$w_{Si}=4\%\sim10\%$）合金中加入一些能形成 Mg_2Si、$CuAl_2$ 及 $CuMgAl_2$ 等强化相的合金元素（如铜、镁、锰等），这样的合金在变质处理后还可进行淬火及时效处理，提高其强度，如 ZL101、ZL105、ZL108 等合金。

表 7-1 常用变形铝合金的牌号、代号、化学成分和力学性能（摘自 GB/T 3190—2008、GB/T 3191—2010、GB/T 16475—2008）

类别	牌号	化学成分/%								材料状态	抗拉强度 R_m/MPa	规定非比例延伸强度 $R_{p0.2}$/MPa	断后伸长率 A/%	曾用牌号
		Si	Fe	Cu	Mg	Mn	Zn	Ti	其他		不小于			
防锈铝	5A02	0.4	0.4	0.1	2.0～2.8	0.15～0.4	—	0.15	—	退火	≤250	—	10	LF2
	5A05	0.5	0.5	0.1	4.8～5.5	0.3～0.6	0.2	—	—	退火	265	120	15	LF5
	3A21	0.6	0.7	0.2	0.05	1.0～1.6	0.1	0.15	—	退火	≤165	—	20	LF21
硬铝	2A01	0.5	0.5	2.2～3.0	0.2～0.5	0.2	0.1	0.15	—	淬火＋自然时效				LY1
	2A11	0.7	0.7	3.8～4.8	0.4～0.8	0.4～0.8	0.3	0.15	Ni:0.10	淬火＋自然时效	370	215	12	LY11
	2A12	0.5	0.5	3.8～4.9	1.2～1.8	0.3～0.9	0.3	0.15	—	淬火＋自然时效	390	255	12	LY12
	2A16	0.3	0.3	6.0～7.0	0.05	0.4～0.8	0.10	0.10～0.20	Zr:0.20	淬火＋人工时效	355	235	8	LY16
超硬铝	7A04	0.5	0.5	1.4～2.0	1.8～2.8	0.2～0.6	5.0～7.0	0.10	Cr:0.1～0.25	淬火＋人工时效	490	370	7	LC4
	7A09	0.5	0.5	1.2～2.0	2.0～3.0	0.15	5.1～6.1	0.10	Cr:0.16～0.3	淬火＋人工时效	490	370	7	LC9
锻铝	2A50	0.7～1.2	0.7	1.8～2.6	0.4～0.8	0.4～0.8	0.3	0.15	Ni:0.1	淬火＋人工时效	355	—	12	LD5
	2A70	0.35	0.9～1.5	1.9～2.5	1.4～1.8	0.2	0.3	0.02～0.10	Ni:0.9～1.5	淬火＋人工时效	355	—	8	LD7
	2A90	0.5～1.0	0.5～1.0	3.5～4.5	0.4～0.8	0.2	0.3	0.15	Ni:1.8～2.3	淬火＋人工时效	355	—	8	LD9

表 7-2 常用铸造铝合金的牌号、代号、化学成分、力学性能及用途（摘自 GB/T 1173—2013）

类别	牌号	代号	化学成分/%(余量为 Al)					铸造方法	热处理方法	力学性能(不小于)			用途举例
			Si	Cu	Mg	Zn	其他			R_m/MPa	A/%	硬度/HBW	
铝硅合金	ZAlSi7Mg	ZL102	6.5～7.5		0.25～0.45			金属型 砂型 砂型变质处理	淬火＋不完全时效 淬火＋不完全时效 淬火＋完全时效	205 195 225	2 2 1	60 60 70	形状复杂的零件，如飞机仪器零件、抽水机壳体等
	ZAlSi12	ZL102	10.0～13.0					金属型 砂型 金属型变质处理	退火 退火	145 135	3 4	50 50	工作温度在 200℃以下的高气密性和低载零件，如仪表、水泵壳体等
	ZAlSi5Cu1Mg	ZL105	4.5～5.5	1.0～1.5	0.4～0.6			砂型 金属型	淬火＋不完全时效 淬火＋不完全时效	215 235	1 0.5	70 70	形状复杂、工作温度在 200℃以下的零件，如机闸、油泵壳体等
铝铜合金	ZAlCu5Mn	ZL201		4.5～5.3		0.6～1.0	Ti0.15～0.35	砂型 砂型	淬火＋自然时效 淬火＋不完全时效	295 335	8 4	70 90	工作温度在 300℃以下的零件，如支臂、活塞等
	ZAlCu10	ZL202		9.0～11.0	0.6～1.0	0.15～0.35		砂型 金属型	淬火＋完全时效	163		100	高温下工作不受冲击的零件和要求硬度较高的零件
铝镁合金	ZAlMg10	ZL301			9.5～11.0			砂型	淬火＋自然时效	280	9	60	在大气或海水中工作且工作温度在 150℃以下的零件，如氨用泵体、船舰配件等
铝锌合金	ZAlZn11Si7	ZL401	6.0～8.0		0.1～0.3		Zn9.0～13.0	金属型	人工时效	245	1.5	90	结构复杂的汽车、飞机仪器零件，工作温度不超过 200℃，也可制作日用品

注：不完全时效指时效温度低或时间短；完全时效指时效温度约为 180℃，时间较长。

铸造铝硅合金一般用来制造质轻、耐蚀、形状复杂但强度要求不高的铸件，如内燃机的活塞、汽缸体、汽缸套、风扇叶片、电机、仪表外壳及形状复杂的薄壁零件。

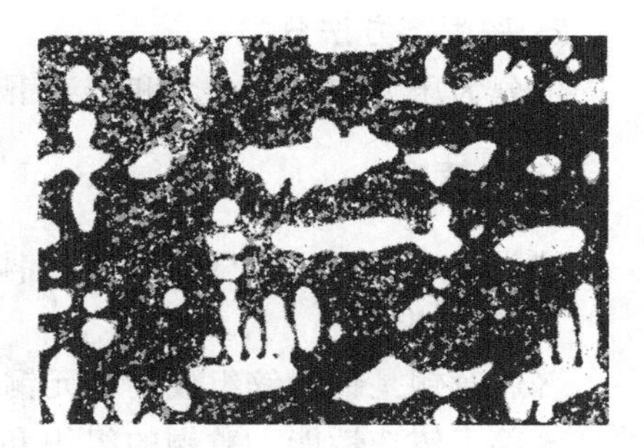

图 7-4　变质处理后 ZL102 合金的显微组织

2. **其他铸造铝合金**

铝铜合金具有较高的耐热强度，但铸造性能差，抗蚀性不好，主要用于制作工作温度 300℃以下承受较高载荷、形状不复杂的零件，如支臂、活塞等；铝镁合金密度小、耐蚀性能好、强度高，但铸造性能差，易产生热裂和缩松，多应用于制作承受冲击、振动载荷和在腐蚀条件下工作的零件，如轮船配件、泵体零件等；铝锌合金强度较高，但耐蚀性能较差，在加入适量的锰、镁等合金元素后可适当提高耐蚀性；铝锌合金的铸造性能很好，价格便宜，可用于制造结构形状复杂的汽车、飞机、仪表及医疗器械等零件。

第二节　铜及铜合金

一、工业纯铜

纯铜的密度为 8.96g/cm^3，熔点为 1083℃，具有面心立方晶格，无同素异晶转变。工业上使用的纯铜，其含铜量为 99.50%～99.95%，是具有玫瑰红色泽的金属，由于铜表面氧化后会形成一层氧化亚铜（Cu_2O）膜而呈紫色，因此又称为紫铜。

纯铜具有优良的导电性、导热性、塑性及良好的耐蚀性。但纯铜的强度不高（R_m＝200～250MPa），硬度很低（40～50HBW），塑性却很好（A＝40%～50%）。因此纯铜可通过挤压、压延、拉伸等方法进行成型加工。纯铜不能通过热处理方法进行强化，只能通过冷变形加工的方法提高强度。冷变形后，纯铜的强度可以提高到 R_m＝400～500MPa，但伸长率却急剧下降到 2%左右。

纯铜的主要用途是制作各种导电、导热材料及配制各种铜合金。

工业纯铜的牌号用“铜”字的汉语拼音字首“T”加顺序号表示，共有三个牌号：T1，T2，T3，牌号中数字越大，表示纯度越低，杂质含量越多，其导电性越差。

二、铜合金的分类

纯铜因其强度低而不能作为结构材料使用，工业中广泛使用的是铜合金。铜合金一般按以下方法进行分类。

1. **按化学成分分类**

按铜合金中的主要合金元素不同，可分为黄铜、白铜和青铜三大类。

① 黄铜　以锌为主要合金元素的铜合金。

② 白铜　以镍为主要合金元素的铜合金。

③ 青铜　以除锌和镍以外的其他元素作为主要合金元素的铜合金。按其所含主要合金元素的种类不同，青铜可分为锡青铜、铅青铜、铝青铜、硅青铜等。

2. 按生产方法分类

可分为压力加工铜合金和铸造铜合金两类。

三、黄铜

按化学成分不同可分为普通黄铜和特殊黄铜。

1. 普通黄铜

普通黄铜是铜和锌组成的二元铜合金，锌加入铜中提高了铜合金的强度、硬度和塑性，并且改善了铸造性能。黄铜的组织和力学性能与含锌量的关系如图 7-5 所示。由图可看出：当 $w_{Zn}<32\%$时，锌可全部溶于铜中，形成单相的 α 固溶体，且随着含锌量的增加，黄铜的强度、硬度提高，塑性也同时得到改善；当 $w_{Zn}>32\%$后，由于出现脆性的 β′相，铜合金的塑性开始下降，但一定数量的 β′相仍起强化作用，使强度继续升高，当 $w_{Zn}>45\%$时，组织中已全部为脆性的 β′相，致使黄铜强度、塑性急剧下降。所以工业黄铜中的含锌量一般不超过 45%。

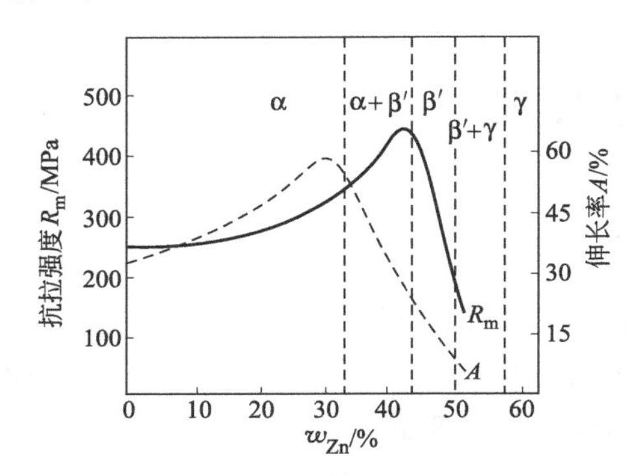

图 7-5　锌对铜合金力学性能的影响

普通加工黄铜牌号表示方法为：H＋铜元素含量（质量分数）。例如，H70 表示 $w_{Cu}=70\%$、余量为锌的普通黄铜。

2. 特殊黄铜

为了提高黄铜的耐蚀性能、力学性能及切削加工性能，在普通二元黄铜的基础上，再加入其他合金元素组成的多元合金称为特殊黄铜。常加入的元素有锡、铅、铝、硅、锰、铁等。特殊黄铜可依据加入的第二合金元素命名，如铅黄铜、锡黄铜、铝黄铜、锰黄铜、硅黄铜、镍黄铜等。

特殊加工黄铜牌号表示方法为：H＋主加元素的化学符号（除锌以外）＋铜及各合金元素的含量（质量分数）。例如，HPb59-1 表示 $w_{Cu}=59\%$、$w_{Pb}=1\%$、余量为锌的特殊黄铜。

铸造黄铜的牌号表示方法是：Z＋铜元素化学符号＋主加元素的化学符号及含量（质量分数）＋其他合金元素化学符号及含量（质量分数）。例如，ZCuZn38 表示 $w_{Zn}=38\%$、余量为铜的铸造普通黄铜。

常用黄铜的牌号、化学成分、力学性能及用途见表 7-3。

四、青铜

青铜是指以除锌、镍外的元素为主要合金元素的铜合金。包括锡青铜、铝青铜、铍青铜、硅青铜等。根据加工产品的供应形式，青铜可分为压力加工青铜和铸造青铜两类。压力加工青铜的牌号表示方法为“Q”（“青”的汉语拼音字首）＋第一主加元素符号及平均含量（质量分数）＋其他合金元素的含量（质量分数）。例如，QA15 表示 $w_{Al}=5\%$、余量为铜的铝青铜。铸造青铜与铸造黄铜的牌号表示方法相同。如 ZCuSn10P1 表示 $w_{Sn}=10\%$、$w_P=1\%$、余量为铜的铸造锡青铜。

青铜具有优良的综合力学性能、较高的导电性、导热性及良好的切削加工性能，耐蚀性高于纯铜和黄铜。常用青铜的牌号、化学成分、力学性能及用途见表 7-4。

表 7-3 常用黄铜的牌号、化学成分、力学性能及用途（摘自 GB/T 2040—2008、GB/T 5231—2012）

类别	牌号	化学成分/%		加工状态或铸造方法	力学性能(不小于)			主要用途
		Cu	其他		R_m/MPa	$A_{11.3}$/%	硬度/HV	
普通黄铜	H90	88.0～91.0	余 Zn	软	245	35	—	双金属片、供排水管
				硬	390	3	—	
	H68	67.0～70.0	余 Zn	软	290	40	≤90	复杂的冷冲压件、散热器外壳、弹壳、波纹管等
				硬	410～540	10	120～160	
	H62	60.5～63.5	余 Zn	软	290	35	≤95	销钉、铆钉、螺母、垫圈、弹簧等
				硬	410～540	10	120～160	
	ZCuZn38	60.0～63.0	余 Zn	S	295	30	59	一般结构的散热器、螺钉、支架等
				J	295	30	69	
特殊黄铜	HSn62-1	61.0～63.0	Sn:0.7～1.1 余 Zn	软	295	35	—	与海水及汽油接触的零件等
				硬	390	5	—	
	HMn58-2	57.0～60.0	Mn:1.0～2.0 余 Zn	软	382	30	—	船舶制造业及弱电用零件
				硬	588	30	—	
	HPb59-1	57.0～60.0	Pb:0.8～1.9 余 Zn	软	34	5	—	热冲压机切削加工零件，如螺钉、螺母、轴套等
				硬	441	25	—	
	ZCuZn40Mn3Fe1	53.0～58.0	Mn:3.0～4.0 Fe:0.5～1.5 余 Zn	S	440	18	98	耐海水腐蚀的零件，海轮上 300℃以下工作的管配件、螺旋桨等
				J	490	15	108	

注：软—600℃退火；硬—变形度为 50%；S—砂型铸造；J—金属型铸造。

表 7-4 常用青铜的牌号、化学成分、力学性能及用途

类别	牌号	化学成分/%	力学性能			用途
			状态	R_m/MPa	A/%	
锡青铜	QSn4-3	Sn:3.5～4.5 Zn:2.7～3.3 余量 Cu	软 硬	350 550	40 4	弹性元件、管配件、化工机械中耐磨零件及抗磁零件
	QSn6.5-0.4	Sn:6.0～7.0 Pb:0.1～0.5 余量 Cu	软 硬	400 600	65 10	弹簧及振动片、精密仪器中的耐蚀件及耐磨件
	ZCuSn10P1	Sn:9.0～11.5 P:0.5～1.0 余量 Cu	软 硬	220 310	3 2	重要的减摩零件，如轴承、涡轮、机床丝杠螺母等
铝青铜	QAl7	Al:6.0～8.0 余量 Cu	退火 冷加工	470 980	70 3	重要用途的弹簧和弹性元件
	ZCuAl10Fe3	Al:8.5～11.0 Fe:2.0～4.0 余量 Cu	软 硬	490 540	13 15	耐磨零件及在蒸汽、海水中工作的高强度耐蚀件
铍青铜	QBe2	Be:1.9～2.2 Ni:0.2～0.5 余量 Cu	时效	1150	2～4	精密弹簧及高温、高压、高速下工作的轴承、衬套等

1. 锡青铜

锡能够溶于铜中形成 α 固溶体，具有良好的塑性，当 $w_{Sn}<7\%$时，室温组织是单相的 α 固溶体，随含锡量的增加，强度、塑性增加；当 $w_{Sn}>7\%$时，由于组织中出现硬而脆的 δ 相，使塑性急剧下降；当 $w_{Sn}>20\%$时，由于 δ 相过多，使合金变得很脆，强度也迅速下

降。因此，一般工业用锡青铜的含锡量为3%～14%。

一般w_{Sn}=5%～7%的锡青铜，塑性最好，适于冷、热加工用；w_{Sn}>7%的锡青铜，强度较高，适用于铸造。

锡青铜结晶温度范围很宽，故流动性较差，偏析倾向较大，易形成分散的缩孔，致使铸件的密度不高。但锡青铜在凝固时体积收缩率很小，能获得符合型腔形状的铸件。因此，锡青铜适用于铸造形状复杂、壁厚变化较大，而对致密度要求不高的零件。

锡青铜在氨水、盐酸和硫酸中耐蚀性不理想，但在大气、海水和无机盐类溶液中却有极高的耐蚀性。

2. 铝青铜

铝青铜是以铝为主加元素的铜合金。一般含铝量为5%～11%，它具有高的强度、耐蚀性和抗磨能力，并可热处理强化。铸造铝青铜的结晶温度范围很窄，流动性好，形成晶内偏析和分散缩孔的倾向小，能够获得致密的、偏析小的铸件，故其力学性能比锡青铜高，但铝青铜收缩率较大。铝青铜的耐蚀性高于锡青铜与黄铜，并具有较高的耐热性。在铝青铜中加入铁、锰、镍等合金元素，能够进一步提高其力学性能。

铝青铜是一种用途很广的压力加工及铸造材料，常用于制造仪器中要求耐蚀的零件、弹性元件及强度、耐磨性要求较高的摩擦零件，如齿轮、蜗轮、轴套、阀门等。

3. 铍青铜

铍青铜是以铍为主加元素的铜合金。一般w_{Be}=1.6%～2.5%，铍青铜是目前时效强化效果最好的铜合金，它不仅具有高的强度、硬度、弹性极限、疲劳极限、耐蚀性、耐磨性、良好的导电性和导热性，而且还具有抗磁、受冲击时不产生火花、耐热性均优于其他铜合金等优点。在工艺方面，它承受冷、热压力加工的能力很强。因此铍青铜主要用来制作精密仪器、仪表中各种重要用途的弹性元件、耐蚀、耐磨零件，如钟表齿轮、航海罗盘、防爆工具和电焊机电极等。但铍青铜价格昂贵，工艺复杂，因此在应用上受到限制。

第三节　滑动轴承合金

在滑动轴承中，用来制造轴瓦及其内衬的合金称为轴承合金。

滑动轴承由轴承体和轴瓦两部分构成，与滚动轴承相比，它具有承受压力面积大、工作平稳、无噪声、修理、更换方便等优点，所以在汽车、拖拉机、机床等产品上广泛应用。

一、轴承合金的性能要求

轴承是用来支承轴颈的，并在轴高速运转时，轴承要承受交变载荷及冲击力的作用，且轴颈和轴瓦之间有剧烈的摩擦，使零件温度升高，引起体积膨胀，造成轴承和轴颈咬合而烧坏轴承。由于轴是设备中的重要零部件，制造困难，成本较高，不易更换，所以在磨损不可避免的情况下，应首先考虑使轴磨损最小，然后再尽量提高轴承的耐磨性，以保证设备能长期正常运转。因此，对于轴承合金要求具备以下性能。

① 具有较高的抗压强度和疲劳强度，以保证能承受轴颈施加的压力。

② 具有较高的耐磨性、较小的摩擦因数和良好的磨合性能。

③ 具有足够的塑性和韧性，以保证与轴的良好配合，能够抵抗振动和冲击力的作用。

④ 具有良好的耐蚀性和导热性、较小的膨胀系数，防止咬合。

⑤ 制造简便，价格低廉。

二、轴承合金的组织特征

为了满足以上性能要求，目前常用的轴承合金有以下两类组织。

1. 在软的基体上分布着硬质点

在这类轴承合金中有13%～30%颗粒状的硬质点分布在软的基体上（如图7-6所示），工作时硬的颗粒承受载荷，软的组织磨凹后，有利于润滑油的储存，除可减少轴颈与轴承的摩擦外，还使轴和轴承间形成一层连续的油膜，保证理想的润滑条件和低摩擦因数。由于基体软，不仅抗振动、抗冲击能力较强，同时还具有良好的磨合性，能够保证机构的安全运行。但这类组织难以承受高的载荷，一般运转温度低于110℃。属于这类组织的有铅基和锡基轴承合金，也称为“巴氏合金”。

2. 在硬的基体上分布着软质点

当轴承处于高转速、高载荷的工作条件下，就要求轴承合金具有较高的强度，通常采用有较硬基体（硬度低于轴颈）的轴承合金。这类组织的轴承合金同样具有低的摩擦因数，但其磨合性较差。属于这类组织的轴承合金有铝基轴承合金和铜基轴承合金等。

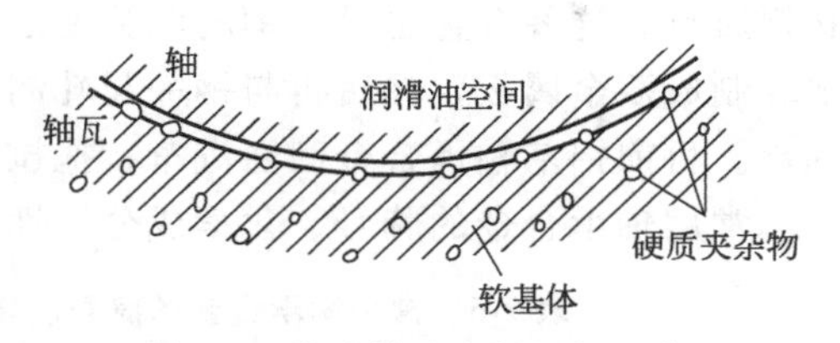

图7-6　滑动轴承理想组织示意

三、常用的轴承合金

1. 锡基轴承合金（锡基巴氏合金）

锡基轴承合金是以锡为基础元素，加入少量的锑、铜等元素组成的合金。它的基体组织是锑溶于锡形成的α固溶体，硬度较低（24～30HBW），硬质点是以化合物SnSb为基的β固溶体，硬度较高（约110HBW），以及Cu_3Sn、Cu_6Sn_5等化合物。

锡基轴承合金的主要优点是摩擦因数和膨胀系数小，塑性和导热性好，抗腐蚀性高。主要缺点是抗疲劳强度较差，因锡较稀缺，故这种轴承合金价格较高。这种合金常用来制作重要的轴承，如高速蒸汽机、汽轮机、发动机、压气机等巨型机器的高速轴承。

2. 铅基轴承合金（铅基巴氏合金）

铅基轴承合金是以铅为基础元素，并加入锡、锑、铜等元素的合金。它的软基体是锑溶于铅中形成的α固溶体和铅溶于锑中形成的β固溶体组成的（α+β）共晶体（硬度为7～8HBW），硬质点是加入锡后形成的SnSb，并且锡能大量溶于铅中而强化基体，故可提高铅基合金的强度和耐磨性。加铜能形成Cu_2Sb硬质点，可减少比密度偏析。

铅基轴承合金的强度、塑性、韧性、导热性、耐蚀性均较锡基轴承合金低，且摩擦因数较大，不能承受大的压力，但价格较便宜。铅基轴承合金常用来制造承受中、低载荷的中速轴承，如汽车、拖拉机的曲轴、连杆轴承及电动机轴承。将铅基轴承合金镶铸在钢的轴瓦上，可形成一层薄而均匀的内衬，构成所谓的双金属轴承。

3. 铜基轴承合金

常用的铜基轴承合金有铅青铜、锡青铜等。

铅青铜是以铅为主要合金元素的铜基合金。铅青铜中的硬基体是铜，由于铅几乎不溶于铜，从而成为软质点均匀分布在铜基体中，形成了硬基体加软质点的组织，铅被磨掉后形成的空洞能储存润滑油，从而降低摩擦因数。铅青铜具有较高的疲劳强度，可以在很高的压力、速度和较高的温度（250℃以下）条件下工作，故广泛用于制造高速、高压下工作的轴承，如制造航空发动机、高速柴油机和其他高速设备上的主要轴承。

4. **铝基轴承合金**

铝基轴承合金是20世纪60年代发展起来的一种新型减摩材料。铝基轴承合金具有密度小、导热性好、疲劳强度高和耐蚀性好的特点，能在较高的压力与速度下运行，并具有原料丰富、价格低廉等优点，但它的线胀系数较大，抗咬合性不如巴氏合金，运转时容易与轴咬合，通常须在表面镀锡以改善轴承的适应性。目前使用较多的铝基轴承合金有高锡铝基轴承合金和铝锑镁轴承合金两种。

常用的铝基轴承合金有ZAlSn6Cu1Ni1和ZAlSn20Cu两种合金。它是以铝为基体元素，锡为主加元素的合金。由于锡在铝中溶解度极小，其实际组织为硬的铝基体上分布着软的粒状锡质点。这种合金也可在钢的轴瓦上挂衬，由于它与钢的黏结性较差，故须先将其与纯铝箔轧制成双金属板，然后再与钢一起轧制，最后形成由钢-铝-高锡铝基轴承合金三层组成的轴承。目前铝基轴承合金已在汽车、拖拉机、内燃机车上广泛使用。

常用轴承合金的牌号、化学成分、性能及用途见表7-5。

表7-5 常用轴承合金的牌号、化学成分、性能及用途（GB/T 1174—1992）

类别	牌号	化学成分/%					硬度(≥)HBW	用途举例
		Sb	Cu	Pb	Sn	杂质		
锡基轴承合金	ZSnSb12Pb10Cu4	11.0～13.0	2.5～5.0	9.0～11.0	余量	0.55	29	一般发动机的主轴承，但不适于高温下工作
	ZSnSb11Cu6	10.0～12.0	5.5～6.5	0.35	余量	0.55	27	1500kW以上蒸汽机、370kW涡轮压缩机、涡轮泵及高速内燃机轴承
	ZSnSb8Cu4	7.0～8.0	3.0～4.0	0.35	余量	0.55	24	一般大型设备轴承及高载荷汽车发电机的双金属轴承
	ZSnSb4Cu4	4.0～5.0	4.0～5.0	0.35	余量	0.50	20	涡轮内燃机的高速轴承及轴承内衬
铅基轴承合金	ZPbSb16Sn16Cu2	15.0～17.0	1.5～2.0	余量	15.0～17.0	0.60	30	110～880kW蒸汽涡轮机、150～750kW电动机和小于1500kW起重机及重载荷推力轴承
	ZPbSb15Sn10	14.0～16.0	0.7	余量	9.0～11.0	0.45	24	中等压力的机械，也适用于制造高温轴承
	ZPbSb15Sn5	14.0～15.5	0.5～1.0	余量	4.0～5.5	0.75	20	低速、轻压力机械轴承
	ZPbSb10Sn6	9.0～11.0	0.7	余量	5.0～7.0	0.70	18	重载荷、耐蚀、耐磨轴承

除上述轴承合金外，珠光体灰铸铁也常作为滑动轴承材料使用，它的显微组织由硬基体（珠光体）与软质点（石墨）构成，且石墨还具有润滑作用。虽然铸铁轴承能够承受较大的压力，价格低廉，但摩擦因数较大，导热性差，故只适宜制造低速运行的轴承。

第四节 粉末冶金材料

不经过熔炼和铸造而直接用几种金属粉末或金属与非金属粉末作原料，通过配料、压制成型、烧结而制成的具有一定强度、多孔性的材料，称为粉末冶金材料。这种工艺过程称为粉末冶金法。

一、粉末冶金法及其应用

粉末冶金法是制取具有特殊性能金属材料的一种方法，也是一种精密、少切削或无切削的加工方法。它可使压制品达到或接近设计要求的零件形状、尺寸精度与表面粗糙度，减少切削加工工序，使生产效率、材料利用率大为提高，生产成本降低。

粉末冶金材料的种类较多，应用也很广泛，常用的粉末冶金材料有减摩材料、结构材料、摩擦材料、硬质合金、难熔金属材料、过滤材料、磁性材料、耐热材料等。

粉末冶金法由于受到压制设备大小及模具制造的限制，只能生产尺寸较小及形状不太复杂的制件。

二、常用的粉末冶金材料

1. 硬质合金

硬质合金是以碳化钨（WC）或碳化钨与碳化钛（TiC）、碳化钽（TaC）等高熔点、高硬度的碳化物为主要成分，并加入钴（或镍）作为黏结剂通过粉末冶金法制得的一种粉末冶金材料。硬质合金主要用来制造高速切削刃具，以及某些不受冲击、振动的高耐磨零件。

（1）硬质合金的性能特点

① 硬度高、热硬性高、耐磨性好。在常温下，硬质合金的硬度可达86～93HRA（相当于69～81HRC），热硬性可达900～1000℃。与高速工具钢相比，硬质合金刃具的切削速度、耐磨性及使用寿命都有显著提高，其切削速度比高速工具钢高4～7倍，使用寿命高5～80倍。

② 抗压强度高。硬质合金的抗压强度高，可达6000MPa，但抗弯强度较低（只有高速工具钢的1/3～1/2），韧性较差（淬火钢的30%～50%）。

③ 在大气、酸、碱等介质中具有良好的耐蚀性及抗氧化性。

④ 线胀系数小。

（2）切削工具用硬质合金　切削工具用硬质合金按成分组成与性能特点不同可分为钨钴类、钨钴钛类、钨钛钽（铌）类硬质合金三类。

切削工具用硬质合金牌号按使用领域的不同分成P、M、K、N、S、H六个类别，见表7-6。各个类别为满足不同的使用要求，以及根据切削工具用硬质合金材料的耐磨性和韧性的不同，分成若干个组，用01、10、20、…等两位数字表示组号。

表7-6　切削工具用硬质合金牌号的分类

类别	使用领域
P	长切屑材料的加工，如钢、铸钢、长切削可锻铸铁等的加工
M	通用硬质合金，用于不锈钢、铸钢、锰钢、可锻铸铁、合金钢、合金铸铁等的加工
K	短切屑材料的加工，如铸铁、冷硬铸铁、短切屑可锻铸铁、灰口铸铁等的加工
N	有色金属、非金属材料的加工，如铝、镁、塑料、木材等的加工
S	耐热和优质合金材料的加工，如耐热钢，含镍、钴、钛的各类合金材料的加工
H	硬切削材料的加工，如淬硬钢、冷硬铸铁等材料的加工

切削工具用硬质合金牌号由类别代码、分组号、细分号（需要时使用）组成，如：

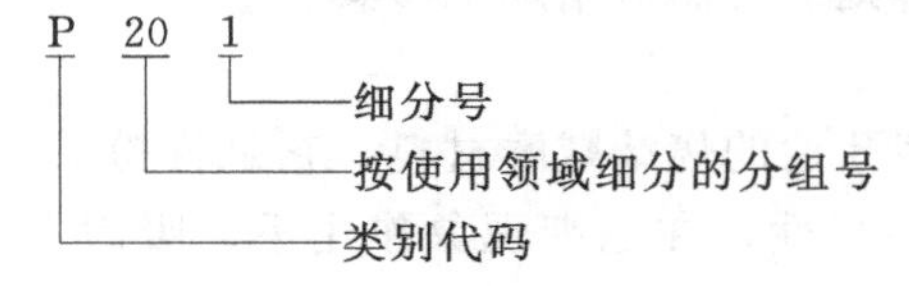

切削工具用硬质合金各组别的基本成分及力学性能要求如表7-7。

表7-7 切削工具用硬质合金各组别的基本成分及力学性能（摘自GB/T 18376.1—2008）

组别		基本成分	力学性能(不小于)		
类别	分组号		洛氏硬度/HRA	维氏硬度/HV	抗弯强度 R_{tr}/MPa
P	01	以TiC、WC为基，以Co(Ni+Mo、Ni+Co)作黏结剂的合金/涂层合金	93.2	1750	700
	10		91.7	1680	1200
	20		91.0	1600	1400
	30		90.2	1500	1550
	40		89.5	1400	1750
M	01	以WC为基，以Co作黏结剂，添加少量TiC(TaC、NbC)的合金/涂层合金	92.3	1730	1200
	10		91.0	1600	1350
	20		90.2	1500	1500
	30		89.9	1450	1650
	40		88.9	1300	1800
K	01	以WC为基，以Co作黏结剂，或添加少量TaC、NbC的合金/涂层合金	92.3	1750	1350
	10		91.7	1680	1460
	20		91.0	1600	1550
	30		89.5	1400	1650
	40		88.5	1250	1800
N	01	以WC为基，以Co作黏结剂，或添加少量TaC、NbC或CrC的合金/涂层合金	92.3	1750	1450
	10		91.7	1680	1560
	20		91.0	1600	1650
	30		90.0	1450	1700
S	01	以WC为基，以Co作黏结剂，或添加少量TiC、TaC或NbC的合金/涂层合金	92.3	1730	1500
	10		91.5	1650	1580
	20		91.0	1600	1650
	30		90.5	1550	1750
H	01	以WC为基，以Co作黏结剂，或添加少量TiC、TaC或NbC的合金/涂层合金	92.3	1730	1000
	10		91.7	1680	1300
	20		91.0	1600	1650
	30		90.5	1520	1500

注 1. 洛氏硬度和维氏硬度中任选一项。
2. 以上数据为非涂层硬质合金要求，涂层产品可按对应的维氏硬度下降30～50HV。

（3）硬质合金的应用　硬质合金的硬度很高，脆性大，除电加工（电火花、线切割等）及磨削外，不能用一般的切削加工方法成型，因此，冶金厂常将其制成一定规格的刀片供应，使用前用焊接、粘接或机械紧固的方法将其固定在刀体或模具体上使用。硬质合金主要用来制造高速切削及加工高硬度材料的刃具，也可用于制造某些冷作模具、量具及不受冲击、振动的高耐磨零件（如磨床顶尖等）。

在硬质合金中，碳化物的含量越多，钴含量越少，合金的硬度、热硬性及耐磨性越高，但强度及韧性越低。当含钴量相同时，P类合金由于碳化钛的加入，具有较高的硬度与耐磨性。同时，由于这类硬质合金表面会形成一层氧化钛薄膜，切削时不易粘刀，故具有较高的热硬性，但其强度和韧性比K类合金低，因此，K类合金适宜加工脆性材料（如铸铁等），P类合金则适宜于加工塑性材料（如钢等）。在同一类硬质合金中，含钴量较高者适宜制造粗加工刃具，含钴量较低者则适宜制造精加工刃具。

2. 含油轴承材料

含油轴承材料是一种多孔性的烧结减摩材料，它是将粉末压制成轴承后，再浸在润滑油中，由于粉末冶金材料的多孔性，在毛细现象作用下，吸附大量润滑油，故又称为含油轴承。工作时由于轴承发热，使金属粉末膨胀，孔隙容积缩小，再加上轴旋转时带动轴承间隙中的空气层，降低了摩擦表面的压强，在粉末孔隙内外形成了一定的压力差，迫使润滑油流向工作表面。停止工作后，润滑油又会受到粉末孔隙内外压力差的作用而返回到孔隙中，故含油轴承有自动润滑的作用。它一般用作中速、轻载荷的轴承，特别适宜用作不能经常加油的轴承，如纺织机械、食品机械、家用电器等轴承，在汽车、拖拉机、机床中也有广泛的应用。

常用的含油轴承材料有铁基和铜基两类。

(1) 铁基含油轴承材料　常用的有铁-石墨（$w_G=0.5\%\sim3\%$）粉末合金和铁-硫（$w_S=0.5\%\sim1\%$）-石墨（$w_G=1\%\sim2\%$）粉末合金。铁-石墨粉末合金硬度为 30～110HBW，组织是珠光体（>40%）＋铁素体＋渗碳体（<5%）＋石墨＋孔隙；铁-硫-石墨粉末合金除有与前者相同的几种组织外，还有硫化物，组织中的石墨、硫化物起固体润滑剂的作用，可进一步改善摩擦条件，硬度一般为 35～70HBW。

(2) 铜基含油轴承材料　常用的是由青铜粉末＋石墨粉末制成的粉末合金。它具有较好的导热性、耐蚀性、抗咬合性，但承压能力较铁基含油轴承低。

3. 铁基结构材料

铁基结构材料是以碳钢或合金钢粉末为主要材料，并采用粉末冶金方法制成的金属材料或直接制成的结构零件。

这类材料制造的结构零件精度较高、表面光洁，不进行或只须进行少量的切削加工，具有节省材料、生产效率高的特点；铁基结构材料也可以通过热处理强化来提高耐磨性；同时由于制品具有多孔性，可吸附润滑油，因此，可以改善摩擦条件，减少磨损，并有减振、消音的作用。铁基结构材料广泛用于机床、汽车、拖拉机等机械中零件的制作，如调整垫圈、调整环、法兰盘、油泵齿轮、差速器齿轮、止推环、传动齿轮、活塞环等。

对于长轴类、薄壳类及形状过于复杂的结构零件，不适宜采用粉末合金材料制作。

4. 烧结摩擦材料

摩擦材料广泛应用于制作机械设备上的制动器、离合器等，如图 7-7 所示。它们都是利用摩擦片之间的摩擦力相互传递能量的，尤其是制动器在制动时，要将大量的动能转变成摩擦热，使摩擦表面的温度急剧升高（温度可达 1000℃左右），摩擦材料极易磨损。因此，对摩擦材料性能的要求是：

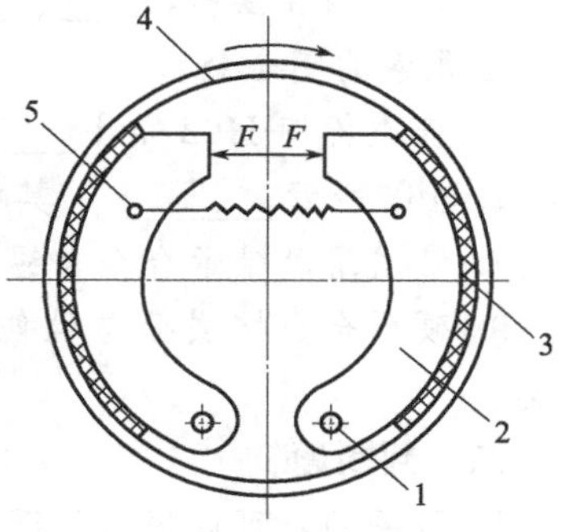

① 足够的强度，以承受较高的工作压力及速度；

② 较好的耐磨性；

③ 较大的摩擦因数；

④ 良好的磨合性、抗咬合性。

图 7-7　制动器示意

1—销轴；2—制动片；3—摩擦材料；4—被制动的旋转体；5—弹簧

通常摩擦材料是以强度高、导热性好、熔点高的金属（如用铁、铜）作为基体成分，并加入能提高摩擦因数的摩擦物质（如 Al_2O_3、SiO_2 及石棉等）以及能抗咬合、提高减摩性的润滑物质（如铅、锡、石墨、二硫化钼等）制成的粉末冶金材料。其中铜基烧结摩擦材料常用于制造汽车、拖拉机、锻压机床的离合器与制动器等；铁基烧结摩擦材料多用于制造各种高速重载机器的制动器等。

本章小结

金属材料通常分为黑色金属和有色金属（非铁合金）两大类。铝、铜、镁、钛等是生产中常用的有色金属。

铝合金按成分和生产工艺特点不同分为变形铝合金和铸造铝合金。变形铝合金按其主要性能特点不同分为防锈铝、硬铝、超硬铝与锻铝四类。铸造铝合金根据合金元素种类不同，主要有铝-硅系、铝-铜系、铝-镁系及铝-锌系四种，其中以铝-硅系铸造铝合金应用最为广泛。可热处理强化铝合金的强化热处理方法是固溶处理＋时效。

铜合金按化学成分不同分为黄铜、青铜和白铜三大类；按生产方法不同分为压力加工铜合金和铸造铜合金两大类。

轴承合金是指在滑动轴承中用来制造轴瓦及其内衬的合金。目前常用的轴承合金有软的基体上分布着硬质点和硬的基体上分布着软质点两类组织。

粉末冶金材料是指不经过熔炼和铸造而直接用几种金属粉末或金属与非金属粉末作原料，通过配料、压制成型、烧结而制成的具有一定强度、多孔性的材料。常用的粉末冶金材料有硬质合金、含油轴承材料、铁基结构材料、烧结摩擦材料等。

复习思考题

一、填空题

1. 金属材料通常分为__________和________两大类。

2. 铝合金根据成分和生产工艺特点不同，分为______________和_____________两大类。

3. 可热处理强化铝合金的强化热处理方法是____________＋____________。

4. 防锈铝合金只能通过________才能使其强化。

5. 常用铜合金中，__________是以锌为主加合金元素的铜合金，________是以镍为主加合金元素的铜合金。

6. 普通黄铜 H62 是由________和________组成的二元合金。

7. H68 表示________，其中“68”表示________的含量为68%，其余为________。

8. 常用滑动轴承合金有锡基轴承合金、____________、____________和____________。

9. 硬质合金按成分与性能特点不同可分为____________、____________和__________三类。

二、判断题

1. 防锈铝是可以用热处理方法进行强化的铝合金。

2. 固溶处理＋时效是铝合金的主要强化手段之一。

3. 除黄铜、白铜之外其他的铜合金统称为青铜。

4. 硬铝是可以通过热处理强化的铝合金。

5. 固溶处理后的铝合金在随后的时效过程中，强度下降，塑性改善。

6. 变质处理可以细化铸件晶粒，有效提高铸造铝合金的力学性能。

7. 用硬质合金制作的切削刀具，其热硬性比高速钢刀具要好。

三、选择题

1. 下列金属材料中，属于铝合金的是（　　）。

A. ZL102　　B. Q235A　　C. ZG270-500　　D. ZCuZn38

2. 变形铝合金中强度最高的铝合金是（　　）。

A. 防锈铝　B. 硬铝　C. 超硬铝　D. 锻铝

3. 黄铜是（　　）为主加元素的铜合金。

A. 铅　B. 铁　C. 锌　D. 锡

4. 下列金属材料牌号中，属于铜合金的是（　　）。

A. Q345　B. HPb59-1　C. QT600-3　D. HT200

5. 下列材料中，（　　）不是粉末冶金材料。

A. 硬质合金　B. 铝基轴承合金　C. 铁基结构材料　D. 烧结摩擦材料

四、简答题

1. 铝合金是如何进行分类的？

2. 铝合金的强化措施有哪些？铝合金的淬火与钢的淬火有何不同？

3. 什么叫回归处理？在生产中有何应用？

4. 什么是锡青铜？有何性能特点？

5. 滑动轴承合金应具备哪些主要性能？为确保这些性能，滑动轴承合金应具备什么样的理想组织？

6. 金属材料的减摩性与耐磨性有何区别？它们对金属组织与性能的要求有何不同？

7. 为什么工业用锡青铜的含锡量一般不超过14%？

8. 与工具钢相比，硬质合金的性能有何优缺点？

9. 举例说明粉末冶金材料的特点和应用。

10. 锌含量对黄铜的力学性能有何影响？

五、分析题

1. 为什么H62黄铜的强度高而塑性较低？而H68黄铜的塑性比H62黄铜好？

2. 为什么在砂轮上磨削用经热处理的W18Cr4V、9CrSi、T12A等制成的工具时，可以采用磨削→水冷的方式，而在磨削硬质合金制成刃具的过程中，却不能用磨削→水冷这种方式？

3. 说明下列材料的含义及主要热处理方法。

5A05、3A21、2A01、2A11、7A04、2A70、H90、HMn58-2、ZSnSb12Pb10Cu4、ZL101、ZL401、P10、M01、K30、S20

第八章 非金属材料及复合材料

金属材料由于具有强度高、热稳定性好、导电导热性好等优良的特性，在机械制造中广泛使用，但金属材料也存在着密度大、耐蚀性差、电绝缘性差的缺点。非金属材料是指除金属材料和复合材料以外的其他材料，包括高分子材料和陶瓷材料。高分子材料具有耐腐蚀性好、电绝缘性好、减振效果好、密度小的特点；陶瓷材料具有高硬度、耐高温、抗腐蚀的优点。复合材料不仅克服了单一材料的缺点，而且产生了单一材料通常不具备的新功能，同时由于这些材料在自然界中来源丰富、生产工艺简单、成本较低，所以在某些生产领域中已成为不可替代的工程材料。

第一节 高分子材料

高分子材料是以高分子化合物为主要成分与各种添加剂配合而形成的材料，也称为聚合物或高聚物。高分子化合物是相对分子质量大于5000的有机化合物的总称。一般高分子材料的相对分子质量在几万到几十万之间，有的高达几百万（如聚乙烯材料等）。

一、高分子材料的合成

高分子材料一般是通过人工合成的方法生产出来的。由低分子化合物合成高分子化合物的反应称为聚合反应，其基本方法有加成聚合和缩合聚合两种。

1. 加成聚合

单体借助于引发剂，在热、光或辐射的作用下，相互加成而连接成大分子链高分子化合物的反应称为加聚反应。目前在高分子合成工业中有80%的高分子材料是通过加聚反应生产的。加聚反应一般按链式反应机理进行，不会停留在中间阶段，聚合物是唯一的反应产物，反应过程中没有小分子的副产物生成，产物中链节的化学结构与所用单体的化学结构相同。

若加聚反应的单体为一种，反应称为均聚反应，其产物称为均聚物，如聚乙烯、聚丙烯、聚甲醛、聚四氟乙烯等。它们的产量大，应用广泛，在高分子材料中占有重要地位。

若加聚反应的单体为两种或两种以上，反应称为共聚反应，其产物称为共聚物。如ABS工程塑料就是由丙烯腈（A）、丁二烯（B）、苯乙烯（S）通过共聚反应获得的共聚物。在共聚反应中，当三种单体的组成比例不同时，就可以获得许多性能不同的产品，以满足生产不同产品的需要。因此，共聚反应生成的共聚物是改善均聚物性能、研制新品种高分子材料的一条重要途径。

2. 缩合聚合

由含有两种或两种以上官能团（可以发生化学反应的原子团，如—OH、—COOH、—NH_2等）的单体相互聚合形成高分子化合物的反应称为缩聚反应，其产物称为缩聚物。缩聚物的化学组成与所用单体均不相同。在缩聚反应过程中，有水、氨、醇、氯化氢等小分子物质生成。缩聚反应可以停留在中间阶段而得到中间产品。如己二胺与己二酸缩聚可制得尼龙-66。

二、高分子材料的物理状态

高分子材料在不同温度下会呈现出不同的物理状态，因而具有不同的性能，这对高分子材料的成型加工和使用具有重要的意义。图 8-1 为线型无定形高分子材料的温度-变形曲线。由图可见，随着温度的变化，线型无定形高分子材料可呈现三种不同的物理状态，即玻璃态、高弹态和黏流态。

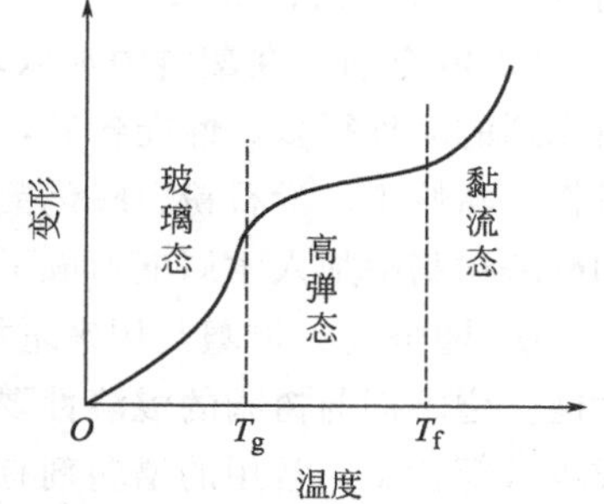

图 8-1 线型无定形高分子材料的温度-变形曲线

1. 玻璃态

当温度低于 T_g 时，高分子材料像玻璃一样处于非晶态，故称为玻璃态，T_g 称为高分子材料的玻璃化温度。在玻璃态时，高分子材料中大分子链的热运动处于停滞状态，只发生链节的微小热振动及链中键长和链角的弹性变形。

玻璃态高分子材料的力学性能与低分子材料相似。在外力作用下，弹性变形量较小，具有一定的刚度。玻璃态是塑料的工作状态，因此，塑料的 T_g 都高于室温。如聚氯乙烯的 T_g 为 87℃；作为工程材料使用的聚碳酸酯的 T_g 为 150℃。

2. 高弹态

当温度处于玻璃化温度 T_g 和黏流化温度 T_f 之间时，高分子材料处于高弹态。处于高弹态的高分子材料，分子链动能增加，由于热膨胀，链间的自由体积也增大，大分子链段（由几个或几十个分子链节组成）的热运动可以进行，但整个分子链并没有移动。处于高弹态的高分子材料，当受外力作用时，原来的卷曲链沿受力方向伸展，因此可以产生很大的弹性变形（$A=100\%\sim1000\%$），这种变形的回复不能够瞬间进行，而是需要经过一定时间才能够完全回复。高弹态是橡胶的工作状态，故橡胶的玻璃化温度 T_g 都低于室温，作为橡胶使用的高分子材料，它的 T_g 应该越低越好。如天然橡胶 T_g 为−73℃，合成的顺丁橡胶 T_g 为−105℃，一般橡胶的玻璃化温度 T_g 为−120～−40℃。

3. 黏流态

当温度升高到黏流化温度 T_f 时，大分子链可以自由运动，高分子材料成为流动的黏液，这种状态叫黏流态。

黏流态是高分子材料成型加工的工艺状态。由单体聚合生成的高分子材料原料一般为粉末状、颗粒状或块状，将其加热至黏流态后，可通过喷丝、吹塑、挤压、模铸等方法加工成各种形状的零件、型材或纤维等。黏流态也是有机胶黏剂的工作状态。

三、常用高分子材料

1. 塑料

塑料是目前机械工业中应用最广泛的高分子材料，它是以合成树脂为基本原料，再加入一些用来改善使用性能和工艺性能的添加剂（如填充剂、增塑剂等）后在一定温度、压力下制成的高分子材料。

（1）塑料的组成　塑料的组成主要包括以下成分。

① 树脂　树脂是塑料的主要成分，这是一类受热会变软的无定形半固态或固态的有机高分子化合物。工业中使用的树脂主要是合成树脂，如酚醛树脂、聚乙烯等，很少用天然树脂（如松香、沥青等）。

② 填充剂　在塑料中加入填充剂，可使塑料具有所需性能，且能降低塑料的生产成本。填充剂的品种很多，性能各异，通常以有机材料（木屑、石棉纤维、玻璃纤维、纸屑等）或无机物（高岭土、滑石粉、氧化铝、二氧化硅、石墨粉、铁粉、铜粉和铝粉等）作为填充剂。例如酚醛树脂中加入木屑就形成了通常所说的电木，它的强度比纯酚醛树脂有显著提高。

③ 增塑剂　增塑剂用来增加树脂的可塑性、柔软性、流动性，降低脆性，改善加工工艺性能。增塑剂与树脂的混溶性要好，同时要具有无毒无害、无臭无色、不易燃烧、不易挥发、成本低等特点。常用的增塑剂有磷酸酯类化合物、邻苯二甲酸酯类化合物、氯化石蜡等。

④ 稳定剂　稳定剂可提高塑料对光、热、氧等的抗老化能力，延长塑料制品的使用寿命。常用的稳定剂有硬脂酸盐、炭黑、铅的化合物、环氧化合物等。

⑤ 着色剂　用有机染料或无机颜料对塑料进行染色，可使塑料制品具有不同的色彩，以满足不同的使用要求。一般要求着色剂染色力强、色泽鲜艳、不易褪色、耐光性好，不能与其他成分发生化学反应，并与树脂有很好的相溶性。

⑥ 润滑剂　润滑剂是为了改善塑料成型时的流动性和脱模性，防止粘在模具上，保证塑料制品表面光滑美观。常用的润滑剂有硬脂酸及其盐类。

塑料中除以上添加剂外，还有固化剂、发泡剂、抗静电剂、稀释剂、阻燃剂等。

（2）塑料的分类

① 按使用范围不同分类　可分为通用塑料和工程塑料两大类。

a. 通用塑料　通用塑料是指产量大、用途广、通用性强、价格低的一类塑料。通用塑料是一种非结构材料。典型的品种有聚乙烯、聚丙烯、聚氯乙烯、聚苯乙烯、酚醛塑料和氨基塑料等，这类塑料的产量占塑料总产量的75%以上。它们可用来制作日常生活用品、包装材料以及一般机械零件。

b. 工程塑料　工程塑料是指塑料中力学性能良好的各种塑料。工程塑料在各种环境（如高温、低温、腐蚀、应力等条件）下均能保持良好的力学性能、电性能、化学性能以及耐热性、耐磨性和尺寸稳定性等。和通用塑料相比，它们产量较小，价格较高。常见的品种有聚甲醛、聚酰胺、聚碳酸酯、聚苯醚、ABS、聚砜、聚四氟乙烯、有机玻璃、环氧树脂等。

② 按树脂的热性能分类　可分为热塑性塑料和热固性塑料两大类。

a. 热塑性塑料　热塑性塑料是以加聚树脂或缩聚树脂为基料，加入少量的稳定剂、润滑剂或增塑剂等制成的，其分子结构通常为线型结构，能溶于有机溶剂，加热可软化、熔融，易于加工成型，可制成一定形状的制品，并可重复使用，其基本性能不变。热塑性塑料成型工艺简单、生产率高，可通过直接注射、挤压、吹塑等方法加工成所需形状。但热塑性塑料耐热性和刚性较差，最高使用温度一般只有120℃左右。常用的品种有聚乙烯、聚丙烯、聚氯乙烯、聚苯乙烯、ABS、有机玻璃、聚甲醛、聚酰胺、聚碳酸酯、聚四氟乙烯等。

b. 热固性塑料　热固性塑料大多数是以缩聚树脂为基料加入各种添加剂制成的，其分子结构通常为网型结构，固化后重复加热不再软化和熔融，亦不溶于有机溶剂，不能重复使用。热固性塑料耐热性较高，但树脂性能较脆、力学性能不高、成型工艺较复杂、生产率低。常用的品种有酚醛树脂、氨基树脂、环氧树脂、有机硅树脂等。

（3）塑料的性能　塑料具有以下性能。

① 质轻　塑料的密度均较小，一般为 0.9～2.2g/cm^3，相当于钢密度的 1/7～1/4，泡沫塑料的密度更低，可达到 0.01g/cm^3。

② 比强度高　塑料的强度没有金属高，但由于密度很小，因此比强度相当高。

③ 化学稳定性好　塑料对于一般的酸、碱和有机溶剂均有良好的耐蚀性。尤其是聚四氟乙烯更为突出，能抵抗王水的腐蚀。因此，塑料广泛应用于在腐蚀条件下工作的零件和设备上。

④ 优异的电绝缘性　一般塑料均具有良好的电绝缘性，可与陶瓷、橡胶等绝缘材料相媲美，因此，塑料是电机、电器、无线电、电子设备器件生产中不可缺少的绝缘材料。

⑤ 工艺性能好　所有塑料的成型加工都比较容易，且方法简单，生产效率高，而且有多种成型方法。

此外，塑料还有良好的减摩、耐磨性、优良的消声吸振性能及良好的绝热性，但耐热性不高，一般塑料只能在100℃左右的工作条件下使用，且在室温下会发生蠕变，容易燃烧及老化。

（4）常用的工程塑料及应用　塑料的品种很多，常用工程塑料的性能和应用见表 8-1。

表 8-1　常用工程塑料的性能和应用

塑料名称	化学组成	性能特点	应用举例
聚甲醛(POM)	由单体甲醛或三聚甲醛聚合而成	优良的综合力学性能、耐磨性、着色性、减摩性、抗老化性、电绝缘性和化学稳定性，吸水性小，尺寸稳定性高，可在－40～100℃内长时间工作，但加热易分解，成型收缩率大	制作耐磨、减摩及传动件，如轴承、滚轮、齿轮、电器绝缘件、耐蚀件等
聚甲基丙烯酸甲酯(有机玻璃)(PMMA)	由单体甲基丙烯酸甲酯聚合而成	透光性好，可透过99%以上的太阳光，着色性好，耐紫外线具有一定的强度、耐腐蚀性和优异的电绝缘性能，易溶于有机溶剂，可在－40～100℃内使用，但表面硬度不高，易擦伤	制作仪器、仪表及汽车等行业中的透明件、装饰件。如灯罩、油标、油杯、设备标牌、仪表零件等
丙烯腈-丁二烯-苯乙烯共聚物(ABS)	由单体苯乙烯、丁二烯和丙烯腈共聚而成	高的冲击韧性和较高的强度，优良的耐油、耐水性、耐低温性和化学稳定性，好的电绝缘性，高的尺寸稳定性和较高的耐磨性，但长期使用易起层	制作电话机、扩音机、电视机、仪表壳体、齿轮、轴承、仪表盘等
环氧树脂(EP)	由环氧树脂和固化剂在室温或加热条件下，进行浇铸或模压后，固化成型	较高的强度、韧性，较好的电绝缘性，防水、防潮、防霉、耐热、耐寒，化学稳定性好，固化成型后收缩率小，粘接力强，可在－100～155℃内长期使用，成型工艺简单、成本较低	制作塑料模具、精密量具、机械仪表和电气结构零件、电子元件及线圈等
聚四氟乙烯(PTTE 或 F-4)	先用氟化氢和氯仿制成氟里昂-22，再将氟里昂-22 高温裂解得到四氟乙烯，然后进行聚合反应而得	优良的耐蚀性能，几乎能耐包括王水等所有化学药品的腐蚀，良好的耐老化性及电绝缘性，优异的耐高、低温性能，摩擦因数小，有自润滑性。在－195～250℃内可长期使用，但在高温下不流动，不能用热塑性塑料成型的一般方法成型，只能用类似粉末冶金的冷压、烧结成型工艺，高温时会分解出对人体有害的气体，价格较高	制作耐蚀件、减摩耐磨件、密封件、绝缘件，如高频电缆、电容线圈架以及化工用的反应器、管道等
酚醛塑料(电木)(PF)	以酚醛树脂为基础，加入各种填充料、润滑剂、增塑剂等压制或浇铸而成	高的强度、硬度及耐热性，在水润滑条件下具有极小的摩擦因数，优异的电绝缘性、耐蚀性(除强碱外)，尺寸稳定性好，工作温度一般在100℃以上，但质地较脆，耐光性及加工性差	制作一般机械零件、水润滑轴承、电绝缘件、耐化学腐蚀的结构材料，如仪表壳体、电器绝缘板、绝缘齿轮、整流罩耐酸泵等
有机硅塑料	由有机硅树脂与石棉、云母或玻璃纤维等配制而成	良好的电绝缘性、高频绝缘性和防潮性，有一定的耐化学腐蚀性，耐热性较高，可在180℃长期使用，但价格较高	高频绝缘件，湿热带地区电机、电器绝缘件，电气、电子元件及线圈的浇注与固定

2. 橡胶

橡胶是以生胶为主要原料，并添加适量的配合剂制成的高分子材料。

(1) 橡胶的组成

① 生胶　生胶是橡胶制品的主要组成物，是指未添加配合剂的天然橡胶或人工合成橡胶，也是黏合各种配合剂和骨架材料的黏结剂，生胶的性能决定了橡胶制品的性能。

② 配合剂　是指为改善和提高橡胶制品的性能而加入的物质，如硫化剂、硫化促进剂、增塑剂、填充剂、防老剂、着色剂等。

硫化剂可使橡胶分子链由线状结构变成网状结构，从而提高橡胶制品的弹性、强度、耐磨性、耐蚀性和抗老化能力。常用的硫化剂是硫黄和某些含硫化合物（如一氯化硫、四甲基二硫化秋兰姆 TMTD 等）。未经硫化处理的橡胶其力学性能和物理性能都很差，实用价值不大。

硫化促进剂能加速发挥硫化剂的作用，常用的硫化促进剂为氧化锌。

增塑剂的作用是提高橡胶的塑性，改善黏附力，并能降低橡胶的硬度和提高耐寒性。常用的增塑剂有硬脂酸、精制蜡、凡士林、五氯硫酚以及一些油类和酯类。

填加填充剂是为了提高橡胶制品的强度、硬度，减少生胶用量、降低成本和改善加工工艺性能。常用的填充剂有炭黑、滑石粉、氧化硅、氧化锌、氧化镁、陶土、碳酸盐等。

防老剂是为了防止和延缓橡胶制品在使用过程中变黏、发脆和性能降低现象的发生而添加的配合剂。防老剂的作用是在橡胶表面形成稳定的氧化膜，抵抗橡胶进一步被氧化。常用的防老剂有石蜡、蜂蜡或其他比橡胶更易氧化的物质。

着色剂可使橡胶制品着色。常用的着色剂有钛白、铁丹、锑红、铬黄、群青等颜料。

(2) 橡胶的性能　橡胶是一种在－50～150℃内具有高弹性的高分子材料。橡胶弹性很大，其最高伸长率可达 800%～1200%，具有优良的伸缩性和积储能量的能力，同时具有良好的耐磨性、隔音性、绝缘性和足够的强度。但一般橡胶的耐蚀性较差，易老化。

(3) 橡胶的分类　根据橡胶原料的来源不同，可分为天然橡胶和合成橡胶两类；根据其应用范围的不同，可分为通用橡胶和特种橡胶两类。

① 天然橡胶　天然橡胶是指由橡胶树上流出的胶乳，经过凝固、干燥、加压等工序制成的片状生胶，橡胶含量达 90%以上，天然橡胶是以异戊二烯为主要成分的不饱和状态的天然高分子化合物。天然橡胶的综合性能好，弹性高（弹性变形伸长率可达 1200%以上），弹性模量仅为 3～6MPa，约为钢铁的 1/30000，伸长率则为其 300 倍。天然橡胶经硫化处理后的抗拉强度为 17～29MPa；用炭黑配合补强的硫化胶强度可提高到 35MPa。此外，天然橡胶有较好的耐碱性能，但不耐浓强酸，在非极性溶剂中易膨胀，故不耐油，耐臭氧性较差，不耐高温。天然橡胶的脆化温度为－70℃，软化温度为 130℃。

天然橡胶属于通用橡胶，广泛应用于制造轮胎、胶带、胶管等产品。

② 合成橡胶　合成橡胶是以石油、天然气、煤等为起始原料，经聚合制得类似天然橡胶的高分子材料。合成橡胶种类很多，常用的合成橡胶有丁苯橡胶、顺丁橡胶、氯丁橡胶、丁腈橡胶、硅橡胶、氟橡胶、聚氨酯橡胶等。前三种属应用广泛的通用橡胶，后四种是具有特殊性能的特种橡胶。

(4) 常用橡胶的种类及应用　常用橡胶的种类、性能及应用见表 8-2。

3. 胶黏剂

胶黏剂是以环氧树脂、酚醛树脂、聚酯树脂、氯丁橡胶、丁腈橡胶等为原料，加入填料、固化剂、增塑剂、稀释剂等添加剂组成的具有优良粘接性能的材料。

(1) 胶黏剂的分类　根据胶黏剂基料的化学成分不同，胶黏剂可分为无机胶和有机胶；按其主要用途，又可分为结构胶、非结构胶和其他胶黏剂。

(2) 常用胶黏剂　常用的胶黏剂有以下几种。

表 8-2　常用橡胶的种类、性能及应用

类别	橡胶名称	性 能 特 点	应用举例
通用橡胶	天然橡胶(NR)	弹性和力学性能较高，电绝缘性、耐碱性良好，但耐油、耐溶胶、耐臭氧老化性差，不耐高温及强酸	轮胎、胶带、胶管等
	顺丁橡胶(BR)	弹性及耐磨性好，但强度较低，加工性能、抗撕性差	轮胎、胶带、减振器、电绝缘制品
	氯丁橡胶(CR)	弹性、绝缘性、强度、耐碱性较好，耐油、耐溶性、耐氧化、耐酸、耐碱、耐热、耐燃烧，但耐寒性差，密度大，生胶稳定性差	运输带、胶管、电缆、传动带及各种垫圈
	丁苯橡胶(SBR)	较好的耐磨性、耐热性、耐油性和抗老化性能，价格低，但生胶的强度、弹性低，粘接性差	轮胎、胶带、胶管、电绝缘件及密封件
特种橡胶	丁腈橡胶(NBR)	耐油、耐水性好，但耐低温性、耐酸性和绝缘性较差	油箱、储油槽、输油管道
	硅橡胶	良好的耐老化和绝缘性，较高的耐热性和耐低温性能，在−100～350℃内具有良好的弹性，但强度低、耐酸性、耐磨性差，价格较高	高温下工作的密封件、薄膜、胶管、电线、电缆
	氟橡胶(FPM)	优异的耐腐蚀、耐油、耐化学腐蚀的能力，可在300℃以下使用，但耐低温性能差，加工性能不好，价格高	要求性能较高的密封件、密封垫

① 环氧树脂胶黏剂（万能胶）　是以环氧树脂为基料的胶黏剂，对金属、玻璃、陶瓷等材料具有很强的粘接力。

② 聚氨酯胶黏剂　由异氰酸酯基低聚物和羟基低聚物在胶接过程中相互作用生成高分子材料而硬化的一种胶黏剂。它具有较强的黏附性、较大的韧性、良好的超低温性能和优良的耐溶剂性、耐油性、耐老化性，可进行多种金属和非金属材料的粘接。

③ α-氰基丙烯酸酯胶　是单组分常温快速固化的胶黏剂，主要成分是α-氰基丙烯酸酯，国内生产的主要品种是502胶，该胶固化迅速，可在24h内达到较高的强度，因此具有使用方便的优点，可粘接多种材料，如金属、塑料、木材、橡胶、玻璃、陶瓷等。

④ 无机胶黏剂　主要有磷酸型、硼酸型和硅酸型，目前在工程中应用最广的是磷酸型，其特点是具有良好的耐热性（800～1000℃）、耐低温性（−196℃），强度高，耐候性、耐水性良好。

第二节　陶瓷材料

陶瓷是指以天然硅酸盐或人工合成化合物为原料，经过制粉、配料、成型和高温烧结而制成的无机非金属材料。

一、陶瓷材料的分类

按原料不同陶瓷材料可分为普通陶瓷（传统陶瓷）及特种陶瓷（近代陶瓷）两大类。

1. 普通陶瓷

普通材料是以黏土、石英、长石等天然硅酸盐为原料，经粉碎、成型、烧制而成的产品，包括日用陶瓷、建筑陶瓷、卫生陶瓷、化工陶瓷、电器绝缘陶瓷等。

2. 特种陶瓷

特种陶瓷是采用纯度较高的金属氧化物、氮化物、碳化物、硅化物、硼化物等化工原料沿用普通陶瓷的成型方法烧制而成的陶瓷产品。特种陶瓷具有一些独特的力学性能、物理及化学性能，可满足工程结构的特殊需要。根据性能特点的不同可分为：电容器陶瓷、压电陶瓷、磁性陶瓷、电光陶瓷、高温陶瓷、耐酸陶瓷等。

二、陶瓷材料的性能及应用

(1) 陶瓷的性能　陶瓷材料具有以下性能特点。

① 力学性能　陶瓷的硬度高于其他材料，一般为1000～5000HV（淬火钢的硬度只有500～800HV)，因而具有优良的耐磨性。由于陶瓷内部存在许多气孔等缺陷，因此其抗拉强度很低，抗弯性能差，但抗压强度很高。

② 热学性能　陶瓷的熔点一般高于金属材料，大多在2000℃以上，因此具有很高的耐热性能，故可用作耐高温材料；线胀系数小，导热性和抗热振性都较差，受热冲击时容易破裂。

③ 化学性能　陶瓷的化学稳定性高，对酸、碱、盐具有良好的耐腐蚀性；抗氧化性优良，1000℃以上也不会被氧化。

④ 电学性能　大多数陶瓷具有高的电阻率，可直接作为传统的绝缘材料使用，但也有少数陶瓷材料具有半导体性质。

⑤ 磁性能　以氧化铁为主要成分的磁性氧化物可制作磁性陶瓷材料，在录音磁带、唱片、电子束偏转线圈、变压器铁芯等方面应用广泛。

(2) 陶瓷的应用　常用陶瓷材料的名称、性能及应用见表8-3。

表8-3　常用陶瓷材料的名称、性能及应用

名　称	主　要　性　能	应　　用
普通陶瓷	良好的耐腐蚀性、电绝缘性、加工成型性，硬度高，不氧化，生产成本低。但强度、耐高温性能低于其他陶瓷，使用温度一般在1200℃以下	制作电器的绝缘件；化工、建筑中容器、反应塔、管道等以及生活中的装饰板、卫生间器具等
碳化硅陶瓷(SiC)	具有高的硬度、高温强度、热传导能力，在1400℃时仍能保持相当高的抗弯强度；较好的抗热振性、抗蠕变性、热稳定性和耐酸性，但不耐碱	制作高温材料，如火箭喷烧管的喷嘴、热电偶保护套管等；制作砂轮、磨料等
氧化铝陶瓷(Al_2O_3)	耐高温，能在1600℃温度下长期使用，具有很高的硬度，仅次于金刚石、立方氮化硼、碳化硼和碳化硅，居第五位，并有较高的强度、高温强度和耐磨性，良好的电绝缘性和化学稳定性，能抵抗金属或玻璃熔体的浸蚀	广泛应用于冶金、机械、化工、纺织等行业，制造高速切削工具、量规、拉丝模、高温炉零件、内燃机火花塞等
氮化硅陶瓷(Si_3N_4)	优良的抗氧化性、化学稳定性，除氢氟酸外，能耐所有无机酸和某些碱、熔融碱和盐的腐蚀，硬度高，抗热振性好，绝缘性好	制作泵的密封环、高温轴承、热电偶保护管和炼钢生产上的铁液流量计等
氮化硼陶瓷(BN)	导热性好，热胀系数小，抗热振性高，具有高温电绝缘性，硬度低，有自润滑性，可进行机械加工，化学稳定性好，能抵抗许多熔融金属和玻璃的浸蚀	常用作高温轴衬、高温模具、耐热涂料和坩埚等

第三节　复合材料

由两种或两种以上物理、化学性质不同的物质，经人工合成获得的多相材料称为复合材料。复合材料的组成包括基体相和增强相两大类。基体相是连续相，起黏结、保护、传递外加载荷的作用，基体相可由金属、树脂、陶瓷等构成；增强相是分散相，起着承受载荷、提高强度、韧性的作用，增强相的形态有颗粒状、短纤维、连续纤维、片状等。两相在复合材料中保留各自的优点，从而使复合材料具有更优良的综合性能。

一、复合材料的分类

复合材料主要有以下三种分类方法。

① 按材料的用途分类　分为结构复合材料和功能复合材料。

② 按增强材料的种类和形状分类　分为纤维增强复合材料、颗粒增强复合材料和层状复合材料。

③ 按基体类型分类　分为非金属基体复合材料和金属基体复合材料。

二、复合材料的性能

目前大量研究和应用的主要是纤维增强复合材料，它是一种具有各向异性的复合材料，其主要性能特点如下。

① 比强度、比模量高　比强度（强度极限/密度）和比模量（弹性模量/密度）是度量材料承载能力的一个重要指标。复合材料的比强度和比模量要比金属材料高得多。如碳纤维-环氧树脂复合材料的比强度高达 1.03×10^5m，比模量达 9.7×10^6m，其比强度是钢的 7 倍多，比模量是钢的 5 倍多。复合材料在同样重量的情况下比金属材料具有更高的承载能力，将复合材料应用于产品制造中，可大大减轻设备重量，提高动力设备的工作效率。

② 抗疲劳性能好　复合材料的疲劳强度都很高，一般金属材料的疲劳极限为抗拉强度的 40%～50%，碳纤维增强复合材料为 70%～80%，这是由于在复合材料的基体中分布着大量增强纤维，疲劳断裂时，裂纹的扩展要经历曲折和复杂的路径，所以疲劳强度很高。

③ 减振性能好　纤维增强复合材料比模量大，自振频率高，可以有效防止工程结构及机械设备在工作状态下因产生共振而引起的早期破坏，同时复合材料中纤维和基体间的界面有较强的吸振能力，因而具有较高的振动阻尼，振动衰减比其他材料快。如对相同形状和尺寸的梁进行振动试验，在同时起振时，轻合金梁需 9s 才能停止振动，碳纤维复合材料的梁却只要 2.5s 就停止振动。

④ 耐热性能好　由于各种增强纤维在高温下仍能保持较高的强度，所以用增强材料制成的复合材料其高温强度和弹性模量均较高。一般铝合金在 400℃时，其强度就大幅度下降，只有室温时的 1/10，弹性模量几乎降为零；而用碳纤维或硼纤维增强的铝材，400℃时强度和弹性模量与室温下保持同一水平。耐热合金最高工作温度一般不超过 900℃，而陶瓷颗粒增强型复合材料的最高工作温度可达到 1200℃以上。

⑤ 安全性好　在纤维增强复合材料基体中有大量的增强纤维，当使用过程中发生超载而使少量的纤维断裂时，载荷会重新分布在未破坏的纤维上，从而使这类结构的复合材料不致在短时间内有整体破坏的危险，因而提高了产品的可靠性。

⑥ 化学稳定性好　复合材料一般具有良好的耐酸、碱腐蚀的能力，同时还具有一些特殊性能，如隔热性、烧蚀性和电磁性能等。

复合材料也有其不足之处，比如其伸长率较小，抗冲击性低，横向拉伸和层间抗剪强度较低，尤其是生产成本比其他工程材料高得多，但是，由于复合材料具有上述优越特性，因此，在航空、航天等国民经济及尖端科学技术上都有较广泛的应用。

三、常用复合材料

1. 玻璃纤维复合材料

玻璃钢是用玻璃纤维增强工程塑料制成的复合材料。其性能特点是强度高、弹性模量低、易老化。玻璃钢作为一种新型的工程材料已在建筑、造船等工业中得到广泛应用。根据玻璃钢基体的类型不同，可将玻璃钢分为热塑性玻璃钢和热固性玻璃钢两种。

① 热塑性玻璃钢　热塑性玻璃钢的基体为热塑性树脂，增强材料为玻璃纤维。热塑性树脂有尼龙、聚碳酸酯、聚烯烃类、聚苯乙烯等，它们都具有较高的力学性能、介电性能、耐热性、抗老化性和好的工艺性能。

在热塑性玻璃钢中，玻璃纤维增强尼龙的刚度、强度和减摩性好，可代替有色金属制造轴承、轴承架、齿轮等精密机械的零部件；玻璃纤维增强苯乙烯类树脂在汽车内装饰品、收音机壳体、磁带录音机底盘、照相机壳、空气调节器叶片等部件上得到广泛应用；玻璃纤维增强聚丙烯的强度、耐热性和抗蠕变性能好，耐水性优良，可用于转矩变换器、干燥器壳体等零部件的制作。

② 热固性玻璃钢　热固性玻璃钢的基体为热固性树脂，增强材料为玻璃纤维。常用的热固性树脂有环氧树脂、酚醛树脂、不饱和聚酯树脂、氨基树脂及有机硅树脂。热固性玻璃钢集中了玻璃纤维和树脂的优点，质轻、密度小（在 1.5～2g/cm^3 之间)、比强度高，不但高于铜合金、铝合金，也超过合金钢。主要缺点是弹性模量仅为结构钢的 1/10～1/5，故制品刚性较差，易老化，只能在 300℃下使用。

热固性玻璃钢主要用于要求自重轻的受力结构件，如汽车、机车、拖拉机上的车顶、车身、车门、窗框、蓄电池壳、油箱等构件，也可用作耐海水腐蚀的结构件，以及轻型船的船体、石油化工上的管道、阀门等。

2. 碳纤维树脂复合材料

由碳纤维和环氧树脂、酚醛树脂、聚四氟乙烯树脂等结合可制成碳纤维树脂复合材料，其强度和弹性模量均超过铝合金，甚至接近高强度钢，密度比玻璃钢小，是目前比强度和比模量最高的复合材料之一，同时具有较高的抗冲击、抗疲劳性能、减摩耐磨性能、润滑性能、耐腐蚀及耐热性等，其主要缺点是比较脆，碳纤维比玻璃纤维更光滑，因此与树脂黏结力更差。

碳纤维树脂复合材料可制作耐磨零件，如齿轮、轴承、活塞、密封圈；化工耐蚀件，如容器、管道、泵等；在航空、航天工业中也广泛使用，如导弹头部的防热层、飞机涡轮风扇发动机的叶片、直升机的桨叶和导弹的零部件等。

3. 颗粒增强复合材料

颗粒增强复合材料是由一种或多种颗粒均匀分布在基体材料内组成的复合材料。颗粒增强复合材料的颗粒在复合材料中的作用随颗粒的尺寸不同而有明显的差别，一般来说颗粒越小，增强效果越好。颗粒直径小于 0.01～0.1μm 的复合材料称为弥散强化材料，直径在1～50μm 的称为颗粒增强材料，

按化学成分不同，颗粒分为金属颗粒和陶瓷颗粒。

不同金属颗粒起着不同的功能，如需要导电、导热性能时，可以加银粉、铜粉；需要导磁性能时可加入 Fe_2O_3 磁粉；需要提高材料的减摩性可加入 MoS_2 等。

陶瓷颗粒增强金属基复合材料是用韧性金属把耐热性好、硬度高但不耐冲击的陶瓷相粘接在一起，复合效果良好。在金属陶瓷复合材料中，陶瓷相有氧化物（如 Al_2O_3、ZrO_2、MgO 等）、碳化物（如 TiC、WC、SiC 等）、硼化物（如 TiB、ZrB_2、CrB_2 等）和氮化物（如 TiN、BN、Si_3N_4 等），它们是金属陶瓷的基体或"骨架"。金属相主要有钛、铬、镍、钴及其合金，它们起黏结作用。

金属陶瓷复合材料具有高强度、耐热、耐磨、耐腐蚀和热胀系数小等特性，可用来制作高速切削的刀具、重载轴承及火焰喷管的喷嘴等在高温下工作的零件。

本章小结

非金属材料指除金属材料和复合材料以外的其他材料，包括高分子材料和陶瓷材料。高分子材料具有耐腐蚀好、电绝缘性好、减振效果好、密度小的特点；常用的高分子材料有塑料、橡胶和胶黏剂。陶瓷材料具有高硬度、耐高温、抗腐蚀的优点；陶瓷按原料不同可分为普通陶瓷（传统陶瓷）和特种陶瓷（近代陶瓷）两大类。

复合材料是由两种或两种以上物理、化学性质不同的物质，经人工合成获得的多相材料。复合材料集各类材料的优点于一体，充分发挥了各类材料的潜力，常用复合材料有玻璃纤维复合材料、碳纤维复合材料和颗粒增强复合材料。非金属材料及复合材料由于其种类、组成不同，所以性能特点和应用范围不同。

复习思考题

一、解释下列名词

加聚反应　缩聚反应　高分子化合物　工程塑料　胶黏剂　玻璃态　黏流态　高弹态

二、填空题

1. 高分子材料是以__________为主要成分与各种添加剂配合而形成的材料，也称为__________。

2. 塑料是以__________为基本原料，再加入一些用来改善使用性能和工艺性能的添加剂后在一定温度、压力下制成的高分子材料。

3. 塑料按其使用范围可分为________和________两大类；按树脂的热性能可分为______和________两大类。

4. 橡胶是以__________为基础，并添加适量的__________组成的高分子材料。

5. 橡胶根据其原料来源不同，可分为______和______两类；根据其应用范围的不同，可分为______和______两类。

6. 胶黏剂按其主要用途，又可分为结构胶、__________和________。

7. 陶瓷按原料不同可分为__________和__________两大类。

8. 由两种或两种以上物理、化学性质不同的物质，经人工合成获得的多相材料为__________。

9. 复合材料的组成相包括__________和________。

10. 玻璃钢是用__________增强________的复合材料。

三、简答题

1. 复合材料是由哪些组成物组成的？各起什么作用？

2. 塑料、橡胶、陶瓷、复合材料各有哪些主要特点？

3. 如何获得弹性与韧性好的塑料?

4. 什么是热塑性材料和热固性塑料?试举例说明其用途。

5. 塑料是由哪些组成物组成的?其性能如何?

6. 复合材料性能上的突出特点是什么?

7. 什么是橡胶材料?其性能如何?举出橡胶材料在生产、生活中的应用实例。

8. 什么是陶瓷材料?其性能如何?举出陶瓷材料在生产、生活中的应用实例。

9. 什么是复合材料?其性能如何?举出复合材料在生产、生活中的应用实例。

10. 陶瓷是怎样分类的?

11. 橡胶使用时是在什么状态?塑料使用时是什么状态?这两种材料的玻璃化温度是高些好还是低些好?

四、分析题

1. 玻璃钢与金属材料相比,在性能与应用上有哪些差别?

2. 工程塑料与金属材料相比,在性能与应用上有哪些差别?

3. 非金属材料今后能否完全替代金属材料在工、农业生产中的应用?为什么?

第九章 铸造

铸造是将液态金属浇注到相应的铸型中，待其冷却凝固后，获得一定形状毛坯或零件的成型方法。用铸造方法生产出来的零件或毛坯统称为铸件。

铸造方法一般分为砂型铸造和特种铸造两大类。砂型铸造由于具有适应性强、生产准备简单等特点，是目前应用最为普遍的铸造方法，约占铸件总产量的80%以上；特种铸造，如熔模铸造、金属型铸造、压力铸造、低压铸造、离心铸造、实型铸造、陶瓷型铸造等，也广泛应用于各特殊领域的生产。

铸造生产具有以下优点。

① 用铸造方法可以生产出各种尺寸和形状复杂的铸件，尤其是具有复杂内腔结构的铸件。铸件的轮廓尺寸可小至几毫米，大至几十米；质量可从几克至数百吨。

② 铸造生产适应性广。工业中常用的金属材料，如碳素钢、合金钢、铸铁、青铜、黄铜、铝合金等，都可以用于铸造。其中在生产中应用广泛的铸铁，只能用铸造的方法来制造毛坯。

③ 铸件的形状、尺寸与零件接近，可以节省金属材料和减少切削加工工时。精密铸件甚至能够省去切削加工，直接用于产品装配。

④ 铸造所用的原材料来源广泛，价格低廉，可直接利用报废的零件、废钢和切屑等。一般情况下，铸造设备需要的投资较少、生产周期短，因此，铸造生产的成本较低。

但是铸造生产也存在以下缺点。

① 铸件的组织疏松，晶粒粗大，内部易产生缩孔、缩松、气孔等缺陷。因此，对于承受动载荷的重要零件，一般不选用铸件作为零件毛坯。

② 铸件的力学性能没有锻件高，特别是冲击韧性较差。

③ 砂型铸造的工序较多，有些工艺过程难以精确控制，因此铸件质量不够稳定，废品率较高。

④ 砂型铸件表面较粗糙，尺寸精度不高，工人劳动强度大，劳动条件较差。

随着铸造技术的发展，新材料、新工艺、新技术和新设备的推广和使用，铸件质量和铸造生产率得到很大提高，劳动条件也得到显著改善，因此铸造生产已成为制造具有复杂结构金属件最灵活、最经济的成型方法，在工业生产中得到广泛应用。在各类机械产品中，铸件质量占整机质量的比重很大，如在机床、内燃机、重型设备中占70%～90%，在汽车中占40%以上，在拖拉机生产中占50%～70%。

第一节 合金的铸造性能

合金的铸造性能是指合金在铸造过程中表现出来的工艺性能，是金属在铸造成型过程中容易获得优质铸件的能力。合金的铸造性能对铸件质量、铸造工艺及铸件结构影响很大。通常用合金的流动性、收缩性、氧化性、吸气性、偏析和热裂倾向性等来衡量。

一、合金的流动性

合金的流动性是指液态合金本身的流动能力。流动性好的合金不仅易于制造薄壁和形状复杂的铸件，而且有利于液态金属在铸型中凝固收缩时得到补缩，也有利于气体和非金属夹杂物等从液态金属中排出。相反，流动性不好的合金，铸件容易产生浇不足、冷隔、气孔、夹渣和缩松等缺陷。

1. 合金流动性的测定

合金的流动性通常是以螺旋形试样的长度来衡量的，如图 9-1 所示。

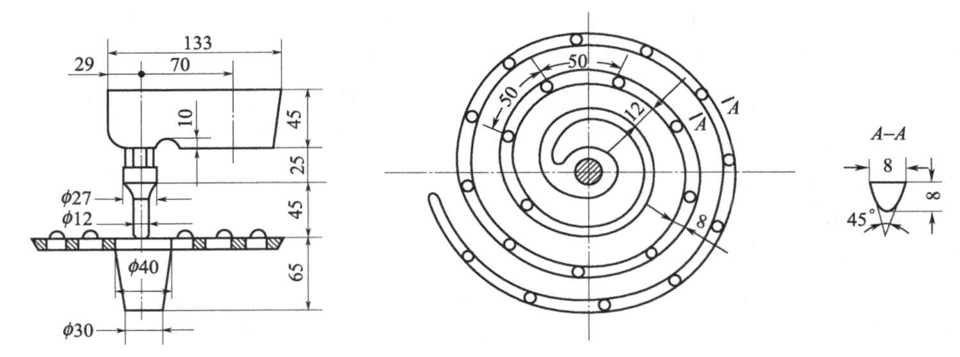

图 9-1　合金流动性的测定

在测定合金流动性时，将液态金属浇注到螺旋形标准试样形成的铸型中，待其冷却凝固后，测出浇注试样的实际螺旋线长度。显然，在相同铸型及浇注条件下，浇出的螺旋形试样越长，表示该合金的流动性越好。常用合金的流动性见表 9-1。

表 9-1　常用合金的流动性

合金	化学成分	铸型种类	浇注温度 t/℃	螺旋线长度 l/mm
灰铸铁	$w_{(C+Si)}=6.2\%$	砂 型	1300	1500
	$w_{(C+Si)}=5.9\%$	砂 型	1300	1300
	$w_{(C+Si)}=5.2\%$	砂 型	1300	1000
	$w_{(C+Si)}=4.2\%$	砂 型	1300	600
铸钢	$w_C=0.4\%$	砂 型	1600	100
			1640	200
铝硅合金		金属型(300℃)	680～720	700～800
锡青铜	$w_{Sn}=9\%\sim11\%$、$w_{Zn}=2\%\sim4\%$	砂 型	1040	420
硅青铜	$w_{Si}=1.5\%\sim4.5\%$	砂 型	1100	1000

2. 影响合金流动性的因素

合金流动性的大小与合金的种类、化学成分、浇注条件和铸型特点等因素有关。

（1）合金的种类和化学成分　不同种类合金的熔点、导热性、合金液的黏度等物理性能不同，因此具有不同的流动性。在常用的铸造合金中，灰铸铁、硅青铜的流动性较好，铸钢较差，铝合金居中。

在同种合金中，成分不同的铸造合金由于具有不同的结晶特点，对流动性的影响也不相同。其中纯金属和共晶成分的合金流动性最好。这是因为它们是在恒温下进行结晶的，根据温度的分布规律，结晶是从表面开始向中心逐层凝固，结晶前沿较为平滑，对尚未凝固的金属流动阻力小，因而流动性较好。其他合金的凝固过程都是在一定温度范围内进行的，在这个温度范围内，同时存在固、液两相，固态的树枝状晶体会阻碍液态金属的流动，从而使合金的流动性变差。合金的结晶温度范围越大，流动性越差。因此，在选择铸造合金时，应尽量选择靠近共晶成分的合金。

(2) 浇注条件

① 浇注温度　浇注温度越高，液态金属中的热量越多，在同样的冷却条件下，金属保持液态的时间越长，金属液停止流动前传给铸型的热量越多，金属的冷却速度降低，因而提高了合金的流动性。但浇注温度过高，会使合金的吸气量和总收缩量增大，铸件容易产生缩孔、缩松、粘砂和气孔等缺陷。因此，在保证合金流动性的前提下，应尽量降低浇注温度；但对于形状复杂的薄壁铸件，为避免产生冷隔和浇不足等缺陷，浇注温度可略高些。灰铸铁的浇注温度一般为1250～1350℃，壁厚小于10mm的薄壁铸件，其浇注温度为1340～1430℃；工程用铸造碳钢的浇注温度为1500～1550℃；铝合金的浇注温度为680～780℃；铜合金的浇注温度为980～1200℃。

② 浇注压力　液态金属在流动方向上受到的压力越大，其流动性越好。砂型铸造时，可适当提高直浇道高度，来提高合金的流动性；在低压铸造、压力铸造和离心铸造时，因人为加大了充型压力，使合金的流动性提高。

③ 浇注系统的结构　浇注系统结构越复杂，合金的流动阻力就越大，流动性越低。因此在设计浇注系统时，要合理布置内浇道在铸型中的位置，选择合适的浇注系统结构及各部分（直浇道、横浇道和内浇道）的截面积。

(3) 铸型特点　铸型中凡能增加合金流动阻力和冷却速度、降低流速的因素，均能降低合金的流动性。例如，型腔过窄、型砂水分过多或透气性不好、铸型材料导热性过大等，都会降低合金的流动性。为改善铸型的充型条件，铸件的壁厚应大于规定的“最小壁厚”，铸件形状应力求简单，并在铸型工艺上采取相应措施，如增设出气口及烘干铸型等均可提高合金的流动性。

二、合金的收缩

铸造合金从浇注、凝固直至冷却到室温，其体积或尺寸缩减的现象，称为收缩。收缩是铸造合金本身固有的物理属性，是铸件产生缩孔、缩松、裂纹、变形、铸造应力的基本原因。

1. 收缩的三个阶段

合金在从液态冷却到室温的过程中要经过三个相互联系的阶段，如图9-2所示。

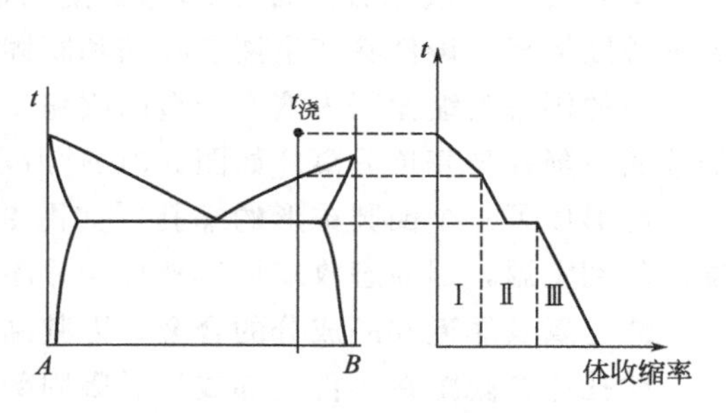

图9-2　合金收缩的三个阶段

Ⅰ—液态收缩；Ⅱ—凝固收缩；Ⅲ—固态收缩

① 液态收缩　从浇注温度到凝固开始温度（即液相线温度）之间的收缩。浇注温度越高，液态收缩越大。

② 凝固收缩　从凝固开始温度到凝固终止温度（即固相线温度）之间的收缩。结晶温度范围越大，凝固收缩越大。

③ 固态收缩　从凝固结束温度到室温之间

的收缩。

液态收缩和凝固收缩表现为液面的降低，通常用体收缩率表示。它是铸件产生缩孔和缩松的基本原因。

固态收缩表现为铸件各个方向尺寸的缩小，对铸件的形状和尺寸精度的影响最大，常用线收缩率表示。固态收缩是铸件产生铸造应力和变形、裂纹等缺陷的基本原因。

2. 影响收缩的因素

影响收缩的因素有化学成分、浇注温度、铸件结构和铸型条件等。

(1) 化学成分　不同种类、不同成分的合金其收缩率也不相同。在灰铸铁中的碳大部分以石墨形式存在，石墨的比体积（单位质量的体积）大，因而石墨的析出会补偿一部分铸件的收缩，所以在铸铁中增加促进石墨形成的元素，均能使收缩减少，而增加阻碍石墨形成的元素，会使收缩增大。表 9-2 所示为几种铁碳合金的收缩率。

表 9-2　几种铁碳合金的收缩率

合金种类	含碳量/%	浇注温度/℃	液态收缩/%	凝固收缩/%	固态收缩/%	总体积收缩/%
铸造碳钢	0.35	1610	1.6	3	7.8	12.4
白口铸铁	3.0	1400	2.4	4.2	5.4～6.3	12～12.9
灰铸铁	3.5	1400	3.5	0.1	3.3～4.2	6.9～7.8

(2) 浇注温度　合金的浇注温度越高，过热度越大，液态收缩增加，总的收缩量增大。因此，在生产中多采用高温出炉和低温浇注的措施来减小收缩量。

(3) 铸件结构和铸型条件　铸件在凝固和冷却过程中的收缩并不是自由收缩，而是受阻收缩。这是由于铸件在铸型中各部位的冷却速度不同，彼此之间相互制约，对其收缩产生阻力，同时铸型和型芯对铸件收缩产生机械阻力，因此铸件的实际线收缩率比自由收缩时要小，所以在设计模样时，必须根据合金的种类、铸件的形状、尺寸等因素，选取合适的收缩率。

3. 收缩对铸件质量的影响

(1) 缩孔和缩松　液态金属在铸型内凝固过程中，若其体积收缩得不到及时补充，将在铸件最后凝固的部位形成孔洞，这种孔洞称为缩孔。缩孔分为集中缩孔和分散缩孔两类。通常所说的缩孔，主要是指集中缩孔，分散缩孔一般称为缩松。

① 缩孔的形成过程　缩孔形成的过程如图 9-3 所示。在液态合金充满铸型后，由于散热开始冷却，并产生液态收缩。在浇注系统尚未凝固期间，减少的液态合金可以从浇口处得到补充，铸型处液面不下降仍保持充满状态［如图 9-3(a) 所示］；随着热量的不断散失，原接近型腔表面的液态合金逐渐降低到凝固温度，并凝固成一层硬壳［如图 9-3(b) 所示］；温度继续下降，铸件除产生液态收缩和凝固收缩外，还有已凝固的外壳产生的固态收缩，由于硬壳的固态收缩比壳内液态合金的收缩小，此时又无液态金属来补充，所以壳内液态合金的液面下降并与壳顶分离［如图 9-3(c) 所示］；铸件继续冷却直至全部凝固成固态，就在铸件上部形成了一个倒圆锥形的缩孔［如图 9-3(d) 所示］；已形成缩孔的铸件自凝固终止温度冷却到室温，因固态收缩使其外形尺寸略有减小［如图 9-3(e) 所示］。

纯金属及靠近共晶成分的合金，因其结晶温度范围较窄，流动性较好，易于形成集中缩孔。缩孔通常隐藏在铸件上部或最后凝固部位，有时经切削加工才能暴露出来。

② 缩松的形成过程　缩松的形成过程如图 9-4 所示。当使用较大结晶温度区间的铸造合金时，其结晶是在铸件截面上一定的宽度区域内同时进行的。液态金属首先从表层开始凝

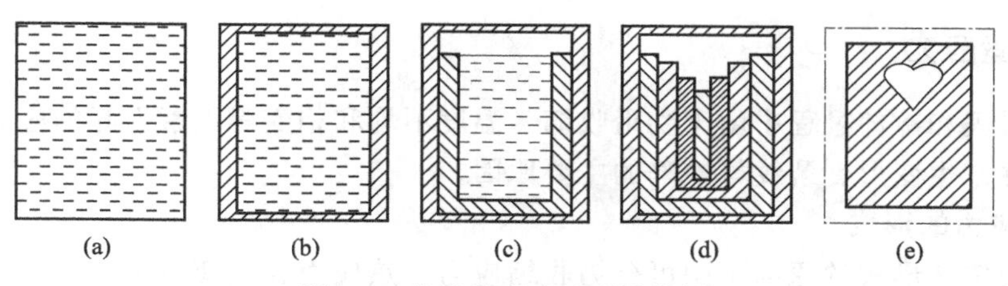

图 9-3 缩孔的形成过程示意图

固，凝固前沿呈树枝状，表面凹凸不平［如图 9-4(a) 所示］；先形成的树枝状晶体彼此相互交错，将液态金属分割成许多小的封闭区域［如图 9-4(b) 所示］；在封闭区域内的液态金属凝固时的收缩由于得不到及时补充，就会形成许多分散的缩孔［即缩松，如图 9-4(c) 所示］。

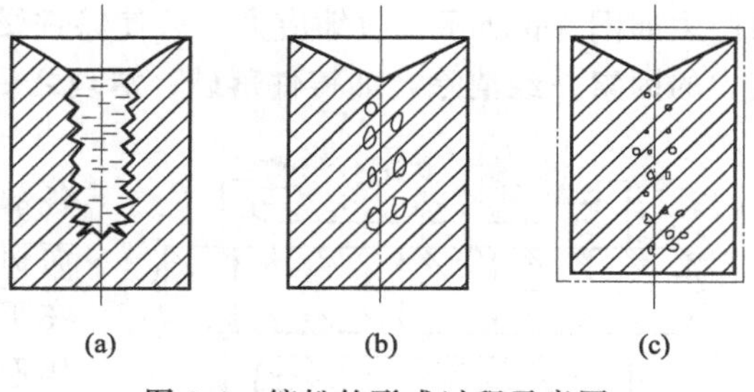

图 9-4 缩松的形成过程示意图

铸造合金的结晶温度范围越大，树枝状晶体越容易将液态金属分隔，铸件越容易产生缩松。缩松隐藏在铸件内部，从外部难以发现。当缩松与缩孔的体积相同时，缩松的分布面积要比缩孔大得多。

(2) 缩孔和缩松的防止 缩孔与缩松不仅使铸件的力学性能显著下降，还会影响铸件的致密性、物理性能和化学性能。因此，在生产中要根据铸件技术要求，采取适当的工艺措施，使缩松尽量变为缩孔，同时避免缩孔和缩松出现在铸件内部。防止产生缩孔和缩松的主要措施如下。

① 合理选择铸造合金 从缩孔和缩松的形成过程可知，结晶温度范围越宽的合金，越易形成缩松，因此，生产中应尽量采用接近共晶成分的或结晶温度范围窄的合金，使铸件产生集中缩孔。

② 采用顺序凝固的原则 所谓顺序凝固，是使铸件按“薄壁-厚壁-冒口”的顺序进行凝固的过程。对于凝固收缩大或壁厚差别较大、易产生缩孔的铸件，通过增设冒口或冷铁等一系列措施，可使铸件远离冒口的部位先凝固，然后是靠近冒口部位凝固，最后才是冒口本身的凝固，使铸件各个部位的凝固收缩均能得到液态金属的充分补缩，最后将缩孔转移到冒口之中。冒口为铸件的多余部分，在铸件清理时切除，即可得到无缩孔的铸件。图 9-5 所示为冒口补缩进行的顺序凝固。

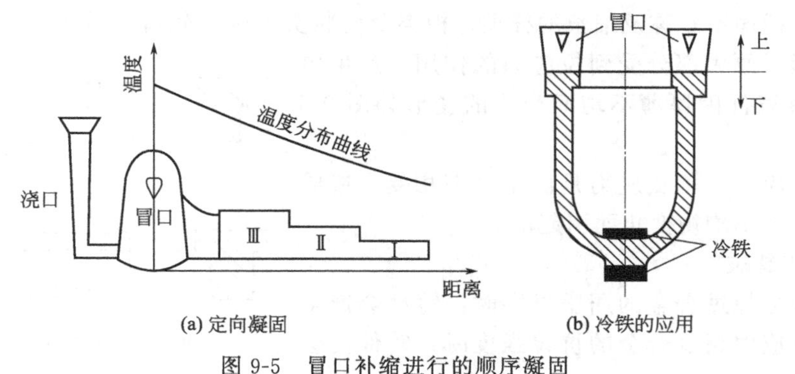

图 9-5 冒口补缩进行的顺序凝固

三、铸造应力

铸件在凝固和冷却过程中由于受阻收缩、温度不均和相变等因素引起的应力称为铸造应力。它是铸件产生变形、裂纹等缺陷的主要原因。

1. 铸造应力的形成

铸造应力按其形成的原因不同可分为收缩应力、热应力和相变应力。

(1) 收缩应力　收缩应力是由于铸型、型芯等阻碍铸件收缩而产生的内应力，收缩应力的产生如图 9-6 所示。收缩应力一般使铸件受到拉应力的作用，这种应力是暂时的，当形成应力的因素一经消除，如铸件落砂、清理之后，收缩应力便会随之消失。

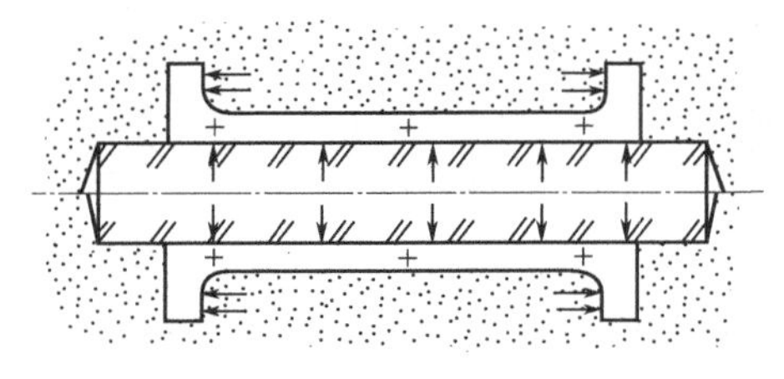

图 9-6　收缩应力的产生

(2) 热应力　热应力是由于铸件壁厚不均匀，各部分冷却速度、收缩量不均匀，相互阻碍收缩而引起的应力。在铸件落砂、清理后热应力仍存在于铸件中，因此是一种残余应力。图 9-7 为框架形铸件收缩应力的形成过程。铸件中竖杆Ⅰ的直径比Ⅱ大，刚凝固成固体时的状态如图 9-7(a) 所示，在冷却至室温的过程中，开始细杆Ⅱ因散热快冷却速度大，沿长度方向收缩量大，受到粗杆Ⅰ的阻碍而产生拉应力，粗杆Ⅰ受到压应力的作用［见图 9-7(b)］，但此时粗杆部分温度较高，处于塑性状态，则粗杆随细杆的收缩而产生塑性变形，应力随之消失［见图 9-7(c)］；再继续冷却，细杆已冷至接近室温，已完成固态收缩，此时，粗杆部分也进入弹性状态，但因温度高仍在继续收缩，因受到细杆部分阻碍产生拉应力，细杆部分受到压应力的作用［见图 9-7(d)］。

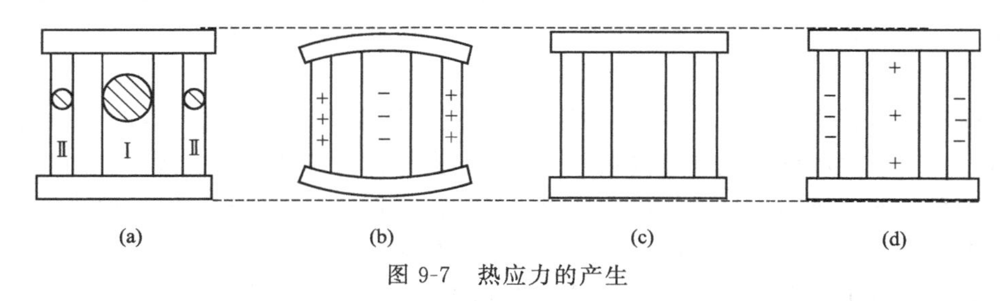

图 9-7　热应力的产生

由此可见热应力将使铸件厚壁或心部受到拉应力，薄壁或表层受到压应力的作用。对于厚薄不均匀、截面不对称及细长的杆类、板类及轮状类铸件，较薄部分因受压应力的作用，产生外凸变形，原大部分受到拉应力的作用，产生内凹变形。T 形铸件因厚薄不均而产生的变形如图 9-8 所示。

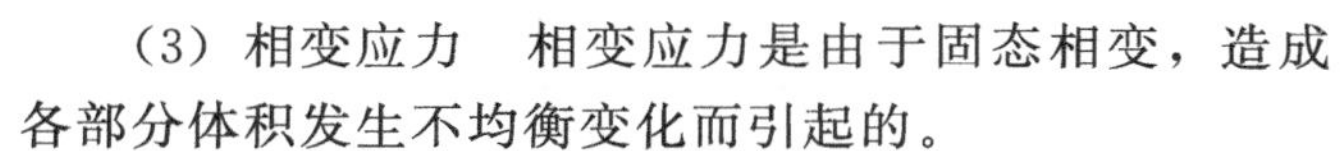

(3) 相变应力　相变应力是由于固态相变，造成各部分体积发生不均衡变化而引起的。

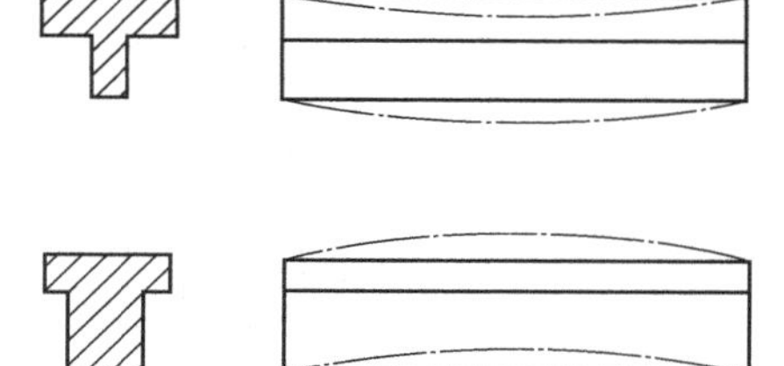

图 9-8　T 形铸件受热应力引起的变形

2. 变形和裂纹

当铸造应力超过合金的屈服极限时，铸件会产生变形。当铸造应力超过合金的抗拉强度时，铸件便会产生裂纹。

3. 铸件变形及裂纹的防止

为了减小铸件变形，防止开裂，应合理设计铸件的结构，力求铸件壁厚均匀，形状对称；合理设计浇冒口、冷铁等，尽量使铸件均匀冷却；采用退让性好的型砂和芯砂；浇注后不要过早落砂；铸件在清理后进行去应力退火。

为了减小收缩应力，应提高铸型和型芯的退让性，如在型砂中加入适量的锯末或在芯砂中加入高温强度较低的黏结剂等，都可以减小铸件收缩时的阻力。

为减小热应力，应尽量减小在冷却过程中铸件各部分的温差，使其均匀地冷却。设计铸件时，应尽量使其壁厚均匀，同时在铸造工艺上应采用同时凝固原则，如图 9-9 所示。

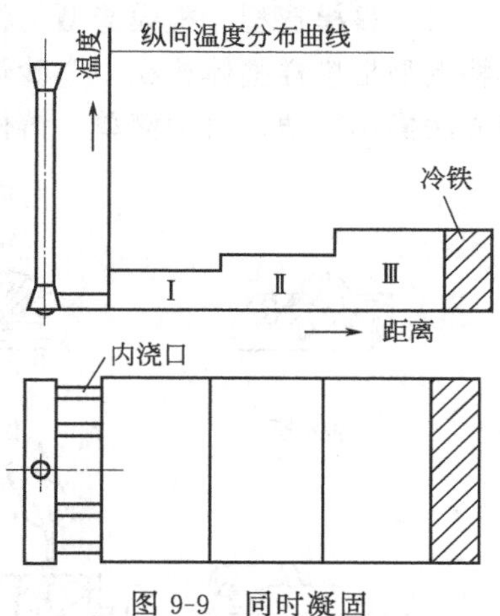

图 9-9 同时凝固

对于细长、大而薄等易变形铸件可采取增加加强筋、反变形法等措施减小铸件的变形；对于重要精密铸件，在铸造后必须进行自然时效或人工时效处理以消除铸件内应力，减小铸件在加工及使用过程中的变形量。

第二节 砂型铸造

砂型铸造是最基本、应用最广泛的一种铸造方法，其造型材料来源广泛、价格低廉，所用设备简单、操作方便、灵活，不受铸造合金种类、铸件形状和尺寸的限制，适合各种规模的铸造生产。目前，我国砂型铸件约占全部铸件产量的 80%以上。砂型铸造的基本工艺过程如图 9-10 所示，其主要工序为制造模样、制备造型（芯）材料、造型、造芯、合型、熔炼浇注、落砂、清理和检验等。

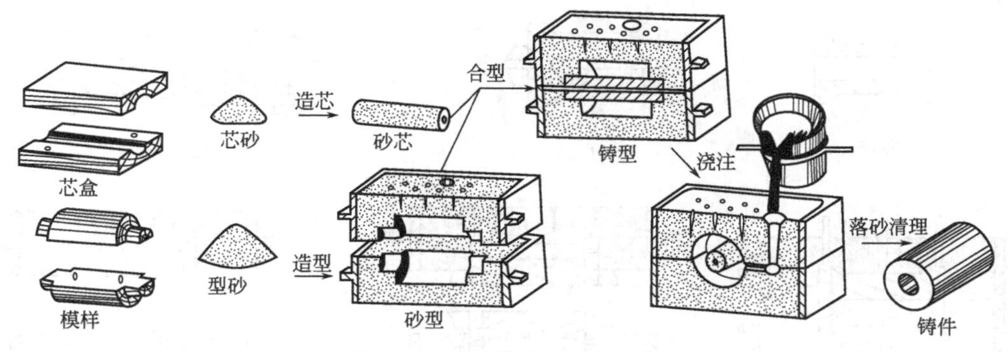

图 9-10 砂型铸造的生产过程

一、砂型铸造的造型方法

造型是指用型砂和模样等制造砂型的过程，是砂型铸造的最基本工序。造型对铸件的质量、生产效率和生产成本有很大影响。造型方法通常分为手工造型和机器造型两大类。

1. 手工造型

手工造型是指全部用手工或手动工具完成各造型工序的方法。手工造型具有操作灵活、适应性强、工艺装备简单、生产准备时间短、成本低等优点；但也存在铸件质量较差、生产效率低、劳动强度大、工作环境差、铸件质量不稳定的缺点，同时对工人的技术水平要求较高。手工造型目前主要用于单件、小批生产，特别是重型和形状复杂的铸件生产。

常用的手工造型方法可以分为以下几类。

(1) 整模造型　整模造型是将模样做成与零件形状相适应的整体模样进行造型的方法。其特点是把模样整体放在一个砂箱内，并以模样一端的最大表面作为铸型的分型面，这种造型方法操作简便、铸型简单，铸件不会产生错型缺陷。整模造型过程如图 9-11 所示。

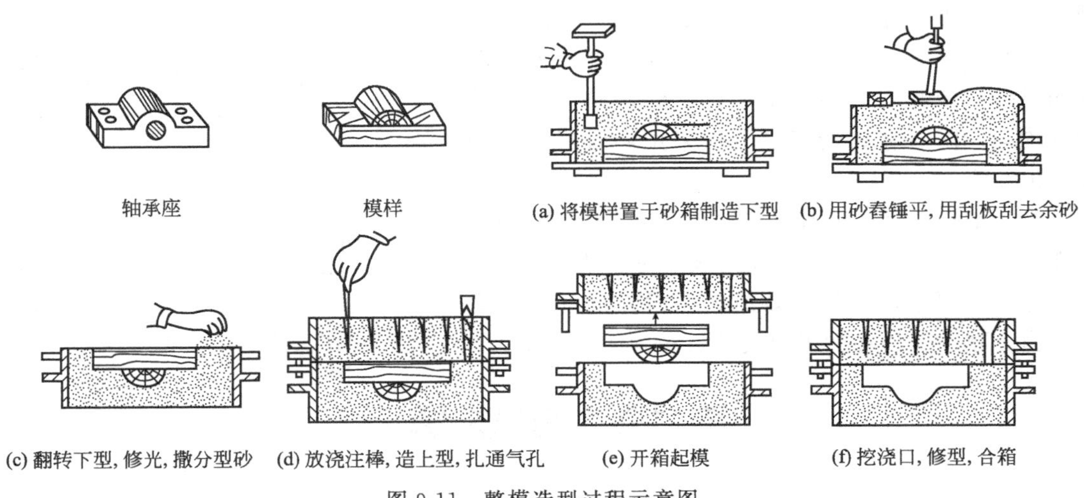

图 9-11　整模造型过程示意图

(2) 分模造型　分模造型是将模样分为两半，造型时模样分别在上、下砂箱内进行造型的方法。这种造型方法操作简便，主要用于一些没有平整的表面，而且最大截面在模样中部，难以进行整模造型的铸件，但分模造型制作模样较麻烦，铸件容易出现错型缺陷。分模造型过程如图 9-12 所示。

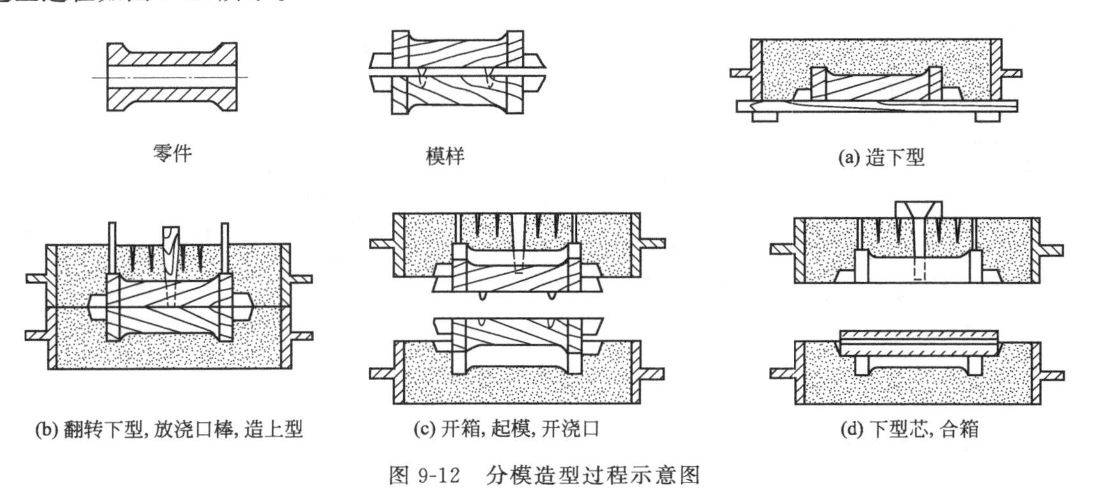

图 9-12　分模造型过程示意图

(3) 挖砂造型　挖砂造型时模样是整体的，但铸件的分型面为曲面，为了能起出模样，造型时须用手工将阻碍起模的型砂挖去。挖砂造型过程麻烦、生产效率低，分模后易损坏铸型。挖砂造型过程如图 9-13 所示。

(4) 假箱造型　对于需要挖砂造型的模样，利用预先制备好的半个铸型以简化挖砂操作

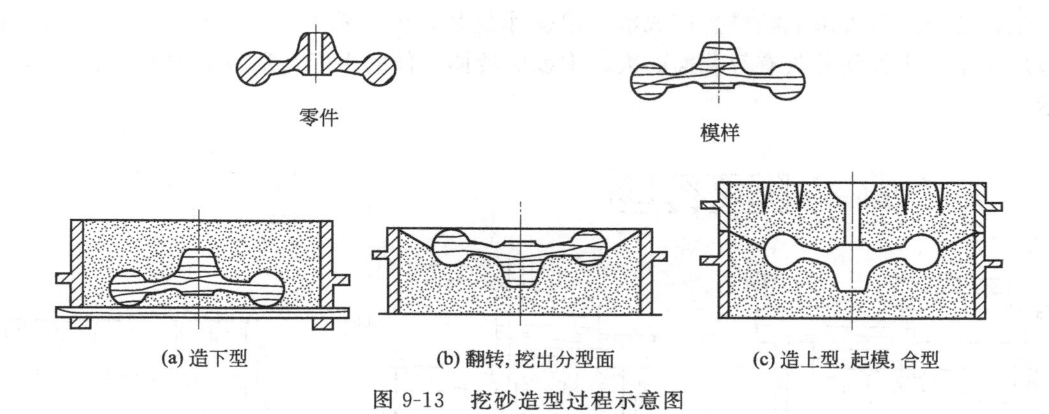

图 9-13 挖砂造型过程示意图

的造型方法，称为假箱造型，如图 9-14 所示。其特点是比挖砂造型操作简便，生产率大大提高。假箱造型适用于成批生产需要挖砂造型的铸件生产。

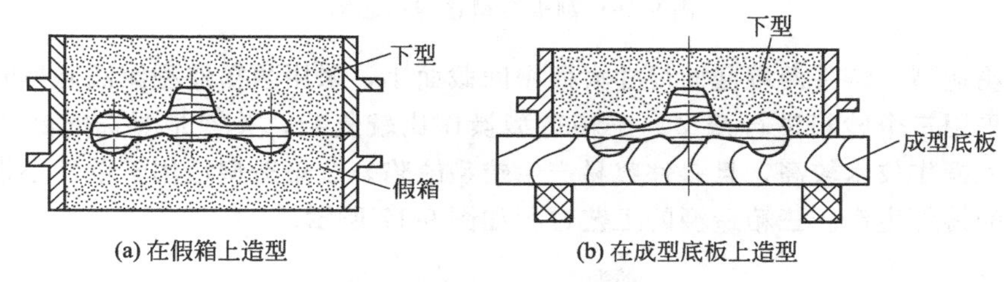

图 9-14 假箱造型示意图

(5) 活块造型 在有些铸件上有一些小的凸台、肋条等，造型时妨碍起模，这时可将模样的凸出部分做成活块，起模时先将主体模样起出，然后再从侧面取出活块，这种造型方法称为活块造型。但必须注意的是活块的总厚度不得大于模样主体部分的厚度，否则活块将取不出来。活块造型的过程如图 9-15 所示。

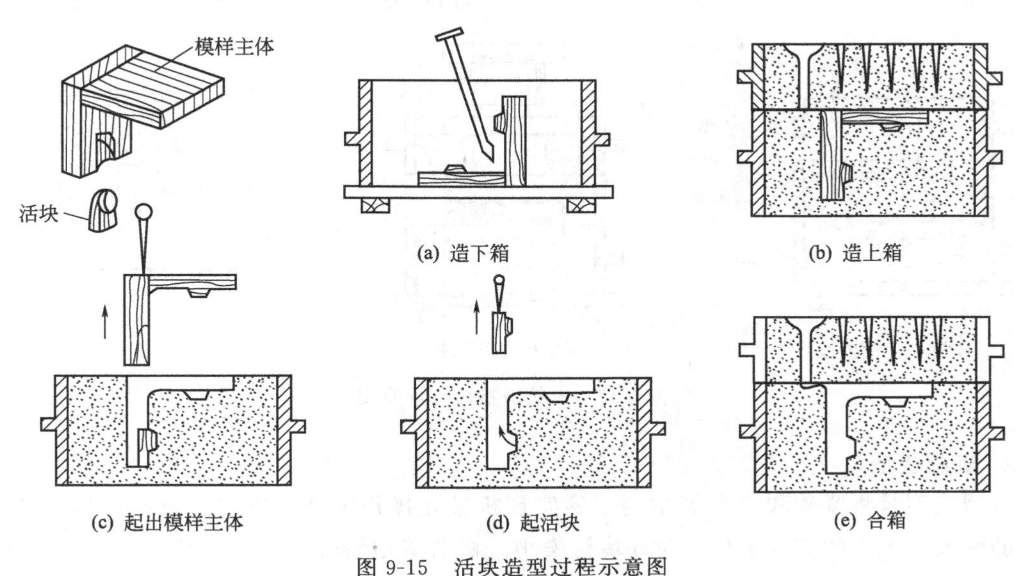

图 9-15 活块造型过程示意图

(6) 刮板造型 刮板造型是用与铸件截面形状相同的刮板代替实体模样进行造型的方

法。刮板造型可显著降低模样生产成本，但操作复杂，生产效率低，要求工人技术水平高，只适用于单件小批量并具有等截面的大、中型回转体铸件的生产。刮板造型的过程如图9-16所示。

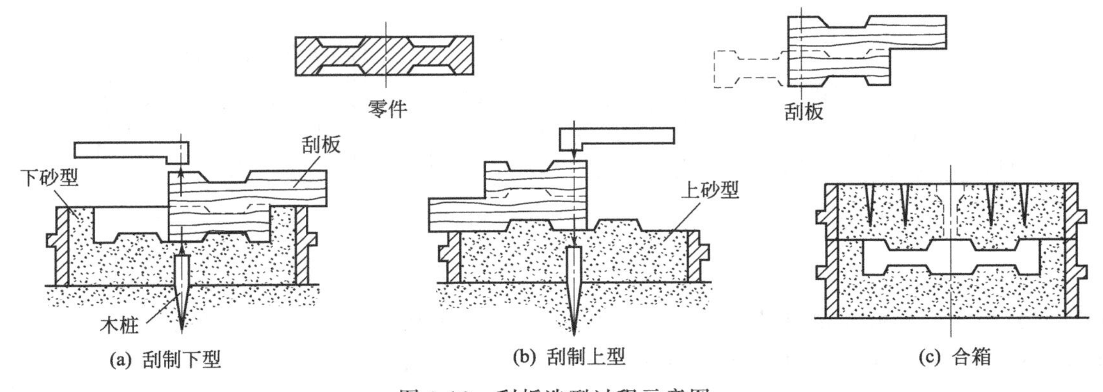

图 9-16　刮板造型过程示意图

（7）三箱造型　铸件两端截面尺寸大而中间截面小，采用两箱造型无法起模时，可用两个分型面，采用三个砂箱进行造型。三箱造型操作比较复杂，关键是要选配高度合适的中箱，要求工人操作技术较高，且铸件容易产生错型缺陷。三箱造型适用于单件小批量且具有两个分型面的铸件生产。三箱造型的工艺过程如图 9-17 所示。

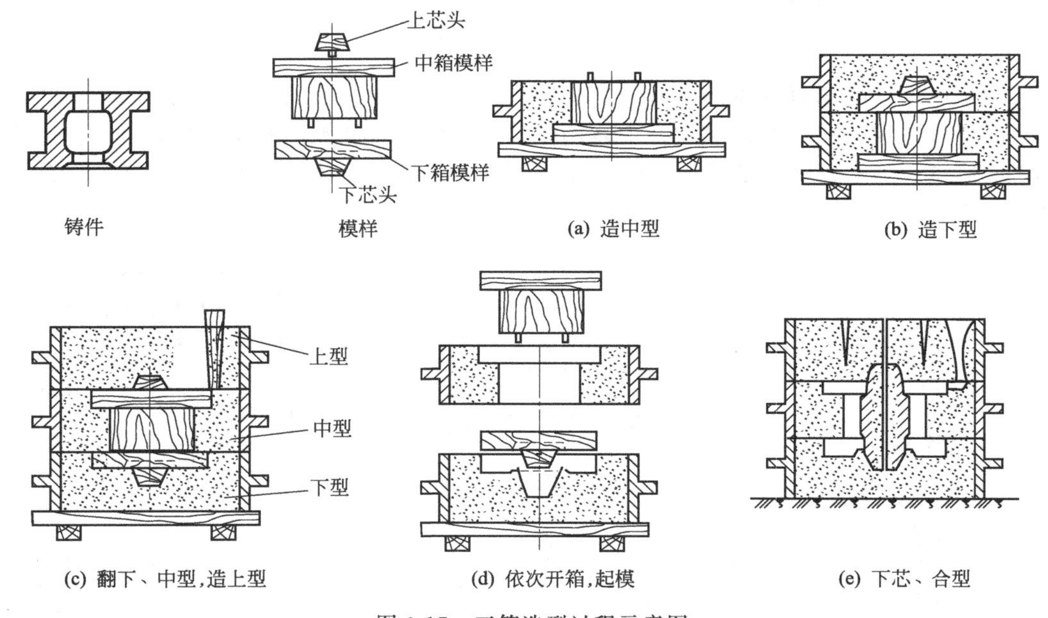

图 9-17　三箱造型过程示意图

2. **机器造型**

机器造型是将紧砂和起模等主要工序实现机械化操作的造型方法。机器造型生产效率高，能够改善工人的劳动条件，对环境污染小。机器造型铸件的尺寸精度和表面质量较高，加工余量小，但机器造型需要的设备、模板、专用砂箱以及厂房等投资较大，生产准备时间较长，因此适用于成批或大批量生产的中、小型铸件的生产。

为适应不同形状、尺寸和不同批量铸件生产的需要，采用造型机的种类不同，紧砂和起模的方式也不同。紧砂方法有压实、震实、震压和抛砂四种基本方式，其中，以压缩空气驱动的震压式造型机最为常用，其工作原理如图 9-18 所示。工作时打开砂斗门向砂箱中放满型砂，压缩空气从进气口 1 进入震击活塞的下部，使工作台及砂箱上升［见图 9-18(a)］，震击活塞上升使震击汽缸的排气孔露出，压气排出，工作台便下落，完成一次震击［见图9-18(b)］。如此反复多次，将型砂紧实。为提高砂箱上层型砂的紧实度，在震实后还应使压缩空气从压实进气口 2 进入压实汽缸的底部，压实活塞带动工作台上升，在压头作用下，使型砂受到辅助压实［见图 9-18(c)］。型砂紧实后，开动顶模机构，压缩空气推动压力油进入起模油缸，四根起模顶杆从模板四角的孔中上升将砂箱顶起，使砂箱与模样分开，完成起模［见图 9-18(d)］。

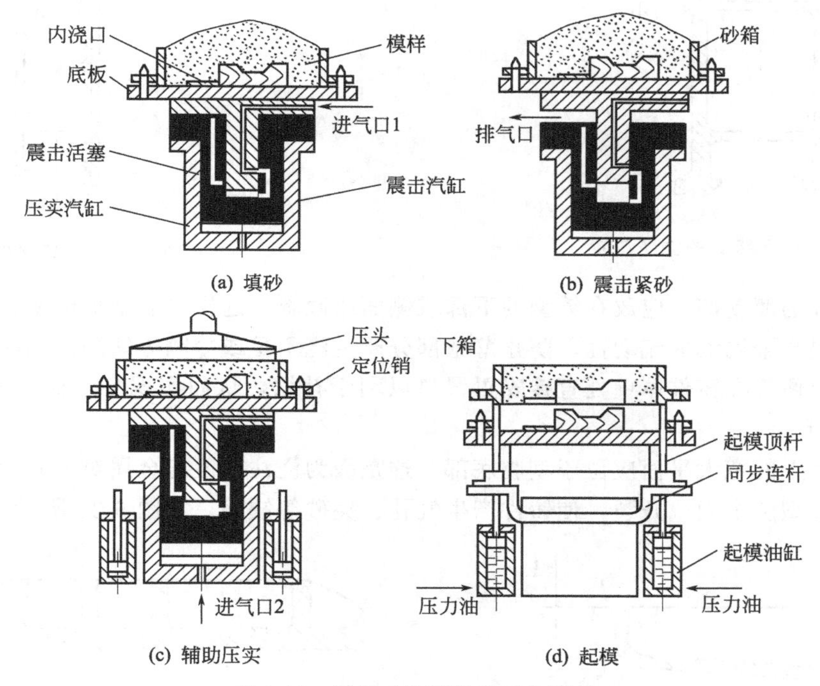

图 9-18　震压式造型机的工作原理

机器造型是采用模板进行两箱造型的，因不能紧实中型，故不能进行三箱造型，同时应避免使用活块，否则会降低造型机的生产效率。

二、砂型铸造工艺设计

为了保证铸件的生产质量，提高生产效率，降低成本，在进行铸造生产前应根据零件的材料种类、结构特点、技术要求、生产批量及生产条件等进行铸造工艺设计，确定其铸造生产工艺，并绘制出铸造工艺图。铸造工艺图是制造模样、铸型和芯盒，进行生产准备和铸件验收的依据，是铸造生产的基本工艺文件，它是按规定的铸造工艺符号和文字，用红蓝笔直接在零件图上表示出来的图样。铸造工艺图主要包括铸型分型面、浇注位置、工艺参数、型芯结构、浇注系统、控制凝固措施等内容。

1. 浇注位置的选择

浇注位置是指浇注时铸件在铸型中所处的空间位置。选择浇注位置时应以保证铸件的质量为前提，兼顾造型和浇注的方便，选择浇注位置的原则如下：

(1) 铸件的重要加工面或主要工作面应位于型腔底部或侧面　在铸造时液态金属中的气体、熔渣等总是漂浮在金属液的上面，因此在铸件上表面的位置容易产生气孔、夹渣等缺陷，组织也不如下表面致密、力学性能好。如果这些加工面难以朝下时，应尽量使其位于侧面。例如生产机床床身铸件时，导轨面是重要工作面，不容许有明显的表面缺陷，而且要求组织致密，因此通常都将导轨面朝下进行浇注，如图 9-19 所示。又如起重机卷扬筒的圆周表面质量要求高，不允许存在明显的铸造缺陷，若采用卧铸，圆周朝上的表面难以保证质量，若采用立铸，由于全部圆周表面均处于侧立位置，其质量均匀一致，较易获得合格铸件，如图 9-20 所示。

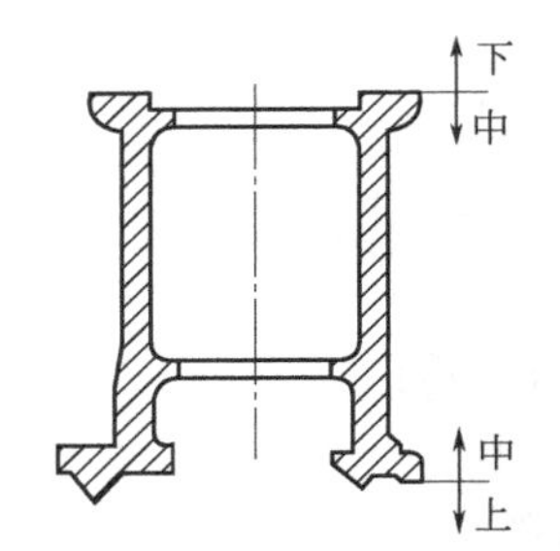

图 9-19　机床床身的浇注位置

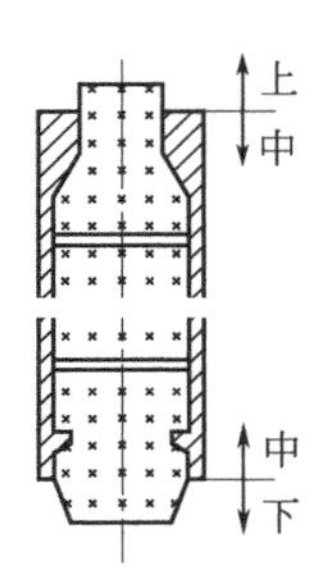

图 9-20　卷扬筒的浇注位置

(2) 铸件的薄壁部分应放在铸型的下部或侧面或倾斜　这样可以增加薄壁处液态金属的浇注压力，提高金属液的流动性，防止薄壁部分产生浇不足或冷隔等缺陷。同时厚大部分处于铸型上部也便于在铸件厚壁处直接安置冒口以利于补缩，从而实现自下而上的顺序凝固，如图 9-21 所示。

(3) 铸件上的宽大平面应位于型腔底部　这是因为浇注时液态金属对型腔上表面烘烤严重，容易引起型腔拱起或开裂，使铸件产生气孔、夹砂等缺陷，如图 9-22 所示。

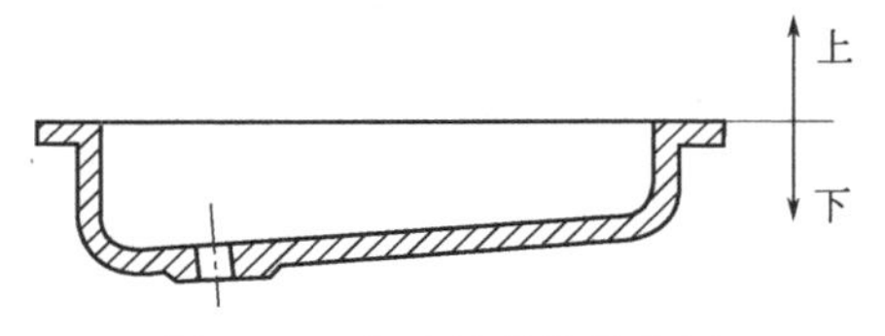

图 9-21　薄壁件的浇注位置

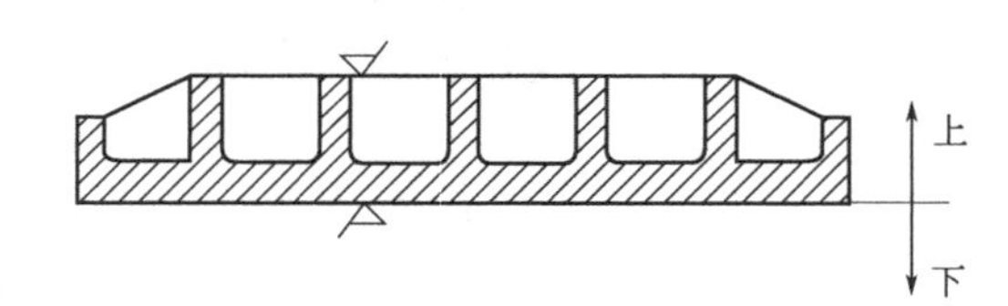

图 9-22　较大平面的浇注位置

在选择浇注位置时还应注意尽量减少型芯的数目，要便于型芯的固定、排气，最好使型芯位于下型以便下芯和检查。

2. 铸型分型面的选择

分型面为铸型组元间的结合面，其主要作用是分开铸型，便于起模和下芯。分型面位置的选择将直接影响铸件的尺寸精度、生产效率及成本。分型面的选择原则如下。

(1) 应尽量将铸件的重要加工面或大部分加工面和加工基准面放在同一砂型中　以保证铸件尺寸的精度，防止产生错型、飞翅、毛刺等缺陷，如图 9-23、图 9-24 所示。

(2) 分型面一般要选在铸件的最大截面处　以保证模样能从型腔中顺利取出，但应注意不要使模样在一个砂型内过高，如图 9-25 所示。

(3) 应尽量使型腔及主要型芯处于下型　以便于造型、下芯、合箱和检验铸件的壁厚。但型腔也不宜过深，并尽量避免使用吊芯和大的吊砂，如图 9-26 所示。

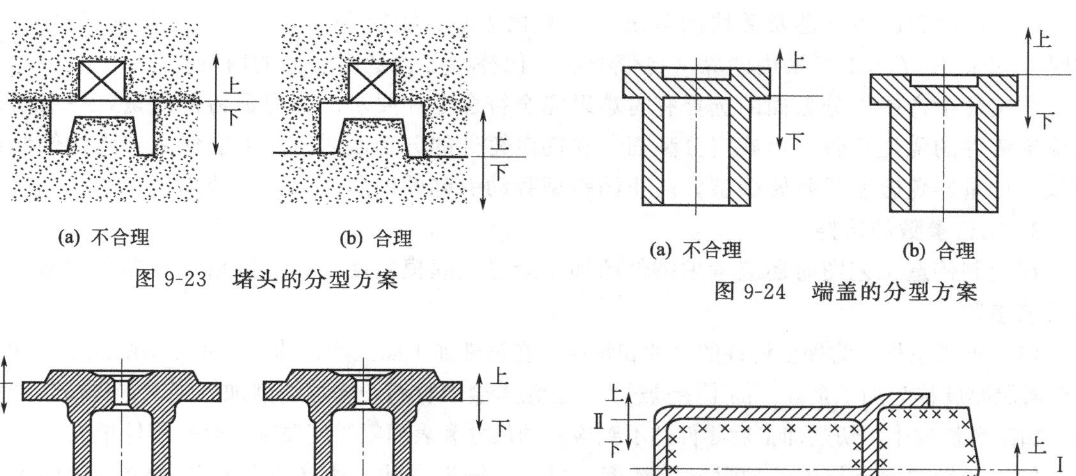

(a) 不合理　　(b) 合理

图 9-23 堵头的分型方案

(a) 不合理　　(b) 合理

图 9-24 端盖的分型方案

(a) 不合理　　(b) 合理

图 9-25 铸件的分型方案

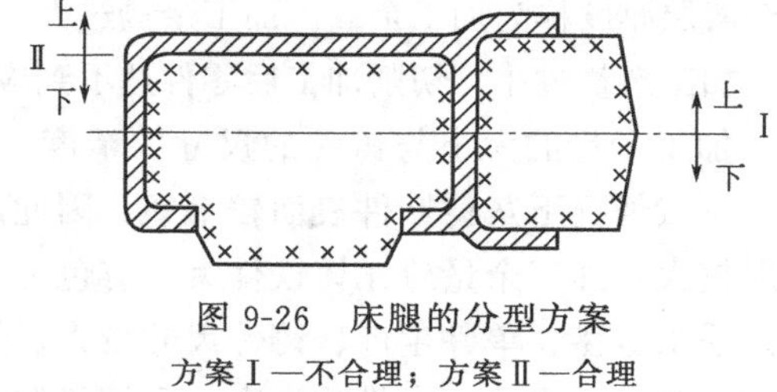

图 9-26 床腿的分型方案

方案Ⅰ—不合理；方案Ⅱ—合理

（4）应尽量选用平直的分型面，少用曲面 以简化制模和造型工艺。图 9-27 为弯曲件的分型方案，方案Ⅰ的分型面为弯曲面，需要进行挖砂或假箱造型。方案Ⅱ的分型面为一平面，故可采用简便的分模造型。

（5）应尽量减少分型面的数量 以简化造型工序，保证铸件的尺寸精度。图 9-28 为绳轮的分型方案，方案Ⅰ有两个分型面，须采用三箱造型，操作过程复杂，不宜保证铸件精度；方案Ⅱ只有一个分型面，且铸件处于同一砂箱内，便于造型和保证铸件精度。

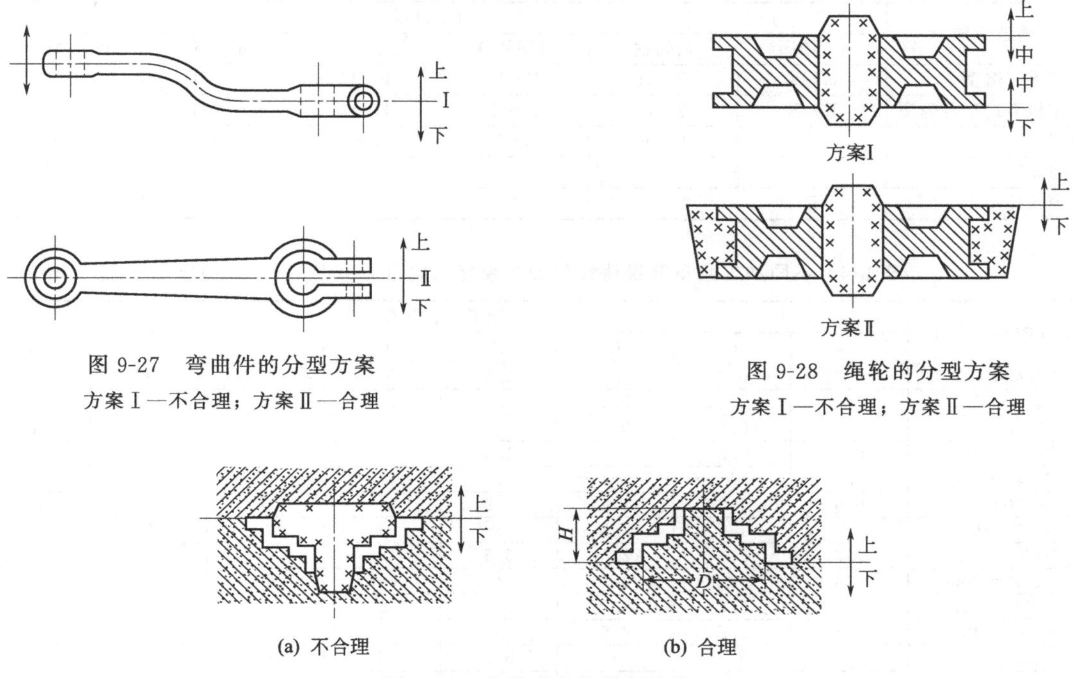

图 9-27 弯曲件的分型方案

方案Ⅰ—不合理；方案Ⅱ—合理

方案Ⅰ

方案Ⅱ

图 9-28 绳轮的分型方案

方案Ⅰ—不合理；方案Ⅱ—合理

(a) 不合理　　(b) 合理

图 9-29 自带型芯的分型方案

(6) 应尽量减少型芯及活块的数量 以简化造芯、制模等工序。在生产图 9-29 所示铸件时，如果 $H/D<1$ 可采用砂垛（自带型芯）代替型芯铸造出零件的内腔。

在实际生产中，分型面的选择有时难以完全符合上述要求。为保证铸件质量，一般都是先确定铸件的浇注位置，再确定分型面。在确定铸件的分型面时应尽可能使之与浇注位置相一致，尽量避免合型后翻转砂型，防止因铸型翻动引起的偏芯、错型等缺陷。

3. 工艺参数的选择

在绘制铸造工艺图时还应考虑铸件的加工余量、起模斜度、铸造圆角、收缩率和型芯头等工艺参数。

(1) 加工余量 为保证铸件的尺寸和精度，在铸件加工面上增加的，需要在切削加工时切除的金属层厚度称为加工余量。加工余量过大，会浪费金属材料，增加切削加工工时，提高生产成本；加工余量过小，切削加工后零件达不到应有的尺寸和表面粗糙度要求，会使零件报废。

加工余量的大小与铸件的尺寸、精度、材料、铸造方法、生产批量和浇注位置等因素有关。一般情况下灰铸铁件表面较平整，因此加工余量可小些；铸钢件浇注温度高，表面粗糙，变形较大，加工余量应比铸铁件大；有色金属件表面光洁，原材料价格高，加工余量应比铸铁小。手工造型、单件生产、铸件尺寸较大、形状复杂、加工质量要求较高及在铸型上部的加工面加工余量应大些；大批量生产，采用机器造型时，由于铸型质量稳定，加工余量可小些。

按 GB/T 6414—1999 规定，铸件加工余量用代号 RMA 表示，其等级由精到粗分为 A、B、C、D、E、F、G、H、J、K 共 10 个级别。砂型铸造孔的加工余量等级可采用与顶面加工余量相同的等级；单件小批生产时，铸件上不同的加工表面，允许采用相同的加工余量数值；确定旋转体的加工余量时，基本尺寸可取直径或高度中较大的那个尺寸。常用材料的铸件加工余量等级见表 9-3，不同加工余量等级铸件的加工余量见表 9-4。

表 9-3 常用材料的铸件加工余量等级（摘自 GB/T 6414—1999）

铸造方法	铸造材料					
	铸钢	灰铸铁	可锻铸铁	球墨铸铁	铜合金	轻金属合金
砂型手工造型	G～K	F～H	F～H	F～H	F～H	F～H
砂型机器造型及壳型	E～H	E～G	E～G	E～G	E～G	E～G
金属型		D～F	D～F	D～F	D～F	D～F
压力铸造					B～D	B～D
熔模铸造	E	E		E	E	E

表 9-4 不同加工余量等级铸件的加工余量（摘自 GB/T 6414—1999） mm

零件的基本尺寸	加工余量等级							
	C	D	E	F	G	H	J	K
≤40	0.2	0.3	0.4	0.5	0.5	0.7	1	1.4
>40～63	0.3	0.3	0.4	0.5	0.7	1	1.4	2
>63～100	0.4	0.5	0.7	1	1.4	2	2.8	4
>100～160	0.5	0.8	1.1	1.5	2.2	3	4	6
>160～250	0.7	1	1.4	2	2.8	4	5.5	8
>250～400	0.9	1.3	1.4	2.5	3.5	5	7	10
>400～630	1.1	1.5	2.2	3	4	6	9	12
>630～1000	1.2	1.8	2.5	3.5	5	7	10	14
>1000～1600	1.4	2	2.8	4	5.5	8	11	16
>1600～2500	1.6	2.2	3.2	4.5	6	9	14	18
>2500～4000	1.8	2.5	3.5	5	7	10	15	20
>4000～6300	2	2.8	4	5.5	8	11	16	22
>6300～10000	2.2	3	4.5	6	9	12	17	24

铸件尺寸公差（铸件尺寸允许的极限偏差）用代号 CT 表示，其精度等级从高到低有 1、2、3、…、16 共 16 个等级，铸件的尺寸公差数值见表 9-5，不同生产批量铸件的尺寸公差等级见表 9-6、表 9-7。

表 9-5　铸件的尺寸公差数值（摘自 GB/T 6414—1999）　mm

铸件基本尺寸	公差等级 CT													
	3	4	5	6	7	8	9	10	11	12	13	14	15	16
≤10	0.18	0.26	0.36	0.52	0.74	1.0	1.5	2.0	2.8	4.2				
>10～16	0.20	0.28	0.38	0.54	0.78	1.1	1.6	2.2	3.0	4.4				
>16～25	0.22	0.30	0.42	0.58	0.82	1.2	1.7	2.4	3.2	4.6	6	8	10	12
>25～40	0.24	0.32	0.46	0.64	0.90	1.3	1.8	2.6	3.6	5.0	7	9	11	14
>40～63	0.26	0.36	0.50	0.70	1.0	1.4	2.0	2.8	4.0	5.6	8	10	12	16
>63～100	0.28	0.40	0.56	0.78	1.1	1.6	2.2	3.2	4.4	6	9	11	14	18
>100～160	0.30	0.44	0.62	0.88	1.2	1.8	2.5	3.6	5.0	7	10	12	16	20
>160～250	0.34	0.50	0.70	1.0	1.4	2.0	2.8	4.0	5.6	8	11	14	18	22
>250～400	0.40	0.56	0.78	1.1	1.6	2.2	3.2	4.4	6.2	9	12	16	20	25
>400～630		0.64	0.90	1.2	1.8	2.6	3.6	5	7	10	14	18	22	28
>630～1000			1.0	1.4	2.0	2.8	4.0	6	8	11	16	20	25	32

表 9-6　单件、小批量生产铸件尺寸公差等级（摘自 GB/T 6414—1999）

造型材料	公差等级 CT					
	铸钢	灰铸铁	可锻铸铁	球墨铸铁	铜合金	轻金属合金
干、湿型砂	13～15	13～15	13～15	13～15	13～15	11～13
自硬砂	12～14	11～13	11～13	11～13	10～12	10～12

表 9-7　成批及大批量生产铸件尺寸公差等级（摘自 GB/T 6414—1999）

铸造方法	公差等级 CT					
	铸钢	灰铸铁	可锻铸铁	球墨铸铁	铜合金	轻金属合金
手工造型	11～14	11～14	11～14	11～14	10～13	9～12
机器造型及壳型	8～12	8～12	8～12	8～12	8～10	7～9
金属型或低压铸造		8～10	8～10	8～10	8～10	7～9
压力铸造					6～8	4～7
熔模铸造	5～7	5～7		5～7	4～6	4～6

对于铸件上较小的孔和槽一般不铸出，而是用钻头钻出；较大的孔、槽应当铸出，以节省金属材料和切削加工工时。一般灰铸铁件最小铸出的孔在单件、小批量生产时为 30～50mm，成批生产时为 15～30mm。对于零件图上不要求加工的孔和槽，则无论大小均应铸出。

（2）收缩余量　由于在铸造过程中合金的线收缩，铸件冷却后的尺寸将比型腔尺寸略为缩小，为保证铸件应有的尺寸，模样尺寸必须比铸件放大一个该合金的收缩量。收缩余量的大小取决于该合金的线收缩率、铸件的尺寸和形状等，通常灰铸铁线收缩率为 0.7%～1.0%，铸造碳钢为 1.3%～2.0%，铝硅合金为 0.8%～1.2%。

（3）起模斜度　为使模样顺利从铸型中取出（或型芯从芯盒脱出），在平行于起模方向上模样（或芯盒）表面增加的斜度称为起模斜度，如图 9-30 所示。

起模方向

β

α

图 9-30　起模斜度

起模斜度的大小与模样壁的高度、造型方法、模样材料等有关。起模斜度一般用角度或宽度表示，通常木模外壁的斜度为 30′～3°。一般情况下，壁越高，斜度越小；外壁斜度比内壁小；金属模样的斜度比木模小；机器造型的斜度比手工造型小。

（4）铸造圆角　为了避免铸型损坏，防止铸件产生缩孔及由于应力集中而引起裂纹，在模样转角处要做成圆弧过渡，这种圆弧称为铸造圆角。图 9-31 为不同转角过渡时铸件的组织。铸造圆角的半径一般为 3～10mm。

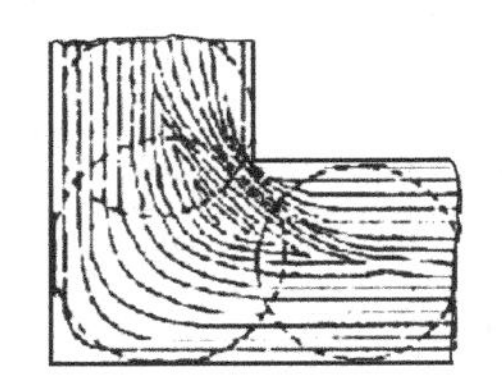

(a) 直角过渡

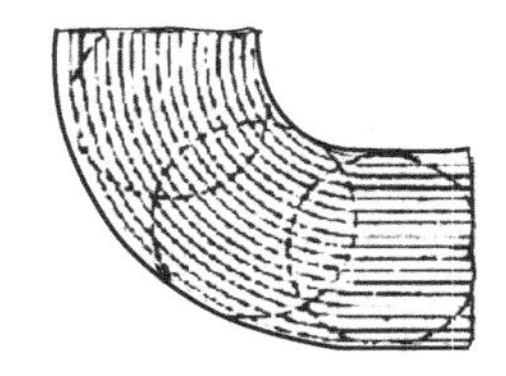
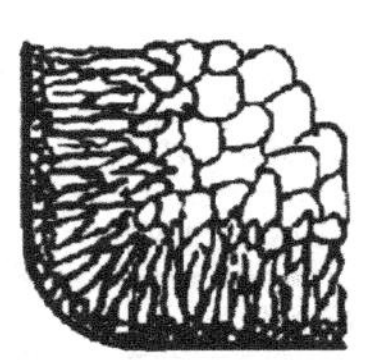

(b) 圆角过渡

图 9-31　铸造圆角

（5）型芯头　型芯头是指伸出铸件以外不与液态金属接触的型芯部分。型芯头不形成铸件的轮廓，其作用是保证型芯在铸型中的定位、支撑和排气。型芯头的形状和尺寸，对型芯装配的工艺性和稳定性有很大影响。按其在铸型中的位置可分为垂直芯头和水平芯头两种形式，如图 9-32 所示。

垂直型芯［见图 9-32(a)］一般都有上、下芯头，但短而粗的型芯也可不留上芯头。芯头必须留有一定的斜度，下芯头的斜度一般为 5°～10°，上芯头的斜度为 6°～15°；型芯头的高度 H 取决于型芯头的直径 d。水平芯头［见图 9-32(b)］一般有两个型芯头，芯头的长度 L 取决于型芯的直径 d 及型芯的长度。为了便于型芯的安放，型芯头与铸型型芯座之间应有 1～4mm 的间隙（s）。

4. 浇注系统和冒口

（1）浇注系统　浇注系统是为了引导液态金属顺利进入型腔和冒口而在铸型中设计的一系列通道，如图 9-33 所示。其作用是承接和导入液态金属，控制液态金属流动方向和速度，使液态金属平稳地充满型腔，调节铸件各部分的温度分布，阻挡熔渣和夹杂物等进入型腔。

（2）冒口　冒口是在铸型中储存供补缩铸件用熔融金属的空腔，如图 9-33 所示。冒口的主要作用是补缩，同时还可起到排气和集渣作用。冒口设置的原则如下。

① 要保证铸件的顺序凝固，因此冒口要放在铸件最后凝固的位置。

② 尽量放在铸件的最高处，这样有利于铸件的补缩，同时熔渣也容易浮出。

③ 冒口最好放在内浇口附近，使液态金属通过冒口再进入铸型，以提高补缩效果。

④ 冒口应尽量避开易拉裂部位，不要影响铸件的自由收缩。

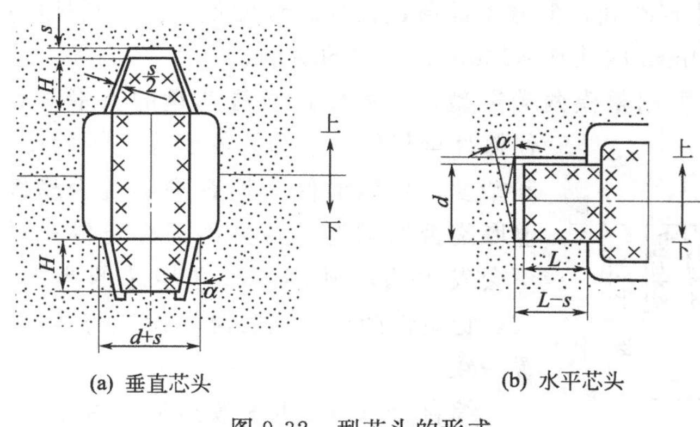

(a) 垂直芯头 (b) 水平芯头

图 9-32 型芯头的形式

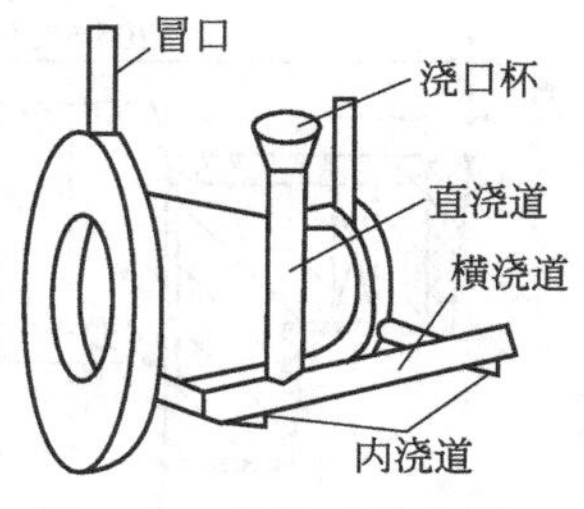

图 9-33 浇注系统和冒口

⑤ 尽量放在须加工部位，以便于清理。

5. 绘制铸造工艺图、铸件图

根据上述分析，即可按规定的铸造工艺符号或文字在零件图上或另绘出表示分型面、浇注位置、型芯结构和尺寸、浇注系统、工艺参数等的铸造工艺图，并根据铸造工艺图画出反映铸件实际尺寸、形状和技术要求的零件图。

三、铸造实例分析

现以连接法兰（见图 9-34）为例说明绘制铸造工艺图的步骤。

1. 分析铸件质量要求和结构特点

该零件属一般连接件，ϕ60mm 内孔和 ϕ120mm 端面质量要求较高，不允许有铸造缺陷。

2. 选择造型方法

铸件材料为灰铸铁 HT200，大批量生产，故选用机器造型。

3. 浇注位置的选择

浇注位置有两种方案：一是铸件轴线呈垂直位置，铸件是顺序凝固，补缩效果好，气体、熔渣易于上浮，且 ϕ120mm 端面和 ϕ60mm 内孔分别处于铸型的底面和侧面，容易保证质量；二是铸件轴线呈水平位置，容易使处于上部的 ϕ120mm 端面和 ϕ60mm 内孔产生砂眼、气孔和夹渣等缺陷。故方案二不合理，应选方案一。

4. 分型面的选择

分型面的选择有两种方案，如图 9-35 所示。

(1) 方案Ⅰ（轴向对称分型） 此方案采用分模两箱造型，内腔较浅，双支点水平型芯

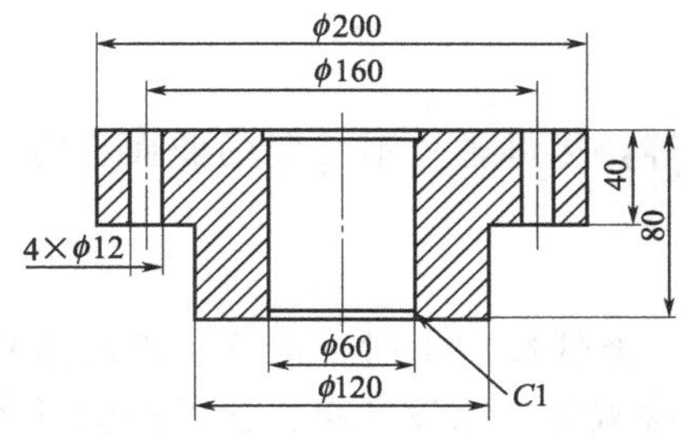

图 9-34 连接法兰零件图

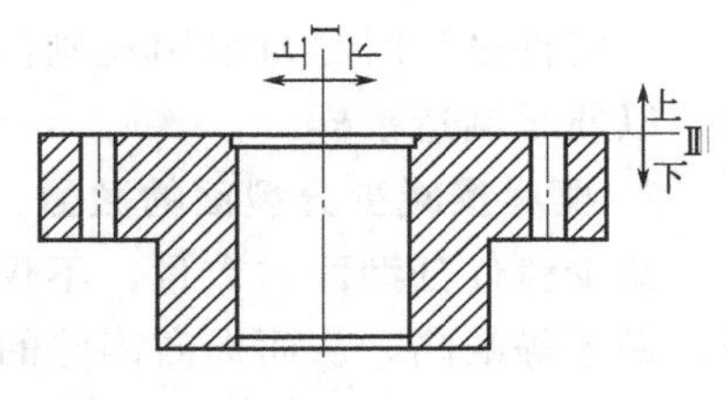

图 9-35 分型方案

稳定性好，造型、下芯方便，铸件尺寸较准确，但分型面通过铸件轴线位置，会使圆柱面产生飞边、毛刺、错箱等缺陷，影响 ϕ60mm 内孔和 ϕ120mm 端面的质量。

（2）方案Ⅱ（径向分型） 此方案采用整模两箱造型，分型面选在法兰盘的上平面处，使铸件全部位于下箱，便于保证铸件质量和精度，合型前便于检查型芯是否稳固、壁厚是否均匀等，且分型面在铸件一端，不会发生错型缺陷，直立型芯的高度不大，稳定性尚可。同时浇注位置与造型位置一致。

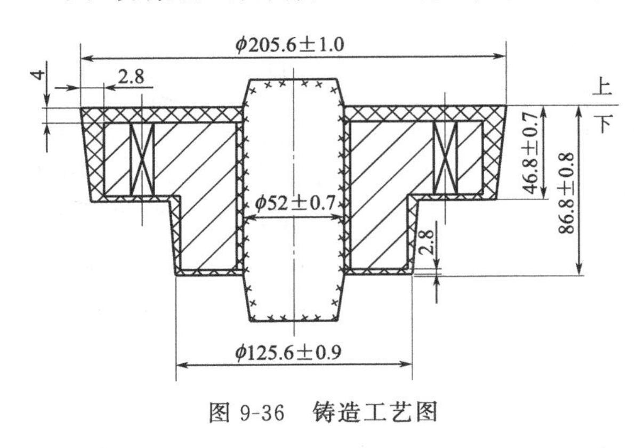

图 9-36 铸造工艺图

综合分析方案Ⅱ整模造型较为合理。

5. 确定主要工艺参数

（1）加工余量 根据铸件生产条件尺寸公差等级选为 CT8 级，从有关表中查出，上表面及内孔的加工余量等级为 H 级，单边加工余量 4mm；外圆表面及底面加工余量等级为 G 级，单边加工余量 2.8mm，尺寸公差如图 9-36 所示。

（2）不铸出的孔 为简化铸造工艺过程四个 ϕ12mm 小孔不铸出。

（3）铸造收缩率 按灰铸铁的自由收缩率取 1%。

6. 绘制铸造工艺图

将分型面、浇注位置、浇注系统、工艺参数、型芯结构和尺寸等内容标注在零件图上，其铸造工艺图如图 9-36 所示。

第三节 铸件的结构工艺性

铸件的结构工艺性，是指设计铸件的形状与尺寸，除了要保证零件使用性能外，还要有利于保证铸件的质量和便于进行铸造生产，因此在进行铸件结构设计时，必须考虑到铸造工艺过程中的各个工序和铸造合金性能对铸件结构的要求，使零件生产达到优质、高产、低成本的目的。

一、砂型铸造工艺对铸件结构的要求

铸件结构应尽可能使制模、造型、造芯、合箱等生产过程简化，避免不必要的人力物力消耗，避免产生铸件缺陷及废品，并为实现机械化生产创造条件。因此在进行铸件结构设计时，必须考虑以下问题。

1. 铸件外形应力求简单

在铸件设计时尽量采用规则的易加工平面、圆柱面等，尽量避免不必要的曲面、内凹等，以便于制造模样。

2. 要尽量减少分型面的数量

减少铸件分型面的数量，不仅可以减少砂箱的用量，降低造型工时，而且可以减少错箱、偏芯等缺陷，从而提高铸件的精度。图 9-37 所示的端盖铸件原设计存在法兰凸缘［见图 9-37(a)］，不能采用简单的两箱造型，若改成图 9-37(b) 所示的结构，取消上部的凸缘，

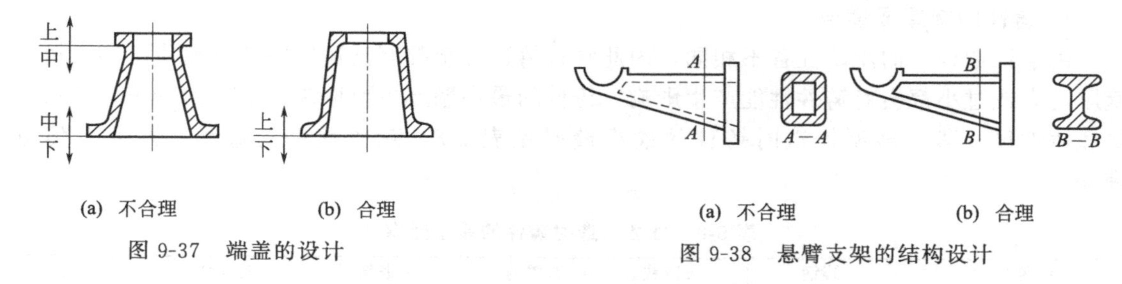

(a) 不合理　　(b) 合理

图 9-37　端盖的设计

(a) 不合理　　(b) 合理

图 9-38　悬臂支架的结构设计

使铸件仅有一个分型面，造型简便，铸件精度提高。

3. 应尽量不用或少用活块、型芯

采用活块或型芯会使造型、制芯及合型过程复杂，工作量及生产成本提高，容易造成铸件缺陷。图 9-38 所示为悬臂支架的结构设计，采用图 9-38(a) 所示结构时其内腔须用悬臂型芯来形成，该型芯难以固定和定位，同时排气不畅、不便清理。改为图 9-38(b) 所示结构时不仅省掉了型芯，而且造型简单，容易保证铸件质量。

4. 要有利于型芯的定位、固定、排气和清理

铸型中的型芯必须支承牢固和便于排气，以避免铸件产生偏芯、气孔等缺陷。图 9-39 所示为轴承支架的结构设计，在采用图 9-39(a) 所示结构时，需要两个型芯，并须用芯撑使型芯固定，且型芯排气不畅，清理困难。若采用图 9-39(b) 所示结构时，可使用一个整体型芯，型芯的稳定性增加，且排气性较好，便于清理。

(a) 不合理　　(b) 合理

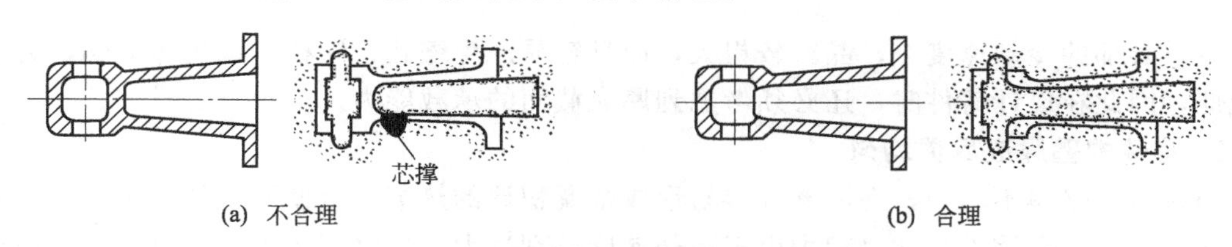

图 9-39　轴承支架的结构设计

5. 铸件应有一定的结构斜度

在铸件平行于起模方向上的非加工表面应设计出一定的斜度，即结构斜度，如图 9-40 所示。具有结构斜度的铸件在造型过程中可使起模方便，起模时不易损坏型腔表面，减小模样或芯盒的松动量，从而提高铸件的尺寸精度，同时延长模样的使用寿命。铸件结构斜度的大小和许多因素有关，如铸件高度、造型方法等。一般高度越低，结构斜度应越大；内壁斜度应大于外壁斜度。

(a) 不合理　　(b) 合理

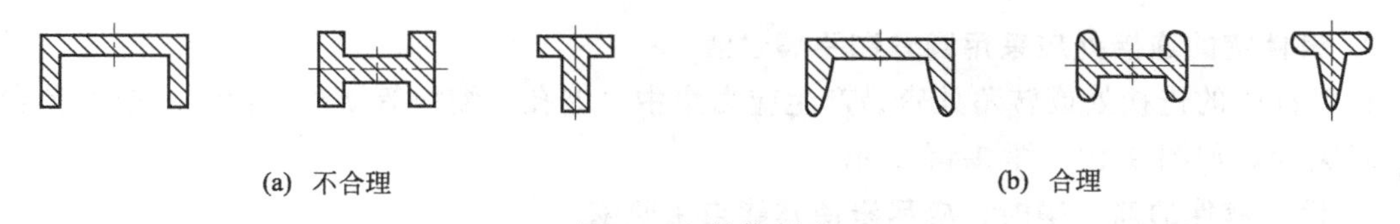

图 9-40　结构斜度

二、合金铸造性能对铸件结构的要求

为减少或避免铸件产生缩孔、缩松、裂纹、变形、浇不足、冷隔等缺陷，在设计铸件结构时还应考虑金属铸造性能方面的一些要求。

1. **铸件的壁厚要适当**

由于铸造合金的流动性各不相同，因此每种铸造合金都有其适宜的铸件壁厚范围，铸件壁厚过大或过小都会对铸件性能产生影响。铸件的最小壁厚主要取决于合金的种类、铸造方法和铸件尺寸等。砂型铸造时铸件的最小壁厚见表 9-8，灰铸铁件的最小壁厚参考值见表 9-9。

表 9-8　砂型铸造时铸件的最小壁厚　　mm

铸件尺寸	铸钢	灰铸铁	球墨铸铁	可锻铸铁	铝合金	铜合金
<200×200	5～8	3～5	4～6	3～5	3	3～5
200×200～500×500	10～12	4～10	8～12	6～8	4～6	6～8
>500×500	15～20	10～15	12～20			

表 9-9　灰铸铁件的最小壁厚参考值

铸件质量/kg	铸件最大尺寸/mm	外壁厚度/mm	内壁厚度/mm	筋的厚度/mm
<5	300	7	6	5
6～10	500	8	7	5
11～60	750	10	8	6
61～100	1250	12	10	8
101～500	1700	14	12	8
501～800	2500	16	14	10
801～1200	3000	18	16	12

由于心部的冷却速度小、晶粒较粗大，而且容易产生缩孔、缩松、偏析等缺陷，力学性能较低，因此在设计铸件时，还必须考虑到厚大截面的承载能力。

2. **铸件的壁厚应尽量均匀**

如果铸件壁厚不均匀，在厚壁处容易形成金属积聚的热节，致使厚壁处产生缩孔、缩松等缺陷。同时，在铸件冷却过程中由于冷却速度差别过大，还将形成较大的热应力，使铸件薄厚连接处产生裂纹，如图 9-41 所示。

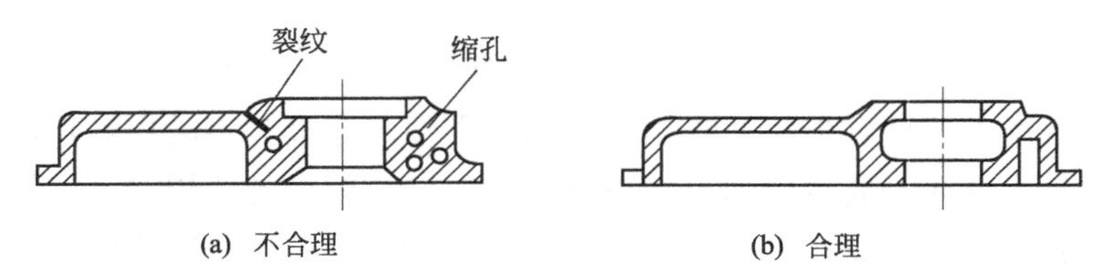

图 9-41　铸件壁厚的设计

3. **铸件壁的连接处应采用圆角和平缓过渡**

在铸件壁的连接处或转角处容易产生应力集中、缩孔、缩松等缺陷，设计时应避免尖角和壁厚突变，如图 9-42～图 9-44 所示。

4. **设计铸件的筋、辐时，应尽量使其能自由收缩**

铸件收缩受阻是产生内应力、变形和裂纹的根本原因。在设计铸件结构时应能使铸件自由收缩，以减小内应力，减小变形，避免裂纹产生。图 9-45 为轮辐设计方案，若采用图 9-45(a) 方案的偶数直轮辐，虽然制模方便，但轮辐在冷却过程中产生的收缩力直接对抗，容易在轮辐处产生裂纹；若改为图 9-45(b) 或 (c) 方案，收缩时可借弯曲轮辐或奇数轮辐轮缘的微量变形减小铸造内应力，防止铸件开裂。

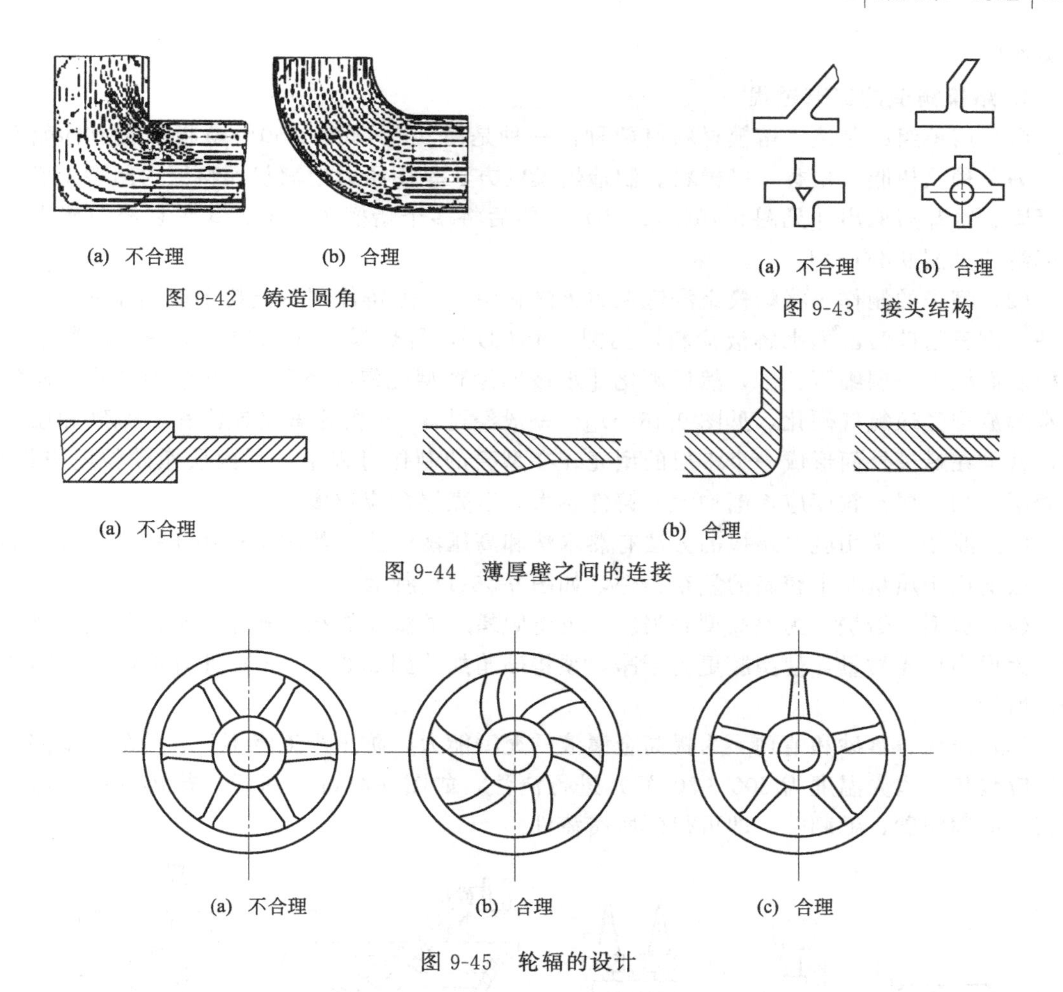

(a) 不合理　(b) 合理

图 9-42　铸造圆角

(a) 不合理　(b) 合理

图 9-43　接头结构

(a) 不合理　(b) 合理

图 9-44　薄厚壁之间的连接

(a) 不合理　(b) 合理　(c) 合理

图 9-45　轮辐的设计

此外，对于大型或形状复杂的铸件，在满足使用性能的前提下，可先设计成若干个形状简单的小铸件，从而简化铸造工艺，然后通过机械或焊接的方法组合成整体结构。

第四节　特种铸造

随着生产和科学技术的发展，产品对铸件质量及性能也提出了更高的要求，因此在砂型铸造的基础上发展起来了与普通砂型铸造有显著区别的一些铸造方法，即特种铸造。特种铸造的方法很多，每种特种铸造方法在提高铸件精度和表面质量、改善合金性能、提高劳动生产率、改善劳动条件和降低铸造成本等方面各有其优越之处。生产中每一种铸造方法都有它的局限性，因此在选择铸造方法时，需要综合考虑工艺的适用性、具体的生产条件以及经济性等。常见的特种铸造方法有熔模铸造、金属型铸造、压力铸造、低压铸造、离心铸造、实型铸造、陶瓷型铸造、磁型铸造等。

一、熔模铸造

熔模铸造是用易熔材料制成模型，然后在模型上涂挂耐火材料，经硬化之后，再将模型熔化、排出型外，从而获得无分型面的铸型。由于模样常采用蜡质材料制造，故又称为“失蜡铸造”。

1. **熔模铸造的工艺过程**

(1) 熔模组的制造　熔模材料有两种：一种是由50%石蜡+50%硬脂酸组成的蜡基模料；另一种是树脂（松香）基模料。制造熔模的方法是用压力把糊状模料压入压型型腔，待其凝固、冷却后取出［见图9-46(a)、(b)］，然后将多个蜡模按一定方式焊在浇口棒上组成蜡模组［见图9-46(c)］。

(2) 型壳的制作　将蜡模组浸泡在耐火涂料中［一般铸件用石英粉水玻璃涂料，高合金钢件用钢玉粉硅酸乙酯水解液涂料，见图9-46(d)］，待熔模表面均匀挂上一层涂料后，在蜡模表面撒上一层细石英砂，然后硬化［水玻璃涂料型壳浸在NH_4Cl溶液中硬化，硅酸乙酯水解液型壳通氯气硬化，见图9-46(e)］。一般经过5～9次的重复挂涂料、撒砂和硬化过程，就可在蜡模外面形成一个多层的型壳。在型壳的制作过程中，其内层撒砂粒度应细小，外表层（加固层）粒度应逐渐加大。铸件越大，砂壳层数应越多。

(3) 脱蜡　常用脱去蜡模的方法有热水法和高压蒸气法，热水法适用于一般铸件，高压蒸气法适用于质量要求较高的复杂铸件，如图9-46(f) 所示。

(4) 造型、焙烧　为提高型壳强度，可将脱蜡后的型壳放在砂箱中，周围填满型砂并紧实。为提高型壳质量，使型腔更为干净，须将砂箱加热到800～1000℃进行焙烧，如图9-46(g) 所示。

(5) 浇注、落砂和清理　为提高金属液的充型能力，防止产生浇不到、冷隔等缺陷，焙烧后应趁热（型壳温度为600～700℃）进行浇注，如图9-46(h) 所示。待铸件冷却后去掉型壳，清理型砂、毛刺等，即可得到所需铸件。

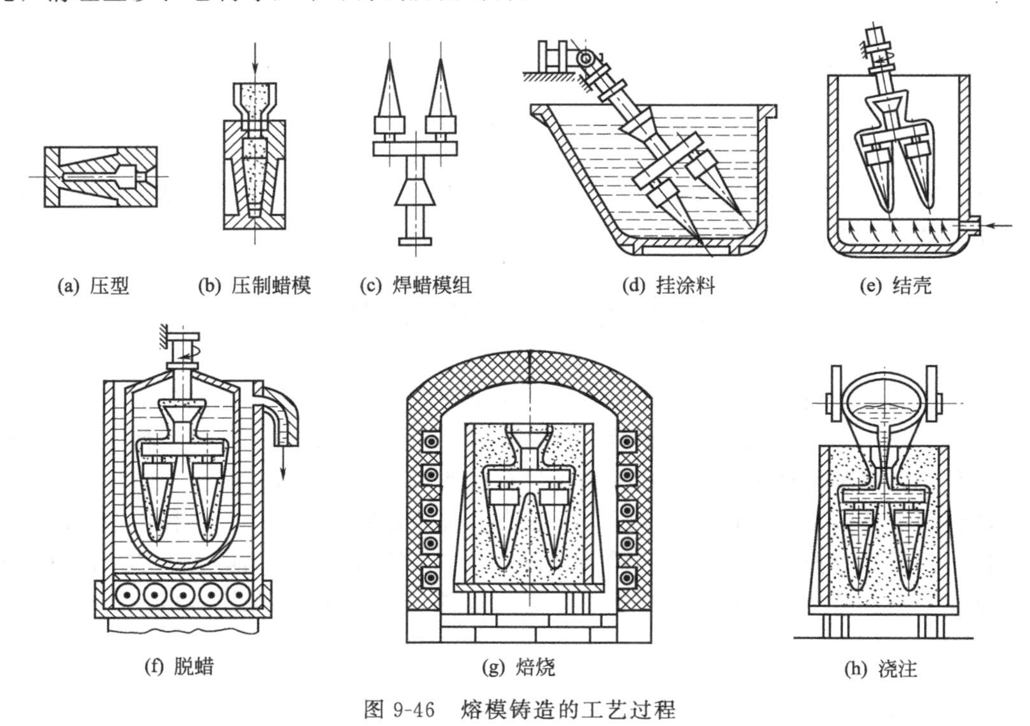

(a) 压型　(b) 压制蜡模　(c) 焊蜡模组　(d) 挂涂料　(e) 结壳

(f) 脱蜡　(g) 焙烧　(h) 浇注

图9-46　熔模铸造的工艺过程

2. **熔模铸造的特点及应用**

(1) 熔模铸造的特点

① 由于铸型精密、没有分型面、型腔表面极为光洁，因此铸件的精度及表面质量较高，精度一般可达 IT11～IT14，表面粗糙度为 $Ra1.6\sim12.5\mu m$。同时，铸型在预热后浇注，因此可生产出形状复杂的薄壁铸件（最小壁厚 0.7mm）。

② 由于型壳是用高级耐火材料制成的，故能适应各种合金的铸造，特别是对高熔点合金及难切削加工合金（如高锰钢、磁钢、耐热合金）的铸造尤为可贵。

③ 熔模铸造的生产批量不受限制，除适用于成批、大量生产外，也可用于单件生产。

④ 熔模铸造的主要缺点是材料昂贵、工艺过程复杂、生产周期长（4～15 天），铸件成本比砂型铸造高几倍。此外，熔模铸造难以实现完全机械化和自动化生产，且铸件不能太大、太长，一般为几十克到几千克，最大不超过 25kg。

（2）熔模铸造的适用范围　熔模铸造主要用来生产形状复杂、精度要求较高或难以进行切削加工的小型零件，如汽轮机、燃气轮机的叶片、切削刀具以及汽车、拖拉机、机床上的小型零件。

二、金属型铸造

金属型铸造是采用金属铸型，将液态金属浇入金属型中而获得铸件的一种铸造方法。因金属型可以重复使用，又称为永久型铸造。

1. 金属型的结构

金属型常采用灰口铸铁或铸钢经机械加工制成。根据分型面位置的不同，金属型可分为整体式、水平分型式、垂直分型式和复合分型式几种，如图 9-47 所示。其中，垂直分型式由于便于开设内浇道、取出铸件和易实现机械化生产因而应用较多。

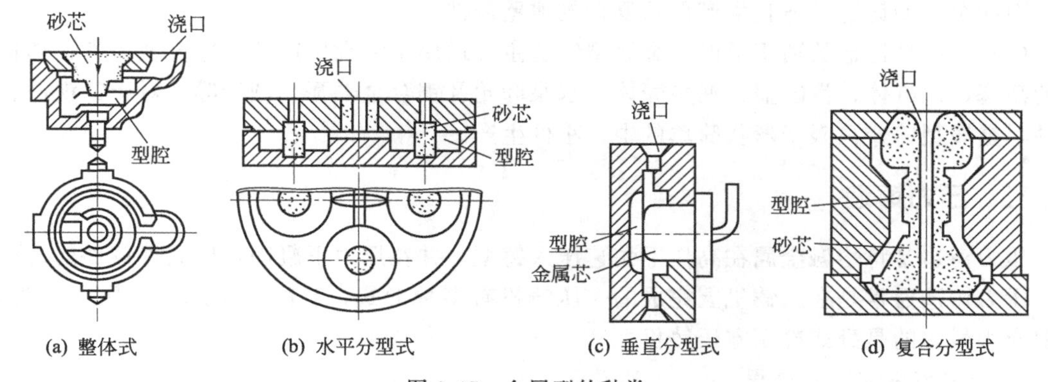

图 9-47　金属型的种类

2. 金属型的铸造工艺

由于金属型传热速度快，且退让性和透气性差，铸件易产生冷隔、浇不到、裂纹等缺陷，为避免缺陷产生和延长铸型的使用寿命，在生产中常采取以下措施。

（1）喷刷涂料　金属型型腔和型芯表面必须喷刷涂料，其主要作用是：减缓铸件的冷却速度；保护型壁表面，防止高温金属液流对型腔壁的直接冲刷；利用涂料有一定的蓄气、排气能力，防止铸件产生气孔。

涂料分为衬料和表面涂料。衬料以耐火材料为主，厚度为 0.2～1.0mm；表面涂料为可燃物质（如灯烟、油类等），每次浇注喷涂一次，以产生隔热气膜。

（2）金属型应保持合理的工作温度　合理的工作温度可减缓铸型的冷却速度、提高液态金属的充型能力、减缓铸型对金属液的激冷作用，以减少铸件缺陷，同时，由于铸型与金属液的温差减小，铸型的寿命得以提高。

金属型的工作温度：铸铁件为250～350℃；有色金属件为100～250℃。为保持铸型的工作温度，开始铸造时要对金属型进行预热；在连续生产过程中，必须利用金属型上的散热装置（气冷或水冷）来散热。

(3) 及时开型、取出铸件　液态金属在金属型内冷却的时间不宜过长，否则因收缩量增大而使铸件取出困难加大，铸件产生内应力和裂纹的倾向也变大。合适的开型时间一般要通过试验来确定。一般铸铁件的出型温度为780～950℃；铝合金件的出型温度为470～500℃。

3. 金属型铸造的特点及应用

(1) 金属型铸造的特点　和砂型铸造相比，金属型铸造具有以下优点。

① 实现了“一型多铸”，金属型可使用几十次至数万次，因此节约了大量造型材料、工时和占地面积，提高了生产效率，改善了劳动条件。

② 铸件冷却快，组织致密，力学性能较高。如铝合金的金属型铸件，其抗拉强度比砂型铸造平均可提高25%，屈服强度平均提高约20%，同时抗蚀性能和硬度也显著提高。

③ 铸件的尺寸精度高、表面粗糙度值低，铝合金铸件的尺寸公差等级可达CT7～CT9，表面粗糙度可达 Ra3.2～12.5μm，因此可实现少、无切削加工。

④ 浇冒口尺寸较小，金属消耗量减少，一般可节约金属15%～30%。

⑤ 工序简单、生产效率高，易于实现机械化、自动化生产。

⑥ 金属型制造生产周期较长，费用较高，故不适用于单件、小批量生产。

金属型铸造的主要问题是金属型不透气，无退让性，铸件冷却速度大，容易产生各种缺陷。因此金属型铸造不适宜生产形状复杂的薄壁铸件。

(2) 金属型铸造的适用范围　金属型铸造主要适用于大批生产的有色合金铸件，如铝合金的活塞、汽缸体、汽缸盖、油泵壳体、水泵叶轮及铜合金轴瓦、轴套等。对于铸铁件、铸钢件，金属型铸造只限于形状简单的中、小件生产。

三、压力铸造

压力铸造是将熔融金属在高压下快速压入铸型，并在压力下凝固，以获得铸件的铸造方法。压力铸造通常是在压铸机上完成的，压铸机有多种形式，有冷压室式和热压室式两类。目前应用最多的是卧式冷压室压铸机。

1. 压力铸造的工艺过程

图9-48为卧式冷压室压铸机工作过程示意图。铸型由定型和动型组成，定型固定在机架上，动型由合型机构带动可以在水平方向上进行移动。工作时，首先预热金属铸型、喷涂料；然后合型、注入金属液［见图9-48(a)］；压射冲头在高压下推动金属液充满型腔并凝固［见图9-48(b)］；最后动型由合型机构带动打开铸型，由顶杆顶出铸件［见图9-48(c)］。

2. 压力铸造的特点及应用

(1) 压力铸造的特点　与其他铸造方法相比，压力铸造有以下特点。

① 铸件的精度及表面质量比其他铸造方法都高，精度可达IT11～IT13，粗糙度值 Ra 1.6～6.3μm。因此，压铸件可不经切削加工直接使用。

② 因铸件冷却速度快，又是在压力下结晶，所以表层组织结晶细密，铸件的强度和表面硬度较高，抗拉强度可比砂型铸件提高25%～30%。

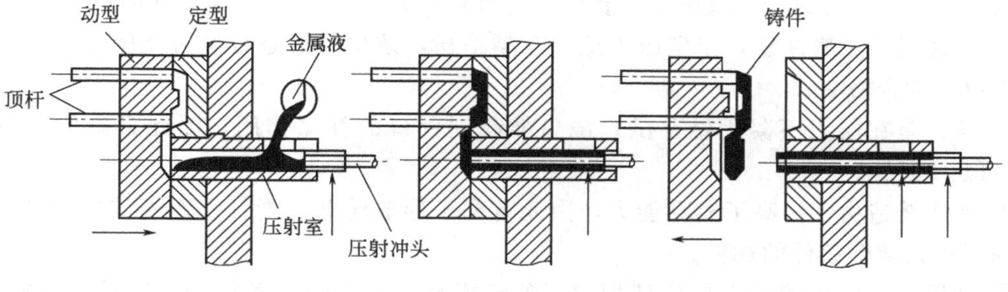

(a) 合型、浇注　(b) 压射　(c) 开型、顶出铸件

图 9-48 卧式冷压室压铸机工作过程示意图

③ 可压铸出形状复杂的薄壁件或镶嵌件。如可铸出极薄件，或直接铸出小孔、螺纹等，这是由于压型精密、在高压下浇注，极大地提高了合金充型能力所致。

④ 压力铸造的生产效率比其他铸造方法均高，如我国生产的压铸机生产能力为每小时50～150次，最高可达每小时500次。又因压铸是在压铸机上进行的，所以容易实现自动化生产。

⑤ 压铸设备投资大，压型制造成本高、周期长，而且铸型工作条件恶劣、压铸设备易损坏。

压力铸造时由于液态金属充型极快，气体来不及排出，在铸件表皮下会形成许多气孔，因此压铸件的切削加工余量不能太大，以免气孔暴露出来。同时普通压铸件不能进行热处理，因加热时孔内气体膨胀会造成铸件表面鼓泡或变形。

（2）压力铸造的适用范围　压力铸造目前主要应用于铝、锌、镁、铜等有色合金的中、小型铸件生产中。在压铸件中，铝合金铸件的生产占30%～50%，其次为锌合金压铸件。目前压铸已广泛应用于汽车、拖拉机、电器仪表、航空航天、精密仪器、医疗器械等行业。生产的零件有发动机汽缸体、汽缸盖、变速箱箱体、发动机罩、仪表和照相机的壳体等。

近几年来，为进一步提高压铸件质量，在压铸工艺和设备方面又有新的进展，如真空压铸，就是在压铸前先将压腔内的空气抽除，使液态金属在具有一定真空度的型腔内凝固成铸件，这对减少铸件内部微小气孔的产生、提高铸件质量具有良好的效果。

四、低压铸造

低压铸造是介于金属型铸造与压力铸造之间的一种铸造方法，是在较低的压力下将液态金属注入型腔，并在压力下凝固而获得所需铸件的。

1. 低压铸造的工艺过程

在一个盛有液态金属的密封坩埚中，由进气管通入干燥的压缩空气或惰性气体，使坩埚内的液态金属在气体压力的作用下从升液管内平稳上升充满型腔，并使金属液在压力下凝固。当铸件凝固后，降低压力，于是升液管浇口处尚未凝固的液态金属在重力作用下回流至坩埚。最后，开启铸型，取出铸件。低压铸造的工艺过程如图9-49所示。

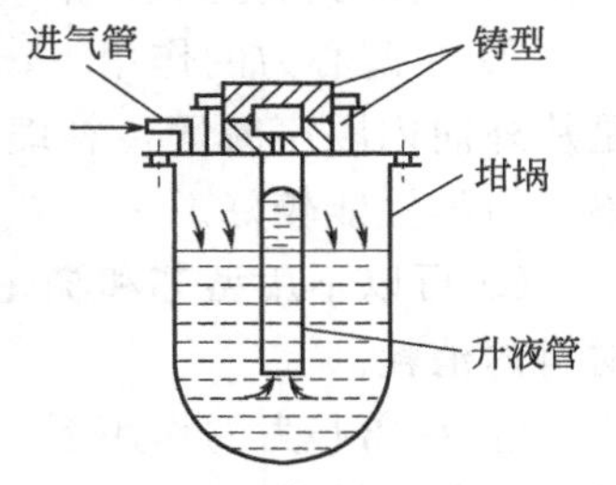

图 9-49 低压铸造工艺过程示意图

2. 低压铸造的特点及应用

（1）低压铸造的特点

① 低压铸造时的充型压力和速度可根据铸件特点进行控

制，因此适用于各种铸型（金属型、砂型、熔模铸型等）、材料及尺寸铸件的生产。

② 浇注时采用底注法，充型压力低，充型平稳，减少了液态金属对型腔的冲击，提高了铸件成品的合格率。

③ 铸件是在压力下凝固结晶的，浇口能起到冒口的补缩作用，因此金属的利用率高（最高可达95%）。

④ 低压铸造由于提高了充型能力，因此有利于形成轮廓清晰、表面光洁的铸件，尤其是有利于较大薄壁铸件的成型。

⑤ 低压铸造设备简单、投资费用少、便于操作，工人劳动条件好，容易实现机械化、自动化生产。

低压铸造的主要缺点是生产效率低，铸件表面粗糙度值 Ra 比压铸件大。

（2）低压铸造的适用范围　低压铸造主要用来生产质量要求较高的铝合金、镁合金、铜合金等形状较复杂的薄壁铸件，如发动机的汽缸体、汽缸盖、高速内燃机的铝活塞等。

五、离心铸造

离心铸造是将金属液浇入高速旋转的铸型中，在离心力作用下充满型腔并凝固成铸件的铸造方法。

1. 离心铸造的基本方式

离心铸造主要用于圆筒形铸件的生产，为使铸型旋转，离心铸造必须在离心铸造机上进行。根据铸型旋转轴空间位置的不同，离心铸造可分为立式离心铸造和卧式离心铸造两大类，如图9-50所示。

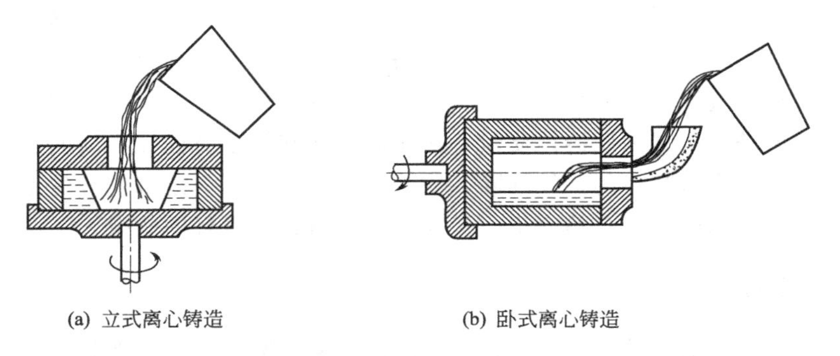
(a) 立式离心铸造　　(b) 卧式离心铸造

图9-50　离心铸造的基本方式

2. 离心铸造的特点及应用

（1）离心铸造的特点

① 在离心力的作用下，金属中的气体、熔渣等夹杂物因密度小均集中在内表面，铸件是从外向内顺序凝固，补缩条件好，因此铸件组织致密，无缩孔、缩松、气孔、夹渣等缺陷，力学性能较好。

② 可以不用型芯和浇注系统，进行中空铸件的生产，大大简化生产过程，减少了金属材料的消耗。

③ 在离心力的作用下，金属液的充型能力得到提高，因此可以浇注流动性较差的合金铸件和薄壁铸件。

④ 便于铸造双金属铸件，如钢套镶铜轴承等，其结合面牢固、耐磨，可节约许多贵重

金属。

离心铸造的主要缺点是金属液中的气体、熔渣等夹杂物，在离心力的作用下因密度小而集中在铸件内表面，为提高零件内表面质量，必须增大切削加工余量；离心铸造铸件易产生偏析，不适宜生产重力偏析大的合金及轻合金，例如铅青铜、铝合金、镁合金等铸件。

（2）离心铸造的适用范围　离心铸造是中心回转体铸件的主要生产方法，如铸铁管、汽缸套、铜套、双金属轴承等。

六、实型铸造

实型铸造是用泡沫塑料模制造铸型后不取出模样，浇注时模样由于高温汽化消失，金属液填充到模样位置而获得铸件的铸造方法。实型铸造也称为消失模铸造。

1. 实型铸造的工艺过程

（1）制造模样　大批量生产时将预发泡珠粒填充到制模机的模具模膛内，经过发泡制成模样；对于单件生产的中、大型铸件，先将预发泡珠粒在成型发泡机上制成泡沫塑料板材，然后可用手工或电热丝切割加工出模样的各个部分，再黏合为整体，如图 9-51(a) 所示。

（2）黏合模样组　黏合单个铸件模样和浇、冒口模样，组成模样组，如图 9-51(b) 所示。

（3）浸涂料　泡沫塑料模样组表面应上两层涂料，第一层是表面光洁涂料，以填补泡沫塑料表面的粗糙及孔洞缺陷，一般采用硝化纤维素快干涂料；第二层是耐火涂料，以防泡沫塑料模表面粘砂，提高模样强度，一般采用醇基快干涂料，上涂料后应进行干燥，如图 9-51(c)、(d) 所示。

（4）造型、浇注　将模样束放在砂箱内，分层填入不加黏结剂及其他附加物的干石英砂，同时进行震动紧砂。单件生产的中、大型铸件则采用各种自硬砂、树脂砂等，按常规方法造型。砂型紧实后放上浇口杯进行浇注，泡沫塑料模受热不断汽化、燃烧而消失。熔融金属则逐渐占据模样的位置形成铸件，如图 9-51(e)、(f) 所示。

（5）落砂、清理　在铸件凝固、冷却后倒出干砂，取出铸件束并进行切割、清理，如图

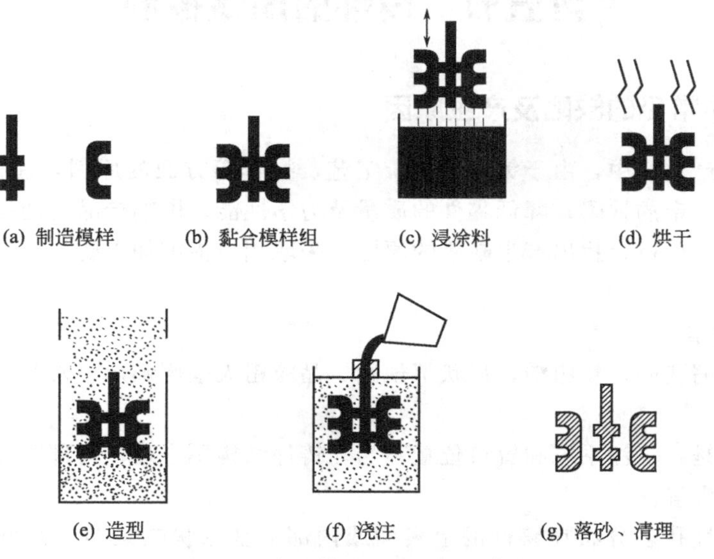

(a) 制造模样　(b) 黏合模样组　(c) 浸涂料　(d) 烘干

(e) 造型　(f) 浇注　(g) 落砂、清理

图 9-51　实型铸造工艺过程示意图

9-51(g) 所示。

2. 实型铸造的特点和应用

(1) 实型铸造的特点

① 由于实型铸造无影响尺寸精度的起模、下芯、合型等工序，模样表面刷有高质量涂料等，因此铸件的质量较高，铸件尺寸精度高，可达 CT5～CT7，表面粗糙度值 Ra 达 6.3～12.5μm。

② 操作过程简单，缩短了生产周期，生产效率高。

③ 节省投资，经济效益好。实型铸造可节省模样制造所需材料和设备投资费用。

④ 适应性广。对合金种类、铸件尺寸及生产数量几乎没有限制，铸件结构设计的自由度大。

实型铸造存在的主要问题是：泡沫塑料模是一次性的，每个铸件的尺寸精度不同；铸件易出现与泡沫塑料高温热解产物有关的缺陷，如铸铁件的黑渣、铝合金铸件的针孔、夹渣及铸钢件的增碳、气孔等；模样汽化形成的烟雾、气体对环境有污染。

(2) 实型铸造的适用范围　与其他特种铸造方法相比实型铸造的应用范围很广泛，可用于铸铁、碳钢、工具钢、不锈钢、铝、镁及铜合金等铸件的生产。一般情况下，可生产出最小壁厚为 4mm、最小孔径达 1.5mm、质量从 1kg 至 50t 的铸件。实型铸造适用于各种铸件，如压缩机缸体、机床床身、阀门、汽车铝合金汽缸体及汽缸盖、曲轴、差速器、进气管等。

除了以上常见的几种铸造方法外，还有在金属型中连续浇注金属、连续凝固成型的铸造方法——连续铸造；用泡沫塑料制造模样，用铁丸代替型砂在磁型机上造型，通电后产生一定方向的电磁场，将铁丸吸牢后进行浇注的铸造方法——磁型铸造；利用真空使密封在砂箱和上、下塑料薄膜之间的无水、无黏结剂的干石英砂紧实并成型，在保持真空状态下，下芯、合箱、浇注的铸造方法——真空密封铸造；采用陶瓷铸型的铸造方法——陶瓷型铸造等，这些铸造方法的工艺、特点和应用等，可以查阅相关资料。

第五节　铸件的质量控制

一、铸件中常见的缺陷及产生原因

在铸件的生产过程中，由于铸件结构、工艺、操作等方面的原因，往往会在铸件表面、内部等方面存在一定的缺陷，降低零件的质量及力学性能，影响产品的使用寿命，因此应对铸件缺陷进行综合分析，找出产生缺陷的原因，采取相应措施加以防止。铸件中常见的缺陷有以下几种。

1. 孔洞类缺陷

(1) 缩孔　缩孔的内壁粗糙，形状不规则，晶粒粗大呈倒锥形，常产生在厚壁处，如图 9-52 所示。

产生的原因是：浇注系统和冒口位置不当；铸件结构不合理，局部壁厚差较大；浇注温度过高、收缩太大等。

(2) 气孔　气孔多分布在铸件的上表面或内部，呈球状或梨形，大小不等，内壁较光滑，如图 9-53 所示。

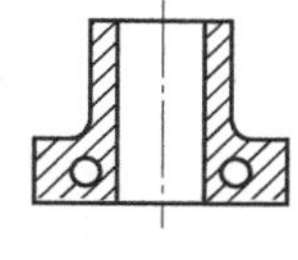

图 9-52 缩孔

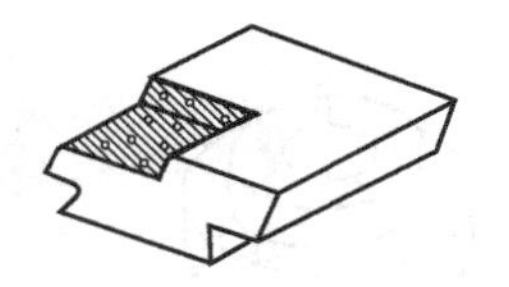

图 9-53 气孔

产生的原因是：型砂含水过多或拔模、修型时刷水太多；砂型太紧或通气性差，型芯通气孔堵塞或型芯未烘干；金属液溶气太多；浇注系统不正确；浇注速度过快，气体排不出；铸件结构不合理，不利于排气等。

（3）缩松 缩松是在在铸件内部的微小而不连贯的缩孔，聚集在一处或多处，分布面积大，晶粒粗大。缩松产生的基本原因与缩孔相同。

2. 形状类缺陷

（1）错箱 铸件沿分型面出现的错移现象，如图 9-54 所示。

产生的原因是：合箱时上下未对准或造型时上、下模未对准，或定位销磨损等。

（2）偏芯 由于型芯偏移，引起铸件形状和尺寸不合格的现象，如图 9-55 所示。

产生的原因是：型芯变形或放置时型芯位置偏移；型芯尺寸不准或安置不牢；浇注位置不合适；金属液浇注时冲偏型芯等。

（3）变形 铸件向上、向下或其他方向上的弯曲或扭曲，如图 9-56 所示。

产生的原因是：铸件结构设计不合理，壁厚不均匀；铸件冷却不当、收缩不均匀。

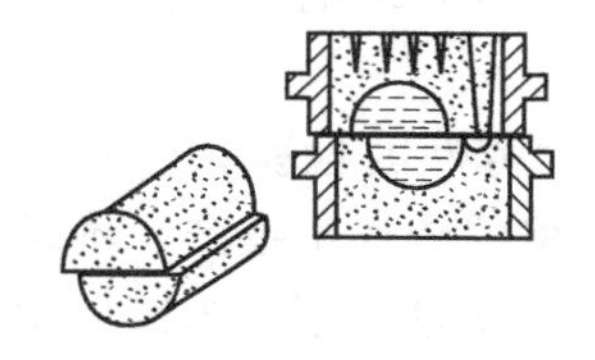

图 9-54 错箱

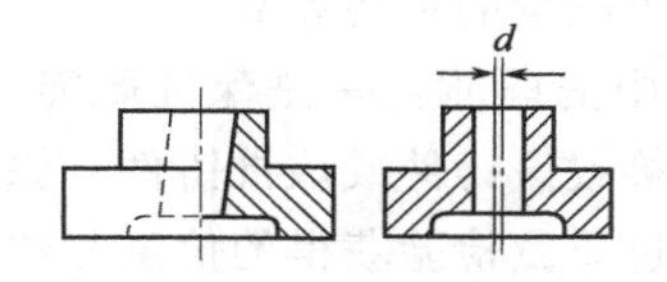

图 9-55 偏芯

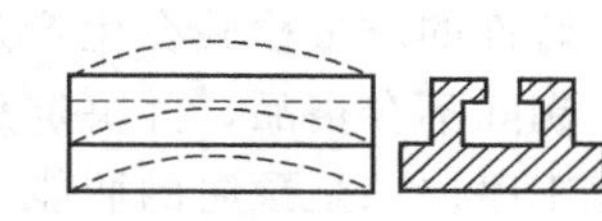

图 9-56 变形

（4）浇不到 液态金属未充满铸型，铸件形状出现不完整的现象，如图 9-57 所示。

产生的原因是：浇注温度过低；金属流动性不好；浇道截面太小或位置不当；铸件设计不合理；有薄长结构，浇注速度太慢或浇注时发生中断等。

3. 夹杂物类缺陷

（1）砂眼 在铸件内部或表面出现型砂填充的孔眼的现象，如图 9-58 所示。

产生的原因是：铸件设计不合理；浇注系统不合理；型砂和芯砂强度不够；铸型被破坏等。

（2）夹杂物 铸件表面上有不规则并含有熔渣的孔眼的现象，如图 9-59 所示。

产生的原因是：金属液除渣不净；浇注时挡渣不良、浇注温度太低熔渣不易上浮等。

（3）表面粘砂 在铸件表面上全部或局部粘有一层烧结上的砂粒，致使铸件表面粗糙的现象，如图 9-60 所示。

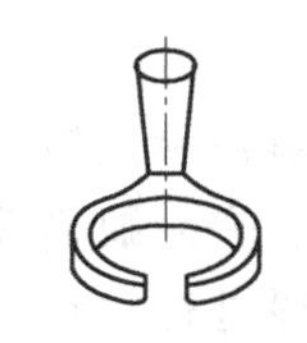

图 9-57 浇不到

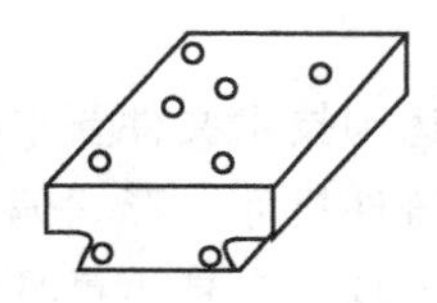

图 9-58 砂眼

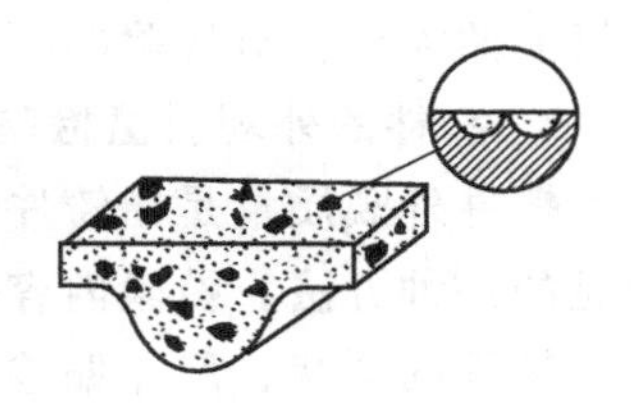

图 9-59 夹杂物

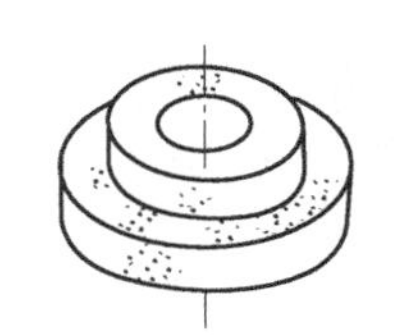
图 9-60 表面粘砂

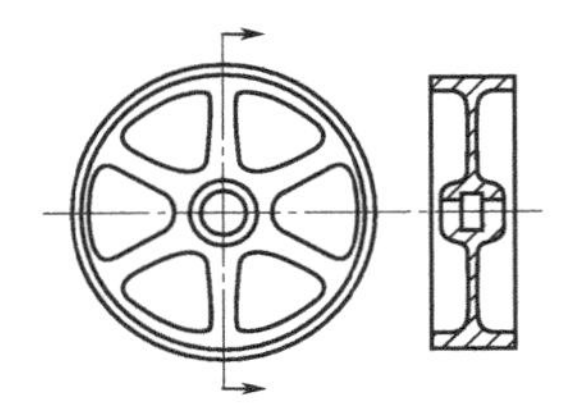
图 9-61 裂纹

图 9-62 冷隔

产生的原因是：型砂耐火性不好，砂粒太粗；砂型未刷涂料或刷得太薄；浇注温度过高；砂型太松等。

4. 裂纹、冷隔类缺陷

（1）裂纹 在铸件夹角或薄壁交接处产生的表面或内部裂纹，如图 9-61 所示。

产生的原因是：由于铸件设计不合理，壁的厚薄相差太大；合金中含硫、磷量过高；砂型（或芯砂）退让性差；浇注系统和冒口设置不合理等。

（2）冷隔 铸件表面似乎熔合，但未完全熔透，有浇坑或接缝，缝隙两边呈圆滑状，如图 9-62 所示。冷隔产生的原因同浇不到产生的原因。

二、铸件的质量检验

铸件质量检验是根据铸件图、铸造工艺文件、有关技术标准及铸件交货验收技术文件的规定，用目测、量具、仪表或其他手段检验铸件是否满足相应技术文件要求的操作过程。铸件质量检验是铸件生产过程中不可缺少的重要环节。

铸件的质量检验在生产过程中的职能：一是保证职能。通过对铸件的检验，鉴别、分选、剔除不合格品，并决定是否接收该铸件或该批铸件。保证不合格的铸件不投产，不转入下道工序。二是预防的职能。通过质量检验获得的信息和数据，发现质量问题，为铸件质量控制提供依据，找出原因及时排除，预防或减少不合格产品的产生。三是报告的职能。质量检验部门将质量信息、质量问题及时向上级有关部门汇报，为提高产品质量、加强管理提供必要的质量信息。

铸件质量检验方式：根据铸件的生产规模、生产方式、铸件的重要性、铸造工艺的成熟程度和稳定程度以及检验项目的不同，可分为全检和抽检。全检是对生产的全部铸件的质量进行检验，这种检验方式只适用于单件、小批量生产、试生产或用于特殊场合的重要铸件的关键质量检验项目。抽验是在每批铸件中或一定生产周期内生产的铸件中随机抽取规定数量的样品铸件或试样组成样本，根据样本质量的检验结果，判断其代表的整批或一定生产周期内生产的铸件的质量的检验方式。抽检一般是在生产工艺稳定、成熟的前提下，对成批或大量生产的铸件的质量进行检验。

铸件的质量检验包括外观质量检验和内在质量检验。按其检验结果铸件分为合格品和不合格品两大类。对检验的不合格品有报废、返工、返修、原样使用的处理方法。

1. 铸件的外观质量检验

铸件外观质量是指铸件表面状况达到技术文件要求的程度，外观质量检验是检验铸件最常见的一种方法。检验内容一般包括铸件尺寸、形状偏差、表面粗糙度、表面缺陷等。

铸件的形状、尺寸偏差，可利用工具、夹具、量具或划线检测等手段进行检查；铸件的表面或近表面缺陷检验常用肉眼或借助于低倍放大镜检查暴露在铸件表面的宏观缺陷，如飞翅、毛刺、错箱、偏芯、表面裂纹、粘砂、冷隔、浇不到等；对于铸件表皮下的缺陷，可用尖头小锤敲击来进行表面检查，还可以通过敲击铸件，听其发出的声音是否清脆，判断铸件是否有裂纹等缺陷。外观质量可以采用逐件或抽查的方式进行检验。

2. 铸件的内在质量检验

铸件的内在质量是指一般不能通过肉眼检查出的铸件内部的状况及性能要求。检验内容通常包括铸件的材料质量（如化学成分、金相组织、物理性能、力学性能等）和铸件的内部铸造缺陷（如孔洞、裂纹、夹杂物等），对于特殊用途的铸件，还应包括高（低）温力学性能、耐磨性、耐蚀性、减振性、密封性、磁性能等。铸件内在质量可采用化学分析、材料试验、金相检查、无损检测等方法进行检验。

（1）铸件的化学分析　化学分析是按照标准对铸造合金的成分进行测定。铸件化学分析常作为铸件验收的必备条件之一。

（2）铸件力学性能检验　力学性能检验主要是常规力学性能检验，如测定抗拉强度、断后伸长率、冲击韧性、硬度等。除硬度检测外，其他力学性能的检验多采用单铸试样或从铸件本体上切取试样。

（3）铸件的显微检验　显微检验是对铸件及断口进行低倍、高倍金相观察，以确定内部组织结构、晶粒大小以及内部夹杂物、裂纹、缩松、针孔、偏析等。铸件显微检验往往是用户提出要求时才进行。

（4）无损检测　无损检测是在不损坏铸件的情况下，对铸件表层及内部缺陷进行检验的方法。无损检测可检查铸件内部的缩孔、缩松、气孔、裂纹等缺陷，并确定缺陷的大小、形状、位置等。无损检测具有非破坏性、全面性、全程性的特点，在检测过程中不会损害产品的使用性能，因此，检测规模不受零件数量的限制，既可抽样检验，又可对铸件进行全部检验。

① 超声波探伤　超声波探伤是利用超声波探测材料内部缺陷的无损检验法。由于超声波的频率很高（20000Hz 以上），因此具有透入金属材料深处的特性，而且当超声波由一种介质进入另一介质截面时，在界面发生反射波。在检测工件时，如果工件中无缺陷，在荧光屏上只存在始波和底波。如果工件中存在缺陷，则在缺陷处另外发生脉冲反射波形，界于始波和底波之间，如图 9-63 所示。根据脉冲反射波形的相对位置及形状，即可判断出缺陷的位置、种类和大小。

超声波探伤的优点：a. 检测成本低、速度快，设备轻便，对人体及环境无害，现场使用较方便。b. 穿透能力强，可对较大厚度范围内的试件内部缺陷进行检测。c. 灵敏度高，可检测试件内部尺寸很小的缺陷，缺陷定位较准确，对面积型缺陷的检出率较高。

超声波探伤的缺点：a. 对试件中的缺陷进行精确的定性、定量分析有困难。b. 对粗糙、形状不规则、小、薄或非均质材料进行超声检测有困难。c. 缺陷的位置、取向和形状对检测结果有一定影响。d. 探伤结果不便保存，检测结果无直接见证记录。

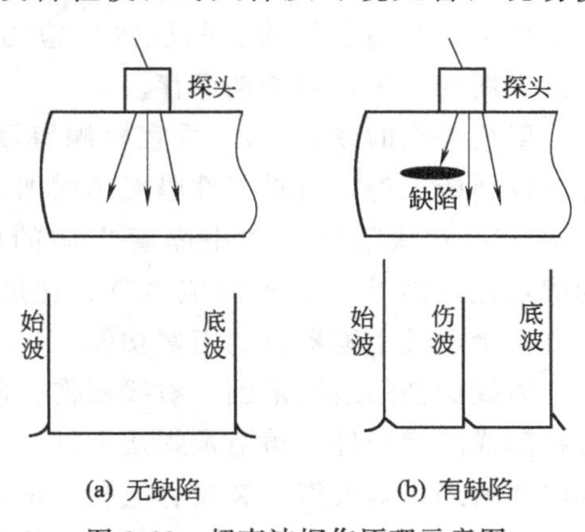

图 9-63　超声波探伤原理示意图

超声波探伤的适用范围：可对锻件、铸件、焊接件、胶结件等工件进行检测；工件材料可以是金属材料也可以是非金属或复合材料；既可以检测表面缺陷，也可以检测内部缺陷。

② 磁粉探伤 磁粉探伤是利用强磁场中铁磁性材料表层缺陷产生的漏磁场吸附磁粉的现象而进行的无损检验方法。铁磁性材料被磁化后，工件存在缺陷的部位会使其表面和近表面的磁力线发生局部畸变而产生漏磁场，吸附施加在工件表面的磁粉，在合适的光照下形成目视可见的磁痕，从而显示出缺陷的位置、大小和形状，如图 9-64 所示。

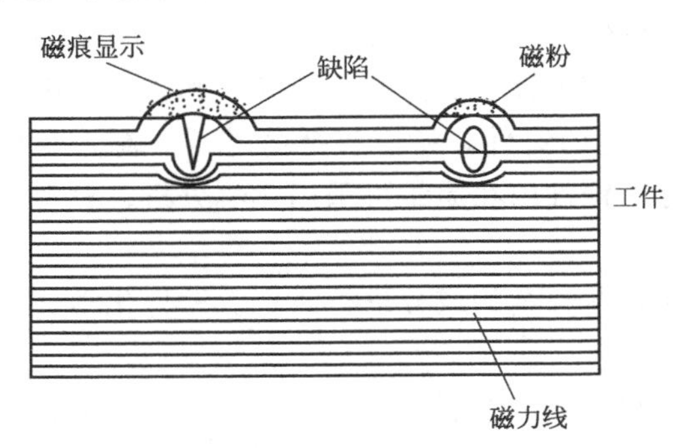

图 9-64 缺陷存在处漏磁场和磁痕分布

磁粉探伤的优点：a. 磁粉探伤适用于检测铁磁性材料表面和近表面尺寸很小、间隙极窄、目视难以看出的缺陷。b. 磁粉探伤可对原材料、半成品、成品工件和在役的零部件进行检测，还可对板材、型材、管材、棒材、焊接件、铸钢件及锻钢件进行检测。c. 可发现工件中的裂纹、夹杂、发纹、白点、折叠、冷隔和疏松等缺陷。d. 适用于检测工件表面和近表面的延伸方向与磁力线方向尽量垂直的缺陷，但不适用于检测延伸方向与磁力线方向夹角小于20°的缺陷。

磁粉探伤的缺点：a. 磁粉检测不能检测奥氏体不锈钢材料和用奥氏体不锈钢焊条焊接的焊缝，也不能检测铜、铝、镁、钛等非磁性材料。b. 不适合检测工件较深的内部缺陷。

磁粉探伤的适用范围：磁粉探伤可用作最后的成品检验，以保证工件在经过各道加工工序后，在表层上不产生有害的缺陷；也可用于半成品和原材料如棒材、钢坯、锻件、铸件等的检验，以发现原来就存在的表层缺陷。铁道、航空等运输部门在设备定期检修时对重要的钢制零部件也常采用磁粉探伤，以发现使用中产生的疲劳裂纹等缺陷，防止设备在继续使用中发生灾害性事故。

③ 射线探伤 射线探伤是利用放射线在不同密度的介质内穿透能力的差异，从而使照相底片或荧光屏上呈现不同黑度的影像，由此判别缺陷的性质和大小的无损检验方法，如图 9-65 所示。常用的有 X 射线检验和 γ 射线检验。

射线探伤的优点：a. 可以获得缺陷的直观图像，定性准确，对长度、宽度尺寸的定量也比较准确。b. 对体积型缺陷（如气孔、夹渣、缩孔、疏松、烧穿、咬边、焊瘤、凹坑等）检出率高。c. 检测结果有直观图像记录，可长期保存。

射线探伤的缺点：a. 适宜检测厚度较薄的工件而不宜检测较厚的工件，且随工件厚度的增加，其检验灵敏度也会下降。b. 对缺陷在工件中厚度方向的位置、尺寸（高度）的确定比较困难。c. 检测成本高、速度慢。d. 射线对人体有害，会危及生物器官的正常功能。

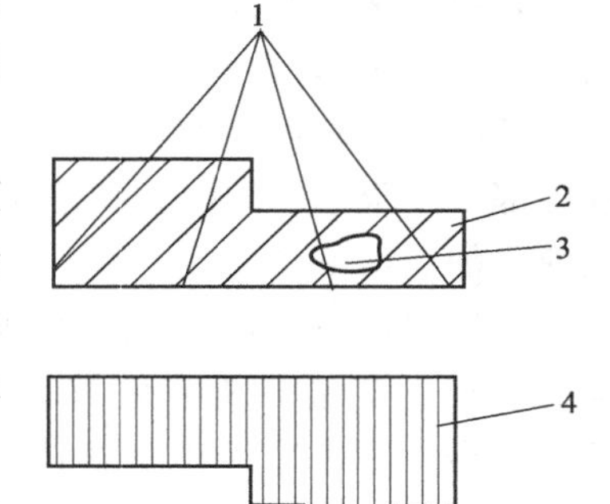

图 9-65 射线探伤原理示意图
1—射线；2—工件；3—缺陷；4—底片的黑度示意

射线探伤的适用范围：射线探伤一般对金属、非金属等材料制成的零部件、铸造及焊接部件进行无损检测，以确定其内部缺陷，如夹渣、裂纹、气孔、未焊透、未融合等。在机械、石油、化工、航空、造船、国防等部门，特别是在锅炉压力容器焊缝的检测中有极为广泛的应用，是现代工业生产中质量检测、质量控制、质量保证的重要手段。

④ 渗透检验 渗透检验主要用于检查铸件表面开口缺陷，尤其适用于不能采用磁粉探伤进行检验的不锈钢和非铁合金铸件。渗透检验包括荧光法和着色法。

荧光法是将含有荧光物质的渗透液涂敷在被检工件表面，通过毛细作用渗入表面缺陷中，然后清洗去表面的渗透液，将缺陷中的渗透液保留下来，进行显像。典型的显像方法是将均匀的白色粉末撒在被探伤工件表面，将渗透液从缺陷处吸出并扩展到表面，此时在暗处用紫外线灯照射表面，缺陷处会发出明亮的荧光。着色法与荧光法相似，只是渗透液内不含荧光物质，而含着色染料，使渗透液鲜明可见，可在白光或日光下检查。这两种方法都包括渗透、清洗、显像和检查四个基本步骤。

渗透探伤的优点；设备和操作简单，缺陷显示直观，容易判断，基本上不受零件尺寸、形状的限制，各个方向的缺陷均可一次检出，能发现宽度在 1μm 以下的缺陷。检验对象不受材料组织结构和化学成分的限制。

渗透探伤的缺点；渗透探伤不适用于结构疏松的粉末冶金零件及其他多孔性材料，只能检查工件表面的开口性缺陷，所用试剂有一定的毒性，对被检工件的表面粗糙度有一定要求。

渗透探伤的适用范围：渗透探伤广泛应用于对黑色和有色金属的锻件、铸件、焊接件、机加工件以及陶瓷、玻璃、塑料等表面缺陷的检查。

⑤ 致密性检验 对于锅炉、管道、箱体、泵体、阀体等连接件或铸件，常要进行致密性检验，常用的方法有煤油试验、气压试验、水压试验等。

煤油试验是在工件可疑部位的一面涂以白垩粉溶液，干燥后在另一面的对应部位涂以煤油，由于煤油的渗透性强，即使存在极细小的穿透性缺陷也能渗透过去，使白垩粉出现油渍。煤油试验适用于常压容器或管道的致密性检验。

气压试验是将一定压力的压缩空气通入密闭的容器或管道，将被检工件置于水中，或在外部涂抹肥皂水以检查其密封性。气压试验限于检查常压或低压容器。

水压试验是将被检容器或管道注满水后，逐步将压力加到其工作压力的 1.25～1.5 倍，保持 10～20min 后，降至工作压力，此时在外部检查，如无渗漏的水滴或水纹，即为合格。水压试验既可检查管道或容器在一定压力下的致密性，又有降低受检件残余内应力的作用。

第六节 常用铸造方法比较

各种铸造方法都有其优缺点。在选择铸造方法时，首先要了解所生产铸件的技术要求及批量，其次应从技术、经济、生产条件三方面进行综合分析比较，以确定哪种铸造方法最为合理，选用较低成本，在现有或可能的生产条件下以较快的速度制造出满足质量要求的铸件。砂型铸造及常用的几种特种铸造方法的特点对比见表 9-10。

每种铸造方法的适用合金种类主要取决于铸型的耐热状况。砂型铸造、熔模铸造、实型铸造所用石英砂耐火度较高，因此可用于生产铸钢、铸铁、有色合金等材料。熔模铸造的型壳可由耐火度更高的耐火材料制成，因此它还可以生产高熔点的合金钢铸件。压力铸造由于受到金属铸型寿命的限制，一般只用于有色合金铸件的生产。

表 9-10　砂型铸造及常用的几种特种铸造方法的特点对比

比较内容＼铸造方法	砂型铸造	熔模铸造	金属型铸造	压力铸造	低压铸造	离心铸造	实型铸造
适用金属	各种合金	各种合金以铸钢为主	各种合金以有色合金为主	有色合金	以有色合金为主	各种合金	各种合金
适用铸件大小	不受限制	中、小铸件	以中、小铸件为主	以小铸件为主	以中、小铸件为主	以中、小铸件为主	不受限制
铸件复杂程度	复杂	复杂	一般	较复杂	一般	一般	复杂
铸件最小薄厚/mm	灰铸铁≥3 铸钢件≥5 有色合金≥3	一般 0.5 孔 ϕ0.5	铸铁>5 铸铝>3	铝合金 0.5 锌合金 0.3	通常壁厚 2～5	最小内孔 ϕ7	3～4
铸件尺寸公差	CT8～15	CT4～9	CT7～9	CT4～8	CT6	取决于铸型	CT5～10
表面粗糙度 $Ra/\mu m$	12.5～200	3.2～12.5	12.5～25	1.6～6.3	6.3～25	取决于铸型	6.3～100
铸件组织	粗大	粗大	细小	细小	细小	细小	粗大
金属利用率/%	60～70	80～90	70～80	90～95	80～85	70～90	80～90
生产批量	各种批量	成批、大量	成批、大量	大批量	成批	中、高	各种批量
生产效率	低、中	低、中	中、高	高	中	高	低、中
应用举例	各类铸件	刀具、叶片、风动工具等	铝活塞、汽缸盖、汽缸体、油泵壳体等	汽车化油器、汽缸体、电器仪表、照相器材等	电器零件、叶轮、壳体、箱体等	各种套、环、筒、叶轮等	压缩机缸体、铝汽缸体、汽缸盖等

铸造方法的适用铸件大小主要与铸型材料、尺寸及设备规格等条件有关。砂型铸造和实型铸造限制较小，可铸造各种铸件。熔模铸造受模样及型壳强度所限，一船只宜生产中、小铸件。压力铸造受压铸机压射室容量和压射压力的限制，一般用来生产小型铸件。

各种铸造方法生产铸件的尺寸精度和表面粗糙度主要与模样、铸型的精度和表面粗糙度有关。砂型铸件的尺寸精度最低，表面粗糙。熔模铸造因蜡模可制得很精确、光洁，而且型壳无分型面，所以熔模铸件的尺寸精度很高，表面粗糙度值很低。压力铸造铸型型腔经机械加工后尺寸精确、表面光洁，且金属液在高压下充型、凝固，故压铸件的尺寸精度最高，表面粗糙度最低。金属型铸造是在重力下成型的，铸件的尺寸精度和表面粗糙度都不如压铸件，但优于砂型铸件。

本章小结

铸造是机械制造中应用广泛的成型工艺方法，特别适合具有复杂内腔结构的工件，由于铸件外形及尺寸与零件要求接近，因此切削加工余量小，可有效缩短产品生产周期，降低生产成本，提高经济效益。

合金的铸造性能主要包括合金流动性、收缩性、吸气性及偏析倾向等，其中合金流动性、收缩性对铸件的质量影响最大，是产生缩孔、缩松、变形、裂纹的主要原因。

生产中应用最广泛的铸造成型方法是砂型铸造。根据造型过程中紧砂和起模工序采用的方法不同，造型方法分为手工造型和机器造型。在设计铸造工艺时浇注位置、分型面的选择会影响铸造生产效率、生产成本和铸件质量；在进行铸件结构设计时应考虑砂型铸造工艺和合金铸造性能对铸件结构的要求。

特种铸造具有铸件精度高、表面质量好、力学性能好、节省材料、生产效率高的特点。常用的特种铸造方法有熔模铸造、金属型铸造、压力铸造、低压铸造、离心铸造、实型铸造、陶瓷型铸造等。

复习思考题

一、填空题

1. 液态金属在凝固过程中收缩的三个阶段是________、________和________。

2. 铸造应力可分为________、________和________三类。

3. 形状复杂、体积也较大的毛坯常用________铸造方法生产。

4. 铸造时由于充型能力不足，容易产生的铸造缺陷是________和______。

5. 铸造合金的流动性与成分有关，共晶成分合金的流动性______。

6. 合金的结晶范围愈______，其流动性愈好。

7. 为防止由于铸造合金流动性低而造成冷隔或浇不足等缺陷，生产中常采用的方法是提高______。

8. 铸件中的缩孔、缩松是合金在________收缩和________收缩阶段造成的。

9. 为充分发挥冒口的补缩作用，减少缩孔，铸件常采用__________凝固方式。

10. 为防止铸件产生热应力，铸件应采用________凝固方式。

11. 常见的铸造合金中，铸钢的收缩较______。

12. 手工砂型铸造适用于______批量铸件的生产。

13. 机器造型主要是使________、______过程实现机械化。

14. 造型通常分为______造型和______造型两大类。

15. 铸件上的重要工作面和重要加工面浇铸时应朝________。

16. 合金的____收缩是形成铸件变形和裂纹的基本原因。

17. 在机器造型中由于不能紧实中型，因此不能进行______造型，同时应避免______造型，以免降低造型机的生产效率。

18. 金属的浇注温度越高，流动性越好，收缩______。

19. 常见的铸造合金中，普通灰铸铁的收缩较______。

20. 同种合金，凝固温度范围越大，铸件产生缩松的倾向越______。

21. 热应力使铸件厚壁处产生______应力，薄壁处产生______应力。

二、判断题

1. 铸造成型时，提高浇注温度可提高液态金属的流动性，铸件质量提高。

2. 液态收缩和凝固收缩是产生缩孔和缩松的根本原因。

3. 为防止铸件产生裂纹，设计零件结构时应力求壁厚均匀。

4. 铸造生产中，模样形状就是零件的形状。

5. 起补缩作用的冒口设置应保证液态金属是最后凝固的位置。

6. 压力铸造由于充型速度快、充型时间短，因此生产效率比其他铸造方法都高。

7. 起模斜度是便于造型时起模而设置的，是铸造工艺要求，并非零件结构所要求的。

8. 采用型芯可获得铸件内腔，因此所有具有内腔结构的铸件均要采用型芯。

9. 压铸件可以通过热处理强化提高铸件的力学性能。

10. 为提高铸件的强度，应尽量增大铸件的壁厚。

11. 熔模铸造的显著特点是铸件精度高、结构适应性强，因此特别适用于大型铸件的生产。

12. 选择分型面时要保证模样能从铸型中取出。

13. 大批量生产铸铁水管时，优先采用的铸造方法是离心铸造。

14. 为了便于造型，在进行铸件结构设计时，所有平行于起模方向的非加工面应具有结构斜度。

15. 铸件上最易产生气孔、夹渣、砂眼等缺陷的部位是铸件的下面。

三、选择题

1. 消除铸件中残余应力的方法是（　　）。

A. 同时凝固　B. 减缓冷却速度　C. 去应力退火　D. 及时落砂

2. 形状复杂零件的毛坯，尤其是具有复杂内腔时，最适合采用（　　）生产。

A. 铸造　B. 锻造　C. 焊接　D. 机械加工

3. 模样的作用是形成铸件的（　　）。

A. 浇注系统　B. 冒口　C. 内腔　D. 外形

4. 型芯的作用是形成铸件的（　　）。

A. 浇注系统　B. 冒口　C. 内腔　D. 外形

5. 铸件的收缩过程是指（　　）。

A. 液态收缩　B. 凝固收缩　C. 固态收缩　D. A、B和C均存在

6. 铸件上凡是与分型面垂直的面都应设计有（　　）。

A. 起模斜度　B. 筋　C. 开口　D. 弧面。

7. 合金的化学成分对流动性的影响主要取决于合金的（　　）。

A. 凝固点　B. 凝固温度区间　C. 熔点　D. 浇注温度

8. 防止铸件产生缩孔的有效措施是（　　）。

A. 设置冒口　B. 采用保温铸型　C. 提高浇注温度　D. 快速浇注

9. 下列合金铸造时，不易产生缩孔、缩松的是（　　）。

A. 普通灰铸铁　B. 铸钢　C. 铝合金　D. 铜合金

10. 确定浇注位置时，应将铸件的重要加工表面置于（　　）。

A. 上部或侧面　B. 下部或侧面　C. 上部　D. 任意部位

11. 确定浇注位置时，将铸件薄壁部分置于铸型下部的主要目的是（　　）。

A. 利于补缩铸件　B. 避免裂纹　C. 避免浇不足　D. 利于排除型腔气体

12. 生产熔点高、切削加工性能差的合金铸件应选用（　　）方法。

A. 金属型铸造　B. 熔模铸造　C. 压力铸造　D. 离心铸造

13. 关于金属型铸造，下列叙述错误的是（　　）。

A. 金属型无退让性　B. 金属型无透气性

C. 型腔表面必须喷刷涂料　D. 铸件在型腔内停留的时间应较长

14. 为获得晶粒细小的铸件组织，下列工艺中最合理的是（　　）。

A. 采用金属型浇注　B. 采用砂型浇注　C. 提高浇注温度　D. 增大铸件的壁厚

15. 砂型铸造时，铸件壁厚若小于规定的最小壁厚，铸件易出现（　　）。

A. 浇不足与冷隔　B. 缩松　C. 夹渣　D. 缩孔

四、简答题

1. 何谓铸件的浇注位置？其选择原则是什么？
2. 何谓铸型的分型面？其选择原则是什么？
3. 什么是金属的铸造性能？包括哪些内容？
4. 型芯在铸造生产中有哪些作用？为什么型芯上应有型芯头？
5. 减小和消除铸造应力的方法有哪些？
6. 何谓铸造工艺图？应包括哪些内容？有什么用途？
7. 何谓铸造工艺参数？包括哪些内容？
8. 何谓铸件的结构工艺性？从简化铸造工艺角度应对铸件结构有哪些要求？
9. 典型的浇注系统由哪几部分组成？在浇注过程中起什么作用？
10. 从合金的铸造性能方面考虑，为避免有关铸造缺陷，对铸件结构有哪些要求？
11. 冒口的作用是什么？简述其设计时应满足的基本条件。
12. 铸件产生翘曲变形的原因是什么？其变形规律如何？防止和减小铸件变形的措施有哪些？
13. 金属型铸造有何优越性？为什么金属型铸造不能广泛取代砂型铸造？

五、分析题

1. 图 9-66 所示为支架的两种结构设计。

(1) 从铸件结构工艺性方面分析，何种结构较为合理？简要说明理由。

(2) 在你认为合理的结构图中标出铸造分型面和浇注位置。

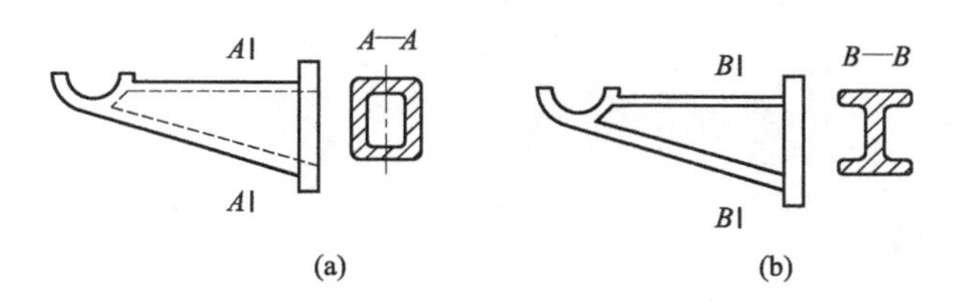

图 9-66　铸件结构

2. 改正图 9-67 所示砂型铸件结构的不合理之处。并说明理由。

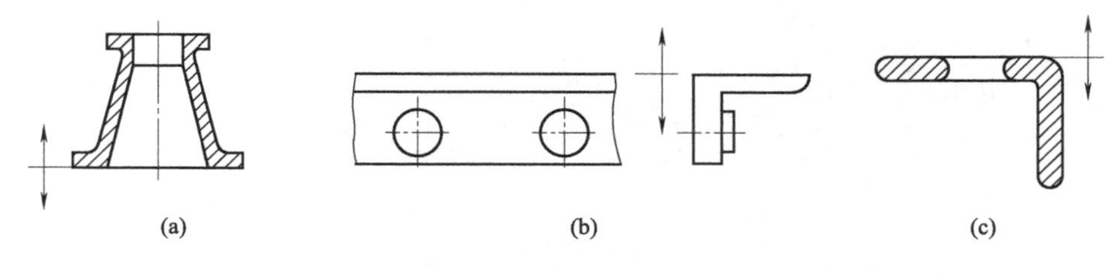

图 9-67　铸件结构

3. 分析图 9-68 所示铸件，分析铸件的变形方向。工艺上应采取何种措施减小铸件的变形？

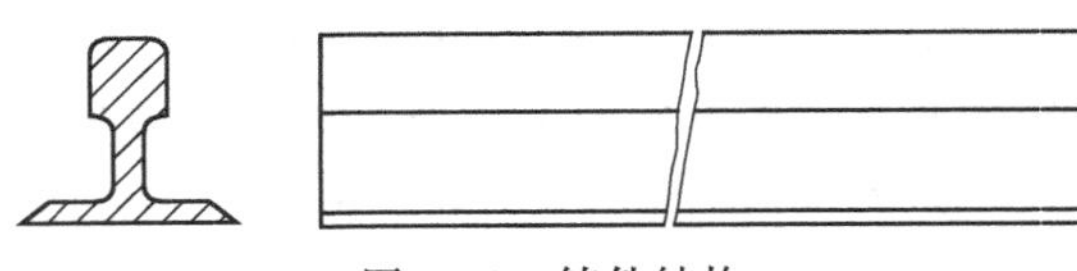

图 9-68 铸件结构

4. 试分析图 9-69 所示绳轮铸件三种分型方案的特点及应用。

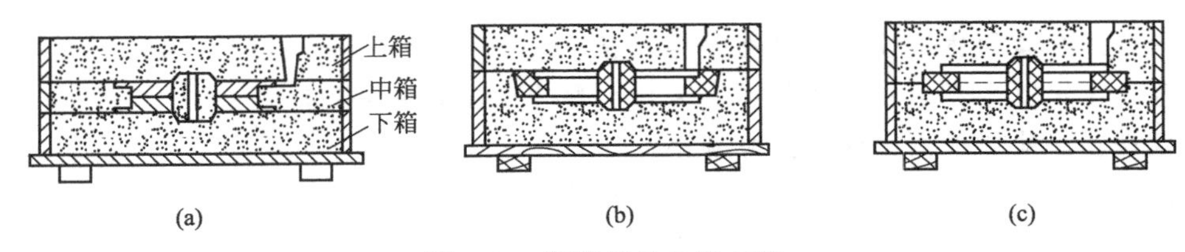

图 9-69 绳轮铸件分型方案

5. 大批量生产铝活塞、汽轮机叶片、车床床身、汽缸套、摩托车汽缸体、大口径污水管铸件，各选用什么铸造方法生产为宜？

6. 试比较砂型铸造、金属型铸造、压力铸造、熔模铸造及离心铸造在适用金属、铸件精度及表面粗糙度、生产批量等方面的特点。

第十章 锻压

在外力作用下使金属产生塑性变形，从而获得具有一定形状、尺寸和力学性能的毛坯或零件的加工方法，称为压力加工。压力加工的基本生产方式有锻造、冲压、轧制、拉拔、挤压等。锻压是锻造和冲压的总称，是压力加工的主要生产方法。

锻造是在加压设备及工（模）具的作用下，使坯料或铸锭产生局部或全部塑性变形，以获得一定几何形状、尺寸和质量的锻件的加工方法，是金属零件的重要成型方法之一。通过锻造能够改善金属的铸态组织、锻合铸造缺陷（缩松、气孔等），使金属组织紧密、晶粒细化、成分均匀，从而显著提高金属的力学性能。因此，锻造常用来制造那些承受重载、冲击载荷、交变载荷等重要机械零件的毛坯，如各种机床的主轴和齿轮、汽车发动机的曲轴和连杆、起重机吊钩及各种刀具、模具等。

冲压一般是通过装在压力机上的模具对板料施压，使之产生分离或变形，从而获得一定形状、尺寸和性能的零件或毛坯。冲压主要用来生产强度高、刚度大、结构轻的板壳类零件，如手表齿轮、日用器皿、仪表罩壳、汽车覆盖件等。

锻造和冲压都是利用塑性变形的原理使材料成型的，因而用于锻压的材料必须具有良好的塑性，以免加工时产生开裂。各种钢材和大多数有色金属及其合金都具有一定的塑性，因此它们都是常用的锻压材料，都可以在热态和冷态下进行压力加工。

第一节 金属的塑性变形

一、金属塑性变形的实质

具有一定塑性的金属材料在外力作用下会产生变形，其变形随着金属内部应力的增加由弹性变形进入弹性-塑性变形阶段。在弹性变形阶段，金属的变形量与外力存在着线性关系，变形过程是可逆的，即外力去除后变形亦消失。但是，进入弹性-塑性变形阶段后，即使外力消除，变形也不能完全消失，只能消失弹性变形部分，另一部分变形被保留下来，成为永久变形，这部分变形就是塑性变形。通过金属的塑性变形，不仅能够获得所需制件的形状和尺寸，而且可以改变金属的组织和性能。因此，研究金属塑性变形的机理，对于合理地选用金属材料及成型方法、制订成型加工工艺具有重要的意义。

1. 单晶体的塑性变形

在金属学中，将整个体积内的原子排列方式和排列规律不变的晶体称为单晶体。分析单晶体的塑性变形，实际上就是分析晶内变形。在常温下单晶体的塑性变形有两种方式，即滑移和孪生。

（1）滑移　滑移变形是晶体的一部分相对于另一部分沿一定晶面（滑移面）在一定晶向（滑移方向）上发生的滑动，是单晶体在切应力作用下的主要变形方式。晶体产生滑移后如果去除切应力，晶格变形能够恢复，但已滑移的原子不能恢复到变形前的位置，被保留的这部分变形即为塑性变形，单晶体的滑移变形如图 10-1 所示。

晶体在滑移面上发生滑移时，实际上并不需要滑移面两侧的所有原子同时进行刚性移动，这是一种纯理想晶体的滑移，实现这种滑移所需切应力要比实际测得的数据大几千倍。大量实验证明，滑移实质上是位错在切应力作用下运动的结果。图 10-2 是晶体通过位错运动产生滑移运动过程的示意图。

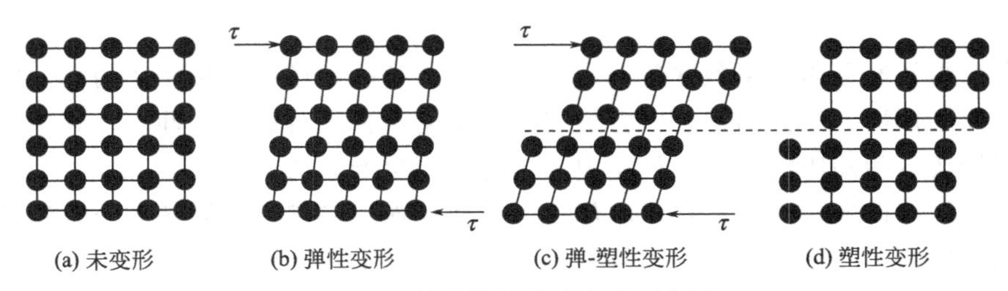

图 10-1　单晶体的滑移变形示意图

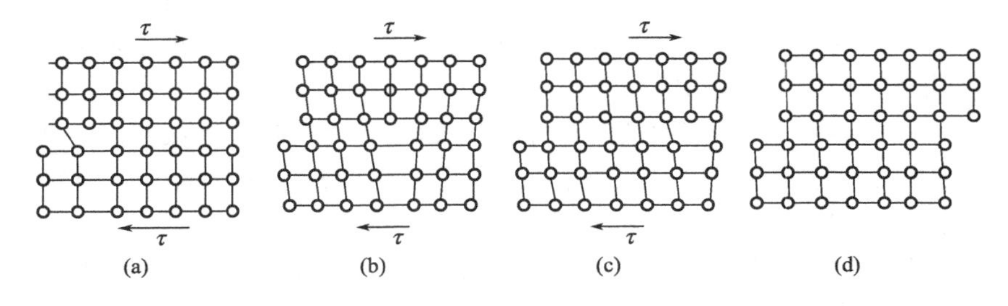

图 10-2　晶体通过位错运动产生滑移运动过程的示意图

（2）孪生　孪生变形是在切应力作用下，晶体的一部分相对于另一部分，沿一定晶面（孪生面）和一定方向（孪生方向）发生的切变过程。孪生面两侧的晶体形成镜面对称，发生孪生的部分称孪晶带。单晶体的孪生变形如图 10-3 所示。产生孪生变形所需切应力一般都高于滑移变形所需切应力，因此孪生变形只有在滑移过程难以实现时才会出现。

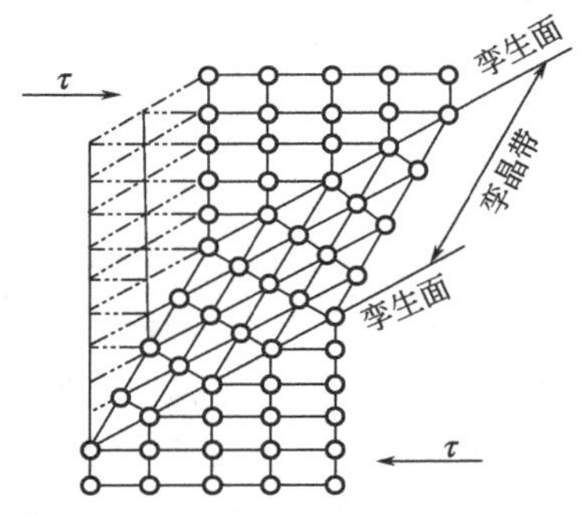

图 10-3　单晶体的孪生变形示意图

孪生和滑移不同，它只在一个方向上产生切变，是一个突变过程。孪生产生的变形量很小，且不一定是原子间距的整数倍。一些具有密排六方结构的金属，由于滑移较少，特别是在不利于滑移取向时，塑性变形常以孪生的方式进行；体心立方金属在形变温度较低以及形变速度比较大时容易发生孪生变形；面心立方金属不易出现孪生，只有在极低温度下才有可能发生孪生变形。

2. 多晶体的塑性变形

生产中实际使用的金属材料都是由大量晶粒组成的多晶体结构。在多晶体结构中，每个晶粒的形状、尺寸及原子排列的位向不同，因此，多晶体的塑性变形要比单晶体复杂得多。多晶体的塑性变形可分为晶内变形和晶间变形两种。晶内变形是指金属中每个晶粒内部的塑性变形；晶间变形是指晶粒之间的相互错动或转动。在多晶体金属的塑性变形中，晶内变形是主要的，其变形的方式与单晶体相同，而晶间变形很小。

多晶体的塑性变形可以看作每个晶粒产生塑性变形的总和。但是，由于多晶体中每个晶粒的位向不同，因此各晶粒的塑性变形将受到周围位向不同的晶粒及晶界的影响和约束，有些晶粒的位向容易产生变形，有些晶粒不容易产生变形，因此多晶体的变形并不是所有晶粒同时进行变形，而是逐步进行的。一般情况下，多晶体的变形首先从滑移面及滑移方向与外力方向呈 45°的晶粒开始（因为与外力作用方向呈 45°的晶面上产生的切应力最大，容易达到发生塑性变形所需临界应力），在变形的同时，晶粒也发生一定的转动，使滑移面位向略大于或略小于 45°的晶粒依次产生变形。晶内变形必然引起晶粒形状的改变，从而引起晶间变形。多晶体的塑性变形如图 10-4 所示。

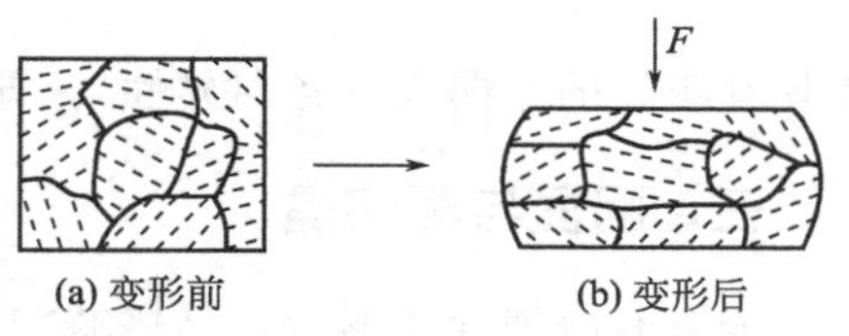

图 10-4　多晶体塑性变形示意图

在相邻晶粒的晶界附近，由于原子排列的不规则，同时还有一些杂质的存在，因而变形阻力大大增加，使晶内变形难以向相邻的晶粒继续扩展。晶粒的大小对金属的塑性变形抗力有很大的影响，这是因为晶粒越细，单位体积内的晶粒数越多，有利于滑移的滑移面与滑移方向越多，滑移的概率就越大，变形可以分散在更多的晶粒内进行，使得每个晶粒内的变形都比较均匀，因而金属的塑性也越好；同时晶粒越细则晶界面积相对越大，变形抗力越大，从而表现为金属的强度和硬度越高。

二、冷塑性变形对金属组织及性能的影响

经过塑性变形的金属，其内部组织和力学性能发生了很大的变化。

1. 加工硬化

加工硬化（又称为冷变形强化）是指在冷变形过程中，随着变形程度的增加，金属材料的强度、硬度升高，塑性、韧性有所下降的现象。冷变形程度的大小对低碳钢力学性能的影响如图 10-5 所示。加工硬化是由金属内部组织变化引起的，是塑性变形过程中发生位错并产生位错密度增加、位错间干扰和相互作用增强，滑移阻力增大，使滑移难以继续进行的结果。

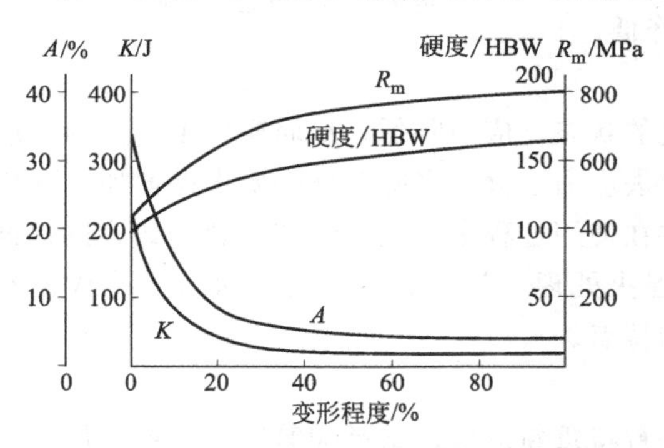

图 10-5　冷变形程度对低碳钢力学性能的影响

加工硬化在生产中具有实用意义，它可以提高金属材料的力学性能，特别是一些不能通过热处理进行强化的金属，如纯金属、奥氏体不锈钢、黄铜、防锈铝合金等，都可以通过冷轧、冷挤、冷拔等冷加工方法来提高其强度和硬度。例如，镍铬奥氏体不锈钢经过冷轧后，其强度可以提高近一倍。

但是，加工硬化也会给金属的进一步变形加工带来困难。如在冷轧薄钢板、冷拉细钢丝及多道拉深的过程中，由于加工硬化会造成下道工序加工困难，甚至使零件开裂报废，所以，生产中常在冷变形后安排中间退火工序，以消除加工硬化，恢复金属的塑性。

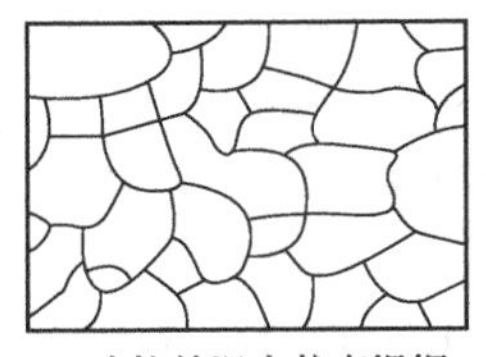

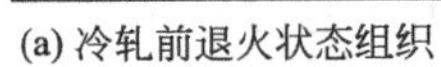

(a) 冷轧前退火状态组织

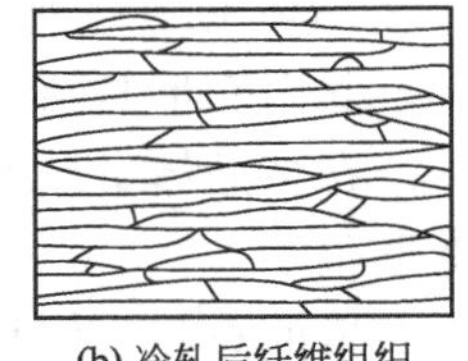

(b) 冷轧后纤维组织

图 10-6　冷轧前后晶粒形状的变化

2. **纤维组织**

金属在塑性变形过程中，其内部各晶粒的形状也将随着变形量的增加而沿受力方向伸长。当变形程度很大时，各晶粒将显著地沿同一方向被拉长而呈细条状或纤维状，晶界变得模糊不清，把这种晶粒组织称为纤维组织，如图10-6所示。纤维组织的出现，使金属的力学性能具有明显的方向性（各向异性），即纵向的强度、塑性和韧性远远大于横向。

三、回复与再结晶

金属经冷塑性变形后，晶格畸变严重，位错密度增加，晶粒破碎，内应力较大，因此，金属处于不稳定的状态。如果长时间放置，金属有恢复到稳定状态的自发趋势。但是在常温下，由于原子的活动能力不足，扩散能力较低，这种不稳定状态能保持很长时间而不发生明显变化，只有将金属加热到一定温度，加快原子的运动，才会及时发生组织和性能变化，使金属恢复到变形前的稳定状态。

冷塑性变形后的金属随加热温度的升高，将依次产生回复、再结晶和晶粒长大三个阶段，金属的组织和性能也相应发生变化。加热温度对冷塑性变形后金属组织和性能的影响如图 10-7 所示。

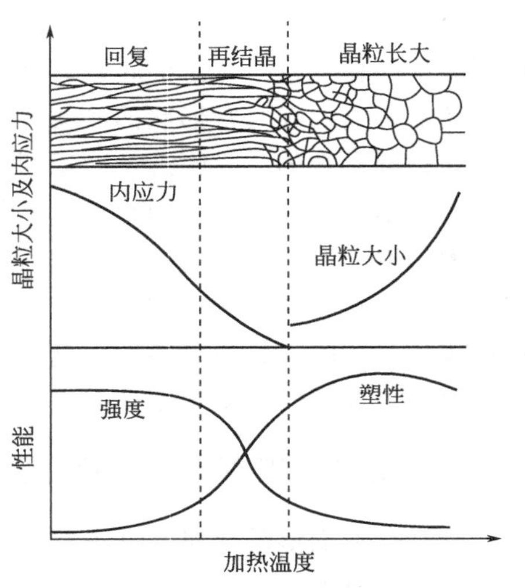

图 10-7　加热温度对冷塑性变形后金属组织和性能的影响

1. **回复**

将冷塑性变形后的金属加热至较低温度时，金属的显微组织变化不大，但内应力显著降低，金属的物理、化学性能逐渐恢复，强度、硬度略有降低，塑性有所恢复，把这一过程称为回复。

经过回复处理的金属基本上保持了加工硬化的状态，应力降低，从而避免了零件的变形和开裂。故在工业上通常采用回复处理的方法（去应力退火）来降低那些要求保留加工硬化性能的冷变形加工零件的残余内应力，防止零件在使用过程中产生变形和开裂。如冷拔弹簧钢丝在绕制成弹簧后常进行 250～300℃的低温退火处理，就是利用回复既保持了冷拔钢丝的高强度，又消除了冷卷弹簧时产生的内应力的特点。

2. **再结晶**

当加热温度较高时，塑性变形后被拉长的晶粒将重新形核、结晶为等轴状晶粒，加工硬化现象完全消除，金属的组织和性能恢复到冷变形前的状态，把这一过程称为再结晶。

金属的再结晶不是在恒温下进行的，而是在一定的温度范围内进行的。开始产生再结晶现象的最低温度称为“再结晶温度”。再结晶温度的高低与金属的成分、冷变形程度有关，变形程度越大，金属的组织越不稳定，再结晶的倾向就越大，开始再结晶的温度就越低。金属中的合金元素及杂质会阻碍原子的扩散和晶界的移动，因此使再结晶温度显著提高。一般纯金属的再结晶温度为

$$T_{再} \approx 0.4 T_{熔} \tag{10-1}$$

式中，$T_{再}$、$T_{熔}$ 是以热力学温度 K 进行计算的。

再结晶是通过形核和长大的方式进行的，但它不是一个相变的过程。在实际生产中，经常把经过塑性变形的金属，加热到再结晶温度以上，使其发生再结晶，以消除加工硬化，提高塑性，以便于能够继续对金属进行压力加工。如在冷轧、冷拉、冷冲压过程中，须在各工序中安排再结晶退火工序对金属进行软化处理。

3. 晶粒长大

金属通过再结晶处理后，一般都能得到细小而均匀的等轴状晶粒，但是如果加热温度过高或加热时间过长，则再结晶后形成的新晶粒又会继续长大，成为粗晶组织，使金属的力学性能下降。因此在进行再结晶退火时应正确掌握加热温度和保温时间。

四、金属的热加工

金属在不同温度下变形后的组织和性能不同，因此金属的塑性变形加工分为冷加工（冷变形加工）和热加工（热变形加工）两种。

1. 金属冷、热加工的区别

冷加工与热加工的界限理论上是以再结晶温度来区别的。热加工是指金属在再结晶温度以上进行的塑性变形加工过程。反之，金属在再结晶温度以下进行的塑性变形加工过程就称为冷加工。由于冷变形加工会引起金属的加工硬化，使金属的变形抗力增大，因此，对于那些需要进行较大变形量、较硬或低塑性的金属来说，采用冷变形加工就十分困难，甚至不可能进行冷变形加工，因而就必须进行热变形加工。

金属在热加工过程中，塑性变形引起的加工硬化会被同时发生的再结晶及时消除，金属的塑性恢复，变形抗力降低，故可以顺利进行大变形量的加工，且热加工后的金属具有再结晶组织而无加工硬化现象。但是由于热加工时工件的表面易产生氧化、脱碳现象，因此表面较粗糙，尺寸精度较低。

2. 热加工对金属组织和性能的影响

热加工可使铸态金属中的气孔、疏松及微裂纹焊合，组织更加致密，强度、塑性和韧性提高。由于金属不可能完全纯净，所以在铸锭的晶界上会分布一些杂质。在经过热变形加工后，铸锭中的脆性杂质被打碎，沿着金属的主要伸长方向呈碎粒状或链状分布；塑性杂质沿主要伸长方向呈带状分布，再结晶时金属晶粒形状改变，但杂质依然沿被拉长的方向保留下来，形成热加工“纤维组织”，也称为锻造流线。

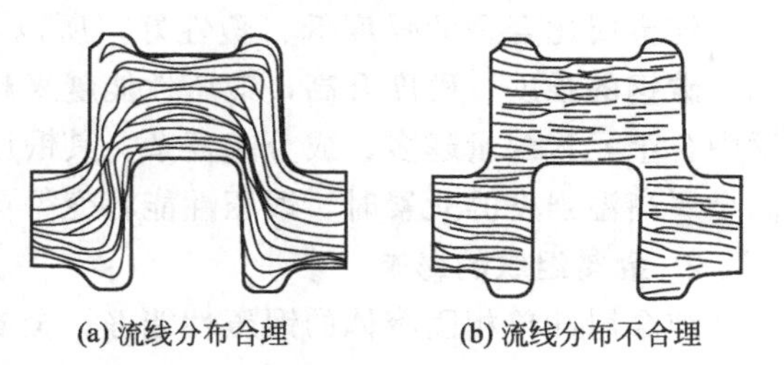

图 10-8 曲轴锻件中的流线分布情况

锻造流线的产生使金属的力学性能在不同方向上产生了明显差异，即纵向（平行于流线方向）上的强度、塑性和韧性明显高于横向（垂直于流线方向）。锻造流线不能用热处理方法消除，只能通过继续塑性变形才能改变其形状和方向。为此，在设计和制造零件时，要充分发挥材料纵向具有较高性能的特点，使零件工作时的最大拉应力方向与流线方向平行，最大切应力方向与流线方向垂直，让流线沿零件外形轮廓分布，且加工零件时不应使流线被切断，如图 10-8 所示。

在金属的压力加工过程中，锻造比是衡量金属在锻造过程中变形程度的一个指标。通常用金属变形前后的截面积、高度或长度之比 y 来表示。锻造比与锻造工序有关，拔长和镦粗工序的锻造比可用下列公式进行计算

$$y_{拔长}=A_0/A=l/l_0 \tag{10-2a}$$

$$y_{镦粗}=h_0/h \tag{10-2b}$$

式中 $y_{拔长}$，$y_{镦粗}$——拔长、镦粗时的锻造比；

A_0，A——坯料变形前、后的截面积；

l_0，l——坯料拔长变形前、后的长度；

h_0，h——坯料锻粗变形前、后的高度。

锻造比对锻件的锻透程度和力学性能有很大影响，随锻造比的增大，金属内部组织的致密度提高，锻件的纵向和横向力学性能均有显著升高；当锻造比为 2～5 时，由于锻造流线的作用加强，力学性能出现各向异性，纵向性能虽仍略有提高，但横向性能开始下降；当锻造比超过 5 后，由于金属组织的细密化程度均已达到极限，所以纵向性能不再提高，而横向性能开始急剧下降。为了使锻造后的零件性能达到最佳值，锻造比应控制在合理的范围内。一般以钢锭为坯料进行锻造时，碳素结构钢的锻造比取 2～3，合金结构钢取 3～4，对于某些合金元素较多的合金钢和特殊性能钢，为使钢中碳化物细化和分散，需要较大的锻造比，如高速钢取 5～12，不锈耐蚀钢取 4～6；以型材为坯料进行锻造时，因材料在轧制过程中内部组织和力学性能都已得到改善，所以锻造比一般取 1.1～1.5。

第二节 金属的锻压性能

金属的锻压性能是衡量材料在塑性成型过程中获得合格制件的难易程度。锻压性能的优劣常用金属的塑性和变形抗力来综合衡量。塑性越好，变形抗力越小，则金属的锻压性能越好。金属的锻压性能主要取决于金属的本质和变形条件。

一、金属的本质

1. 化学成分的影响

纯金属比合金的强度低、塑性好，所以锻压性能较好。在铁碳合金中，随含碳量的增加，碳钢的强度、硬度升高，锻压性能越来越差，铸铁则根本不能进行塑性变形加工。合金钢中合金元素含量越多、成分越复杂，其锻压性能越差，特别是加入钨、钼、钒、钛等能提高金属高温强度的元素时，锻压性能将变得更差，因此，碳钢的锻压性能比合金钢好。

2. 金属组织的影响

纯金属和单相固溶体的锻压性能好；金属化合物的存在使金属的锻压性能变差；铸态组织不如锻轧组织的锻压性能好；粗晶组织不如晶粒细小且均匀的组织的锻压性能好。

二、变形条件

1. 变形温度的影响

在一定的温度范围内，随着温度的升高，金属原子的活动能量增强，原子间的结合力减弱，金属的塑性提高，变形抗力减小。同时，金属在高温下一般为单相的固溶体组织，变形

后的再结晶过程非常迅速，能及时消除加工硬化的不利影响，因此提高变形温度对改善金属的锻压性能有利。但是变形温度过高，组织中会出现过热、过烧现象，表面氧化现象严重，反而会降低金属的锻压性能。

2. 变形速度的影响

变形速度是指单位时间内的变形量。变形速度在不同范围内对金属锻压性能的影响也不相同，如图 10-9 所示。在变形速度低于临界速度 C 时，随着变形速度的提高，由于金属的再结晶不能及时消除变形时产生的加工硬化，故金属的塑性下降，变形抗力增加，锻压性能变差；当变形速度超过临界速度 C 后，变形产生的热效应（消耗于塑性变形的部分功转化成热能且来不及扩散，使金属温度升高的现象）使金属温度明显升高，加快了再结晶过程，金属的塑性提高、变形抗力减小，从而改善了锻压性能。变形速度越高，热效应现象越明显。

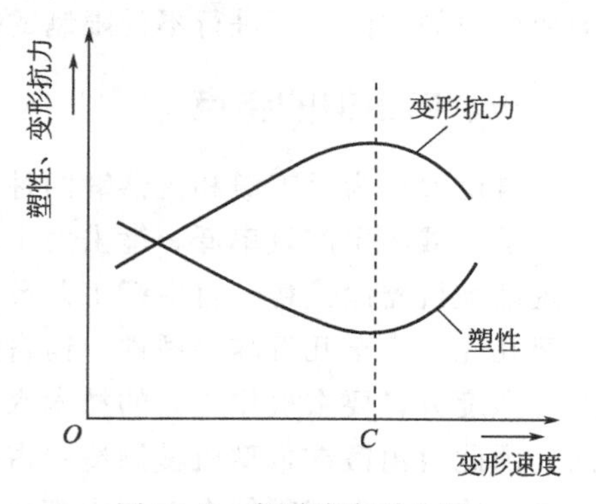

图 10-9 变形速度对金属锻压性能的影响

但是，除高速锤锻造和高能成型外，各种常用锻造设备的变形速度都小于临界值 C，所以对于塑性较差的合金钢、高碳钢及大型锻件，宜在压力机上用较小的变形速度成型，而不是在锻锤上进行锻造，以防锻裂坯料。

3. 应力状态的影响

采用不同的方法使金属变形时，其内部产生的应力的大小和性质（拉或压）是不同的，甚至在同一变形方式下，金属内部不同部位的应力状态也可能是不同的，如图 10-10 所示。

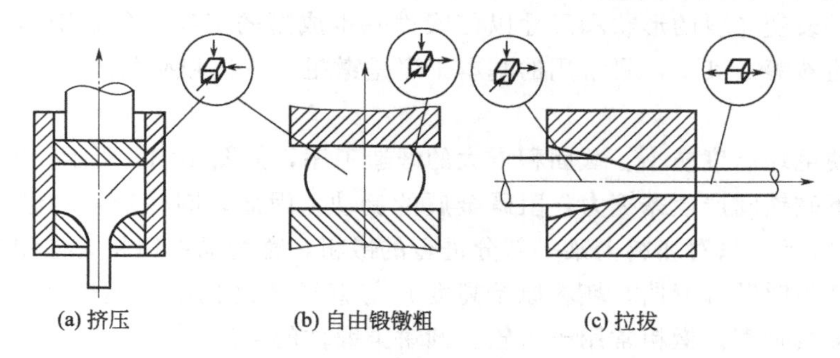

图 10-10 金属变形时的应力状态

挤压时坯料内部的应力状态为三向受压；自由锻镦粗时，坯料内部存在三向压应力，在外表面层，水平方向的压力转变为拉应力；拉拔时坯料径向受压，轴向受到拉应力的作用。拉应力会使金属原子间距增大，尤其当金属内部存在气孔、微裂纹等缺陷时，在拉应力作用下，缺陷处易产生应力集中，促使裂纹产生和扩展；压应力使金属内部原子间距离减小，不易使缺陷扩展，故金属的塑性会提高。但压应力会使金属内部摩擦阻力增大，变形抗力也随之增大，要实现变形加工，就要相应增加设备吨位。实践证明，三个方向的应力中，压应力的数目越多，金属的塑性越好；拉应力的数目越多，金属的塑性越差。同种应力状态下引起的变形抗力大于异种应力状态下的变形抗力。例如，加工同样截面的工件，自由锻比模锻省力，拉拔比挤压省力。

第三节　自　由　锻

自由锻是将加热好的金属坯料，放在上、下两个砧铁之间利用冲击力或压力使金属产生变形，从而获得所需形状及尺寸的锻件的一种加工方法。坯料在锻造过程中，在垂直于冲击力或压力的方向上可进行不受限制的变形，因此称为自由锻。

一、自由锻的特点

自由锻分为手工锻和机器锻两种。

手工锻的生产效率低，锤击力小，劳动强度大，只适用于小型锻件，在现代工业生产中已逐渐被机器锻代替。自由锻工艺灵活，所用工具、设备简单、通用性大、成本低，可锻造小至几克、大至几百吨的锻件。但自由锻尺寸精度低、加工余量大、生产效率低、劳动条件差、强度大，要求操作工人的技术水平高。对于大型锻件，自由锻是目前唯一可行的加工方法，因此自由锻在重型机械制造中占有特别重要的地位。如水轮机发电机主轴、船用柴油机曲轴、连杆等大型零件在工作中都要承受较大载荷，要求具有较高的强度，故均采用自由锻制成毛坯，经切削加工制成零件。

自由锻一般应用于单件、小批量零件的生产。

二、自由锻的基本工序

根据自由锻工序的作用和变形要求不同，自由锻工序分为基本工序、辅助工序和精整工序三类。

基本工序是改变坯料的形状和尺寸以使锻件基本成型的工序，包括镦粗、拔长、冲孔、切割、弯曲、扭转等。其中，最常用的基本工序是镦粗、拔长和冲孔。

1. 镦粗

镦粗是指使毛坯高度减小、截面积增大的锻造工序，如图 10-11 所示。镦粗时，由于坯料两端面与上下砧铁间产生摩擦力，阻碍金属的流动，因此，圆柱形坯料经镦粗后呈鼓形，如图 10-11(a) 所示。只对坯料上某一部分进行的镦粗，称为局部镦粗，如图 10-11(b)、(c) 所示。为防止镦粗时锻件弯曲，坯料原始高度 h 与直径 d 之比不宜超过 2.5～3，且镦粗时要使镦粗面与轴线垂直。镦粗常用于齿轮、圆饼类锻件的生产。

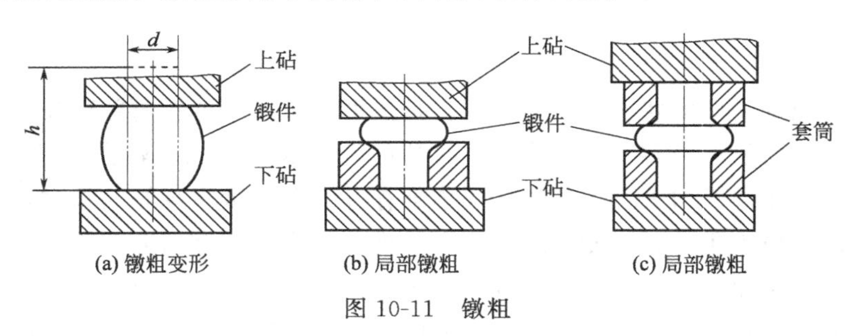

图 10-11　镦粗

2. 拔长

拔长是指使毛坯截面积减小、长度增加的锻造工序。拔长有平砧拔长和芯轴拔长两种，如图 10-12 所示。拔长主要用于制造长而截面小的工件，如轴、拉杆、曲轴等，也可用于制

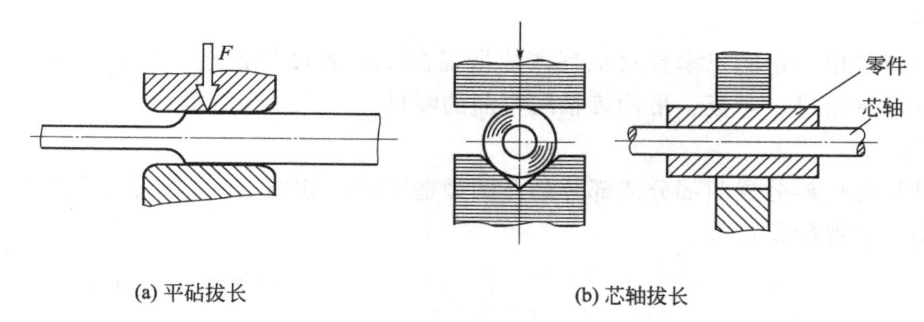

(a) 平砧拔长　(b) 芯轴拔长

图 10-12 拔长

造空心件，如套筒、圆环、轴承环等。

3. 冲孔

冲孔是指在坯料上冲出通孔或不通孔的锻造工序。冲孔有单面冲孔和双面冲孔两种方法，如图 10-13 所示。冲孔常用于锻造齿轮坯、环套类等空心锻件。

4. 错移

错移是指将坯料的一部分相对另一部分错开一段距离，但仍保持这两部分的轴线平行的锻造工序，如图 10-14 所示。错移常用于锻造曲轴类零件。错移时，先对坯料进行局部切割，然后在切口两侧分别施加大小相等、方向相反，且垂直于轴线的冲击力或压力，使坯料实现错移。

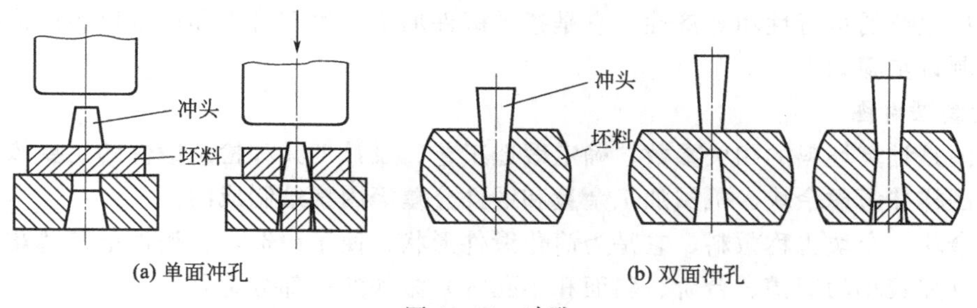

(a) 单面冲孔　(b) 双面冲孔

图 10-13 冲孔

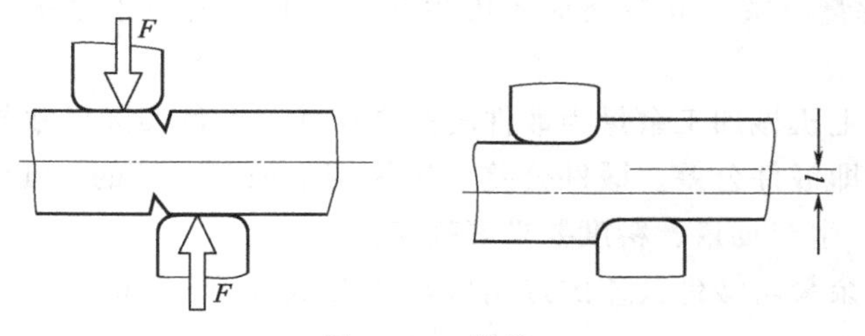

图 10-14 错移

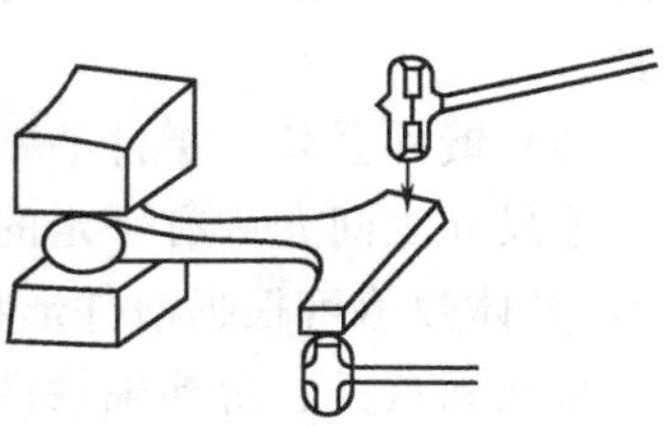

图 10-15 扭转

5. 扭转

扭转是将坯料的一部分相对于另一部分绕其轴线旋转一定角度的锻造工序，如图 10-15 所示。扭转多用于锻造多拐曲轴、麻花钻和某些需要校正的锻件。对于小型坯料在扭转角度不大时，可采用锤击方法进行扭转。

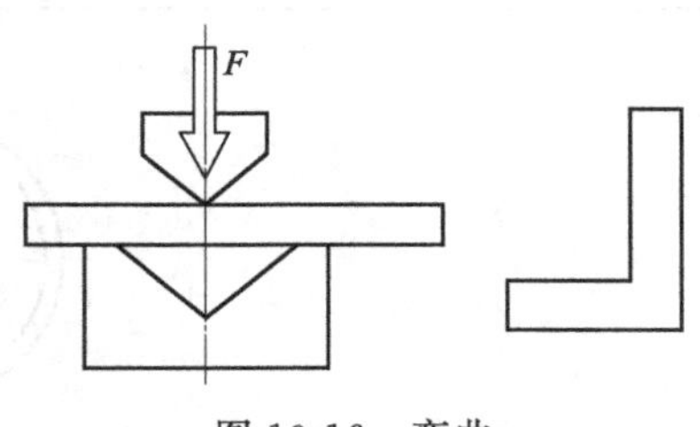

图 10-16 弯曲

6. 弯曲

弯曲是指采用一定的工模具将毛坯弯成所需曲率或角度的锻造工序，如图 10-16 所示。弯曲常用于锻造角尺、弯板、吊钩等轴线弯曲的零件。

7. 切割

切割是指将坯料分成两部分或部分割开的锻造工序，如图 10-17 所示。切割常用于切除锻件的料头、钢锭的冒口等。

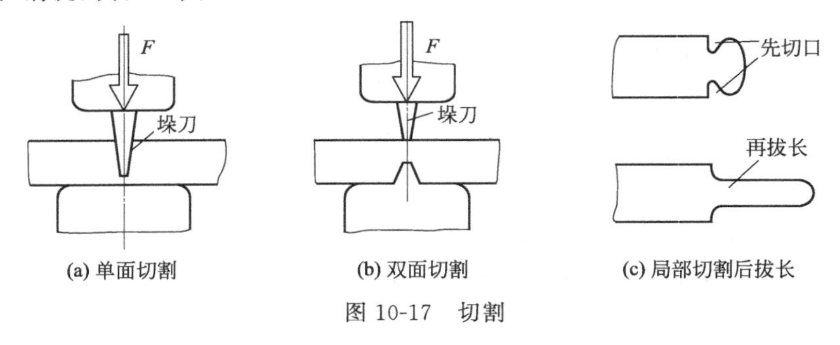

图 10-17　切割

三、自由锻工艺规程的制订

锻件生产必须根据生产批量、技术要求、重量、尺寸、结构复杂程度、材料及材质等情况，结合锻造生产设备、工人技术水平等因素来制订锻造工艺规程。自由锻工艺规程的内容要保证锻造生产的可行性和经济性，它是指导锻件加工、生产管理和质量检验的依据。其主要内容和制订步骤如下。

1. 绘制锻件图

锻件图是计算坯料的相关参数、确定锻造工艺、设计工具和检验锻件的主要依据。它是根据零件图样并考虑余块、机械加工余量和锻件公差等因素绘制成的。

（1）余块　余块也称敷料，它是为简化锻件形状、便于锻造，在锻件上某些难以直接锻出的部位（如较小的凹槽、台阶、斜面和小孔等）添加的一部分金属。

（2）机械加工余量　锻件上凡是需要进行切削加工的表面均应留机械加工余量。加工余量的大小与零件的形状、尺寸和生产批量有关，同时还应考虑生产条件和工人技术水平等因素。

（3）锻件公差　零件的基本尺寸加上机械加工余量为锻件的基本尺寸。锻件实际尺寸与其基本尺寸之间允许有一定的偏差范围即锻件公差。锻件公差一般为切削加工余量的 1/4～1/3，具体数值可根据锻件形状、尺寸、生产批量、精度要求等确定。

带孔圆盘类、阶梯轴锻件机械加工余量与锻件公差的选用可参考表 10-1 和表 10-2。

表 10-1　带孔圆盘类锻件机械加工余量与锻件公差（摘自 GB/T 21470—2008）

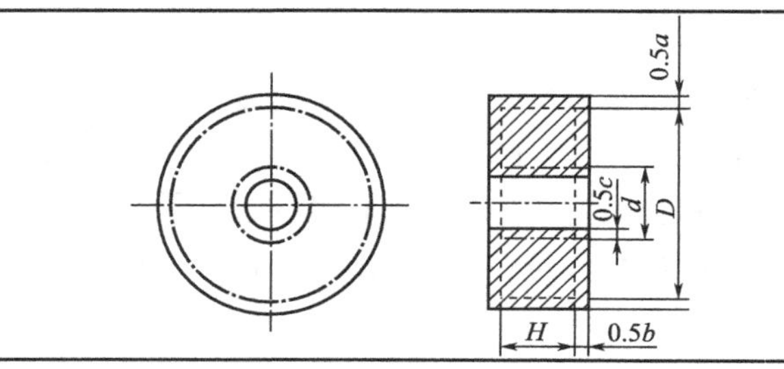

续表

零件高度 h/mm	零件直径 D/mm											
	80～120			120～160			160～200			200～250		
	加工余量 a、b、c 与极限偏差											
	a	b	c	a	b	c	a	b	c	a	b	c
0～80	6±2	5±2	9±3	7±2	6±2	10±4	8±3	7±2	11±4	9±3	8±3	12±5
80～120	7±2	6±2	10±4	8±3	7±2	12±5	9±3	8±3	13±5	10±4	9±3	14±6
120～160	—	—	—	9±3	8±3	13±5	10±4	9±3	14±6	11±4	10±4	15±6
160～200	—	—	—	—	—	—	11±4	10±4	15±6	12±5	11±4	16±7
200～250	—	—	—	—	—	—	—	—	—	13±5	12±5	17±7
250～315	—	—	—	—	—	—	—	—	—	—	—	—
315～400	—	—	—	—	—	—	—	—	—	—	—	—

零件高度 h/mm	零件直径 D/mm											
	250～315			315～400			400～500			500～630		
	加工余量 a、b、c 与极限偏差											
	a	b	c	a	b	c	a	b	c	a	b	c
0～80	10±4	9±3	13±5	11±4	10±4	15±6	13±5	12±5	17±7	15±6	14±6	19±8
80～120	11±4	10±4	15±6	12±5	11±4	17±7	14±5	13±5	19±8	16±7	15±6	21±9
120～160	12±5	11±4	16±7	13±5	12±5	18±8	15±6	14±6	20±8	17±7	16±7	22±9
160～200	13±5	12±5	17±7	14±6	13±5	19±8	16±7	15±6	21±9	18±8	17±7	23±10
200～250	14±6	13±5	18±8	15±6	14±6	20±8	17±7	16±7	22±9	19±8	18±8	24±10
250～315	15±6	14±6	19±8	16±7	15±6	21±9	18±8	17±7	23±10	20±8	19±8	25±11
315～400				17±7	16±7	21±9	19±8	18±8	24±10	21±9	20±8	26±11

最小冲孔直径 d

锻锤吨位/t	≤0.15	≤0.25	≤0.5	≤0.75	1	2	3	5
最小冲孔直径 d/mm	30	40	50	60	70	80	90	100

注：锻件高度大于孔径 3 倍时，孔允许不冲出。

表 10-2 阶梯轴类锻件机械加工余量与锻件公差（摘自 GB/T 21470—2008） mm

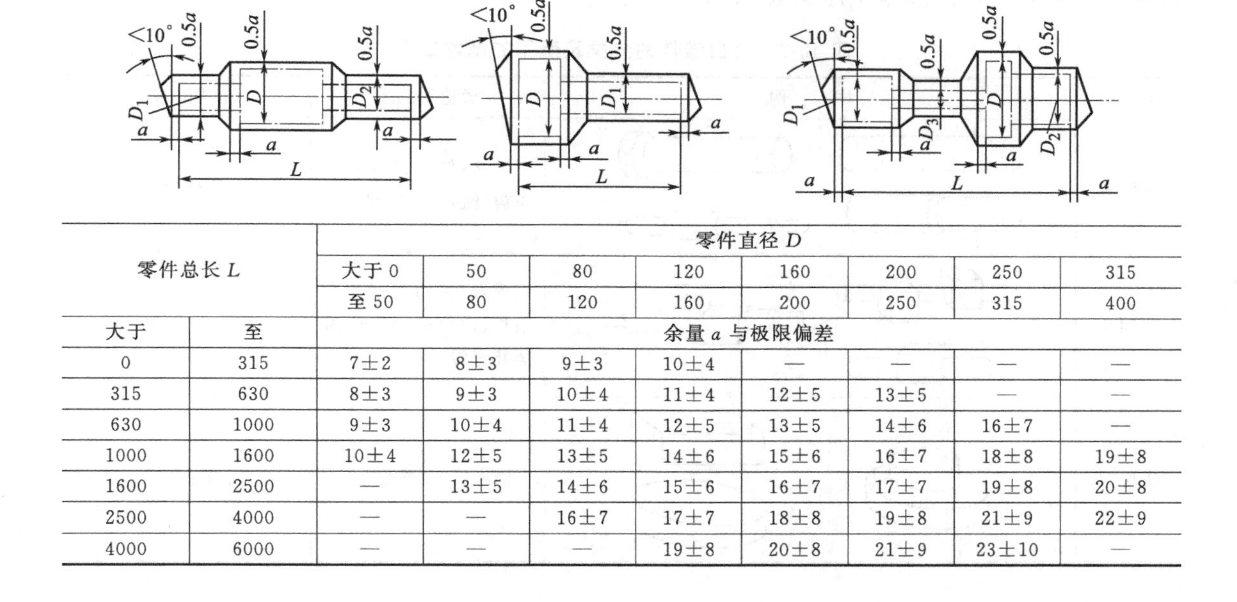

零件总长 L		零件直径 D							
		大于 0	50	80	120	160	200	250	315
		至 50	80	120	160	200	250	315	400
大于	至	余量 a 与极限偏差							
0	315	7±2	8±3	9±3	10±4	—	—	—	—
315	630	8±3	9±3	10±4	11±4	12±5	13±5	—	—
630	1000	9±3	10±4	11±4	12±5	13±5	14±6	16±7	—
1000	1600	10±4	12±5	13±5	14±6	15±6	16±7	18±8	19±8
1600	2500	—	13±5	14±6	15±6	16±7	17±7	19±8	20±8
2500	4000	—	—	16±7	17±7	18±8	19±8	21±9	22±9
4000	6000	—	—	—	19±8	20±8	21±9	23±10	—

绘制锻件图时，锻件形状用粗实线表示，零件主要轮廓用双点画线表示。锻件尺寸和公差标在尺寸线上面，零件尺寸加括号标注在尺寸线下面，以供操作者参考。阶梯轴自由锻锻件图画法如图 10-18 所示。

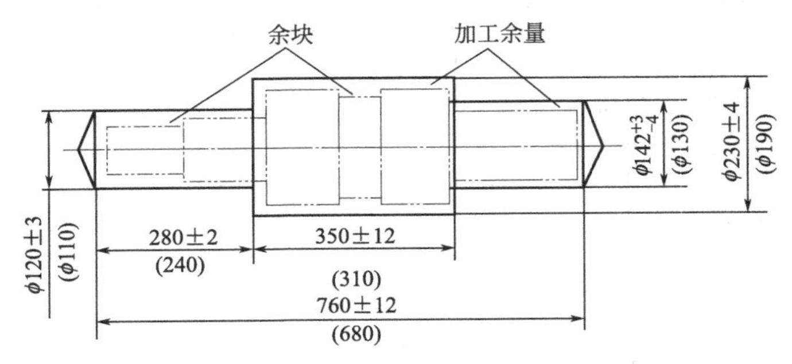

图 10-18 阶梯轴自由锻锻件图

2. 计算坯料质量和尺寸

(1) 锻件坯料质量的计算 坯料的质量可按下式进行计算

$$m_{坯料}=m_{锻件}+m_{烧损}+m_{料头} \tag{10-3}$$

式中 $m_{坯料}$——坯料质量；

$m_{锻件}$——锻件质量；

$m_{烧损}$——加热过程中，因表面氧化而烧损的质量；

$m_{料头}$——在锻造过程中冲掉或被切掉的那部分金属的质量。

(2) 坯料尺寸的计算 根据坯料质量和密度，可计算出坯料的体积，确定坯料尺寸时，应满足锻件的锻造比要求，并应考虑变形工序对坯料尺寸的限制。采用镦粗法锻造时为避免锻弯，坯料的高径比 (h_0/d_0) ≤2.5；为下料方便，坯料的高径比还应≥1.25。

3. 确定锻造工序

锻造工序是根据工序特点、锻件形状、尺寸及锻件技术要求等进行选择的。其主要内容是：确定锻件成型所必需的工序、选择所用的工具、确定工序顺序和工序尺寸等。一般自由锻件的分类及所用的基本工序见表 10-3。

表 10-3 自由锻件的分类及所用的基本工序

类 别	图 例	锻造用工序	应用实例
轴杆类		拔长(镦粗及拔长)、压肩、镦台阶、滚圆	主轴、传动轴
曲轴类		拔长(镦粗及拔长)、错移、镦台阶、切割、滚圆及扭转	曲轴、偏心轴等
饼块类		镦粗、局部镦粗	圆盘、齿轮等

续表

类别	图例	锻造用工序	应用实例
空心件		镦粗(拔长及镦粗)、冲孔、在芯轴上拔长	圆环、法兰、齿圈、圆筒、空心轴等
弯曲件		拔长、弯曲	吊钩、轴瓦盖、弯杆等

4. 选择锻造设备

锻造设备应根据锻件材料的种类、锻件尺寸（或质量）、锻造的基本工序、设备的锻造能力及工厂现有设备条件等因素进行选择。自由锻所用设备有自由锻锤和自由锻水压机两类。

（1）自由锻锤　自由锻锤是利用冲击力对坯料进行锻造的设备。金属被锤击一次变形的时间为千分之几秒。自由锻锤的规格大小，用其落下部分的质量来表示。

自由锻锤主要有空气锤和蒸汽-空气锤两种。空气锤具有结构简单、工作行程短、打击速度快和价格低的优点，主要用于锻造质量小于100kg的小型锻件。蒸汽-空气锤是目前自由锻锤的一种主要形式，这种锤落下部分的质量为1～5t，可以锻打质量为50～700kg的中型锻件。

（2）水压机　水压机是以静压力作用在坯料上，坯料在水压机上一次变形的时间为一秒到几十秒钟。水压机工作时振动较小、噪声小、工作条件较好，作用在坯料上的压力时间长，变形速度慢，容易使坯料锻透，能够改善锻件的内部质量。水压机能量利用率较锻锤高，压力大（一般为5～125MN)，可锻造1～300t的钢锭，是大型锻件的主要锻造设备。

常用自由锻设备的锻造能力范围见表10-4～表10-6。

表10-4　空气锤的锻造能力范围

锻锤规格/N		650	750	1500	2000	2500	4000	5600	7500
能锻工件尺寸/mm	方(边长)	65	—	130	150	—	200	270	270
	圆(直径)	85	85	145	170	175	220	280	300
能锻工件质量/kg	最大	2	2	4	7	8	18	30	40
	平均	0.5	0.5	1.5	2.0	2.5	6	9	12

表10-5　蒸汽-空气锤的锻造能力范围

锻锤规格/kN		10	20	30	50
能锻钢锭质量/t		0.5	1	1.5～2	2.5
能拔长毛坯直径或边长/mm		230	280	330	450
能镦粗毛坯直径/mm		350	450	500	600
能锻曲轴最大质量/kg		250	500～650	1000～1200	1600
能锻成型件质量/kg	最大	50	180	320～350	700
	平均	20	60	100～120	200

表 10-6 水压机的锻造能力范围

水压机规格/MN		5	8	12.5	16	20 快锻机	25	30	60	80	120
能锻最大钢锭质量/t	拔长	2～3	6～7	9～13	12～14	30	40～45	45～50	130～150	140～180	270～300
	镦粗	～1	2.5	4～5	5～6	8	12～24	20～32	60～80	80	140～170
能锻最大锻件质量/t		1.5	4.5	7～8	7～8	18	25～30	30	90～100	100～110	180
能锻最大环形件直径/mm		1100	1500	2000	2000	—	3000	3000	4000	4000	5000

5. 坯料的加热及锻件冷却

(1) 坯料的加热　坯料加热的目的是提高坯料的塑性和降低变形抗力，提高金属的锻压性能，同时加热温度的高低对生产效率、锻件质量和金属的利用率也有很大影响。

碳钢锻造时坯料应加热到 $Fe\text{-}Fe_3C$ 相图中的单相奥氏体区温度，组织为单相奥氏体，其塑性好，变形抗力小，有利于进行压力加工。如果加热温度过高，会使奥氏体晶粒粗大，出现过热、过烧现象，锻造时锻件容易产生开裂现象，使锻件成为废品。

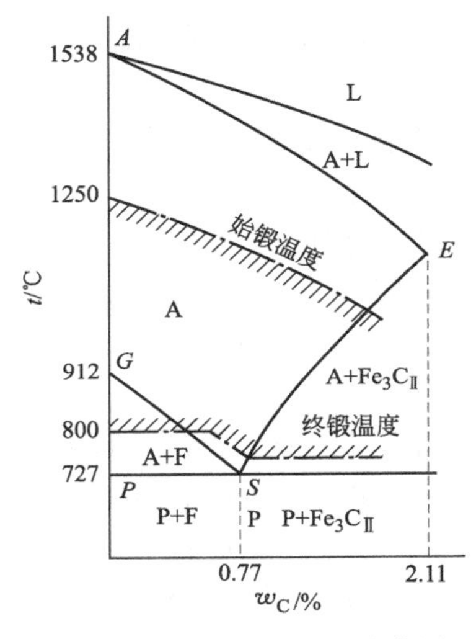

图 10-19 碳钢的锻造温度范围

锻造是在一定温度范围内进行的，一般碳钢的始锻温度（开始锻造的温度）应比固相线低 200℃左右；终锻温度（停止锻造的温度）为 800℃左右，终锻温度应高于金属的再结晶温度，如果温度过低，再结晶无法进行，冷变形强化现象不能消除，变形抗力太大，塑性降低，有可能造成锻件开裂及损坏锻造设备，但终锻温度也不宜过高，以防坯料变形后晶粒长大，形成粗大组织，使力学性能下降。碳钢的锻造温度范围如图 10-19 所示。常用金属材料的锻造温度范围见表 10-7。

(2) 锻件冷却　锻造后锻件的温度较高，如果冷却不当会使锻件表层硬度升高及产生较大的内应力，使切削加工难以进行，甚至出现变形和裂纹。一般锻件中碳及合金元素含量越高，锻件尺寸越大，形状越复杂，冷却速度应越慢。锻件的冷却主要有以下三种方式。

① 空冷　空冷是指将锻造后的锻件在空气中冷却的方法。空冷时冷却速度较快，常用于含碳量小于 0.5%的碳钢和含碳量小于 0.3%的低合金钢小型锻件的冷却。

表 10-7 常用金属材料的锻造温度范围

合金种类	始锻温度/℃	终锻温度/℃	合金种类	始锻温度/℃	终锻温度/℃
碳素结构钢	1150～1250	850～800	弹簧钢	1100～1150	850～800
碳素工具钢	1050～1150	850～800	高速钢	1100～1150	900～870
合金结构钢	1100～1200	850～800	铝青铜	850	700
合金工具钢	1050～1150	850～800	硬铝	470	380

② 坑冷　坑冷是指将锻造后的锻件放在地坑或铁箱中进行缓慢冷却的方法。常用于碳素工具钢和合金钢锻件的冷却。

③ 炉冷　炉冷是指将锻造后的锻件放在一定温度的加热炉中随炉进行缓慢冷却的方法。常用于大型锻件及高合金钢锻件的冷却。

6. 填写工艺卡片

将上述内容填入相应的锻造工艺卡片中，经校对、批准后使用。

四、自由锻锻件的结构工艺性

由于锻造是在固态下进行的，自由锻一般使用的是通用、简单的工具，锻件的形状和尺寸主要靠工人的操作技术来保证，因此，进行自由锻锻件设计时在满足使用性能的前提下，其形状应尽量简单，易于锻造。

1. 锻件上应尽量避免锥面或斜面

锻件上的圆锥面和斜面结构自由锻不易锻出，为减少专用工具，简化锻造工艺，提高生产效率，尽量用圆柱面代替圆锥面，平面代替倾斜面，如图 10-20 所示。

2. 避免曲面相交及椭圆形结构

曲面与曲面相交处是复杂的曲线，难以锻出，同时应避免椭圆形结构及曲线形表面，应采用简单、对称、平直的形状结构，如图 10-21 所示。

3. 避免肋板和凸台结构

具有加强筋肋板及表面有凸台结构的锻件，自由锻难以锻出，应采用无肋板及凸台结构的形状，如图 10-22 所示。

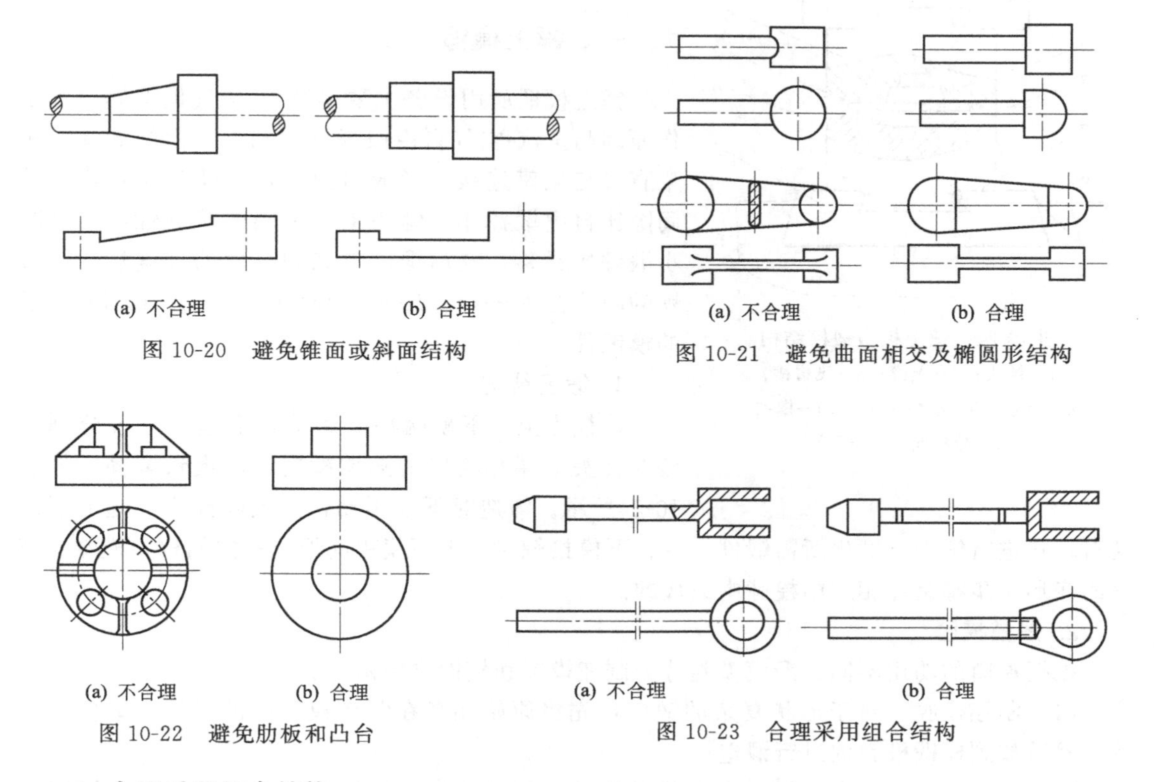

图 10-20　避免锥面或斜面结构

图 10-21　避免曲面相交及椭圆形结构

图 10-22　避免肋板和凸台

图 10-23　合理采用组合结构

4. 合理采用组合结构

对于截面尺寸相差很大和形状比较复杂的零件，可考虑将零件分成几个简单的部分分别锻造出来，再用焊接或机械连接的方式组成整体。如图 10-23 所示。

第四节 模　锻

模锻是把加热后的金属坯料放在具有一定形状的锻模模膛内，通过施加压力或冲击力，使坯料变形并充满锻模模膛，从而获得一定尺寸及形状的锻件的工艺方法。

模锻与自由锻相比，具有以下优点。

① 能锻出形状复杂的锻件，模锻件尺寸精度高、表面粗糙度值小。

② 模锻件机械加工余量小，公差仅是自由锻锻件公差的 1/4～1/3，材料利用率高，因而可节省材料和切削加工工时。

③ 模锻件的锻造流线组织分布更为合理，力学性能较好，因而可有效提高零件的使用性能和使用寿命。

④ 生产操作简单，易于实现机械化和自动化，生产效率高，锻件生产成本低。

但是，模锻设备价格高，锻模的设计和制造费用高、生产周期长、成本高，每种锻模只能生产一种锻件，由于设备能力的限制，模锻件质量不宜过大，一般在 150kg 以下。模锻已广泛应用于航空航天、汽车、拖拉机、机床和动力机械等行业重要零部件的生产，主要适用于中小型锻件的成批和大量生产。

模锻按所用设备的不同可分为：锤上模锻、胎膜锻、压力机上模锻等，生产中应用最多的是锤上模锻。

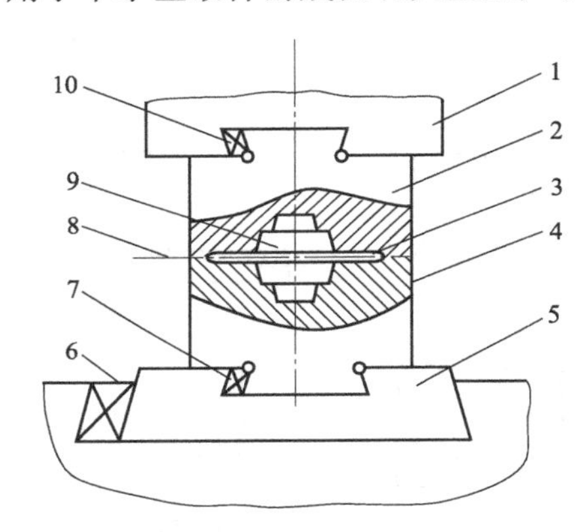

图 10-24　锤上模锻锻模结构

1—锤头；2—上模；3—飞边槽；4—下模；5—模垫；6,7,10—楔铁；8—分模面；9—模膛

一、锤上模锻

锤上模锻所用设备主要是蒸汽-空气模锻锤，其工作原理与蒸汽-空气自由锻锤基本相同。但模锻锤的机架直接与砧座连接，形成封闭结构，锤头与导轨间的间隙比自由锻锤小，锤头上下运动的精确性高，可减小锻件的错移，提高锻件形状和尺寸的准确性。模锻锤的吨位为 1～16t（10～160kN），可生产 150kg 以下的模锻件。

1. 锻模结构

锻模由上、下模两部分组成，上模和下模分别安装在锤头下端和模座的燕尾槽内，用楔铁紧固，如图 10-24所示。锻造时下模不动，上模随锤头一起上下运动对坯料进行锤击，锻出所需锻件。上、下模接触时，上下模中间形成的空间称为模膛。模锻的变形工步都是在相应的模膛中完成的。

2. 锻模模膛

根据模膛的功用不同，锻模模膛分为制坯模膛和模锻模膛两类。

(1) 制坯模膛　对于形状复杂的锻件，先将原始坯料在制坯模膛内锻成接近锻件的形状，然后放到模锻模膛内进行锻造。

根据制坯工序的特点不同，制坯模膛又分为拔长模膛、滚压模膛、弯曲模膛、切断模膛等。

① 拔长模膛　用来减小坯料某部分的横截面积，以增加该部分的长度。当模锻件的纵

向、横向截面积相差较大时，常采用这种模膛进行拔长。

② 滚压模膛 用来减小坯料某部分的横截面积，以增大另一部分的横截面积。主要是使金属按模锻件形状来分布，操作时须不断翻转坯料。

③ 弯曲模膛 对于弯曲的杆类模锻件，须用弯曲模膛来弯曲坯料。坯料可直接或先经其他制坯工序加工后放入弯曲模膛进行弯曲变形。

④ 切断模膛 它是由上模与下模的角部组成一对刃口，用来切断金属。单件锻造时，用它从坯料上切下锻件或从锻件上切下钳口；多件锻造时，用切断模膛来分离成单个工件。

(2) 模锻模膛 模锻模膛分为预锻模膛和终锻模膛两种。

① 预锻模膛 其作用是使坯料变形到接近锻件的形状和尺寸，以保证终锻时坯料容易充满模膛而成型，减少终锻模膛磨损，提高锻模的使用寿命。预锻模膛比终锻模膛高度大、宽度小、容积大，无飞边槽，模锻斜度和圆角半径较大。形状复杂的锻件在大批量生产时常采用预锻模膛，形状简单或批量不大的模锻件可不设置预锻模膛。

② 终锻模膛 其作用是使坯料达到锻件的形状和尺寸要求。终锻模膛形状与锻件形状相同，但尺寸须按锻件放大一个收缩量（钢件收缩率取 1.5%）。模膛周围设有飞边槽，以便在上、下模合拢时能容纳多余的金属，飞边槽靠近模膛处较浅，使进入飞边槽的金属先冷却，可增大模膛内金属外流的阻力，促使金属充满模膛。

根据模锻件的复杂程度不同、须变形的模膛数量不等，可将锻模设计成单膛锻模或多膛锻模。单膛锻模是在一副锻模上只有一个终锻模膛的锻模，使用单膛锻模时可将坯料直接放入模膛中成型以获得所需锻件。多膛锻模是在一副锻模上具有两个以上模膛的锻模。如弯曲连杆模锻件的锻模即为多膛锻模，如图 10-25 所示。

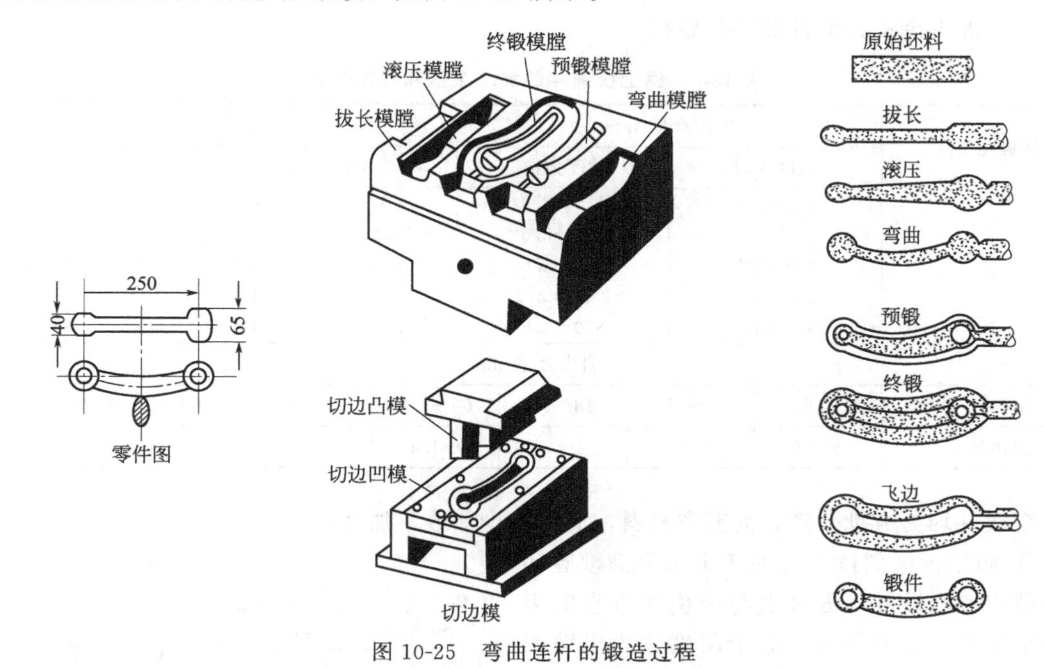

图 10-25 弯曲连杆的锻造过程

3. 模锻工艺规程的制订

模锻件生产的工艺规程包括以下内容：绘制模锻件图、坯料尺寸计算、确定模锻工步、锻锤吨位的选择和安排修整工序等。

(1) 绘制模锻件图　模锻件图是根据零件图，并按模锻工艺特点绘制的，它是确定模锻工步、设计和制造锻模、计算坯料尺寸和检验锻件的依据。绘制模锻件图时应考虑以下几个问题。

① 选定分模面　分模面是上下锻模在模锻件上的分界面。锻件分模面的位置，将直接影响到锻件的成型、锻模结构及制造费用、锻件质量和材料的利用率等。确定分模面的主要原则是：a. 分模面通常选在模锻件最大尺寸的截面上，以方便锻件从模膛中取出；b. 分模面应使模膛的深度最浅，这样有利于金属充满模膛，也便于锻件的取出和锻模的制造；c. 选定的分模面应使上、下锻模沿分模面处的模膛轮廓一致，以便于及时发现在安装锻模和生产过程中出现的错模现象；d. 分模面最好是平面，且上下锻模的模膛深度尽可能一致，以便于锻模制造；e. 所选分模面尽可能使锻件上所加的敷料最少，这样既可提高材料的利用率，又减少了切削加工的工作量。根据以上原则，图 10-26 中的零件选 d-d 面作为分模面最为合理。

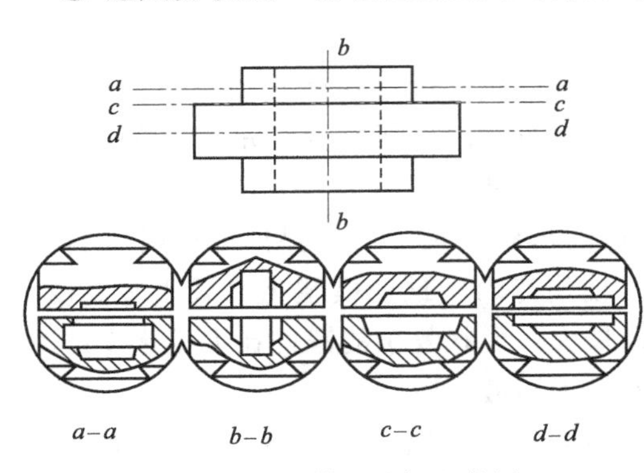

图 10-26　分模面选择比较图

② 加工余量、锻件公差和余块　模锻件的尺寸精度较高，其加工余量和锻件公差比自由锻件小得多。一般余量为 1～4mm，公差为± (0.3～3)mm，其具体数值可根据零件的形状、尺寸、锻件的精度等级或锻锤的吨位确定。表 10-8 列出了锤上模锻按照锻锤吨位确定模锻件加工余量、锻件公差的数据。

表 10-8　锤上模锻件的加工余量和锻件公差

锻锤吨位/t	加工余量/mm		锻件公差/mm		
	高度方向	水平方向	高度方向		水平方向
1	1.5～2.0	1.5～2.0	+1.0	−0.5	按自由公差选定
2	2.0	2.0～2.5	+1.0(1.5)	−0.5	
3	2.0～2.5	2.0～2.5	+1.5	−1.0	
5	2.25～2.5	2.25～2.5	+2.0	−1.0	
10	3.0～3.5	3.0～3.5	+2.0(2.5)	−1.0	

自由公差/mm							
锻件尺寸	<6	6～18	18～50	50～120	120～260	260～500	500～800
自由公差	±0.5	±0.7	±1.0	±1.4	±1.9	±2.5	±3.0

模锻件均为成批生产，为节省材料，应尽量少加或不加余块。

③ 确定模锻斜度　为便于金属充满模膛和从模膛中取出锻件，锻件上与分模面垂直的表面必须要有一定的斜度，这个斜度称为模锻斜度，如图 10-27 所示。对于锤上模锻，模锻斜度一般为 5°～15°，模锻斜度与模膛深度有关，模膛深度与宽度的比值 (h/b) 越大，斜度应越大。由于冷却收缩，锻件的内壁斜度应比外

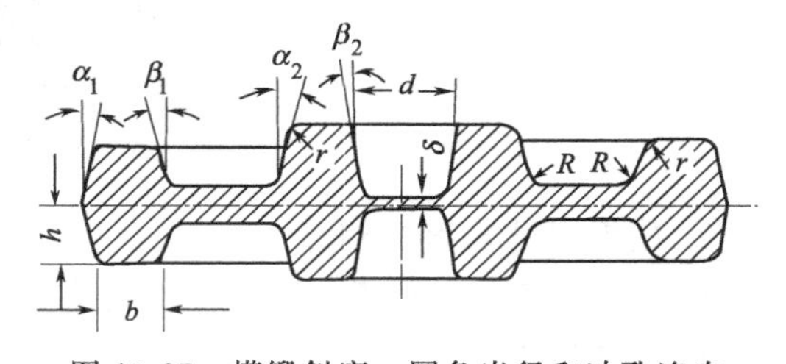

图 10-27　模锻斜度、圆角半径和冲孔连皮

壁斜度大 2°～5°。

④ 圆角半径　锻件上所有面与面的相交处，都必须采取圆角过渡，以减少锻模在锻造过程中外尖角处的磨损和内尖角处因应力集中而产生的开裂，提高锻模的使用寿命，如图 10-27 所示。圆角半径大小取决于模膛深度。外圆角半径 r 一般取 1～12mm，内圆角半径 R 是 r 的3～4倍。

⑤ 冲孔连皮　对于具有通孔的模锻件，由于锤上模锻不可能直接锻出通孔，因此孔内必须留有一定厚度的金属层，这层金属就称为冲孔连皮，如图 10-27 所示。冲孔连皮锻后须在压力机上冲除。连皮不宜太薄，以免锤击力太大，导致模膛凸出部位的过度磨损或压塌；连皮太厚，不仅浪费金属，而且冲除时会造成锻件的变形。连皮厚度与孔径和孔深有关，当孔径 $d>30$mm 时，连皮厚度为 4～8mm；当孔径 $d<30$mm 时，孔不锻出。

(2) 确定模锻工步　模锻工步主要是根据锻件的形状和尺寸来确定的。模锻件按形状可分为两大类：一类是轮盘类模锻件，如图 10-28 所示；另一类是长轴类锻件，如图 10-29 所示。模锻工序与锻件的形状和尺寸有关。由于每个模锻件都必须有终锻工序，所以模锻工序的选择实际上就是制坯工序和预锻工序的确定。

① 轮盘类模锻件　指圆形或宽度大于高度的锻件，如齿轮、法兰盘等，这类模锻件在终锻时金属沿高度方向和径向均产生流动。一般的轮盘类模锻件，采用镦粗和终锻工序。对于一些高轮毂、薄轮辐的模锻件，可采用镦粗-预锻-终锻工序。对于形状简单的盘类锻件，可只用终锻工序成型。

② 长轴类模锻件　这类锻件的长度与宽度之比较大，如台阶轴、弯曲摇臂、曲轴、连杆等，这类模锻件在终锻时金属沿长度与宽度方向流动，但长度方向流动不大。长轴类模锻件常用的锻造方案有：预锻-终锻、滚压-预锻-终锻、拔长-滚压-预锻-终锻、拔长-滚压-弯曲-预锻-终锻等。

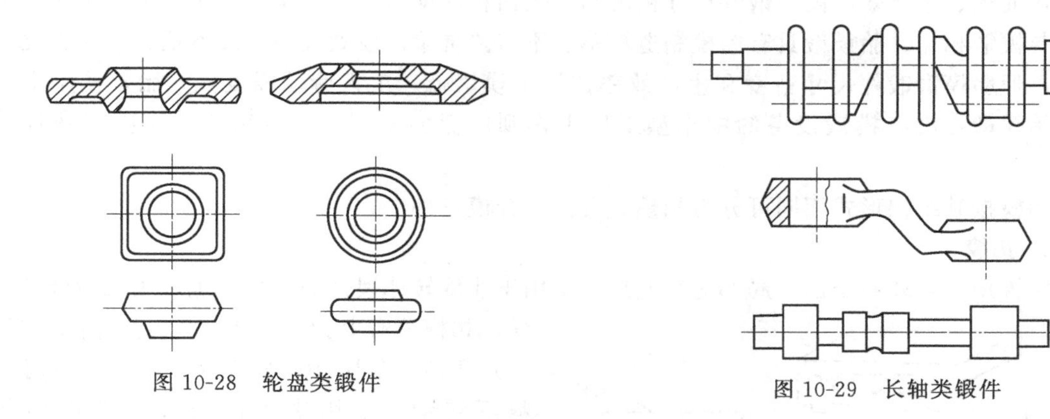

图 10-28　轮盘类锻件

图 10-29　长轴类锻件

(3) 锻锤吨位的选择　锻锤的吨位可根据模锻件的质量参照表 10-9 进行选择。

表 10-9　模锻锤吨位的选择

模锻锤吨位/t	≤0.75	1	1.5	2	3	5	7～10	16
锻件质量/kg	<0.5	0.5～5	1.5～5	5～12	12～25	25～40	40～100	>100

4. 模锻件的结构工艺性

设计模锻件时，应在确保零件使用性能的前提下，结合模锻的特点和工艺要求，使其结构符合以下原则。

① 模锻件必须具有一个合理的分模面，以保证模锻件易于从锻模中取出、余块最少，锻模制造容易。

② 零件的形状力求简单、平直、对称，避免面积差别过大和薄壁、高肋、凸起等外形结构，如图 10-30 所示。

③ 对于形状复杂的大型零件，在可能的情况下，尽量选用锻-焊结构，以减少余块，简化模锻过程，如图 10-31 所示。

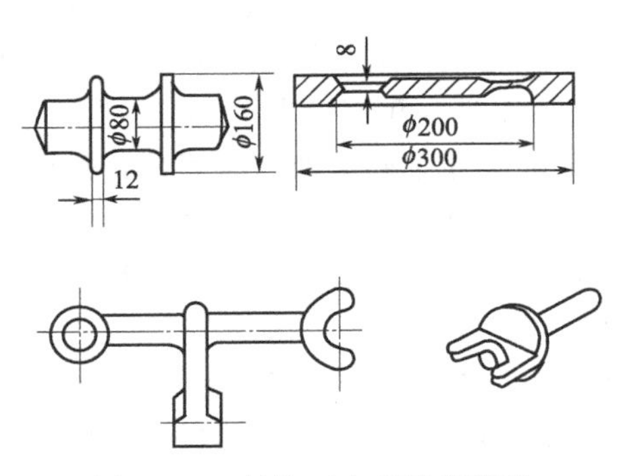

图 10-30 结构不合理的模锻件

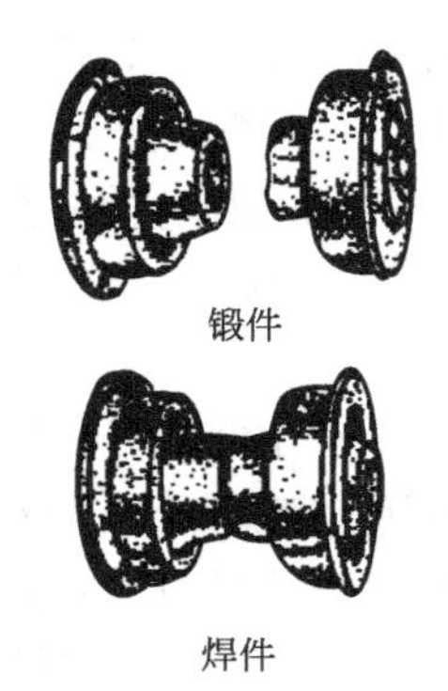

图 10-31 锻-焊结构件

二、胎模锻

胎模锻是在自由锻设备上使用简单的、可移动的非固定模具生产模锻件的一种锻造方法。通常采用自由锻方法使坯料成型，然后放在胎模中终锻成型。与自由锻相比，胎模锻具有操作简便、生产效率高、锻件尺寸精度高、表面粗糙度值小、加工余量少、节约金属等优点；与模锻相比，胎模锻具有胎模制造简单、不需要贵重的模锻设备、成本低、使用方便等优点。但胎模锻锻件尺寸精度和生产效率比锤上模锻低，工人劳动强度大，胎模使用寿命短。胎模锻在没有模锻设备的中小型工厂中得到广泛的采用，主要用于中小批量锻件的生产。

胎模按其结构形式不同可分为扣模、套模、合模三种。

1. 扣模

扣模用来对坯料全部或局部进行变形，常用于非旋转体锻件的成型，也可用来为合模制坯。扣模分有上扣和无上扣（上扣由上砧代替）两种，如图 10-32 所示。扣模锻造时坯料不转动，常用来生产长杆类非回转体锻件。

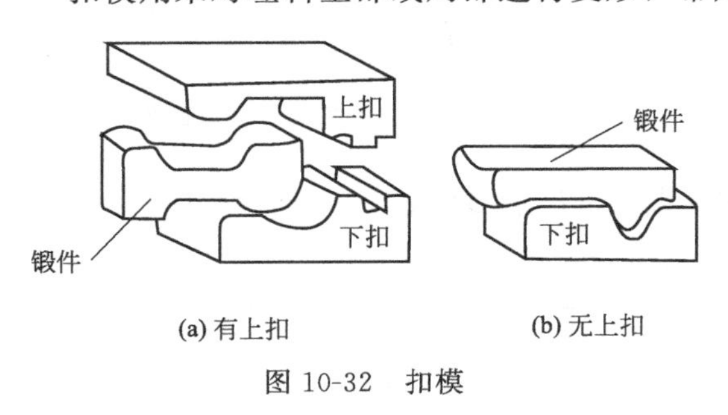

图 10-32 扣模

2. 套模（筒模）

套模为圆筒形，分为开式套模和闭式套模两种，如图 10-33 所示。开式套模只有下模，上模用上砧代替，锻件的端面必须是平面。闭式套模由套筒、上模垫及下模垫组成，主要用于端面有凸台或凹坑的回转体类锻件的制坯和最终成型。

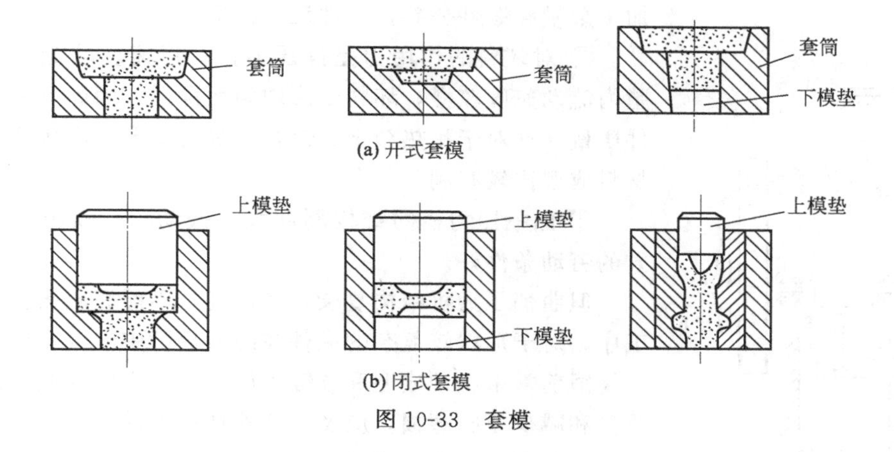

图 10-33 套模

3. 合模

合模由上模和下模两部分组成，为使上、下模吻合及不使锻件产生错移，常用导柱或导锁进行定位，如图 10-34 所示。合模适用于各类锻件的终锻成型，尤其是形状复杂的非回转体类锻件，如连杆、叉形件等锻件。

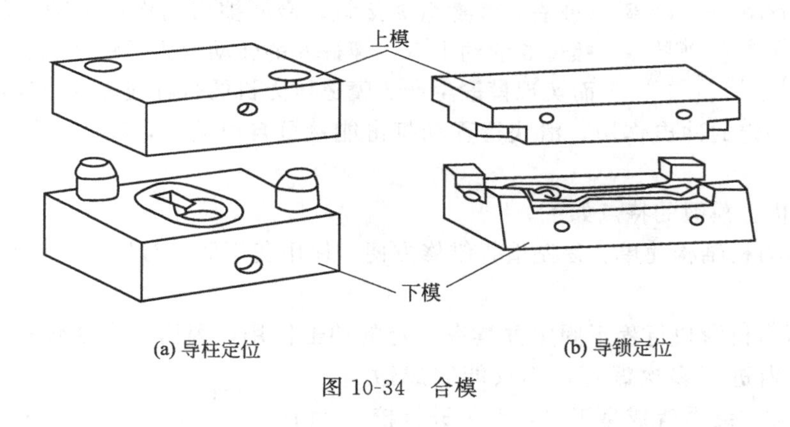

图 10-34 合模

三、压力机上模锻

锤上模锻具有适应性广的特点，因此在锻造生产中得到广泛应用。但是，模锻锤在工作中存在振动、噪声大、劳动条件差、蒸汽利用效率低、能源消耗多等缺点，所以近年来，对于成批及大量生产的中、小型模锻件，多用压力机来进行模锻。

常用的模锻压力机有曲柄压力机上模锻、摩擦压力机上模锻、平锻机上模锻等。

1. 曲柄压力机上模锻

曲柄压力机上模锻是一种比较先进的模锻方法，曲柄压力机的结构如图 10-35 所示。工作时电动机 1 的转动经传动带 2、飞轮 3、传动轴 4、齿轮副 5 和离合器 6 传至曲轴 7、连杆 8，使滑块 9 沿导轨做上下往复运动，从而完成模锻工序。锻模分别安装在滑块的下端和楔形工作台上。由于曲轴行程一定，所以只能通过楔形工作台对锻模封闭空间的高度做少量调节。

曲柄压力机上模锻的特点如下。

① 在滑块的一个往复行程中即可完成一个工序的变形，生产效率高。

② 因行程一定，滑块运动精度高，并有锻件顶出装置，因而可减小模锻件的模锻斜度、

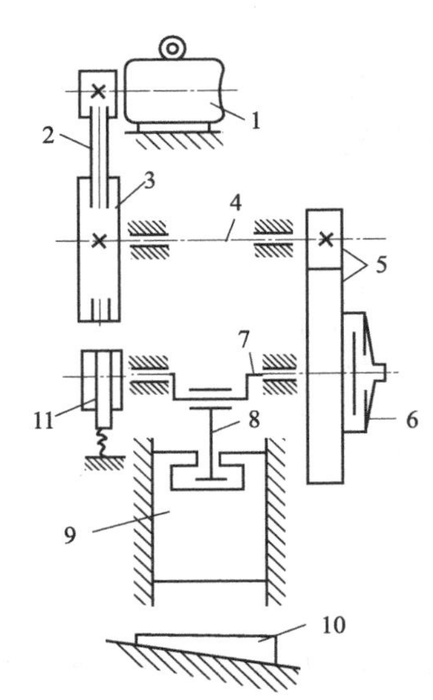

图 10-35 曲柄压力机上模锻
1—电动机；2—传动带；3—飞轮；
4—传动轴；5—齿轮副；6—离合器；
7—曲轴；8—连杆；9—滑块；
10—楔形工作台；11—制动器

加工余量和锻件公差，工件尺寸精度高。

③ 对坯料的作用力是静压力，变形速度较低，金属在模膛内流动速度较慢，坯料变形均匀而深透，因此有利于提高锻件质量，这对于耐热合金、镁合金等对变形速度敏感的低塑性材料成型比较有利。

④ 曲柄压力机的结构刚度大、振动小、噪声低，因此工人的劳动条件好。

但曲柄压力机结构复杂，造价高，不能完成拔长、滚压等工序，对于形状较复杂的锻件在终锻模膛中难以一次成型，所以终锻前常采用预成型和预锻工序。在生产中为避免影响锻件质量和减少模膛磨损，应及时清除坯料上的氧化皮。

2. 摩擦压力机上模锻

摩擦压力机上模锻的工作原理如图 10-36 所示。锻模分别安装在滑块 7 和工作台 9 上，滑块 7 与螺杆 6 相连，只能沿导轨 8 上下滑动。工作时改变操纵杆 10 的位置可使飞轮 4 与左（或右）摩擦盘 3 接触，借摩擦力的作用带动飞轮 4 转动，在螺母 5 的约束下，螺杆 6 的转动变为滑块 7 的上、下滑动，从而实现模锻生产。摩擦压力机的行程速度介于模锻锤和曲柄压力机之间，有一定的冲击作用，滑块行程和打击能量可自由调节，在一个模膛内可以多次锻击。

摩擦压力机上模锻的特点如下。

① 摩擦压力机结构简单、易制造、维修方便、使用费用低，对厂房、地基的要求不高，锻件成本低。

② 摩擦压力机滑块行程不固定并具有一定的冲击作用，因而可实现轻打、重打，坯料可在一个模膛内进行多次锻打，不仅能完成镦粗、弯曲、预锻、终锻等成型工序，也可进行校正、精整、切边、冲孔等后续工序的操作。

③ 滑块运动速度较低，金属变形过程中的再结晶可以充分进行，因而特别适合锻造低塑性合金钢和有色金属（如铜合金）等。

④ 因螺杆与滑块间是非刚性连接，所以摩擦压力机承受偏心载荷的能力差，通常只适用于单模膛锻模，对于形状复杂的锻件，需要在自由锻设备或其他设备上制坯。

⑤ 摩擦压力机的飞轮惯性大，单位时间内的行程次数比其他设备低得多，因此其生产效率较低。

摩擦压力机在中小型工厂应用较多，主要用于中小型锻件的批量生产，如螺钉、销钉类锻件及一些不需要制坯的小型锻件。

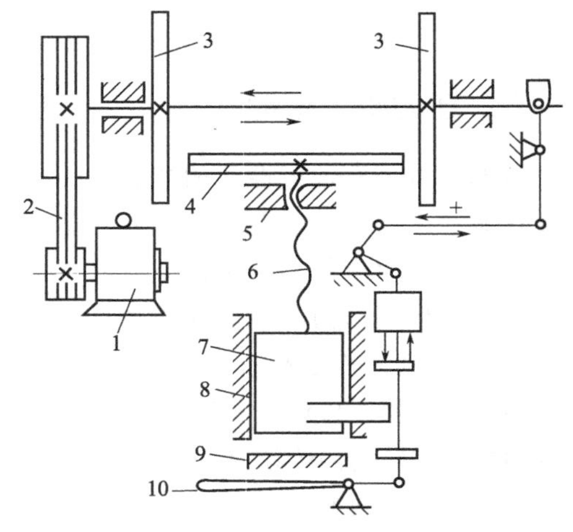

图 10-36 摩擦压力机上模锻
1—电动机；2—传动带；3—摩擦盘；4—飞轮；
5—螺母；6—螺杆；7—滑块；8—导轨；
9—工作台；10—操纵杆

3. 平锻机上模锻

平锻机的工作原理与曲柄压力机相同，只因它是沿水平方向对坯料施加锻造压力，故称为平锻机，其结构和传动系统如图 10-37 所示。锻模由凸模 10、固定凹模 12 和活动凹模 13 组成。工作时电动机 1 的转动经传动带 2、离合器 3、带轮 4、传动轴 5、齿轮 7 传至曲轴 8 后，通过主滑块 9 带动凸模 10 做纵向往复运动，与此同时曲轴 8 上的凸轮 6 转动，经杠杆 14 带动副滑块和活动凹模 13 做横向往复运动，从而实现模锻过程。

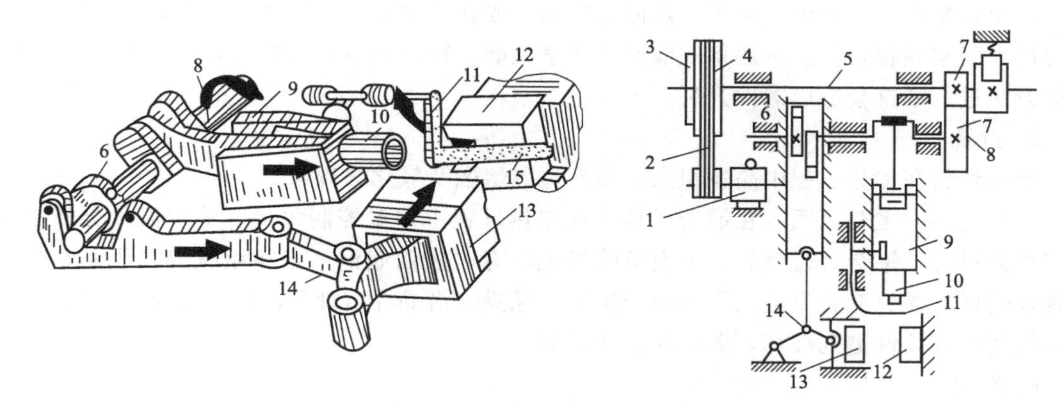

图 10-37 平锻机结构及传动系统

1—电动机；2—传动带；3—离合器；4—带轮；5—传动轴；6—凸轮；7—齿轮；8—曲轴；9—主滑块；10—凸模；11—挡料板；12—固定凹模；13—副滑块和活动凹模；14—杠杆 ；15—坯料

平锻机上模锻除具有曲柄压力机上模锻的特点外，还具有以下特点。

① 坯料都是棒料或管材，并且只进行局部（一端）加热和局部变形加工，因此，可以锻造在立式锻压设备上不能锻造的某些长杆类锻件。

② 锻模有两个分模面，锻件出模方便，可以锻出在其他设备上难以完成的在不同方向上有凸台或凹槽的锻件。

③ 锻件尺寸精度高、表面粗糙度值小、飞边小、材料利用率高。

但平锻机是模锻设备中结构较复杂的一种，价格高，投资大，适用于大批量生产的有头杆类锻件和有孔管件的局部需要镦粗或胀孔的锻件的锻造。

第五节 锻件的质量控制

锻件缺陷是在锻造过程中金属锻件上产生的外在及内在质量不能满足技术要求的各种现象。锻件缺陷的种类很多，产生的原因也不同，有因锻造工艺不当造成的、有因原材料本身缺陷造成的、有因模具设计不合理引起的等。分析研究锻件产生缺陷的主要原因，提出有效的预防和改进措施，是提高和保证锻件质量的重要途径。

一、加热过程中常见的缺陷

1. 氧化

金属坯料在加热过程中，坯料表面与炉气中的氧化介质发生化学反应，生成氧化铁等氧化物的现象。

产生氧化的主要原因：金属坯料在加热炉中或高温下停留时间太长，而且炉中有氧及水蒸气，坯料表层的铁原子与氧发生氧化反应就会在金属表层生成氧化皮。这层氧化皮如果在锻造前清除不净，就会被压入锻件表面，虽然经酸洗清理后会产生剥落，但锻件表面将留有凹陷麻点，从而影响锻件的几何尺寸，严重时会造成锻件加工余量不足而使零件表面留下黑皮甚至报废。

2. 过热

金属坯料在加热过程中晶粒粗大的现象。

产生过热的主要原因：由于加热温度过高，或在某温度下停留时间过长，金属原子活动能力增大引起晶粒长大。过热将使锻件的力学性能，特别是塑性和冲击韧性降低，如按正常锻造方法进行锻打会造成锻件开裂。

3. 过烧

金属坯料在加热过程中晶粒粗大、晶粒边界熔融及氧化的现象。

产生过热的主要原因：在锻造或热处理加热过程中炉温控制失灵、炉内温度分布不均、局部炉温过高。铝合金过烧后，表面呈暗黑色，有时表面起泡，金相组织表现为晶粒粗大、出现复熔球、晶界变直发毛，严重时产生三角晶界，沿晶界出现共晶体。过烧的坯料由于金属晶粒间的连续性遭到破坏，锻造时必然开裂。

4. 脱碳

加热时由于气体介质和钢铁表层碳的作用，使坯料表层碳含量降低的现象。

产生脱碳的主要原因：脱碳与钢的成分、炉气成分、炉温和在此温度下的保温时间有关。钢在 800～850℃开始脱碳，随着加热温度的升高与加热时间的延长，脱碳将更为严重。1000℃时，炉中坯料的脱碳比氧化还要严重。产生脱碳的锻件表面强度、硬度降低，但是若脱碳层深度小于加工面的加工余量时，则对零件力学性能无影响。

5. 增碳

坯料在加热过程中，其表面或部分表面碳含量明显提高、硬度增高的现象。

产生增碳的主要原因：坯料在油炉中加热时，两个喷嘴的喷射交叉区得不到充分的燃烧，或喷嘴雾化不良喷出油滴，使锻件表面产生增碳缺陷。增碳的锻件，表层硬度较高，在进行切削加工时容易打刀，造成刀具损坏。

二、自由锻锻件中常见的缺陷及产生原因

1. 裂纹

自由锻锻件上产生的裂纹形式很多，常表现为表面裂纹、内部裂纹等（见图 10-38）。

产生裂纹的主要原因：①原材料质量问题，如钢中有害杂质元素或非金属夹杂物含量过多；②坯料未加热透，内部温度过低，心部塑性低；③在拔长或镦粗过程中，塑性变形量过大；④V 型砧角度过大，或用平砧拔长圆形工件等。

(a) 表面裂纹

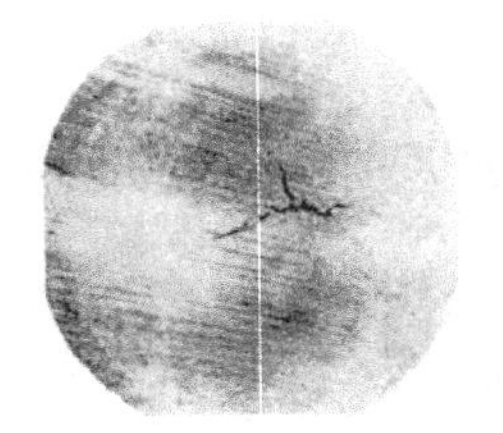

(b) 内部裂纹

图 10-38 裂纹

表面裂纹常因锻造温度过高或锤击速度过快，使坯料发生过烧或过热而引起的。一般裂口较宽，断口凹凸不平，组织粗大呈暗灰色。低倍组织中裂纹端为锯齿形，与流线无关。显微组织观察裂纹沿晶界伸展，再结晶完全，无夹杂及其他冶金缺陷。锻造温度过低，锤击过重时，在坯料侧表面与锤击方向呈45°、90°或三角形裂纹，断口平齐有金属光泽。显微组织观察裂纹穿晶并有加工硬化现象。

内部裂纹一种是在圆截面坯料拔长、滚圆时，由于送进量太大，压下量太小，金属横向流动激烈而产生横向拉应力，愈接近心部拉应力愈大，引起内部纵向裂纹。另一种则是因合金内部过分粗大的金属间化合物或夹杂物在锻造时阻碍金属的规则流动，在其周围引起的微裂纹。通常此种裂纹都要在锻件加工后才能表露出来。

2. 龟裂

在锻件表面呈现的较浅龟状裂纹。在锻件成型过程中受拉应力的表面最容易产生这种缺陷。

产生龟裂的主要原因：①原材料中含铜、锡、砷、硫等低熔点元素过多；②高温长时间加热时，钢料表面有铜析出、晶粒粗大、脱碳或经过多次加热；③燃料含硫量过高，有硫渗入钢件表面。

3. 折叠

折叠是金属变形过程中已氧化的表层金属汇合到一起而形成的（见图10-39）。

产生折叠的主要原因：折叠与原材料和坯料的形状、砧子形状、圆角过小、送进量小及锻造的实际操作等有关。折叠不仅减小了零件的承载面积，而且工作时由于此处的应力集中往往成为疲劳源。

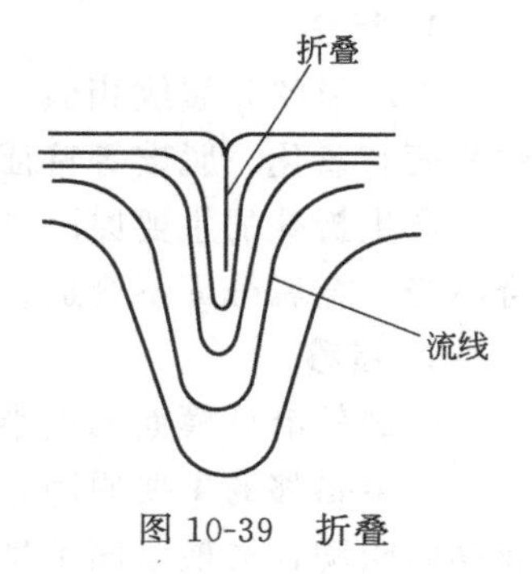

图10-39 折叠

4. 白点

锻件内部出现的银白色、灰白色圆形裂纹。

产生白点的主要原因：应力和氢的共同作用是白点形成的主要因素。当坯料的冶金质量较差、含氢量过高、锻后冷却或退火制度不合适时就会在锻件内部形成白点。白点会降低零件的承载能力，成为零件的裂纹源，对产品的危害较大。

5. 残留铸造组织

锻件有残留铸造组织时，横向低倍组织的心部呈暗灰色，无金属光泽，有网状结构，纵向无明显流线；高倍组织中的树枝晶完整，主干、支干互成90°。

产生残留铸造组织的主要原因：锻造比不够和锻造方法不当。残留铸造组织主要出现在用铸锭作坯料的锻件中。残留铸造组织会使锻件的性能下降，尤其是冲击韧度和疲劳性能等。

6. 碳化物偏析

主要是锻件中的碳化物分布不均匀，呈大块状集中分布或呈网状分布。碳化物偏析主要出现在莱氏体工模具钢中。

产生碳化物偏析的主要原因：原材料碳化物偏析级别差、改锻时锻比不够或锻造方法不当。具有这种缺陷的锻件，热处理淬火过程中容易出现局部过热和淬裂。制成的刃具和模具使用时易崩刃等。

7. 带状组织

带状组织是在铁素体和珠光体、铁素体和奥氏体、铁素体和贝氏体以及铁素体和马氏体锻件中呈带状分布的一种组织，它们多出现在亚共析钢、奥氏体钢和半马氏体钢中（见图10-40）。

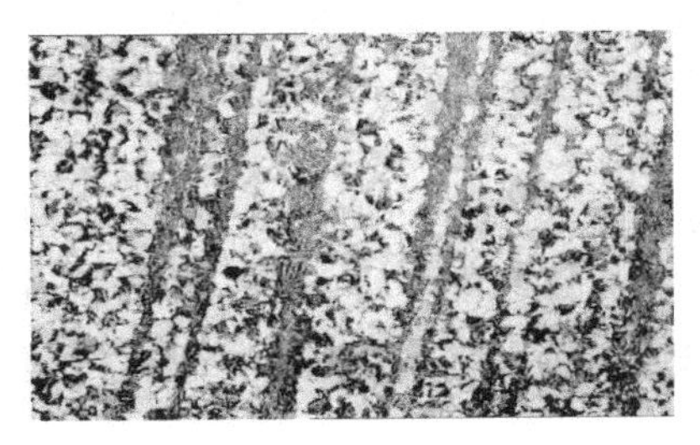

图 10-40 带状组织

产生带状组织的主要原因：带状组织是在两相共存的情况下锻造变形时产生的。带状组织降低材料的横向力学性能指标，特别是冲击韧性。在锻造或零件工作时常沿铁素体带或在两相的交界处开裂。

三、模锻件中常见的缺陷及产生原因

1. 局部晶粒粗大

锻件某些部位的晶粒特别粗大，某些部位却较小。

产生局部晶粒粗大的主要原因：锻造过程中坯料各处的变形不均匀使晶粒破碎程度不一、局部区域的变形程度落入临界变形区；高温合金变形时温度过低，局部产生加工硬化或淬火加热时局部晶粒粗大。

2. 模锻不足

锻件在与分模垂直方向上的所有尺寸都增大，超过了图纸上规定的尺寸。

产生模锻不足的主要原因：坯料尺寸偏大、加热温度偏低、设备吨位不足、飞边桥部阻力过大等。

3. 折叠

表面形状和裂纹相似，多发生在锻件的内圆角和尖角处。在横截面上高倍观察，折叠处的两面有氧化、脱碳等特征；低倍组织上看出围绕折叠处的纤维有一定的歪扭。

产生折叠的主要原因：模锻时模膛凸圆角半径过小、制坯模膛、预锻模膛和终锻模膛配合不当、金属分配不合适、终锻时变形不均匀等原因造成金属回流。

4. 错移

模锻件沿分模面的上半部相对于下半部产生的位移现象。

产生错移的主要原因：合模时上、下模定位不准确；模锻锤锤头与导轨之间的间隙过大或楔铁松动；锻模紧固不良等。

5. 缺肉

是锻件实体局部尺寸小于锻件图要求尺寸的现象。

产生缺肉的主要原因：坯料加热温度不够或未加热透；坯料尺寸偏小，体积不够；制坯模膛设计不当或飞边槽阻力小；锻锤吨位不足或锤击次数不够；坯料在模膛中放偏，使锻件一边缺肉，另一边料过多，出现过多飞边等。

6. 锻件流线分布不顺

锻件流线分布不顺是指在锻件低倍组织中发生的流线切断、回流、涡流等流线紊乱现象。

产生锻件流线分布不顺的主要原因：模具设计不当或锻造方法选择不合理；预制毛坯流线紊乱；工人操作不当及模具磨损而使金属产生不均匀流动等。流线分布不顺会使锻件的力学性能降低，因此对于重要锻件，都有流线分布的要求。

7. 穿流

穿流是流线分布不当的一种形式。在穿流区，原先呈一定角度分布的流线汇合在一起形成穿流，并可能使穿流区内、外的晶粒大小相差较为悬殊。

产生穿流的原因与折叠相似，是由两股金属或一股金属带着另一股金属汇流而形成的，但穿流部分的金属仍是一整体。穿流使锻件的力学性能降低，尤其当穿流带两侧晶粒大小相差较悬殊时，性能降低较明显。

流线不顺、穿流这类缺陷多在锻件的 H 形、U 形和 L 形部位上出现。坯料尺寸、形状不合适、锻造操作不当、模具设计时圆角半径选择不合理都会出现上述缺陷。锻造过程中当肋已充满还有多余金属由圆角处直接流向飞边槽时，即形成穿流。若锻造过程中打击过重、金属流动激烈、穿流处金属的变形程度和应力超过材料的强度极限时，便会产生穿流裂纹。锻件腹板宽厚比大、肋底部的内圆角半径小、坯料余量过大、操作时润滑剂涂得过多或加压太快，都易造成上述缺陷。

第六节 板料冲压

板料冲压是利用冲模使板料产生分离或变形，从而获得所需毛坯或零件的加工方法。板料冲压时金属板的厚度一般都在 6mm 以下，且通常是在室温下进行的，故又称为冷冲压，简称冲压。只有当板料厚度超过 8mm 时，才采用热冲压。板料冲压具有以下特点。

① 冲压件尺寸精度高、表面质量好、互换性好、材料利用率高。

② 因加工硬化的产生，使冲压件的强度和刚度好，有利于减轻结构重量。

③ 冲压过程操作简单，易于实现机械化和自动化生产，生产效率高（一台冲床班产量可达 30000 个零件），成本低。

④ 能生产出形状复杂的零件，冲压件一般不再进行切削加工，生产周期较短。

但冲模结构复杂、制造周期长、成本高，只有在大批量生产时，才能显示出其优越性。同时板料冲压所用的原材料必须具有足够高的塑性。板料冲压常用的金属材料有低碳钢、铜合金、铝合金、镁合金及塑性高的合金钢等。

板料冲压在工业生产中有着广泛的应用，特别是在航空航天、汽车、电器、仪表等行业占有极其重要的地位。

一、板料冲压的基本工序

板料冲压的基本工序可分为分离工序和变形工序两大类。

1. 分离工序

分离工序是使坯料的一部分与另一部分相互分离的工序。一般包括剪切、冲裁、修整等工序。

（1）剪切　使板料沿不封闭轮廓进行分离的工序称为剪切。剪切多用于加工形状简单的平板工件或将板料剪成一定宽度的条料、带料，是其他冲压加工工序的备料工序。

（2）冲裁　它是利用冲模将板料按封闭轮廓进行分离的工序。冲孔和落料都属于冲裁，在这两个过程中坯料的变形和模具结构完全一样，但是用途不同。冲孔时冲落部分为废料，留下的周边部分是成品；落料时冲下部分为成品，留下的周边部分是废品，如图 10-41 所示。

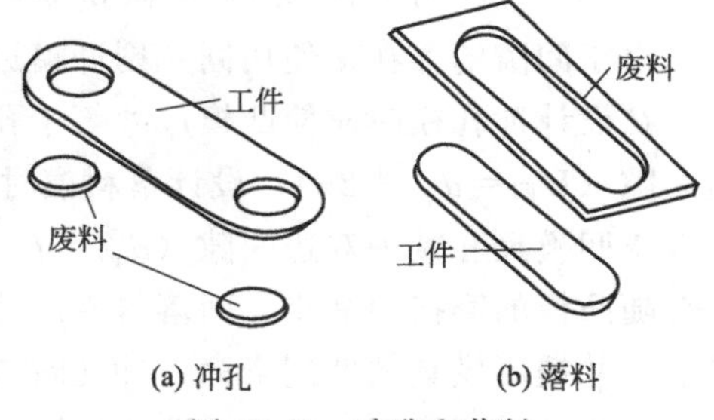

图 10-41　冲孔和落料

冲孔和落料都是在冲裁模中进行的，板料的冲裁过程如图 10-42 所示。在冲裁模中凸模和凹模都具有锋利的刃口，二者之间有一定的间隙 z，当凸模压下时，首先使板料产生弹性变形，坯料的一部分相对于另一部分产生错移，但无裂纹 [见图 10-42(a)]；凸模继续压入，压力增加，当板料内的应力达到屈服点时材料开始进入塑性变形阶段 [见图 10-42(b)]；当变形达到一定程度时，位于凸、凹模刃口处的材料由于加工硬化和应力集中现象加剧，开始出现微裂纹，并迅速扩大，直至上下裂纹相交，板料即产生断裂分离 [见图 10-42(c)]。

分离后的断口包括塌角、光亮带、断裂带和毛刺四个区域。光亮带表面光洁，尺寸精确，它是凸模因挤压切入材料在出现裂纹前形成的；断裂带、塌角、毛刺等区域都使断口表面质量下降。四个区域在断口上所占的比例与坯料的塑性、厚度、凸、凹模间隙、刃口的锋利程度等有关。在相同的冲裁条件下，塑性差的材料，塌角、光亮带和毛刺都小，大部分是断裂带；塑性好的材料则相反。

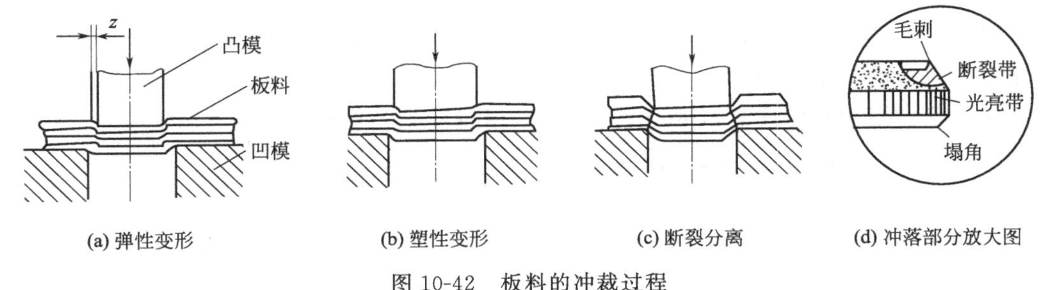

图 10-42　板料的冲裁过程

在冲裁模中凸、凹模之间应有合理的间隙，间隙的大小不仅影响冲裁件的断面质量，而且影响到模具的使用寿命、冲裁力、卸料力和冲裁件的尺寸精度等。间隙过大，凸模刃口附近的剪裂纹较正常间隙时向内错开，因此光亮带小一些，断裂带和毛刺均较大；间隙过小，凸模刃口附近的断裂纹较正常间隙向外错开，上下裂纹也不能很好重合，导致毛刺增大，同时由于凸模与冲孔件之间、凹模与落料件之间均有摩擦，因此当间隙较小时，摩擦较严重，会降低模具的使用寿命。在生产中，选用凸、凹模间隙时主要考虑冲裁件断面质量和模具寿命这两个因素。当冲裁件断面质量要求较高时，应选取较小的间隙值；无严格要求时，应尽可能加大间隙，以提高模具的使用寿命。合理的间隙值 z 可从冲压手册中查得，也可按下述经验公式计算出

$$z=m\delta \tag{10-4}$$

式中　δ——材料厚度，mm。

m——与材料性能及厚度有关的系数，低碳钢、纯铁 $m=0.06\sim0.09$；铜、铝合金 $m=0.06\sim0.1$；高碳钢 $m=0.08\sim0.12$。

由于间隙的存在，使用同一副冲模进行冲压时，所得落料件和冲出孔的尺寸不同。

在设计冲孔模时应使凸模尺寸等于孔的尺寸（$d_{凸}=d$），凹模尺寸等于凸模尺寸加上双边间隙（$D_{凹}=d_{凸}+2z$）；设计落料模时应使凹模尺寸等于落料件尺寸（$D_{凹}=D$），凸模尺寸等于凹模尺寸减去双边间隙（$d_{凸}=D_{凹}-2z$）。冲模在工作过程中由于有磨损，冲孔件尺寸会随凸模的磨损而减小，而落料件尺寸会随凹模刃口的磨损而增大。为了保证零件的尺寸要求，并提高模具的使用寿命，冲孔时选取的凸模刃口的尺寸应接近孔的公差范围内的最大尺寸，落料时凹模刃口的尺寸取应选取接近落料件公差范围内的最小尺寸。

(3) 修整　修整是利用修整模沿冲裁件外缘或内孔刮削一薄层金属，以切掉普通冲裁时在冲裁件断面上存留的断裂带和毛刺，从而提高冲裁件的尺寸精度和降低表面粗糙度的加工方法。修整分为外缘修整和内孔修整两种，如图 10-43 所示。

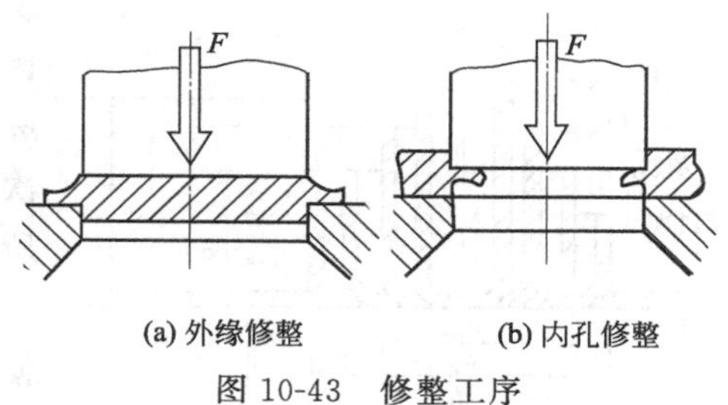

(a) 外缘修整　　(b) 内孔修整

图 10-43　修整工序

修整的原理与冲裁不同，与切削加工相似。修整切除的余量很小，一般单边余量为0.05～0.2mm，经过修整的冲压件表面粗糙度值 Ra 可达 0.8～1.6μm，精度等级可达 IT6～IT7。

2. **变形工序**

变形工序是使坯料的一部分相对另一部分产生位移而不破裂的工序，如拉深、弯曲、翻边、成型等。

(1) 拉深　拉深是利用拉深模使板料毛坯变形成开口空心零件的工序，如图 10-44 所示。其变形过程为：把直径为 D 的板料放在凹模上，在凸模的作用下，板料被拉入凸模与凹模的间隙中，形成空心零件。拉深时零件的底部一般不变形，只起传递拉力的作用，厚度基本保持不变。

拉深用的模具构造与冲裁模相似，主要区别在于工作部分即凸模与凹模的间隙不同，而且拉深凸、凹模上没有锋利的刃口，凸、凹模端部都有适当的圆角。一般凸、凹模的圆角半径为：$r_{凹}=(5\sim15)\delta$，$r_{凸}=(0.6\sim1)r_{凹}$，如果圆角半径过小，则容易拉裂产品。凸模与凹模之间的间隙 $z=(1.1\sim1.5)\delta$，如果间隙过小，模具与拉深件之间的摩擦增大，容易擦伤工件表面，甚至拉裂工件，同时会降低模具使用寿命；如果间隙过大，又易使拉深件起皱，影响拉深件精度。拉深过程中常见的拉深缺陷有起皱和底拉穿，如图 10-45 所示。为防止拉深过程中零件的变形起皱，可采用压边圈的方法把坯料压住进行拉深，如图 10-46 所示。

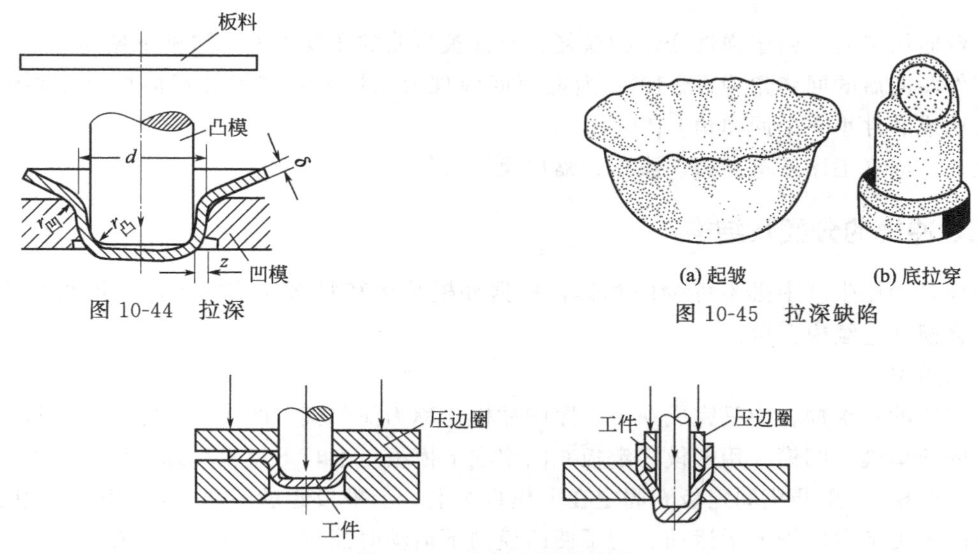

图 10-44　拉深

图 10-45　拉深缺陷

图 10-46　有压边圈的拉深

拉深时常用拉深系数来衡量拉深时材料变形程度的大小，它是拉深件直径 d 与坯料直径 D 的比值，用 m 表示，即 $m=d/D$。拉深系数越小，表明拉深后零件的直径越小，

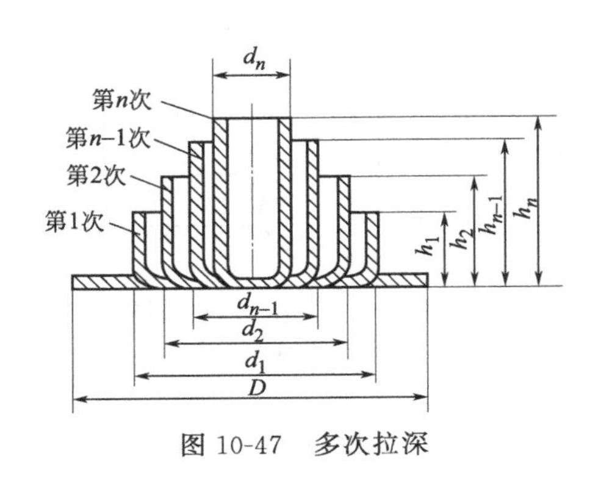

图 10-47 多次拉深

材料的变形程度越大，坯料被拉入凹模就越困难，因此越容易产生拉穿废品。一般情况下，拉深系数 m 不小于 0.5～0.8。如果拉深系数过小，不能一次拉深成型时，可采用多次拉深工艺，如图 10-47 所示。

在多次拉深过程中，由于会产生加工硬化现象，使材料的变形抗力增大，塑性降低，为提高金属的塑性，防止出现拉深缺陷，在经过一两次拉深后，应安排中间退火工序，同时在多次拉深中，拉深系数应一次比一次略大些。

(2) 弯曲 弯曲是坯料的一部分相对另一部分弯成一定角度或曲率的成型方法，如图 10-48 所示。弯曲时坯料内侧受到压应力，外侧受到拉应力。当外侧拉应力超过坯料的抗拉强度时，就会造成金属破裂。坯料越厚、弯曲半径 r 越小，则外侧拉应力越大，越容易出现弯曲裂纹。为防止弯裂，弯曲件的最小半径应为：$r_{\min}=(0.25\sim1)\delta$，坯料塑性好，则弯曲半径可小些，同时应尽可能使弯曲线与坯料纤维方向垂直，如图 10-49 所示。

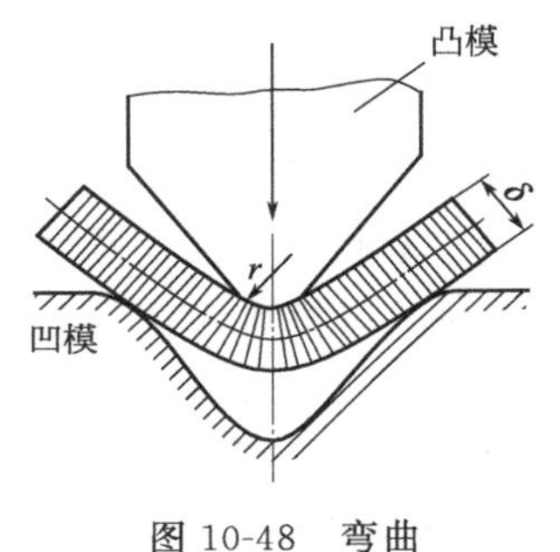

图 10-48 弯曲

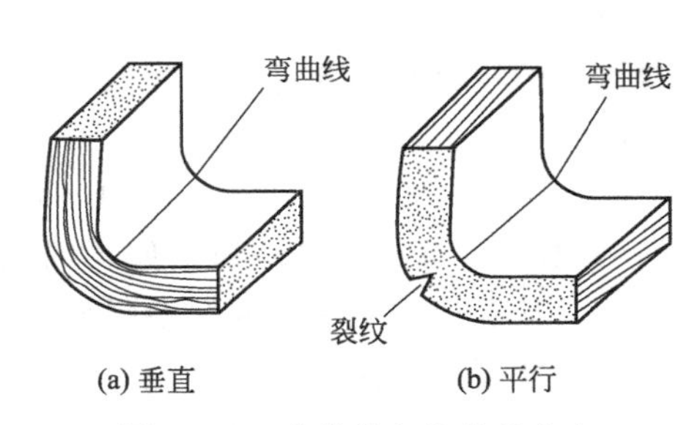

图 10-49 弯曲线与流线的方向

在弯曲结束后，由于弹性变形的恢复，会使被弯曲的角度增大，这种现象称为“回弹”。一般零件弯曲后的回弹角为 0～10°。为抵消回弹现象的影响，在设计弯曲模时必须使模具的角度比成品件小一个回弹角。

此外，成型工序还有翻边、胀形、缩口及扩口等。

二、冲模的分类及结构

冲模是冲压生产中必不可少的模具，根据冲模结构和每次完成的工序不同可分为简单模、复合模和连续模三种。

1. 简单模

在冲床的一次冲程中只完成一个工序的冲模，称为简单模。图 10-50 所示为落料（或冲孔）用的简单模。凹模 7 用凹模固定板 6 固定在下模板 5 上，下模板用螺栓固定在冲床的工作台上，凸模 10 用凸模固定板 8 固定在上模板 2 上，上模板通过模柄 1 与冲床的滑块连接，工作时凸模可随滑块做上下运动。为了使凸模向下运动时能对准凹模孔，并在凸、凹模之间保持均匀间隙，通常用导柱 4 和导套 3 的结构进行导向。板料在凹模上沿两个导料板 9 之间送进，用定位销 11 定位。凸模向下冲压时，冲下的零件（或废料）进入凹模孔，板料则夹住凸模并随凸模一起向上运动，在碰到卸料板 12 时被推下，从而完成一次冲压过程。

简单模结构简单、易制造、成本低、维修方便，但生产效率低。

2. **复合模**

在冲床的一次冲程中，在模具的同一部位上同时完成两道或两道以上冲压工序的模具，称为复合模。复合模的最大特点是模具中有一个凸凹模。图 10-51 为落料-拉深复合模的结构。图中凸凹模 1 的外圆是落料凸模刃口，内孔则成为拉深凹模。当滑块带着凸凹模向下运动时，条料首先在凸凹模 1 和落料凹模 6 中落料，落料件被拉深凸模 7 顶住，滑块继续向下运动时，凸凹模随之向下运动对落料件 8 进行拉深，顶出器 3 和卸料板 5 在滑块的回程中将拉深件 9 推出模具。

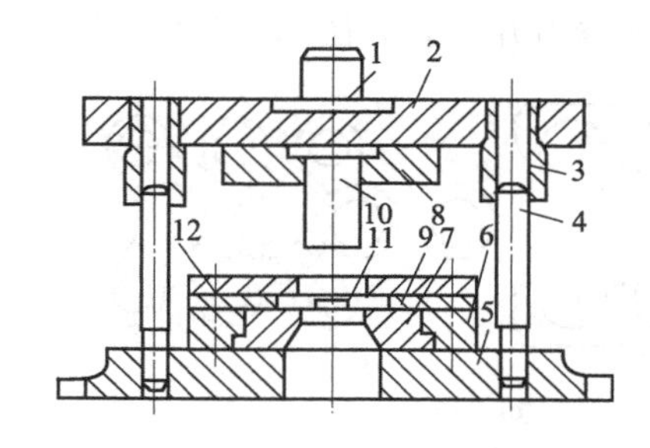

图 10-50 简单模

1—模柄；2—上模板；3—导套；4—导柱；5—下模板；6—凹模固定板；7—凹模；8—凸模固定板；9—导料板；10—凸模；11—定位销；12—卸料板

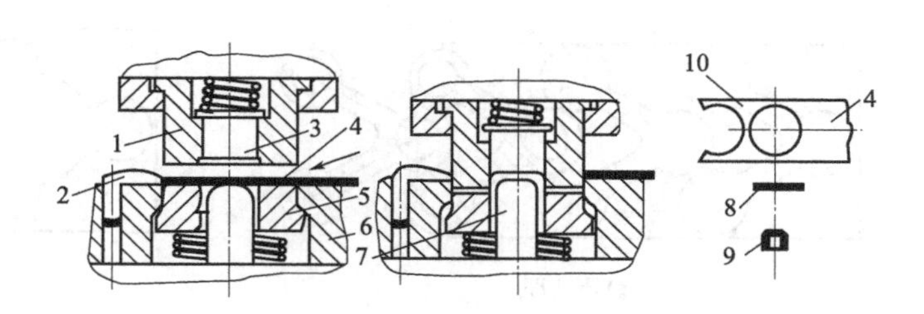

图 10-51 落料-拉深复合模

1—凸凹模；2—定位销；3—顶出器；4—板料；5—卸料板；6—落料凹模；7—拉深凸模；8—落料件；9—拉深件；10—废料；

复合模结构复杂、生产效率高、加工零件精度高，适合大批量生产冲压件。

3. **连续模**

在冲床的一次冲程中，在模具的不同部位上同时完成数道冲压工序的模具，称为连续模(或级进模)。图 10-52 为垫片的冲孔-落料连续模结构。工作时上模向下运动，由冲孔凸模 4、冲孔凹模 5 先进行冲孔，上模再向上运动，板料 7 向前送，上模再次向下运动，定位销 2 对准冲出的孔，落料凸模 1、落料凹模 3 进行落料，得到垫片，此时冲孔凸模 4、冲孔凹模 5 再次冲孔，当上模回程时，卸料板 6 从凸模上推下废料，如此循环进行，每次得到一个垫片。

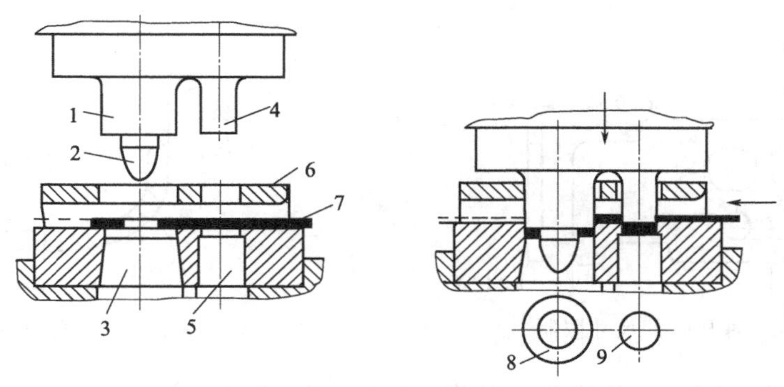

图 10-52 垫片的冲孔-落料连续模

1—落料凸模；2—定位销；3—落料凹模；4—冲孔凸模；5—冲孔凹模；6—卸料板；7—板料；8—成品；9—废料

连续模生产效率较高，但结构复杂、要求定位准确、制造困难。主要适用于制作大批量生产、精度要求不高的中小型零件。

三、冲压件的结构工艺性

冲压件的设计不仅要保证零件的使用性能，同时也应具有良好的工艺性能，减少材料消耗、延长模具使用寿命、提高生产效率、降低成本等。因此，冲压件在设计时应考虑以下因素。

① 冲裁件的结构应力求简单、对称，尽可能采用圆形、矩形等规则形状，避免长槽与细长悬臂结构，其形状应便于排样，力求做到减少废料，提高材料利用率，如图 10-53 所示。

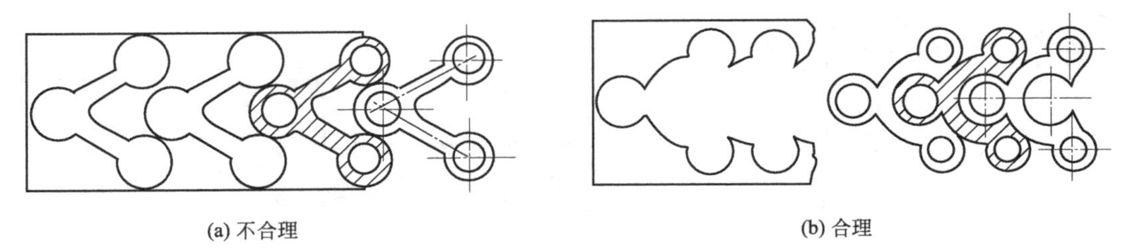

(a) 不合理　　(b) 合理

图 10-53　零件的形状与排样

② 冲孔件或落料件上直线与直线、直线与曲线的连接处，均应用圆弧连接，以避免尖角处因应力集中而被冲模冲裂。其最小圆角半径数值可参照表 10-10 选取。

表 10-10　冲孔落料件的最小圆角半径

工序	圆弧角	最小圆角半径		
		黄铜、紫铜、铝	低碳钢	合金钢
落料	$\alpha \geqslant 90°$	0.18δ	0.25δ	0.35δ
	$\alpha < 90°$	0.35δ	0.50δ	0.70δ
冲孔	$\alpha \geqslant 90°$	0.20δ	0.30δ	0.45δ
	$\alpha < 90°$	0.40δ	0.60δ	0.90δ

③ 冲压件孔与零件边缘、孔与孔之间的距离、冲孔直径均不宜过小，以提高模具的使用寿命，有关尺寸限制如图 10-54 所示。

④ 弯曲件形状应尽量对称，弯曲半径不能小于材料允许的最小弯曲半径，弯曲中心与端部或孔边缘之间的距离不能太小，图 10-55 为弯曲件的有关尺寸限制。

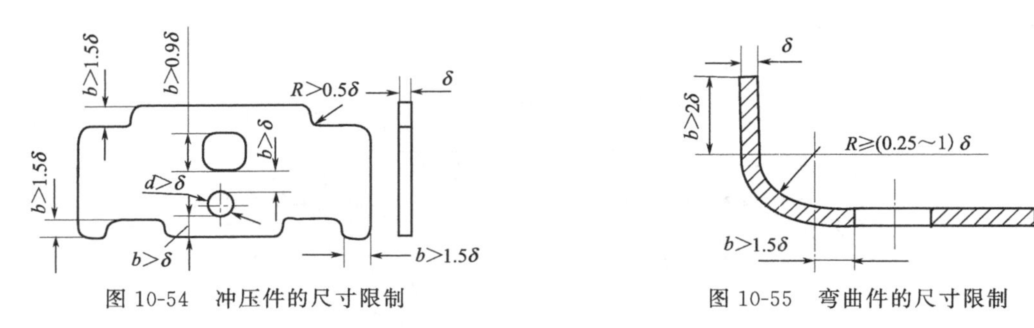

图 10-54　冲压件的尺寸限制　　图 10-55　弯曲件的尺寸限制

⑤ 拉深件的设计要求形状简单、对称、高度不易过大、拉深件的圆角不能太小，否则容易产生废品，增加拉深次数和生产成本。拉深件的最小圆角半径可参考图 10-56 进行设计。

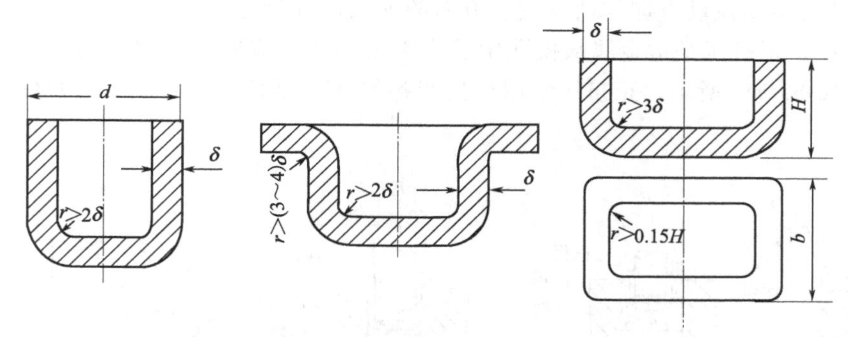

图 10-56 拉深件的最小圆角半径限制

⑥ 对于形状复杂的零件，可采用冲-焊结构，即将其分成若干个简单件分别冲压，再焊接成组合件，如图 10-57 所示。

⑦ 采用冲口工艺，以减少组合件的数量。图 10-58(a) 所示的零件原设计用三个冲压件铆接或焊接组成，现采用冲口工艺制成整体零件，可以节省材料和简化工艺过程，如图 10-58(b) 所示。

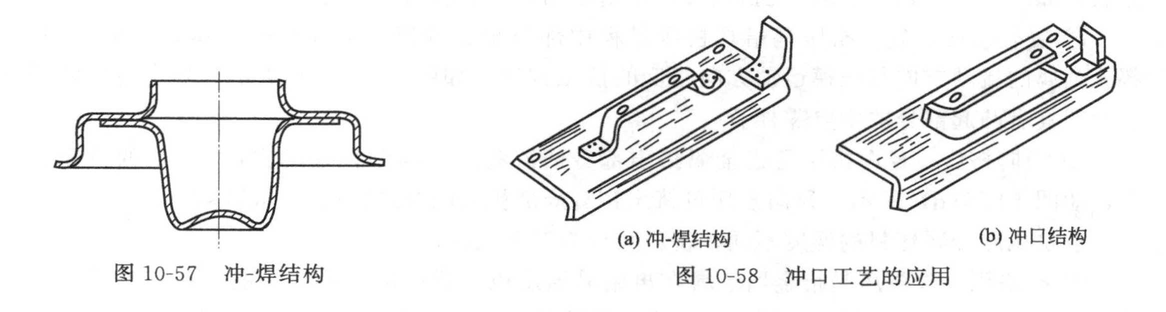

图 10-57 冲-焊结构

图 10-58 冲口工艺的应用

第七节 其他压力加工方法

一、挤压成型

挤压成型是金属坯料在压力作用下从挤压模的模孔挤出，从而获得零件或毛坯的加工方法。挤压成型的特点如下。

① 挤压时金属材料处于三向压应力状态，因而金属的塑性可大大提高，不仅纯铁、低碳钢、铜、铝等塑性好的材料可以挤压成型，就是高碳钢、轴承钢、高速钢等材料也可挤压成型。

② 挤压件的精度高，可实现少、无切削加工，有的挤压件可直接用于装配。

③ 挤压时金属的变形量大，可以挤压出具有深孔、薄壁、细杆或异形截面的制件。

④ 由于强烈的加工硬化作用和具有良好的锻造流线，挤压件的力学性能较高。

⑤ 挤压操作简单，易于实现机械化和自动化，生产效率比一般锻造等机械加工的方法提高几倍甚至几十倍。

但挤压时坯料变形抗力较大，须选用吨位较大的设备；挤压时模具易于磨损，特别是挤压高强度金属坯料时，模具磨损严重、使用寿命较低。

根据挤压时金属流动方向与凸模运动方向的关系，可分为以下四种。

① 正挤压。正挤压是指金属从模孔中挤出部分的运动方向与凸模运动方向相同的挤压方法，如图 10-59(a) 所示。正挤压常用于生产各种截面形状的实心件、空心件和带有端头的杆类零件。

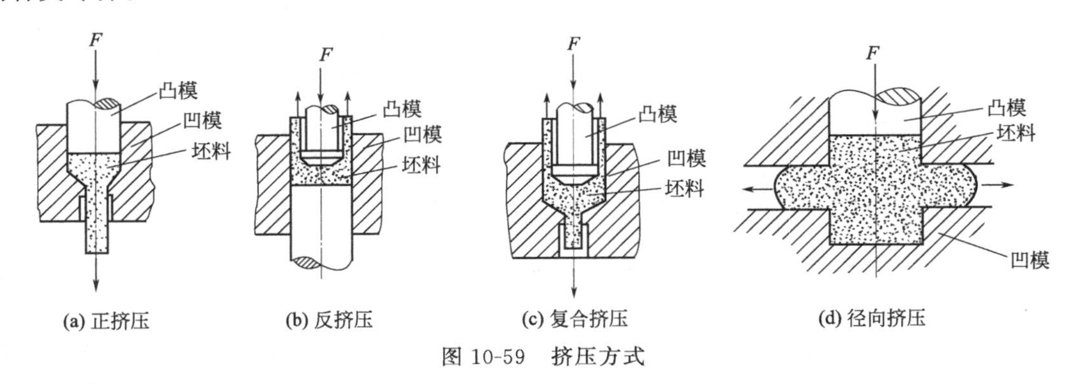

图 10-59 挤压方式

② 反挤压。反挤压是指金属从模孔中挤出部分的运动方向与凸模运动方向相反的挤压方法，如图 10-59(b) 所示。反挤压可挤压出不同截面形状的空心件。

③ 复合挤压。复合挤压是指在挤压过程中部分金属的流动方向与凸模运动方向相同，部分金属的流动方向与凸模运动方向相反的挤压方法，如图 10-59(c) 所示。复合挤压常用于生产具有凸起部分的中空零件。

④ 径向挤压。径向挤压是指金属挤出部分的流动方向与凸模运动方向呈 90°的挤压方法，如图 10-59(d) 所示。径向挤压可挤出带有局部粗大凸缘或径向齿槽的零件。

按挤压时金属坯料的温度不同，挤压又分为以下三种。

① 冷挤压。冷挤压是指金属坯料在再结晶温度以下进行的挤压，一般是在室温下进行的。在挤压过程中，坯料的变形抗力较大，但冷挤压件的精度较高，表面粗糙度值小，强度高。冷挤压件常采用塑性好的有色金属、低碳钢、低合金等材料，对于需要进行多次冷挤压的工件应增加中间退火工序。

② 热挤压。热挤压是指将金属坯料加热至再结晶温度以上进行的挤压。挤压时因坯料温度高，变形抗力小，故每次挤压允许的变形程度较大，但挤压件尺寸精度低，产品表面粗糙。热挤压适用于挤压尺寸较大的毛坯和强度较高的材料，例如中碳钢、高碳钢、合金结构钢、耐热钢等。

③ 温挤压。温挤压是指金属坯料在高于室温但低于再结晶温度的范围内进行的挤压，是介于冷挤压和热挤压之间的一种挤压方法。

二、轧制成型

轧制成型是指金属坯料在旋转轧辊的压力作用下，产生连续塑性变形，以获得所需截面形状的成型方法。轧制具有生产效率高、节约材料、成本低，产品质量和力学性能好的特点。轧制除生产板材、无缝管材和型材等原材料外，也广泛用于生产各种零件。

根据轧辊轴线与坯料轴线方向的不同，轧制分为纵轧、横轧和斜轧三种。

① 纵轧 纵轧是指轧辊轴线与坯料轴线相互垂直的轧制方法，包括各种型材轧制和辊锻轧制等，图 10-60 为辊锻轧制示意图。辊锻轧制可以用于压力机模锻的制坯，也可以轧制

扁截面的长杆件，如扳手、连杆、刺刀、叶片等。

② 横扎 横轧是指轧辊轴线与轧件轴线平行，且轧辊与轧件做相对转动的轧制方法，图 10-61 为热轧齿轮的示意图。

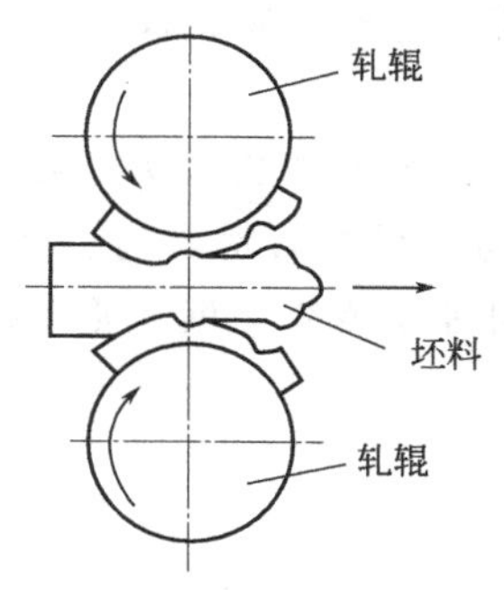

图 10-60 辊锻轧制示意图

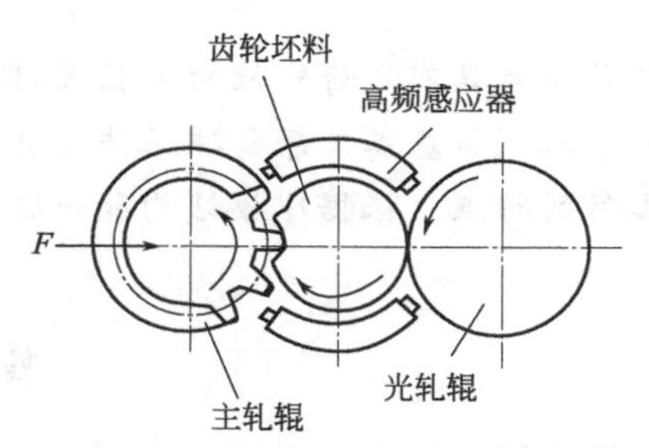

图 10-61 热轧齿轮的示意图

③ 斜轧 斜轧是指轧辊相互倾斜配置，以相同的方向旋转，轧件在轧辊的作用下反向旋转，同时还做轴向移动，即螺旋运动的轧制方法，如图 10-62 所示。采用斜轧工艺，可轧制钢球、丝杠、高速钢滚刀等。

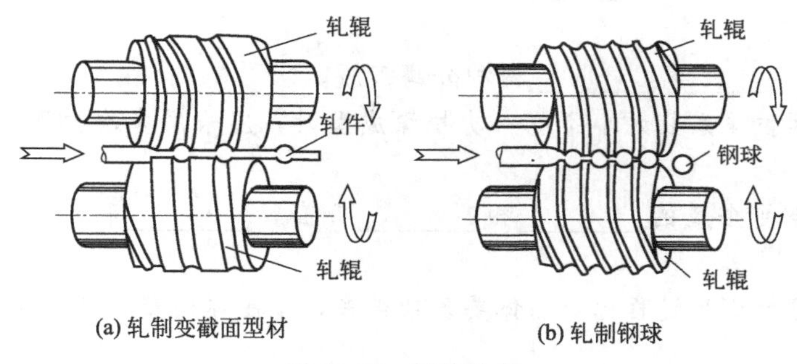

图 10-62 螺旋轧制

三、拉拔

拉拔是指坯料在拉力的作用下通过拉拔模模孔拉出，使其产生塑性变形而得到截面缩小、长度增加的零件或毛坯的成型工艺，如图 10-63 所示。拉拔一般是在室温下进行的，因此又称为冷拉。

拉拔模是用工具钢、硬质合金或金刚石制成的，金刚石拉拔模可用于拉拔直径小于 0.2mm 的金属丝。拉拔产品精度高、表面质量好，适用于各种钢和有色金属，可加工出各种线材及截面的特种型材。

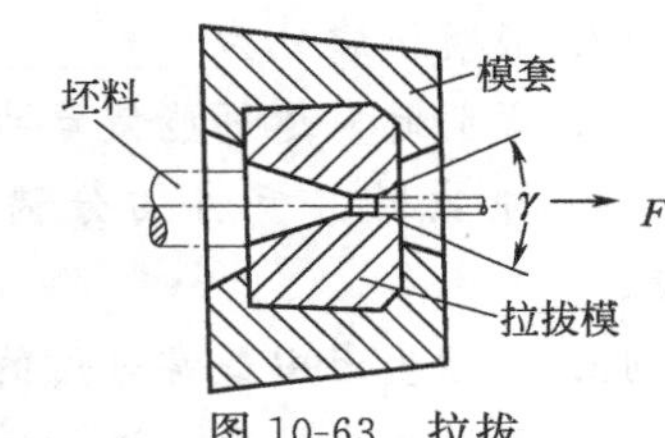

图 10-63 拉拔

本章小结

锻压是锻造和冲压的总称。锻压不仅可以获得所需零件形状，同时也改变了金属材料的组织状态，提高了金属材料的力学性能。金属的锻压性能受材料本身性质（化学成分、组织状态）和变形条件（变形温度、变形速度、应力状态）等因素的影响。冷变形后金属形成纤维组织，产生加工硬化；热加工金属产生纤维组织形成锻造流线。

锻造工艺过程包括加热、锻造成型、冷却、检验、热处理等工序。常用的锻造方法有自由锻、模锻和胎模锻。自由锻的基本工序有镦粗、拔长、冲孔、错移、扭转、弯曲、切割等，主要应用于大中型、单件小批量锻件的生产；模锻适合中小型、大批量生产，锻件精度高；胎模锻是在自由锻的设备上生产模锻件的加工方法，具有工件精度高、设备投入少的生产特点。

冲压是指对具有良好塑性的金属板材在常温下进行分离和变形的工艺方法，主要包括冲裁、弯曲、拉深等基本工序。冲压件具有刚度和力学性能较高、材料利用率高、生产率高、生产成本低的特点。根据冲模结构和一次行程完成的工序不同可分为简单模、复合模和连续模三种。

复习思考题

一、填空题

1. 绘制锻件图时，为简化锻件形状、便于进行锻造而增加的那部分金属称为________。

2. 金属的锻压性能常用________和________来综合衡量。

3. 锤上模锻的模锻模膛分为________模膛和________模膛两种。

4. 落料件的尺寸取决于________模刃口尺寸，冲孔件的尺寸取决于________模刃口尺寸。

5. 冲裁包括________和________两种分离工序。

6. 当拉深件因拉深系数太小不能一次拉深成型时，应采用多次拉深。多次拉深中间须进行________。

7. 冷变形时会使金属的________和________升高，________和________下降，这种现象称为加工硬化。

8. 多晶体的塑性变形过程比单晶体要复杂得多，多晶体的塑性变形除晶内滑移变形外，还存在________。

9. 拉深零件时的拉深系数越小，说明变形程度越________。

10. 模锻件上的通孔不能直接锻出，只能锻出盲孔，中间留有一定厚度的金属层，称为________。

11. 影响金属锻压性能的变形条件主要有________、________和________。

12. 锻模模膛分为________和________。

13. 弯曲时应尽可能使弯曲线与坯料纤维方向________，以防止坯料产生裂纹。

14. 冲裁时，板料的分离变形过程可分为________阶段、________阶段和________阶段。

15. 实际生产中最常采用的自由锻基本工序是________、________和________。

16. 利用自由锻设备进行模锻生产的锻造方法称为________。

17. 冷冲压件通常选用的金属材料是________碳钢。

18. 绘制锻件图的目的之一是计算坯料的________和________。

二、判断题

1. 降低锻造时的变形速度可以提高金属材料的锻压性能。

2. 对于承受动载荷，要求具有较高力学性能的重要零件，一般应选用锻件制作。

3. 用模锻的方法可以直接锻造出具有通孔的锻件。

4. 热加工是指在再结晶温度以上进行的变形加工。

5. 为了抵消回弹对弯曲件质量的影响，设计弯曲模具时应使模具的角度比零件角度小一个回弹角。

6. 自由锻造是生产大型锻件的唯一方法。

7. 为了改善金属的锻压性能坯料加热的温度越高越好。

8. 金属在室温或室温以下的塑性变形称为冷塑性变形。

9. 冷挤压是指在再结晶温度以下进行的挤压。

10. 拉拔通常是在室温下进行的，所以拉拔通常也称为冷拉。

11. 拉深件最危险的部位是侧壁与底部的过渡圆角处。

12. 锻造只能改变金属坯料的形状而不能改变金属的力学性能。

13. 对冷变形后的金属而言，回复处理的目的是为了消除加工硬化现象。

三、选择题

1. 金属经冷塑性变形后，其力学性能下降的是（　　）。

A. 弹性　　B. 塑性　　C. 强度　　D. 硬度

2. 为消除金属在冷变形后的加工硬化现象，须进行的热处理为（　　）。

A. 完全退火　　B. 球化退火　　C. 再结晶退火　　D. 扩散退火

3. 影响金属材料可锻性的主要因素之一是（　　）。

A. 锻件大小　　B. 锻造工序　　C. 锻工技术水平　　D. 化学成分

4. 锻造前加热时应避免金属过热和过烧，但一旦出现（　　）

A. 可采取热处理予以消除　　B. 无法消除

C. 过热可采取热处理消除，过烧则报废。　　D. 可采用多次锻造消除

5. 锻造时对金属加热的目的是（　　）。

A. 消除内应力　　B. 提高强度

C. 提高韧性　　D. 提高塑性，降低变形抗力

6. 设计和制造机器零件时，应便零件工作时所受正应力与纤维方向（　　）。

A. 一致　　B. 垂直　　C. 呈 45°　　D. 随意

7. 在锤上模锻中，带有飞边槽的模膛是（　　）。

A. 预锻模膛　　B. 终锻模膛　　C. 制坯模膛　　D. 切断模膛

8. 模锻件上平行于锤击方向（垂直于分模面）的表面必须有斜度，其原因是（　　）。

A. 增加可锻性　　B. 防止产生裂纹

C. 飞边易清除　　D. 便于从模膛中取出锻件

9. 模锻无法锻出通孔，一般须在孔中留下一层厚度为 4～8mm 的金属，这层金属称为（　　）。

A. 余块　　B. 加工余量　　C. 冲孔连皮　　D. 飞边

10. 利用自由锻设备进行模锻生产的工艺方法称为（　　）。

A. 自由锻　　B. 锤上模锻　　C. 胎模锻　　D. 压力机上模锻

11. 板料冲压时，落下部分是零件的工序为（　　）。

A. 冲孔　　B. 落料　　C. 剪切　　D. 弯曲

12. 下列工序中，属于板料冲压变形工序的是（　　）。

A. 落料　　B. 冲孔　　C. 切断　　D. 拉深

13. 板料弯曲时，若弯曲半径过小会产生（　　）。

A. 裂纹　　B. 拉穿　　C. 飞边　　D. 回弹严重

14. 设计弯曲模时，为保证成品件的弯曲角度，必须使模具的角度（　　）。

A. 与成品件角度一样大　　B. 比成品件角度小一个回弹角

C. 比成品件角度大 10°　　D. 比成品件角度大一个回弹角

15. 在多次拉深工艺过程中，插入中间退火，是为了消除（　　）。

A. 纤维组织　　B. 回弹现象　　C. 加工硬化　　D. 成分偏析

四、简答题

1. 什么是冷变形？什么是热变形？对金属的力学性能有何影响？

2. 金属钨的熔点为 3380℃，钨在 1100℃时的变形属于热变形还是冷变形？

3. 锻造流线是怎样形成的？它的存在有何利弊？

4. 什么是金属的锻造性能？其主要影响因素有哪些？

5. 板料成型有什么特点？应用范围如何？

6. 冲模是如何分类的？简单模、连续模及复合模的基本特征是什么？冲模通常由哪几部分组成？其作用是什么？

7. 冲孔与落料有何异同之处？

8. 试描述冲裁件的断面特征。

9. 冲裁模刃口尺寸如何计算？用 ϕ50 冲孔模具来生产 ϕ50 落料件能否保证冲压件的精度？为什么？

10. 材料的回弹现象对冲压生产有什么影响？

11. 自由锻有哪些主要工序？

12. 锤上模锻的模膛中，预锻模膛起什么作用？为什么终锻模膛四周要开设飞边槽？

13. 锤上模锻选择分模面的原则是什么？锻件上为什么要有模锻斜度和圆角？

14. 为什么模锻件不能冲出通孔？

15. 碳钢在锻造温度范围内进行锻造时，是否会产生加工硬化？为何锻件反复锻打不会开裂？

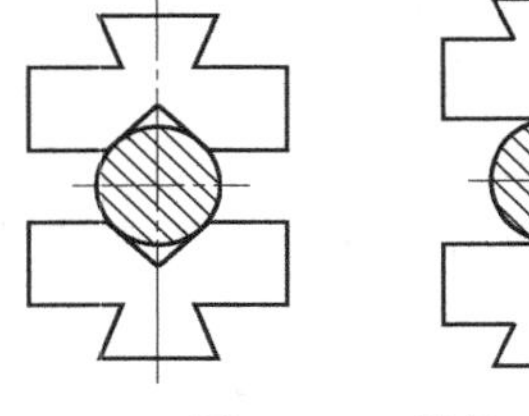

图 10-64　拔长

16. 在图 10-64 所示的两种砧铁上对零件进行拔长时，效果有何不同？

五、分析题

1. 如图 10-65 所示冷轧钢板，要下料进行弯曲加工。问：图中哪种下料方式较合理？简述理由。

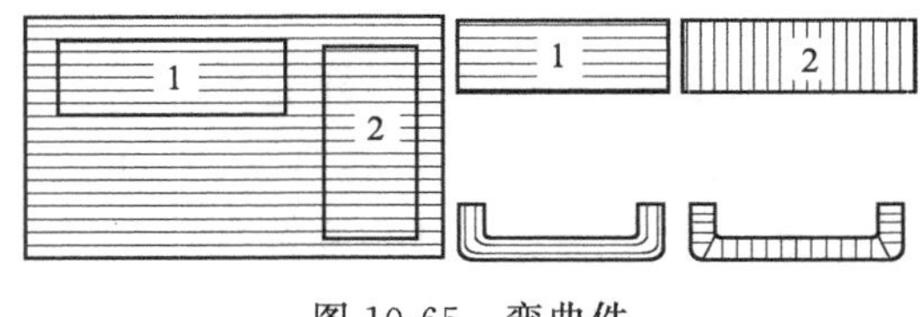

图 10-65　弯曲件

2. 若材料与坯料的厚度及其他条件相同，图 10-66 所示两种零件，哪个拉深较困难？为什么？

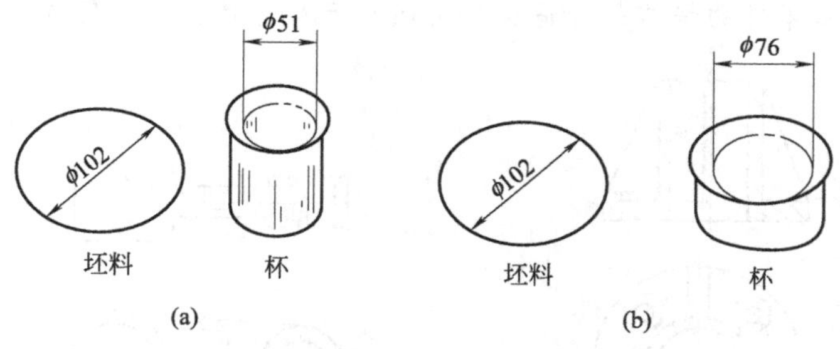

图 10-66 拉深件

3. 图 10-67 所示冲压件设计是否合理？试修改不合理的部位。

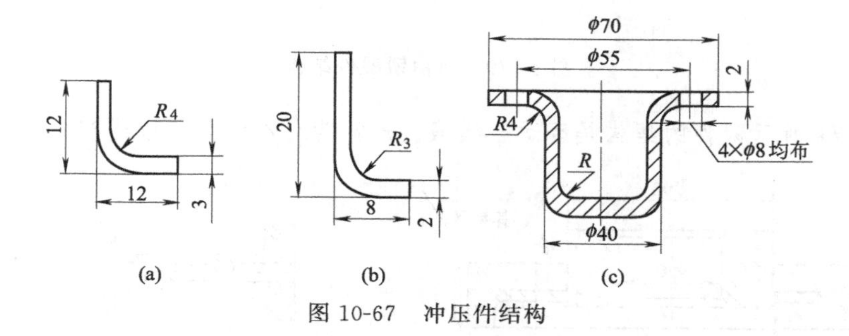

图 10-67 冲压件结构

4. 锻件图如何绘制？叙述绘制图 10-68 所示车床主轴零件的自由锻件图时应考虑的因素并定性画出锻件图。

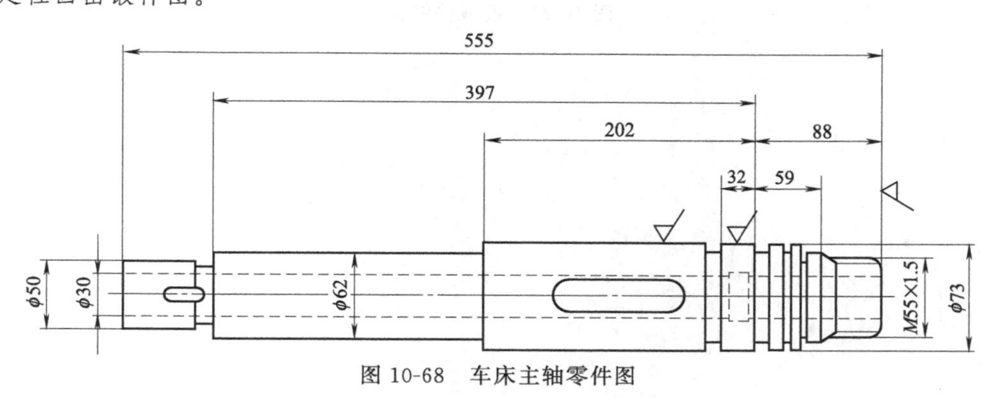

图 10-68 车床主轴零件图

5. 说明图 10-69 中薄板冲压件成型时应采用哪些工序？

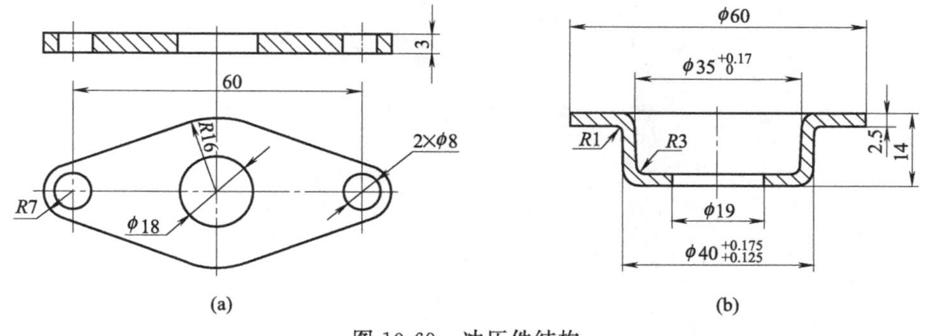

图 10-69 冲压件结构

6. 图 10-70 所示零件的结构是否适合自由锻生产？为什么？如何改进？

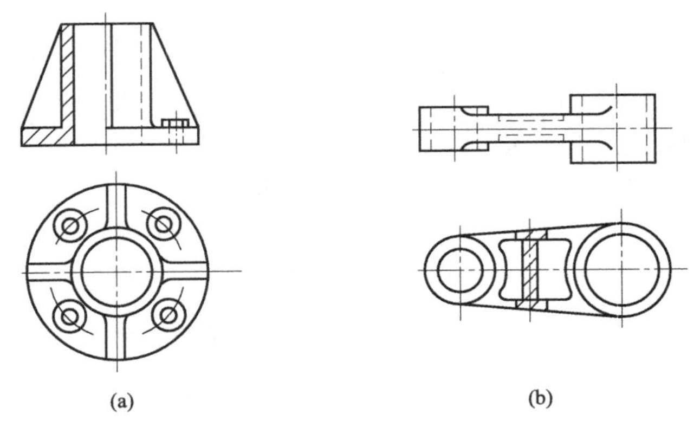

图 10-70 自由锻锻件结构

7. 图 10-71 所示锻件的结构是否适合模锻生产？为什么？如何改进？

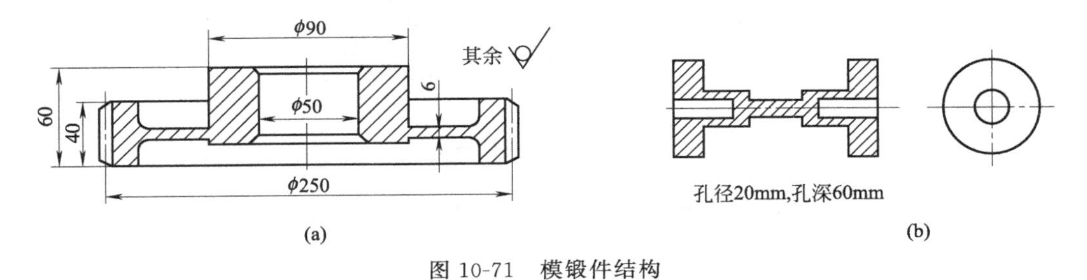

图 10-71 模锻件结构

第十一章 焊接

焊接是指通过加热或加压，或两者并用，并且用或不用填充材料，使焊件达到原子间结合的一种连接方法。焊接的实质是使被焊金属的原子之间相互扩散，相互结合，并形成整体的过程，它属于永久性连接金属的工艺方法。

焊接的种类很多，按焊接过程的特点不同可分为熔焊、压焊、钎焊三大类。

① 熔焊　熔焊是在焊接过程中，将两焊件接头加热至熔化状态，不加压力，靠熔化金属冷却结晶成一体而完成焊接的方法。例如焊条电弧焊、埋弧自动焊、气体保护焊等。

② 压焊　压焊是指在焊接过程中，必须对焊件施加压力（加热或不加热）以完成焊接的方法。例如电阻焊、摩擦焊等。

③ 钎焊　钎焊是指采用比母材熔点低的金属材料做钎料，将焊件和钎料加热到高于钎料熔点、低于母材熔点的温度，利用液态钎料润湿母材，填充接头间隙并与母材相互扩散以实现焊接的方法。例如烙铁钎焊、盐浴钎焊等。

常用焊接方法如下所示：

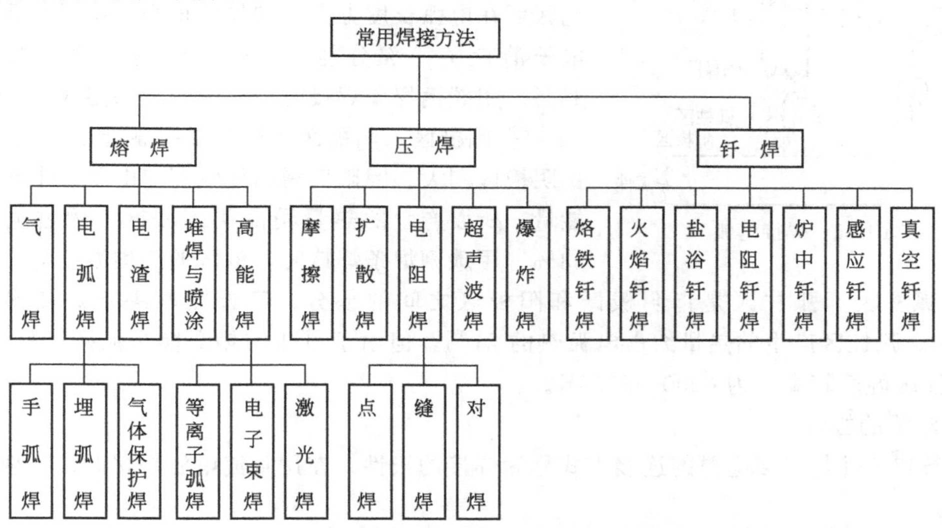

焊接与铆接等其他加工方法相比，具有节省材料、结构质量轻、接头的致密性好、强度高、生产成本低等优点，但也存在易产生变形、焊接结构不能拆卸、不便于更换零部件等缺点。

焊接已广泛应用于冶金、机械、电子、化工、建筑、能源、交通和航空航天等领域产品的加工。

第一节 焊条电弧焊

焊条电弧焊是手工操纵焊条进行焊接的电弧焊方法，它利用焊条和焊件之间建立起来的稳定燃烧电弧，使焊条和焊件局部熔化，冷却后形成焊缝以获得牢固的焊接接头。

焊条电弧焊由于设备简单、使用灵活方便、适用性强而得到广泛应用，它是目前机械制造中应用最广泛的焊接方法之一。

一、焊接电弧

焊接电弧是由焊接电源提供一定电压，在电极与工件之间的气体介质中长时间的放电现象，即在局部气体介质中有大量电子流通过的导电现象。

1. 焊接电弧的产生

焊接时，电极（炭棒、钨极或焊条）与工件瞬时接触后，造成短路。短路时，电极与工件接触的两个界面都凸凹不平，只有个别点实际接触，致使通过这些接触点的电流密度很大，短时间产生大量的热，使电极末端的接触面瞬间即被加热到高温，此时将电极提起2～4mm的距离，在电极与工件之间就形成了由高温气体、金属及药皮蒸气组成的气体空间，这些气体在高温作用下电离成正负离子，在电场力的作用下分别向两极加速运动，同时产生复合，发出光和热，产生电弧。

2. 焊接电弧的组成

焊接电弧根据其物理特征，沿长度方向可划分为三个区域，即阴极区、阳极区和弧柱区，如图11-1所示。

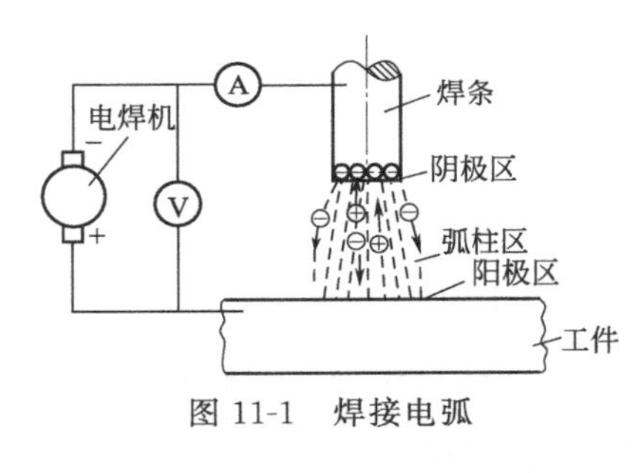

图11-1 焊接电弧

① 阴极区 阴极区是指电弧中靠近负电极的区域，此区域在电弧长度方向上的尺寸很小。由于此区域发射电子消耗了一部分能量，产生的热量约占电弧热的36%。用碳钢焊条焊接时，该区的平均温度为2400K。

② 阳极区 阳极区是指电弧中靠近正电极的区域，比阴极区稍大。因阳极表面接收高速电子撞击转化来的能量，所以产生的热量稍高于阴极区，约占电弧热的43%。用碳钢焊条焊接时，该区的平均温度为2600K。

③ 弧柱区 弧柱区是指阴极区和阳极区之间的部分，其长度取决于焊接参数，为2～5mm。弧柱区产生的热量约占电弧热的21%，但由于电弧的热交换在弧柱区最为激烈，因而弧柱区温度较高，为6000～8000K。

3. 电弧的极性

焊条和工件与焊接电源的连接方式称为焊接的极性。在用直流电源焊接时，有两种极性的接法。

① 正接法 焊件接直流电源正极，焊条接负极。此时工件受热多，可以加快工件的熔化速度，适合焊接厚板件。

② 反接法 焊件接直流电源负极，焊条接正极。此时工件受热少，适合焊接薄板件。

用交流弧焊电源焊接时，由于极性是交替变化的，因此阳极区、阴极区的温度和热量分布基本相等，不存在正接与反接问题。

二、电弧焊的冶金过程

焊条电弧焊的焊接过程如图 11-2 所示。电弧在焊条与工件之间燃烧，工件和焊条受到电弧高温作用而熔化形成熔池，同时也使焊条的药皮熔化和分解。药皮熔化后和液态金属进入熔池发生反应，形成的熔渣不断向上浮起，同时药皮燃烧或分解形成的 CO_2、CO、H_2 等气体围绕在电弧周围，熔渣和气体可防止空气中的氧、氮元素的侵入，起到保护熔池金属的作用。

熔池可看作一个微型冶金炉，在焊接过程中进行熔化、氧化、还原、造渣、精炼及合金化等一系列物理、化学过程。由于大多数熔焊是在大气中进行的，因此金属熔池中的液态金属与周围的熔渣及空气接触，产生复杂、激烈的化学反应。

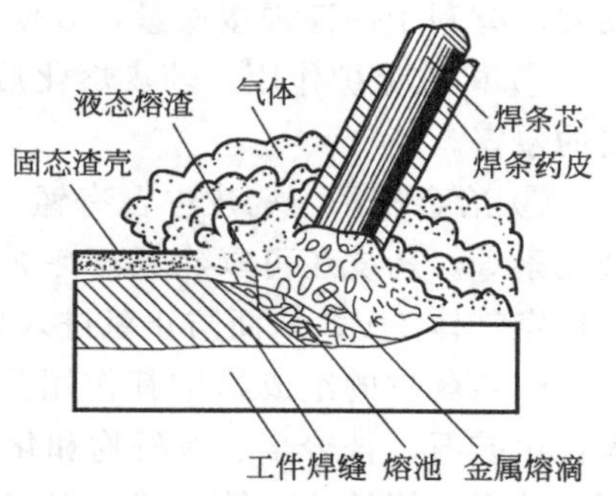

图 11-2 焊条电弧焊的焊接过程

与炼钢和铸造的冶金过程相比，焊接的冶金过程具有下列特点。

① 金属熔池的体积很小（2～3cm³），熔池处于液态的时间很短（10s 左右），各种冶金反应进行得不充分（例如冶金反应产生的气体来不及析出等）。

② 熔池温度高，使金属元素产生强烈的烧损和蒸发，同时，熔池周围又被冷的金属包围，使焊缝处产生应力和变形，严重时甚至会开裂。

为了保证焊缝的质量，在电弧焊的过程中通常应采取以下保护措施。

① 在焊接过程中，对熔化金属进行机械保护，使之与空气隔开。保护方式有三种：气体保护、熔渣保护和气-渣联合保护。

② 对焊接熔池进行冶金处理，主要通过在焊接材料（焊条药皮、焊丝、焊剂）中加入一定量的脱氧剂（主要是锰铁和硅铁）和一定量的合金元素，在焊接过程中除去熔池中的 FeO，同时补偿合金元素的烧损。

三、焊条

1. 焊条的组成及作用

焊条是指涂有药皮、供焊条电弧焊用的熔化电极，它由焊芯和药皮两部分组成。

（1）焊芯　焊芯是焊条中被药皮包覆的金属芯。焊芯作为电极，起导电作用，产生电弧，提供焊接热量；作为填充金属，与熔化的被焊工件共同组成焊缝。

焊芯采用焊接专用金属丝制成，常用的碳素钢焊条焊芯的牌号和化学成分见表 11-1。

表 11-1 碳素钢焊条焊芯的牌号和化学成分

牌号	化学成分/%							用途
	C	Mn	Si	Cr	Ni	P	S	
H08	≤0.10	0.30～0.55	≤0.03	≤0.02	≤0.03	<0.04	<0.04	一般焊接结构
H08A	≤0.10	0.30～0.55	≤0.03	≤0.02	≤0.03	<0.03	<0.03	重要焊接结构
H08MnA	≤0.10	0.80～1.0	≤0.07	≤0.02	≤0.03	<0.03	<0.03	用作埋弧焊钢丝

表 11-1 中焊芯牌号的第一个字母“H”，表示焊接用钢丝（焊芯、实芯焊丝）；“08”表示焊芯的平均含碳量为 0.08%；“Mn”表示焊芯的平均含锰量为 1%；“A”表示高级优质，

即硫、磷含量不大于0.03%。

焊条直径是用焊芯直径来表示的，一般为1.6、2.0、2.5、3.2、4.0、5.0、6.0、8.0(mm)等规格，长度为300～450mm。

(2) 药皮　药皮是指涂覆在焊芯表面的涂料层。药皮保证了焊条电弧焊的焊接质量，它的主要作用如下。

① 改善焊接工艺性　药皮中的稳弧剂具有易于引弧和稳定电弧燃烧的作用，减少金属飞溅，有利于保证焊接质量，并使焊缝成型美观。

② 机械保护作用　药皮熔化后产生的气体和熔渣，可以隔绝空气，防止空气对熔池金属的侵害。

③ 冶金作用　药皮中含有锰、硅等合金元素，可以对熔化金属进行脱氧、去硫、渗合金元素等。药皮还可以除氢，特别是碱性焊条药皮中含有大量的萤石(CaF_2)，氟与氢结合成稳定气体HF，从而防止氢进入熔池，保证了焊缝良好的力学性能。

焊条药皮的组成物按其作用分为稳弧剂、造气剂、造渣剂、脱氧剂、合金剂、黏结剂等，由矿石、铁合金、有机物和化工产品四大类原材料粉末配成，如碳酸钾、碳酸钠、大理石、萤石、锰铁、硅铁、钾钠水玻璃等。

典型焊条的药皮配方如表11-2所示。

表11-2　典型焊条的药皮配方　　%

焊条型号	人造金刚石	钛白粉	大理石	萤石	长石	菱苦土	白泥	钛铁	45硅铁	硅锰合金	纯碱	云母
E4303	31	8	12.4	—	8.6	7	14	12	—	—	—	7
E5015	5	—	45	25	—	—	—	11.5	3	7.5	1	2

2. 焊条的种类、型号和牌号

(1) 焊条的分类　国家标准将焊条按化学成分划分为若干大类，焊条行业统一将焊条按用途分为十类，表11-3列出了两种分类有关内容的对应关系。

表11-3　两种焊条分类的对应关系

焊条按用途分类(行业标准)			焊条按成分分类(国家标准)		
类别	名　称	代　号	国家标准编号	名　称	型　号
一	结构钢焊条	J(结)	GB/T 5117—2012	非合金钢及细晶粒钢焊条	E
二	钼和铬钼耐热钢焊条	R(热)	GB/T 5118—2012	热强钢焊条	
三	低温钢焊条	W(温)			
四	不锈钢焊条	G(铬)、A(奥)	GB 983—1995	不锈钢焊条	
五	堆焊焊条	D(堆)	GB/T 984—2001	堆焊焊条	ED
六	铸铁焊条	Z(铸)	GB/T 10044—2006	铸铁焊条及焊丝	EZ
七	镍及镍合金焊条	Ni(镍)	GB/T 13814—2008	镍及镍合金焊条	ENi
八	铜及铜合金焊条	T(铜)	GB/T 3670—1995	铜及铜合金焊条	ECu
九	铝及铝合金焊条	L(铝)	GB 3669—2001	铝及铝合金焊条	E
十	特殊用途焊条	TS(特)	—	—	—

根据熔渣化学性质的不同，焊条可分为酸性焊条和碱性焊条。

① 酸性焊条　药皮中以酸性氧化物TiO_2、SiO_2、P_2O_5为主，焊后的熔渣呈酸性。用这类焊条焊接时，合金元素烧损大，焊缝金属中含有较多的氧、氮、氢和非金属夹杂物，故

焊缝的塑性和韧性较低，抗裂性差，但酸性焊条具有电弧稳定、易脱渣、飞溅小、对油、水、锈不敏感、交直流电源均可用等优点，因此广泛用于一般结构件的焊接。

② 碱性焊条（又称低氢焊条）　药皮中以碱性氧化物 CaO、MgO、MnO 为主，焊后的熔渣呈碱性。由于药皮中含较多的铁合金，脱氧、除氢、渗金属作用强，与酸性焊条相比，其焊缝金属的含氢量较低，因此焊缝力学性能与抗裂性好，但碱性焊条工艺性较差，电弧稳定性差，对油污、水、锈较敏感，抗气孔性能差，一般要求采用直流焊接电源，主要用于焊接重要的结构件或合金钢结构件。

（2）焊条的型号和牌号

① 焊条型号　焊条型号是国家标准中对焊条规定的编号，用来区别各种焊条熔敷金属的力学性能、化学成分、药皮类型、焊接位置和焊接电流种类。国家标准中通常只规定该种焊条最基本的要求。非合金钢及细晶粒钢焊条型号见国家标准 GB/T 5117—2012，如 E4303、E5015、E5016 等，其编制方法是："E"表示焊条，前两位数字表示熔敷金属的最低抗拉强度代号；第三和第四两位数字，表示药皮类型、焊接位置和电流类型。例如：

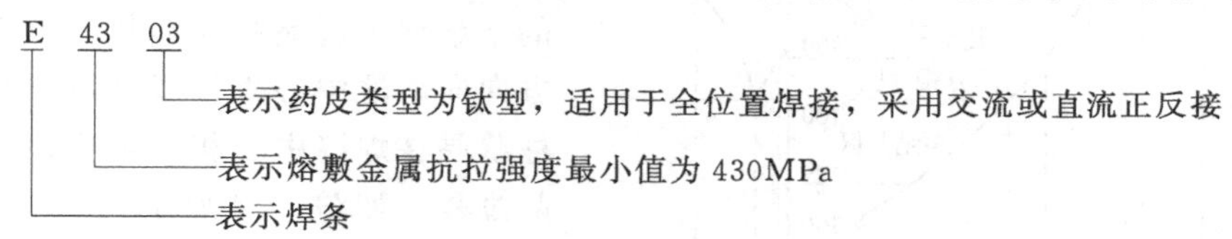

② 焊条牌号　焊条牌号是焊条生产厂对每种焊条的特定编号，用来区别不同焊条熔敷金属的力学性能、化学成分、药皮类型和焊接电流种类。其表示方法为：以大写拼音字母或汉字表示焊条的类别（代号如表 11-3 所示），后面跟三位数字，前两位表示焊缝金属的抗拉强度等级；第三位数字表示焊条药皮类型和焊接电源种类。如 J422（结 422）："J"（"结"）表示结构钢焊条，"42"表示熔敷金属的抗拉强度不低于 420MPa，"2"表示药皮为氧化钛钙型，交流、直流电源均可使用。

焊条药皮类型及焊接电源种类见表 11-4。

表 11-4　焊条药皮类型及焊接电源种类编号

编号	0	1	2	3	4	5	6	7	8	9
药皮类型	不规定酸性	氧化钛型酸性	氧化钛钙型酸性	钛铁矿型酸性	氧化铁型酸性	纤维素型酸性	低氢钾型碱性	低氢钠型碱性	石墨型	盐基型
电源种类	—	交直流	交直流	交直流	交直流	交直流	交流/直流反接	直流反接	交直流	直流反接

（3）焊条的选用　焊条的种类很多，选用正确与否对焊接质量、生产率、产品成本都有很大影响。一般选用焊条时应考虑以下几个因素。

① 母材的力学性能和化学成分　焊接低碳钢和低合金结构钢时，应根据焊接件的抗拉强度选择相应强度等级的焊条，即等强度原则；焊接耐热钢、不锈钢等材料时，则应选择与焊接件化学成分相同或相近的焊条，即等成分原则。

② 结构的使用条件和特点　对于承受动载荷或冲击载荷的焊接件，或结构复杂、大厚度的焊接件，为保证焊缝具有较高的塑性和韧性，应选择碱性焊条；对于一般焊接结构应选用较经济的酸性焊条。

③ 焊条的工艺性　对于焊前清理困难，且容易产生气孔的焊接件，应当选择酸性焊条；如果母材中含碳、硫、磷量较高，则应选择抗裂性较好的碱性焊条；若工件在焊接过程中，

因受条件限制不能翻转时，应选用全位置焊接的焊条。

④ 焊接设备条件　如果没有直流焊机，则只能选择交直流两用的焊条。

在确定了焊条牌号后，还应根据焊接件厚度、焊接位置等条件选择焊条直径。一般是焊接件越厚，焊条直径应越大。

四、焊接接头

焊接接头由焊缝、熔合区和焊接热影响区三部分组成。

1. 焊接接头的组织与性能

以低碳钢为例，对照铁碳合金相图分析焊接接头的组织与性能的变化，如图 11-3 所示。

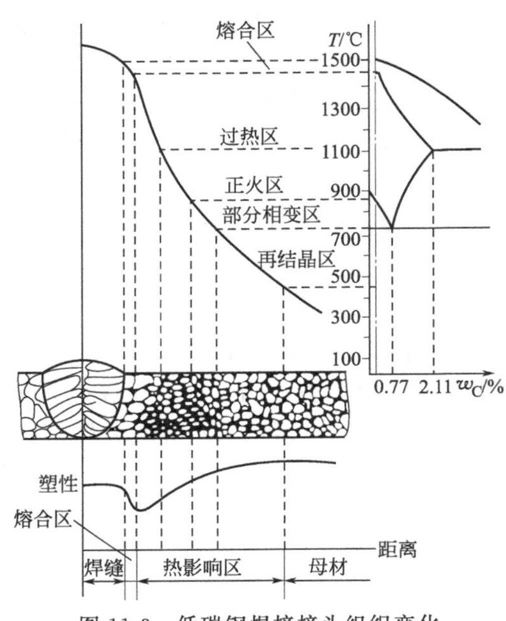

图 11-3　低碳钢焊接接头组织变化

(1) 焊缝的组织和性能　焊缝是由母材和焊条熔化形成的熔池在冷却结晶后形成的结合部分。焊接热源向前移去后，熔池液体金属迅速冷却结晶，结晶时以熔池和母材金属交界处的半熔化金属晶粒为晶核，沿着垂直于散热面方向向熔池中心生长成柱状树枝晶，最后这些柱状晶在焊缝中心相接触而停止生长，完成结晶过程，如图 11-4 所示。

由于焊缝组织是铸态组织，故晶粒粗大，成分偏析，组织不致密，塑性较差，容易产生热裂纹。但由于焊条本身的杂质含量低及合金化的作用，使焊缝化学成分优于母材，所以焊缝金属的力学性能一般不低于母材，尤其是强度易达到使用要求。

(2) 熔合区的组织和性能　熔合区温度处于液相线与固相线之间，是焊缝金属到母材金属的过渡区域，宽度只有 0.1～0.4mm。焊接时，该区内液态金属与未熔化的母材金属共存，冷却后，其组织为部分铸态组织和晶粒粗大的过热组织，化学成分和组织极不均匀，因此熔合区的强度、塑性和韧性较低，容易产生裂纹，是焊接接头中力学性能最低的部位。

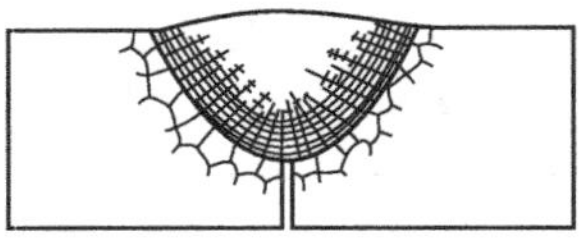

图 11-4　焊缝金属的结晶

(3) 热影响区的组织和性能　热影响区是指在焊接过程中，母材因受热影响（但未熔化）而发生金相组织和力学性能变化的区域。低碳钢的热影响区按加热温度的不同，可划分为过热区、正火区、部分相变区等，如图 11-3 所示。

① 过热区　温度在固相线至 1100℃之间，宽度为 1～3mm。焊接时，由于该区域内的奥氏体晶粒长大，冷却后得到晶粒粗大的过热组织，强度、塑性和韧性明显下降，当焊接刚度较大的结构件时，容易在此区域内产生裂纹。

② 正火区　温度在 1100℃～A_{c3}之间，宽度为 1.5～2.5mm。焊后空冷相当于使该区内的金属进行了正火处理，其组织为均匀而细小的正火组织，故称为正火区。正火区的力学性能优于母材。

③ 部分相变区 加热温度在 $A_{c3} \sim A_{c1}$ 之间。焊接时，只有珠光体和部分铁素体发生相变，转变成奥氏体，其余部分仍为原始组织，因此冷却后晶粒大小不均匀，力学性能也较低。

综上所述，熔合区和过热区是焊接接头中力学性能最差的部位，也是发生破坏的危险区，因此应尽量减小其宽度。

2. 影响焊接接头性能的因素

影响焊接接头性能的主要因素有：焊接材料（焊条、焊丝、焊剂等）、焊接方法、焊接工艺参数、坡口形式、焊后冷却速度和焊后热处理等。如果焊件大小、厚度、材料、接头形式一定时，焊接方法的影响是很大的，表 11-5 是焊接低碳钢时焊条电弧焊与其他熔焊方法的热影响区的平均尺寸。

表 11-5 焊接低碳钢时热影响区的平均尺寸

焊接方法	各区平均尺寸/mm			热影响区总宽度 B/mm
	过热区	正火区	部分相变区	
焊条电弧焊	2.2～3.0	1.5～2.5	2.2～3.0	5.9～8.5
埋弧焊	0.8～1.2	0.8～1.7	0.7～1.0	2.3～3.9
电渣焊	18～20	5.0～7.0	2.0～3.0	25～30
气焊	21	4.0	2.0	27
电子束焊	—	—	—	0.05～0.75

3. 改善焊接接头组织和性能的措施

① 尽量选择低碳且硫、磷含量低的钢材作为焊接结构材料。

② 使热影响区的冷却速度适当。对于低碳钢，采用细焊丝、小电流、高焊速，可提高接头韧性；对于易淬硬钢，在不出现硬脆马氏体的前提下适当提高冷却速度，可以细化晶粒，有利于改善接头性能。

③ 采用多层焊，利用后焊层对前层的回火作用，使前层的组织和性能得到改善。

④ 进行焊后热处理，焊后进行退火或正火处理可以细化晶粒，改善焊接接头的力学性能。

五、焊接应力与变形

焊接应力和变形的存在会降低结构件的使用性能，引起结构形状和尺寸的改变，影响结构精度及焊后切削加工的精度，甚至会产生焊接裂纹，造成事故。当焊接变形较大时，需要经过矫正才能满足使用要求，有的焊接件可能因矫正失败而报废。因此，了解焊接应力与变形产生的原因，设法减小焊接应力和变形，对提高产品质量、降低生产成本具有重要意义。

1. 焊接应力与变形产生的原因

在焊接过程中，对焊件局部进行不均匀的加热和冷却是产生焊接应力与变形的根本原因。低碳钢钢板在对接焊时焊接应力和变形的形成过程如图 11-5 所示。在焊接过程中，焊缝的温度最高，离焊缝越远，温度越低，因温度分布不均匀，将产生大小不等的纵向膨胀，温度高处的伸长大于温度低处的伸长。在图 11-5(a) 中，虚线表示接头横截面的温度分布，也表示金属若能自由伸长时的伸长量分布。实际上接头是个整体，无法进行自由伸长，因此钢板只能在纵向整体伸长 Δl，造成焊缝及邻近区域的伸长受到远离焊缝区域的限制而产生压应力，而远离焊缝区的部位产生拉应力，当焊缝及邻近区域的压应力超过材料的屈服点时，便因压缩而产生塑性变形，塑性变形量为图 11-5(a) 中虚线包围的空白部分。

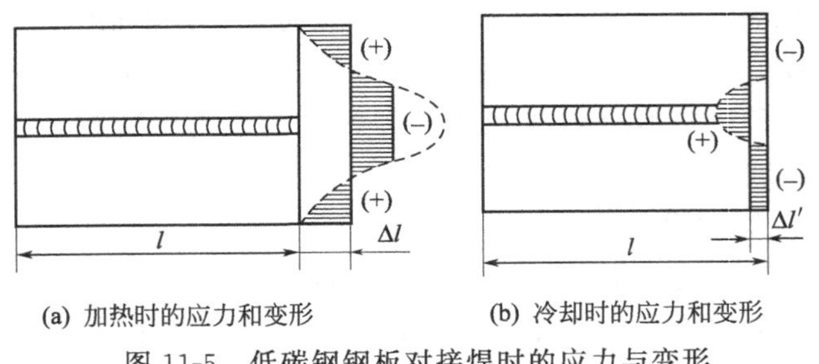

(a) 加热时的应力和变形　　(b) 冷却时的应力和变形

图 11-5　低碳钢钢板对接焊时的应力与变形

焊后冷却时，金属若能自由收缩，将会收缩至图 11-5(b) 中的虚线位置，两侧则恢复到焊接前的原始长度，但这种自由收缩同样无法实现。由于钢板是一个整体，钢板的端面将共同缩短至比原始长度短 $\Delta l'$的位置，这样焊缝及邻近区域就会受到拉应力的作用，而其两侧受到压应力的作用，当冷却至室温时焊接件将保留一定的焊接应力和变形。

焊接应力和变形是同时存在、相互联系的，当工件塑性较好且结构刚度较小时，焊接件在焊接应力的作用下会产生较大的变形而残余应力较小；反之焊接件变形较小而残余应力较大。

2. 焊接变形的基本形式

常见的焊接变形形式主要有收缩变形、角变形、弯曲变形、扭曲变形和波浪变形等，其基本形式如图 11-6 所示。

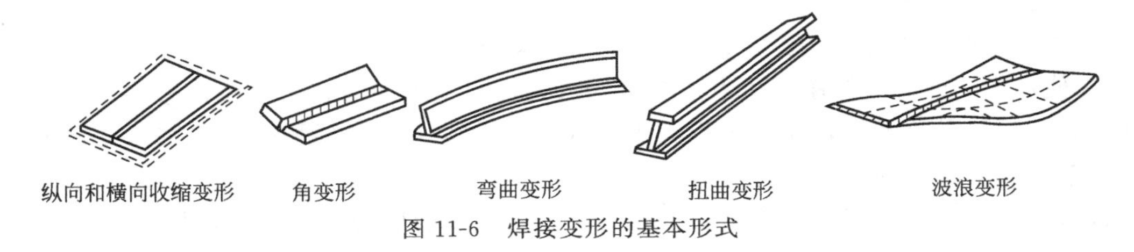

纵向和横向收缩变形　角变形　弯曲变形　扭曲变形　波浪变形

图 11-6　焊接变形的基本形式

① 收缩变形　收缩变形是工件焊接后，因焊缝纵向（沿焊缝方向）和横向（垂直于焊缝方向）收缩，使工件的纵向和横向尺寸缩小的现象。

② 角变形　角变形是由于 V 形坡口对接焊时，因焊缝截面形状上下不对称，焊后横向收缩不均匀而引起的现象。

③ 弯曲变形　弯曲变形是 T 形梁焊接时，由于焊缝不对称，焊缝纵向收缩后引起工件向焊缝一侧弯曲的现象。

④ 扭曲变形　扭曲变形是由于焊缝在工件截面上布置不对称，使工件产生纵向扭曲的现象。

⑤ 波浪变形　波浪变形是焊接薄板结构时，薄板在焊接应力作用下，在厚度方向因丧失稳定性而引起的现象。

3. 减小焊接应力和变形的措施

(1) 焊前预热　焊件预热后，再进行焊接，目的是减小焊件上各部分的温差，降低焊缝区的冷却速度，从而减小焊接应力和变形。预热温度一般为 400℃以下。

(2) 选择合理的焊接顺序

① 尽量使焊缝的纵向和横向能自由收缩。图 11-7 所示为一大型容器底板的焊接顺序，若先焊纵向焊缝 3，再焊横向焊缝 1 和 2，则焊缝 1 和 2 在横向和纵向的收缩都会受到阻碍，

焊接应力增大，在焊缝交叉处和焊缝部位都容易产生裂纹。

② 对于长焊缝，尽可能采用分段退焊或跳焊的方法进行焊接，这样加热时间短、温度低且分布均匀，可减小焊接应力和变形，如图 11-8 所示。

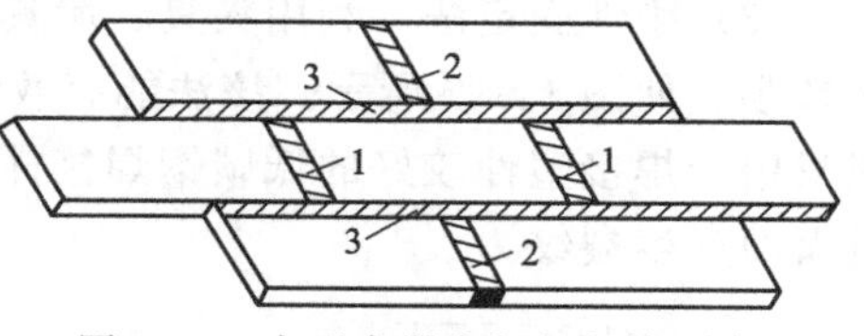

图 11-7 大型容器底板的焊接顺序

③ 如果工件两侧都有焊缝，对于对称坡口的焊接，一般可先在一面少焊几层，然后翻转过来焊满另一面，如图 11-9(a) 所示。对于非对称坡口的焊接，如图 11-9(b) 所示，应先焊焊接量少的一面，后焊焊接量多的一面，并且注意每一层的焊接方向应相反。

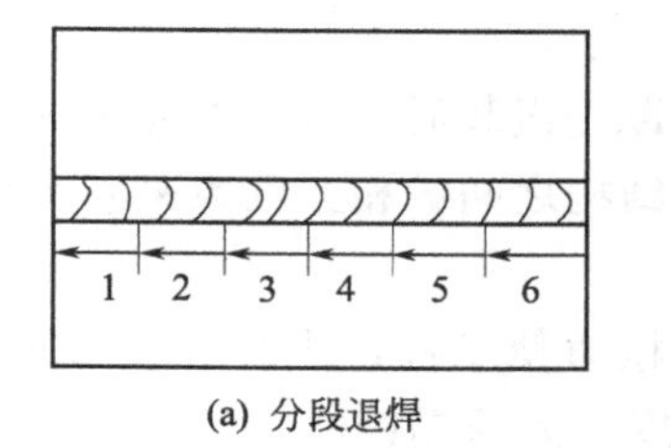

(a) 分段退焊

(b) 跳焊

图 11-8 长焊缝的分段焊

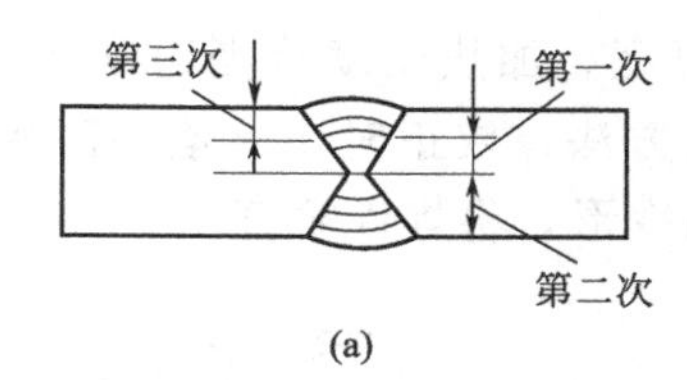

(a)

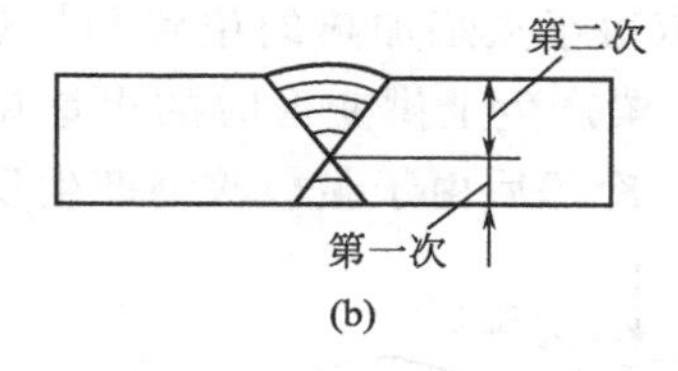

(b)

图 11-9 采用不同焊接顺序防止变形

(3) 加热减应区 在焊前对焊件上的适当部位进行加热，以减少焊接时对焊接部位伸长的约束，焊后冷却时，加热部位与焊接处一起收缩，从而减小焊接应力。被加热的部位称为减应区，这种方法称为加热减应区法，如图 11-10 所示。利用这个原理可以减小一些刚度比较大的焊缝的变形。

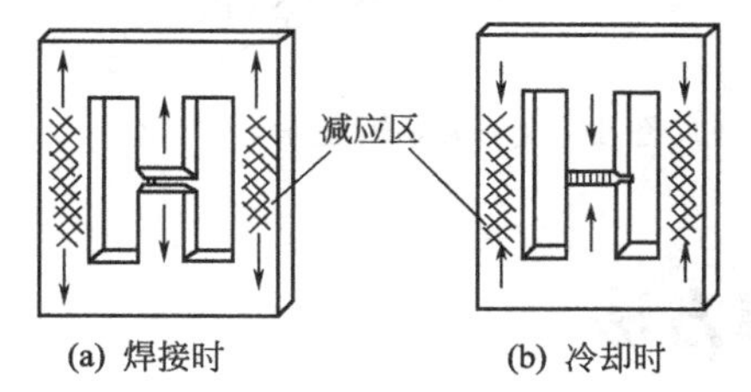

(a) 焊接时 (b) 冷却时

图 11-10 加热减应区法

(4) 锤击焊缝 焊后用圆头小锤对红热状态下的焊缝进行锤击，可以延展焊缝，从而使焊接应力得到一定的释放。

(5) 焊后热处理 焊后对焊件进行去应力退火处理，对于消除焊接应力具有良好效果。碳钢或低合金结构钢焊接件整体加热到 580～680℃，保温一定时间后，空冷或随炉冷却，一般可消除 80%～90%的残余应力。对于大型焊件，可采用局部高温退火来降低应力峰值。

4. 焊接变形的防止和矫正

(1) 加余量法 根据经验，在工件下料时加上一定余量（通常为 0.1%～0.2%），以补充焊后工件的收缩。

(2) 反变形法 用试验或计算方法，预先确定焊后变形量和变形方向，在焊前组装时将焊件向焊接变形相反的方向放置，以达到抵消焊接变形的目的，如图 11-11 所示。

（3）刚性固定法　利用夹具、胎具等强制手段，将被焊工件固定夹紧，焊后变形即可大大减小，如图 11-12 所示。该法能有效地减小焊接变形，但会产生较大的焊接应力，所以一般只用于焊接塑性较好的低碳钢焊接件，对淬硬性较大的钢材及铸铁不能使用，以免因应力过大而产生裂纹。

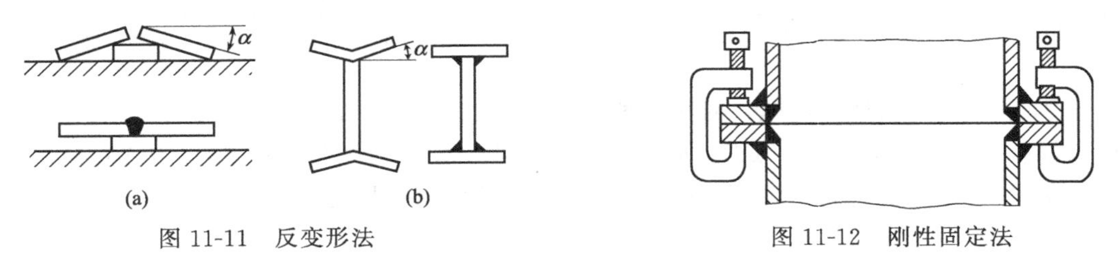

图 11-11　反变形法　　　图 11-12　刚性固定法

对于一些大型或结构较为复杂的焊件，也可以先组装后焊接，即先将焊件用点焊或分段焊定位后，再进行焊接。这样可以利用焊件整体结构之间的相互约束来减小焊接变形，但这样做也会产生较大的焊接应力。

（4）机械矫正法　利用压力机、矫正机等机械力使工件产生塑性变形来矫正焊接变形，如图 11-13 所示。这种方法适用于塑性较好、厚度不大的焊接件。

（5）火焰矫正法　利用金属局部受热后的冷却收缩来抵消已发生的焊接变形。这种方法主要用于焊接低碳钢和低淬硬倾向的低合金钢。火焰矫正一般采用气焊焊炬，不需专门设备，其效果主要取决于火焰加热的位置和加热温度。加热温度范围通常在 600～800℃。图 11-14 所示为 T 形梁产生上拱变形时的火焰矫正方法，校正时用火焰在腹板位置进行加热，加热区呈三角形，冷却后由于腹板收缩产生反向变形，将焊件矫直。

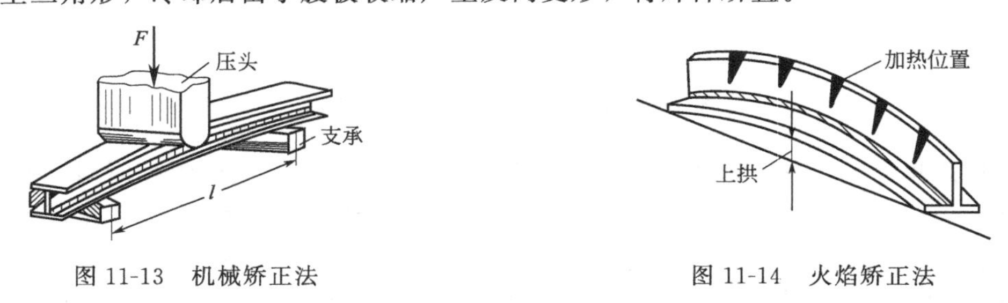

图 11-13　机械矫正法　　　图 11-14　火焰矫正法

第二节　其他熔焊方法

一、埋弧焊

电弧埋在焊剂层下燃烧并进行焊接的方法称为埋弧焊。埋弧焊是利用焊丝和焊件之间燃烧的电弧产生热量，熔化焊丝、焊剂和母材而形成焊缝的。焊丝作为填充金属与熔化母材共同组成焊缝，焊剂则对焊接区起保护和合金化作用。如果埋弧焊的引弧、焊丝送进、移动电弧、收弧等动作全部由机械自动完成，则称为埋弧自动焊。

1. 埋弧自动焊的焊接过程

如图 11-15 所示，埋弧自动焊在进行焊接时，颗粒状焊剂 6 从焊剂漏斗 4 中流出，均匀堆敷在焊件表面，焊丝由送丝机构自动送进，经导电嘴进入电弧区，并保证电弧在焊剂层下面燃烧。焊接前和焊接过程中通过调整焊接电流、电弧电压和机头移动速度等工艺参数，实现自动完成引弧和焊缝收尾动作，保证焊接过程的稳定进行。

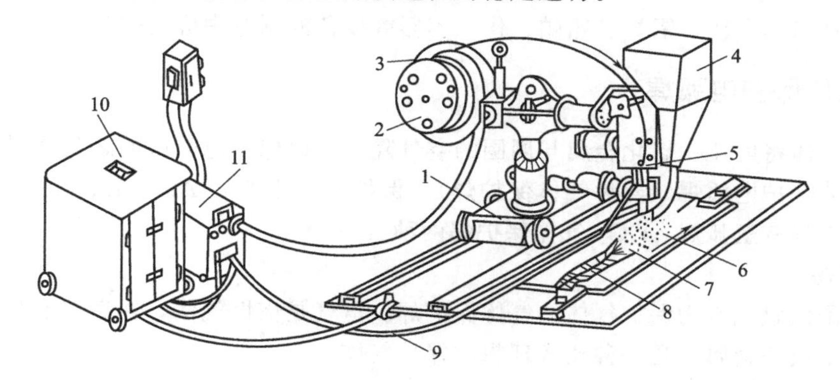

图 11-15 埋弧自动焊示意图

1—焊接小车；2—控制盘；3—焊丝盘；4—焊剂漏斗；5—焊接机头；6—焊剂；7—渣壳；8—焊缝；9—焊接电缆；10—焊接电源；11—控制箱

图 11-16 为埋弧自动焊焊接过程纵截面图，电弧在颗粒状的焊剂层下燃烧，电弧周围的焊剂熔化形成气体和熔渣，产生的气体将电弧周围的熔渣排开，形成一个封闭的空腔。焊丝与工件熔化成较大体积的熔池，熔池被熔渣覆盖，熔渣既能起到隔绝空气保护熔池的作用，又阻挡了弧光对外辐射和金属飞溅。随着焊接过程的进行，焊机带着焊丝均匀向前移动（或焊机不动，工件匀速运动），熔池和渣池随电弧的远离而逐渐冷却成焊缝和渣壳。

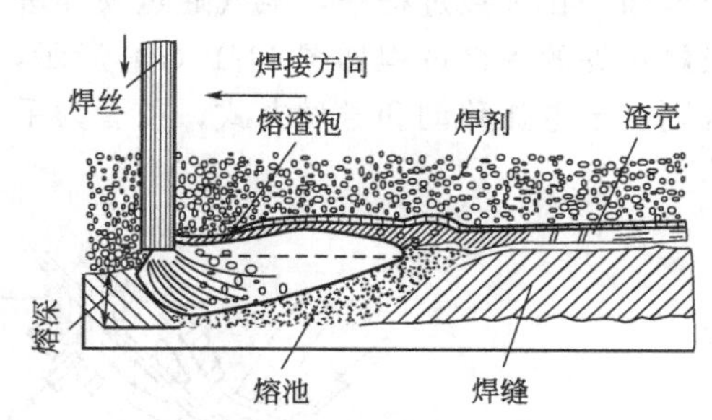

图 11-16 埋弧自动焊焊接过程纵截面图

2. 埋弧焊的焊接材料

埋弧焊使用的焊接材料包括焊丝和焊剂。常用的焊丝有 H08A、H08MnA，配合 HJ430（焊剂 430）、HJ431、HJ433 等焊剂对低碳钢和某些低合金高强钢进行焊接。

3. 埋弧自动焊的特点及应用

（1）埋弧自动焊的优点

① 生产效率高 由于焊丝表面无涂料，使用的焊接电流最高可达 1000A，熔深大，焊接速度高，且焊接过程可连续进行，无须频繁更换焊条，因此生产效率比焊条电弧焊高 5～10 倍。如果采用双丝、多丝或带状电极，则生产效率更高。

② 焊接质量好 熔渣对熔池金属的保护严密，且液态保持时间长，冶金反应较彻底，且焊接工艺参数稳定，力学性能较高，质量好，焊缝成型美观。

③ 劳动条件好 焊接时没有弧光辐射，焊接烟尘较少，操作人员仅须调整和管理自动焊机，劳动条件得到极大改善。

④ 节省焊接材料 埋弧焊穿透能力强，对厚度≤20mm 的焊件不开坡口也能焊透，同时没有飞溅和焊条头的损失，从而减少了焊接材料的消耗。

（2）埋弧自动焊的应用 埋弧自动焊一般只适用于水平位置的长直焊缝和直径 250mm 以上的环形焊缝；焊接钢板的厚度一般在 6～60mm，适焊材料局限于钢、镍基合金、铜合金等，不能焊接铝、钛等活泼金属及其合金；埋弧焊对装配时的组装间隙等焊前准备工作要求较高。

埋弧焊在机车车辆、锅炉、船舶、化工容器等设备的制造中应用较为广泛。

二、气体保护电弧焊

用外加气体将电弧、熔化金属与周围的空气隔离，以保护电弧区的熔化金属和焊缝的电弧焊称为气体保护电弧焊（简称气体保护焊）。保护气体主要有 Ar、He、CO_2、N_2 等。常用的气体保护焊有氩弧焊、CO_2 气体保护焊两种。

1. 氩弧焊

氩弧焊是以氩气作为保护气体的气体保护焊。氩气是惰性气体，在高温下既不与金属反应，也不溶于液态金属，是一种比较理想的保护气体。

按所用的电极不同，氩弧焊可分为不熔化极氩弧焊（TIG）和熔化极氩弧焊（MIG）两种。

（1）不熔化极氩弧焊　又称钨极氩弧焊，它是以高熔点的钍钨棒或铈钨棒作电极，由于钨的熔点高达 3410℃，焊接时钨棒基本不熔化，只是作为电极起导电作用，填充金属须另外添加。在焊接过程中，氩气通过喷嘴进入电弧区将电极、焊件、焊丝端部与空气隔开。钨极氩弧焊的焊接过程如图 11-17(a) 所示，其焊接方式有手工焊和自动焊两种，它们的主要区别在于电弧移动和送丝方式，前者为手工完成，后者由机械自动完成。

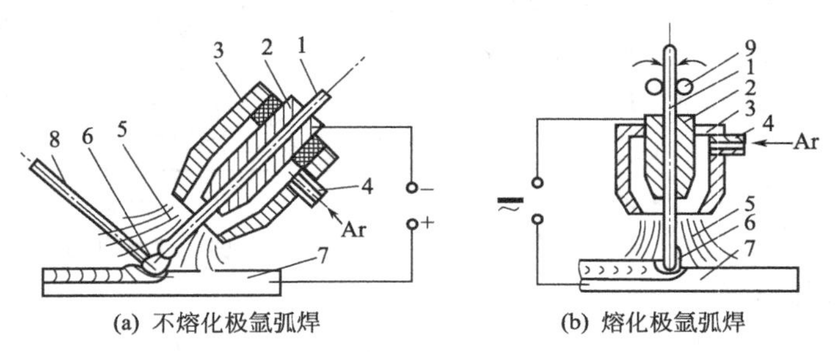

图 11-17　氩弧焊示意图

1—电极或焊丝；2—导电嘴；3—喷嘴；4—进气管；5—氩气流；6—电弧；7—工件；8—填充焊丝；9—送丝辊轮

使用钨极氩弧焊焊接钢、钛合金和铜合金时，应采用直流正接，这样可以使钨极处在温度较低的负极，以减少其熔化烧损，同时也有利于焊件的熔化；在焊接铝镁合金时，通常采用交流电源，这是因为只有在焊件接负极时（即交流电的负半周），焊件表面接受正离子的撞击，使焊件表面的 Al_2O_3、MgO 等氧化膜被击碎，从而保证焊件的结合，但这样会使钨极烧损严重，而交流电的正半周可使钨极得到一定的冷却，从而减少其烧损。由于钨极的载流能力有限，为了减少钨极的烧损，焊接电流不宜过大，所以钨极氩弧焊通常只适用于 0.5～6mm 的薄板。

（2）熔化极氩弧焊　以连续送进的焊丝作电极并兼作填充金属，在送丝辊轮的输送下，进入导电嘴，与焊件之间产生电弧，并不断熔化，形成很细小的熔滴，以喷射形式进入熔池，与熔化的母材一起形成焊缝。熔化极氩弧焊的焊接过程如图 11-17(b) 所示。熔化极氩弧焊的焊接方式有半自动焊和自动焊两种。

熔化极氩弧焊均采用直流反接，以提高电弧的稳定性，没有电极烧损问题，焊接电流的范围大大增加，因此可以焊接中厚板，例如焊接铝镁合金时，当焊接电流为450A左右时，不开坡口可一次焊透20mm厚的零件，同样厚度的焊件如果采用钨极氩弧焊则需要焊6～7层。

氩弧焊具有以下特点。

① 焊缝金属纯净，质量好。

② 焊接过程稳定，所有焊接参数都能精确控制，明弧操作，容易实现机械化、自动化生产。

③ 电弧在气流压缩下燃烧，热量集中，周围气流对焊缝有冷却作用，因此焊接接头的热影响区小，焊后变形小，可对3mm以下薄板进行焊接。

④ 氩气价格较贵，焊件成本高。

氩弧焊适用于焊接易氧化的有色金属（如铝、镁、钛及其合金）、稀有金属（如锆、钼等）、不锈钢、耐热钢、低合金钢等。

2. CO_2 气体保护焊

CO_2 气体保护焊（简称 CO_2 焊）是采用 CO_2 作为保护气体的电弧焊。它是用焊丝作电极，靠焊丝和焊件之间产生的电弧提供热量以熔化金属，CO_2 气体以一定流量从焊枪喷嘴端部流出，包围电弧和熔池，可防止空气对液态金属的有害作用。CO_2 保护焊的焊接装置如图11-18所示。CO_2 焊可分为自动焊和半自动焊两种，目前使用最多的是半自动焊。

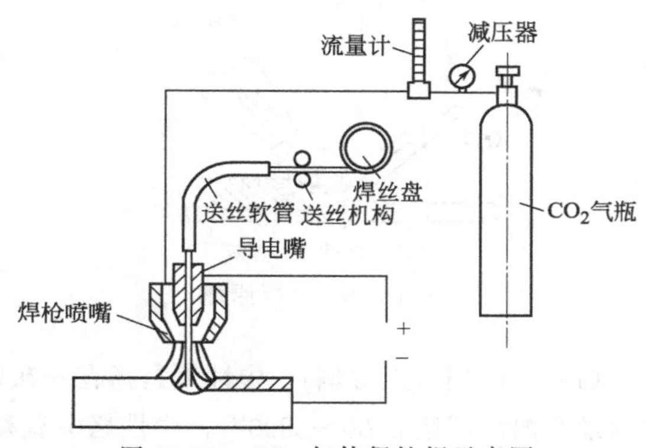

图11-18 CO_2 气体保护焊示意图

由于在电弧的高温作用下，CO_2 会分解为CO和O，因此 CO_2 气体保护焊具有较强的氧化性，会烧损Mn、Si等合金元素，使焊缝增氧，力学性能下降，还会形成气孔。CO_2 气体保护焊只适合焊接低碳钢和低合金结构钢，不能用于焊接高合金钢和有色金属。

为保证焊缝的合金元素含量，CO_2 气体保护焊须采用含锰、硅量较高的焊接用钢丝或含有相应合金元素的合金钢焊丝。焊接低碳钢和普通低合金结构钢（R_m＜600MPa）时常用的焊丝是H08Mn2SiA。另外还可使用Ar和 CO_2 混合气体保护对强度级别要求较高的普通低合金结构钢进行焊接。为了稳定电弧，减少飞溅，CO_2 焊应采用直流反接。

CO_2 气体保护焊的特点如下。

① 成本低。CO_2 气体比较便宜，焊接成本仅为焊条电弧焊和埋弧焊的40%～50%。

② 生产效率高。由于焊丝是机械送进，电流密度较大，电弧热量集中，故电弧穿透能力强，熔深大。另外焊后没有焊渣，节省了清理时间，生产效率比焊条电弧焊高1～4倍。

③ 质量好。由于 CO_2 气体的强氧化性，焊缝内氢含量低。焊丝中的Mn含量高，脱硫作用好，因而焊接接头的抗裂性好。

④ 操作性能好。CO_2 气体保护焊是明弧焊接，易于看清焊接过程，操作上和焊条电弧焊一样灵活，适用于各种位置的焊接。

CO_2 气体保护焊的缺点是飞溅大，成型较差，烟雾多，弧光强烈，还容易产生气孔。

由于 CO_2 气体保护焊的优点较多，因此已广泛应用于机械制造业中。

三、气焊

气焊是利用可燃气体与助燃气体即氧气混合燃烧形成的火焰作为热源进行熔化焊的一种方法。最常用的是氧-乙炔焊。

1. 气焊过程

乙炔（C_2H_2）为可燃气体，乙炔和氧气在焊炬中混合均匀后从焊嘴喷出燃烧，火焰温度高达 3100～3300℃，将焊件和焊丝熔化形成熔池，冷却凝固后形成焊缝，如图 11-19 所示。气焊时气体燃烧，产生大量的 CO_2、CO、水蒸气笼罩熔池，起到保护作用。

2. 气焊火焰的种类及应用

气焊时通过调节氧气阀和乙炔阀，可以改变氧气和乙炔的混合比例，从而得到三种不同的气焊火焰：中性焰、碳化焰和氧化焰，如图 11-20 所示。

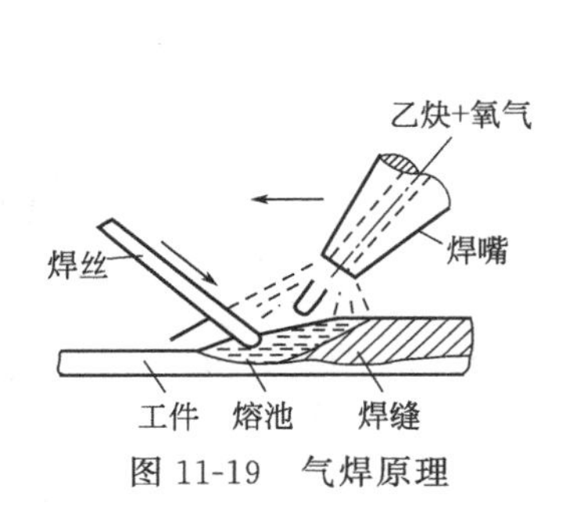

图 11-19　气焊原理

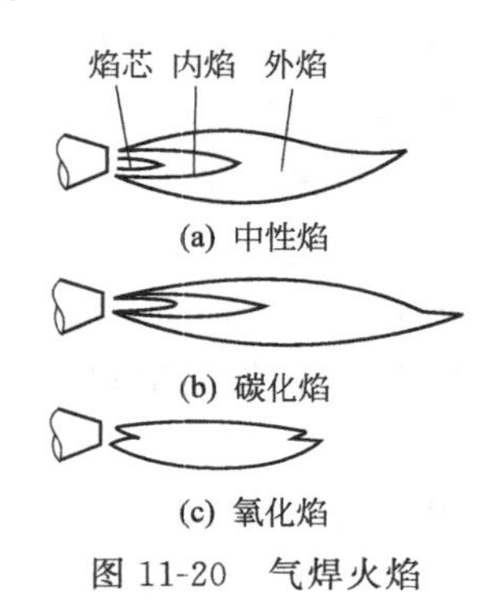

图 11-20　气焊火焰

（1）中性焰（正常焰）　中性焰是指在一次燃烧区内既无过量氧又无游离碳的火焰，中性焰的最高温度可达 3100～3200℃，中性焰中氧和乙炔的比例为 1～1.2。其火焰由焰芯、内焰、外焰三部分组成。焰芯靠近喷嘴孔呈尖锥形，色白而明亮，温度约为 950℃；内焰呈蓝白色，轮廓不清，并带深蓝色线条而微微闪动，它与外焰无明显界限；外焰由里向外逐渐由淡紫色变为橙黄色。由于内焰温度高（约 3150℃），又具有还原性（含有一氧化碳和氧气），故最适宜气焊工作。中性焰使用较多，如焊接低碳钢、中碳钢、低合金钢、紫铜、铝合金等。

（2）碳化焰　当氧气和乙炔的比例小于 1 时，得到的火焰是碳化焰。碳化焰的整个火焰比中性焰长且软，它也是由焰芯、内焰和外焰组成的。焰芯呈灰白色，并发生乙炔的氧化和分解反应；内焰有多余的碳，故呈淡白色；外焰呈橙黄色，除燃烧产物 CO_2 和水蒸气外，还有未燃烧的碳和氢。碳化焰的最高温度为 2700～3000℃，用此种火焰焊接金属能使金属增碳，通常用于焊接高碳钢、高速钢及铸铁等。

（3）氧化焰　当氧气和乙炔的比例大于 1.2 时，得到的火焰是氧化焰。在氧化焰中有过量的氧，焰芯变短变尖，内焰区消失，整个火焰长度变短，燃烧有力并发出响声。用此种火焰焊接金属能使熔池氧化沸腾，钢性能变脆，除焊接黄铜之外，一般很少使用。

不论采用何种火焰气焊时，喷射出来的火焰（焰芯）形状应该整齐垂直，不允许有歪斜、分叉或发生吱吱的声音。只有这样才能使焊缝两边的金属均匀受热，并正确形成熔池，保证焊缝质量。

3. **气焊的特点**

① 气焊设备简单，不需电源，灵活方便。

② 气焊火焰温度低，加热缓慢，工件受热面积大，热影响区较宽，因此焊接变形大。

③ 火焰对熔池保护差，焊缝易产生气孔、夹渣等缺陷。

④ 生产效率低，不适合大批量生产。

气焊主要用于焊接板厚为0.5～3mm的薄钢板、易熔的有色金属及其合金、钎焊刀具及铸铁补焊等。

四、电渣焊

电渣焊是利用电流通过液态熔渣时产生的电阻热熔化母材和填充金属进行焊接的方法。按照使用的电极形状不同，电渣焊可分为丝极电渣焊、板极电渣焊、熔嘴电渣焊等。

1. **电渣焊焊接过程**

焊接过程如图11-21所示。电渣焊一般是在立焊位置进行的，焊前将边缘经过清理、侧面经过加工的焊件装配成相距20～40mm的接头，如图11-22所示。

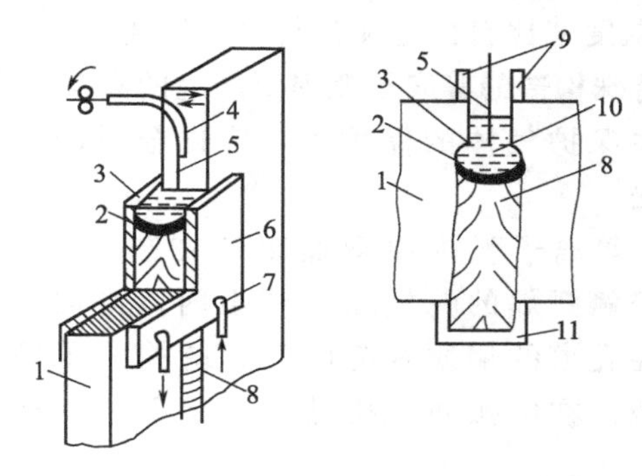

图11-21 丝极电渣焊示意图

1—工件；2—金属熔池；3—熔渣；4—导丝管；5—焊丝；6—强制成型装置；7—冷却水管；8—焊缝；9—引出板；10—金属熔滴；11—引弧板

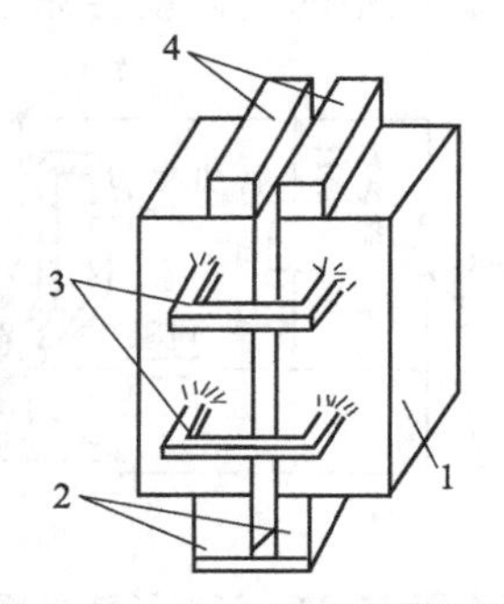

图11-22 电渣焊工件装配图

1—工件；2—引弧板；3—门形板；4—引出板

焊接时焊件与焊丝分别接电源两极，在接头底部焊有引弧板，顶部装有引出板。在接头两侧还装有强制成型装置（即冷却滑块，一般用铜板制成并通水冷却），以利于熔池的冷却结晶。焊接时将焊剂装在由引弧板、冷却滑块围成的盒状空间里。送丝机构送入焊丝，与引弧板接触后引燃电弧。电弧产生的高温使焊剂熔化，形成液态熔渣池。当渣池液面升高淹没焊丝末端后，电弧自行熄灭，电流通过熔渣，进入电渣焊过程。由于液态熔渣具有较大电阻，电流通过时产生的电阻热将使熔渣温度升高1700～2000℃，使与之接触的焊件边缘及焊丝末端熔化。熔化的金属在下沉过程中，与熔渣进行一系列冶金反应，最后沉积于渣池底部，形成金属熔池。随着焊丝不断送进与熔化，金属熔池不断升高并将渣池上推，冷却滑块也同步上移，渣池底部则逐渐冷却凝固形成焊缝，将两焊件连接起来。在电渣焊过程中密度轻的渣池浮在上面既作为热源，又隔离空气，从而保护熔池金属不受侵害。

2. **电渣焊的特点**

① 焊接厚板时，生产效率高，成本低。焊接时，工件不须开坡口，在焊接同等厚度的工件时，焊剂消耗量只是埋弧自动焊的1/50～1/20，电能消耗量是埋弧焊的1/3～1/2、焊

条电弧焊的 1/2，因此，电渣焊的经济性好，成本低。

② 焊缝金属洁净。由于熔渣对熔池保护严密，避免了空气对金属熔池的有害影响，而且熔池金属保持液态时间长，有利于冶金反应，焊缝化学成分均匀，气体杂质可通过上浮排除。

③ 热影响区宽，晶粒较粗大。由于电渣焊焊接速度慢，焊件冷却速度低，接头金属在高温停留时间较长，因此热影响区宽，接头晶粒粗大，力学性能较低，所以电渣焊后，焊件要进行正火处理，以细化晶粒。

电渣焊主要用于焊接厚度为 40～450mm 的工件。它适合低碳钢、低合金钢、不锈钢的焊接。目前电渣焊是制造大型铸-焊、锻-焊复合结构的主要焊接方法，如水压机、水轮机和轧钢机等大型零件的焊接。

五、等离子弧焊

一般电弧焊中的电弧不受外界约束，因此称为自由电弧。焊接时电弧区内的气体尚未完全电离，能量也未高度集中起来。如果采用一些方法使自由电弧的弧柱受到压缩（称为压缩效应），弧柱中的气体就会完全电离，产生的温度就比自由电弧高得多。等离子弧焊是指利用特殊构造的等离子弧焊炬产生的高温等离子弧，并在保护气体的保护下，熔化金属的一种焊接方法。

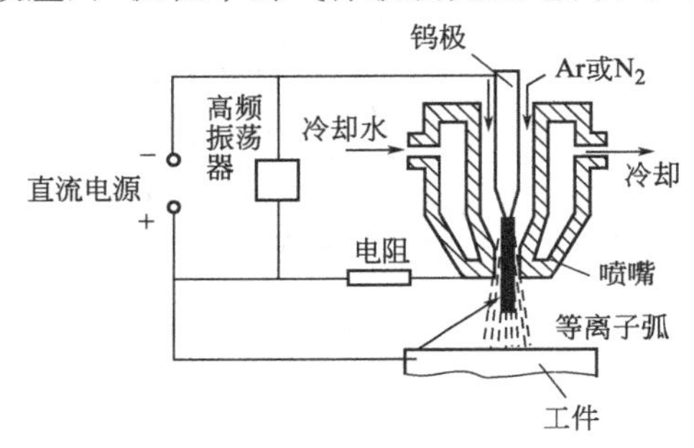

图 11-23　等离子弧焊原理

等离子弧焊原理如图 11-23 所示。如果将钨极氩弧焊的钨极缩入焊炬内，再加一个带小直径孔道的铜质水冷喷嘴，就构成了等离子弧焊炬。在电弧冲出喷嘴时，就会有三种压缩效应产生。

① 钨极与工件之间加一高压，经高频振荡器的激发，使气体电离形成电弧，电弧通过细孔喷嘴时，弧柱截面缩小，产生机械压缩效应。

② 向喷嘴内通入高速保护气流（如氩气、氮气等），此冷气流均匀地包围着电弧，使弧柱外围受到强烈冷却作用，于是弧柱截面进一步缩小，产生了热压缩效应。

③ 带电离子在弧柱中的运动可看作无数根平行的通电“导体”，其自身磁场产生的电磁力使这些导体互相吸引并靠拢，电弧受到进一步压缩，形成电磁压缩效应。

这三种压缩效应作用在弧柱上，使弧柱被压缩得很细，电流密度得到极大提高，能量高度集中，弧柱区内的气体完全电离，从而获得等离子弧。这种等离子弧的温度高达15000～16000K，能够用于各种材料的焊接和切割。

焊接时，在等离子弧周围还要喷射保护气体以保护熔池，一般保护气体和等离子气体相同，通常为氩气。

按焊接电流大小的不同，等离子弧焊分为微束等离子弧焊和大电流等离子弧焊两种。微束等离子弧的电流一般为 0.1～30A，可用于厚度为 0.025～2.5mm 箔材和薄板件的焊接；大电流等离子弧主要用于焊接厚度大于 2.5mm 的焊件。

等离子弧焊的特点如下。

① 等离子弧焊具有能量密度大、弧柱温度高、穿透能力强、电弧稳定的优点，因此，焊接 12mm 厚的工件时可不开坡口，能一次单面焊透双面成型。

② 等离子弧焊的生产率高，焊后的焊缝宽度和高度均匀一致，焊缝表面光洁。

③ 当电流小到0.1A时，电弧仍能稳定燃烧，并保持良好的挺直度和方向性，故等离子弧焊可焊接很薄的箔材。

④ 等离子弧焊设备复杂，气体消耗大，焊接成本较高，并且只适用于室内焊接，因此应用范围受到一定限制。

等离子弧焊已在生产中得到广泛应用，特别是在国防工业及尖端技术中用以焊接铜合金、合金钢、钨、钼、钴、钛等金属焊件，如钛合金导弹壳体、波纹管及膜盒、微型继电器、电容器的外壳以及飞机上一些薄壁容器等均采用等离子弧焊焊接。

此外，利用等离子弧还可以切割任何金属和非金属材料，包括氧-乙炔焰不能切割的材料，而且切口窄而光滑，切割效率比氧-乙炔焰提高1～3倍。

第三节　压焊与钎焊

一、压焊

压焊是指在焊接过程中，对焊件施加一定压力（加热或不加热）以实现焊接的方法。根据加热加压的方式不同，压焊可分为电阻焊、摩擦焊、超声波焊、扩散焊和爆炸焊等，最常用的有电阻焊和摩擦焊等。

1. 电阻焊

电阻焊是利用电流通过焊件及其接触面产生的电阻热作为热源，将焊件局部加热到塑性或熔化状态，然后在外界压力作用下形成焊接接头的一种焊接方法。电阻焊分为点焊、缝焊、对焊三种。

（1）点焊　点焊是将工件装配成搭接接头，并压紧在柱状电极之间，利用电阻热熔化母材金属形成焊点的电阻焊方法，如图11-24所示。

点焊的焊接过程分为预压、通电加热和断电冷却三个阶段。

① 预压　将表面已清理好的工件叠合起来，置于两电极之间预压夹紧，使工件待焊处紧密接触。

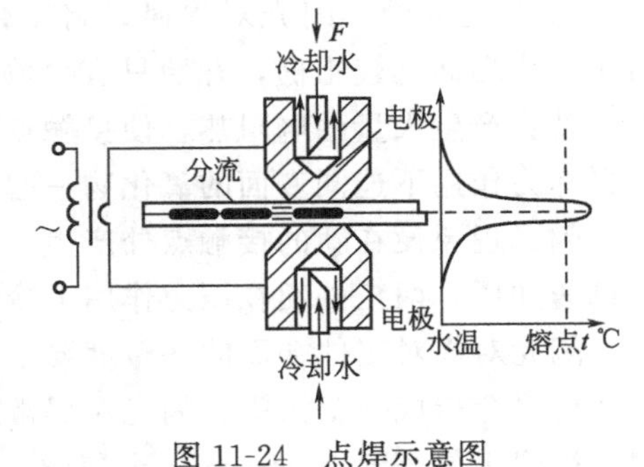

图11-24　点焊示意图

② 通电加热　由于电极内部通水，电极与被焊工件之间产生的电阻热被冷却水带走，故热量主要集中在两工件接触处，将该处金属迅速加热到熔融状态而形成熔核，熔核周围的金属被加热至塑性状态，在压力作用下发生较大塑性变形。

③ 断电冷却　当塑性变形量达到一定程度后，切断电源，并保持压力一段时间，使熔核在压力作用下冷却结晶，形成焊点。

焊完一点后，移动工件焊第二点，这时候有一部分电流流经已焊好的焊点，这种现象称为“分流”。分流会使第二点处电流减小，影响焊接质量，因而两焊点间应有一定距离。被焊材料的导电性越好，焊件厚度越大，分流现象越严重，因此两点间的间距就应该越大。

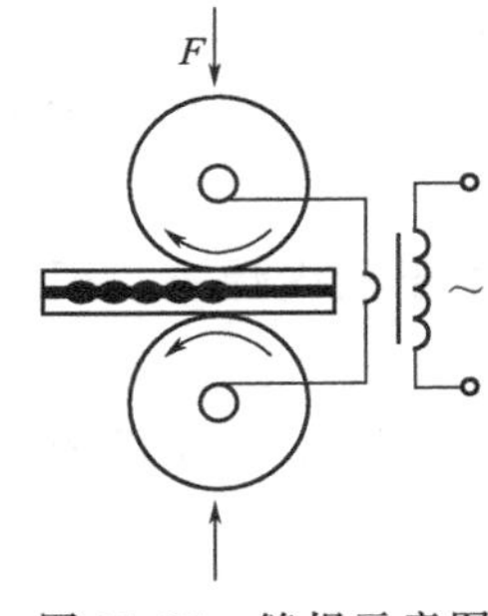

图 11-25 缝焊示意图

点焊主要用于焊接板厚在 0.5～4mm 的薄板零件。点焊在汽车、飞机、电子器件、仪表和日常生活用品的生产中应用较为广泛。

（2）缝焊 缝焊过程与点焊基本相似，只是在缝焊时用滚轮电极代替了柱状电极。焊接时，轮状电极压紧焊件并滚动，同时也带动焊件向前移动，配合断续通电，形成连续重叠的焊缝，如图 11-25所示。缝焊的焊点相互重叠在 50%以上，主要用于焊接要求密封性好的薄壁焊件。

缝焊在焊接过程中分流现象严重，因此只适用于焊接 3mm 以下厚度的薄板零件。

缝焊焊缝表面光滑美观，气密性好。缝焊已广泛应用于家用电器、交通运输及航空航天等工业部门中要求密封性好的零件的焊接。

（3）对焊 对焊是利用电阻热将两工件端部对接起来的一种压焊方法。根据焊接过程不同，对焊又可分为电阻对焊和闪光对焊两种，如图 11-26 所示。

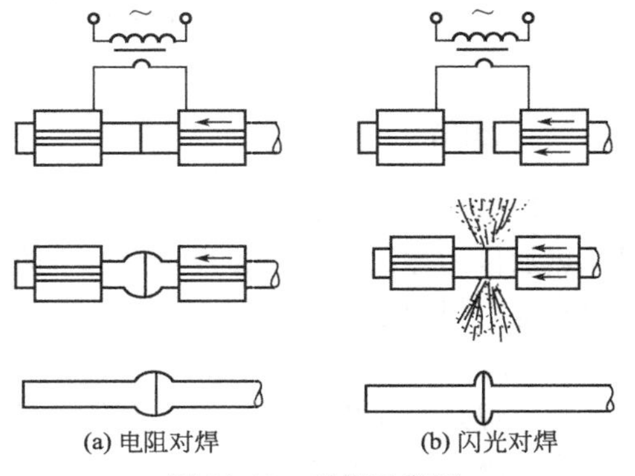

图 11-26 对焊示意图

① 电阻对焊 电阻对焊是把工件配成对接接头，并施加预压力，使两工件的端面挤紧，然后通电，电流产生的大量电阻热使接触面附近金属迅速被加热到塑性状态，然后增大压力，切断电源，使接触处产生一定的塑性变形而形成接头。

电阻对焊具有操作简单、接头光滑、毛刺小等优点，但焊前必须对焊件端面进行除锈、修整，否则焊接质量难以保证。电阻对焊主要用于焊接截面尺寸小且截面形状简单（如圆形、方形）的工件。

② 闪光对焊 闪光对焊时，将工件在电极夹头上夹紧，然后逐渐靠拢，并接通电源。由于接头端面比较粗糙，开始只有少数几个点接触，当强大的电流通过接触面积很小的几点时，就会产生大量的电阻热，使接触点处的金属迅速熔化甚至汽化，熔化金属在电磁力和气体爆炸力作用下连同表面的氧化物一起向四周喷射，产生火花四溅的闪光现象。继续推进焊件，闪光现象便在新的接触点处产生，待两工件的整个接触端面都有一薄层金属熔化时断开并迅速加压，两工件便在压力作用下冷却凝固而焊接在一起。

闪光对焊对工件端面的平整度要求不高，接头质量也较电阻对焊好，但操作比较复杂，对环境也会造成一定污染。闪光对焊常用于重要工件的焊接，可焊相同金属，也可焊异种金属。被焊工件小到 0.01mm 的金属丝，也可焊端面大到 20000mm^2 的金属棒和金属型材。

闪光对焊广泛应用于刀具、钢筋、钢轨、钢管、轮圈等零件的焊接。

2. 摩擦焊

摩擦焊是利用两工件焊接端面之间相互摩擦而产生的热量将工件端面加热到塑性状态后，在压力作用下使它们连接起来的一种压焊方法。

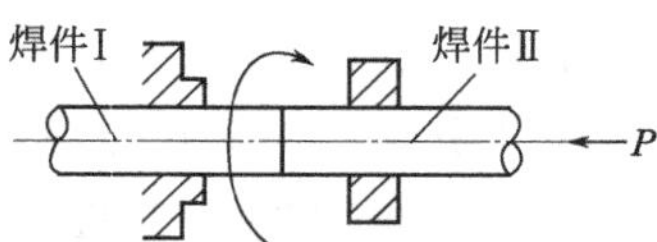

图 11-27 摩擦焊的工作原理

（1）摩擦焊原理 如图 11-27 所示，摩擦焊时先将焊件Ⅰ、焊件Ⅱ分别夹紧，并加压使两工件紧密接触，然后使焊件Ⅰ高速旋转，焊件Ⅱ在一定的轴向压力作用下不断向焊件

Ⅰ方向缓缓移动。接触端面因强烈摩擦而发出大量的热，待端面被加热到塑性状态时，对其施加较大压力使之发生塑性变形，焊件Ⅰ停止旋转。冷却之后，形成致密的焊缝，完成焊接过程。

（2）摩擦焊的特点

① 焊接接头质量高且稳定　由于工件接触表面强烈摩擦，使工件两端面的氧化膜和杂质被清除，因此，接头不易产生气孔、夹渣等缺陷，组织也致密，故接头质量好。

② 适用范围广　摩擦焊不仅适用于同、异种金属的对接，如碳素钢与不锈钢、铝-铜、铝-钢等，甚至可进行非金属（如塑料、陶瓷）以及金属-非金属（如铝-陶瓷）之间的焊接。

③ 生产效率高　焊好一个接头所需时间一般不超过1min，与闪光对焊相比，生产率可提高几倍甚至几十倍。

④ 摩擦焊操作简单，容易实现自动控制，且没有火花和弧光，劳动条件好。

摩擦焊广泛应用于汽车、金属切削刀具、锅炉、石油化工、纺织等工业中。

二、钎焊

钎焊是采用比母材熔点低的金属材料作钎料，将焊件和钎料加热到高于钎料的熔点，但低于母材熔化温度，利用液态钎料润湿母材、填充间隙，并与母材相互扩散实现连接的焊接方法。在钎焊过程中，为了除去工件表面的氧化膜和油污等杂质，保护母材接触面和钎料不受氧化，并增加钎料湿润性和毛细流动性，常使用钎剂。

钎焊按钎料熔点不同可分为软钎焊、硬钎焊。

（1）软钎焊　软钎焊是指钎料熔点在450℃以下的钎焊。常用的钎料为锡铅钎料，用松香、氯化锌溶液等作钎剂。软钎焊具有较好的焊接工艺性，但接头强度低，工作温度低，常用于电子线路的焊接。

（2）硬钎焊　硬钎焊是指钎料熔点在450℃以上的钎焊。常用的钎料有铜基和银基钎料，由硼砂、硼酸、氯化物、氟化物等组成钎剂。硬钎焊的接头强度较高，工作温度也高，适用于机械零部件、刀具的焊接。

与一般焊接方法相比，钎焊的加热温度较低，焊件的应力和变形较小，对材料的组织和性能影响很小，易于保证焊件尺寸。钎焊还能实现异种金属甚至金属与非金属之间的连接。钎焊的主要缺点是接头强度尤其是动载强度低，耐热性差，且焊前清理及组装要求较高。钎焊在电工、仪表、航空和机械制造业中应用较为广泛。

第四节　常用金属材料的焊接

一、金属材料的焊接性

1. 焊接性的概念

焊接性是指材料在限定的施工条件下焊接成满足设计要求的构件，并达到预期使用要求的能力。换句话说，焊接性就是材料焊接加工的适应性，指材料在一定的焊接工艺条件下（包括焊接方法、焊接材料、焊接参数和结构形式等），获得优质焊接接头的难易程度和该焊接接头能否在使用条件下可靠运行。

材料的焊接性包括以下两个方面的内容。

① 工艺焊接性　即焊接时容易形成牢固焊接接头的能力。也就是材料在给定的焊接工艺条件下对形成焊接缺陷的敏感性，它涉及焊接制造工艺过程中的焊接缺陷问题，如裂纹、气孔等。

② 使用焊接性　即已焊成的焊接接头在使用时不易被破坏的能力。也就是材料在规定的焊接工艺条件下形成的焊接接头满足使用要求的能力，它涉及焊接接头的使用可靠性问题。

金属材料的焊接性主要受材料、焊接方法、构件类型及使用要求四个方面因素的影响。材料因素主要指化学成分、热处理条件、组织状态和力学性能等，其中化学成分对焊接性影响最大，如低碳钢焊接性好，高碳钢焊接性差；低合金钢的焊接性较好，高合金钢的焊接性较差。焊接方法对焊接性也有影响，如铝在气焊和焊条电弧焊条件下，焊接性较差，但是在氩弧焊技术出现后，铝的焊接接头能达到很高的技术要求，焊接性能良好。构件类型（例如板的厚度、构件的刚度和复杂程度等）对焊接成符合设计要求、没有裂纹的合格构件的难易程度也有影响，从而影响焊接性的好坏。焊接件的使用要求低，则容易焊接，使用要求高，则不容易焊接。因此，焊接性是个相对概念，它受到材料、工艺方法及焊接技术等因素的制约。

2. 金属焊接性的评定方法

金属焊接性的评定，通常是检测金属材料焊接时产生裂纹倾向的程度。检测的方法是进行抗裂性试验，但比较麻烦。对于碳钢和普通低合金钢可以用碳当量等来粗略预测其焊接性的好坏。

影响碳钢和普通低合金钢焊接性的主要因素是化学成分。钢中的碳和合金元素对焊接性都会产生影响，但其影响程度不同。在钢中，碳对焊接性的影响最明显。在预测碳钢和低合金钢的焊接性时，可以把钢中的合金元素（包括碳）的含量按其对焊接性的影响程度不同换算成碳的相当含量，其总和称为碳当量，常用符号 C_E 表示。根据碳当量（C_E）可粗略预测碳钢和普通低合金钢的焊接性。

通过大量的试验研究和实践经验，国际焊接学会推荐碳钢和普通低合金钢焊接的碳当量（C_E）计算公式为

$$C_E = \mathrm{C} + \frac{\mathrm{Mn}}{6} + \frac{\mathrm{Cr}+\mathrm{Mo}+\mathrm{V}}{5} + \frac{\mathrm{Ni}+\mathrm{Cu}}{15} \tag{11-1}$$

式中的化学元素符号都表示该元素在钢中的质量分数。在评价某个牌号钢的焊接性时，应取其最高含量来计算碳当量，因为碳当量越高，焊接性越差，越难焊。如果评价某种钢在一般情况下（有代表性）的焊接性，也可以取其平均含量来计算碳当量，因为大多数钢的元素含量，都处在这种含量范围的平均值附近。大量实践经验表明：

① 当 $C_E < 0.4\%$时，钢的焊接性良好。焊接时，一般不需要采用特殊工艺措施就能获得优良的焊接接头。但在焊件厚度和结构刚度较大或低温焊接时，应考虑焊前适当预热或采取其他工艺措施来防止冷裂纹的出现。

② 当 $C_E = 0.4\% \sim 0.6\%$时，钢的焊接性较差。焊接时，接头处容易产生冷裂纹，因此应采取焊前预热、焊后缓冷等工艺措施。

③ 当 $C_E > 0.6\%$时，钢的焊接性差。焊接时，接头处产生裂纹和硬脆组织的倾向严重，应当采取焊前预热、焊后缓冷等工艺措施并进行去应力退火处理。

表 11-6 列举了常用金属材料对各种焊接方法的焊接适应性，亦即各种焊接方法对金属材料可焊性的评定。

表 11-6 常用金属材料的可焊性比较

金属材料	焊接方法									
	手工电弧焊	气焊	二氧化碳焊	埋弧焊	氩弧焊	点焊	缝焊	对焊	摩擦焊	钎焊
灰口铸铁	优	优	差	—	良	—	—	劣	劣	差
低碳钢	优	优	优	优	优	优	优	优	优	优
高碳钢	优	优	良	良	良	良	良	优	优	差
低合金钢	优	优	优	优	优	优	优	优	优	优
铝	差	良	劣	差	优	优	优	优	优	良
硬铝	劣	差	劣	劣	良	优	优	优	良	差
铜合金	优	良	差	差	优	差	差	优	优	优

二、碳钢的焊接

1. 低碳钢的焊接

低碳钢的含碳量小于 0.25%，一般没有淬硬、冷裂倾向，所以低碳钢的焊接性良好。焊接前通常不需要预热，不用采取特殊的工艺措施，几乎所有的焊接方法都可用来焊接低碳钢，并能获得优良的焊接接头。但厚度较大的结构，在 0℃以下低温焊接时应考虑预热。例如板厚大于 50mm，在低于 0℃的环境温度下焊接时，应预热到 100～150℃。

目前，低碳钢应用最多的焊接方法是焊条电弧焊、埋弧自动焊、气体保护焊、电渣焊和电阻焊。

低碳钢工件采用焊条电弧焊焊接时，一般采用 J422 焊条或 J427 焊条；采用埋弧自动焊焊接时，一般采用 H08A 或 H08MnA 焊丝配 HJ431；采用 CO_2 气体保护焊焊接时焊丝采用 H08Mn2SiA。

2. 中碳钢的焊接

中碳钢由于含碳量增加，碳当量在 0.4%以上，淬硬倾向增大，因此中碳钢焊接的主要问题是冷裂纹问题。例如 35 钢和 45 钢焊接时，一般要预热到 150～250℃。此外，还应该注意降低焊缝金属的含碳量，以改善焊接性能（为保证必要的强度，可采取渗合金元素等措施）。

焊接中碳钢时常采用 J507 焊条，其熔敷金属含碳量较低（不大于 0.12%），但含锰量较多（达 0.8%～1.3%）。焊接时应采用细焊条、小电流、开坡口、多层多道焊等工艺，防止含碳量高的母材过多熔入焊缝，并采取焊前预热、焊后缓冷等措施，防止冷裂纹的产生。

3. 高碳钢的焊接

高碳钢的含碳量大于 0.60%，其焊接特点与中碳钢基本相似，但焊接性更差。所以，这类钢一般不用来制作焊接结构件，仅用焊接来修补工件，常采用焊条电弧焊或气焊进行修补，焊前应进行预热，焊后缓冷。

三、合金钢的焊接

1. 低合金高强度结构钢的焊接

低合金高强度结构钢主要是指用于制造金属结构的建筑和工程用钢，这类钢主要用于制造压力容器、锅炉、桥梁、船舶、车辆、起重机和工程机械等。

低合金高强度结构钢常采用焊条电弧焊和埋弧自动焊进行焊接，相应的焊接材料见表11-7。此外，低合金高强度结构钢也可采用气体保护焊，强度级别较低的可以用 CO_2 气体保护焊，焊丝采用 H08Mn2SiA。低合金高强度结构钢由于含碳量低，合金元素含量也较低，焊接性良好，因此焊接时一般不需要预热，但是当板厚大于 40mm 时，或环境温度较低时，则应该进行适当预热，焊后应进行消除应力处理。

表 11-7　常用低合金高强度结构钢及其焊接材料

强度等级(R_{eH})		钢号	碳当量	焊条电弧焊焊条	埋弧自动焊	
kgf/mm²	MPa				焊丝	焊剂
30	295	Q295	0.36	J422 J427	H08A H08MnA	HJ431
35	345	Q345	0.39	J502 J507	H08A(不开坡口) H08MnA(开坡口)	HJ431
40	390	Q390	0.4	J502 J507 J506 J557	不开坡口对接 H08MnA	HJ431
					中板开坡口 H10Mn2 H08Mn2SiA	HJ431
					厚板深坡口 H08MnMoA	HJ350 HJ250

对于强度级别大于 390MPa 的低合金高强度结构钢，由于淬硬、冷裂倾向增大，焊接性较差，一般都要进行预热。在焊接时常在工艺上采取以下措施防止冷裂纹的产生。

① 采用低氢焊条（即碱性焊条）并严格按规定参数烘干焊条。

② 清除坡口及两侧各 20mm 范围内的锈、水、油污，并进行焊前预热。

③ 采用小焊接电流、多层多道焊和合理的焊接顺序以减小焊接应力。

④ 焊后缓冷，必要时采取除氢处理和及时进行去应力退火处理等。

2. 不锈钢的焊接

（1）奥氏体不锈钢的焊接　奥氏体不锈钢具有较好的焊接性，一般不需要采取特殊的工艺措施，通常采用手工电弧焊、氩弧焊和埋弧焊进行焊接。焊接奥氏体不锈钢存在的主要问题是焊缝的热裂纹倾向和焊接接头的晶间腐蚀。

热裂纹倾向主要是由于钢中多种元素（如硅、硫、磷等）形成的低熔点共晶体沿奥氏体晶界分布，降低了晶界强度，同时由于奥氏体不锈钢的热导率小（约为低碳钢的 1/3），线胀系数大（约为低碳钢的 1.5 倍），焊接时容易形成较大的焊接应力，使焊件在高温下产生裂纹。

晶间腐蚀是由于焊接时热影响区晶粒内部的碳原子扩散并富集于晶界，与晶界附近的铬原子形成碳化物，使晶界附近出现贫铬区，从而失去抗腐蚀的性能。

为了防止热裂纹和晶间腐蚀缺陷的产生，应选择与母材成分相匹配，且碳、硅、硫含量都很低的不锈钢焊条，使焊缝获得奥氏体加少量铁素体或稳定碳化物的双相组织；焊接时应采用小电流、短弧、焊条不摆动、快速焊等措施，尽量避免金属过热；接触腐蚀介质的表面应最后焊。对于有较高耐蚀性要求的重要结构，焊后还要进行固溶处理，以消除晶界的局部贫铬现象，提高抗晶间腐蚀能力。

（2）铁素体不锈钢的焊接　铁素体不锈钢焊接的主要问题是过热区晶粒长大引起的脆化和裂纹。因此，焊接时要采用较低的预热温度（一般不超过 150℃），以防止过热脆化，缩短高温停留时间。此外，采用小能量焊接工艺可以减小晶粒的长大倾向。

（3）马氏体不锈钢的焊接　马氏体不锈钢的焊接性较差，其主要问题是焊接接头产生冷裂纹和淬硬倾向较大。焊接时要采用防止冷裂的一系列措施，厚度大于 3mm 的焊件往往要进行预热，焊后要进行去应力退火处理，以提高焊接接头的性能，消除焊接残余应力。

铁素体不锈钢和马氏体不锈钢常用的焊接方法为手工电弧焊和氩弧焊。

四、铸铁的焊补

铸铁件在铸造生产过程中经常产生缺陷，或在使用过程中出现裂纹等。铸铁由于含碳量高，硫、磷杂质多，因此其焊接性差。铸铁焊接的主要问题有两个：一是容易产生白口组织，难以加工；二是容易产生冷裂纹，此外还易产生气孔。因此铸铁只能通过焊接修补铸铁件局部产生的缺陷。目前生产中焊补铸铁的工艺有热焊和冷焊两种方法。

1. 热焊

热焊是把工件整体或局部预热到 600～700℃，在焊接过程中保持预热温度，焊后缓慢冷却的焊接方法。热焊时由于工件温度高，因此可降低工件焊后的冷却速度，减小焊接应力，防止出现白口组织和焊接裂纹。热焊采用的焊接方法是气焊或焊条电弧焊。气焊时采用含硅量高的铸铁焊丝作填充金属，其含硅量为 3.5%～4.0%，并要用气焊熔剂去除氧化物，通常采用 CJ201 或硼砂；采用焊条电弧焊时，常采用铸铁焊芯的铸铁焊条 Z248 或钢芯石墨化铸铁焊条 Z208。铸铁热焊时劳动条件差、能耗大、成本高，一般用于焊补小型、中等厚度（大于 10mm）的灰铸铁件和焊接后需要加工的复杂、重要的灰铸铁件，如汽车的汽缸、机床的轨道等。

2. 冷焊

铸铁在冷焊时一般不预热或采用较低的温度预热。铸铁冷焊用于不能预热或不便预热的铸铁件的焊补，焊接方法常用焊条电弧焊。铸铁的焊条电弧焊冷焊是依靠焊条来调整焊缝的化学成分，提高塑性，防止白口组织和裂纹的产生。焊补前要注意清除缺陷，在裂纹两端钻止裂孔，防止裂纹扩展。

铸铁冷焊常用的焊条有以下几种。

（1）镍基焊条　这类焊条有纯镍铸铁焊条 Z308、镍铁铸铁焊条 Z408 和镍铜铸铁焊条 Z508。其焊缝为镍基合金，塑性好，有良好的抗裂性及加工性能，但成本高，因此一般只用于重要的灰铸铁件加工面的焊补，如机床导轨面的冷焊焊补等。镍铁铸铁焊条的焊缝强度较高，还可用来焊补球墨铸铁件。

（2）结构钢焊条　常用的这类焊条有 J507。焊接时一般采用小直径焊条、小焊接电流、短弧、不摆动、短焊缝（一次焊接一般不超过 50mm）、断续焊、分散焊等工艺。焊接后立即轻轻锤击焊缝，以减小焊接应力。冷焊工艺运用得好也可以做到不出现裂纹，也可修复一些重要设备。但是，这类焊条一般多用于非加工面的焊补。

总之，铸铁焊补应根据铸铁件的结构和缺陷情况以及铸铁件使用与加工的要求，按上述分析选择较为合适的工艺与焊接材料。对于薄壁的小型铸铁件中的缺陷，一般可采用气焊焊补，用气焊火焰对工件局部进行预热，降低焊后的冷却速度，减小应力，也可取得较好的效果。

五、有色金属的焊接

常用的有色金材料有铝、铜、钛及其合金等。由于它们具有许多特殊的性能，在工业中的应用越来越广泛，因此其焊接技术也越来越重要。

1. **铝及铝合金的焊接**

铝及铝合金焊接过程中的主要问题如下。

① 极易氧化　铝很容易被氧化生成难熔的 Al_2O_3 薄膜（熔点为 2050℃）覆盖在工件表面，阻碍母材的熔合。另外，Al_2O_3 薄膜密度大，易进入焊缝造成夹杂，影响焊接接头的力学性能。

② 易产生气孔　氢在液态铝合金中的溶解度比固态铝中的溶解度高 20 多倍，所以熔池凝固时氢气来不及完全逸出，在焊缝中形成氢气孔。另外，弧柱气氛中的水分、焊接材料以及母材吸附的水分对焊缝气孔的产生也有重要的影响。

③ 焊接变形大　铝合金的线胀系数比钢约大 1 倍，在拘束条件下焊接时易产生较大的焊接应力。另外，铝的导热快，热影响区大，也使得焊接变形的倾向增大。

④ 熔体难控制　铝及铝合金从固态熔化为液态时没有颜色的明显变化，使操作者难以判断熔化程度，不易控制焊接时的温度，有可能出现焊件烧穿等缺陷。

从总体上来看，在现代焊接技术条件下，氧化和气孔问题已经较好地得到解决。工业纯铝和大部分防锈铝（如不可热处理强化的铝锰合金和铝镁合金）的焊接性能良好，而可热处理强化铝合金的焊接性较差。目前，工业上广泛采用氩弧焊、电阻焊和钎焊等方法来焊接铝及铝合金。

氩弧焊是熔焊中焊接铝及铝合金较为理想的焊接方法。由于氩气的保护效果好，因此焊接质量优良，焊缝成型美观，耐腐蚀性能好。一般铝板厚度小于 8mm 时采用钨极氩弧焊；厚度在 8mm 以上时采用熔化极氩弧焊。因铝的导热性好，所以对较厚的铝板进行焊接时，若采用钨极氩弧焊，则需要焊前预热，生产效率较低。需要强调的是，在焊接前工件和焊丝必须经过严格的清理和干燥，以减少氢及其他有害元素的来源。

对于焊接质量要求不高的纯铝和不可热处理强化的铝合金，也可采用气焊。气焊的主要优点是经济、方便，但生产效率低，耐腐蚀性能差，焊接变形大，主要适用于焊接板厚为 0.5～2mm 的小薄件。同时气焊时必须采用气焊熔剂 CJ401 去除氧化物。

母材为纯铝、Al-Mn、Al-Mg、Al-Cu-Mg 和 Al-Zn-Mg 合金时，焊丝可以采用成分相同的铝合金焊丝，甚至可从母材上切下窄条作为填充金属。对于可热处理强化的铝合金，为防止产生热裂纹，可采用铝硅合金焊丝 HS311。

2. **铜及铜合金的焊接**

铜及铜合金分为紫铜、黄铜和青铜等。焊接结构件常用的是紫铜和黄铜，铜及其合金焊接时的主要问题如下。

① 难熔合、易变形　铜的热导率（在 20℃时）比低碳钢高 7 倍以上，焊接时热量极易散失，不易达到焊接所需温度，容易出现填充金属与母材金属难熔合、工件未焊透、焊缝成型差等缺陷。铜的线胀系数和凝固时的收缩率都大，导热能力强还会使热影响区范围宽，因此工件的焊接应力大，易变形。

② 易产生气孔　铜的热导率高，所以铜焊缝的凝固过程进行得特别快，并且氢在液态铜中的溶解度比固态铜中高数倍，因此焊缝在凝固前，熔池易为氢所饱和而形成气泡，在凝固结晶过程很快进行的情况下气泡不易上浮逸出，促使焊缝中形成气孔。另外氢还与熔池中的 Cu_2O 反应生成水蒸气，使焊缝中易出现氢气和水蒸气气孔。

③ 热裂纹倾向大　铜和铜合金中一般含有 Pb、Bi、S 等杂质元素，它们是铜及其合金中的有害杂质。铜在液态时容易氧化形成 Cu_2O，硫化形成 Cu_2S。Cu_2O、Cu_2S 以及 Pb、

Bi等元素都能与铜形成低熔点共晶体存在于晶界上，易产生热裂纹。如Bi不溶解于铜，而与铜形成低熔点共晶体（共晶温度为270℃），析出于晶间；Pb微量溶于铜，但Pb量稍高时会与Cu形成共晶温度为955℃的低熔点共晶体（Cu+Pb）。这些共晶体的出现降低了焊缝金属的抗热裂能力。

由于上述原因，铜及铜合金焊接接头的塑性和韧性下降明显，为此须采用能量密度大、热量集中的热源设备、焊前预热（150～550℃）来防止未熔合、未焊透现象的产生并减小焊接应力与变形；焊接时应采用严格限制杂质含量、加入脱氧剂、控制氢来源、降低熔池冷速等措施，防止裂纹、气孔等缺陷的产生；焊后应采用退火处理以消除应力。

焊接铜和铜合金常用的焊接方法有氩弧焊、气焊、埋弧焊和钎焊。

氩弧焊是焊接铜和铜合金应用最广的熔焊方法。其中钨极氩弧焊（TIG）具有电弧能量集中、保护效果好、热影响区窄、操作灵活的优点，已经成为铜及铜合金熔焊方法中应用最广的一种，特别适用于中、薄板和小件的焊接和焊补。厚度小于3mm的工件采用TIG焊，可不开坡口不加焊丝；板厚在4～10mm时，一般开V形坡口；板厚大于10mm开双Y形坡口，并采用填丝TIG焊。所用焊丝除满足一般工艺、冶金要求外，应注意控制其杂质含量和提高脱氧能力。熔化极氩弧焊（MIG）可用于所有铜及铜合金的焊接。对于厚度大于3mm的铝青铜、硅青铜和铜镍合金一般选用熔化极氩弧焊，主要由于MIG焊的熔化效率高，熔深大，焊速快。

气焊黄铜时应采用弱氧化焰，其他均采用中性焰，由于温度较低，除薄件外，焊前应将工件预热至40℃以上，焊后应进行退火或锤击处理。埋弧焊适用于中、厚板长焊缝的焊接。厚度20mm以上的工件焊前应预热，单面焊时背面应加成型垫板。

硬钎焊时采用铜基钎料、银基钎料，配合硼砂、硼酸混合物等作为钎剂；软钎焊时可用锡铅钎料，配合松香、焊锡膏等作为钎剂。

3. 钛及钛合金的焊接

钛及钛合金具有高的比强度（强度/密度）、抗腐蚀性、较小的热膨胀系数和好的低温韧性，是航空航天工业中的理想材料，因此焊接该种材料成为在尖端技术领域中必然要遇到的问题。

钛及其合金的主要焊接问题是气孔、裂纹等。由于极易吸收氮、氢、氧各种气体，因此容易使焊缝出现气孔。过热区晶粒粗大或钛马氏体生成以及氢、氧、氮与母材金属的激烈反应，都会使焊接接头脆化，产生裂纹。氢是使钛及其合金焊接出现延迟裂纹的主要原因。

钛及钛合金的性质活泼，溶解氮、氢、氧的能力很强，极易出现多种焊接缺陷，焊接性差。因此，常规的焊条电弧焊、气焊、CO_2气体保护焊都不适用于钛及钛合金的焊接。应用最多的是钨极氩弧焊和熔化极氩弧焊，等离子弧焊、电子束焊、钎焊等也有应用。

目前，3mm以下薄板钛合金的钨极氩弧焊焊接工艺比较成熟，但焊前的清理工作、焊接中工艺参数的选定和焊后热处理工艺都要严格控制。

第五节　焊接件的结构工艺性

焊接件的结构工艺设计，除应考虑结构的使用性能外，还应考虑焊接工艺对结构的要求，以保证焊接质量优良、工艺简便、生产效率高、生产成本低。焊接件结构设计主要包括焊件结构材料的选择、焊接接头形式的确定、焊缝位置的布置等内容。

一、焊接结构材料的选择

选择焊接结构材料是结构设计中的重要环节之一。可选用的金属材料很多，设计者必须熟悉材料的焊接性能。根据焊接结构的形式、尺寸和使用性能要求、工作环境与载荷条件、对体积和重量的要求、材料的工艺性能以及焊件的制造成本等众多因素做出全面考虑，进行综合分析，做出正确选择，以确保焊接结构设计合理、制造经济、服役安全可靠。

1. 载荷条件

焊接结构可承受的载荷，除静载荷外，还有冲击载荷等，因此，要根据具体情况来选择合适的材料。如果承受冲击载荷，就应选择韧性较好的材料。

2. 工作环境

工作环境主要包括工作温度、工作介质情况。如果是在高温下工作的焊接结构，就要求材料有足够高的高温强度、良好的抗氧化性能和组织热稳定性，以及较高的蠕变极限和持久极限，应选用耐热钢或高温合金；如果是在腐蚀介质中工作，就要求材料有好的抗腐蚀性能，应选用适当的不锈钢或者耐酸钢。

3. 体积和重量要求

对体积和重量有要求的焊接结构，如车、船、航空航天设备等，应选用比强度高的材料，以达到减轻结构重量的目的。例如选用低合金高强度钢替代普通的低碳钢、优质的高强铝合金代替优质碳素钢，可大大减轻设备的重量。

4. 工艺性能

工艺性能包括金属的焊接性能、切削加工性能、热处理性能等。在焊接量较大的结构中，所选的材料焊接性能要好。一般选择焊件材料时，应在保证焊接结构使用性能要求的前提下，尽可能选用焊接性优良的材料来制造焊接结构件。一般含碳量小于0.25%的碳钢和含碳量小于0.20%的低合金钢均具有优良的焊接性能，应尽量选用；含碳量大于0.50%的碳钢和含碳量大于0.40%的合金钢，焊接性能差，一般不宜采用。其次，所选材料要有好的切削加工性能，以便于加工成型。对于结构复杂或尺寸较大的结构，还要求材料有良好的热处理性能，以便于改善焊接接头的性能。

5. 经济性

在焊件成本中，材料是一个重要组成部分。选材时应按照产品的使用要求、工作环境及焊接工艺等因素综合考虑，在满足使用要求和工艺要求的前提下，尽量选用价格低的材料。一般强度级别较低的材料，价格也低。

二、焊接接头形式的选择

焊接接头的基本形式有：对接接头、搭接接头、角接接头和T形接头四种，如图11-28所示。不同类型的接头有各自的优缺点和应用范围，另外，不同的焊接工艺及方法也有其特殊的接头形式。

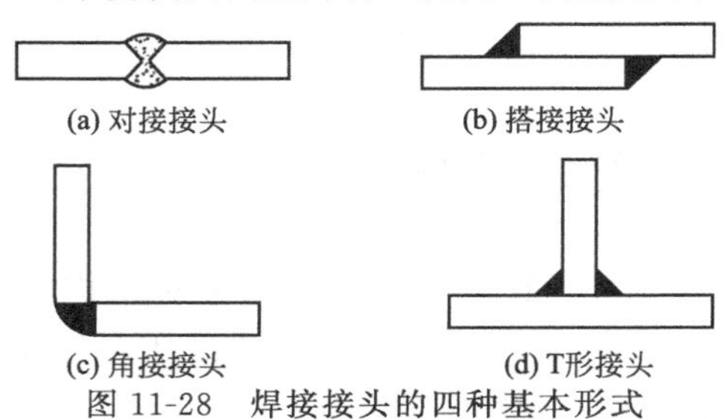

图 11-28 焊接接头的四种基本形式

接头形式的选择应考虑焊接件结构形状、使用要求、焊件厚度、变形大小、焊条消耗量、坡口加工的难易程度等因素。

对接接头应力分布均匀，接头质量容易保

证，节省材料，在焊接结构中应用最多。例如锅炉、压力容器等结构中的受力焊缝常采用对接接头，但对接接头对焊前准备和装配要求较高。

搭接接头常用于对焊前准备和装配要求简单的板状结构中，但因两工件不在同一平面上，受力时将产生附加弯曲应力，降低接头强度，且不经济，故搭接接头是薄板焊件的基本接头形式。厂房屋架、桥梁、起重机吊臂等桁架结构，也常采用搭接接头。

当接头构成直角连接时，通常采用角接或 T 形接头。角接接头一般只起连接作用，不能用来传递工作载荷。T 形接头应用比较广泛，在船体结构中，约有 70%的焊缝采用这种接头形式。

三、焊缝的布置

根据焊缝在空间的位置不同，焊缝可分为平焊、横焊、立焊和仰焊四种类型，如图 11-29 所示。其中平焊操作方便，易于保证焊缝质量，故焊接时，应尽量使焊缝处于平焊位置。

焊接结构中焊缝位置是否合理，对焊接接头质量和生产率都有很大影响。因此，布置焊缝时考虑以下原则。

① 焊缝位置应便于焊接操作。焊条电弧焊时，应考虑到有足够的焊接操作空间，如图 11-30 所示，以满足焊接运条的需要，便于焊接操作，提高生产效率。

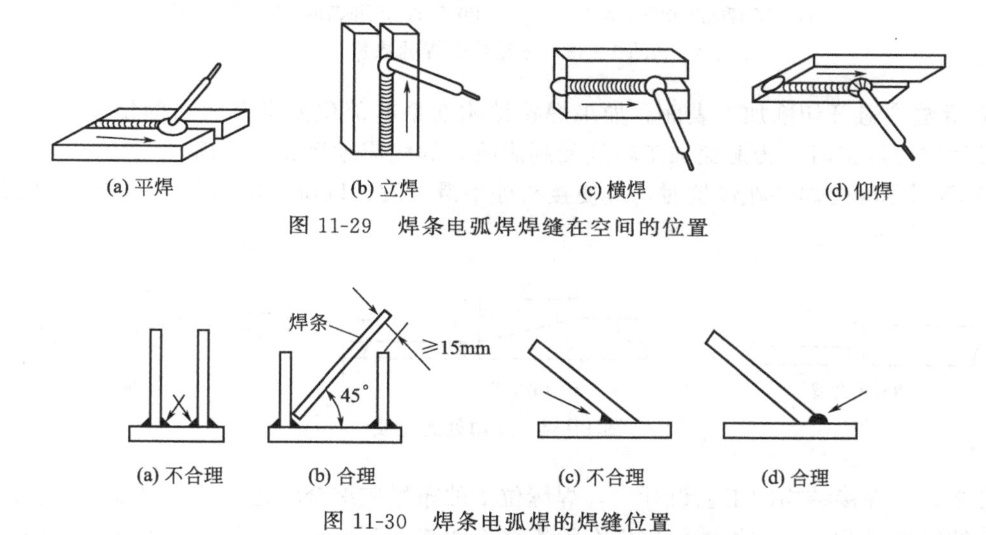

图 11-29 焊条电弧焊焊缝在空间的位置

图 11-30 焊条电弧焊的焊缝位置

② 焊缝应避开应力最大或者应力集中的部位。尽量避免在焊缝处承受较大载荷，提高焊接件的使用寿命，避免在焊接接头薄弱处（特别是焊接缺陷处）提前出现断裂破坏现象，如图 11-31 所示。

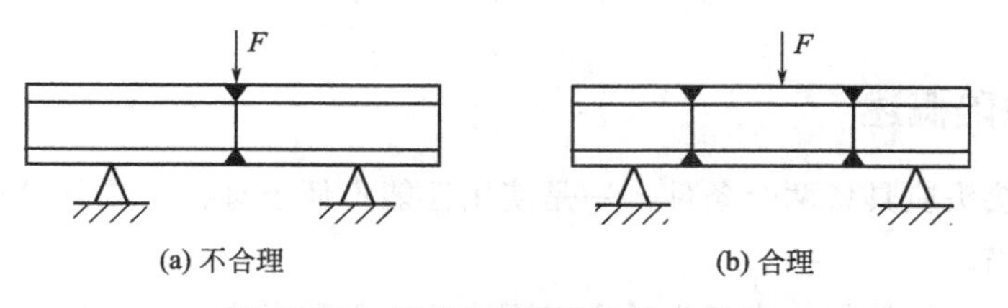

图 11-31 焊缝应避开应力最大部位

③ 焊缝应尽可能对称分布，尽量避免密集和交叉。焊缝密集或交叉会使接头处严重过热，力学性能下降，并将增大焊接应力。如图 11-32 所示，其中图 11-32(a)～(c) 所示焊缝布置不合理，图 11-32(d)～(f) 所示焊缝布置合理。一般两条焊缝的间距要大于 3 倍的钢板厚度且不小于 100mm。

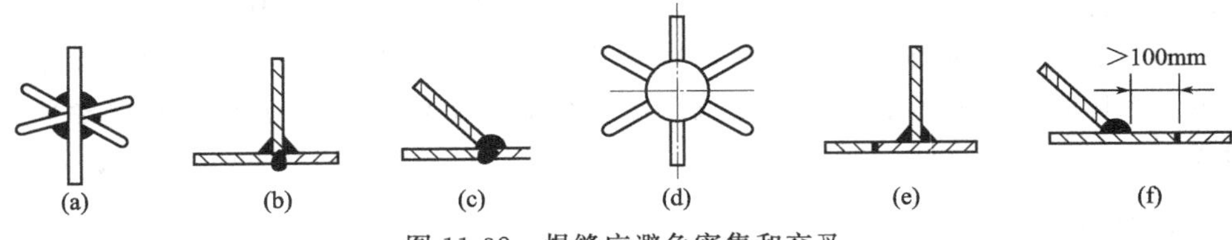

图 11-32 焊缝应避免密集和交叉

④ 尽量减少焊缝的数量和焊缝的总长度，以减小焊接应力与变形，同时，减少焊接材料的消耗量，降低材料成本，减少工作量，提高生产效率，如图 11-33 所示。

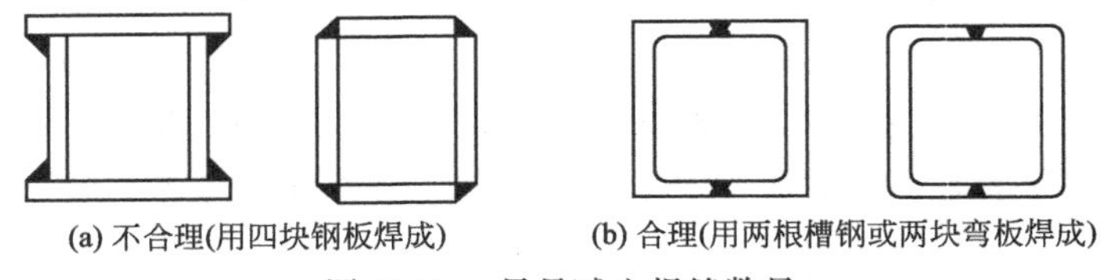

图 11-33 尽量减少焊缝数量

⑤ 焊缝应避开切削加工表面。如果焊接结构在某些部位要求有较高的精度，且必须切削加工后进行焊接时，为避免加工精度受到影响，焊缝应远离加工表面。

⑥ 不同厚度的焊件在焊接时，应使接头处平滑过渡，以避免应力集中，产生开裂现象，如图 11-34 所示。

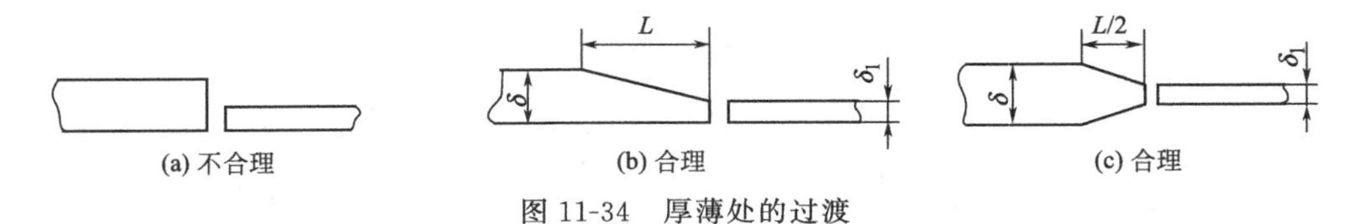

图 11-34 厚薄处的过渡

总之，在焊接结构的工艺设计中，焊缝位置的布置应综合考虑焊接的可操作性、焊接过程的可控制性以及焊接结构的使用安全性等多个方面，不仅保证焊接生产效率高、劳动强度低，而且要确保焊接接头质量好、焊接结构使用寿命长。

第六节 焊接的质量控制

一、焊接缺陷概述

优质的焊接接头应具备两个条件：一是使用性能不低于母材；二是没有技术条件中规定不允许存在的缺陷。

焊接过程中，在焊接接头中产生的金属不连续、不致密或连接不良的现象，称为焊接缺陷。焊接缺陷的种类很多，有些是因为在焊接过程中操作不当或焊接参数不正确造成的，如未焊透、咬边、烧穿等；有些是在化学冶金、凝固或固态相变过程中造成的，如气孔、夹渣和裂纹等；另外，焊接结构设计不合理也会造成不应有的焊接缺陷。

焊接缺陷的存在，不仅严重削弱了焊接接头的强度，降低焊接结构的使用性能，缩短焊件的使用寿命，有时还会带来灾难性事故。因此，有必要了解焊接缺陷产生的原因，并掌握防止焊接缺陷产生的措施及方法。

二、常见焊接缺陷的产生原因和防止措施

1. 焊接裂纹

焊接裂纹是指在焊接过程中或焊接以后，在焊接接头区域内出现的金属局部破裂的现象。焊接裂纹可能出现在焊缝上，也可能出现在焊缝两侧的热影响区中，有时会出现在焊件的表面，有时还会出现在焊件的内部。按照裂纹产生的机理不同，焊接裂纹通常可分为热裂纹和冷裂纹两类。

（1）焊接热裂纹

① 热裂纹及其特征　热裂纹主要包括结晶裂纹和液化裂纹。焊接时，在焊接结晶过程中发生在焊缝区的热裂纹称为结晶裂纹；发生在热影响区并在加热到过热温度时因晶间低熔点杂质发生熔化并受到焊接应力作用而产生的热裂纹称为液化裂纹。

热裂纹的微观特征是沿晶界开裂，所以又称为晶间裂纹。由于热裂纹是在高温下形成的，所以裂纹表面有氧化色。

② 热裂纹产生的原因　产生热裂纹的原因主要有两个。

a. 低熔点物质的存在　在焊接过程中，焊缝结晶的柱状晶形态会导致低熔点杂质偏析，从而在晶间形成一层液态薄膜。在热影响区中的过热区中，若晶界处存在较多的低熔点杂质，也会形成晶间液态薄膜。

b. 接头中拉应力的存在　液态薄膜的存在并不一定会产生裂纹，但液体薄膜强度低，在拉力的作用下很容易开裂，从而产生焊接热裂纹。因此焊接拉应力是热裂纹形成的必要条件。

③ 热裂纹的防止措施　防止热裂纹的措施主要有：

a. 限制母材和焊材中硫、磷等易形成低熔点杂质的元素的含量；

b. 适当提高焊缝成型系数，防止中心偏析；

c. 采用减小焊接应力的工艺措施，如合理安排焊接顺序、合理布置焊缝、焊前预热等；

d. 收尾弧坑要填满，避免应力集中。

（2）焊接冷裂纹

① 冷裂纹的形态和特征　焊缝和热影响区都可能产生冷裂纹，常见的冷裂纹形态有以下三种。

a. 焊道下裂纹　在焊道下的热影响区内形成的焊接冷裂纹，常沿平行于熔合线的方向扩展。

b. 焊趾裂纹　沿应力集中的焊趾处形成的焊接冷裂纹，在热影响区扩展。

c. 焊根裂纹　沿应力集中的焊缝根部形成的焊接冷裂纹，向焊缝或热影响区内扩展。

焊接冷裂纹的特征是无明显分支，通常表现为穿晶开裂，裂纹表面无氧化色。

② 冷裂纹产生的原因　导致产生焊接冷裂纹的因素有以下三个。

a. 淬硬组织的存在　在焊接热的作用下，钢材的热影响区出现奥氏体组织，冷却时容易形成马氏体，产生较大应力而引起开裂。钢材中含碳量和合金元素含量越高，这种淬硬倾

向越严重，越容易产生裂纹。

b. 残余氢的含量　焊接时在电弧的高温下水会分解出氢，熔池中的金属会吸收大量的氢。在焊缝凝固后，部分氢残留在焊缝中，并富集于缺陷处，使焊缝脆化。

c. 焊接拉应力的存在　焊接接头的应力按产生机理分为热应力、组织应力和刚性拘束应力三种，按应力的作用效果分为拉应力和压应力两种，其中拉应力危害最大，它不仅是热裂纹产生的必要条件，也是冷裂纹产生的必要条件。因此，淬硬组织、残余氢和拉应力并称为“冷裂纹三要素”，多数情况下，是在它们的共同作用下产生冷裂纹的。

③ 防止冷裂纹的措施　主要是从“冷裂纹三要素”出发来控制冷裂纹的产生，其具体措施如下。

a. 减少氢的来源，限制氢含量。如选用低氢型碱性焊条或焊剂、焊前清理坡口及附近母材上的铁锈和油脂、烘干焊材等，以减少氢的来源。

b. 焊件焊前预热，焊后缓冷。降低焊后冷却速度，可以避免产生淬硬组织，并可减小焊接应力。

c. 采取减小焊接应力的工艺措施。如对称焊、小的线能量的多层多道焊等，必要时，焊后立即进行除氢处理。

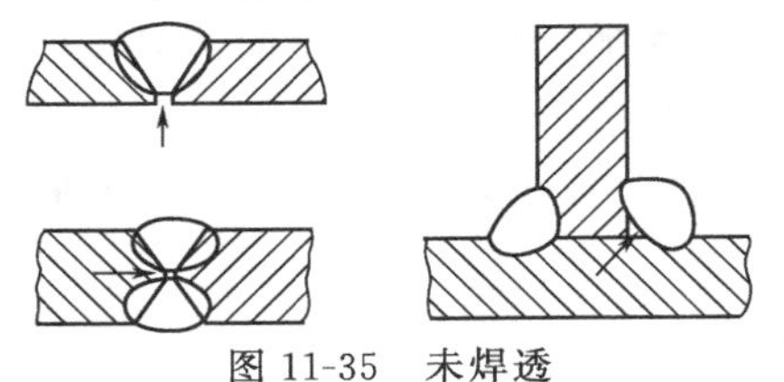

图 11-35　未焊透

2. 未焊透

未焊透是指填充金属与母材金属未熔合的缺陷，可能发生在单面焊和双面焊的根部或坡口的边缘以及多层焊的层和层之间，如图 11-35 所示。它相当于一条裂纹，危害很大，因此，应尽量避免。

(1) 未焊透产生的原因　未焊透产生的原因主要是焊接电流小、焊接速度大；装配间隙太小、坡口太小或钝边太大；焊条未对准焊缝中心；电弧太长以及接头表面有油污、油漆、铁锈等。

(2) 防止未焊透的方法　焊接时要选择大一些的电流，放慢焊接速度，控制装配间隙和坡口尺寸，保证坡口金属充分熔化。另外，焊接时注意焊条倾斜角度要适当，运条时在坡口两侧稍做停留，在焊前要注意彻底清除接头表面的污物和铁锈。

3. 夹渣

夹渣是指焊缝金属内部或表面包含的非金属夹杂物，如图 11-36 所示。夹渣的存在不仅会降低焊接接头的承载面积和承载能力，而且当夹渣边缘有尖锐形状时，还会在该处形成应力集中，导致焊件开裂。

(1) 夹渣产生的原因　熔池氧化后产生的氧化物、焊条熔渣或其他杂质，由于其本身密度过大、熔体黏度过大、上浮阻力增加或焊缝金属凝固速度太快，导致在焊缝金属凝固前，没有完全上浮去除而残留在焊缝金属内部或表面而造成夹渣。

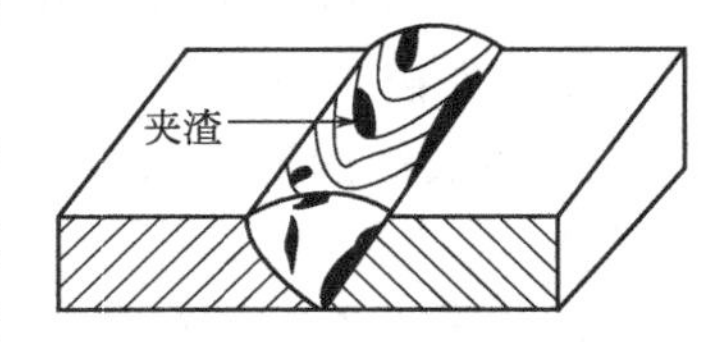

图 11-36　夹渣

(2) 防止夹渣的方法

① 彻底清除渣壳和坡口边缘的氧化皮及多层焊道间的焊渣。

② 正确运条，有规律地搅动熔池，促使熔渣与铁水分离。

③ 适当减慢焊接速度，增加焊接电流，以改善熔渣浮出条件。

④ 选择适宜的坡口角度。

⑤ 调整焊条药皮或焊剂的化学成分，降低熔渣的熔点。

另外，多层焊或多道焊时每焊完一层要彻底清除渣壳后再焊第二层，也可有效减少夹渣的出现。

4. 气孔

气孔是指焊缝金属内包含的圆形小孔洞，如图 11-37 所示。气孔是焊接时熔池内的气体在熔池凝固之前未能及时逸出，残留在焊缝金属内部形成的空穴。气孔的存在降低了焊缝的致密度，减小了焊缝的有效承载面积，降低了接头的力学性能，因此，应尽量控制气孔的产生，以免影响焊接接头质量。

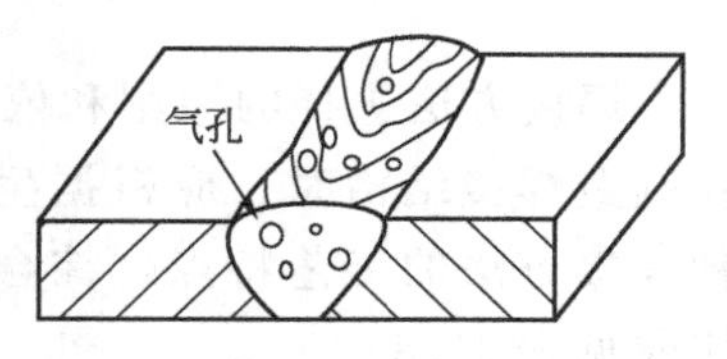

图 11-37 气孔

（1）气孔产生的原因　高温下溶解在焊缝液态金属中的大量气体，随着温度的下降，其溶解度降低，如果气体来不及逸出熔池表面就导致了气孔的产生。因此，在焊接过程中熔池保护不好，溶入熔池的气体越多，产生气孔的倾向就越大。氢、氮在铁液中的溶解度较大，所以气孔多为氢气孔、氮气孔。另外，氧化严重时熔池中会存在较多的 FeO，FeO 与 C 发生反应，生成 CO 气体，也经常使焊缝中出现 CO 气孔。因此，焊接过程中，熔池氧化越严重，碳含量越高，就越容易产生 CO 气孔。

（2）防止气孔的方法

① 焊条、焊剂要烘干，焊丝和焊缝坡口及其两侧的母材要进行彻底除锈、去油、脱脂等处理。

② 焊条电弧焊时采用短弧焊，控制焊接速度，增大焊接电流，并尽量采用碱性焊条。

③ 采用 CO_2 气体保护焊时应选用药芯焊丝，母材的含碳量要低，这样可减少和防止气孔的产生。

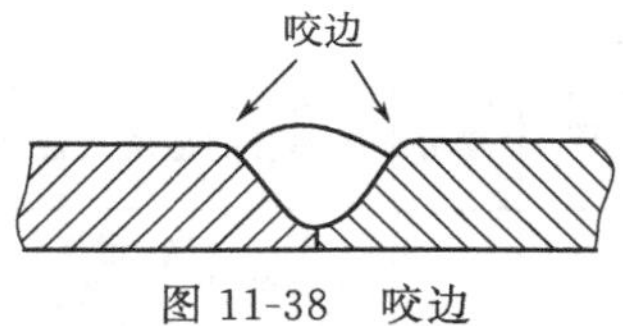

图 11-38 咬边

5. 咬边

咬边是指沿焊趾的母材部位产生的沟槽或凹陷现象，如图 11-38 所示。咬边是由于焊接电流太大、焊条角度和运条方法不正确、熔化的焊件没有充足的金属填满造成的。

咬边是一种危险性较大的外观缺陷。它不但减小焊缝的承载面积，而且在咬边根部往往会形成较尖锐的缺口，造成应力集中，很容易形成应力腐蚀裂纹和应力集中裂纹。因此，对咬边现象应有严格的限制。

防止咬边的措施是焊接电流大小要适当，焊接电弧要短些，运条角度要正确，并且运条要均匀，埋弧自动焊的焊速要适当。

6. 焊瘤

焊瘤是指在焊接过程中，熔化金属流淌到焊缝之外未熔化的母材上形成的金属瘤，如图 11-39 所示。焊瘤下容易包藏夹渣或未焊透缺陷。

焊瘤产生的原因主要是焊接电流过大、焊条熔化太快、焊接速度太慢、运条方法不当等。焊瘤对静载强度无影响，但会引起应力集中，使动载强度显著降低。

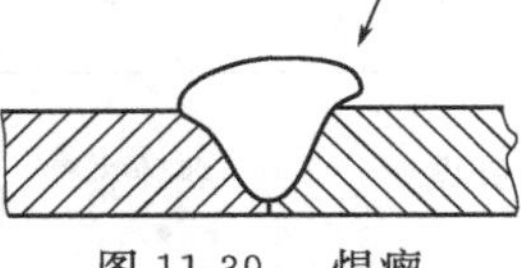

图 11-39 焊瘤

7. 烧穿

烧穿是指部分熔化金属从焊缝反面漏出，甚至烧穿成洞的焊接缺陷，它使焊接接头强度下降。烧穿产生的原因是焊接温度太高、未及时添加焊条、焊枪位置不正确、焊接速度太慢等。

防止烧穿的方法是适当减小焊接电流，焊接速度适当加快，同时接头间隙不要太大。薄的焊件或开坡口接头多层焊的第一层要注意防止烧穿。

焊接缺陷还有焊缝波形粗劣、焊缝宽度太窄或太宽、焊缝增强量过低或过高等。

第七节 焊接方法的选择

焊接方法选择的原则和依据与铸造、锻压等其他热加工方法选择的原则和依据相似。在制造焊接结构时，应根据生产批量、现场条件和技术水平的实际情况等因素，结合各种焊接方法的工艺特点，综合分析其焊接质量、经济性和工艺可能性。常用焊接方法的比较见表11-8。

表 11-8 常用焊接方法的比较

焊接方法	焊接热源	接头形式	焊接位置	厚度/mm	被焊材料	生产效率	应用范围
焊条电弧焊	电弧热	对接、搭接、T形接头、卷边接	全位焊	3～20	碳钢，低合金钢，铸铁，铜及其合金	中等偏高	要求在静载荷或冲击载荷下工作的零件，焊补铸铁件
气焊	氧-乙炔火焰热	对接、卷边接	全位焊	0.5～3	碳钢，低合金钢，耐热钢，铝及其合金	低	要求耐热、致密、受静载荷不大的薄板构件，焊补铸铁件及损坏的零件
埋弧自动焊	电弧热	对接、搭接、T形接头	平焊	4.5～60	碳钢，低合金钢，铜及其合金	高	在各种载荷下工作，批量生产，中厚板长焊缝和较大直径的环焊缝
氩弧焊	电弧热	对接、搭接、T形接头	全位焊	0.5～25	铜、铝、镁、钛及其合金，耐热钢，不锈钢	中等偏高	要求致密、耐腐蚀、耐热的焊接
等离子弧焊	压缩电弧热	对接	全位焊	0.025～12	不锈耐蚀钢、耐热钢，铜、镍、钛及其合金	中等偏高	用一般焊接方法难以焊接的金属及合金
二氧化碳保护焊	电弧热	对接、搭接、T形接头	全位焊	0.8～25	碳钢，低合金钢，不锈钢	很高	要求致密、耐腐蚀、耐热的焊件，以及耐磨零件的堆焊、铸钢件的焊补以及电铆焊
电渣焊	熔渣电阻热	对接	立焊	40～450	碳钢，低合金钢，不锈钢，铸铁	很高	一般用来焊接大厚度铸件或锻件
对焊	电阻热	对接	平焊	＜20	碳钢，低合金钢，不锈钢，铝及其合金	很高	焊接杆状零件
电阻点焊	电阻热	搭接	全位焊	0.5～3	碳钢，低合金钢，不锈钢，铝及其合金	很高	焊接薄板壳体件
缝焊	电阻热	搭接	平焊	＜3	碳钢，低合金钢，不锈钢，铝及其合金	很高	焊接薄壁容器和管道
钎焊	各种热源	各种接头	平焊	—	碳钢，低合金钢，不锈钢，铸铁，铝、铜及其合金	较高	用其他焊接方法难于焊接的焊件，以及对强度要求不高的焊件

选用焊接方法时应考虑以下几个方面。

（1）焊接质量要好 焊接接头的质量要符合结构技术要求，满足使用性能。因此，在选择焊接方法时要首先考虑金属的焊接性能、焊接方法的特点以及焊接结构的质量要求。例如，对于铝容器焊接，质量要求高时应采用氩弧焊，质量要求不高时也可以采用气焊。又如，对于焊接低碳钢薄板壳体，要求焊接变形小时应采用 CO_2 气体保护焊或电阻焊，而不选用气焊。

(2) 要满足现有的焊接条件 选用焊接方法还要考虑有没有这种焊接方法所用的设备和焊接材料、在室外或野外施工有没有电源等条件。此外，在焊接工艺上要考虑能否实现。比如，不能采用双面焊，只能单面焊而又要求焊透时，宜用钨极氩弧焊（甚至钨极脉冲氩弧焊）打底焊，易于保证焊接质量。又如对于不规则的空间曲线焊缝，目前还不能采用自动焊，只能进行手工焊接。

(3) 生产效率要高 单件小批生产、短焊缝焊接应采用手工焊（包括焊条电弧焊、手工钨极氩弧焊和手工 CO_2 气体保护焊等）；成批生产的环焊缝和长直焊缝应采用自动焊。对于铝合金结构，板厚为 8mm 以上时采用熔化极氩弧焊，生产效率高；板厚为 8mm 以下时采用钨极氩弧焊较好。

(4) 生产成本要低 焊接生产的经济性，对产品的市场竞争力影响很大，一般在保证焊接结构使用性能和工艺适应性要求的条件下，应当选用成本低、操作性好的焊接方法。如当采用焊条电弧焊和 CO_2 气体保护焊均可以确保焊接质量满足焊接结构的使用要求时，就应选择焊接成本相对较低的 CO_2 气体保护焊。

本章小结

焊接是将分离的焊件达到原子间结合，并形成整体的过程，属于永久性连接的工艺方法。焊接具有节省材料、结构质量轻、接头的致密性好、强度高、生产成本低的特点。

按照焊接过程的特点可分为熔焊、压焊、钎焊三大类。焊条电弧焊是生产中常用的焊接方法。焊接后焊接接头分为焊缝区、熔合区和热影响区，焊接会使焊件产生应力和变形。不同的焊接方法具有不同的特点及应用范围，如埋弧焊、氩弧焊、CO_2 气体保护焊、对焊、点焊、缝焊、电渣焊、钎焊等。

不同材料的焊接性不同，钢的焊接性可用碳当量进行评定。在设计焊接件结构时应考虑焊件的结构工艺性及设计时应遵循的原则；合理地选择焊接结构的接头形式及焊接位置等；分析焊缝的常见缺陷、产生原因及预防措施。

复习思考题

一、填空题

1. 电弧在焊剂层下燃烧进行焊接的方法称为________。

2. 焊条由________和________两部分组成。

3. 焊后矫正焊接变形的方法有________和________。

4. 金属焊接性主要包括________和________两个方面。

5. 在焊接中，材料因受热而发生金相组织和力学性能变化的区域称为________。

6. 按药皮的性质焊条分为________和________两类。

7. 焊接电弧由________、________和________三部分组成。

8. 对承受交变载荷或冲击载荷，要求塑性好、韧性好、抗裂性好或低温性能好的焊接结构应选用________焊条。

9. ________和________是焊接接头中力学性能最差的部位，应尽量减小其宽度。

10. 铝合金常用的焊接方法是________。

11. 钎焊可根据钎料熔点的不同分为________和________。

12. 按焊接过程的物理特点，焊接方法可分为________、________和________三大类。

13. 手工电弧焊焊接接头的形式分为________、________、________和________四种。

14. 点焊时应采用________接头。

15. 用低碳钢焊接汽车油箱，应采取________焊接工艺。

16. 通过调整混合物气体中乙炔与氧气的比例，可以获得三种不同性质的气焊火焰：________、________和________。

17. 常用的电阻焊有点焊、缝焊和________三种。

18. 硬钎焊时钎料熔点在________℃以上，接头强度在________ MPa 以上。

二、判断题

1. 采用电渣焊焊接工件时可以不开坡口。
2. 用直流电源焊接时，工件接正极称为反接。
3. 二氧化碳气体保护焊由于有 CO_2 的作用，故适合焊有色金属和高合金钢。
4. 焊接过程中，对工件进行不均匀的加热和冷却是产生应力和变形的根本原因。
5. 结构钢的碳当量越高，则焊接性越好。
6. 酸性焊条工艺性能差，必须使用直流反接电源焊接。
7. 埋弧自动焊生产效率高，且适用于全位置焊接。
8. J422 表示焊缝金属抗拉强度为 42MPa 的结构钢焊条。
9. 同种材料在采用不同的焊接方法、工艺参数时，表现出的焊接性能也不相同。
10. 对于较薄的碳钢件，当采用直流电源进行焊接时应采用正接法。
11. 埋弧焊不适宜焊接铝、钛等活泼性金属。

三、选择题

1. 下列属于熔焊方法的是（　　）。

A. 电弧焊　　B. 电阻焊　　C．摩擦焊　　D. 火焰钎焊

2. 利用电弧作为热源的焊接方法是（　　）

A. 熔焊　　B. 气焊　　C. 压焊　　D. 钎焊

3. 直流弧焊正接法用于焊接（　　）。

A. 铸铁　　B. 有色金属　　C. 薄件　　D. 厚件

4. 焊接时，电焊电流主要根据（　　）。

A. 焊接方法选　　B. 焊条直径选　　C. 焊接接头选　　D. 坡口选

5. 焊接时，向焊缝添加有益元素，有益元素来源于（　　）。

A. 焊芯　　B. 药皮　　C. 空气　　D. 工件

6. 焊条 E4303 中 43 表示（　　）。

A. 焊条直径　　B．焊条长度　　C．直流焊条　　D．熔敷金属的抗拉程度

7. 焊接时形成的熔池来源于（　　）。

A. 工件熔化　　B. 焊条熔化　　C. 焊条和工件熔化　　D. 以上都不正确

8. 焊芯作用描述正确的是（　　）。

A. 作为电极　　B. 保护焊缝

C. 向焊缝添加有益元素　　D. 以上都不正确

9. 气焊时常用气体是（　　）。

A. 二氧化碳　B. 氩气　C. 乙炔+氧气　D. 氮气

10. 氩弧焊主要用于焊（　　）。

A. 长直焊缝　B. 不锈钢　C. 大直径环状焊缝　D. 以上都不正确

11. 与酸性焊条相比，碱性焊条的优点是（　　）。

A. 稳弧性好　B. 对水、锈不敏感

C. 焊缝抗裂性好　D. 焊接时烟雾少

12. 与碱性焊条相比，酸性焊条的优点之一是（　　）。

A. 焊缝冲击韧性好　B. 焊缝抗裂性能好

C. 焊接工艺性能好　D. 焊缝含氢量低

13. 结构钢焊接时，焊条选择的原则是焊缝与母材在（　　）方面相同。

A. 化学成分　B. 结晶组织　C. 强度等级　D. 抗腐蚀性

14. 手弧焊时，操作最方便，焊缝质量最易保证，生产率又高的焊缝空间位置是（　　）。

A. 立焊　B. 平焊　C. 仰焊　D. 横焊

15. 用电弧焊焊接较厚的工件时都须开坡口，其目的是（　　）。

A. 保证根部焊透　B. 减小焊接应力　C. 减小焊接变形　D. 提高焊缝强度

16. 合金钢的可焊性可依据（　　）大小来估计。

A. 钢含碳量　B. 钢的合金元素含量

C. 钢的碳当量　D. 钢的杂质元素含量

四、简答题

1. 焊接时焊条的选用原则是什么？

2. 焊接电弧是如何产生的？电弧的组成和温度分布如何？

3. 简述焊条的组成与作用。

4. 焊接变形的基本形式有哪些？减小焊接应力和焊接变形的措施有哪些？

5. 如图 11-40 所示通过焊接方式拼接大块钢板的结构是否合理？如不合理请画出正确的方案。

6. 什么是金属的焊接性？含碳量的多少对碳钢的焊接性影响如何？

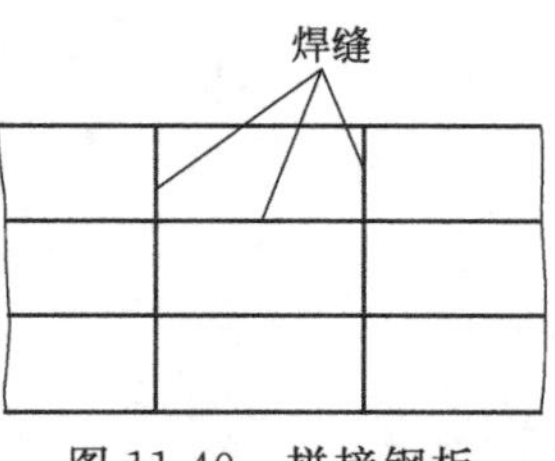

图 11-40　拼接钢板

7. 酸性焊条和碱性焊条的性能有何不同？为什么？

8. 奥氏体不锈钢焊接的主要问题是什么？

9. 常见的焊接缺陷有哪些？产生的原因是什么？应如何防止？

10. 焊接铸铁的方法有哪些？焊接时应注意什么问题？

11. 焊接铜时容易出现哪些焊接缺陷？为什么？焊接时应采取哪些工艺措施？

12. 焊接铝时容易出现哪些焊接缺陷？焊接时应采取哪些工艺措施？

13. 现有厚 4mm、长 2400mm、宽 1000mm 的钢板 3 块，须拼焊成一长 3600mm、宽 2000mm 的矩形钢板，为减小焊接应力与变形，其合理的焊接次序应如何安排？如焊件工作时须承受交变载荷，应选酸性焊条还是碱性焊条？为什么？

五、分析题

图 11-41 中的焊接结构设计是否合理？为什么？如不合理请画出正确的结构。

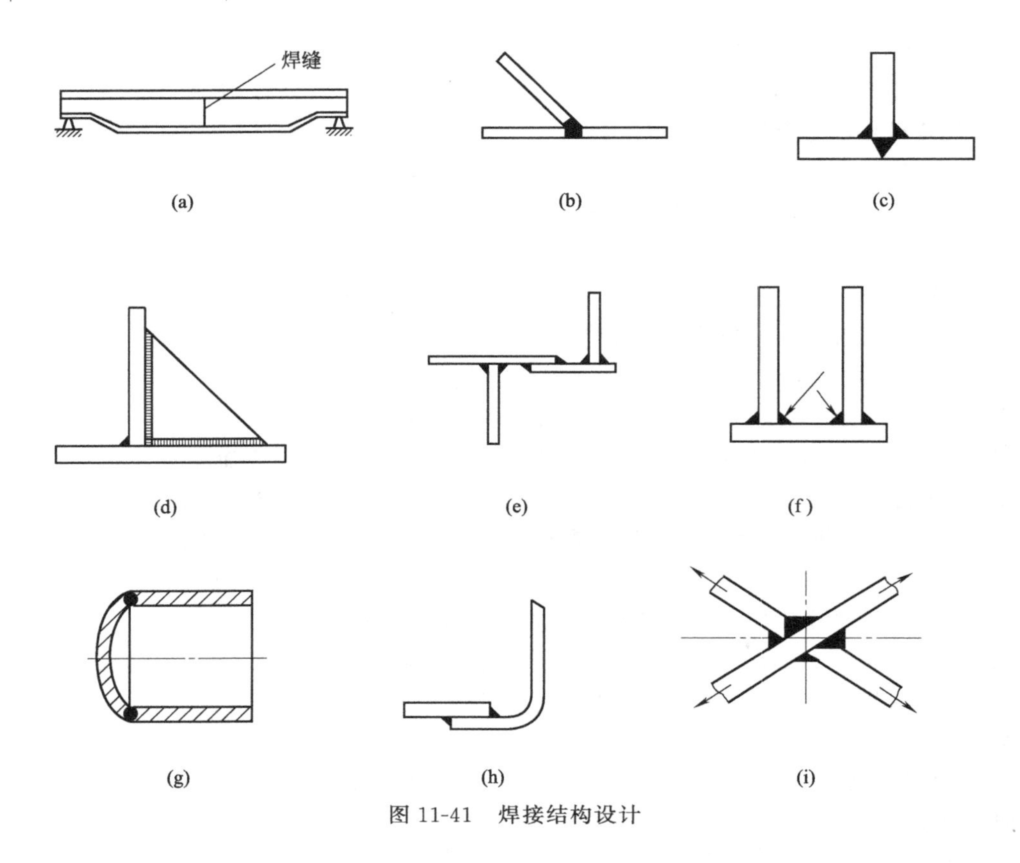

图 11-41 焊接结构设计

第十二章 机械零件的选材及毛坯的选择

在产品的设计、制造以及维修过程中都要面临零件材料的选择问题。合理地使用零件材料及毛坯，可获得产品良好的使用性能、加工工艺性能和经济性，最大限度地发挥材料的潜力，提高产品的使用寿命，降低生产成本。要做到合理选材和毛坯的选择，对技术人员来说，必须要对产品的性能、使用、加工等进行全面分析及综合考虑。

一般在下列情况下会遇到机械零件的选材问题：新产品设计时的选材；为提高产品性能、降低生产成本的选材；零件在使用过程中由于失效而涉及材料须重新选材等。

以下就零件在设计制造过程中，对零件失效形式、材料的选择及零件毛坯选择的具体方法进行分析讨论。

第一节　机械零件的失效

一、零件的失效

失效是指系统、装置或零件在加工及使用过程中丧失其规定功能的现象。任何机械零件都有其特定的工作条件，在使用过程中都有可能因尺寸、形状、组织、性能等发生变化而产生不能实现规定功能的情况。

零件的失效有达到预期寿命的正常失效，也有远低于预期寿命的早期失效。正常失效相对是比较安全的；零件因某种原因产生的过早失效尤其是无明显预兆的早期失效危害性最大，常常会造成不同程度的损失，甚至是灾难性的事故。

二、零件失效的形式及原因

1. 零件失效的形式

一般机械零件的失效主要有以下三种基本类型。

（1）过量变形失效　过量变形失效是指零件在使用过程中的变形量超过允许范围而造成的失效。过量变形包括过量弹性变形、塑性变形和蠕变等。

（2）断裂失效　断裂失效是指零件因断裂而无法正常工作的失效。断裂包括塑性断裂、疲劳断裂、蠕变断裂、低应力脆断以及应力腐蚀断裂等。断裂是金属材料最严重的失效形式，特别是在没有明显塑性变形的情况下突然发生的脆性断裂，有时会造成灾难性事故。

（3）表面损伤失效　表面损伤失效是指零件在工作过程中，因机械或化学作用，使其表面损伤而造成的失效。表面损伤包括过量磨损、腐蚀破坏、疲劳麻坑等。如齿轮经长期工作轮齿表面被磨损，使精度降低的现象，即属表面损伤失效。

实际上零件的失效形式往往不是单一的。随外界条件的变化，失效形式可从一种形式转变为另一种形式。如齿轮的失效，往往先有齿面的点蚀、剥落，后出现断齿的失效形式。

失效分析的目的就是通过研究机械零件在使用过程中的断裂、磨损、腐蚀及变形等失效现象的特征及规律，找出零件失效的主要原因，并提出相应的改进措施，以防止同类失效现象在工作过程中重复发生。应用失效分析技术，可以指导产品在规划、设计、选材、加工、检验及质量管理和使用等方面的工作，为提高产品质量和降低生产成本提供依据。

2. 零件失效的原因

引起零件失效的因素很多，设计水平、材料质量、使用环境、加工工艺、受力状态、装配精度、服役条件等都有可能成为零件失效的原因。概括起来，失效的主要原因大多来自以下四个方面：

（1）结构设计　由于产品零件的结构工艺性差，形状设计不合理，使零件在受力较大处存在应力集中现象；或是对零件工作条件（如受力性质、大小、工作温度及环境）及过载情况估计不足、设计时出现计算错误等均有可能使零件的性能满足不了使用性能要求而导致失效。

（2）选材不当及材料缺陷　选材不当是材料方面导致失效的主要原因。设计人员多以材料的抗拉强度和屈服强度等常规性能指标作为主要依据，但这些指标有时不能完全满足实际生产中某些形状复杂的零件的其他性能要求，或所选材料的性能不合要求，因而导致了选材错误。另外，材料本身的缺陷也是导致零件失效的一个重要原因，如材料中存在的偏析、夹杂、缩松、缩孔、严重的带状组织、流线分布的不合理等都可能降低材料的力学性能，导致零件的失效。

（3）加工过程中存在的问题　零件在加工和成型过程中，因冷、热加工工序安排不当、工艺参数不正确及操作者失误而导致的缺陷都有可能造成零件的失效。如因冷加工不当造成较大残余应力、过深的刀痕、磨削裂纹等；因热处理不当造成过热、脱碳、淬火裂纹、回火不足等；因锻造不当造成的带状组织、过热、过烧等现象；表面处理过程中因酸洗或电镀不当而引起的氢脆或应力腐蚀等，这些缺陷都可能成为应力集中源，最终导致零件过早失效。

（4）安装、使用和维护不当　零件在装配过程中不按装配工艺规程进行装配，安装、使用过程中不按产品使用说明书上的要求进行操作、维修和保养等，均可导致零件在使用过程中的失效。如零件装配过程中因装配顺序不当引起的偏心、应力集中、安装固定不牢；设备不合理的服役条件等，均可引起零件的过早失效。

失效可能是由单一原因引起的，也有可能是多种因素共同作用的结果，但每一失效事件均应有导致产品失效的主要原因，因此在进行失效分析时，应尽量收集与失效有关的全部资料及数据，以便找出失效的主要原因，提出防止失效的主要措施。

第二节　机械零件的选材

工程材料的种类很多，各种材料的力学性能、物理性能、化学性能、工艺性能及价格均不相同。正确选择零件材料，确定毛坯的成型方法，可充分发挥工程材料的潜能，节约材料，避免产品早期失效，同时对保证产品质量、降低生产成本、提高经济效益等都起着重要作用。

一、零件选材的一般原则

随着科学技术的发展，对机械设计中零件选材的要求越来越高，选材已由过去的经验化向科学化和定量化发展。机械零件材料选择的一般原则是在满足使用性能的前提下，考虑工艺性能和经济性，并根据我国资源情况，优先选择国产材料。

1. 使用性原则

使用性原则是指选用的材料在正常工作情况下能够满足产品及零件的性能要求，是保证零件的设计功能实现、安全耐用的必要条件，是选材的最主要原则。

材料的使用性能包括力学性能、物理和化学性能等。不同用途的零件要求的使用性能是不同的，对结构零件而言，其使用性能一般以力学性能要求为主，物理性能和化学性能要求为辅；对功能元件而言，其使用性能则以各种功能特性为主，力学性能、化学性能为辅。因此选材时首先要对零件的工作状况进行分析，准确判断出零件要求的主要使用性能指标，合理选择零件材料。机械零件在按力学性能指标进行选材时，一般要考虑以下几个方面的问题。

(1) 分析零件的工作条件，确定其使用性能指标　零件的工作条件分析包括以下几个方面。

① 受力情况　包括载荷性质（静载荷、冲击载荷、交变载荷）、载荷形式（拉伸、压缩、弯曲、扭转、剪切）、分布（均匀分布、集中分布）、应力状态等。

② 工作环境　包括工作温度、工作介质等。

③ 特殊性能要求　包括导热性、导电性、磁性、零件重量及表面质量要求等。

在对零件工作条件进行全面分析的基础上确定零件的主要使用性能指标。如在交变载荷下工作时要求疲劳性能；在冲击载荷下工作时要求韧性；在酸、碱、盐等腐蚀介质中工作时则要求具有一定的耐蚀性等。

(2) 进行失效分析，确定主要使用性能指标　在工程应用中，失效分析能暴露零件的最薄弱环节，找出导致失效的主要因素，准确判断出零件的主要使用性能指标。常用机械零件的受力情况、失效形式及主要性能指标见表 12-1。

表 12-1　常用机械零件的受力情况、失效形式及主要性能指标

零件类型	受力情况	主要失效形式	主要性能指标
螺栓	拉力、剪切力	过量塑性变形，疲劳断裂	屈服强度、抗剪强度、塑性
传动齿轮	压力、弯曲力、冲击力	轮齿折断，磨损，疲劳点蚀	表面硬度、接触疲劳抗力、心部屈服强度、韧性
轴类	弯曲力、扭转力、冲击力	疲劳破坏，轴颈磨损，塑性变形	综合力学性能
弹簧	扭转力、弯曲力	塑性变形，疲劳断裂	弹性极限、屈强比、疲劳强度

在工程设计中，材料的力学性能数据一般是以该材料制成的试样进行力学性能试验测得的，它虽然能够表明材料性能的高低，但由于试验条件与零件实际工作条件有差异，因而材料力学性能数据仍不能确切地反映出机械零件承受载荷的实际能力，所以，在应用力学性能指标时，必须结合零件的实际工作条件加以修正，必要时可通过模拟试验取得有关数据作为设计零件和选材的依据。

(3) 将零件的使用性能要求转化为对材料性能指标和具体指标的要求　通过分析、计算，将使用性能要求指标化、量化，例如使用性能要求为“高硬度”时，应将其转化为如

“>60HRC”或“58～62HRC”等。再按这些性能指标查找有关手册以确定材料的具体性能指标及大致应用范围。

力学性能指标是按使用性能选材原则的最主要依据，通过正确分析零件的工作条件和主要失效形式，确定其应具备的主要性能指标，再进行必要的计算及试验，所选的材料一般能够满足工作需要。但在实际工作条件下，因为有许多未估计到的或易被忽视的因素会影响到材料的实际性能指标，所以在按力学性能指标选材时，还须考虑以下几方面问题。

① 必须考虑材料和零件工作的实际情况　实际上使用的材料都可能存在各种类型的夹杂物、宏观及微观的冶金缺陷，它们都会直接影响材料的力学性能，致使零件实际的力学性能指标与试样测定的数值可能有较大的差异，因此，对于重要零件的选材还需要通过模拟试验才能最终确定。

② 充分考虑材料的尺寸效应　钢材截面大小不同时，即使热处理工艺相同，其力学性能也有差别。随着钢材截面尺寸的增加，其力学性能将降低，这种现象称为钢材的尺寸效应。尺寸效应除与大截面材料内部产生冶金缺陷的可能性增多有关外，还与钢材的淬透性有着密切关系。表12-2是几种常用调质钢在调质后尺寸效应对力学性能的影响。

表12-2　常用调质钢调质处理后的尺寸效应对力学性能的影响

牌号	截面 ϕ25～30mm				截面 ϕ100mm			
	R_m/MPa	R_{eH}/MPa	Z/%	K/J	R_m/MPa	R_{eH}/MPa	Z/%	K/J
40、45、40Mn、45B	600～800	400～600	50～55	64～80	500～700	300～400	40～50	32～40
30CrMnSi、37CrNi3、35CrMoV、18Cr2Ni4WA、25Cr2Ni4WA	1000～1200	900～1000	50～55	64～80	1000～1200	800～900	50～55	64～80

尺寸效应还影响钢材淬火后可能获得的表面硬度。在热处理工艺条件相同的条件下，随着零件尺寸的增大，淬火后表面硬度会有所下降，常用材料淬火后尺寸效应对表面硬度的影响见表12-3。因此在材料、尺寸已初步拟订后，应判断零件在淬火后能否达到预定的硬度要求，如达不到要求，则应考虑另选淬硬性更好的材料。

表12-3　常用材料淬火后尺寸效应对表面硬度的影响　　HRC

材料	热处理＼截面尺寸/mm	<3	4～10	11～20	21～30	31～50	51～80	81～120
15	渗碳水淬	58～65	58～65	58～65	58～65	58～62	50～60	—
15	渗碳油淬	58～62	40～60	—	—	—	—	—
35	水淬	45～50	45～50	45～50	35～45	30～40	—	—
45	水淬	54～59	50～58	50～55	48～52	45～50	40～45	25～35
45	油淬	40～45	30～35	—	—	—	—	—
T8	水淬	60～65	60～65	60～65	60～65	56～62	50～55	40～45
T8	油淬	55～62	—	—	—	—	—	
T10	碱浴	61～64	61～64	61～64	60～62	—	—	—
20Cr	渗碳油淬	60～65	60～65	60～65	60～65	56～62	45～55	—
40Cr	油淬	50～60	50～55	50～55	45～50	40～45	35～40	—
35SiMn	油淬	48～53	48～53	48～53	40～45	40～45	35～40	—
65SiMn	油淬	58～64	58～64	50～60	48～55	40～45	40～45	35～40
GCr15	油淬	60～64	60～64	60～64	58～63	52～62	48～50	—
CrWMn	油淬	60～65	60～65	60～65	60～65	60～64	58～62	56～60

在设计零件时，一般要根据零件的实际结构及尺寸进行性能指标的确定，不能仅凭手册

上的性能数据作为最终设计数值，因为手册上提供的数据一般是用表面无裂纹的光滑试样或具有特定缺口的试样测得的，其承受载荷的大小和频率都是人为设计的，零件在实际工作上往往会承受随机载荷的作用，所以在查取性能数据时应充分考虑各种因素，并进行必要的修正。

③ 综合考虑材料的强度、塑性与韧性的合理配合　在零件选材时，通常是以 R_{m}（或 R_{eH}）作为零件设计的强度指标。虽然提高强度可以减轻零件的重量，延长产品的使用寿命，但材料的塑性、韧性会有不同程度降低，当过载现象出现时零件就有产生脆性断裂的可能，所以在提高零件强度的同时，还应考虑材料的塑性指标，提高零件的抗过载能力，保证零件在使用过程中的安全性。

④ 应注意工作环境，如温度、介质等对零件性能的影响　如金属材料的弹性模量随温度上升而减小。一般机械零件在温度波动不大时，弹性模量的变化可以不予考虑。但在自动控制仪表、时钟、高度表及其他精密仪表中不可忽略，此时必须选用特殊的合金材料制作弹性元件，以使环境温度波动时，弹性元件的弹性模量保持恒定。

2. 工艺性原则

工艺性原则是指选用的材料是否能适应各种加工工艺，经济、高效地生产出满足规定性能及结构要求的零件的能力。材料工艺性能的好坏，对零件加工的难易程度、生产效率、生产成本等都有很大影响，所以，选材时应在满足零件使用性能要求的前提下选择加工工艺性能良好的材料。

（1）金属材料的工艺性能　按加工方法不同，金属材料的工艺性能主要包括铸造性能、锻压性能、焊接性能、切削加工性能、热处理性能等。

① 铸造性能　常用流动性、收缩性及产生偏析、缩孔、气孔等铸造缺陷的倾向大小等来综合评价材料的铸造性能。不同金属材料的铸造性能不同，在常用的金属材料中灰铸铁熔点低、流动性好、收缩率小，因而铸造性能优异；低、中碳钢熔点高、熔炼困难、凝固收缩较大，因而铸造性能不如铸铁好；有色金属中的铝合金及铜合金具有优良的铸造性能，所以铸造铝合金及铸造铜合金在工业中得到了广泛应用。

② 锻压性能　锻压性能常用金属的塑性和变形抗力来综合评定。塑性好，变形抗力小，则金属材料容易成型，且加工质量好，不易产生缺陷。一般碳素钢比合金钢的锻压性能好；低碳钢比高碳钢的锻压性能好；低合金钢比高合金钢的锻压性能好；铸铁则完全不能进行塑性变形加工。

③ 焊接性能　焊接性能常用焊缝区的性能是否低于母材及焊裂倾向的大小等来评定。钢的焊接性能随含碳量及合金元素含量的不同而不同，钢中碳与合金元素的含量越高，焊接性能越差。低合金钢的焊接性与碳当量有关，当钢中的碳当量小于 0.4%时，焊缝质量好，且焊接工艺简便，不易产生裂纹、气孔等缺陷，因此焊接性能良好。

④ 切削加工性能　切削加工是零件成型的主要方法。切削加工性能的优劣主要与加工过程中允许的最高切削速度、切削力大小、加工表面的粗糙度、断屑的难易程度和刀具磨损情况等有关。钢的硬度对切削加工性能影响很大，一般钢的硬度在 170～230HBW 内时，切削加工性能良好。中、低碳结构钢的正火状态，高碳钢、高碳合金工具钢的退火状态都具有适合切削的硬度，切削加工性能较好；退火状态下的球墨铸铁、灰铸铁及可锻铸铁也具有良好的切削加工性能；奥氏体不锈钢、高温合金的切削加工性能较差。

⑤ 热处理性能　对于可热处理强化的金属材料常用淬透性、淬硬性、变形开裂倾向、回火稳定性和氧化脱碳倾向等来综合评定其热处理性能。一般低碳钢的淬透性差，加热时易过热，淬火时容易产生变形和开裂，而合金钢的热处理性能优于碳钢，因此合金钢更适合制造高强度、大截面、形状复杂的零件。

(2) 高分子材料的工艺性能　与金属材料相比，高分子材料的加工过程比较简单。主要是通过塑料模具进行加工成型的，且工艺性能良好。高分子材料常用的成型方法很多，如注射成型、吹塑成型、挤压成型等。高分子材料也易于进行切削加工，但因其导热性能较差，在切削过程中应注意工件温度急剧升高而导致的软化和烧焦。

(3) 陶瓷材料的工艺性能　陶瓷材料硬而脆，导热性较差，其成型过程也比较简单，主要是高温烧结成型。根据陶瓷制品的材料、性能要求、形状尺寸精度及生产效率不同，可选用粉浆成型、压制成型、挤压成型等方法。陶瓷材料的切削加工性能极差，只能进行磨削加工。陶瓷也可进行热处理，但因导热性与耐热冲击性差，故加热与冷却时应小心，否则极易产生裂纹。

在零件材料的选择过程中，工艺性原则一般是一个辅助原则，处于次要的从属地位。但在某些情况下，如大批量生产、使用性能要求不高的零件，在须进行高度自动化生产的条件下，工艺性原则将成为决定因素，处于主导地位。如受力不大但用量极大的普通标准紧固件(如螺栓、螺钉、螺母等)，采用自动机床大量生产，此时应以工艺性能为主，选用易切削钢制造。

3. 经济性原则

经济性原则是指所选材料加工成零件后应能做到价格便宜、成本低廉和经济效益最佳。在满足零件对使用性能的与工艺性能的要求的前提下，应尽量降低零件的生产总成本，以提高经济效益。零件总成本包括材料本身价格、加工费、管理费等，有时还包括运输费和安装费等。选材时注意以下几个问题对提高产品的经济性是有益的。

(1) 以铁代钢　铸铁原料广泛、供应方便、生产设备简单，价格较为低廉，选择铸铁制造零件不仅能够节省部分设备投资和加工费用，而且铸铁还具有许多优良的性能，尤其是球墨铸铁的许多性能已经接近、达到或超过了钢的性能。

(2) 选用型材　尽量选用型材代替锻件、加工件，以降低制造费用。

(3) 优先选用碳钢　碳钢价格低于合金钢，且碳钢的切削加工性能、锻压性能及焊接性都优于合金钢，只要使用性能能够满足要求就不必选合金钢。

(4) 降低零件的生产总成本　选材时不能单纯追求原材料的价格低廉而忽视零件生产总成本中的其他内容。如当零件质量较大、形状简单、加工比较容易时，原材料价格在总成本中就会占较大比例；当零件尺寸小、质量轻或形状复杂、尺寸精度高、加工复杂时，原材料价格在总成本中所占比例相应减少，而加工费用、管理费用等将更为突出。对于某些重要、精密、加工过程复杂的零件和使用周期长的工模具，选材时不能单纯考虑材料本身价格，而应注意零件的质量和使用寿命。此时，采用价格相对较高的合金钢或硬质合金代替碳钢，从长远看，因其使用寿命长、维修保养费用少，总成本反而会降低。

(5) 优先选用常用材料　根据具体情况优先选用工艺成熟的材料，以降低加工费，提高成品率；所选材料的品种应尽量少而集中，以减少管理费用；同时，应尽量选用本地区或就近可以供应的材料，以降低运输费用。

二、选材的方法及步骤

1. 零件选材的具体方法

大多数零件是在多种应力作用下工作的，每个零件的受力情况又因其工作条件不同而不同，因此应根据零件的工作条件，找出主要的使用性能指标，以此作为主要依据进行选材，具体方法有以下三种。

（1）以综合力学性能为主的选材　当零件工作时承受冲击力和循环载荷作用时，其失效形式主要是过量变形与疲劳断裂，要求材料具有较高的强度、疲劳强度、塑性和韧性，即要求材料具有较高的综合力学性能。对于这类零件要求整个截面的组织和性能一致，因此，选材时应综合考虑材料的淬透性和尺寸效应。一般可选用调质或正火状态下的碳钢、淬火状态下的合金渗碳钢、正火或等温淬火状态下的球墨铸铁来制造。

（2）以疲劳强度为主的选材　疲劳破坏是零件在交变应力作用下最常见的一种失效形式，如发动机曲轴、齿轮、弹簧及滚动轴承等零件的失效，大多数是由疲劳破坏引起的。因此这类零件的选材，应主要考虑疲劳强度。

一般情况下材料的强度越高，疲劳强度也越高；在强度相同的条件下，调质后的组织比退火、正火后的组织具有更高的塑性和韧性，且对应力集中敏感性小，具有较高的疲劳强度，因此，对于承受载荷较大的零件应选用淬透性较高的材料，以便通过调质处理，提高零件的疲劳强度。此外，改善零件的结构形状，避免应力集中，降低零件表面粗糙度值和采取表面强化处理等方法，可以提高零件的疲劳强度。

（3）以磨损为主的选材　根据零件的工作条件不同，以磨损为主的选材可分为两种情况。

① 受力较小、磨损较大的零件　如各类量具、钻套、顶尖等，其主要失效形式是磨损，故要求材料具有高的耐磨性。这类零件可以选用高碳钢或高碳合金钢来制造，通过淬火＋低温回火处理，获得高硬度的回火马氏体和碳化物组织，提高其耐磨性。

② 同时受磨损与变动载荷、冲击载荷作用的零件　其主要失效形式是磨损、过量变形与疲劳断裂，要求材料表面具有较高的耐磨性而心部具有良好的综合力学性能。这类零件应选用能够进行表面淬火或渗碳或渗氮的钢铁材料，经热处理后使零件“外硬而内韧”，既耐磨又能承受冲击载荷的作用。例如机床中的齿轮和主轴，广泛选用中碳钢或中碳合金钢来制造，经正火或调质再进行表面淬火处理；对于承受较大冲击载荷和要求耐磨性高的汽车、拖拉机变速齿轮，必须选用低碳合金钢来制造，经渗碳、淬火＋低温回火处理，使表面具有高硬度的高碳合金马氏体和碳化物组织，提高表面的耐磨性；心部是低碳合金马氏体组织，具有一定的强度、良好的塑性和韧性，能承受较大冲击载荷的作用。

2. 零件选材的步骤

机械零件材料的选择通常是按以下步骤进行的。

① 分析零件的工作条件及失效形式，找出引起失效的主要力学性能指标，确定零件应具有的力学性能、物理性能及化学性能指标，初步确定材料的类型、范围。

② 对同类产品的用材情况进行研究，从使用性能、原材料供应和加工等各个方面进行分析，进一步缩小材料的类型、范围。

③ 通过比较选择合适的材料，综合考虑所选材料是否能够满足零件使用性能和工艺性能的要求，生产单位现有条件能否满足零件加工工艺要求。

④ 确定零件的热处理要求或其他强化处理方法。

⑤ 通过计算或试验等方法，审核材料的主要力学性能指标及技术条件，特别是关键性能指标要满足使用性能要求。

⑥ 审核所选材料的综合经济指标（包括材料费、加工费和使用寿命等）。

⑦ 对重要件、关键件，在投产前应进行小批量生产试验，以验证各项性能指标能否达到设计要求，然后进行定型及批量生产。对于不重要的零件或单件、小批量生产的非标准设备以及维修过程中的一般零件，如果有成熟资料和生产经验，一般不再进行试验而直接加工生产。

三、典型零件的选材

1. 齿轮类零件的选材

(1) 齿轮的工作条件、失效形式及力学性能要求　齿轮是应用较为广泛的机械零件，其主要作用是传递扭矩、改变运动速度或方向。不同种类的齿轮，其工作条件、失效形式和性能要求有所差异，但也有以下共同的特点。

① 工作条件　齿轮工作时齿面因产生相互滑动和滚动，要承受较大的接触应力，并发生强烈的摩擦；由于要传递扭矩，齿根要承受较大的弯曲应力；在设备启动、变速或齿轮啮合不均匀时，将承受冲击载荷的作用。

② 失效形式　根据齿轮的工作条件，其主要失效形式有以下几种。

a. 轮齿断裂　轮齿断裂主要是由弯曲疲劳或冲击过载产生的脆性断裂。

b. 齿面磨损　由于齿面接触区的摩擦，使齿厚变小、齿隙增大的现象。

c. 麻点剥落　齿面在接触应力的作用下，会产生微裂纹并逐渐扩展，引起齿面的点状剥落。

③ 主要力学性能要求　根据齿轮的工作条件和主要失效形式，齿轮材料应具备以下主要性能。

a. 轮齿要有足够高的弯曲疲劳强度。

b. 齿轮表面应有足够高的硬度、接触疲劳强度和耐磨性。

c. 轮齿心部应具有足够高的强度和韧性。

(2) 齿轮常用材料及热处理　齿轮常用材料主要有以下几种。

① 钢　钢是齿轮加工的主要材料，通常重要用途的齿轮大多采用钢材制造。对于低、中速和受力不大的中、小型传动齿轮，常采用的钢有45、40Cr、40MnB等调质钢。这些钢制成的齿轮，经调质或正火处理再精加工，然后进行表面淬火＋低温回火处理。热处理后这类齿轮的心部综合性能较好，但表面硬度不高，故不能承受较大的摩擦和冲击载荷；对于高速、受强烈冲击载荷作用的重载齿轮，常采用的钢有20Cr、20CrMnTi、20MnVB、18Cr2N3A、18Cr2Ni4WA等合金渗碳钢。这些钢制成的齿轮，经渗碳、淬火＋低温回火处理，齿面具有很高的硬度和耐磨性，心部具有良好的韧性，因此其耐磨性和抗冲击能力较好。

② 铸铁　灰铸铁齿轮具有优良的减摩性、减振性，工艺性能好且成本低，但主要的缺点是韧性差。故多用于制造一些低速、轻载、不受冲击载荷作用的一般齿轮，常采用的铸铁牌号有HT200、HT250、HT350、QT600-3、QT500-7等。铸铁齿轮一般在铸造后进行去应力退火、正火或机械加工后进行表面淬火。

③ 有色金属　在仪器仪表及某些腐蚀性介质中工作的轻载齿轮，常采用耐蚀、耐磨性较好的有色金属材料制造，其中最主要的是铜合金，如黄铜（H62）、铝青铜（QAl9-4）、

锡青铜（QSn6.5-0.4）、硅青铜（QSi3-1）等。

④ 非金属材料　非金属材料中的尼龙、ABS、聚甲醛等具有减摩、耐磨、耐蚀、质量轻、噪声小、生产率高等优点，故适合制造轻载、低速、无润滑条件下工作的小齿轮，如仪表齿轮、玩具齿轮等。

齿轮常用金属材料及热处理方法见表12-4。

（3）典型齿轮的选材及加工工艺路线

① 机床齿轮的选材　一般来说，机床齿轮在工作过程中运行平稳、承受的载荷不大、转速中等、无强烈冲击，工作条件较好，对表面硬度、心部强度和韧性要求不高，如床头变速箱齿轮、溜板箱齿轮等，常选用中碳钢或中碳合金钢（如45、40Cr、40MnB、40MnVB等）制造，经正火或调质处理再进行表面淬火＋低温回火的热处理，使其齿轮齿面的硬度达50～55HRC，心部硬度为220～250HBW，就完全可以满足其使用性能的要求；对机床上少数高速、高精度、重载、冲击载荷较大的齿轮，如精密机床主轴的传动齿轮、大型铣床上的高速齿轮等，可选用20Cr、20CrMnTi、20Mn2B等低碳合金钢制造，并进行渗碳、淬火＋低温回火处理。

表12-4　齿轮常用金属材料及热处理方法

工作条件	推荐材料	热处理方法	硬度要求/HRC
低速，要求耐磨的齿轮	20	渗碳、淬火	58～62
低速、低载，不重要的齿轮	45	正火	160～217HBW
中速、中载或高载，要求齿面耐磨的机床齿轮	45	高频淬火	50～55
高速、高载，齿面要求高硬度的机床齿轮	40Cr、42SiMn	高频淬火	50～55
高速、中载，受冲击的机床齿轮	20Cr、20Mn2B	渗碳、淬火	58～62
高速、高载，受冲击的机床齿轮	20CrMnTi、20SiMnVB	渗碳、淬火	58～62
冲击力较大的汽车、拖拉机变速箱齿轮	20CrMnTi、20CrMnMo、12CrNi3A、18Cr2Ni4WA	渗碳、淬火	58～64

对中碳钢或中碳合金结构钢制造的齿轮常采用的加工工艺路线为：

下料→锻造→正火→粗加工→调质→半精加工或精加工→齿轮表面高频淬火＋低温回火（或渗氮）→精磨

② 汽车、拖拉机齿轮　汽车、拖拉机等动力车辆的齿轮主要分装在变速箱和差速器中，其工作条件比机床齿轮要繁重得多，特别是主传动系统中的齿轮，它们受力较大，冲击频繁，因此对耐磨性、疲劳性能、心部强度和韧性等方面的要求均比机床齿轮高。这类齿轮通常选用合金渗碳钢（如20Cr、20MnVB、20CrMnTi、20CrMnMo、12CrNi3A、18Cr2Ni4WA等）制造，渗碳、淬火＋低温回火处理后使用，其齿面硬度可达58～62HRC，心部硬度为28～43HRC。

对于渗碳钢制造的齿轮常采用的加工工艺路线为：

下料→锻造→正火→粗加工、半精加工→渗碳、淬火＋低温回火→珩齿（或磨齿）

为进一步提高齿轮的耐用性，在进行渗碳、淬火＋低温回火的处理后，还可进行喷丸处理，以增大齿轮表面的压应力，提高齿轮的疲劳强度，同时还可以清除零件表面上的氧化皮。

2. 轴类零件的选材

（1）轴的工作条件、失效形式及性能要求　轴是一种用来支承旋转零件（齿轮、蜗轮、凸轮等）或通过旋转运动来传递动力或运动的杆状零件，是各种机械中最基本的零件之一。

按照轴线的形状不同，轴可以分为直轴和曲轴两大类。轴质量的好坏，将直接影响设备的精度与使用寿命。

① 工作条件　轴类零件在工作过程中要承受交变的弯曲应力、扭转应力及拉压应力的作用；轴颈、花键等相对运动部位的表面会产生一定的摩擦；因机器开、停及瞬时过载等情况的出现，轴类零件还要承受一定的冲击载荷。

② 失效形式　轴的主要失效形式有以下几种。

a. 断裂　这是轴的最主要失效形式，其中以疲劳断裂较为常见，少数情况下会出现过载断裂。

b. 磨损　轴颈、花键等相对运动表面因过度磨损，使该部位的尺寸、几何形状及精度发生变化而失效。

c. 过量变形　在少数情况下因强度不足产生的过量塑性变形失效和刚度不足而引起的过量弹性变形失效。

③ 性能要求　根据对轴类零件的工作条件与失效形式的分析，轴类零件材料应具备以下性能要求。

a. 良好的综合力学性能，即强度、塑性、韧性有良好的配合，以防止冲击或过载断裂。

b. 高的疲劳强度，以防疲劳断裂。

c. 良好的耐磨性，以防止轴颈处的过度磨损。

(2) 常用轴类零件的材料　轴类零件（尤其是重要的轴）几乎都选用金属材料，其中以钢铁材料最为常见。根据轴的种类、工作条件、精度要求及轴的类型等不同，可将轴分为以下几个类型。

① 不传递动力，只承受弯矩、起支撑作用的轴　该类轴主要考虑刚度和耐磨性。如主要考虑刚度，可以用碳钢或球墨铸铁制造；对于轴颈有较高耐磨性要求的轴，则须选用中碳钢并进行表面淬火，硬度一般为 50～55HRC。

② 主要受弯曲、扭转应力作用的轴　如变速箱传动轴、发动机曲轴、机床主轴等，这类轴在整个截面上表面应力较大、心部应力较小。通常选用中碳钢，如 45、40Cr、40MnB 等。对于要求高精度、高的尺寸稳定性及高耐磨性的轴，可选用 38CrMoAl 钢，进行调质及表面渗氮处理。

③ 同时承受弯曲（或扭转）应力及拉、压载荷的轴　如船用推进器轴、锻锤杆等。这类轴的整个截面上应力分布均匀，心部受力也较大，应选用淬透性较高的合金钢。

常用轴类零件材料及其热处理工艺见表 12-5。

表 12-5　常用轴类零件材料及其热处理工艺

工作条件	推荐钢号	热处理工艺	硬度要求
滚动轴承配合、低速、低载、精度要求不高、冲击不大	45	正火或调质	220～250HBW
滚动轴承配合、中速、中载、精度要求中等、有一定冲击	45	正火或调质后局部表面淬火	轴颈处硬度 45～50HRC
滚动轴承配合、中速、精度要求较高、有一定交变、冲击	40Cr、40MnB、40MnVB	正火或调质后轴颈处表面淬火	心部 220～250HBW，轴颈处硬度 50～55HRC
滑动轴承配合、中载、高速、精度要求较高、有一定的冲击	20Cr	渗碳、淬火＋低温回火	渗碳部位硬度 56～62HRC

(3) 机床主轴的选材实例

图 12-1 为 C6132 卧式车床的主轴，该主轴在工作时主要承受弯曲和扭转应力的作用，但承受的应力和冲击力不大，转速不高且运转较平稳，工作条件较好。轴的锥孔、外圆锥面，工作时与顶尖、卡盘有相对摩擦；花键部位与齿轮有相对滑动，故要求这些部位应有较高的硬度和耐磨性。该主轴在滚动轴承中运转，轴颈处硬度要求 220～250HBW。

由于机床主轴工作时的最大应力分布在表层，同时主轴在设计时，往往因刚度与结构的需要已加大了轴颈尺寸，提高了安全系数，且轴的形状较简单，因此该轴可选用 45 钢制造。为了使主轴具有良好的综合力学性能，零件整体须进行调质处理，硬度为 220～250HBW；为了保证锥孔、外圆锥面具有较高的硬度和耐磨性，须进行局部淬火，硬度为 45～50HRC；花键部位进行高频感应加热表面淬火，硬度为 48～53HRC。

C6132 车床主轴的加工工艺路线为：

下料→锻造→正火→粗加工→调质→半精加工（花键除外）→局部淬火＋低温回火→粗磨外圆、外圆锥面及锥孔→铣花键→高频感应加热表面淬火＋低温回火→精磨外圆、外圆锥面及锥孔。

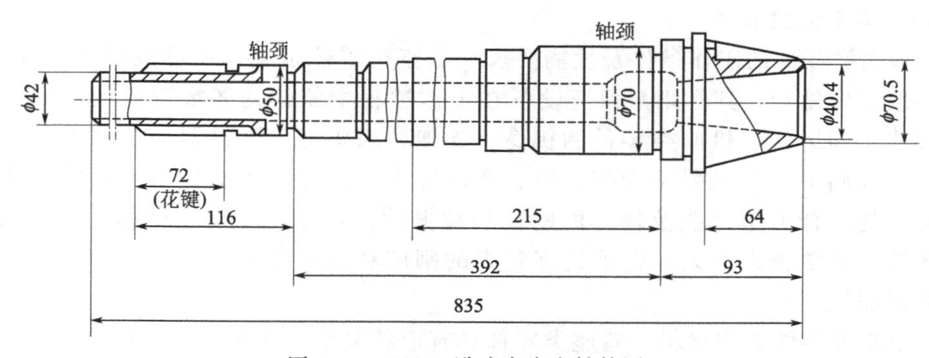

图 12-1 C6132 卧式车床主轴简图

3. 刃具的选材

刃具在工作时由于加工的零件材料、切削速度、冲击力大小不同，其性能要求也略有不同，但都需要具有较高的硬度、耐磨性和韧性，同时还应考虑刃具在高速切削条件下应具有较高的热硬性。

（1）车刀的选材　车刀是最常用的切削刃具，切削加工时由于切削速度大，刀刃部分温度较高，因此车刀材料应具有较高的热硬性和韧性，目前用于制造刀具的主要材料是高速钢和硬质合金两大类，其中高速钢应用最为广泛。表 12-6 是根据车刀的不同工作条件而推荐的车刀材料。

表 12-6 车刀的工作条件和推荐材料

工 作 条 件	推荐材料	硬 度
低速切削，易切材料，如灰铸铁、软有色金属、一般硬度的结构钢	Cr2、W	58～62HRC
较高切削速度，一般材料，形状较复杂、受冲击较大的刀具	W18Cr4V W6Mo5Cr4V2	64～66HRC
较高速切削速度，较难切削材料(如钛合金、高温合金)，形状复杂、有一定冲击的刀具	W6Mo5Cr4V2Al	66～69HRC
高速切削，短切屑的黑色金属材料、有色金属及非金属材料，铸铁、铸造黄铜、胶木等	YW1、YW2、YG6、YG8	88～91HRA
高速切削，长切屑的黑色金属材料及淬火钢	YW1、YT5、YT14	90～93HRA

(2) 丝锥和板牙的选材　丝锥和板牙是分别用来加工内、外螺纹的切削刃具，其切削速度不高，其失效形式主要是磨损和扭断，因此一般要求丝锥与板牙具有较高的硬度和耐磨性，同时应具有足够高的强度和韧性。

丝锥和板牙分手用和机用两种，对手用丝锥和板牙，因切削速度较低，故热硬性要求不高，一般可用高级优质碳素工具钢 T10A、T12A 制造，并经淬火＋低温回火使其硬度达到 59～62HRC；对尺寸稍大、精度要求较高的丝锥和板牙，则宜用低合金工具钢 9SiCr、CrWMn 制造，硬度一般为 60～63HRC；对机用丝锥与板牙，因切削速度较高，应具有一定的热硬性，故应选用 W18Cr4V、W6Mo5Cr4V2 等高速钢制造，硬度一般为 63～67HRC。

用 T12A、9SiCr 等钢制造小尺寸手用丝锥的加工工艺路线为：

下料→锻造→球化退火→机械加工（大量生产时用滚压法加工螺纹）→淬火＋低温回火→柄部高温快速回火（柄部硬度 35～45HRC）→发蓝→齿部精加工

为降低生产成本，对于大批量生产的较大尺寸的丝锥，切削部分可采用高速钢制造，柄部用 45 钢对焊制造。

4. 箱座类零件的选材

(1) 箱座类零件的工作条件及性能要求　箱座类零件是整台机器或部件装配的基础，其结构一般都较复杂，其作用是保证设备在工作过程中箱体内各零部件的正确位置，使运动零件能协调运转。机座类零件的机身、支架、底座等，因机器的全部重量和载荷通过它们传至基础上，一般要承受拉、压、弯曲应力，甚至还承受冲击载荷的作用，故要求具有良好的综合力学性能及较好的刚性和减振性；箱体零件如主轴箱、变速箱、进给箱、阀体等，通常受力不大，要求具有较高的刚度和密封性；工作台和导轨等，要求具有较高的耐磨性。

(2) 箱座类零件常用材料　箱座类零件具有形状复杂、体积较大、壁薄的特点，一般选用铸造毛坯。对工作平稳和承受中等载荷的箱体，一般选用灰铸铁 HT150、HT200、HT300 等材料；要求质量轻、散热良好的箱体，如飞机发动机汽缸体，多采用铸造铝合金制造；如果在强度方面有特别的要求，载荷较大、承受冲击的箱体，如轧钢机机架、汽轮机机座等，可采用铸钢材料制造，常用牌号为 ZG230-450、ZG270-500 等；对于单件生产的机座或箱体，为了制造简便、缩短生产周期，可采用焊接结构，如用 Q235、Q345 等制造。

(3) 箱座类零件的热处理　无论是铸造还是焊接成型的箱座类零件，铸造或焊接后内部往往存在较大的内应力。为了避免在使用过程中因产生变形而影响设备精度，机械加工前通常要进行去应力退火或自然时效处理。对于精度要求高的零件，如精密机床床身等，还应在第一次粗加工后及精加工后安排去应力退火工序。

第三节　零件毛坯的选择

机械零件的制造一般是由毛坯成型和切削加工两个阶段组成的。除少数零件直接用圆钢、钢管、钢板或其他型材经切削加工成型外，大多数零件都是通过铸造、锻造、冲压或焊接等方法制成毛坯，再经过切削加工制成的。因此，毛坯选择的正确与否，不仅影响每个零件乃至整个产品的制造质量和使用性能，而且对于生产成本也有很大影响。正确选择毛坯的材料、类型和成型方法是机械设计和制造中的重要任务。

一、毛坯选择的原则

机械制造中零件毛坯的选择应遵循以下三条基本原则。

1. 满足零件的使用性能要求

由于零件的受力状况、工作环境和周围介质等不同，零件形状、尺寸以及对零件的性能要求不同，即使是同一种零件材料选择的毛坯生产方法也不同。一般来说，铸件的力学性能低于同材质的锻件，因此，对于受力复杂或在高速重载下工作的零件常选用锻件制造；由于灰铸铁的抗振、减振性能好，因此机床床身及动力机械的缸体常选用灰铸铁制造，并采用铸造方法生产毛坯；对于轧钢机机架来说，由于其受力较大而且比较复杂，为了防止变形，要求结构刚度和强度较高，故常采用铸钢件制造；对于超过 100kg 的零件，常选用砂型铸造、自由锻方法生产毛坯。

2. 满足材料的工艺性能要求

机械零件的毛坯按其生产方法不同可分为铸件、锻件、冲压件、焊接件和型材五大类。按工艺方法的不同，金属材料可分为铸造合金和压力加工合金两大类。零件材料与毛坯的选择有着密切的关系，不同的零件材料将直接影响毛坯生产方法的选择，不同毛坯的成型特点、金属组织和性能、零件结构特征及适用范围等方面各不相同，表 12-7 为常用材料所能适应的毛坯生产方法。

表 12-7 材料与毛坯生产方法的关系

材料	砂型铸造	金属型铸造	压力铸造	熔模铸造	锻造	冷冲压	粉末冶金	焊接	挤压成型	冷拉成型
低碳钢	○			○	○	○	○	○	○	○
中碳钢	○			○	○	○	○	○		○
高碳钢	○			○	○	○	○	○		○
灰铸铁	○	○								
铝合金	○	○	○		○	○	○	○	○	○
铜合金	○	○	○		○	○	○	○	○	○
不锈钢	○			○	○	○		○		○
工具钢 模具钢	○			○	○		○			

注：○表示各种材料适宜或可以采用的毛坯生产方法。

3. 经济性原则

经济性原则是指在满足使用性能和工艺性能要求的前提下，从几个可供选择的方案中选择总成本较低的方案，尽量以最少的人力、物力、财力投入，高效生产出最多的产品，达到最佳的经济效益。

毛坯的生产成本与批量的大小关系极大。当零件的批量很大时，应采用高生产率的毛坯生产方法，如冲压、模锻、注塑成型以及压力铸造等。这些生产方法虽然模具制造费用较高、设备复杂，但当生产批量很大时，分摊在每件产品上的模具费用就越少，产品成本就相应降低；当零件的批量较小时，则应采用自由锻、砂型铸造等毛坯生产方法。

分析毛坯生产方法的经济性时，不能单纯考虑毛坯的生产成本，还应比较毛坯的材料利用率、机械加工成本、产品的使用成本等，使产品具有更好的使用性能、较低的动力消耗和较低的维修管理费用，以提高产品的市场竞争力。

随着我国国民经济的不断快速发展，机械制造中的标准化和专业化生产也在快速发展，越来越多的机械零部件采用标准化、系列化和专业化生产，使生产成本大幅度下降，因此，在选用毛坯生产方法时，还必须分析本企业的设备条件和技术水平，应充分考虑外协的可能性，当外协订货价格低于本厂生产成本，且能满足质量要求及零件生产周期时，应外协订货，降低产品成本。

二、常用毛坯的特点及生产成本比较

常用毛坯生产方法对材料的性能要求、生产特点、生产成本及应用范围见表 12-8。

三、常用机械零件毛坯的选择

常用机械零件按其形状特征和用途的不同，可分为轴杆类、盘套类和支架箱体类三大类。根据零件的结构特征、工作条件和应用情况，其毛坯选择的一般生产方法如下。

1. 轴杆类零件毛坯的选择

轴杆类零件的结构特征是其轴向尺寸远大于径向尺寸。常见的有实心轴、空心轴、曲轴、偏心轴、连杆、螺栓和各类管件等。

轴杆类零件大都是各类机械中重要的受力和传动零件。它们的具体受力情况又因其在机械中的作用和结构不同而有很大差异，从而也影响其毛坯材料和制造方法的选择。一般直径变化不大的直轴可采用圆钢直接切削加工，而大多数轴杆类零件都采用锻件毛坯制造。对于大型的曲轴、连杆等由于锻造困难常采用球墨铸铁件、铸钢件或焊接件制造。在有些情况下这类零件毛坯也可采用锻-焊或铸-焊结合的方法加工。例如，汽车排气门零件采用将合金耐热钢的头部与普通碳钢的杆部焊成一体的方法生产毛坯，可节约比较贵重的耐热钢材料。

表 12-8 常用毛坯的特点及生产成本比较

项目	铸件	锻件	冲压件	焊接件
对原材料工艺性的要求	流动性好，收缩率低	塑性好，变形抗力小	塑性好，变形抗力小	强度高，塑性好，淬硬性低
常用材料	灰铸铁、球墨铸铁、低中碳钢、铝合金、铜合金	中碳钢及合金结构钢	低碳钢、奥氏体不锈钢及铜、铝等有色金属	低碳钢、低合金钢、不锈钢及铝合金等
力学性能特点	灰铸铁件差，球墨铸铁件、可锻铸铁及铸钢件较好	比相同成分的铸钢件好	变形部分的强度、硬度提高，结构刚性较好	焊缝区的力学性能可达到或接近母材
结构特征	可生产较复杂的铸件，形状一般不受限制	形状一般较铸件简单	结构轻巧，形状可以较复杂	尺寸、形状一般不受限制，结构较轻
精度等级	IT11～IT16	自由锻 IT14～IT16；模锻 IT10～IT14	IT9～IT12	IT14～IT16
材料利用率	高	低	较高	较高
适合的生产类型	单件、成批及大批生产	自由锻适合单件、小批量生产；模锻适合成批及大批量生产	大批量	单件及成批生产
生产成本	较低	较高	批量越大，成本越低	较高
主要适用范围	形状复杂、受力不大的零件	受力较大、较复杂的重要零件及工具、模具	以薄板成型的各种零件	主要用于制造各种金属结构件，部分用于制造金属零件
应用举例	设备底座、变速箱体、导轨、轴承座、齿轮、凸轮轴等	传动轴、曲轴、连杆、齿轮、凸轮、锻模、冲模等	仪器仪表零件、汽车车身、油箱及生活用品等	锅炉、压力容器、管道、厂房构架、船体、桥梁等

2. 盘套类零件毛坯的选择

盘套类零件的结构特征是轴向尺寸小于或接近径向尺寸。常见的有齿轮、带轮、飞轮、法兰、联轴器、套环、垫圈、轴承环等。根据零件在工作中的使用要求、工作条件及所用材料不同，其毛坯的生产方法也各不相同。

齿轮是盘套类结构中最具代表性的零件。一般中小齿轮在选用中碳结构钢或合金渗碳钢制造时，其毛坯生产方法均采用型材经锻造而成；结构复杂的大型齿轮（如直径在400mm以上的齿轮）可采用铸钢件毛坯或球墨铸铁件毛坯制造，在单件小批生产条件下也可采用焊接件毛坯制造；形状简单、直径小于100mm的低精度、小载荷齿轮，在单件小批生产条件下可选用圆钢为毛坯；形状简单、精度要求较高、受力较大、大批量生产的小型齿轮可选用模锻件毛坯制造，但在单件小批量生产条件下应选用自由锻件毛坯制造；低速轻载的开式传动齿轮可选用灰铸铁件毛坯制造；高速轻载、低噪声的普通小齿轮，在选用铜合金、铝合金、工程塑料时可选用棒料作毛坯或选用挤压件、冲压件、压铸件毛坯制造，例如，大量生产仪表齿轮时，就常采用冲压件齿坯制造。

带轮、飞轮、手轮等受力不大或以受压为主的零件通常采用灰铸铁件毛坯制造，单件生产时也常采用低碳钢焊接件毛坯制造。

法兰、套环、垫圈等零件，根据受力情况、形状及尺寸不同等，可分别采用铸铁件、锻件或圆钢作毛坯；厚度小、批量少时，也可用钢板直接下料作为毛坯。

3. 支架箱体类零件的毛坯选择

这类零件包括各种设备的机身、底座、支架、横梁、工作台、齿轮箱、轴承座、阀体、泵体等。其结构特点是形状不规则、形状比较复杂，工作条件也相差很大。一般的基础零件（如机身、底座等）以承受压应力为主，并要求有较好的刚度和减振性，一般多选用价格较低的铸铁件毛坯制造；受力较大，且较复杂的零件应采用铸钢件毛坯制造；单件小批量生产时也可采用焊接件毛坯制造；形状复杂的大型零件可采用铸-焊或锻-焊组合件毛坯制造。

本章小结

机械产品在生产及使用过程中会产生不同的失效形式，通过分析常见的失效形式，可找到引起产品失效的主要原因，并提出相应的使用性能指标。同一种材料由于零件尺寸的不同，其热处理后的性能会产生较大差异。在选择零件材料及生产毛坯时，应遵循在满足产品使用性能的前提下，兼顾工艺性和经济性原则，按机械零件选材时的方法及步骤进行选材。对于生产中零件毛坯的选择，分析常见铸造、锻造、冲压及焊接件毛坯的生产特点及成本，合理地选择典型零件所用毛坯。

复习思考题

一、填空题

1. 机械零件的失效主要有________、________和________三种基本类型。
2. 零件选材及毛坯的选择一般应遵循________、________和________三个原则。
3. 零件选材时应在满足________________的前提下选择加工工艺性能良好的材料。
4. 零件选材的具体方法有____________、____________和____________三种。
5. 齿轮类零件的主要失效方式有____________、____________和____________三种。
6. 轴类零件的主要失效方式有____________、____________和____________三种。

7. 失效是指系统、装置或零件在加工及使用过程中丧失其__________的现象。

二、判断题

1. 毛坯选择是否合理，将会直接影响零件乃至整部机器的制造质量和工艺性能。

2. 机械零件常用的毛坯不能直接截取型材，主要通过铸造、锻造、冲压、焊接等方法获得。

3. 毛坯零件的选择只要能满足零件的使用要求就可以了。

4. 一般零件材料确定后，毛坯的种类也就基本上确定了。

5. 轮盘类零件只有通过锻造获得毛坯，才能满足使用要求。

6. 箱座类零件一般结构复杂，有不规则的外形和内腔。所以，不管生产批量多少都以铸铁件或铸钢件为毛坯。

7. 失效是指零件在使用过程中发生破断的现象。

8. 由于一般非金属材料的成型工艺简单、成本低，所以应尽可能采用非金属代替金属件。

9. 零件的经济性主要与原材料的价格有关。

10. 零件选材和毛坯成型方法往往是唯一的、不可替代的。

三、选择题

1. 轴类零件最常用的毛坯是（　　）。

A. 型材和锻件　　B. 铸件　　C. 焊接件　　D. 冲压件

2. 气体渗碳炉中的耐热罐，材料为耐热钢，应选用（　　）方法生产。

A. 板料冲压　　B. 焊接　　C. 砂型铸造　　D. 粉末冶金

3. 镍币或纪念章一般采用（　　）方法生产。

A. 熔模铸造　　B. 板料冲压　　C. 模锻　　D. 自由锻

4. 机床制造中一般采用（　　）生产齿轮坯。

A. 自由锻　　B. 铸造　　C. 胎模锻　　D. 模锻

5. 承受重载荷、动载荷及复杂载荷的低碳钢、中碳钢和合金结构钢重要零件一般采用（　　）毛坯。

A. 铸件　　B. 锻件　　C. 冲压件　　D. 型材

6. 大批、大量生产的低碳钢、有色金属薄板成型零件，一般采用（　　）毛坯。

A. 铸件　　B. 锻件　　C. 冲压件　　D. 型材

7. 齿轮减速箱体常选用的材料和毛坯是（　　）。

A. HT250 铸件　　B. ZCuZn16Si4 铸件

C. Q295 板材

8. 钢窗宜选用的材料和毛坯是（　　）。

A. 10 号钢型材　　B. Q345 板材　　C. Q295 板材

9. 家用液化气罐宜选用的材料和毛坯是（　　）。

A. Q295 板材　　B. Q345 板材　　C. HT200 铸件

10. 从钢锭到型材，必须经过（　　）。

A. 轧制　　B. 铸造　　C. 冲压

四、简答题

1. 什么是零件的失效？失效形式主要有哪些？零件失效分析的主要目的是什么？

2. 分析说明如何根据机械零件的服役条件选择零件用钢的碳含量及组织状态？

3. 零件的使用性能包括哪些？

4. 为什么汽车、拖拉机变速箱齿轮多是用渗碳钢来制造，而机床变速箱齿轮又多采用调质钢制造？

5. 某工厂用 T10A 钢制造的钻头对一批铸件钻 ϕ10 的深孔，在正常切削条件下，钻几个孔后钻头很快磨损。据检验钻头材料、热处理工艺、金相组织及硬度均合格。试问失效的原因，并提出解决的办法。

6. 选择毛坯类型及其成型方法的三条基本原则是什么？它们之间的关系如何？

7. 切削工具中的铣刀、钻头，由于需要重磨刃口并保证高硬度，因而要求淬透层深；板牙、丝锥一般不需要重磨刃口，但要防止螺距变形，所以要求淬透层浅。试问在选材和热处理方法方面如何予以保证？

8. 有 T10A、65Mn、20Cr、Q235 四种材料，请选择一种材料制造一个运行速度较高、承受负荷较大且受冲击的传动齿轮，并写出该齿轮的加工工艺路线，说明每道热处理工艺的作用和获得的组织。

9. 为什么轴杆类零件一般采取锻件制造，而机架类零件多采用铸件制造？

10. 试比较铸造、锻造、冲压、焊接等几种加工方法在成型特点、对原材料的工艺性能要求、制件结构特征、金属组织特征、力学性能特征及主要应用范围等方面的差别。

五、分析题

1. 有一 ϕ30mm×300mm 的轴，要求摩擦部位的硬度为 53～55HRC，现用 30 钢制造，调质后进行高频感应加热表面淬火（水冷）和低温回火，使用过程中发现摩擦部位严重磨损，试分析其失效原因，并提出解决问题的办法。

2. 在下列情况下，齿轮宜选用何种材料制造：

(1) 齿轮尺寸较大（直径大于 400～600mm），而轮坯形状复杂，不宜锻造；

(2) 能够在缺乏润滑条件下工作的低速无冲击的齿轮；

(3) 当齿轮承受较大的载荷，要求具有坚硬齿面和强韧的心部时。

3. 指出下列工件各应采用所给材料中的哪一种材料制造？并选定其热处理方法。

工件：车辆缓冲弹簧、发动机排气阀门弹簧、自来水管弯头、机床床身、发动机连杆螺栓、机用大钻头、车床尾架顶针、螺丝刀、镗床镗杆、自行车车架、车床丝杆螺母、电风扇机壳、普通地脚螺栓、高速粗车铸铁的车刀。

材料：38CrMoAl 40Cr 45 Q235 T7 T10 50CrVA Q345 W18Cr4V KTH300-06 60Si2Mn ZL102 ZCuSn10P1 YG15 HT100

实 验

实验一 硬度实验

一、实验目的

① 了解布氏硬度计、洛氏硬度计的主要构造和测试原理。

② 掌握布氏硬度值、洛氏硬度值的测量范围及其测量步骤和方法。

③ 初步建立碳钢的含碳量与其硬度间的关系及热处理能改变材料硬度的概念。

二、实验原理

1. 布氏硬度

布氏硬度试验法是将一直径为 D 的硬质合金球（旧标准中也可以选择淬火钢球，其对应的布氏硬度值用 HBS 表示）在规定试验力 F 的作用下压入被测试金属表面，停留一定时间后卸除试验力，在被测试金属表面上将形成一个直径为 d 的压痕，通过计算单位压痕面积所承受的平均压力，作为被测金属的布氏硬度值。

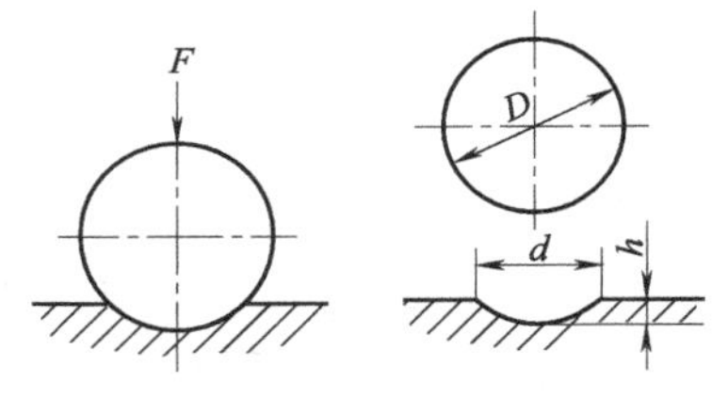

实验图-1 布氏硬度试验原理示意图

布氏硬度试验原理如实验图-1 所示。故布氏硬度值表示为：

$$HBW=\frac{F}{S}=0.102\frac{2F}{\pi D(D-\sqrt{D^2-d^2})}$$

式中 F——试验力，N；

D——压头的直径，mm；

d——压痕的平均直径，mm。

在进行布氏硬度试验时，应根据被测试金属材料的种类和试样厚度，选用不同的球体直径 D、施加试验力 F 和试验力保持的时间。按 GB 231.1 规定，球体直径有 10、5、2.5 和 1（mm）四种规格；试验力-球直径平方的比率（$0.102F/D^2$）有 30、15、10、5、2.5 和 1 六种，根据金属材料的种类和布氏硬度值，可按表 1-1 选定相应的试验力-球直径平方的比率。试验力的保持时间：黑色金属为 10～15s，非铁金属为 30s，布氏硬度值小于 35 时为 60s。

在实际测试时，硬度值一般不采用公式进行计算，而是根据 d、D、F 值查附录一布氏硬度对照表得到所测金属材料的硬度值。

布氏硬度的标注方法：硬度值＋硬度符号＋压头直径＋试验力（对应 kgf）＋试验力保持时间。一般试验力保持时间为 10～15s 时不需要标注。例如：150HBW10/1000/30 表示：用直径为 10mm 的压头，在对应 1000kgf（9807N）试验力作用下保持 30s，测得的布氏硬度值为 150。

2. 洛氏硬度

洛氏硬度试验法是将金刚石圆锥压头或硬质合金球压头分两个步骤压入被测金属表面，经规定保持时间后，卸除主试验力，测量在初试验力下的残余压痕深度 h。试验时，先加初试验力 98.07N，然后再加主试验力，在初试验力＋主试验力的压力下保持一段时间之后，去除主试验力，在保留初试验力的情况下，根据试样的压痕深度来衡量金属硬度的大小。

实验图-2 所示为金刚石圆锥压头的洛氏硬度试验原理。图中 0-0 为金刚石圆锥压头的初始位置，1-1为在初试验力作用下，压头压入被测试金属表面深度为 h_1 时的位置；2-2 为在总试验力（初试验力＋主试验力）作用下，压头压入被测试金属表面的深度 h_2 时的位置；3-3 为卸除主试验力后由于被测试金属弹性变形恢复，而使压头略为提高时的位置 h_3。故由主试验力引起的塑性变形而产生的压痕深度 $h=h_3-h_1$。显然，h 越大时，被测金属的硬度值越低；反之，则越高。实际测试时不用量取 h 值，被测材料的硬度值可在指示器表盘上读出。

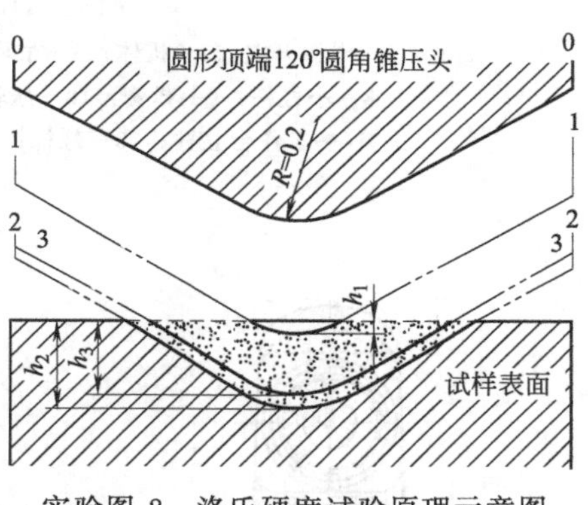

实验图-2　洛氏硬度试验原理示意图

根据不同的压头和主试验力，洛氏硬度组成不同的标尺。最常用的是 HRA、HRB、HRC 三种。常用洛氏硬度标尺的试验条件和应用范围见表 1-2。

洛氏硬度的标注方法：硬度值＋洛氏硬度标尺。

三、实验设备

1. 布氏硬度试验计

布氏硬度试验的设备主要有布氏硬度计和读数显微镜。常见的布氏硬度计有液压式和机械式两大类。实验图-3 为 HB-3000 型机械式布氏硬度计，它是由机体、工作台、大小杠杆、减速器、换向开关等部件组成。

2. 洛氏硬度试验计

洛氏硬度试验的设备主要是洛氏硬度计，实验图-4 为 HR-150A 硬度计的结构简图。该硬度计由机架、加载机构、测量指示机构及试台升降机构等部分组成。

加载机构由压头主轴系统、加载杠杆、砝码、缓冲器以及操纵杆和操纵手柄组成。

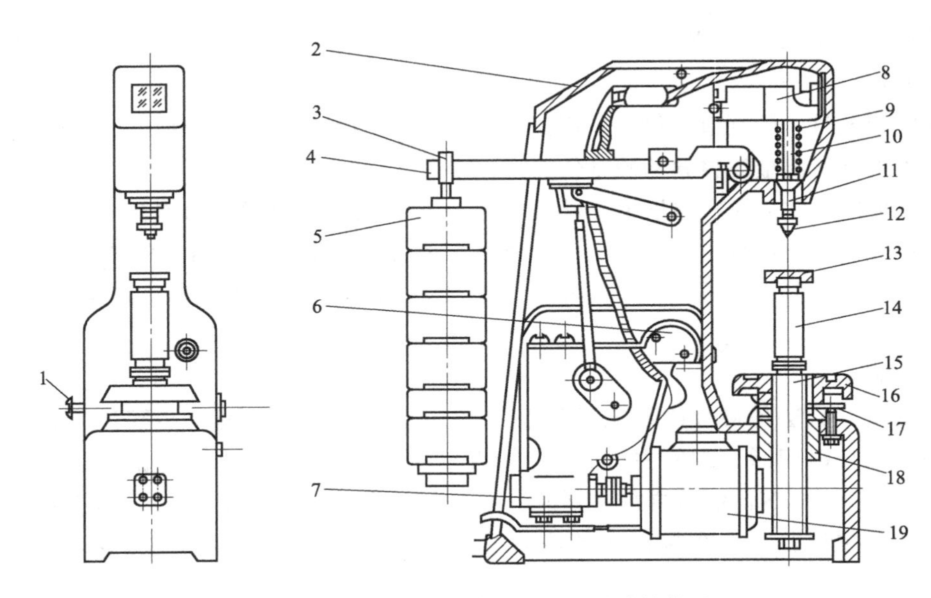

实验图-3　HB-3000 型布氏硬度试验计结构图

1—电源开关；2—机体；3—吊环；4—大杠杆；5—砝码；6—换向形状；7—减速器；8—小杠杆；9—弹簧；10—压轴；11—主轴衬套；12—钢球；13—可更换工作台；14—工作台立柱；15—螺杆；16—升降手轮；17—螺母；18—套筒；19—电动机

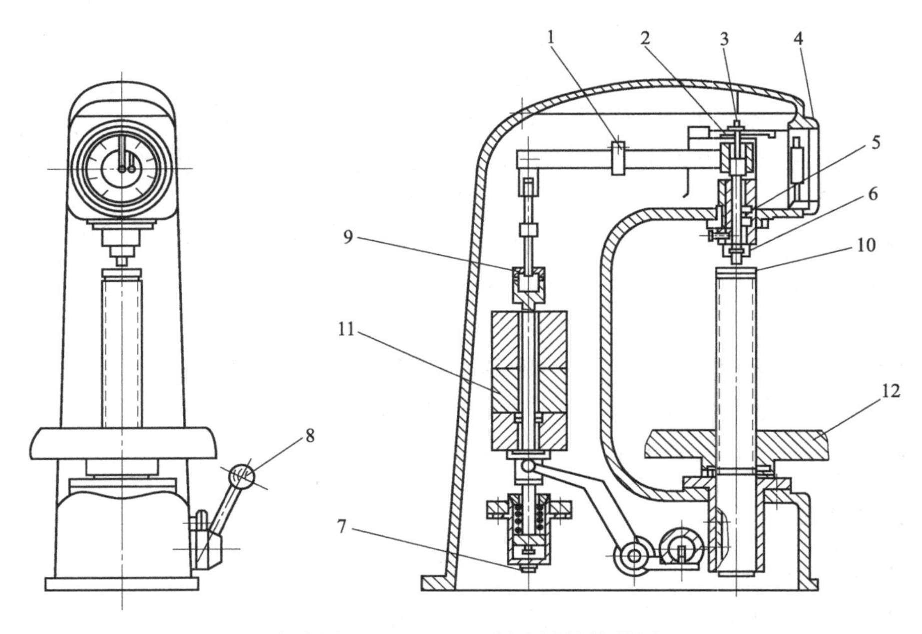

实验图-4　HR-150A 硬度计结构简图

1—调整块；2—顶杆；3—调整丝；4—指示盘；5—按钮；6—压头；7—放油螺钉；8—操纵手柄；9—吊套；10—工作台；11—砝码；12—手轮

四、实验材料

① 布氏硬度试验：退火状态下的碳钢。

② 洛氏硬度试验：淬火状态下的碳钢。

五、实验方法和步骤

1. 布氏硬度试验

① 硬度检测位置应为平面，不得带有油脂、氧化皮、漆层、裂纹、凹坑和其他污物。

② 根据试样材料的种类、状态及厚度，按布氏硬度试验规范选择压头的直径、试验力大小及试验力保持时间。

③ 把试样放在工作台上，顺时针转动工作台升降手轮，使压头与试样接触，直到手轮与升降螺母产生相对运动时为止。

④ 开动电动机将试验力加到试样上，并保持一定时间。

⑤ 逆时针转动手轮，取下试样。

⑥ 用读数显微镜（实验图-5）在两个相互垂直的方向上测出压痕直径 d_1 及 d_2，算出平均值：

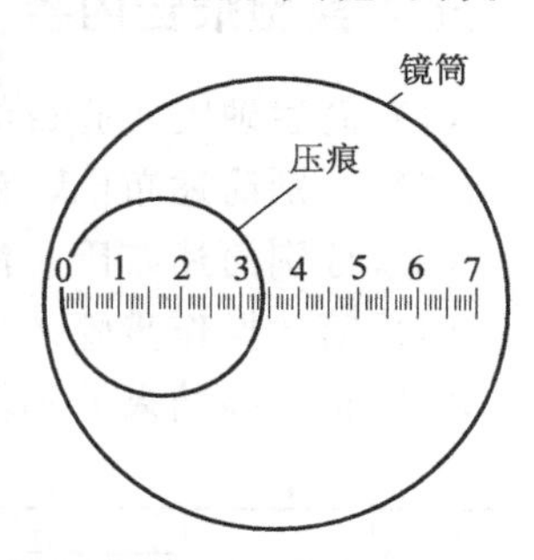

实验图-5 测量压痕直径示意图

$$d=\frac{1}{2}(d_1+d_2)$$

⑦ 根据压痕直径 d、压头直径 D 和试验力 F 查附录一，得到试样的布氏硬度值。

2. 洛氏硬度试验

① 硬度检测位置应为平面，不得带有油脂、氧化皮、漆层、裂纹、凹坑和其它污物。

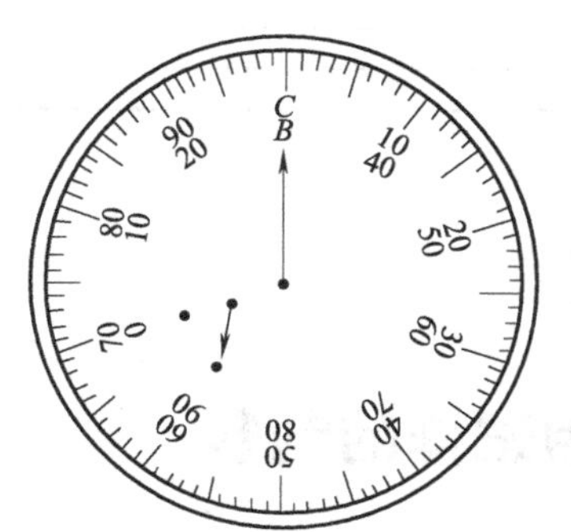

实验图-6 洛氏硬度计指示器表盘

② 根据试样材料的种类、状态选择压头的规格、试验力大小及试验力保持时间。

③ 将试样安置在工作台上，顺时针转动手轮使试样升起至指示器的小指针指向红点，此时大指针应垂直向上指向 B 与 C 处（实验图-6），其偏移量不得超过±5 格，否则重新进行。

④ 转动指示器的调整盘使标记 B（或 C）对准大指针。

⑤ 将操纵手柄向后推，加上总试验力，直至指示器大指针运动显著的变慢直到停顿后，保留试验力约 10s，再将操作手柄扳回，以卸除主试验力。

⑥ 按指示器上大指针所指的刻度读取读数。当采用金刚石压头时，按刻度盘外圈标记为 C 的读数，当采用硬质合金球作压头时，按刻度盘内圈标记为 B 的读数。

⑦ 逆时针转动手轮，降下工作台，取下试样或者移动试样，选择新的位置继续进行试验。

六、注意事项

1. 布氏硬度试验

① 试样测试表面应为无氧化皮及污物的光滑平面。

② 安放试样的测试表面应垂直于硬质合金球的加载方向。

③ 试样上压痕距试样边缘的距离应不小于压痕直径的 2.5 倍，相邻压痕的距离应不小于压痕直径的 4 倍。

④ 压痕直径 d 的大小应在 $0.24D$～$0.6D$ 内。

2. 洛氏硬度试验

① 试样的厚度应不小于8倍压痕的深度，试样的表面应光洁平坦。

② 在每个试样上的试验次数至少为三次，并求出算术平均值作为其硬度值。

③ 在试样上各压痕中心的距离及压痕中心至试样边缘的距离均不得小于3mm。

七、实验报告内容

（1）简述硬度实验目的。

（2）分别简述布氏、洛氏硬度实验所用的仪器设备。

（3）分别简述布氏、洛氏硬度试验法的优缺点及应用范围。

（4）简述操作步骤。

（5）将实验结果分别填入下表。

布氏硬度试验结果

材料	状态	试验规范			压痕直径			硬度值/HBW
		压头直径 D/mm	试验力/N	试验力保持时间/s	d_1/mm	d_2/mm	$d_{平均}$/mm	

洛氏硬度试验结果

材料	状态	试验规范		试验结果			平均硬度值
		压头规格	试验力/N	第一次	第二次	第三次	

（6）思考题

① 测量硬度前为什么要对试样表面进行打磨？

② 硬度测量能否完全代替拉伸试验测定材料的力学性能？

实验二　金相显微镜的使用及金相试样的制备

一、实验目的

① 了解台式金相显微镜的主要构造与使用方法。

② 了解金相试样的制备方法。

③ 初步掌握利用金相显微镜进行显微组织分析的基本方法。

二、实验概述

为了研究金属材料的细微组织与缺陷，可采用金相显微分析。金相显微分析是利用放大倍数较高的金相显微镜，观察金属材料的显微组织和缺陷的方法。一般金相显微镜的放大倍数为数十倍至2000倍，金属晶粒的平均直径在10^{-3}～10^{-1}mm内，这正是借助金相显微镜可看清的范围，故金相显微分析是目前生产检验与科学研究的常用方法之一。

（一）金相显微镜

金相显微镜是利用反射光将不透明物体放大后进行观察或摄影的仪器。

1. 金相显微镜的成像原理

金相显微镜由两个透镜组成，靠近金相试样的透镜称为物镜，靠近人眼的透镜称为目镜。

金相显微镜通过物镜和目镜两次放大而得到倍数较高的放大像。其成像原理如实验图-7 所示。将金相试样置于物镜前焦点 F_1 外少许，则试样上被观察的物体（以箭头 AB 表示）在物镜的后方产生一个放大倒立的实像 $A'B'$。在设计显微镜时，已安排好使这个实像刚好落在目镜的前焦点 F_2 内少许，再经过放大后，在 250mm 的明视距离处获得一个经再次放大的倒立虚像 $A''B''$。所以，人眼在目镜中观察到的是经物镜和目镜两次放大的物像。金相显微镜总的放大倍数 M 应为物镜放大倍数 $M_{物}$ 与目镜放大倍数 $M_{目}$ 的乘积，即

$$M=M_{物}M_{目}=\frac{\Delta}{f_1}\times\frac{250}{f_2}$$

式中 Δ——物镜后焦点 F_1' 到目镜的前焦点 F_2 的距离，称为显微镜的光学镜筒长度；

f_1——物镜的焦距；

f_2——目镜的焦距。

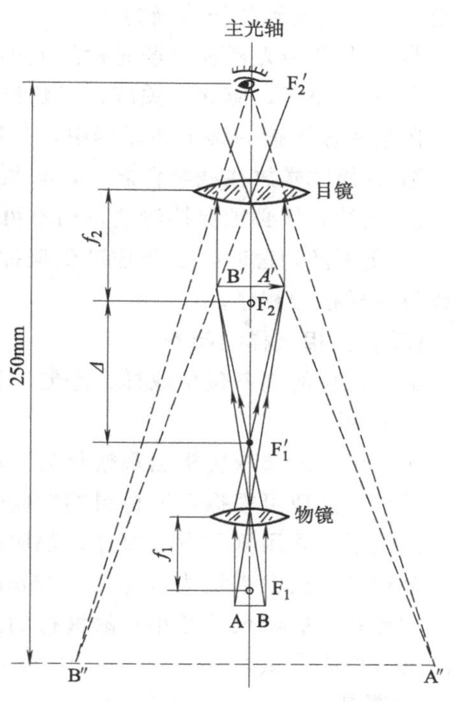

实验图-7 金相显微镜成像原理图

2. 金相显微镜的构造

金相显微镜由光学系统、照明系统和机械系统三部分组成，完善的金相显微镜还有照明装置和其他附件。金相显微镜的形式很多，通常可分为台式、立式和卧式三类。

实验图-8 为 XJP-2 型金相显微镜构造示意图。

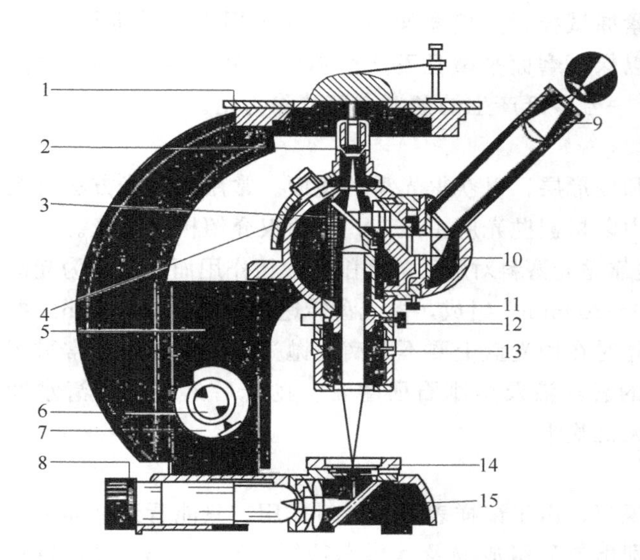

实验图-8 XJP-2 型台式构造显微镜构造示意图

1—载物台；2—物镜；3—半反射镜；4—转换器；5—传动箱；6—微调焦手轮；7—粗调焦手轮；8—偏心圈；9—目镜；10—目镜管；11—固定螺钉；12—调节螺钉；13—视场光栏；14—孔径光栏；15—底座

3. 金相显微镜的使用及维护

金相显微镜是精密、贵重的光学仪器，使用时必须细心谨慎。在使用时应按下列步骤进行。

① 按金相观察放大倍数的要求，选配物镜及目镜，分别安装在转换器的物镜座上及目镜筒内，并使转换器转至固定位置。

② 移动载物台，使物镜位于载物台中心孔的中央，然后把金相试样倒置在载物台上。

③ 接通变压器电源，开亮灯泡。

④ 旋转粗调焦手轮进行调焦，当呈现出模糊的映像时，再转动微调焦

手轮，直到观察到的像清晰为止。

⑤ 调节孔径光栏和视场光栏的大小，以获得最佳质量的物像。

⑥ 观察完毕，应立即关灯，以延长灯泡的使用寿命。

在金相显微镜的维护和保养中，一般应注意以下事项。

① 金相试样放在载物台之前，必须洗净、吹干，并注意不得碰触试样表面。

② 光学零件必须保持清洁，切不可用手指触摸光学镜片。

③ 在更换物镜时，要防物镜受碰撞而损坏。在调焦时，要缓慢地旋转调焦手轮，谨防物镜与试样接触相碰。

（二）金相试样的制备

金相试样的制备包括取样、磨制、抛光、浸蚀四个步骤。

1. 取样

显微试样的选取应根据观察目的，取其具有代表性的部位。

试样的截取可根据金属材料的性能采用不同方法，如手锯、砂轮切割、机床截取以及锤击等。但不论采用哪种方法取样，都应避免试样受热或变形，从而引起金属组织变化。

金相试样通常采用直径 ϕ12～15mm、高 12～15mm 的圆柱或边长 12～15mm 方形试样。对形状特殊或尺寸细小不易握持的试样，或为了使试样不发生倒角，需要使用试样夹或样品镶嵌机固定试样。

2. 磨制

试样的磨制一般分为粗磨和细磨两道工序。

① 粗磨：粗磨的目的是获得一个平整的表面。钢铁材料试样的粗磨通常在砂轮机上进行。

② 细磨：经粗磨后试样表面虽较平整，但仍还存在较深的磨痕及较大的变形层。为了消除这些磨痕及变形层，需要进行细磨。细磨是在一套粗细程度不同的金相砂纸上，由粗到细依次进行。

细磨时将砂纸放在玻璃板上，手指紧握试样，并使磨面朝下，均匀用力向前推行磨制。在回程时，应提起试样不与砂纸接触，以保证磨面平整且不产生弧度。每更换一号砂纸时，须将试样的研磨方向调转 90°，直到将上一号砂纸产生的磨痕全部消除为止。

3. 抛光

抛光的目的是去除细磨之后的磨痕和变形层，以获得光滑的镜面。常用的抛光方法有机械抛光、电解抛光和化学抛光三种，其中以机械抛光应用最广，下面仅介绍机械抛光。

机械抛光是在抛光机上进行的，它是靠抛光磨料对磨面的磨削和滚压作用而使其成为光滑的镜面。抛光机由电动机和抛光盘（ϕ200～300mm）组成，抛光盘转速为 300～500r/min。抛光盘上铺以细帆布、呢绒、丝绸等。抛光时在抛光盘上要不断滴注抛光液，抛光液通常采用 Al_2O_3、MgO、Cr_2O_3 等细粉末在水中的悬浮液及金刚石研磨膏。抛光后的试样用清水冲洗，再用无水酒精清洗磨面，然后用吹风机吹干。

4. 浸蚀

经抛光后的试样若直接在显微镜下观察，由于试样表面的反射作用，只能看到试样中的夹杂物、石墨、孔洞、裂纹等，无法辨别出各种组成物及其形态特征。要观察金属的组织，必须经过适当的浸蚀处理。由于有的组织或晶界易腐蚀而凹凸不平，表面与入射光线垂直的组织将大部分光线反射回去，在显微镜视场中呈白亮状；有些组织由于表面不垂直于入射光线，使许多光线散射掉，只有很少的光线反射回去，在显微镜视场中呈灰暗状。由此明暗不同产生衬度而形成图像。目前最常用的浸蚀方法是化学浸蚀法，钢铁材料最常用的浸蚀剂为

3%～4%硝酸酒精溶液或4%苦味酸酒精溶液。

浸蚀的方法是将试样磨面浸入浸蚀剂中，或用棉花沾上浸蚀剂擦拭表面。浸蚀时间要适当，一般试样磨面发暗时就可停止，如果浸蚀不足可重复浸蚀。浸蚀完毕后立即用清水冲洗，接着用酒精冲洗，最后用吹风机吹干。

三、实验设备及用品

① 金相显微镜。

② 抛光机、吹风机。

③ 不同粗细的金相砂纸一套、抛光磨料、浸蚀剂、无水酒精。

④ 待制的金相试样等。

四、实验方法与步骤

① 认真听取老师讲解的金相显微镜的原理、构造和使用方法。熟悉金相显微镜的操作规程和注意事项。

② 认真听取老师讲解的金相试样的制备方法。

③ 简述操作步骤。

④ 按金相试样的制备步骤，制备一合格的金相试样。

五、实验报告

① 简述实验目的及所用仪器设备。

② 制备一合格的碳钢金相试样。

③ 画出经浸蚀后的金属显微组织示意图。

材料名称________________

处理方法________________

浸 蚀 剂 ________________

放大倍数________________

金相组织________________

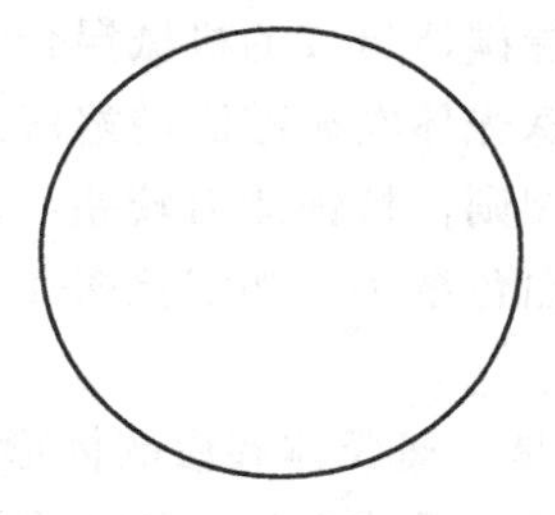

④ 思考题。

为什么未经制备的金属材料在金相显微镜下观察不到其显微组织？

实验三　铁碳合金平衡组织分析

一、实验目的

① 熟悉 $Fe\text{-}Fe_3C$ 相图，了解不同成分的铁碳合金在平衡状态下的显微组织特征。

② 分析碳钢的含碳量与其平衡组织间的关系。

③ 加深对平衡状态下铁碳合金的成分、组织、性能间关系的理解。

二、实验概述

在室温下铁碳合金的基本相为铁素体与渗碳体，不同含碳量的合金，在组织上的差异仅是这两个基本相的相对量、形态及分布不同。在铁碳合金中，渗碳体的相对量、存在形态以及分布状况对合金的性能影响很大。

（一）铁碳合金室温下基本组织的显微特征

1. 铁素体（F）

铁素体是碳溶于 α-Fe 中的间隙固溶体。由于在室温时其溶碳能力几乎等于零，故其显微组织与纯铁相同，用 3%～5%硝酸酒精溶液浸蚀后为白色多边形晶粒，晶界呈黑色网状，如实验图-9 所示。

2. 渗碳体（Fe_3C）

渗碳体是铁与碳形成的一种化合物，是具有复杂晶格形式的间隙化合物。经 4%硝酸酒精溶液浸蚀后呈白亮色，但在碱性苦味酸钠溶液中经热蚀后能被染成暗黑色。

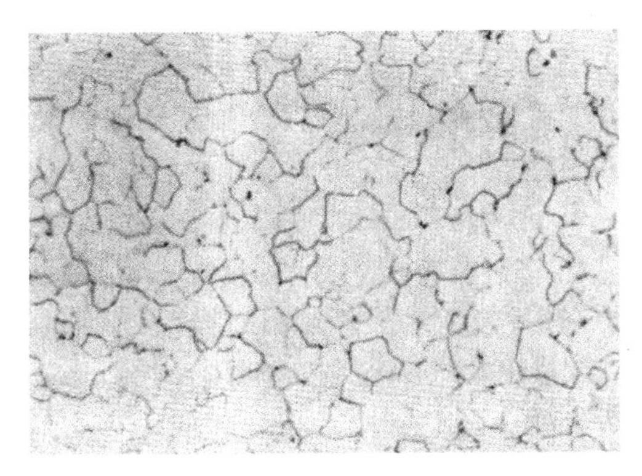

实验图-9　铁素体显微组织（100×）

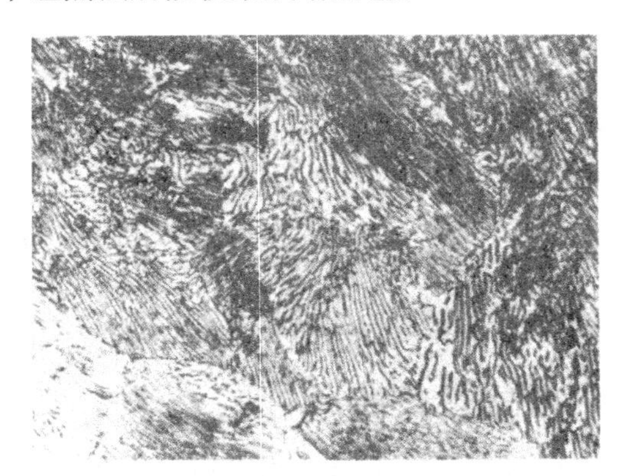

实验图-10　片状珠光体（500×）

3. 珠光体（P）

珠光体是铁素体和渗碳体组成的机械混合物。在平衡状态下是由铁素体片和渗碳体片交替形成的层片状组织。珠光体在硝酸酒精溶液浸蚀下，渗碳体和铁素体均呈白色，但在两相交界处由于原子排列不规则，抗蚀能力较差，易于浸蚀，因此在高倍显微镜下能观察到渗碳体是由黑色边缘围着的白色窄条，如实验图-10 所示。

4. 莱氏体（L_d）

莱氏体是在 1148℃是由奥氏体和渗碳体形成的机械混合物（共晶体）；室温下的莱氏体是由珠光体及渗碳体和从奥氏体中析出的二次渗碳体组成的机械混合物。莱氏体经硝酸酒精溶液浸蚀后其组织特征是在亮白色的渗碳体基底上相间地分布着暗黑色斑点及细条状珠光体。二次渗碳体和共晶渗碳体连在一起，从形态上难以区分。

（二）铁碳合金平衡状态下的显微组织

1. 工业纯铁

w_C<0.0218%的铁碳合金为工业纯铁，工业纯铁为两相组织，即由铁素体和少量的三次渗碳体组成。铁素体的显微组织见实验图-9。

2. 碳钢

碳钢是指 w_C=0.0218%～2.11%的铁碳合金。

① 亚共析钢：亚共析钢中碳的质量分数为 0.0218%～0.77%，其组织由铁素体和珠光体组成。实验图-11 为不同成分的亚共析钢的显微组织。

② 共析钢：共析钢中碳的质量分数 w_C 为 0.77%，它是由铁素体和渗碳体组成的机械

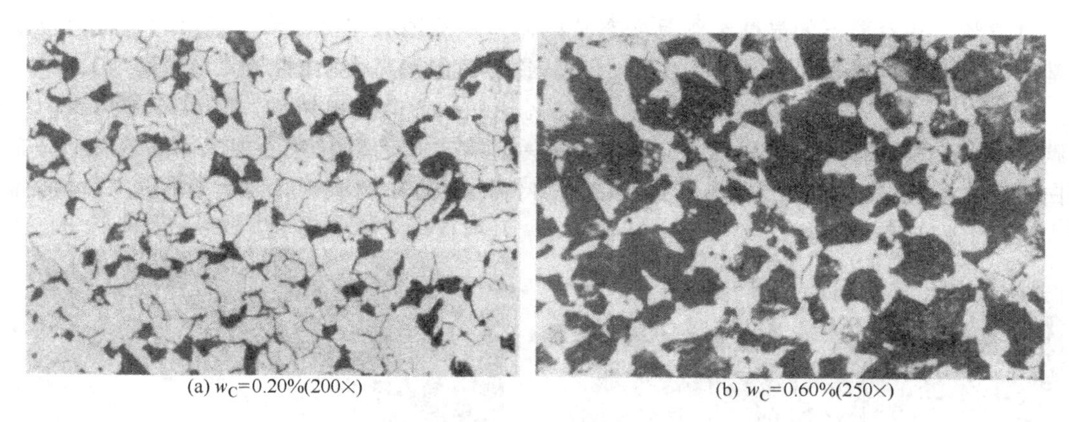

(a) w_C=0.20%(200×)　　(b) w_C=0.60%(250×)

实验图-11　亚共析钢显微组织

混合物。珠光体有片状和球状两种。片状珠光体的组织形态如附图-10所示。

③ 过共析钢：过共析钢中碳的质量分数在0.77%～2.11%，其在室温下的显微组织由珠光体和二次渗碳体组成。T12钢显微组织见实验图-12。

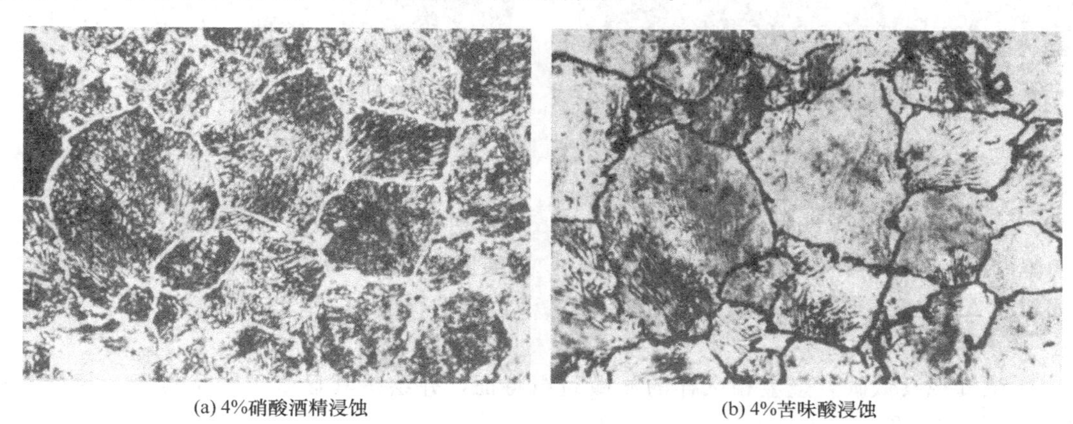

(a) 4%硝酸酒精浸蚀　　(b) 4%苦味酸浸蚀

实验图-12　T12钢显微组织（500×）

3. 白口铸铁

白口铸铁是w_C=2.11%～6.69%的合金，按含碳量及室温组织的不同，又可分为亚共晶白口铸铁、共晶白口铸铁和过共晶白口铸铁三种。

① 亚共晶白口铸铁：其成分是w_C=2.11%～4.3%的白口铸铁，室温下的组织为珠光体、二次渗碳体和变态莱氏体。经浸蚀后在显微镜下观察时呈黑色块状或树枝状分布的是由初生奥氏体转变成的珠光体，白色渗碳体基底上散布着的暗黑色粒状物为变态莱氏体，从初生奥氏体及共晶奥氏体中析出的二次渗碳体都与共晶渗碳体连在一起，在显微镜下难以分辨。亚共晶白口铸铁显微组织见实验图-13。

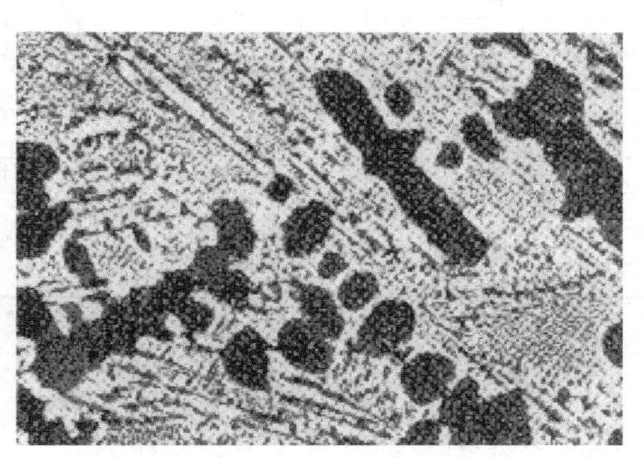

实验图-13　亚共晶白口铸铁显微组织（80×）

② 共晶白口铸铁：共晶白口铸铁的

w_C=4.3%，其室温下的显微组织是变态莱氏体。经浸蚀后在显微镜下观察时是在白色渗碳体基底上散布着的暗黑色珠光体。共晶白口铸铁显微组织见实验图-14。

③ 过共晶白口铸铁：其成分是 w_C=4.3%～6.69%的白口铸铁，室温下的组织为一次渗碳体和变态莱氏体。经浸蚀后在显微镜下观察时是在暗色颗粒状的莱氏体的基底上分布着亮白色粗大条片状的一次渗碳体，过共晶白口铸铁中的一次渗碳体随着含碳量的增加而增加。过共晶白口铸铁显微组织见实验图-15。

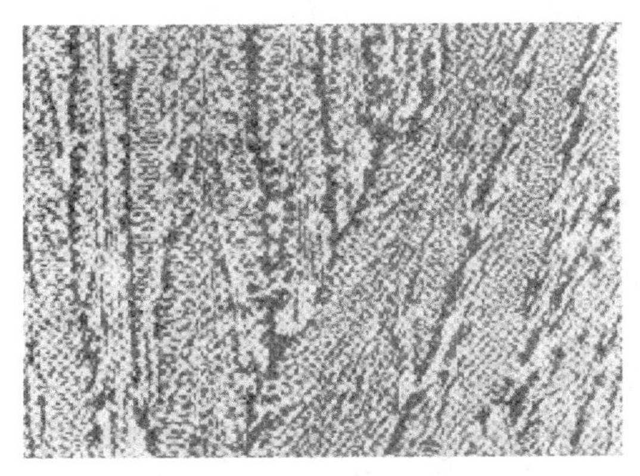

实验图-14　共晶白口铸铁显微组织（250×）

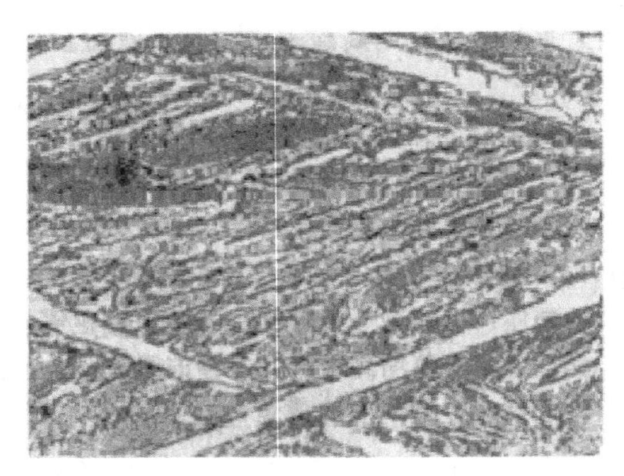

实验图-15　过共晶白口铸铁显微组织（250×）

三、实验设备及用品

① 金相显微镜。

② 铁碳合金平衡状态下的金相试样一套，见实验表1。

四、实验方法与步骤

① 认真观察铁碳合金金相试样的显微组织特征，并绘出其显微组织示意图，用箭头标出图中组织的名称。

② 记录观察用的各种铁碳合金的牌号或名称、显微组织、放大倍数及浸蚀剂。

实验表1　铁碳合金平衡状态下的金相试样

试样材料	处理状态	浸蚀剂	室温下的显微组织
工业纯铁	完全退火	4%硝酸酒精溶液	铁素体
20钢			铁素体+珠光体
45钢			铁素体+珠光体
60钢			铁素体+珠光体
T8钢			珠光体
T12钢			珠光体+二次渗碳体(亮白色)
T12钢		4%苦味酸溶液	珠光体+二次渗碳体(暗黑色)
亚共晶白口铸铁	铸　态	4%硝酸酒精溶液	珠光体+二次渗碳体+变态莱氏体
共晶白口铸铁			变态莱氏体
过共晶白口铸铁			一次渗碳体+变态莱氏体

五、实验报告

① 实验目的。

② 实验所用仪器设备、试样。

③ 实验步骤。

④ 按下列要求画出20钢、T8钢、T12钢、亚共晶白口铸铁、共晶白口铸铁、过共晶白口铸铁的显微组织，并注明各组织的名称。

材料名称＿＿＿＿＿＿＿＿

处理方法＿＿＿＿＿＿＿＿

浸 蚀 剂＿＿＿＿＿＿＿＿

放大倍数＿＿＿＿＿＿＿＿

金相组织＿＿＿＿＿＿＿＿

⑤ 思考题

在铁碳合金组织中，渗碳体有几种形态？试分析它对铁碳合金性能的影响。

实验四　碳钢的热处理

一、实验目的

① 了解普通热处理（退火、正火、淬火和回火）的方法。

② 分析碳钢热处理时的冷却速度及回火温度对其组织与硬度的影响。

③ 分析碳钢的含碳量对淬火后硬度的影响。

④ 加深认识碳钢的成分、热处理工艺与其组织、性能间的关系。

二、实验概述

钢的普通热处理一般有退火、正火、淬火和回火四种方法。不同的热处理方法使碳钢获得不同的组织和性能；同一种热处理方法，当采用不同的热处理工艺参数时，所得碳钢的组织和性能也不相同。

（一）碳钢热处理工艺

1. 加热温度

在对碳钢进行普通热处理时，其退火、正火及淬火的加热温度，原则上可按实验表2选定。但在生产中，应视工件的具体情况加以调整。

实验表2　碳钢退火、正火及淬火的加热温度

方　法	加热温度/℃	应用范围
退　火	A_{c3}+(30～50)	亚共析钢的完全退火
	A_{c1}+(30～50)	过共析钢的球化退火
正　火	A_{c3}+(50～70)	亚共析钢
	A_{ccm}+(50～70)	过共析钢
淬　火	A_{c3}+(30～70)	亚共析钢
	A_{c1}+(30～70)	共析或过共析钢

根据对工件性能要求的不同，按其温度不同回火可分低温回火、中温回火和高温回火三种。低温回火温度为150～250℃，适用于切削刃具、量具、冷冲模具、滚动轴承以及渗碳件等的回火，回火后的硬度一般为58～64HRC；中温回火温度为350～500℃，适用于弹簧、中等硬度零件的回火，回火后的硬度一般为35～50HRC；高温回火温度为500～

650℃，适用于齿轮、轴、连杆等要求综合力学性能的零件的回火，回火后的硬度一般为200～330HBW。钢回火后其硬度随回火温度的升高而降低。

2. 加热时间

热处理的加热时间与钢的成分、原始组织、工件的尺寸与形状、使用的加热设备、装炉方式及热处理方法等许多因素在关。因此，要确切计算加热时间是比较复杂的。在实验室中，通常按工件的有效厚度大致估算加热时间。

3. 冷却方法及冷却介质

① 退火：保温后随炉缓冷至600℃以下再出炉空冷。

② 正火：保温后直接从加热炉中取出，在静止或流动的空气中冷却。

③ 淬火：为使淬火后的组织为马氏体，减少工件变形与开裂，淬火时应选用650～500℃的冷却速度大，而在 M_s 附近的冷却速度应尽可能低的冷却介质。对形状简单的工件，常采用单液淬火法，合金钢常用油作冷却介质。

④ 回火：保温后从加热炉中取出在空气中进行冷却。

(二) 碳钢热处理后的组织与性能

1. 珠光体型组织

珠光体型组织是过冷奥氏体在高温（A_{r1}至C曲线鼻尖）下转变的产物。随奥氏体冷却时过冷度的增加，依次得到珠光体、索氏体、托氏体，它们都是铁素体与渗碳体的片层状混合物，但铁素体与渗碳体片层间距依次变小，使强度和硬度递增。

2. 贝氏体型组织

贝氏体型组织是过冷奥氏体在进行中温（C曲线鼻尖至 M_s 点）等温时的转变产物，分为上贝氏体和下贝氏体。上贝氏体与下贝氏体都是由含碳量过饱和的铁素体（或ε碳化物）组成的两相混合物。上贝氏体在光学显微镜下呈羽毛状，下贝氏体在光学显微镜下呈黑色针片状，它的韧性与塑性高于上贝氏体。

3. 马氏体组织

马氏体组织是过冷奥氏体在低温（M_s 点以下）下转变的产物。当奥氏体中 $w_C<0.2\%$时淬火之后得到低碳马氏体，也称板条状马氏体，显微组织呈一束束平行排列的细条状，它不仅有较高的强度与硬度，同时还具有良好的塑性与韧性；当奥氏体中 $w_C>1.0\%$时淬火之后得到高碳马氏体，也称片状马氏体，显微组织呈针状或竹叶状，其性能硬而脆。

4. 回火组织

淬火组织为马氏体（含有少量残余奥氏体）的碳钢，在不同的回火温度下获得不同的组织。

低温回火后获得回火马氏体，回火马氏体性能基本上与淬火马氏体相同，韧性有所提高。

中温回火可获得回火托氏体组织，具有高的屈服点、弹性极限和较好的韧性。

高温回火获得的是回火索氏体组织，具有良好的综合力学性能。

(三) 碳钢含碳量对淬火后硬度的影响

在正常淬火条件下，钢的含碳量越高，淬火后的硬度也越高。但当钢中碳的质量分数 $w_C>0.8\%$时，淬火后硬度的增加不明显。

一般低碳钢淬火后，硬度低于40HRC；中碳钢淬火后，硬度可达50～60HRC；高碳钢淬火后，硬度高达58～62HRC。

三、实验设备

1. 箱式电阻加热炉

箱式电阻加热炉又称马弗炉，它是一种周期性作业的加热电炉，主要供实验室做正火、退火、淬火和回火等热处理用。实验图-16是箱式电阻加热炉的结构示意图。

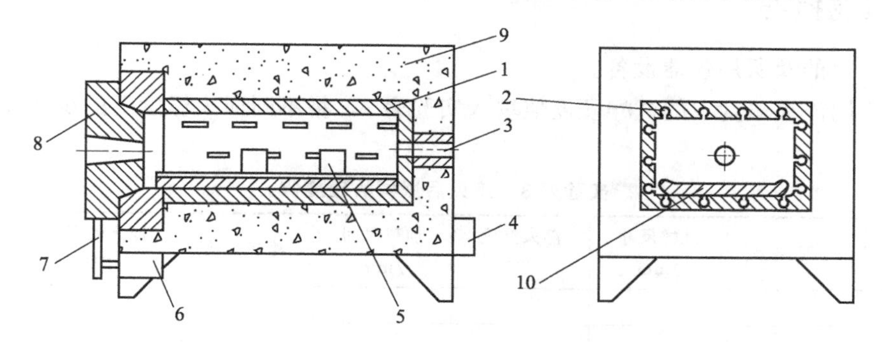

实验图-16　箱式电阻加热炉的结构示意图

1—加热室；2—电热丝孔；3—测温孔；4—接线盒；5—试样；6—控制开关；7—挡铁；8—炉门；9—隔热层；10—炉底板

加热室1是用高强度耐火材料制成的，其壁中排列着许多纵向电热丝孔2，当电源通过接线盒4使电热丝中通有电流时，便产生电热效应，发出的热量即可加热炉内的试样5。为了避免取放试样时碰坏或磨坏加热室底部耐火材料，在加热室底部放置一块由高强度耐火材料制成的炉底板10。加热室的开口处用炉门8封闭。炉门下部有一挡铁7，当炉门关闭时，挡铁撳动控制开关6，使加热室内的电热丝中有电流通过；当炉门打开时，控制开关切断了电源控制电路，此时便闭合电源开关，电炉中的电热丝中也不会有电流通过，从而保证了操作的安全。隔热层9是用隔热材料充填的，其作用是减少炉内热量的散失。在加热室后壁开有一圆孔3，供插入测温热电偶用。

2. 热电偶高温计

热电偶高温计是用来测量和控制箱式电阻加热炉内的温度的，主要由热电偶、温度指示仪和连接导线三部分组成。

3. 温度指示调节仪

温度指示调节仪除了指示炉温外，还能根据需要自动控制炉温。

四、实验设备及用品

① 箱式电阻加热炉。

② 洛氏硬度计。

③ 金相显微镜。

④ 淬火水槽、淬火油槽、钩子、铁丝、金相砂纸、实验试样和石棉手套。

五、实验方法与步骤

① 每组学生领取6个试样，并打上编号，记录编号及对应的材料牌号。

② 确定45钢的热处理加热温度与保温时间。调整好控温装置，并将一组45钢试样放

入已调节至加热温度的电炉中进行加热与保温，然后进行水冷。最后，测定它们的硬度值。

③ 首先测定三块淬火状态试样的硬度，然后分别放入 200℃（2 个试样）、400℃（2 个试样）、600℃（2 个试样）的电炉中各回火 30min，回火后空冷，然后测定其硬度值。

④ 观察钢热处理状态下的金相试样的显微组织，识别其组织及形态特征。

六、实验报告

① 实验目的及所用仪器设备。

② 将不同淬火温度下的试样硬度值填入实验表 3，将不同回火温度下的试样硬度值填入实验表 4。

实验表 3　淬火后试样的硬度值

试样编号	钢号	试样尺寸/mm	淬火温度/℃	加热时间/min	冷却介质	淬火硬度/HRC	备注

实验表 4　回火后试样的硬度值

试样编号	钢　号	试样尺寸/mm	淬火硬度/HRC	回火温度/℃	回火时间/min	回火后硬度/HRC

③ 根据实验数据，绘出回火温度与钢硬度的关系曲线，并联系组织分析其性能变化的原因。

实验五　铸铁的显微组织观察

一、实验目的

观察与分析灰口铸铁的显微组织特征，识别石墨形态与基体类型，从而了解铸铁力学性能与组织的关系。

二、实验概述

根据碳在铸铁中的存在形式不同，铸铁分为灰口铸铁、白口铸铁、麻口铸铁三大类。根据石墨形态的不同，灰口铸铁可分为灰铸铁、球墨铸铁、蠕墨铸铁和可锻铸铁四种。

（一）灰口铸铁的组织

1. 灰铸铁

灰铸铁中的碳大部或全部以片状石墨形态存在，灰铸铁的性能受石墨的数量、形状、大小和分布的影响很大。灰口铸铁的显微组织是在钢的基体上分布着片状石墨。根据基体不同灰铸铁可分为铁素体灰铸铁、珠光体＋铁素体灰铸铁和珠光体灰铸铁三种。其显微组织如实验图-17 所示。

(a) 铁素体灰铸铁

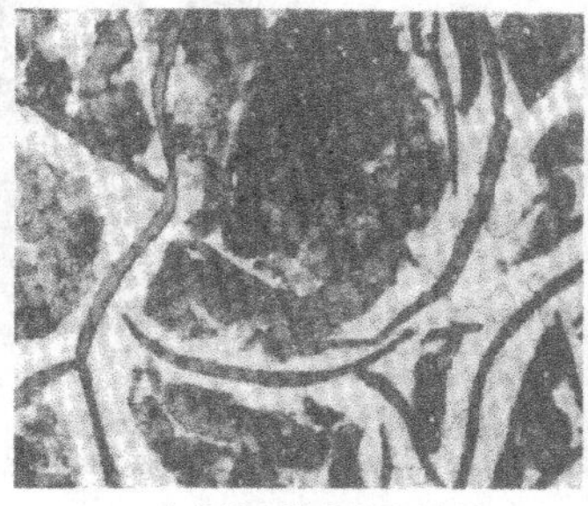
(b) 珠光体+铁素体灰铸铁

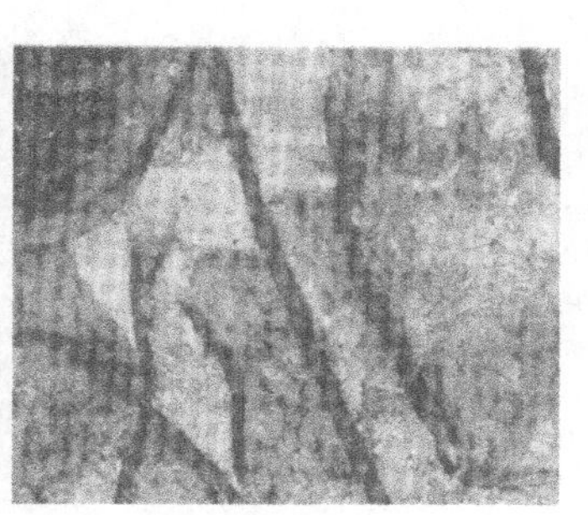
(c) 珠光体灰铸铁

实验图-17　灰铸铁的显微组织（200×）

2. 球墨铸铁

球墨铸铁是将普通灰铸铁原料配料熔化成铁水后，经过球化处理而得到。球墨铸铁的显微组织是在钢的基体上分布着球状石墨。球墨铸铁根据其基体组织不同分为铁素体球墨铸铁、珠光体＋铁素体球墨铸铁、珠光体球墨铸铁和贝氏体球墨铸铁四种。球墨铸铁的显微组织如实验图-18 所示。

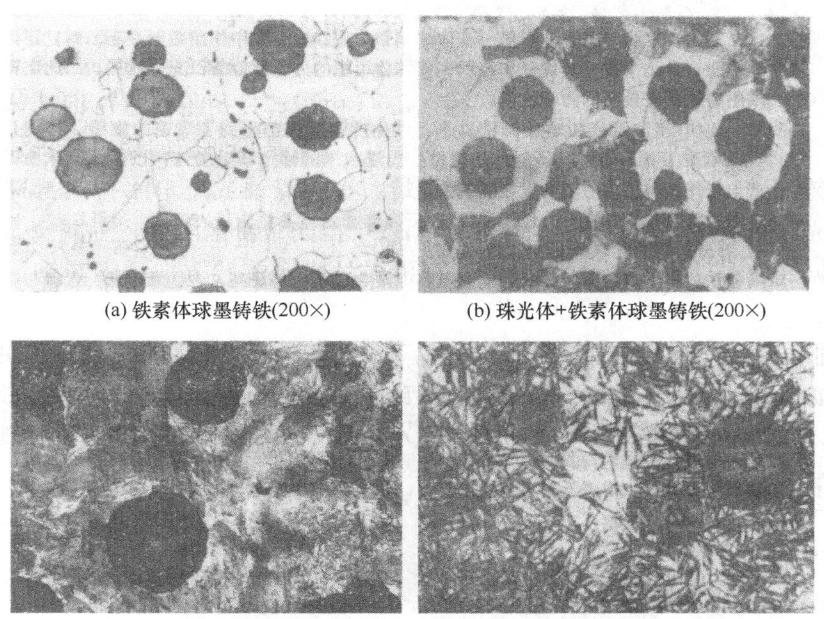
(a) 铁素体球墨铸铁(200×)　(b) 珠光体+铁素体球墨铸铁(200×)

(c) 珠光体球墨铸铁(200×)　(d) 贝氏体球墨铸铁(500×)

实验图-18　球墨铸铁的显微组织

3. 可锻铸铁

可锻铸铁是由白口铸铁在固态下经长时间高温石墨化退火而得到的具有团絮状石墨的一

种铸铁。可锻铸铁的显微组织是在钢的基体上分布着团絮状石墨。常用可锻铸铁的基体为铁素体可锻铸铁和珠光体可锻铸铁两种。可锻铸铁的显微组织如实验图-19 所示。

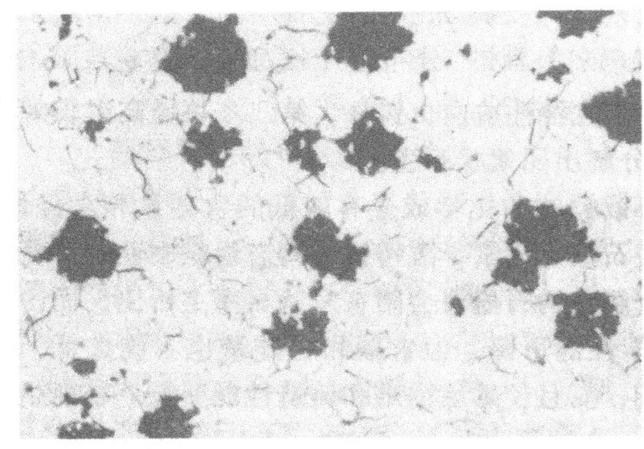

(a) 铁素体可锻铸铁(200×)

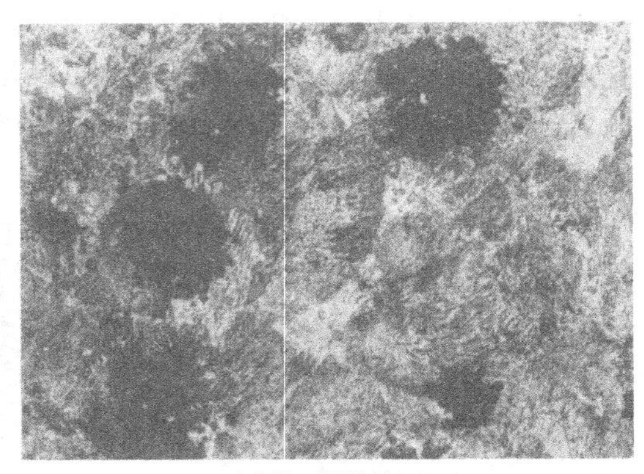
(b) 珠光体可锻铸铁(100×)

实验图-19 可锻铸铁的显微组织

4. 蠕墨铸铁

蠕墨铸铁的显微组织是在钢的基体上分布着蠕虫状石墨。其石墨形态比灰铸铁的片状石墨显得短而厚，头部较圆（一般长厚比为 2～10)，形如蠕虫，形态介于片状与球状之间，蠕墨铸铁的基体组织分为珠光体＋铁素体、珠光体两种。蠕墨铸铁的显微组织如实验图-20 所示。

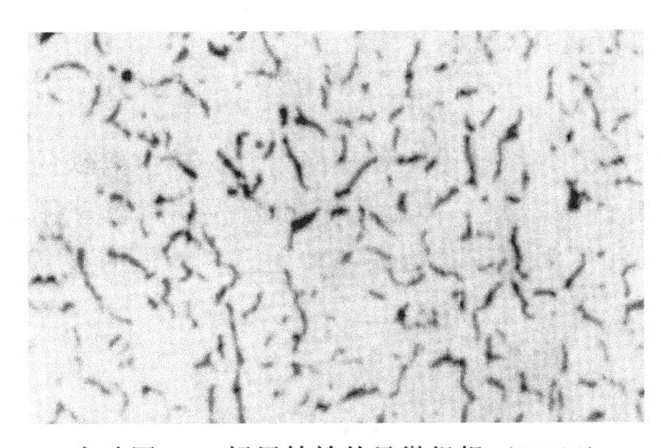
实验图-20 蠕墨铸铁的显微组织（200×）

(二) 铸铁金相试样磨制特点

由于铸铁的组织是由钢基体和石墨组成的，石墨是软而脆的相，与基体的结合力很小，故磨制铸铁试样时，可在砂纸上涂以石蜡，滴上煤油或肥皂水作润滑剂，以防止石墨剥落。抛光时用短毛织物，洒上 MgO 或 Cr_2O_3 抛光微粉水溶液，可减少石墨剥落，以获得较好的抛光效果。此外，抛光时将试样沿逆抛光盘旋转方向缓慢转动，可避免石墨曳尾。

石墨是非金属，没有反光能力，在显微镜下呈暗灰色，未经浸蚀即清晰可见。试样进行浸蚀时，可能把石墨和基体交界处腐蚀掉，导致在显微镜下观察到的石墨尺寸较其本身尺寸大些。所以，鉴别铸铁石墨的形状、分布、大小和数量时，不用浸蚀也可直接观察。

三、实验设备及用品

① 金相显微镜。

② 供显微观察用的试样一套。

四、实验方法及步骤

在观察铸铁的显微组织时，应注意分辨各种铸铁的基体类型及石墨的形态、大小、数量及分布，并绘制各种铸铁的显微组织示意图。

五、实验报告

① 简述实验目的及步骤。

② 画出灰铸铁、球墨铸铁、可锻铸铁蠕墨铸铁的显微组织示意图，并注明其组织名称。

材料名称________________

处理方法________________

浸 蚀 剂 ________________

放大倍数________________

金相组织________________

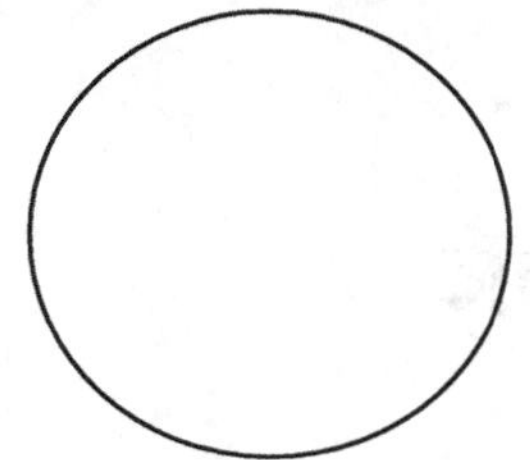

③ 思考题

石墨的形态不同对灰口铸铁的性能有什么影响？

附 录

附录一　布氏硬度对照表

硬质合金球直径 D/mm				试验力-球直径平方的比率 $0.102\times F/D^2/(N/mm^2)$					
				30	15	10	5	2.5	1
				试验力 F					
10				29.42kN	14.71kN	9.807kN	4.903kN	2.452kN	980.7kN
	5			7.355kN	—	2.452kN	1.226kN	612.9N	245.2N
		2.5		1.839kN	—	612.9N	306.5N	153.2N	61.29N
			1	294.2N	—	98.07N	49.03N	24.52N	9.807N
压痕的平均直径 d/mm				布氏硬度/HBW					
2.40	1.200	0.6000	0.240	653	327	218	109	54.5	21.8
2.41	1.205	0.6025	0.241	648	324	216	108	54.0	21.6
2.42	1.210	0.6050	0.242	643	321	214	107	53.5	21.4
2.43	1.215	0.6075	0.243	637	319	212	106	53.1	21.2
2.44	1.220	0.6100	0.244	632	316	211	105	52.7	21.1
2.45	1.225	0.6125	0.245	627	313	209	104	52.2	20.9
2.46	1.230	0.6150	0.246	621	311	207	104	51.8	20.7
2.47	1.235	0.6175	0.247	616	308	205	103	51.4	20.5
2.48	1.240	0.6200	0.248	611	306	204	102	50.9	20.4
2.49	1.245	0.6225	0.249	606	303	202	101	50.5	20.2
2.50	1.250	0.6250	0.250	601	301	200	100	50.1	20.0
2.51	1.255	0.6275	0.251	597	298	199	99.4	49.7	19.9
2.52	1.260	0.6300	0.252	592	296	197	98.6	49.3	19.7
2.53	1.265	0.6325	0.253	587	294	196	97.8	48.9	19.6
2.54	1.270	0.6350	0.254	582	291	194	97.1	48.5	19.4
2.55	1.275	0.6375	0.255	578	289	193	96.3	48.1	19.3
2.56	1.280	0.6400	0.256	573	287	191	95.5	47.8	19.1
2.57	1.285	0.6425	0.257	569	284	190	94.8	47.4	19.0
2.58	1.290	0.6450	0.258	554	282	188	94.0	47.0	18.8
2.59	1.295	0.6475	0.259	560	280	187	93.3	46.6	18.7
2.60	1.300	0.6500	0.260	555	278	185	92.6	46.3	18.5
2.61	1.305	0.6525	0.261	551	276	184	91.8	45.9	18.4
2.62	1.310	0.6550	0.262	547	273	182	91.1	45.6	18.2
2.63	1.315	0.6575	0.263	543	271	181	90.4	45.2	18.1
2.64	1.320	0.6600	0.264	538	269	179	89.7	44.9	17.9
2.65	1.325	0.6625	0.265	534	267	178	89.0	44.5	17.8
2.66	1.330	0.6650	0.266	530	265	177	88.4	44.2	17.7
2.67	1.335	0.6675	0.267	526	263	175	87.7	43.8	17.5
2.68	1.340	0.6700	0.268	522	261	174	87.0	43.5	17.4
2.69	1.345	0.6725	0.269	518	259	173	86.4	43.2	17.3
2.70	1.350	0.6750	0.270	514	257	171	85.7	42.9	17.1

续表

硬质合金球直径 D/mm				试验力-球直径平方的比率 $0.102\times F/D^2/(N/mm^2)$					
				30	15	10	5	2.5	1
				试验力 F					
10				29.42kN	14.71kN	9.807kN	4.903kN	2.452kN	980.7kN
	5			7.355kN	—	2.452kN	1.226kN	612.9N	245.2N
		2.5		1.839kN	—	612.9N	306.5N	153.2N	61.29N
			1	294.2N	—	98.07N	49.03N	24.52N	9.807N
压痕的平均直径 d/mm				布氏硬度/HBW					
2.71	1.355	0.6775	0.271	510	255	170	85.1	42.5	17.0
2.72	1.360	0.6800	0.272	507	253	169	84.4	42.2	16.9
2.73	1.365	0.6825	0.273	503	251	168	83.8	41.9	16.8
2.74	1.370	0.6850	0.274	499	250	166	83.2	41.6	16.6
2.75	1.375	0.6875	0.275	495	248	165	82.6	41.3	16.5
2.76	1.380	0.6900	0.276	492	246	164	81.9	41.0	16.4
2.77	1.385	0.6925	0.277	488	244	163	81.3	40.7	16.3
2.78	1.390	0.6950	0.278	485	242	162	80.8	40.4	16.2
2.79	1.395	0.6975	0.279	481	240	160	80.2	40.1	16.0
2.80	1.400	0.7000	0.280	477	239	159	79.6	39.8	15.9
2.81	1.405	0.7025	0.281	474	237	158	79.0	39.5	15.8
2.82	1.410	0.7050	0.282	471	235	157	78.4	39.2	15.7
2.83	1.415	0.7075	0.283	467	234	156	77.9	38.9	15.6
2.84	1.420	0.7100	0.284	464	232	155	77.3	38.7	15.5
2.85	1.425	0.7125	0.285	461	230	154	76.8	38.4	15.4
2.86	1.430	0.7150	0.286	457	229	152	76.2	38.1	15.2
2.87	1.435	0.7175	0.287	454	227	151	75.7	37.8	15.1
2.88	1.440	0.7200	0.288	451	225	150	75.1	37.6	15.0
2.89	1.445	0.7225	0.289	448	224	149	74.6	37.3	14.9
2.90	1.450	0.7250	0.290	444	222	148	74.1	37.0	14.8
2.91	1.455	0.7275	0.291	441	221	147	73.6	36.8	14.7
2.92	1.460	0.7300	0.292	438	219	146	73.0	36.5	14.6
2.93	1.465	0.7325	0.293	435	218	145	72.5	36.3	14.5
2.94	1.470	0.7350	0.294	432	216	144	72.0	36.0	14.4
2.95	1.475	0.7375	0.295	429	215	143	71.5	35.8	14.3
2.96	1.480	0.7400	0.296	426	213	142	71.0	35.5	14.2
2.97	1.485	0.7425	0.297	423	212	141	70.5	35.3	14.1
2.98	1.490	0.7450	0.298	420	210	140	70.1	35.0	14.0
2.99	1.495	0.7475	0.299	417	209	139	69.6	34.8	13.9
3.00	1.500	0.7500	0.300	415	207	138	69.1	34.6	13.8
3.01	1.505	0.7525	0.301	412	206	137	68.6	34.3	13.7
3.02	1.510	0.7550	0.302	409	205	136	68.2	34.1	13.6
3.03	1.515	0.7575	0.303	406	203	135	67.7	33.9	13.5
3.04	1.520	0.7600	0.304	404	202	135	67.3	33.6	13.5
3.05	1.525	0.7625	0.305	401	200	134	66.8	33.4	13.4
3.06	1.530	0.7650	0.306	398	199	133	66.4	33.2	13.3
3.07	1.535	0.7675	0.307	395	198	132	65.9	33.0	13.2
3.08	1.540	0.7700	0.308	393	195	131	65.5	32.7	13.1
3.09	1.545	0.7725	0.309	390	195	130	65.0	32.5	13.0
3.10	1.550	0.7750	0.310	388	194	129	64.6	32.3	12.9
3.11	1.555	0.7775	0.311	385	193	128	64.2	32.1	12.8

续表

硬质合金球直径 D/mm				试验力-球直径平方的比率 $0.102\times F/D^2$/(N/mm²)					
				30	15	10	5	2.5	1
				试验力 F					
10				29.42kN	14.71kN	9.807kN	4.903kN	2.452kN	980.7kN
	5			7.355kN	—	2.452kN	1.226kN	612.9N	245.2N
		2.5		1.839kN	—	612.9N	306.5N	153.2N	61.29N
			1	294.2N	—	98.07N	49.03N	24.52N	9.807N
压痕的平均直径 d/mm				布氏硬度/HBW					
3.12	1.560	0.7800	0.312	383	191	128	63.8	31.9	12.8
3.13	1.565	0.7825	0.313	380	190	127	63.3	31.7	12.7
3.14	1.570	0.7870	0.314	378	189	126	62.9	31.5	12.6
3.15	1.575	0.7875	0.315	375	188	125	62.5	31.3	12.5
3.16	1.580	0.7900	0.316	373	186	124	62.1	31.1	12.4
3.17	1.585	0.7925	0.317	370	185	123	51.7	30.9	12.3
3.18	1.590	0.7950	0.318	368	184	123	61.3	30.7	12.3
3.19	1.595	0.7975	0.319	366	183	122	60.9	30.5	12.2
3.20	1.600	0.8000	0.320	363	182	121	60.5	30.3	12.1
3.21	1.605	0.8025	0.321	361	180	120	60.1	30.1	12.0
3.22	1.610	0.8050	0.322	359	179	120	59.8	29.9	12.0
3.23	1.615	0.8075	0.323	356	178	119	59.4	29.7	11.9
3.24	1.620	0.8100	0.324	354	177	118	59.0	29.5	11.8
3.25	1.625	0.8125	0.325	352	176	117	58.6	29.3	11.7
3.26	1.630	0.8150	0.326	350	175	117	58.3	29.1	11.7
3.27	1.635	0.8175	0.327	347	174	116	57.9	29.0	11.6
3.28	1.640	0.8200	0.328	345	173	115	57.5	28.8	11.5
3.29	1.645	0.8225	0.329	343	172	114	57.2	28.6	11.4
3.30	1.650	0.8250	0.330	341	170	114	56.8	28.4	11.4
3.31	1.655	0.8275	0.331	339	169	113	56.5	28.2	11.3
3.32	1.660	0.8300	0.332	337	168	112	56.1	28.1	11.2
3.33	1.665	0.8325	0.333	335	167	112	55.8	27.9	11.2
3.34	1.670	0.8350	0.334	333	166	111	55.4	27.7	11.1
3.35	1.675	0.8375	0.335	331	165	110	55.1	27.5	11.0
3.36	1.680	0.8400	0.336	329	164	110	54.8	27.4	11.0
3.37	1.685	0.8425	0.337	326	163	109	54.4	27.2	10.9
3.38	1.690	0.8450	0.338	325	162	108	54.1	27.0	10.8
3.39	1.695	0.8475	0.339	323	161	108	53.8	26.9	10.8
3.40	1.700	0.8500	0.340	321	160	107	53.4	26.7	10.7
3.41	1.705	0.8525	0.341	319	159	106	53.1	26.6	10.6
3.42	1.710	0.8550	0.342	317	158	106	52.8	26.4	10.6
3.43	1.715	0.8575	0.343	315	157	105	52.5	26.2	10.5
3.44	1.720	0.8600	0.344	313	156	104	52.2	26.1	10.4
3.45	1.725	0.8625	0.345	311	156	104	51.8	25.9	10.4
3.46	1.730	0.8650	0.346	309	155	103	51.5	25.8	10.3
3.47	1.735	0.8675	0.347	307	154	102	51.2	25.6	10.2
3.48	1.740	0.8700	0.348	306	153	102	50.9	25.5	10.2
3.49	1.745	0.8725	0.349	304	152	101	50.6	25.3	10.1
3.50	1.750	0.8750	0.350	302	151	101	50.3	25.2	10.1
3.51	1.755	0.8775	0.351	300	150	100	50.0	25.0	10.0
3.52	1.760	0.8800	0.352	298	149	99.5	49.7	24.9	9.95
3.53	1.765	0.8825	0.353	297	148	98.9	49.4	24.7	9.89

续表

硬质合金球直径 D/mm				试验力-球直径平方的比率 0.102×F/D²/(N/mm²)					
				30	15	10	5	2.5	1
				试验力 F					
10				29.42kN	14.71kN	9.807kN	4.903kN	2.452kN	980.7kN
	5			7.355kN	—	2.452kN	1.226kN	612.9N	245.2N
		2.5		1.839kN	—	612.9N	306.5N	153.2N	61.29N
			1	294.2N	—	98.07N	49.03N	24.52N	9.807N
压痕的平均直径 d/mm				布氏硬度/HBW					
3.54	1.770	0.8850	0.354	295	147	98.3	49.2	24.6	9.83
3.55	1.775	0.8875	0.355	293	147	97.7	48.9	24.4	9.77
3.56	1.780	0.8900	0.356	292	146	97.2	48.6	24.3	9.72
3.57	1.785	0.8925	0.357	290	145	96.6	48.3	24.2	9.65
3.58	1.790	0.8950	0.358	288	144	96.1	48.0	24.0	9.61
3.59	1.795	0.8975	0.359	286	143	95.5	47.7	23.9	9.55
3.60	1.800	0.9000	0.360	285	142	95.0	47.5	23.7	9.50
3.61	1.805	0.9025	0.361	283	142	94.4	47.2	23.6	9.44
3.62	1.810	0.9050	0.362	282	141	93.9	46.9	23.5	9.39
3.63	1.815	0.9075	0.363	280	140	93.3	46.7	23.3	9.33
3.64	1.820	0.9100	0.364	278	139	92.8	46.4	23.2	9.28
3.65	1.825	0.9125	0.365	277	138	92.3	46.1	23.1	9.23
3.66	1.830	0.9150	0.366	275	138	91.8	45.9	22.9	9.18
3.67	1.835	0.9175	0.367	274	137	91.2	45.5	22.8	9.12
3.68	1.840	0.9200	0.368	272	136	90.7	45.4	22.7	9.07
3.69	1.845	0.9225	0.369	271	135	90.2	45.1	22.6	9.02
3.70	1.850	0.9250	0.370	269	135	89.7	44.9	22.4	8.97
3.71	1.855	0.9275	0.371	268	134	89.2	44.6	22.3	8.92
3.72	1.860	0.9300	0.372	266	133	88.7	44.4	22.2	8.87
3.73	1.865	0.9325	0.373	265	132	88.2	44.1	22.1	8.82
3.74	1.870	0.9350	0.374	263	132	87.7	43.9	21.9	8.77
3.75	1.875	0.9375	0.375	262	131	87.2	43.6	21.8	8.72
3.76	1.880	0.9400	0.376	260	130	86.8	43.4	21.7	8.68
3.77	1.885	0.9425	0.377	259	129	86.3	43.1	21.6	8.63
3.78	1.890	0.9450	0.378	257	129	85.8	42.9	21.5	8.58
3.79	1.895	0.9475	0.379	256	128	85.3	42.7	21.3	8.53
3.80	1.900	0.9500	0.380	255	127	84.9	42.4	21.2	8.49
3.81	1.905	0.9525	0.381	253	127	84.4	42.2	21.1	8.44
3.82	1.910	0.9550	0.382	252	126	83.9	42.0	21.0	8.39
3.83	1.915	0.9575	0.383	250	125	83.5	41.7	20.9	8.35
3.84	1.920	0.9600	0.384	249	125	83.0	41.5	20.8	8.30
3.85	1.925	0.9625	0.385	248	124	82.6	41.3	20.6	8.26
3.86	1.930	0.9650	0.386	246	123	82.1	41.1	20.5	8.21
3.87	1.935	0.9675	0.387	245	123	81.7	40.9	20.4	8.17
3.88	1.940	0.9700	0.388	244	122	81.3	40.6	20.3	8.13
3.89	1.945	0.9725	0.389	242	121	80.8	40.4	20.2	8.08
3.90	1.950	0.9750	0.390	241	121	80.4	40.2	20.1	8.04
3.91	1.955	0.9775	0.391	240	120	80.0	40.0	20.0	8.00
3.92	1.960	0.9800	0.392	239	119	79.5	39.8	19.9	7.95
3.93	1.965	0.9825	0.393	237	119	79.1	39.6	19.8	7.91
3.94	1.970	0.9850	0.394	236	118	78.7	39.4	19.7	7.87
3.95	1.975	0.9875	0.395	235	117	78.3	39.1	19.6	7.83

续表

硬质合金球直径 D/mm				试验力-球直径平方的比率 $0.102\times F/D^2$/(N/mm²)					
				30	15	10	5	2.5	1
				试验力 F					
10				29.42kN	14.71kN	9.807kN	4.903kN	2.452kN	980.7kN
	5			7.355kN	—	2.452kN	1.226kN	612.9N	245.2N
		2.5		1.839kN	—	612.9N	306.5N	153.2N	61.29N
			1	294.2N	—	98.07N	49.03N	24.52N	9.807N
压痕的平均直径 d/mm				布氏硬度/HBW					
3.96	1.980	0.9900	0.396	234	117	77.9	38.9	19.5	7.79
3.97	1.985	0.9925	0.397	232	116	77.5	38.7	19.4	7.75
3.98	1.990	0.9950	0.398	231	116	77.1	38.5	19.3	7.71
3.99	1.995	0.9975	0.399	230	115	76.7	38.3	19.2	7.67
4.00	2.000	1.0000	0.400	229	114	76.3	38.1	19.1	7.63
4.01	2.005	1.0025	0.401	228	114	75.9	37.9	19.0	7.59
4.02	2.010	1.0050	0.402	226	113	75.5	37.7	18.9	7.55
4.03	2.015	1.0075	0.403	225	113	75.1	37.5	18.8	7.51
4.04	2.020	1.0100	0.404	224	112	74.7	37.3	18.7	7.47
4.05	2.025	1.0125	0.405	223	111	74.3	37.1	18.6	7.43
4.06	2.030	1.0150	0.406	222	111	73.9	37.0	18.5	7.39
4.07	2.035	1.0175	0.407	221	110	73.5	36.8	18.4	7.35
4.08	2.040	1.0200	0.408	219	110	73.2	36.6	18.3	7.32
4.09	2.045	1.0225	0.409	218	109	72.8	36.4	18.2	7.28
4.10	2.050	1.0250	0.410	217	109	72.4	36.2	18.1	7.24
4.11	2.055	1.0275	0.411	216	108	72.0	36.0	18.0	7.20
4.12	2.060	1.0300	0.412	215	108	71.7	35.8	17.9	7.17
4.13	2.065	1.0325	0.413	214	107	71.3	35.7	17.8	7.13
4.14	2.070	1.0350	0.414	213	106	71.0	35.5	17.7	7.10
4.15	2.075	1.0375	0.415	212	106	70.6	35.3	17.6	7.06
4.16	2.080	1.0400	0.416	211	105	70.2	35.1	17.6	7.02
4.17	2.085	1.0425	0.417	210	105	69.9	34.9	17.5	6.99
4.18	2.090	1.0450	0.418	209	104	69.5	34.8	17.4	6.95
4.19	2.095	1.0475	0.419	208	104	69.2	34.6	17.3	6.92
4.20	2.100	1.0500	0.420	207	103	68.8	34.4	17.2	6.88
4.21	2.105	1.0525	0.421	205	103	68.5	34.2	17.1	6.85
4.22	2.110	1.0550	0.422	204	102	68.2	34.1	17.0	6.82
4.23	2.115	1.0575	0.423	203	102	67.8	33.9	17.0	6.78
4.24	2.120	1.0600	0.424	202	101	67.5	33.7	16.9	6.75
4.25	2.125	1.0625	0.425	201	101	67.1	33.6	16.8	6.71
4.26	2.130	1.0650	0.426	200	100	66.8	33.4	16.7	6.68
4.27	2.135	0.0675	0.427	199	99.7	66.5	33.2	16.6	6.65
4.28	2.140	1.0700	0.428	198	99.2	66.2	33.1	16.5	6.62
4.29	2.145	1.0725	0.429	198	98.8	65.8	32.9	16.5	6.58
4.30	2.150	1.0750	0.430	197	98.3	65.5	32.8	16.4	6.55
4.31	2.155	1.0775	0.431	196	97.8	65.2	32.6	16.3	6.52
4.32	2.160	1.0800	0.432	195	97.3	64.9	32.4	16.2	6.49
4.33	2.165	1.0825	0.433	194	96.8	64.6	32.3	16.1	6.46
4.34	2.170	1.0850	0.434	193	95.4	64.2	32.1	16.1	6.42
4.35	2.175	1.0875	0.435	192	95.9	63.9	32.0	16.0	6.39
4.36	2.180	1.0900	0.436	191	95.4	63.6	31.8	15.9	6.36
4.37	2.185	1.0925	0.437	190	95.0	63.3	31.7	15.8	6.33

续表

硬质合金球直径 D/mm				试验力-球直径平方的比率 $0.102\times F/D^2$/(N/mm²)					
				30	15	10	5	2.5	1
				试验力 F					
10				29.42kN	14.71kN	9.807kN	4.903kN	2.452kN	980.7kN
	5			7.355kN	—	2.452kN	1.226kN	612.9N	245.2N
		2.5		1.839kN	—	612.9N	306.5N	153.2N	61.29N
			1	294.2N	—	98.07N	49.03N	24.52N	9.807N
压痕的平均直径 d/mm				布氏硬度/HBW					
4.38	2.190	1.0950	0.438	189	94.5	63.0	31.5	15.8	6.30
4.39	2.195	1.0975	0.439	188	94.1	62.7	31.4	15.7	6.27
4.40	2.200	1.1000	0.440	187	93.6	62.4	31.2	15.6	6.24
4.41	2.205	1.1025	0.441	186	93.2	62.1	31.1	15.5	6.21
4.42	2.210	1.1050	0.442	185	92.7	61.8	30.9	15.5	6.18
4.43	2.215	1.1075	0.443	185	92.3	61.5	30.8	15.4	6.15
4.44	2.220	1.1100	0.444	184	91.8	61.2	30.6	15.3	6.12
4.45	2.225	1.1125	0.445	183	91.4	60.9	30.5	15.2	6.09
4.46	2.230	1.1150	0.446	182	91.0	60.6	30.3	15.2	6.06
4.47	2.235	1.1175	0.447	181	90.5	60.4	30.2	15.1	6.04
4.48	2.240	1.1200	0.448	180	90.1	60.1	30.0	15.0	6.01
4.49	2.245	1.1225	0.449	179	89.7	59.8	29.9	14.9	5.98
4.50	2.250	1.1250	0.450	179	89.3	59.5	29.8	14.9	5.95
4.51	2.255	1.1275	0.451	178	88.9	59.2	29.6	14.8	5.92
4.52	2.260	1.1300	0.452	177	88.4	59.0	29.5	14.7	5.90
4.53	2.265	1.1325	0.453	176	88.0	58.7	29.3	14.7	5.87
4.54	2.270	1.1350	0.454	175	87.6	58.4	29.2	14.6	5.84
4.55	2.275	1.1375	0.455	174	87.2	58.1	29.1	14.5	5.81
4.56	2.280	1.1400	0.456	174	86.8	57.9	28.9	14.5	5.79
4.57	2.285	1.1425	0.457	173	86.4	57.6	28.8	14.4	5.76
4.58	2.290	1.1450	0.458	172	86.0	57.3	28.7	14.3	5.73
4.59	2.295	1.1475	0.459	171	85.6	57.1	28.5	14.3	5.71
4.60	2.300	1.1500	0.460	170	85.2	56.8	28.4	14.2	5.68
4.61	2.305	1.1525	0.461	170	84.8	56.5	28.3	14.1	5.65
4.62	2.310	1.1550	0.462	169	84.4	56.3	28.1	14.1	5.63
4.63	2.315	1.1575	0.463	168	84.0	56.0	28.0	14.0	5.60
4.64	2.320	1.1600	0.464	167	83.6	55.8	27.9	13.9	5.58
4.65	2.325	1.1625	0.465	167	83.3	55.5	27.8	13.9	5.55
4.66	2.330	1.1650	0.466	166	82.9	55.3	27.6	13.8	5.53
4.67	2.335	1.1675	0.467	165	82.5	55.0	27.5	13.8	5.50
4.68	2.340	1.1700	0.468	164	82.1	54.8	27.4	13.7	5.48
4.69	2.345	1.1725	0.469	164	81.8	54.5	27.3	13.6	5.45
4.70	2.350	1.1750	0.470	163	81.4	54.3	27.1	13.6	5.43
4.71	2.355	1.1775	0.471	162	81.0	54.0	27.0	13.5	5.40
4.72	2.360	1.1800	0.472	161	80.7	53.8	26.9	13.4	5.38
4.73	2.365	1.1825	0.473	161	80.3	53.5	26.8	13.4	5.35
4.74	2.370	1.1850	0.474	160	79.9	53.3	26.6	13.3	5.33
4.75	2.375	1.1875	0.475	159	79.6	53.0	26.5	13.3	5.30
4.76	2.380	1.1900	0.476	158	79.2	52.8	26.4	13.2	5.28
4.77	2.385	1.1925	0.477	158	78.9	52.6	26.3	13.1	5.26
4.78	2.390	1.1950	0.478	157	78.5	52.3	26.2	13.1	5.23
4.79	2.395	1.1975	0.479	156	78.2	52.1	26.1	13.0	5.21

续表

硬质合金球直径 D/mm				试验力-球直径平方的比率 $0.102\times F/D^2$/(N/mm²)					
				30	15	10	5	2.5	1
				试验力 F					
10				29.42kN	14.71kN	9.807kN	4.903kN	2.452kN	980.7kN
	5			7.355kN	—	2.452kN	1.226kN	612.9N	245.2N
		2.5		1.839kN	—	612.9N	306.5N	153.2N	61.29N
			1	294.2N	—	98.07N	49.03N	24.52N	9.807N
压痕的平均直径 d/mm				布氏硬度/HBW					
4.80	2.400	1.2000	0.480	156	77.8	51.9	25.9	13.0	5.19
4.81	2.405	1.2025	0.481	155	77.5	51.6	25.8	12.9	5.16
4.82	2.410	1.2050	0.482	154	77.1	51.4	25.7	12.9	5.14
4.83	2.415	1.2075	0.483	154	76.8	51.2	25.6	12.8	5.12
4.84	2.420	1.2100	0.484	153	76.4	51.0	25.5	12.7	5.10
4.85	2.425	1.2125	0.485	152	76.1	50.7	25.4	12.7	5.07
4.86	2.430	1.2150	0.486	152	75.8	50.5	25.3	12.6	5.05
4.87	2.435	1.2175	0.487	151	75.4	50.3	25.1	12.6	5.03
4.88	2.440	1.2200	0.488	150	75.1	50.1	25.0	12.5	5.01
4.89	2.445	1.2225	0.489	150	74.8	49.8	24.9	12.5	4.98
4.90	2.450	1.2250	0.490	149	74.4	49.6	24.8	12.4	4.96
4.91	2.455	1.2275	0.491	148	74.1	49.4	24.7	12.4	4.94
4.92	2.460	1.2300	0.492	148	73.8	49.2	24.6	12.3	4.92
4.93	2.465	1.2325	0.493	147	73.5	49.0	24.5	12.2	4.90
4.94	2.470	1.2350	0.494	146	73.2	48.8	24.4	12.2	4.88
4.95	2.475	1.2375	0.495	146	72.8	48.6	24.3	12.1	4.86
4.96	2.480	1.2400	0.496	145	72.5	48.3	24.2	12.1	4.83
4.97	2.485	1.2425	0.497	144	72.2	48.1	24.1	12.0	4.81
4.98	2.490	1.2450	0.498	144	71.9	47.9	24.0	12.0	4.79
4.99	2.495	1.2475	0.499	143	71.6	47.7	23.9	11.9	4.77
5.00	2.500	1.2500	0.500	143	71.3	47.5	23.8	11.9	4.75
5.01	2.505	1.2525	0.501	142	71.0	47.3	23.7	11.8	4.73
5.02	2.510	1.2550	0.502	141	70.7	47.1	23.6	11.8	4.71
5.03	2.515	1.2575	0.503	141	70.4	46.9	23.5	11.7	4.69
5.04	2.520	1.2600	0.504	140	70.1	46.7	23.4	11.7	4.67
5.05	2.525	1.2625	0.505	140	69.8	46.5	23.3	11.6	4.65
5.06	2.530	1.2650	0.506	139	69.5	46.3	23.2	11.6	4.63
5.07	2.535	1.2675	0.507	138	69.2	46.1	23.1	11.5	4.61
5.08	2.540	1.2700	0.508	138	68.9	45.9	23.0	11.5	4.59
5.09	2.545	1.2725	0.509	137	68.6	45.7	22.9	11.4	4.57
5.10	2.550	1.2750	0.510	137	68.3	45.5	22.8	11.4	4.55
5.11	2.555	1.2775	0.511	136	68.0	45.3	22.7	11.3	4.51
5.12	2.560	1.2800	0.512	135	67.7	45.1	22.6	11.3	4.51
5.13	2.565	1.2825	0.513	135	67.4	45.0	22.5	11.2	4.50
5.14	2.570	1.2850	0.514	134	67.1	44.8	22.4	11.2	4.48
5.15	2.575	1.2875	0.515	134	66.9	44.6	22.3	11.1	4.46
5.16	2.580	1.2900	0.516	133	66.6	44.4	22.2	11.1	4.44
5.17	2.585	1.2925	0.517	133	66.3	44.2	22.1	11.1	4.42
5.18	2.590	1.2950	0.518	132	66.0	44.0	22.0	11.0	4.40
5.19	2.595	1.2975	0.519	132	65.8	43.8	21.9	11.0	4.38
5.20	2.600	1.3000	0.520	131	65.5	43.7	21.8	10.9	4.37
5.21	2.605	1.3025	0.521	130	65.2	43.5	21.7	10.9	4.35

续表

硬质合金球直径 D/mm				试验力-球直径平方的比率 $0.102\times F/D^2$/(N/mm²)					
				30	15	10	5	2.5	1
				试验力 F					
10				29.42kN	14.71kN	9.807kN	4.903kN	2.452kN	980.7kN
	5			7.355kN	—	2.452kN	1.226kN	612.9N	245.2N
		2.5		1.839kN	—	612.9N	306.5N	153.2N	61.29N
			1	294.2N	—	98.07N	49.03N	24.52N	9.807N
压痕的平均直径 d/mm				布氏硬度/HBW					
5.22	2.610	1.3050	0.522	130	64.9	43.3	21.6	10.8	4.33
5.23	2.615	1.3075	0.523	129	64.7	43.1	21.6	10.8	4.31
5.24	2.620	1.3100	0.524	129	64.4	42.9	21.5	10.7	4.29
5.25	2.625	1.3125	0.525	128	64.1	42.8	21.4	10.7	4.28
5.26	2.630	1.3150	0.526	128	63.9	42.6	21.3	10.6	4.26
5.27	2.635	1.3175	0.527	127	63.6	42.4	21.2	10.6	4.24
5.28	2.640	1.3200	0.528	127	63.3	42.2	21.1	10.6	4.22
5.29	2.645	1.3225	0.529	126	63.1	42.1	21.0	10.5	4.21
5.30	2.650	1.3250	0.530	126	62.8	41.9	20.9	10.5	4.19
5.31	2.655	1.3275	0.531	125	62.6	41.7	20.9	10.4	4.17
5.32	2.660	1.3300	0.532	125	62.3	41.5	20.8	10.4	4.15
5.33	2.665	1.3325	0.533	124	62.1	41.4	20.7	10.3	4.14
5.34	2.670	1.3350	0.534	124	61.8	41.2	20.6	10.3	4.12
5.35	2.675	1.3375	0.535	123	61.5	41.0	20.5	10.3	4.10
5.36	2.680	1.3400	0.536	123	61.3	40.9	20.4	10.2	4.09
5.37	2.685	1.3425	0.537	122	61.0	40.7	20.3	10.2	4.07
5.38	2.690	1.3450	0.538	122	60.8	40.5	20.3	10.1	4.05
5.39	2.695	1.3475	0.539	121	60.6	40.4	20.2	10.1	4.04
5.40	2.700	1.3500	0.540	121	60.3	40.2	20.1	10.1	4.02
5.41	2.705	1.3525	0.541	120	60.1	40.0	20.0	10.0	4.00
5.42	2.710	1.3550	0.542	120	59.8	39.9	19.9	9.97	3.99
5.43	2.715	1.3575	0.543	119	59.6	39.7	19.9	9.93	3.97
5.44	2.720	1.3600	0.544	118	59.3	39.6	19.8	9.89	3.96
5.45	2.725	1.3625	0.545	118	59.1	39.4	19.7	9.85	3.94
5.46	2.730	1.3650	0.546	118	58.9	39.2	19.6	9.81	3.92
5.47	2.735	1.3675	0.547	117	58.6	39.1	19.5	9.77	3.91
5.48	2.740	1.3700	0.548	117	58.4	38.9	19.5	9.73	3.89
5.49	2.745	1.3725	0.549	116	58.2	38.8	19.4	9.69	3.88
5.50	2.750	1.3750	0.550	116	57.9	38.6	19.3	9.66	3.86
5.51	2.755	1.3775	0.551	115	57.7	38.5	19.2	9.62	3.85
5.52	2.760	1.3800	0.552	115	57.5	38.3	19.2	9.58	3.83
5.53	2.765	1.3825	0.553	114	57.2	38.2	19.1	9.54	3.82
5.54	2.770	1.3850	0.554	114	57.0	38.0	19.0	9.50	3.80
5.55	2.775	1.3875	0.555	114	56.8	37.9	18.9	9.47	3.79
5.56	2.780	1.3900	0.556	113	56.6	37.7	18.9	9.43	3.77
5.57	2.785	1.3925	0.557	113	56.3	37.6	18.8	9.39	3.76
5.58	2.790	1.3950	0.558	112	56.1	37.4	18.7	9.35	3.74
5.59	2.795	1.3975	0.559	112	55.9	37.3	18.6	9.32	3.73
5.60	2.800	1.4000	0.560	111	55.7	37.1	18.6	9.28	3.71
5.61	2.805	1.4025	0.561	111	55.5	37.0	18.5	9.24	3.70
5.62	2.810	1.4050	0.562	110	55.2	36.8	18.4	9.21	3.68
5.63	2.815	1.4075	0.563	110	55.0	36.7	18.3	9.17	3.67

续表

硬质合金球直径 D/mm				试验力-球直径平方的比率 $0.102\times F/D^2$/(N/mm²)					
				30	15	10	5	2.5	1
				试验力 F					
10				29.42kN	14.71kN	9.807kN	4.903kN	2.452kN	980.7kN
	5			7.355kN	—	2.452kN	1.226kN	612.9N	245.2N
		2.5		1.839kN	—	612.9N	306.5N	153.2N	61.29N
			1	294.2N	—	98.07N	49.03N	24.52N	9.807N
压痕的平均直径 d/mm				布氏硬度/HBW					
5.64	2.820	1.4100	0.564	110	54.8	36.5	18.3	9.14	3.65
5.65	2.825	1.4125	0.565	109	54.6	36.4	18.2	9.10	3.64
5.66	2.830	1.4150	0.566	109	54.4	36.3	18.1	9.06	3.63
5.67	2.835	1.4175	0.567	108	54.2	36.1	18.1	9.03	3.61
5.68	2.840	1.4200	0.568	108	54.0	36.0	18.0	8.99	3.60
5.69	2.845	1.4225	0.569	107	53.7	35.8	17.9	8.96	3.58
5.70	2.850	1.4250	0.570	107	53.5	35.7	17.8	8.92	3.57
5.71	2.855	1.4275	0.571	107	53.3	35.6	17.8	8.89	3.56
5.72	2.860	1.4300	0.572	106	53.1	35.4	17.7	8.85	3.54
5.73	2.865	1.4325	0.573	106	52.9	35.3	17.6	8.82	3.53
5.74	2.870	1.4350	0.574	105	52.7	35.1	17.6	8.79	3.51
5.75	2.875	1.4375	0.575	105	52.5	35.0	17.5	8.75	3.50
5.76	2.880	1.4400	0.576	105	52.3	34.9	17.4	8.72	3.49
5.77	2.885	1.4425	0.577	104	52.1	34.7	17.4	8.68	3.47
5.78	2.890	1.4450	0.578	104	51.9	34.6	17.3	8.65	3.46
5.79	2.895	1.4475	0.579	103	51.7	34.5	17.2	8.62	3.45
5.80	2.900	1.4500	0.580	103	51.5	34.3	17.2	8.59	3.43
5.81	2.905	1.4525	0.581	103	51.3	34.2	17.1	8.55	3.42
5.82	2.910	1.4550	0.582	102	51.1	34.1	17.0	8.52	3.41
5.83	2.915	1.4575	0.583	102	50.9	33.9	17.0	8.49	3.39
5.84	2.920	1.4600	0.584	101	50.7	33.8	16.9	8.45	3.38
5.85	2.925	1.4625	0.585	101	50.5	33.7	16.8	8.42	3.37
5.86	2.930	1.4650	0.586	101	50.3	33.6	16.8	8.39	3.36
5.87	2.935	1.4675	0.587	100	50.2	33.4	16.7	8.36	3.34
5.88	2.940	1.4700	0.588	99.9	50.0	33.3	16.7	8.33	3.33
5.89	2.945	1.4725	0.589	99.5	49.8	33.2	16.6	8.30	3.32
5.90	2.950	1.4750	0.590	99.2	49.6	33.1	16.5	8.26	3.31
5.91	2.955	1.4775	0.591	98.8	49.4	32.9	16.5	8.23	3.29
5.92	2.960	1.4800	0.592	98.4	49.2	32.8	16.4	8.20	3.28
5.93	2.965	1.4825	0.593	98.0	49.0	32.7	16.3	8.17	3.27
5.94	2.970	1.4850	0.594	97.7	48.8	32.6	16.3	8.14	3.26
5.95	2.975	1.4875	0.595	97.3	48.7	32.4	16.2	8.11	3.24
5.96	2.980	1.4900	0.596	96.9	48.5	32.3	16.2	8.08	3.23
5.97	2.985	1.4925	0.597	96.6	48.3	32.2	16.1	8.05	3.22
5.98	2.990	1.4950	0.598	96.2	48.1	32.1	16.0	8.02	3.21
5.99	2.995	1.4975	0.599	95.9	47.9	32.0	16.0	7.99	3.20
6.00	3.000	1.5000	0.600	95.5	47.7	31.8	15.9	7.96	3.18

附录二　黑色金属硬度强度换算表

硬度								抗拉强度 /(kgf/mm²)(MPa)
洛氏		表面洛氏			维氏	布氏		
HRC	HRA	HR15N	HR30N	HR45N	HV	$HB30D^2$	d_{10}、$2d_5$、$4d_{2.5}$ /mm	
70.0	86.6				1037			
69.5	86.3				1017			
69.0	86.1				997			
68.5	85.8				978			
68.0	85.5				959			
67.5	85.2				941			
67.0	85.0				923			
66.5	84.7				906			
66.0	84.4				889			
65.5	84.1				872			
65.0	83.9	92.2	81.3	71.7	856			
64.5	83.6	92.1	81.0	71.2	840			
64.0	83.3	91.9	80.6	70.6	825			
63.5	83.1	91.8	80.2	70.1	810			
63.0	82.8	91.7	79.8	69.5	795			
62.5	82.5	91.5	79.4	69.0	780			
62.0	82.2	91.4	79.0	68.4	766			
61.5	82.0	91.2	78.6	67.9	752			
61.0	81.7	91.0	78.1	67.3	739			
60.5	81.4	90.4	77.7	66.8	726			
60.0	81.2	90.6	77.3	66.2	713			260.7(2607)
59.5	80.9	90.4	76.9	65.3	700			255.1(2551)
59.0	80.6	90.2	76.5	65.1	688			249.6(2496)
58.5	80.3	90.0	76.1	64.5	676			244.3(2443)
58.0	80.1	89.8	75.6	63.9	664			239.1(2391)
57.5	79.8	89.6	75.2	63.4	653			234.1(2341)
57.0	79.5	89.4	74.8	62.8	642			229.3(2293)
56.5	79.3	89.1	74.4	62.2	631			224.6(2246)
56.0	79.0	88.9	73.9	61.7	620			220.1(2201)
55.5	78.7	88.6	73.5	61.1	609			215.7(2157)
55.0	78.5	88.4	73.1	60.5	599			211.5(2115)
54.5	78.2	88.1	72.6	59.9	589			207.4(2074)
54.0	77.9	87.9	72.2	59.4	579			203.4(2034)
53.5	77.7	87.6	71.8	58.8	570			199.5(1995)
53.0	77.4	87.4	71.3	58.2	561			195.7(1957)
52.5	77.1	87.1	70.9	57.6	551			192.1(1921)
52.0	76.9	86.8	70.4	57.1	543			188.5(1885)
51.5	76.6	86.6	70.0	56.5	534			185.1(1851)
51.0	76.3	86.3	69.5	55.9	525	501	2.73	181.7(1817)
50.5	76.1	86.0	69.1	55.3	517	494	2.75	178.5(1785)
50.0	75.8	85.7	68.6	54.7	509	488	2.77	175.3(1753)
49.5	75.5	85.5	68.2	54.2	501	481	2.79	172.2(1722)
49.0	75.3	85.2	67.7	53.6	493	474	2.81	169.2(1692)
48.5	75.0	84.9	67.3	53.0	485	468	2.83	166.3(1663)
48.0	74.7	84.6	66.8	52.4	478	461	2.85	163.5(1635)
47.5	74.5	84.3	66.4	51.8	470	455	2.87	160.8(1608)
47.0	74.2	84.0	65.9	51.2	463	449	2.89	158.1(1581)
46.5	73.9	83.7	65.5	50.7	456	442	2.91	155.5(1555)
46.0	73.7	83.5	65.0	50.1	449	436	2.93	152.9(1529)
45.5	73.4	83.2	64.6	49.5	443	430	2.95	150.4(1504)

续表

硬度								抗拉强度 /(kgf/mm²)(MPa)
洛氏		表面洛氏			维氏	布氏		
HRC	HRA	HR15N	HR30N	HR45N	HV	$HB30D^2$	d_{10}、$2d_5$、$4d_{2.5}$ /mm	
45.0	73.2	82.9	64.1	48.9	436	424	2.97	148.0(1480)
44.5	72.9	82.6	63.6	48.3	429	418	2.99	145.7(1457)
44.0	72.6	82.3	63.2	47.7	423	413	3.01	143.4(1434)
43.5	72.4	82.0	62.7	47.1	417	407	3.03	141.1(1411)
43.0	72.1	81.7	62.3	46.5	411	401	3.05	138.9(1389)
42.5	71.8	81.4	61.8	45.9	405	390	3.07	136.8(1368)
42.0	71.6	81.1	61.3	45.4	399	391	3.09	134.7(1347)
41.5	71.3	80.8	60.9	44.8	393	385	3.11	132.7(1327)
41.0	71.1	80.5	60.4	44.2	388	380	3.13	130.7(1307)
40.5	70.8	80.2	60.0	43.6	382	375	3.15	128.7(1287)
40.0	70.5	79.9	59.5	43.0	377	370	3.17	126.8(1268)
39.5	70.3	79.6	59.0	42.4	372	365	3.19	125.0(1250)
39.0	70.0	79.3	58.6	41.8	367	360	3.21	123.2(1232)
38.5		79.0	58.1	41.2	362	355	3.24	121.4(1214)
38.0		78.7	57.6	40.6	357	350	3.26	119.7(1197)
37.5		78.4	57.2	40.0	352	345	3.28	118.0(1180)
37.0		78.1	56.7	39.4	347	341	3.30	116.3(1163)
36.5		77.8	56.2	38.8	342	336	3.32	114.7(1147)
36.0		77.5	55.8	38.2	338	332	3.34	113.1(1131)
35.5		77.2	55.3	37.6	333	327	3.37	111.5(1115)
35.0		77.0	54.8	37.0	329	323	3.39	110.0(1100)
34.5		76.7	54.4	36.5	324	318	3.41	108.5(1085)
34.0		76.4	53.9	35.9	320	314	3.43	107.0(1070)
33.5		76.1	53.4	35.3	316	310	3.46	105.6(1056)
33.0		75.8	53.0	34.7	312	306	3.48	104.2(1042)
32.5		75.5	52.5	34.1	308	302	3.50	102.8(1028)
32.0		75.2	52.0	33.5	304	298	3.52	101.5(1015)
31.5		74.9	51.6	32.9	300	294	3.54	100.1(1001)
31.0		74.7	51.1	32.3	296	291	3.56	98.9(989)
30.5		74.7	50.6	31.7	292	287	3.59	97.6(976)
30.0		74.1	50.2	31.1	289	283	2.61	96.4(964)
29.5		73.8	49.7	30.5	285	280	3.63	95.1(951)
29.0		73.5	49.2	29.9	281	276	3.65	94.0(940)
28.5		73.3	48.7	29.3	278	273	3.67	92.8(928)
28.0		73.0	48.3	28.7	274	269	3.70	91.7(917)
27.5		72.7	47.8	28.1	271	266	3.72	90.6(906)
27.0		72.4	47.3	27.5	268	263	3.74	89.5(895)
26.5		72.2	46.9	26.9	264	260	3.76	88.4(884)
26.0		71.9	46.4	26.3	261	257	3.78	87.4(874)
25.5		71.6	45.9	25.7	258	254	3.80	86.4(864)
25.0		71.4	45.5	25.1	255	251	3.83	85.4(854)
24.5		71.1	45.0	24.5	252	248	3.85	84.4(844)
24.0		70.8	44.5	23.9	249	245	3.87	83.5(835)
23.5		70.6	44.0	23.3	246	242	3.89	82.5(825)
23.0		70.3	43.6	22.7	243	240	3.91	81.6(816)
22.5		70.0	43.1	22.1	240	237	3.93	80.8(808)
22.0		69.8	42.6	21.5	237	234	3.95	79.9(799)
21.5		69.5	42.2	21.0	234	232	3.97	79.1(791)
21.0		69.3	41.7	20.4	231	229	4.00	78.2(782)
20.5		69.0	41.2	19.8	229	227	4.02	77.4(774)
20.0		68.8	40.7	19.2	226	225	4.03	76.7(767)
19.5		68.5	40.3	18.6	223	222	4.05	75.9(759)
19.0		68.3	39.8	18.0	221	220	4.07	75.2(752)
18.5		68.0	39.3	17.4	218	218	4.09	74.4(744)
18.0		67.8	38.9	16.8	216	216	4.11	73.7(737)
17.5		67.6	38.4	16.2	214	214	4.13	73.1(731)
17.0		67.3	37.9	15.6	211	211	4.15	72.4(724)

续表

硬度							抗拉强度 /(kgf/mm²)(MPa)
洛氏	表面洛氏			维氏	布氏		
HRB	HR15T	HR30T	HR45T	HV	HB10D²	d_{10}、$2d_5$、$4d_{2.5}$ /mm	
100.0	91.5	81.7	71.7	233			80.3(803)
99.5	91.3	81.4	71.2	230			79.3(793)
99.0	91.2	81.0	70.7	227			78.3(783)
98.5	91.1	80.7	70.2	225			77.3(773)
98.0	90.9	80.4	69.6	222			76.3(763)
97.5	90.8	80.1	69.1	219			75.4(754)
97.0	90.6	79.8	68.6	216			74.4(744)
96.5	90.5	79.4	68.1	214			73.5(735)
96.0	90.4	79.1	67.6	211			72.6(726)
95.5	90.2	78.8	67.1	208			71.7(717)
95.0	90.1	78.5	66.5	206			70.8(708)
94.5	89.9	78.2	66.0	203			70.0(700)
94.0	89.8	77.8	65.5	201			69.1(691)
93.5	89.7	77.5	65.0	199			68.3(683)
93.0	89.5	77.2	64.5	196			67.5(675)
92.5	89.4	76.9	64.0	194			66.7(667)
92.0	89.3	76.6	63.4	191			65.9(659)
91.5	89.1	76.2	62.9	189			65.1(651)
91.0	89.0	75.9	62.4	187			64.4(644)
90.5	88.8	75.6	61.9	185			63.6(636)
90.0	88.7	75.3	61.4	183			62.9(629)
89.5	88.6	75.0	60.9	180			62.1(621)
89.0	88.4	74.6	60.3	178			61.4(614)
88.5	88.3	74.3	59.8	176			60.7(607)
88.0	88.1	74.0	59.3	174			60.1(601)
87.5	88.0	73.7	58.8	172			59.4(594)
87.0	87.9	73.4	58.3	170			58.7(587)
86.5	87.7	73.0	57.8	168			58.1(581)
86.0	87.6	72.7	57.2	166			57.5(575)
85.5	87.5	72.4	56.7	165			56.8(568)
85.0	87.3	72.1	56.2	163			56.2(562)
84.5	87.2	71.8	55.7	161			55.6(556)
84.0	87.0	71.4	55.2	159			55.0(550)
83.5	86.9	71.1	54.7	157			54.5(545)
83.0	86.8	70.8	54.1	156			53.9(539)
82.5	86.6	70.5	53.6	154	140	2.98	53.4(534)
82.0	86.5	70.2	53.1	152	138	3.00	52.8(528)
81.5	86.3	69.8	52.6	151	137	3.01	52.3(523)
81.0	86.2	69.5	52.1	149	136	3.02	51.8(518)
80.5	86.1	69.2	51.6	148	134	3.05	51.3(513)

续表

硬度							抗拉强度/(kgf/mm²)(MPa)
洛氏	表面洛氏			维氏	布氏		
HRB	HR15T	HR30T	HR45T	HV	$HB10D^2$	d_{10}、$2d_5$、$4d_{2.5}$ mm	
80.0	85.9	68.9	51.0	146	133	3.06	50.8(508)
79.5	85.8	68.6	50.5	145	132	3.07	50.3(503)
79.0	85.7	68.2	50.0	143	130	3.09	49.8(498)
78.5	85.5	67.9	49.5	142	129	3.10	49.4(494)
78.0	85.4	67.6	49.0	140	128	3.11	48.9(489)
77.5	85.2	67.3	48.5	139	127	3.13	48.5(485)
77.0	85.1	67.0	47.9	138	126	3.14	48.0(480)
76.5	85.0	66.6	47.4	136	125	3.15	47.6(476)
76.0	84.8	66.3	46.9	135	124	3.16	47.2(472)
75.5	84.7	66.0	46.4	134	123	3.18	46.8(468)
75.0	84.5	65.7	45.9	132	122	3.19	46.4(464)
74.5	84.4	65.4	45.4	131	121	3.20	46.0(460)
74.0	84.3	65.1	44.8	130	120	3.21	45.6(456)
73.5	84.1	64.7	44.3	129	119	3.23	45.2(452)
73.0	84.0	64.4	43.8	128	118	3.24	44.9(449)
72.5	83.9	64.1	43.3	126	117	3.25	44.5(445)
72.0	83.7	63.8	42.8	125	116	3.27	44.2(442)
71.5	83.6	63.5	42.3	124	115	3.28	43.9(439)
71.0	83.4	63.1	41.7	123	115	3.29	43.5(435)
70.5	82.3	62.8	41.2	122	114	3.30	43.2(432)
70.0	83.2	62.5	40.7	121	113	3.31	42.9(429)
69.5	83.0	62.2	40.2	120	112	3.32	42.6(426)
69.0	82.9	61.9	39.7	119	112	3.33	42.3(423)
68.5	82.7	61.5	39.2	118	111	3.34	42.0(420)
68.0	82.6	61.2	38.6	117	110	3.35	41.8(418)
67.5	82.5	60.9	38.1	116	110	3.36	41.5(415)
67.0	82.3	60.6	37.6	115	109	3.37	41.2(412)
66.5	82.2	60.3	37.1	115	108	3.38	41.0(410)
66.0	82.1	59.9	36.6	114	108	3.39	40.7(407)
65.5	81.9	59.6	36.1	113	107	3.40	40.5(405)
65.0	81.8	59.3	35.5	112	107	3.40	40.3(403)
64.5	81.6	59.0	35.0	111	106	3.41	40.0(400)
64.0	81.5	58.7	34.5	110	106	3.42	39.8(398)
63.5	81.4	58.3	34.0	110	105	3.43	39.6(396)
63.0	81.2	58.0	33.5	109	105	3.43	39.4(394)
62.5	81.1	57.7	32.9	108	104	3.44	39.2(392)
62.0	80.9	57.4	32.4	108	104	3.45	39.0(390)
61.5	80.8	57.1	31.9	107	103	3.46	38.8(388)
61.0	80.7	56.7	31.4	106	103	3.46	38.6(386)
60.5	80.5	56.4	30.9	105	102	3.47	38.5(385)
60.0	80.4	56.1	30.4	105	102	3.48	38.3(383)

注：1. 表中给出的强度值，是指当换算精度要求不高时，适用于一般钢种。对于铸铁则不适用。

2. 表中洛氏硬度 17～19.5HRC 区间，已超出金属洛氏硬度试验法规定的范围，仅供参考使用。

附录三 国内外常用钢铁材料牌号对照表

钢类	中国	俄罗斯	美国	英国	日本	法国	德国
	GB	ГОСТ	ASTM	BS	JIS	NF	DIN
优质碳素结构钢	08	08	1008	045M10	S9CK		C10
	10	10	1010,1012	045M10	S10C	XC10	C10,CK10
	15	15	1015	095M15	S15C	XC12	C15,CK15
	20	20	1020	050A20	S20C	XC18	C22,CK22
	25	25	1025		S25C		CK25
	30	30	1030	060A30	S30C	XC32	
	35	35	1035	060A35	S35C	XC38TS	C35,CK35
	40	40	1040	080A40	S40C	XC38H1	
	45	45	1045	080M46	S45C	XC45	C45,CK45
	50	50	1050	060A52	S50C	XCA8TS	CK53
	55	55	1055	070M55	S55C	XC55	
	60	60	1060	080A62	S58C	XC55	C60,CK60
	15Mn	15Г	1016,1115	080A17	SB46	XC12	14Mn4
	20Mn	20Г	1021,1022	080A20		XC18	
	30Mn	30Г	1030,1033	080A32	S30C	XC32	
	40Mn	40Г	1036,1040	080A40	S40C	40M5	40Mn4
	45Mn	45Г	1043,1045	080A47	S45C		
	50Mn	50Г	1050,1052	030A52 080M50	S53C	XC48	
合金结构钢	20Mn2	20Г2	1320,1321	150M19	SMn420		20Mn5
	30Mn2	30Г2	1330	150M28	SMn433H	32M5	30Mn5
	35Mn2	35Г2	1335	150M36	SMn438(H)	35M5	36Mn5
	40Mn2	40Г2	1340		SMn443	40M5	
	45Mn2	45Г2	1345		SMn443		46Mn7
	50Mn2	50Г2				55M5	
	20MnV						20MnV6
	35SiMn	35СГ		En46			37MnSi5
	42SiMn	35СГ		En46			46MnSi4
	40B		TS14B35				
	45B		50B46H				
	40MnB		50B40				
	45MnB		50B44				
	15Cr	15X	5115	523M15	SCr415(H)	12C3	15Cr3

续表

钢类	中国	俄罗斯	美国	英国	日本	法国	德国
	GB	ГОСТ	ASTM	BS	JIS	NF	DIN
合金结构钢	20Cr	20X	5120	527A19	SCr420H	18C3	20Cr4
	30Cr	30X	5130	530A30	SCr430		28Cr4
	35Cr	35X	5132	530A36	SCr430(H)	32C4	34Cr4
	40Cr	40X	5140	520M40	SCr440	42C4	41Cr4
	45Cr	45X	5145,5147	534A99	SCr445	45C4	
	38CrSi	38XC					
	12CrMo	12XM		620C$_R$ · B		12CD4	13CrMo44
	15CrMo	15XM	A-387Cr · B	1653	STC42 STT42 STB42	12CD4	16CrMo44
	20CrMo	20XM	4119,4118	CDS12 CDS110	SCT42 STT42 STB42	18CD4	20CrMo44
	25CrMo		4125	En20A		25CD4	25CrMo4
	30CrMo	30XM	4130	1717COS110	SCM420	30CD4	
	42CrMo		4140	708A42 708M40		42CD4	42CrMo4
	35CrMo	35XM	4135	708A37	SCM3	35CD4	34CrMo4
	12CrMoV	12XMΦ					
	12Cr1MoV	12X1MΦ					13CrMoV42
	25Cr2Mo1VA	25X2M1ΦA					
	20CrV	20XΦ	6120				22CrV4
	40CrV	40XΦA	6140				42CrV6
	50CrVA	50XΦA	6150	735A30	SUP10	50CV4	50CrV4
	15CrMn	15XГ,18XГ					
	20CrMn	20XГCA	5152	527A60	SUP9		
	30CrMnSiA	30XГCA					
	40CrNi	40XH	3140H	640M40	SNC236		40NiCr6
	20CrNi3A	20XH3A	3316			20NC11	20NiCr14
	30CrNi3A	30XH3A	3325 3330	653M31	SNC631H SNC631		28NiCr10
	20MnMoB		80B20				
	38CrMoAlA	38XMЮA		905M39	SACM645	40CAD6. 12	41CrAlMo07
	40CrNiMoA	40XHMA	4340	817M40	SNCM439		40NiCrMo22
弹簧钢	60	60	1060	080A62	S58C	XC55	C60
	85	85	C1085 1084	080A86	SUP3		
	65Mn	65Г	1566				
	55Si2Mn	55C2Г	9255	250A53	SUP6	55S6	55Si7
	60Si2MnA	60C2ГA	9260 9260H	250A61	SUP7	61S7	65Si7
	50CrVA	50XΦA	6150	735A50	SUP10	50CV4	50CrV4

续表

钢类	中国 GB	俄罗斯 ГОСТ	美国 ASTM	英国 BS	日本 JIS	法国 NF	德国 DIN
滚动轴承钢	GCr9	ⅢX9	E51100 51100		SUJ1	100C5	105Cr4
	GCr9SiMn				SUJ3		
	GCr15	ⅢX15	E52100 52100	534A99	SUJ2	100C6	100Cr6
	GCr15SiMn	ⅢX15CГ					100CrMn6
易切削钢	Y12	A12	C1109		SUM12		
	Y15		B1113	220M07	SUM22		10S20
	Y20	A20	C1120		SUM32	20F2	22S20
	Y30	A30	C1130		SUM42		35S20
	Y40Mn	A40Г	C1144	225M36		45MF2	40S20
耐磨钢	ZGMn13	116Г13Ю			SCMnH11	Z120M12	X120Mn12
碳素工具钢	T7	y7	W1-7		SK7,SK6		C70W1
	T8	y8			SK6,SK5		
	T8A	y8A	W1-0.8C			$1104Y_175$	C80W1
	T8Mn	y8Г			SK5		
	T10	y10	W1-1.0C	D1	SK3		
	T12	y12	W1-1.2C	D1	SK2	Y2120	C125W
	T12A	y12A	W1-1.2C			XC120	C125W2
	T13	y13			SK1	Y2140	C135W
合金工具钢	8MnSi						C75W3
	9SiCr	9XC		BH21			90CrSi5
	Cr2	X	L3				100Cr6
	Cr06	13X	W5		SKS8		140Cr3
	9Cr2	9X	L				100Cr6
	W	B1	F1	BF1	SK21		120W4
合金工具钢	Cr12	X12	D3	BD3	SKD1	Z200C12	X210Cr12
	Cr12MoV	X12M	D2	BD2	SKD11	Z200C12	X165CrMoV46
	9Mn2V	9Г2Ф	02			80M80	90MnV8
	9CrWMn	9XBГ	01		SKS3	80M8	
	CrWMn	XBГ	07		SKS31	105WC13	105WCr6
	3Cr2W8V	3X2B8Ф	H21	BH21	SKD5	X30WCV9	X30WCrV93
	5CrMnMo	5XГM			SKT5		40CrMnMo7
	5CrNiMo	5XHM	L6		SKT4	55NCDV7	55NiCrMoV6
	4Cr5MoSiV	4X5MФC	H11	BH11	SKD61	Z38CDV5	X38CrMoV51
	4CrW2Si	4XB2C			SKS41	40WCDS35-12	35WCrV7
	5CrW2Si	5XB2C	S1	BSi			45WCrV7

续表

钢类	中国	俄罗斯	美国	英国	日本	法国	德国
	GB	ГОСТ	ASTM	BS	JIS	NF	DIN
高速工具钢	W18Cr4V	P18	T1	BT1	SKH2	Z80WCV 18-04-01	S18-0-1
	W6Mo5Cr4V2	P6M3	N2	BM2	SKH9	Z85WDCV 06-05-04-02	S6-5-2
	W2Mo9Cr4VCo8		M42	BM42		Z110DKCWV 09-08-04-02-01	S2-10-1-8
不锈钢	12Cr18Ni9	12X18H9	302 S30200	302S25	SUS302	Z10CN18. 09	X12CrNi188
	Y12Cr18Ni9		303 S30300	303S21	SUS303	Z10CNF18. 09	X12CrNiS188
	06Cr19Ni10	08X18H10	304 S30400	304S15	SUS304	Z6CN18. 09	X5CrNi189
	022Cr19Ni10	03X18H11	304L S30403	304S12	SUS304L	Z2CN18. 09	X2CrNi189
	06Cr18Ni10Ti	08X18H10T	321 S32100	321S12 321S20	SUS321	Z6CNT18. 10	X10CrNiTi189
	06Cr13Al		405 S40500	405S17	SUS405	Z6CA13	X7CrAl13
	10Cr17	12X17	430 S43000	430S15	SUS430	Z8C17	X8Cr17
	12Cr13	12X13	410 S41000	410S21	SUS410	Z12C13	X10Cr13
	20Cr13	20X13	420 S42000	420S37	SUS420J1	Z20C13	X20Cr13
	30Cr13	30X13		420S45	SUS420J2		
	68Cr17		440A S44002		SUS440A		
	07Cr17Ni7Al	09X17H7Ю	631 S17700		SUS631	Z8CNA17. 7	X7CrNiAl177
耐热钢	16Cr23Ni13	20X23H12	309 S30900	309S24	SUH309	Z15CN24. 13	
	20Cr25Ni20	20X25H20C2	310 S31000	310S24	SUH310	Z12CN25. 20	CrNi2520
	06Cr25Ni20		310S S31008		SUS310S		
	06Cr17Ni12Mo2	08X17H13M2T	316 S31600	316S16	SUS316	Z6CND17. 12	X5CrNiMo1810
	06Cr18Ni11Nb	08X18H12E	347 S34700	347S17	SUS347	Z6CNNb18. 10	X10CrNiNb189
	13Cr13Mo				SUS410J1		
	14Cr17Ni2	14X17H2	431 S43100	431S29	SUS431	Z15CN16-02	X22CrNi17

附录四　常用钢临界点及淬火加热温度

牌　　号	临界点/℃				淬火加热温度/℃	M_s/℃
	A_{c1}	A_{c3}或A_{ccm}	A_{r1}	A_{r3}		
10	725	870	682	850	900～920(水)或不热处理	450
10Mn2A	720	830		714	850～857(水)	—
12CrNi3A	695	800	620	726	860(油) 780～810(油)	420
10CrNi3A	680	—	—	—	860(油) 780～810(油)	150
12Cr2Ni4A	670	780	659	660	860(油) 780(油)	400
10Cr2Ni4A	670	—	—	—	880(油) 780(油)	125
15	725	870	—	850	890～920(水)	450
15Mn	735	863	575	840	850～900(水)	410
15SiMn2MoVA	722	848		—	880(油)	275
15Cr	735	870	—	—	860(油) 780～810(油)	—
15CrMnA	750	848	685	—	840～870(油) 810～840(油)	400
15CrMnMoVA	765	870		—	965～985(空气或油)	372
18Mn2CrMoB	741	854	685	—	920(空气或油)	320
18Cr2Ni4WA	695	800	—	—	950(空气) 860～870(油)	310
10Cr2Ni4WA	655～695	—	491	—	—	75
20	735	855	680	835	900～950(油)	425
20Mn	735	854	682	835	850～900(油)	420
20Mn2	690	820	610	760	860～880(油)	370
20Mn2B	730	835	613	730	880～910(油)	—
20MnVB	720	840	635	770	860～880(油)	230
20MnTiB	720	843	625	795	860～890(油)	—
20MnMoB	738	850	693	750	850～890(油)	—
20Cr	766	838	702	799	860～880(油)	390
20CrV	768	840	704	782	870～900(油)	—
20CrMoB	—	890	622	749	860～880(油或水)	—
20CrNi	735	805	660	790	840～880(油或水)	410
20CrNi3A	710	790	—	—	820～840(油)	340
20Cr2Ni4A	705	770	575	660		330
22CrMnMo	710	830	620	740	830～850(油)	—
30	732	813	677	796	850～890(油或水)	380
30Mn2	718	804	627	727	820～840(水) 830～850(油)	340
30Mn	734	812	675	796	850～900(油或水)	355
30SiMnMoV	740	845	—	—	850～890(油)	—
30Si2Mn2MoWV	739	798	—	—	950(油)	310
30CrMnSi	760	830	670	705	870～890(油)	320
30CrMo	757	807	693	763	850～880(水或油)	345

续表

牌　　号	临界点/℃				淬火加热温度/℃	M_s/℃
	A_{c1}	A_{c3}或A_{ccm}	A_{r1}	A_{r3}		
30CrMnTi	765	790	500	740	870～890(油)	—
30CrMnSiNi2A	750～760	805～830	—	—	890～900(油)	314
30CrNi3	705	750	—	—	830(油)	305
35SiMn	750	830	645	—	880～900(油)	330
35CrMoV	755	835	600	—	900～920(油或水)	—
35CrMo	755	800	695	750	820～840(水) 830～850(油)	271
35CrMnSi	760	830	670	705	850～870(油)	—
38Cr	740	780	693	730	860(油)	250
38CrMoAl	800	840	730	—	930～950(油)	370
37CrNi3	710	770	640	—	820(油)	280
38CrSi	763	810	730	755	900～920(油或水)	330
40	724	790	—	760	830～880(水或油)	340
40Mn	726	790	—	768	820～860(水或油)	—
40Mn2	713	766	—	704	810～850(油)	340
40MnB	730	780	—	700	820～860(油)	—
40MnVB	730	774	—	681	830～870(油)	—
40Cr	743	782		730	830～860(油)	355
40CrV	755	790	700	745	880(油)	218
40CrMnMo	735	780	680	—	840～860(油)	—
40CrSi	755	850	—	—	900～920(油或水)	320
40CrMnSiMoV	780	830	—	—	920(油)	290
40CrMnSiMoVRe	725	850	625	715	930(油)	300～305
40Cr5Mo2VSi	853	915	720	830	1000(空气)	325
40SiMnMoVRe	765	900	625	730	930(油)	270
40CrNi	731	769	660	702	820～840(油)	271
40CrNiMo	710	790	—	—	850(油)	320
40CrMo	730	780	—	—	820～840(水) 830～850(油或水)	360
45	724	780	682	751	780～860(油或水)	345
45Mn2	715	770	640	720	810～840(油)	320
45Mn2V	725	770	—	—	840～860(水)	310
45Cr	721	771	660	693	820～840(油)	355
50	720	765	690	720	820～850(水或油)	320
50Mn	720	760	660	—	780～840(水或油)	320
50Mn2	710	760	596	680	810～840(油)	325
50Cr	721	771	660	692	820(油)	250
50CrV	752	788	688	746	860(油)	270
50CrMn	750	775	—	—	840～860(油)	250
55	727	774	690	755	790～830(水) 820～850(油)	290
55Si2Mn	775	840	—	—	850～880(水或油)	280
55Si2MnB	764	794	—	—	870(油)	—
55Si2MnVB	765	803	—	—	880(油)	—
60	727	766	690	743	780～830(水或油)	270
60Mn	727	765	689	741	790～820(油或160℃硝盐)	270
60Si2Mn	755	810	700	770	840～860(水或油)	305
65	727	752	696	730	780～830(水或油)	270
65Mn	726	765	689	741	790～820(油或160℃硝盐)	270

续表

牌号	临界点/℃				淬火加热温度/℃	M_s/℃
	A_{c1}	A_{c3}或A_{ccm}	A_{r1}	A_{r3}		
70	730	743	693	727	780～830(水或油)	230
85	723	737	—	695	780～820(油或水)	220
T7	730	770	700	—	800～820(水)	250～300
T8	730	—	700	—	780～820(水)	225～250
T10	730	800	700	—	770～790(水)	175～210
T11	730	810	700	—	770～790(水)	200
T12	730	820	700	—	770～790(水)	—
SiMn	760	865	708	—	780～840(水、油或硝盐)	(250)
9SiCr	770	870	730	—	860～870(油)	(170)
CrWMn	750	940	710	—	800～830(油)	(250)
3Cr2W8V	820	1100	790	—	1050～1100(油)	(340)
3Cr2W8	810	1100	—	—	1075～1300(水)	330
W18Cr4V	820	1330	760	—	1280～1300(油)	(220)
W9Cr4V2	810	—	760	—	1225～1240(油)	(200)
3Cr3Mo3VNb	836～948	—	771～923	—	1060～1090(油)	385
Cr12V	810	—	760	—	1040～1050(水)	180
Cr12MoV	815	—	—	—	1120～1130(空气或油)	(<185)
Cr12Mo	810	1200	760	—	950～1000(油)	(225)
5CrMnMo	710	760	650	—	820～850(油)	(220)
5CrNiMo	710	770	680	—	830～860(油)	(220)
GCr15	745	900	700	—	820～850(油)	(240)
GCr15SiMo	770	872	708	—	820～840(油)	—
1Cr13	730	850	700	820	980～1050(油)	(350)
2Cr13	820	950	780	—	980～1050(油)	320
3Cr13	780～850	—	—	—	980～1050(油)	(240)
4Cr13	790～850	—	—	—	980～1050(油)	270～145
Cr17Ni2	810	—	710	—	950～970(油)	357
9Cr18	830	—	810	—	1050～1075(油)	—
4Cr9Si2	900	970	810	870	1000～1050(油)	—
4Cr10Si2Mo	850	950	700	845	1010～1050(油或空气)	—
Mn13	—	—	—	—	1050(油或水)	200

附录五 常用钢淬火后的回火温度

牌号	淬火规范			回火温度/℃与回火后硬度/HRC												备注
	加热温度/℃	冷却剂	硬度HRC	180±10	240±10	280±10	320±10	360±10	380±10	420±10	480±10	540±10	580±10	620±10	650±10	
35	860±10	水	>50	51±2	47±2	45±2	43±2	40±2	38±2	35±2	33±2	28±2				
45	830±10	水	>50	56±2	53±2	51±2	48±2	45±2	43±2	38±2	34±2	30±2				
T8,T8A	790±10	水,油	>62	62±2	58±2	56±2	54±2	51±2	49±2	45±2	39±2	34±2	29±2	25±2		
T10,T10A	780±10	水,油	>62	63±2	59±2	57±2	55±2	52±2	50±2	46±2	41±2	36±2	30±2	26±2		
40Cr	850±10	油	>55	54±2	53±2	52±2	50±2	49±2	47±2	44±2	41±2	36±2	31±2	30±2		具有回火脆性的钢如40Cr、65Mn、30CrMnSi等，在中温或高温回火后，用清水或油冷却
50CrVA	850±10	油	>60	58±2	56±2	54±2	53±2	51±2	49±2	47±2	43±2	40±2	36±2		28±2	
60Si2Mn	870±10	油	>60	60±2	58±2	56±2	55±2	54±2	52±2	50±2	44±2	35±2	30±2			
65Mn	820±10	油	>60	58±2	56±2	54±2	52±2	50±2	47±2	44±2	40±2	34±2	32±2	28±2		
5CrMnMo	840±10	油	>52	55±2	53±2	52±2	48±2	45±2	44±2	44±2	43±2	38±2	36±2	34±2	32±2	
30CrMnSi	860±10	油	>48	48±2	48±2	47±2		43±2	42±2			36±2		30±2	26±2	
GCr15	850±10	油	>62	61±2	59±2	58±2	55±2	53±2	52±1	50±2		41±2		30±2		
9SiCr	850±10	油	>62	62±2	60±2	58±2	57±2	56±2	55±1	52±2	51±2	45±2				
CrWMn	830±10	油	>62	61±2	58±2	57±2	55±2	54±2	52±2	50±2	46±2	44±2				
9Mn2V	800±10	油	>62	60±2	58±2	56±2	54±2	51±2	49±1	41±2						
3Cr2W8V	1100	分级,油	约48								46±2	48±2	48±2	43±2	41±2	一般采用560～580℃回火二次
Cr12	980±10	分级,油	>62	62	59±2		57±2			55±2		52±2			45±2	
Cr12MoV	1030±10	分级,油	>62	62	62	60		57±2				53±2			45±2	一般采用560℃回火三次，每次一小时
W18Cr4V	1270±10	分级,油	>64													

注：1. 水冷却剂为10%NaCl水溶液。

2. 淬火加热在盐浴炉内进行，回火在井式炉内进行。

3. 回火保温时间碳钢一般采用60～90min，合金钢采用90～120min。

参考文献

[1] 杜伟. 工程材料及热加工基础. 北京：化学工业出版社，2010.
[2] 杜伟、公永建. 金属热成形技术基础. 北京：化学工业出版社，2013.
[3] 赵乃勤. 热处理原理与工艺. 北京：机械工业出版社，2012.
[4] 王运炎、叶尚川. 机械工程材料：第 2 版. 北京：机械工业出版社，2002.
[5] 严绍华. 热加工工艺基础：第 2 版. 北京：高等教育出版社，2004.
[6] 司乃均、许德珠. 热加工工艺基础：第 2 版. 北京：高等教育出版社，2001.
[7] 游文明. 工程材料与热加工. 北京：高等教育出版社，2007.
[8] 张至丰. 机械工程材料及成形工艺基础. 北京：机械工业出版社，2007.
[9] 宫成立. 金属工艺学. 北京：机械工业出版社，2008.
[10] 孙学强. 机械制造基础：第 2 版. 北京：机械工业出版社，2008.
[11] 袁巨龙、周照忠. 机械制造基础. 杭州：浙江科学技术出版社，2007.
[12] 张继世. 机械工程材料基础. 北京：高等教育出版社，2000.
[13] 石子源. 机械工程材料. 北京：中国铁道出版社，1998.
[14] 崔占全、孙振国. 工程材料. 北京：机械工业出版社，2004.
[15] 宋昭祥. 机械制造基础. 北京：机械工业出版社，1998.
[16] 陈勇. 工程材料与热加工. 武汉：华中科技大学出版社，2001.
[17] 中国机械工程学会. 焊接手册：第 3 卷. 北京：机械工业出版社，2001.
[18] 邓文英. 金属工艺学：第 4 版. 北京：高等教育出版社，2000.